中国国家标准汇编

2012年修订-23

中国标准出版社　编

中国标准出版社
北　京

图书在版编目(CIP)数据

中国国家标准汇编:2012年修订.23/中国标准出版社编.—北京:中国标准出版社,2013.9
ISBN 978-7-5066-7255-9

Ⅰ.①中… Ⅱ.①中… Ⅲ.①国家标准-汇编-中国-2012 Ⅳ.①T-652.1

中国版本图书馆CIP数据核字(2013)第186465号

中国标准出版社出版发行
北京市朝阳区和平里西街甲2号(100013)
北京市西城区三里河北街16号(100045)

网址 www.spc.net.cn
总编室:(010)64275323 发行中心:(010)51780235
读者服务部:(010)68523946

中国标准出版社秦皇岛印刷厂印刷
各地新华书店经销

*

开本 880×1230 1/16 印张 40.25 字数 1 231 千字
2013年9月第一版 2013年9月第一次印刷

*

定价 220.00 元

出 版 说 明

1.《中国国家标准汇编》是一部大型综合性国家标准全集。自1983年起，按国家标准顺序号以精装本、平装本两种装帧形式陆续分册汇编出版。它在一定程度上反映了我国建国以来标准化事业发展的基本情况和主要成就，是各级标准化管理机构，工矿企事业单位，农林牧副渔系统，科研、设计、教学等部门必不可少的工具书。

2.《中国国家标准汇编》收入我国每年正式发布的全部国家标准，分为“制定”卷和“修订”卷两种编辑版本。

“制定”卷收入上一年度我国发布的、新制定的国家标准，顺延前年度标准编号分成若干分册，封面和书脊上注明“20××年制定”字样及分册号，分册号一直连续。各分册中的标准是按照标准编号顺序连续排列的，如有标准顺序号缺号的，除特殊情况注明外，暂为空号。

“修订”卷收入上一年度我国发布的、被修订的国家标准，视篇幅分设若干分册，但与“制定”卷分册号无关联，仅在封面和书脊上注明“20××年修订-1,-2,-3,……”字样。“修订”卷各分册中的标准，仍按标准编号顺序排列(但不连续)；如有遗漏的，均在当年最后一分册中补齐。需提请读者注意的是，个别非顺延前年度标准编号的新制定的国家标准没有收入在“制定”卷中，而是收入在“修订”卷中。

读者配套购买《中国国家标准汇编》“制定”卷和“修订”卷则可收齐由我社出版的上一年度我国制定和修订的全部国家标准。

3. 由于读者需求的变化，自1996年起，《中国国家标准汇编》仅出版精装本。

4. 2012年我国制修订国家标准共2 101项。本分册为“2012年修订-23”，收入新制修订的国家标准20项。

中国标准出版社

2013年7月

目　　录

ICS 03.120.10
A 00

中华人民共和国国家标准化指导性技术文件

GB/Z 19579—2012
代替 GB/Z 19579—2004

卓越绩效评价准则实施指南

Guidelines for the criteria of performance excellence

2012-03-09 发布　　2012-08-01 实施

中华人民共和国国家质量监督检验检疫总局
中国国家标准化管理委员会　发布

前　言

本指导性技术文件依据 GB/T 1.1—2009 给出的规则起草。

本指导性技术文件代替 GB/Z 19579—2004《卓越绩效评价准则实施指南》。本指导性技术文件与 GB/Z 19579—2004 相比主要变化如下：

——增强了对 GB/T 19580 标准系统性、逻辑性和条款理解的诠释。

本指导性技术文件由国家质量监督检验检疫总局提出。

本指导性技术文件由全国质量管理和质量保证标准化技术委员会(SAC/TC 151)归口。

本指导性技术文件起草单位：中国标准化研究院、中国质量协会、北京信息科技大学、厦门 ABB 开关有限公司、中国移动通信集团广东有限公司、海尔集团。

本指导性技术文件主要起草人：龚晓明、田武、熊伟、刘宇、李钊、朱怀奇、杨学东。

本指导性技术文件于 2004 年首次发布。

引　　言

本指导性技术文件遵循GB/T 19580—2012《卓越绩效评价准则》国家标准的评价要求，借鉴国内外卓越绩效管理的经验和做法，结合我国企业经营管理的实践，从领导，战略，顾客与市场，资源，过程管理，测量、分析与改进以及结果等七个方面给出了卓越绩效评价准则的实施指南，有助于《卓越绩效评价准则》的使用者更好地理解和使用该标准。

GB/T 19580—2012《卓越绩效评价准则》详细规定了卓越绩效评价要求，是卓越绩效评价的主要依据；本指导性技术文件是组织实施《卓越绩效评价准则》配套的指导性技术文件，为组织理解和应用《卓越绩效评价准则》提供指南。

本指导性技术文件的附录A为理解卓越绩效评价准则4.1至4.7七个条款及组织概述之间的关系提供了框架图及相关诠释，并给出了二十三个评分条款的分值表，以用于管理成熟度的定量评分。

本指导性技术文件的附录B说明了将组织概述作为卓越绩效评价的开始的重要性，并给出了组织概述所需包括的内容。

本指导性技术文件的附录C说明了过程条款的四个评价要素和结果条款的四个评价要素，并分别给出了过程条款、结果条款的评分指南，同时给出了评分说明，为卓越绩效评价提供了操作性的指南。

卓越绩效评价准则实施指南

1 范围

本指导性技术文件给出了理解和应用 GB/T 19580—2012《卓越绩效评价准则》的指南。

本指导性技术文件适用于追求卓越的各类组织，旨在指导组织提高其整体绩效和能力，并为组织自我评价和质量奖评价提供实施指南。

2 规范性引用文件

下列文件对于本文件的应用是必不可少的。凡是注日期的引用文件，仅注日期的版本适用于本文件。凡是不注日期的引用文件，其最新版本(包括所有的修改单)适用于本文件。

GB/T 19000 质量管理体系 基础和术语

GB/T 19580 卓越绩效评价准则

3 术语和定义

GB/T 19000 和 GB/T 19580 界定的术语和定义适用于本文件。

4 实施指南

组织的卓越绩效评价包括定性评价和定量评分，具体的评价指南参见附录 A、附录 B 和附录 C。

4.1 领导

4.1.1 提要

本条款对组织的持续成功起着关键作用。其中，高层领导的引领和推动是组织持续成功的前提，组织治理是组织持续成功的保障，而履行社会责任则是组织持续成功的必备条件。

4.1.2 高层领导的作用

本条款包括高层领导作用的要点：确定方向、双向沟通、营造环境、质量责任、持续经营和绩效管理。

a) 确定方向是指确定和贯彻组织的使命、愿景和价值观。使命、愿景和价值观体现了组织未来的发展方向，也是组织文化的核心，并为战略和战略目标的制定设定前提。组织的高层领导应结合其历史沿革、行业特点和内外部环境等实际情况，研讨、提炼、确立和贯彻其使命、愿景和价值观，并率先垂范。

b) 双向沟通的目的在于使全体员工及其他相关方对组织的发展方向和重点有清晰、一致的理解、认同并付诸行动，在组织内部达成上下同心，在组织外部促进协同发展。组织可通过高层领导演讲、座谈会、网站、报刊及文化体育活动等多种形式，与员工双向沟通；通过洽谈会、研讨会、外部网站等形式与相关方双向沟通。组织应围绕其发展方向和重点，建立物质激励和精神激励相结合的绩效激励制度。

c) 营造环境指营造一个包括诚信守法、改进、创新、快速反应和学习等要点的组织文化环境。高层领导应通过组织文化建设，积极倡导诚信守法，鼓励员工开展多种形式的改进和创新活动，提高快速反应能力，培育学习型组织和员工。

d） 履行确保组织所提供产品和服务的质量安全的职责，引导组织承担质量安全主体责任。

e） 制定与组织经营发展的战略目标保持一致的品牌发展规划，通过提高组织的产品质量和服务水平，推进组织的品牌建设，不断提高组织的品牌知名度、品牌美誉度、品牌形象和品牌忠诚度。

f） 持续经营旨在实现基业常青。为推动和确保持续经营，组织应培育和增强风险意识，开展战略、财务、市场、运营、法律、安全、环境、质量等方面的风险管理，提升应对动态的内外部环境的战略管理和运营管理能力，并重视培养组织未来的各层次领导者。

g） 绩效管理的最终目的是实现愿景和战略目标。高层领导应通过诸如战略研讨会、管理评审会、经济活动分析会和专业例会等形式，定期评价组织的关键绩效指标，确定改进和创新的重点，促进组织将追求卓越付诸行动。

4.1.3 组织治理

本条款包括两项要点：完善组织治理体制所需要考虑的关键因素；对高层领导和治理机构成员的绩效评价。

a） 组织治理所需考虑的关键因素包括：

——明确管理层的经营责任、道德责任、法律责任等；

——明确治理体制中各机构的财务责任，健全财务制度，规范会计行为；

——规定经营管理的透明性及信息披露的政策；

——确保内、外部审计活动独立于被审计的对象和职责范围，包括：外部审计和相关服务不能来自相同或关联的机构；

——保护股东及其他相关方的利益，特别是中小股东的权益，以及员工、供方等的合法权益。

b） 对高层领导和治理机构成员的绩效评价旨在建立激励和约束机制，并运用评价结果改进个人、领导体系和治理机构的有效性。评价方式可包括自评和上级、同事、下属评价以及相关方反馈等多视角的评价。

4.1.4 社会责任

4.1.4.1 提要

组织在致力于自身发展的同时，还要积极主动地履行社会责任，以更具社会责任感的组织行为增强其竞争优势，致力于成为卓越的企业公民。在“4.2 战略”和“4.5 过程管理”中，应考虑那些对组织持续成功至关重要的社会责任。

本条款包括三项要点：应承担的公共责任、应遵守的道德规范和自愿开展的公益支持。

4.1.4.2 公共责任

公共责任是指组织对公众和社会所应承担的基本责任：

a） 组织应评估在产品、服务和运营对质量安全、环境保护、能源节约和资源综合利用以及公共卫生等方面的影响，并采取预防、控制和改进措施。

b） 组织可采取社区调查、座谈等各种方式，主动预见公众对产品、服务和运营在上述各方面的隐忧，做出应对准备，如：应对公众对新建基础设施的环境安全隐忧，确保配套环境安全设施的同时设计、同时施工、同时交付使用；应对公众对突发事件的隐忧，制定应急预案并在可行时定期演练。

c) 组织应识别、获取在上述各方面的法律法规要求，并识别和评估相应的风险，建立遵循法律法规要求和应对相关风险的关键过程及绩效指标，包括预防、控制程序和改进方案，在确保满足法律法规要求的基础上持续改进，达到更高水平。

4.1.4.3 道德行为

道德行为是指组织在决策、行动以及与利益相关方之间的交往活动中，遵守道德准则和职业操守的表现。从高层领导到一般员工都应遵守道德规范，并影响组织的利益相关方：

a) 诚信是组织道德行为中的最基本准则。高层领导应率先垂范，在整个组织中倡导诚信、践行诚信。

b) 组织应基于其使命、愿景和价值观，制定清晰明了的道德规范并定期沟通和强化；应建立用于促进和监测组织内部，与顾客、供方和合作伙伴之间及组织治理中符合道德规范的关键过程及绩效指标。其绩效指标可包括：遵守道德规范情况的调查指标、诚信等级、违背道德规范的事件数等。

4.1.4.4 公益支持

公益支持是组织超出法规和道德承诺之外的社会责任，是组织在资源条件许可的条件下，提升在社会责任方面的成熟度，成为卓越企业公民的表现机会和途径。

公益领域的范围很广，可包括：文化、教育、卫生、慈善、社区、行业发展和环境保护等。组织应依据其使命、愿景、价值观和战略，策划、确定重点支持的公益领域，主动积极地开展公益活动，赢得公众口碑，提升社会形象。

在公益支持活动中，高层领导应起模范作用，引导和带领广大员工做出自己的贡献。

4.2 战略

4.2.1 提要

本条款着眼于组织未来发展的全局性战略分析、选择和部署。

组织应通过战略制定，确立战略和战略目标；通过战略部署，使战略和战略目标具体化，转化为实施计划和关键绩效指标，并配置资源予以实施。

4.2.2 战略制定

4.2.2.1 提要

战略制定是组织对其未来发展的谋划、决策过程。组织应基于使命、愿景和价值观，以顾客和市场为导向，收集内外部环境的数据、信息，运用预测、估计、选择和设想及其他方法分析和预见未来，确立战略和战略目标，获得持续发展和成功。

本条款包括两项要点：“战略制定过程”要求说明如何进行战略制定；“战略和战略目标”则要求说明所制定的战略和战略目标。

4.2.2.2 战略制定过程

组织应确定其战略制定过程，并确保考虑内外部环境因素：

a) 组织在确定其战略制定过程时应考虑：

——明确战略制定的主要步骤和工作计划，包括各步骤的职责分工、时间安排等；

——由高层领导主持，相关部门及员工参与，必要时可委托专业机构协助制定；可建立负责战略管理的委员会、跨职能小组以及指定归口协调部门；

——根据行业及产品特点，规定长、短期计划的时间区间，并通过战略制定工作计划，使之与战略制定过程协调对应。

b) 组织在制定战略时，应考虑：

——GB/T 19580标准列出的关键因素，并收集相关数据和信息；

——采用科学的方法进行数据和信息的分析，例如PEST（政治、经济、社会文化、技术）宏观环境分析、五力模型产业环境分析、SWOT（优势、劣势、机会和威胁）分析以及KSF（关键成功因素）分析、CBI（主要障碍性因素）分析等。

4.2.2.3 战略和战略目标

组织应说明其战略和战略目标，以及如何应对、考虑相关要求：

a) 在组织的战略和战略目标中：

——战略和战略目标应与使命、愿景和价值观相一致；

——战略可围绕以下一项、多项或全部而建立：新产品、服务和市场；通过收购、受让等各种途径获得收入增长；资产剥离；新的合作伙伴关系和联盟；新的员工关系；满足社会或公共需求。

——应考虑潜在市场、竞争对手、核心竞争力等方面可能发生的变化，在战略中准备相应的预案；

——战略目标是组织增强竞争力，获得或保持持久竞争优势而期望达到的绩效水平。组织应确定实现战略目标的时间表及逐年的、量化的关键指标值。

b) 组织应通过系统、周密的内外部环境分析和战略决策，使战略和战略目标能够应对、考虑以下要求：

——应对战略挑战和发挥战略优势，反映产品、服务、运营和商业模式方面的创新机会。其中，战略挑战是组织为持续获得成功而面对的压力，包括外部的和内部的；战略优势是对组织未来成功起决定性影响的有利因素，通常源自组织的核心竞争力和战略伙伴关系，而核心竞争力指组织最擅长、独特且难以被模仿的能力；

——均衡地考虑长、短期的挑战和机遇，以及所有相关方的需要，如：股东的投资收益、顾客的满意与成功、员工的发展与满意、供方的共同成长以及社会责任要求等。

4.2.3 战略部署

4.2.3.1 提要

组织应将战略和战略目标转化为实施计划及相关的关键绩效指标，并予以贯彻实施，同时应用这些关键绩效指标监测实施计划的进展情况，预测组织未来的绩效，以保持竞争优势。

本条款包括两项要点：制定与部署实施计划，使组织的战略和战略目标得以实施；针对组织的关键绩效指标，进行预测、对比，以便制定、跟踪、验证目标和计划。

4.2.3.2 实施计划的制定与部署

组织应制定实施计划，通过配置资源予以部署，并建立关键绩效指标系统监测其进展：

a) 组织应基于总体战略和相关业务战略，制定和部署各职能领域的战略实施计划，确定关键绩效指标，采用诸如目标管理或平衡计分卡等方法层层分解、细化，以实现战略目标；组织应适时分析、评估实际与计划的偏离，并考虑内外部环境的变化，对战略、战略目标及其实施计划进行调整并予以落实。

b) 组织的主要长、短期实施计划应包括市场营销、技术、生产运营等方面的计划，反映在产品和服务、顾客和市场以及经营管理方面的关键变化。

c) 组织可通过制定包括人力、财务、信息和知识，技术、基础设施和相关方关系等资源方面的长短期计划，获取和配置资源，以确保整体实施计划的实现。

d) 组织的关键绩效指标系统应协调一致，并对组织的协调一致性起强化作用。应确保该指标系统涵盖了所有关键的战略部署领域和相关方，如准时交付率指标应涵盖与其相关的产品、部门及供方。

4.2.3.3 绩效预测

绩效预测指对未来的绩效或未来目标实现结果的估计，是一种关键的管理诊断和战略策划工具。其方法可包括定量和定性的预测方法，如时间序列分析、回归分析、德尔菲法等。

组织应根据4.2.3.2所确定的关键绩效指标，基于所收集的相关数据和信息，运用适宜的科学方法和工具，对长、短期计划期内的绩效进行预测；并将所预测绩效与竞争对手或对比组织的预测绩效相比较，与主要的标杆、组织的目标及以往绩效相比较，以制定和验证自己的目标和计划。绩效预测时，可考虑计入因新创办或并购企业、市场的拓展和转移、新的法律法规和标准要求以及在产品、服务和技术上的创新将导致的显著变化。

通过绩效的预测和对比，能够帮助组织提高绩效预测能力，以便：更准确地描绘未来组织和主要竞争对手、标杆的绩效趋势，制定在竞争中领先的目标指标以及对策；更全面地评估其相对于竞争对手、标杆和自身目标的改进和变革的速率，以应对绩效差距，进行绩效改进和战略调控，确保实现所预测的绩效。

4.3 顾客与市场

4.3.1 提要

本条款旨在增强组织在顾客与市场方面的持续经营能力，以推动组织追求卓越。

组织应在识别、确定顾客的需求、期望和偏好基础上，建立顾客关系，增强顾客的满意和忠诚，提高市场占有率。

4.3.2 顾客和市场的了解

4.3.2.1 提要

顾客和市场的了解是顾客关系管理以及战略策划的先决条件。只有应用系统的方法，对当前及未来的顾客和市场的需求、期望及其偏好进行全面、动态的了解，才能持续地提供满足顾客需要的产品和服务，调整营销策略，建立和完善顾客关系，拓展新的市场。

本条款包括两项要点：细分顾客和市场；了解各顾客群和细分市场的需求、期望和偏好。

4.3.2.2 顾客和市场的细分

组织应识别、确定其目标顾客群和细分市场，同时将潜在顾客和市场考虑在内：

a) 组织应根据自身的战略优势，进行市场细分和定位，确定当前及未来的产品和服务所针对的目标顾客群和细分市场。细分的视角可包括：市场区域、销售渠道、顾客行业、质量与价格等等。应根据组织的实际，考虑细分后顾客偏好的显著性，从关键的视角进行细分。

b) 组织在了解现有顾客和市场的同时，应根据其战略发展方向，关注包括竞争对手的顾客在内的潜在顾客和市场，收集竞争和市场情报，以拓展新的市场。

4.3.2.3 顾客需求和期望的了解

组织应建立了解顾客和市场的方法，识别和确定顾客的需求、期望和偏好，运用所收集的信息和反馈，并与时俱进，适应发展方向、业务需要及市场变化：

a) 组织应通过问卷调查、顾客访谈和反馈等方法，了解不同顾客群的需求、期望和偏好，以及这些需求、期望和偏好的相对重要性或优先次序，重点考虑那些影响顾客偏好和重复购买的产品和服务特征，包括组织的产品和服务与竞争对手相区别的特征，诸如质量特性、可靠性、性价比、交付周期或准时交付、顾客服务或技术支持等；应根据组织实际，考虑针对不同的顾客、顾客群和细分市场采取不同的了解方法，例如：对经销商和终端顾客采用不同的调查问卷。

b) 组织应收集当前和以往顾客的相关信息和反馈，包括市场推广和销售信息、顾客满意和忠诚的数据、顾客赢得和流失的分析以及顾客投诉等，建立顾客档案或知识库，以用于产品和服务的设计、生产、改进、创新以及市场开发和营销过程，并强化顾客导向、满足顾客需要和识别创新的机会。

c) 组织应定期评价了解顾客需求和期望的方法，并对这些方法的适用性、有效性进行分析和改进，使之与发展方向和业务需要保持同步，并适应市场的变化。

4.3.3 顾客关系与顾客满意

4.3.3.1 提要

组织应基于对顾客和市场的了解，建立、维护和加强顾客关系，测量顾客满意和忠诚，并推动产品、服务和管理的改进，以留住现有顾客、获得新的顾客并开发新的商机。

本条款包括两项要点：建立顾客关系；测量顾客满意和忠诚。

4.3.3.2 顾客关系的建立

组织应建立顾客关系，明确与顾客接触的主要渠道，有效、快速地处理顾客投诉，并与时俱进，使之适应发展方向和业务需要：

a) 组织应针对不同顾客群建立差异化的顾客关系，包括与关键顾客建立合作伙伴或战略联盟关系，以赢得顾客，提高其满意度和忠诚度，增加重复购买的频次和获得积极的推荐。

b) 组织应建立与顾客接触的主要渠道，如网站、展销会、登门拜访、订货会、电子商务、电话、传真等，以便于顾客查询信息、进行交易和提出投诉；确定每种渠道主要的顾客接触要求，即顾客对接触过程的要求，进而形成顾客服务的标准，并展开、落实到有关的人员和过程。

c) 组织应确立顾客投诉处理过程以及相关职责，建立快速反应机制，确保投诉得到有效、快速的解决，例如向顾客承诺响应和(或)解决的时限并切实履行；应授权与顾客接触的第一位员工把问题处理好，恢复顾客因不满意而失去的对组织的信心，最大限度地减少顾客不满和业务流失；应积累和分析投诉信息，确定共性问题、根本原因及改进的重点，用于整个组织及合作伙伴的改进。

d) 组织应定期评价、不断改进在顾客关系方面的方法，使之适应发展方向及业务需要。

4.3.3.3 顾客满意的测量

组织应测量顾客满意和忠诚，跟踪产品、服务和交易质量，并与竞争对手和标杆对比，以推动改进；并使这些方法与时俱进，适应发展方向和业务需要：

a) 组织应考虑针对不同顾客群，如经销商和终端顾客，采取不同的顾客满意和忠诚程度测量方法，获得有效的信息用于改进。顾客满意的测量通常包括评价项目和数字化的等级量表，评价项目应涵盖顾客的关键需求，诸如质量特性、价格、可靠性、交付期、顾客服务或技术支持等。顾客忠诚通常表现为诸如留住顾客、重复购买及获得积极推荐等方面的绩效。

b) 组织应通过对顾客的跟踪、回访或市场调查等途径，跟踪产品和服务质量，以便获得及时、有效的反馈信息，如产品开箱合格率和故障率等，快速识别和解决问题，并用于改进活动，防止其再发生，预防未来顾客的不满意。

c) 组织可通过组织自己的调查研究或通过独立的第三方机构，获取和应用可与竞争对手和标杆相比较的顾客满意信息，以识别所存在的威胁和机会，改进组织的绩效，并了解影响市场竞争力的因素，用于战略制定。

d) 组织应定期评价、不断改进测量顾客满意和忠诚的方法，使之适应发展方向及业务需要。

4.4 资源

4.4.1 提要

本条款上承战略，为战略部署配置资源；下接过程，为过程实施提供资源。

组织应为确保战略目标的实现、过程的有效和高效实施，提供所必需的人力、财务、信息和知识、技术、基础设施、相关方关系等资源。

4.4.2 人力资源

4.4.2.1 提要

组织应根据其使命、愿景、价值观和战略，建立以人为本的人力资源管理体系，并根据各职能的长短期实施计划，制定和实施长短期的人力资源计划。人力资源计划可考虑诸如以下方面：

——促进授权、创新的组织结构和职位的再设计；

——促进员工与管理层沟通；

——促进知识分享和组织学习；

——改进薪酬和激励机制；

——改进教育、培训和员工发展。

本条款包括四项要点：工作的组织与管理；员工绩效管理；员工的学习和发展；员工权益与满意程度。

4.4.2.2 工作的组织和管理

为了应对战略挑战，组织应根据战略发展和业务变化的需要，对工作和职位进行组织、管理，确定人力资源需求并予以配置，并实现有效的沟通：

a) 组织应对工作和职位进行组织、管理，促进组织内部的合作，调动员工的积极性、主动性，促进组织的授权、创新，进而提高组织的执行力。可采用的方法如：采用扁平化的组织结构，减少沟通层次，以提高运作效率；采用矩阵制的组织结构，建立联合攻关小组、六西格玛小组、跨部门QC小组、并行工程小组等跨职能团队，促进横向沟通，以减少部门间壁垒。

b) 组织应根据长短期人力资源计划，确定员工类型和数量的需求，进行职位分析，识别所需员工的特点和技能，形成职位说明书，招聘、任用和留住员工。必要时，应对员工流失情况进行分析，并采取相应的措施。

c) 组织应建立诸如总经理邮箱、合理化建议、网上论坛及各类座谈会等渠道，听取和采纳员工、顾客和其他相关方的各种意见和建议；采用经验交流、交叉培训、岗位轮换及网络沟通、视频会议等方法，在不同的部门、职位和地区之间实现有效的沟通和技能共享。

4.4.2.3 员工绩效管理

组织应开展员工绩效管理，使员工、部门和组织整体的绩效协调一致，以提高员工和组织的绩效，实现组织的战略实施计划。可考虑：

——基于组织关键绩效指标的分解，对员工绩效进行定量和定性的评价和考核，并在适当的时机，采用适当形式，将评价和考核结果反馈给员工，以便采取措施改进绩效。员工绩效评价的内容可包括绩效结果和绩效因素（如员工态度、知识和技能等）。评价和考核可针对员工个人也可对团队进行。其中的员工不仅包括正式员工，也包括季节工、临时工。

——建立科学合理的薪酬体系和实施适宜的激励政策和措施，包括薪酬、奖惩、认可、晋升等物质和非物质的激励政策和措施。

4.4.2.4 员工的学习和发展

组织应通过教育与培训提高员工的意识、知识和技能，进而提高员工和组织的绩效，促进组织的战略发展和员工的职业发展：

a) 员工的教育与培训

组织应建立从需求识别、计划制定和实施，到效果评价和改进的教育与培训管理体系。

员工教育与培训的需求可包括：

——为应对战略挑战，培育核心竞争力和落实长、短期实施计划的需求，通常通过人力资源计划体现；

——为改进员工和组织绩效而产生的知识和技能需求，可通过员工绩效评价、改进和创新计划等渠道识别；

——员工职业发展和兴趣爱好方面的需求，可通过员工培训和教育需求调查识别。

教育与培训计划的内容可包括：教育与培训的对象、目标、方式、经费和设施等事项。

组织对教育与培训的效果进行评价时，除了采用考试、问卷等方式即时评价外，还应结合员工和组织绩效的变化，评价教育与培训后学以致用的有效性，并促进教育与培训工作的改进。

组织在教育与培训中，应注重：

——根据岗位和职位的不同分类分层实施，如：按管理、技术、操作及按不同工种分类；按高层、中层、基层分层；

——采用多种方式，可包括委托培养、自学、短期培训、学术研讨会、远程教育、轮岗、交叉培训等。

b) 员工的职业发展

组织应建立多种发展渠道，鼓励、帮助各层次员工制定和实施有针对性、个性化的职业发展规划，实现学习和发展目标。

组织应制定和实施适当的继任计划，包括高、中层领导岗位及关键技术岗位的继任计划，形成人才梯队，以提高组织的持续经营能力。

4.4.2.5 员工的权益与满意程度

组织应确保员工权益，包括保持良好的工作环境、提供福利支持、保证员工参与的权利，促进全体员工的满意：

a) 员工权益

组织应通过实施职业健康安全管理体系，针对不同的工作场所确定相应的测量指标和目标，如粉尘、噪声、有害气体、电磁辐射等，保证和不断改善员工的工作环境，并对可能发生的突发事件和危险情况作好应急准备[参见 4.5.2.4b)]；

组织应制定有关员工服务和福利的制度，根据不同员工群体的关键需求和期望，提供相应的服务、福利等方面的支持，并遵循《劳动法》、《工会法》等法律法规保障员工的合法权益；

组织可采用员工调查、访谈等方法，确定影响员工参与的因素，为员工营造主动参与的环境，鼓励员工积极参与多种形式的活动，如QC小组、合理化建议等，并提供时间和资金方面的支持。

b) 员工满意程度

组织可采用员工问卷调查、座谈等方法，确定影响员工满意程度和积极性的关键因素，如薪酬福利、劳动保护、学习机会、职位提升机会等，以及这些因素对不同员工群体的影响；

组织应通过问卷调查等方法定期调查员工满意程度，了解员工的意见和建议，并分析原因，制定改进措施，提高员工满意程度。需要时，可增加针对性调查，如针对某类员工或某些方面的调查；

组织还可通过其他指标，如员工流失、缺勤、抱怨、安全及生产效率，评价和提高员工的满意程度和工作积极性。

4.4.3 财务资源

组织应根据战略目标和实施计划确定资金需求，通过诸如自有资金、银行贷款、发行债券以及上市或增发股票等方法保障资金供给。

组织应制定严密科学的财务管理制度，推进全面预算管理，并提高预算准确率；开展成本管理，控制和降低成本；进行财务风险评估，提出并实施风险管理解决方案，确保和提高财务安全性。

组织可采用降低库存、减少应收账款等方法加快资金周转，采用盘活存量资产等方法提高资产利用率，以实现财务资源的最优配置，提高资金的使用效率。

4.4.4 信息和知识资源

组织应识别和开发信息源，建立集成化的软硬件信息系统并确保其可靠性、安全性和易用性，持续适应战略发展的需要；应有效管理知识资产，同时确保数据、信息和知识的质量：

a) 组织可根据战略制定和日常运营的需求，识别和开发内部信息源；通过与行业协会、顾客、供方和合作伙伴等的外部合作以及利用社会媒介等渠道，识别和开发外部信息源，特别是竞争和标杆情报信息源，从而确保获得所需的数据和信息，并通过信息系统等途径，向员工、供方和合作伙伴及顾客提供相关数据和信息，以提高包括供方、组织、顾客在内的供应链整体效率和快速反应能力。

b) 组织应优选软硬件供方及其产品，建立符合行业特点及业务需求的信息系统，并通过与供方密切合作、培养软硬件维护人员、信息系统用户参与等方法，确保信息系统软硬件的可靠性、安全性、易用性。

c) 组织应基于战略及其实施计划，开展信息化需求调查和分析，制定长短期的信息化发展计划，积极、系统地推进信息化建设，逐步建立和运行满足内外部用户要求的集成化信息系统。

d) 组织应营造重视知识的学习型组织文化氛围，明确知识管理过程，建立知识管理的信息平台，收集和传递来自员工、顾客、供方和合作伙伴的知识，通过内部知识分享和外部标杆对比，识别最佳实践，进行确认、积累、整合、分享和推广应用，使分散的知识集成化、隐性的知识显性化，将知识转化为效益，促进知识资产的不断增值。其中：

——组织内部的知识可包括：图纸、文件、专利、技术诀窍、攻关成果、技术革新和改造成果、QC小组和六西格玛管理成果、合理化建议成果、专业论文等；

——组织外部的知识可包括：顾客的图纸和文件，竞争对手和标杆的最佳实践、管理经验，供方和合作伙伴的专业技术文件，与组织运营相关的法律法规等。

e) 组织应建立确保数据、信息和知识的准确性、完整性、可靠性、及时性、安全性和保密性等质量属性的方法、监测指标并持续改进，以不断提高数据、信息和知识的质量。

4.4.5 技术资源

组织应基于技术评估制定战略，开展技术创新，形成在技术方面的核心竞争力，并制定和落实长短期技术发展计划：

a) 结合战略制定流程，收集内外部技术信息，及时了解并预测行业技术发展状况，对组织的技术现状进行评估并与同行对比分析，为制定战略提供依据，并识别增强组织核心竞争力的机会。

b) 基于其战略定位，确定与之相适应的技术定位，并瞄准国际先进技术和标准，将“原始创新、集成创新与引进消化吸收再创新”相结合，开展自主技术创新，提高组织的技术创新能力。

c) 注重知识积累，形成设计、操作和服务等方面的技术诀窍以及各类专利，并推广应用，逐步形成组织在技术方面的核心竞争力。

d) 基于其技术定位，制定长短期技术发展计划，明确技术开发和改造的目标和计划，进行技术经济论证和可行性分析，落实增强技术先进性、实用性所采取的措施。

4.4.6 基础设施

组织应根据其战略实施、日常运营的要求以及相关方需求和期望，确定和提供所必需的基础设施，包括：

a) 根据战略实施计划和过程管理的要求，提供满足产能、质量、成本、安全、环保等各方面要求的基础设施。

b) 建立故障性和预防性维护保养制度。根据企业的行业特点和自身条件，处理好专业维护保养和操作者维护保养之间的关系，制定科学合理的测量指标，保证基础设施的状态完好。

c) 根据战略目标和长短期实施计划以及日常过程管理的要求，制定和实施更新改造计划，不断提高基础设施的技术水平。

d) 根据基础设施的关键失效模式，制定预案，防止由于基础设施的失效带来的环境、职业健康安全和资源利用方面的问题。

4.4.7 相关方关系

相关方关系是组织的重要资源，组织应致力于与顾客、股东、员工、社会、供方和合作伙伴建立共赢的关系，以支持组织的使命、愿景、价值观和战略。

组织应特别关注与供方和合作伙伴的关系，根据对组织成功的影响程度确定关键供方和合作伙伴，基于平等互利、共同发展的原则，推动和促进双向沟通和知识分享，提供诸如技术、管理、人员和资金等方面的支持，建立长期合作伙伴关系或战略联盟等，共同提高过程的有效性和效率，达到双赢的目的。

4.5 过程管理

4.5.1 总则

本条款涵盖了组织的所有过程特别是关键过程，其目的在于确保组织战略及其实施计划的落实。

本条款包括三项要点：过程的识别与设计、过程的实施、过程的改进。

4.5.2 过程的识别与设计

4.5.2.1 提要

本条款包括三项要点：在识别组织全过程基础上确定关键过程；确定对关键过程的要求；基于过程要求进行关键过程的设计。

4.5.2.2 过程的识别

组织应采用过程方法，梳理、确定主要产品、服务及经营全过程。

组织应明确当前的和应持续增强的核心竞争力，在识别全过程基础上，考虑与核心竞争力的关联程度，定量或定性地分析这些过程对组织赢利能力和取得成功的贡献，确定组织的关键过程。适当时，对不能体现核心竞争力的过程进行调整，例如可考虑将其外包。

4.5.2.3 过程要求的确定

对关键过程的要求来自于顾客和其他相关方，包括内部顾客。组织应确定过程的相关方，识别这些相关方对过程的要求，当要求较多时从中确定出关键要求。必要时，还应关注不同的顾客或其他相关方群体对过程的不同要求。

对关键过程的要求可包括质量、生产率、成本、周期、准时率、环境及安全要求等，应清晰、具体和可测量。

4.5.2.4 过程的设计

组织应根据所确定的过程要求，进行过程设计，包括应对突发事件的应急响应系统的建立：

a) 在过程设计中，组织应：
   ——有效利用新技术和组织的知识，如：新工艺、新材料、新设备、新方法和信息技术，组织积累的技术诀窍、管理经验等。
   ——考虑未来可能的变化，具有前瞻性地提出预案或预留接口，使过程具有适应内外部环境和因素变化的敏捷性，即当顾客要求和市场变化时能够快速反应。如：当一种产品转向另一种产品时，产品实现过程能够快速地适应这种变化。
   ——综合考虑质量、安全、周期、生产率、节能降耗、环境保护、成本和其他有效性和效率的因素，将对关键过程的要求转化为关键绩效指标，这些指标应是可测量并量化的。

   过程设计的输出一般包括：流程图、程序或作业指导书及关键绩效指标。

   当过程试运行达不到要求和（或）过程要求发生变化时，应进行过程评价和改进，需要时进行过程的重新设计。

b) 在应急响应系统的建立中，组织应：
   ——根据行业实际，识别和评估可能对安全、健康、环境和运营（包括信息系统）造成显著影响的潜在突发事件（如：火灾、爆炸、洪水、地震、台风及流行性传染病等等），建立相关应急预案和在可行时定期演练的计划，以确保当突发事件发生时，能够启动应急预案，规避风险、减少危害；
   ——系统地考虑灾前预防准备，灾中应急响应、评估和处置管理，以及灾后恢复；在确保安全、健康和环境的前提下，确保运营的连续性，以尽快恢复运营。

4.5.3 过程的实施与改进

4.5.3.1 提要

本条款包括两项要点：按照所设计的过程，进行过程实施；针对过程实施，对过程进行评价、改进和创新并分享其成果。其中包括对应急预案及其演练等活动的实施和改进。

4.5.3.2 过程的实施

组织在关键过程的实施中通常考虑以下要点：

——根据过程设计的要求，利用资源，控制过程，确保过程的有效性和效率，实现过程要求。

——将关键绩效指标用于监测和控制关键过程，可在过程中监测，也可通过顾客和其他相关方的反馈来监测；

——针对关键绩效指标及过程因素(人、机、料、法、环、测)，运用适当的统计技术，如统计过程控制、测量系统分析等，控制和管理关键过程，使之稳定受控并具备足够的过程能力；

——利用来自顾客、供方和其他相关方的信息，及时对过程进行调整，并应用质量成本管理、价值工程等方法，优化关键过程的整体成本。

4.5.3.3 过程的改进

组织可通过分析关键过程的关键绩效指标的水平、趋势，并与适宜的竞争对手和标杆对比，以评价过程实施的有效性和效率，推动过程的改进和创新，使关键过程与发展方向和业务需要保持一致：

——为了达到更好的过程绩效，减少波动与非增值活动，组织可应用合理化建议和技术革新、QC小组、六西格玛、精益生产、业务流程再造以及其他方法，可参见4.6.3.3“改进与创新方法的应用”；

——过程改进的成果和经验教训应列入组织的知识资产，在各部门和过程中分享，适当时，可与顾客、供方和合作伙伴分享，以及在行业内或跨行业分享。

组织可运用“方法-展开-学习-整合”(Approach-Deployment-Learning-Integration，简称A-D-L-I)对过程进行评价，有关“方法-展开-学习-整合”的进一步说明参见本指导性技术文件的附录C。

4.6 测量、分析与改进

4.6.1 总则

本条款是组织绩效管理系统的基础。

组织应测量、分析、评价组织绩效，支持组织的战略制定和部署，促进组织战略和运营管理的协调一致，推动改进和创新，提升组织的核心竞争力。

4.6.2 测量、分析和评价

4.6.2.1 提要

组织应建立一个关键绩效指标体系测量、分析和评价系统，涵盖各层次以及所有部门、过程，监测战略实施和组织运作，并推动改进和创新。

本条款包括两项要点：首先进行绩效测量；然后基于测量进行绩效分析和评价。

4.6.2.2 绩效测量

组织应建立绩效测量系统，进行绩效对比，并使测量系统随内外部环境变化动态调整：

a) 明确所选择的关键绩效指标，确定负责部门、数据和信息来源、收集和整理及计算的方法、测量周期等，以客观、准确地监测组织的运作及组织的整体绩效，为战略制定和日常决策、为改进和创新提供支持。

b) 针对关键绩效指标及关键活动，识别、收集和有效应用关键的绩效对比数据(包括内部对比、竞争对比和标杆对比数据)以及相关信息(如组织内部、行业内或行业外标杆的最佳实践)，开展内部对比、竞争对比和标杆对比活动，为战略制定和日常决策、为改进和创新提供支持。

c) 对绩效指标、指标值、测量方法等进行适时评价，使测量系统的各要素能够随着内外部环境的快速变化和战略的调整，进行动态的、灵敏的调整，以保持协调一致。

4.6.2.3 绩效分析和评价

组织应在绩效测量的基础上开展绩效分析、评价和决策，包括：

a) 在战略制定过程和战略部署、日常运作过程中，都需要开展绩效分析，包括趋势分析、对比分析、因果分析和相关分析等，以找出绩效数据和信息的内在规律和彼此之间的关系，支持绩效评价，帮助确定根本原因和资源使用的重点。

b) 组织的绩效评价应由高层领导主持，不仅要评价自身长短期目标和计划的达成情况，而且要考虑在竞争性环境下的绩效对比，并评价组织应对内外部环境变化和挑战的快速反应能力。绩效评价的输入可包括：绩效数据和信息的测量、分析结果，管理体系审核、卓越绩效评价的结果，战略实施计划、改进和创新举措的实施状况，内外部环境的变化等。

c) 组织应综合考虑所存在问题的影响、紧急程度以及绩效趋势与对比等因素，识别改进的优先次序和创新机会，将评价结果转化为具体的改进和创新举措，使有限的资源配置到最需要改进和创新的地方。当改进和创新举措涉及外部时，还需要将其展开至供方和合作伙伴。

4.6.3 改进与创新

4.6.3.1 提要

改进与创新是组织追求卓越、实现持续发展的动力。

本条款包括改进与创新的管理和方法应用两个要点，旨在充分使用测量、分析和评价的结果，推动各层次和所有部门、过程的改进与创新。

4.6.3.2 改进与创新的管理

改进与创新的管理包括对改进和创新进行策划，实施、测量改进与创新活动，评价改进与创新的成果。具体包括：

a) 组织应结合战略及其实施计划，根据内外部顾客和其他相关方的要求，基于关键绩效指标的层层分解，制定组织各层次和所有部门、过程的改进与创新计划和目标，使改进活动与组织整体目标保持一致。创新的形式可包括：原始创新(指前所未有的重大科学发现、技术发明、原理性主导技术等)、集成创新(指通过对各种现有技术的有效集成，形成有市场竞争力的新产品或管理方法)和引进消化吸收再创新(指在引进国内外先进技术的基础上，学习、分析、借鉴，进行再创新，形成具有自主知识产权的新技术)。

b) 组织在实施、测量改进与创新活动时，应做到组织到位、职责落实、制度完善、方法多样，并采用适当的方式进行跟踪管理；组织应对改进成果进行科学、全面的评价，分析其对赢利能力和实现组织战略目标的贡献，建立符合组织自身特点的激励政策，并分享、推广改进的成果，使改进活动步入良性循环。

4.6.3.3 改进与创新方法的应用

组织应运用科学的改进与创新方法，以确保改进与创新的成果和效率：

a) 组织在生存和发展过程中会遇到多种多样的问题，为了解决发生在不同层次、影响程度和难度各异的问题，应由各层次员工参与、有针对性地应用适宜的方法，进行改进和创新。如员工合理化建议和 QC 小组活动；开展六西格玛管理、业务流程再造等。

b) 组织应正确理解统计技术和其他工具的适用范围和条件，并有效应用。统计技术和其他工具可包括：QC 新老七种工具、失效模式与影响分析、假设检验、方差分析、回归分析、试验设计等。

4.7 结果

4.7.1 总则

本条款旨在描述组织的结果，包括产品和服务、顾客与市场、财务、资源、过程有效性和领导等方面的绩效，体现了为顾客、股东、员工、供方及合作伙伴与社会创造的价值，并为评价和改进产品、服务和经营质量提供信息。

组织应描述其至少近三年的关键绩效指标结果数据，以反映绩效的当前水平和趋势；与竞争对手(或提供类似产品和服务的对比组织)和标杆的数据进行对比，以反映组织在相关绩效方面的行业地位、竞争优势和存在的差距；并使所描述的结果指标与在“组织概述”和“过程”评分条款中确定的关键绩效要求及指标相呼应。

组织应运用“水平-趋势-对比-整合”(Levels-Trends-Comparisons-Integration，简称 Le-T-C-I)四要素对结果进行评价，有关“水平-趋势-对比-整合”的进一步说明参见本指导性技术文件的附录 C。

4.7.2 产品和服务结果

本条款旨在描述组织的主要产品和服务结果。主要产品和服务是指：当前以及未来占有组织总销售收入、利润较大份额的那些产品和服务，并与在组织概述、战略、顾客与市场、过程管理等条款中的相关描述保持一致。

a) 主要产品和服务的关键绩效指标及其水平和趋势。其指标源自 4.3 中了解、确定的顾客需求、期望和偏好，可包括：主要产品和服务的质量特性、可靠性、性价比、交付周期或准时交付、顾客服务或技术支持等方面的指标。

b) 主要产品和服务的关键绩效指标与竞争对手对比的结果，与国内、国际同类产品和服务的对比结果。

c) 主要产品和服务的特色和创新成果，可包括：名牌产品、驰名商标、品牌价值、科技进步奖产品、专利产品、新产品或新服务，以及产品和服务在质量安全、环保和资源节约等方面的特色等。

4.7.3 顾客与市场结果

4.7.3.1 提要

本条款旨在描述组织的顾客与市场结果。必要时，将结果按顾客群与市场区域加以细分。其中应包括适当的对比性数据。

4.7.3.2 顾客方面的结果

顾客方面的结果的数据(包括对比数据)可来源于组织、顾客和独立机构：

a) 顾客满意的关键绩效指标的当前水平和趋势，包括按照具体测评项目、顾客群及细分市场等而进行的细分数据。衡量顾客满意的关键绩效指标可包括：顾客满意度、顾客投诉及时响应率和有效解决率(或顾客投诉响应时间和有效解决时间)等。

b) 顾客满意与竞争对手和本行业标杆对比的结果，必要时包括细分数据的对比，以利于寻找改进机会。

c) 顾客忠诚的关键绩效指标的当前水平和趋势。衡量顾客忠诚的关键绩效指标可包括：顾客忠诚度、留住顾客、获得积极推荐和与顾客建立关系的其他方面，如来自顾客和独立评价机构的评价、表彰和授奖。

4.7.3.3 市场结果

4.7.3.3.1 市场方面的关键绩效指标的当前水平和趋势，可包括：市场占有率、市场排名、业务增长率、新增市场区域及出口、电子商务销售收入等。

4.7.3.3.2 市场绩效与竞争对手和本行业标杆的对比结果，在国内外同行业中的水平，必要时包括细分市场的结果对比，以利于寻找改进机会。

4.7.4 财务结果

本条款旨在描述组织的财务结果。

组织应描述其在财务方面的关键绩效指标的当前水平和趋势，其中应包括适当的对比性数据。财务方面的关键绩效指标包括主营业务收入、投资收益、营业外收入、利润总额、总资产贡献率、资本保值增值率、资产负债率、流动资金周转率等综合指标，但也不限于这些指标。组织应根据国家《会计准则》、《财务通则》和行业特点，选择最具代表性的指标来反映组织的财务绩效。

当针对不同产品和服务类别或市场区域进行了单独的财务核算（包括内部模拟核算）时，组织可描述这些细分的财务结果。

4.7.5 资源结果

本条款旨在描述组织的资源方面的结果。

人力资源的结果应是 4.4.2 中各项活动相应的结果：

——工作的组织和管理方面的关键绩效指标可包括：简化管理层级和岗位的数量、组建跨职能小组的数量、员工晋升率、员工流失率以及管理人员比例的变化等；

——员工绩效管理的关键绩效指标可包括：全员劳动生产率、人均利税率、员工薪酬增长率、对员工的各类表彰和奖励数量等；

——员工学习与发展的关键绩效指标可包括：人均培训时间和经费投入、员工培训满意度，以及培训前后员工绩效对比、交叉培训以及职业发展等方面的指标；

——员工权益与满意程度的关键绩效指标可包括：员工职业健康和安全指标、员工保险费用、员工休假天数、员工福利支出、员工满意度及其细分结果，以及技术创新、合理化建议和 QC 小组的数量等。

其他资源的结果主要描述组织所拥有的财务、信息和知识、技术、基础设施和相关方关系资源（有关资源管理过程的绩效结果在 4.7.6 中描述）：

——财务资源结果的关键绩效指标可包括：预算准确率、应收账款回收率、资金周转率、财务成本等；

——信息和知识资源结果的关键绩效指标可包括：信息系统的投资额、软件系统的开发和应用、知识资产的积累、分享和应用，最佳实践的识别和推广，以及软硬件的可靠性、安全性和易用性方面的指标等；

——技术资源结果的关键绩效指标可包括：研发经费支出及其占销售收入的比例、新产品产值率、专利数量、科技进步奖数量等；

——基础设施资源结果的关键绩效指标可包括：基础设施完好率、利用率、办公场所和厂房面积、关键设备数量、基本建设投资额、技术改造投资额等；

——相关方关系资源结果的关键绩效指标可包括：供应商总数量、长期合作供应商和合作伙伴的数量或比例、战略联盟的数量等。

4.7.6 过程有效性结果

本条款旨在描述过程有效性的结果。适当时，将结果按产品和服务类别或市场区域加以细分。其中应包括适当的对比性数据。

组织应描述关键过程有效性和效率方面的关键绩效指标的当前水平和趋势，包括4.5中各关键过程的关键绩效指标，例如：

——研发过程的新产品设计周期、新产品数量及设计成功率等；

——市场营销过程的中标率、订单预测准确率、订单及销售量等；

——采购供应过程的进货批合格率及准时交货率、采购成本降低率、关键供方营业收入增长率等；

——生产过程的一次合格率、准时交货率、产量、生产周期、生产成本等；

——服务过程的维修满意率、故障排除时间及网络接通率等。

4.7.7 领导方面的结果

本条款旨在描述领导方面的结果。必要时按业务单元加以细分。其中应包括适当的对比性数据。

组织应描述以下五个方面的关键绩效指标的当前水平和趋势：

a) 在实现战略目标方面的关键绩效指标可包括：战略目标实现率、实施计划完成率、关键绩效指标达成率等。

b) 在组织治理方面的关键绩效指标可包括：股东及其他相关方权益、内外部审计结果及其利用、信息披露合规性、独立董事比例等方面的绩效指标。

c) 在公共责任方面的关键绩效指标可包括：废水、废气、噪声、废渣的排放指标，万元产值能耗及水耗，原材料等资源利用率，职业健康和安全事故、事件率，产品质量安全事故以及应急准备和响应等方面的绩效指标。

d) 在道德行为方面的关键绩效指标可包括：遵守道德规范及诚信情况的调查指标，违背道德规范的事件数，顾客、供方以及相关机构对组织诚信程度的评估。

e) 在公益支持方面的关键绩效指标可包括：对文化、教育、卫生、慈善、社区、行业发展和环境保护等公益事业的支持指标，如捐助金额、参加义务献血的人次等。

附　录　A
（资料性附录）
卓越绩效评价准则框架图与评分条款分值表

A.1　卓越绩效评价准则框架图

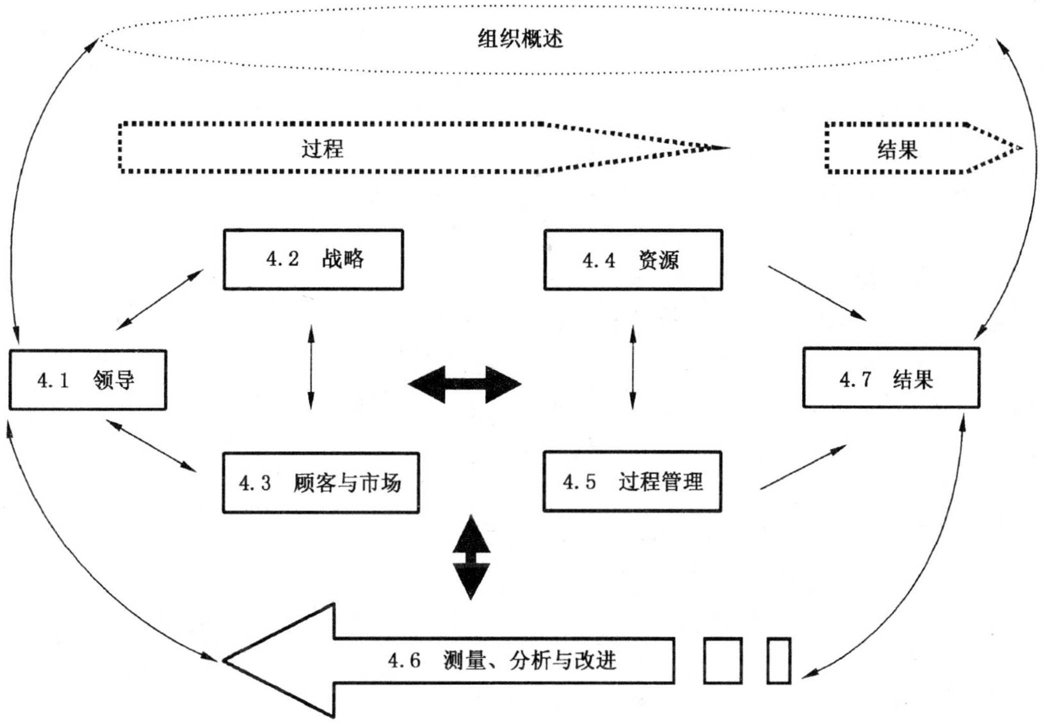

图 A.1　卓越绩效评价准则框架图

在图 A.1 所示的卓越绩效评价准则框架图中，反映了组织概述、4.1 至 4.7 七个条款之间的关系：

a）“组织概述”包括组织的环境、关系和挑战，显示了组织运营的关键因素和背景状况。

b）有关过程的条款包括 4.1，4.2，4.3，4.4，4.5，4.6，结果条款为 4.7。组织通过过程运行获取结果，基于结果的测量、分析，推动过程的改进和创新。

c）卓越绩效模式旨在通过卓越的过程获得卓越的结果，即：应对评价准则的要求，确定、展开组织的方法，并定期评价、改进、创新和分享，使之达到一致、整合，从而不断提升组织的整体结果，赶超竞争对手和标杆，获得卓越的绩效，实现组织的持续发展和成功。

d）“领导”掌控着组织前进的方向，并密切关注着“结果”。

e）“领导”、“战略”、“顾客与市场”构成“领导作用”三角，是驱动性的，旨在强调领导对战略和顾客与市场的关注；“资源”、“过程管理”、“结果”构成“资源、过程和结果”三角，是从动性的，显示利用资源，通过过程管理取得结果。而“测量、分析和改进”是组织运作的基础，是链接两个三角的“链条”，并推动组织的改进和创新。

A.2 卓越绩效评价准则评分条款分值表

条款名称	条款分值
4.1 领导	110
4.1.2 高层领导的作用	50
4.1.3 组织治理	30
4.1.4 社会责任	30
4.2 战略	90
4.2.2 战略制定	40
4.2.3 战略部署	50
4.3 顾客与市场	90
4.3.2 顾客和市场的了解	40
4.3.3 顾客关系与顾客满意	50
4.4 资源	130
4.4.2 人力资源	60
4.4.3 财务资源	15
4.4.4 信息和知识资源	20
4.4.5 技术资源	15
4.4.6 基础设施	10
4.4.7 相关方关系	10
4.5 过程管理	100
4.5.2 过程的识别与设计	50
4.5.3 过程的实施与改进	50
4.6 测量、分析与改进	80
4.6.2 测量、分析和评价	40
4.6.3 改进与创新	40
4.7 结果	400
4.7.2 产品和服务结果	80
4.7.3 顾客与市场结果	80
4.7.4 财务结果	80
4.7.5 资源结果	60
4.7.6 过程有效性结果	50
4.7.7 领导方面的结果	50

附 录 B
（资料性附录）
卓越绩效评价——从组织概述开始

组织概述是组织的一幅快照，显示了组织运营的关键因素和背景状况。将组织概述作为卓越绩效评价的开始的重要性体现在：

a） 是组织自我评价和编写质量奖申报材料时最恰当的开始点；

b） 有助于组织关注其关键过程和结果，识别关键的潜在差距，以制订改进计划；

c） 有助于评审员在材料评审、现场评审中，了解组织及组织认为重要的方面。

B.1 组织描述

B.1.1 组织的环境：

a） 主要的产品和服务及其交付方式；

b） 组织文化特色，组织的使命、愿景和价值观；

c） 员工概况，包括：教育水平、年龄和职位构成，关键需求和期望及福利制度；

d） 主要的技术和设备设施；

e） 组织运营的法律法规和政策环境。

B.1.2 组织的关系：

a） 组织结构和治理体制；

b） 关键的顾客群及其他相关方群体，及其对产品、服务和运营的关键需求、期望和差异点；

c） 关键的供方和经销商类别，及其在关键产品和服务过程及创新中的角色，关键的供应链要求；

d） 与关键顾客和供方的伙伴关系和沟通机制。

B.2 组织面临的挑战

B.2.1 竞争环境：

a） 在行业内或目标市场中的竞争地位、规模和发展情况，竞争对手的类型和数量；

b） 决定组织能否超越竞争对手、取得成功的关键因素，正在影响竞争格局的关键变化，创新和合作机会；

c） 竞争对比和标杆对比数据的主要来源，获取能力的局限。

B.2.2 战略挑战和优势：

在关键业务、运营和人力资源方面的战略挑战和战略优势。

B.2.3 绩效改进系统：

绩效改进的总体方法，包括从评价、改进与创新到知识分享的方法系统。

附 录 C
（资料性附录）
卓越绩效评价要素和评分指南

根据《卓越绩效评价准则》的评价要求和被评价组织的信息，按过程条款的四个评价要素和结果条款的四个评价要素，分别对过程、结果进行定性评价和定量评分。

C.1 评价要素

C.1.1 过程

本附录所表述的“过程”是指：组织针对标准4.1～4.6中各评分条款要求，所采用的方法及其展开和改进。用方法-展开-学习-整合（Approach-Deployment-Learning-Integration，简称A-D-L-I）的四个要素评价组织过程的成熟度，其中“方法”评价要点：

a） 方法的适宜性，包括对标准评分条款要求和对组织实际的适宜程度；

b） 方法的有效性，是否导致了好的结果；

c） 方法的系统性，包括可重复性以及基于可靠数据和信息的程度。

“展开”评价要点：

a） 方法是否持续应用；

b） 方法是否在所有适用的部门应用。

“学习”评价要点：

a） 通过循环评价和改进，对方法进行不断完善；

b） 鼓励通过创新对方法进行突破性的变革；

c） 在各相关部门、过程中分享方法的改进和创新。

“整合”评价要点：

a） 方法与在组织概述和其他评分条款中确定的组织需要协调一致；

b） 各过程、部门的方法协调一致、融合互补，支持组织使命、愿景和战略目标的实现。

C.1.2 结果

本附录所表述的“结果”是指：组织针对标准4.7中各评分条款要求，所得到的输出和效果。用水平-趋势-对比-整合（Levels-Trends-Comparisons-Integration，简称Le-T-C-I）的四个要素评价组织结果的成熟度，其中“水平”评价要点：

组织绩效的当前水平。

“趋势”评价要点：

a） 组织绩效改进的速度（趋势数据的斜率）；

b） 组织绩效改进的广度（展开的程度）。

“对比”评价要点：

a） 与适宜的竞争对手或类似组织的对比绩效；

b） 与标杆或行业领先者的对比绩效。

“整合”评价要点：

a） 组织结果的测量指标与在“组织概述”和“过程”评分条款中确定的关键绩效要求及指标相呼应。

b）组织各过程、部门的结果协调一致，支持组织使命、愿景和战略目标的实现。

C.2 评分指南及其使用说明

C.2.1 “过程”评分条款评分指南

“过程”评分条款评分指南见表C.1。

表C.1

分数	过　程
0%或5%	■ 没有系统的方法，信息是零散、孤立的。(A) ■ 方法没有展开或略有展开。(D) ■ 没有改进导向，已有的改进仅是“对问题的被动反应”。(L) ■ 缺乏协调一致，各个方面或部门各行其是。(I)
10%，15%，20%或25%	■ 开始有系统的方法，应对该评分条款的基本要求。(A) ■ 方法在大多数方面或部门处于展开的早期阶段，阻碍了基本要求的实现。(D) ■ 处于从“对问题的被动反应”到“改进导向”转变的早期阶段。(L) ■ 主要靠联合解决问题来使方法与其他方面或部门达成协调一致。(I)
30%，35%，40%或45%	■ 有系统、有效的方法，应对该评分条款的基本要求。(A) ■ 方法已得到展开，尽管某些方面或部门的展开尚属早期阶段。(D) ■ 开始系统地评价和改进关键过程。(L) ■ 方法与在应对组织概述和其他过程条款时所确定的基本组织需要初步协调一致。(I)
50%，55%，60%或65%	■ 有系统、有效的方法，应对该评分条款的总体要求。(A) ■ 方法得到很好的展开，尽管某些方面或部门的展开有所不同。(D) ■ 进行了基于事实且系统的评价、改进和一些创新，以提高关键过程的有效性和效率。(L) ■ 方法与在应对组织概述和其他过程条款时所确定的组织需要协调一致。(I)
70%，75%，80%或85%	■ 有系统、有效的方法，应对该评分条款的详细要求。(A) ■ 方法得到很好的展开，无明显的差距。(D) ■ 基于事实且系统的评价、改进和创新已成为关键的管理工具；存在清楚的证据，证实通过组织级的分析和分享，方法得到不断完善。(L) ■ 方法与在应对组织概述和其他过程条款时所确定的组织需要实现了整合。(I)
90%，95%或100%	■ 有系统、有效的方法，全面应对该评分条款的详细要求。(A) ■ 方法得到完全的展开，在任何方面或部门均无明显的弱点或差距。(D) ■ 基于事实且系统的评价、改进和创新已成为全组织的关键管理工具；有证据表明通过分析和分享，在整个组织中方法得到不断完善和创新。(L) ■ 方法与在应对组织概述和其他过程条款时所确定的组织需要实现了很好的整合。(I)

C.2.2 “结果”评分条款评分指南

“结果”评分条款评分指南见表C.2。

表 C.2

分数	结　果
0% 或 5%	■ 没有报告结果，或结果很差。(Le) ■ 没有显示趋势的数据，或大多为不良的趋势。(T) ■ 没有对比性信息。(C) ■ 在对于达成组织使命、愿景和战略目标重要的任何方面，均没有报告结果。(I)
10%，15%，20% 或 25%	■ 结果很少，在少数方面有一些早期的良好绩效水平。(Le) ■ 有一些显示趋势的数据，其中部分呈不良的趋势。(T) ■ 没有或极少对比性信息。(C) ■ 在对于达成使命、愿景和战略目标重要的少数方面，报告了结果。(I)
30%，35%，40% 或 45%	■ 在对该评分条款要求重要的一些方面，有良好的绩效水平。(Le) ■ 有一些显示趋势的数据，其中多半呈有利的趋势。(T) ■ 处于获得对比性信息的早期阶段。(C) ■ 在对于达成使命、愿景和战略目标重要的多数方面，报告了结果。(I)
50%，55%，60% 或 65%	■ 在对该评分条款要求重要的大多数方面，有良好的绩效水平。(Le) ■ 在对达成组织使命、愿景和战略目标重要的方面，呈有利的趋势。(T) ■ 与有关竞争对手和(或)标杆进行对比评价，部分指标具有良好的相对绩效水平。(C) ■ 结果对应了大多数关键的顾客、市场和过程要求。(I)
70%，75%，80% 或 85%	■ 在对该评分条款要求重要的大多数方面，有良好到卓越的绩效水平。(Le) ■ 在对达成使命、愿景和战略目标重要的大多数方面，呈可持续的有利趋势。(T) ■ 与有关竞争对手和(或)标杆进行对比评价，多数乃至大多数指标具有非常好的相对绩效水平。(C) ■ 结果对应了大多数关键的顾客、市场、过程和战略实施计划要求。(I)
90%，95%或100%	■ 在对该评分条款要求重要的大多数方面，有卓越的绩效水平。(Le) ■ 在对达成使命、愿景和战略目标重要的所有方面，呈可持续的有利趋势。(T) ■ 在多数方面都表明处于行业领导地位和标杆水准。(C) ■ 结果完全对应了关键的顾客、市场、过程和战略实施计划要求。(I)

C.2.3　评分说明

在确定分数的过程中应遵循以下原则：

a)　应评审评分条款中的所有各方面，特别是对组织具有重要性的方面，即：应考虑过程和结果对关键因素的重要度，其最重要的方面应在“组织概述”和诸如 4.2.2、4.2.3、4.3.2、4.4.2、4.5.2 等评分条款中识别，关键顾客要求、竞争环境、人力资源需求、关键战略目标和实施计划尤其重要。

b)　给一个评分条款评分时，首先判定哪个分数范围档次(如 50%～65%)总体上“最适合”组织在本评分条款达到的水平。总体上“最适合”并不要求与分数范围档次内的每一句话完全一致，允许在个别要素(过程的 A-D-L-I 要素或结果的 Le-T-C-I 要素)上有所差距。

c)　组织达到的水平是依据对 4 个过程要素或 4 个结果要素整体综合评价的结果，并不是专门针对某一要素进行评价或对每一要素评价后进行平均的结果。

d)　在适合的范围内，实际分数根据组织的水平是否更接近于上一档或下一档分数范围来判定。

e) “过程”评分条款分数为50%，表示方法满足该评分条款的总体要求并持续展开，且展开到该评分条款涉及的大多数部门；经过了一些评价和改进的循环，与在应对组织概述和其他过程条款时所确定的组织需要达到了协调一致。更高的分数则反映更好的成就，证实了更广泛的展开、显著的组织学习以及更进一步的整合。

f) “结果”评分条款分数为50%，表示具有良好的绩效水平、有利的趋势，在该评分条款所覆盖的方面具有适宜的对比数据，部分相对绩效达到良好水平，且对应了大多数关键的顾客、市场和过程要求。更高的分数则反映更好的绩效水平、趋势和对比绩效，更广泛的覆盖和整合。

C.2.4 “过程”评分条款的要求类别图例

“过程”评分条款的要求类别图例见图C.1。

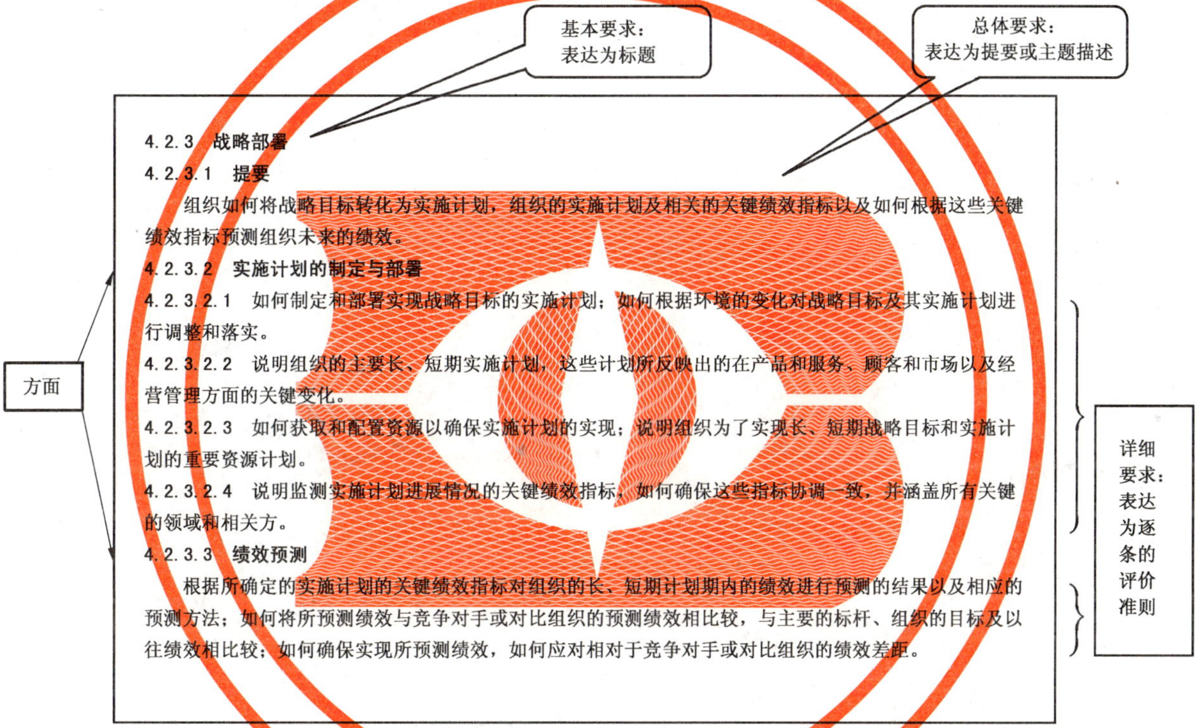

图 C.1

ICS 03.120.10
A 00

GB

中华人民共和国国家标准

GB/T 19580—2012
代替 GB/T 19580—2004

卓越绩效评价准则

Criteria for performance excellence

2012-03-09 发布 2012-08-01 实施

中华人民共和国国家质量监督检验检疫总局
中国国家标准化管理委员会 发布

前　言

本标准依据 GB/T 1.1—2009 给出的规则起草。

本标准代替 GB/T 19580—2004《卓越绩效评价准则》。本标准与 GB/T 19580—2004 相比主要变化如下：

——增加了基本理念；

——增加了部分术语；

——调整了部分章节的内容。

本标准由国家质量监督检验检疫总局提出。

本标准由全国质量管理和质量保证标准化技术委员会(SAC/TC 151)归口。

本标准起草单位：中国标准化研究院、北京工业大学、中国质量协会、中国人民大学、北京科立特管理咨询公司、上海质量管理科学研究院、上海三菱电梯有限公司、宝钢集团有限公司。

本标准主要起草人：韩福荣、汤万金、陈志田、马林、吕青、李仁良、焦叔斌、张晓东、金国强、王俊、王国清。

本标准所代替标准的历次版本发布情况为：

——GB/T 19580—2004。

引　　言

0.1　总则

为了引导组织追求卓越，提高产品、服务和发展质量，增强竞争优势，促进组织持续发展，依据《中华人民共和国产品质量法》、《质量发展纲要（2011—2020 年）》，特制定本标准。

本标准借鉴国内外卓越绩效管理的经验和做法，结合我国企业经营管理的实践，从领导，战略，顾客与市场，资源，过程管理，测量、分析与改进以及结果等七个方面规定了组织卓越绩效的评价要求，为组织追求卓越提供了自我评价的准则，也可作为质量奖的评价依据。

本标准以落实科学发展观、建设和谐社会为出发点，坚持以人为本、全面协调和可持续发展的原则，为组织的所有者、顾客、员工、供方、合作伙伴和社会创造价值。本标准的制定和实施可促进各类组织增强战略执行力，改善产品和服务质量，帮助组织进行管理的改进和创新，持续提高组织的整体绩效和管理能力，推动组织获得长期成功。

0.2　与 GB/Z 19579—2012《卓越绩效评价准则实施指南》的关系

本标准规定了卓越绩效评价要求，是卓越绩效评价的主要依据；《卓越绩效评价准则实施指南》是组织实施本标准配套的指导性技术文件，为组织理解和应用《卓越绩效评价准则》提供指南。

0.3　基本理念

本标准建立在以下基本理念基础上，高层领导可运用这些基本理念引导组织追求卓越：

a）　远见卓识的领导

以前瞻性的视野、敏锐的洞察力，确立组织的使命、愿景和价值观，带领全体员工实现组织的发展战略和目标。

b）　战略导向

以战略统领组织的管理活动，获得持续发展和成功。

c）　顾客驱动

将顾客当前和未来的需求、期望和偏好作为改进产品和服务质量，提高管理水平及不断创新的动力，以提高顾客的满意和忠诚程度。

d）　社会责任

为组织的决策和经营活动对社会的影响承担责任，促进社会的全面协调可持续发展。

e）　以人为本

员工是组织之本，一切管理活动应以激发和调动员工的主动性、积极性为中心，促进员工的发展，保障员工的权益，提高员工的满意程度。

f）　合作共赢

与顾客、关键的供方及其他相关方建立长期伙伴关系，互相为对方创造价值，实现共同发展。

g）　重视过程与关注结果

组织的绩效源于过程，体现于结果。因此，既要重视过程，更要关注结果；要通过有效的过程管理，实现卓越的结果。

h）学习、改进与创新

培育学习型组织和个人是组织追求卓越的基础，传承、改进和创新是组织持续发展的关键。

i）系统管理

将组织视为一个整体，以科学、有效的方法，实现组织经营管理的统筹规划、协调一致，提高组织管理的有效性和效率。

卓越绩效评价准则

1 范围

本标准规定了组织卓越绩效的评价要求。

本标准适用于追求卓越的各类组织，为组织提供了自我评价的准则，也可作为质量奖的评价依据。

2 规范性引用文件

下列文件对于本文件的应用是必不可少的。凡是注日期的引用文件，仅注日期的版本适用于本文件。凡是不注日期的引用文件，其最新版本（包括所有的修改单）适用于本文件。

GB/T 19000 质量管理体系 基础和术语

3 术语和定义

GB/T 19000 界定的以及下列术语和定义适用于本文件。

3.1

卓越绩效 performance excellence

通过综合的组织绩效管理方法，为顾客、员工和其他相关方不断创造价值，提高组织整体的绩效和能力，促进组织获得持续发展和成功。

3.2

使命 mission

组织存在的价值，是组织所应承担并努力实现的责任。

3.3

愿景 vision

组织对未来的展望，是组织实现整体发展方向和目的的理想状态。

3.4

价值观 values

组织所崇尚文化的核心，是组织行为的基本原则。

3.5

治理 governance

在组织的监管中实行的管理和控制系统。包括批准战略方向、监视和评价高层领导绩效、财务审计、风险管理、信息披露等活动。

3.6

标杆 benchmarks

针对相似的活动，其过程和结果代表组织所在行业的内部或外部最佳的经营实践和绩效。

3.7

关键过程 key processes

为组织、顾客和其他相关方创造重要价值或做出重要贡献的过程。

4 评价要求

4.1 领导

4.1.1 总则

本条款用于评价组织高层领导的作用、组织治理及组织履行社会责任的情况。

4.1.2 高层领导的作用

组织应从以下方面说明高层领导的作用：

a) 如何确定组织的使命、愿景和价值观，如何将其贯彻到全体员工，并影响到组织的供方、合作伙伴、顾客及其他相关方，如何在落实组织的价值观方面起表率作用；
b) 如何与全体员工及其他相关方进行沟通，如何鼓励整个组织实现坦诚、双向的沟通，如何通过对全体员工实现卓越绩效的活动进行激励以强化组织的方向和重点；
c) 如何营造诚信守法的环境，如何营造有利于改进、创新和快速反应的环境，如何营造促进组织学习和员工学习的环境；
d) 如何履行确保组织所提供产品和服务质量安全的职责；
e) 如何推进品牌建设，不断提高产品质量和服务水平；
f) 如何强化风险意识，推动组织的持续经营，如何积极培养组织未来的领导者；
g) 如何促进组织采取行动以改进组织绩效、实现战略目标，并达成愿景；如何定期评价组织的关键绩效指标，以及如何根据绩效评价结果采取相应行动。

4.1.3 组织治理

如何考虑组织治理的关键因素以及如何对高层领导和治理机构成员的绩效进行评价：

a) 组织治理如何考虑以下关键因素：
——管理层所采取行动的责任；
——财务方面的责任；
——经营管理的透明性以及信息披露的政策；
——内、外部审计的独立性；
——股东及其他相关方利益的保护。
b) 如何评价高层领导的绩效，如何评价治理机构成员的绩效，高层领导和治理机构如何运用这些绩效评价结果改进个人、领导体系和治理机构的有效性。

4.1.4 社会责任

4.1.4.1 提要

组织如何履行社会责任，包括在公共责任、道德行为和公益支持等方面的做法。

4.1.4.2 公共责任

4.1.4.2.1 明确组织的产品、服务和运营对质量安全、环保、节能、资源综合利用、公共卫生等方面产生的影响所采取的措施。
4.1.4.2.2 如何预见和应对公众对组织的产品、服务和运营所产生的负面社会影响的隐忧。
4.1.4.2.3 说明为满足法律法规要求和达到更高水平而采用的关键过程及绩效指标，以及在应对产品、服务和运营的相关风险方面的关键过程及绩效指标。

4.1.4.3 道德行为

4.1.4.3.1 如何确保组织遵守诚信准则，以及如何建立组织的信用体系。

4.1.4.3.2 如何确保组织行为符合道德规范，说明用于促进和监测组织内部、与顾客、供方和合作伙伴之间及组织治理中的行为符合道德规范的关键过程及绩效指标。

4.1.4.4 公益支持

如何积极地支持公益事业，并说明重点支持的公益领域；高层领导及员工如何积极参与并为此做出贡献。

4.2 战略

4.2.1 总则

本条款用于评价组织的战略及其目标的制定、部署及进展情况。

4.2.2 战略制定

4.2.2.1 提要

组织如何制定战略和战略目标。

4.2.2.2 战略制定过程

4.2.2.2.1 组织应描述其战略制定过程、主要步骤及主要参与者，如何确定长、短期计划的时间区间，以及战略制定过程如何与长、短期计划时间区间相对应。

4.2.2.2.2 如何确保制定战略时考虑下列关键因素，如何就这些因素收集和分析有关的数据和信息：

——顾客和市场的需求、期望以及机会；

——竞争环境及竞争能力；

——影响产品、服务及运营方式的重要创新或变化；

——资源方面的优势和劣势，资源重新配置到优先考虑的产品、服务或领域的机会；

——经济、社会、道德、法律法规以及其他方面的潜在风险；

——国内外经济形势的变化；

——组织特有的影响经营的因素，包括品牌、合作伙伴和供应链方面的需要及组织的优势和劣势等；

——可持续发展的要求和相关因素；

——战略的执行能力。

4.2.2.3 战略和战略目标

4.2.2.3.1 说明战略和战略目标，以及战略目标对应的时间表和关键的量化指标。

4.2.2.3.2 战略和战略目标如何应对战略挑战和发挥战略优势，如何反映产品、服务、经营等方面的创新机会，如何均衡地考虑长、短期的挑战和机遇以及所有相关方的需要。

4.2.3 战略部署

4.2.3.1 提要

组织如何将战略和战略目标转化为实施计划及相关的关键绩效指标，以及如何根据这些关键绩效指标预测组织未来的绩效。

4.2.3.2 实施计划的制定与部署

4.2.3.2.1 如何制定和部署实现战略目标的实施计划；如何根据环境的变化对战略目标及其实施计划进行调整和落实。

4.2.3.2.2 说明组织的主要长、短期实施计划，这些计划所反映出的在产品和服务、顾客和市场以及经营管理方面的关键变化。

4.2.3.2.3 如何获取和配置资源以确保实施计划的实现；说明组织为了实现长、短期战略目标和实施计划的重要资源计划。

4.2.3.2.4 说明监测实施计划进展情况的关键绩效指标，如何确保这些指标协调一致，并涵盖所有关键的领域和相关方。

4.2.3.3 绩效预测

说明组织长、短期计划期内的关键绩效指标的预测结果以及相应的预测方法；如何将所预测绩效与竞争对手或对比组织的预测绩效相比较，与主要的标杆、组织的目标及以往绩效相比较；如何确保实现所预测绩效，如何应对相对于竞争对手或对比组织的绩效差距。

4.3 顾客与市场

4.3.1 总则

本条款用于评价组织确定顾客和市场的需求、期望和偏好以及建立顾客关系、确定影响顾客满意程度关键因素的方法。

4.3.2 顾客和市场的了解

4.3.2.1 提要

组织如何确定顾客和市场的需求、期望和偏好以及如何拓展新的市场。

4.3.2.2 顾客和市场的细分

4.3.2.2.1 如何识别顾客、顾客群和细分市场，如何确定当前及未来的产品和服务所针对的顾客、顾客群和细分市场。

4.3.2.2.2 在顾客和市场的细分过程中，如何考虑竞争对手的顾客及其他潜在的顾客和市场。

4.3.2.3 顾客需求和期望的了解

4.3.2.3.1 如何了解关键顾客的需求、期望和偏好及其对于顾客的购买或建立长期关系的相对重要性，如何针对不同的顾客、顾客群和细分市场采取不同的了解方法。

4.3.2.3.2 如何将当前和以往顾客的相关信息用于产品和服务的设计、生产、改进、创新以及市场开发和营销过程。如何使用这些信息来强化顾客导向、满足顾客需要以及识别创新的机会。

4.3.2.3.3 如何使了解顾客需求和期望的方法适应发展方向、业务需要及市场的变化。

4.3.3 顾客关系与顾客满意

4.3.3.1 提要

组织如何建立、维护和加强顾客关系，如何确定赢得和保持顾客并使顾客满意、忠诚的关键因素的方法。

4.3.3.2 顾客关系的建立

4.3.3.2.1 如何建立顾客关系以赢得顾客,满足并超越其期望,提高其忠诚度,获得良好口碑。

4.3.3.2.2 如何建立与顾客接触的主要渠道,这些渠道如何方便顾客查询信息、进行交易和提出投诉;如何确定每种渠道主要的顾客接触要求,并将这些要求落实到有关的人员和过程。

4.3.3.2.3 如何处理顾客投诉,确保投诉得到有效、快速的解决。如何最大限度地减少顾客不满和业务流失。如何积累和分析投诉信息以用于组织及合作伙伴的改进。

4.3.3.2.4 如何使建立顾客关系的方法适合组织发展方向及业务需要。

4.3.3.3 顾客满意的测量

4.3.3.3.1 如何测量顾客满意和忠诚,所用方法如何因顾客群不同而异,如何确保测量能够获得有效的信息并用于改进,以超越顾客期望、获得良好口碑并赢得市场。

4.3.3.3.2 如何对顾客进行产品和服务质量的跟踪,以获得及时、有效的反馈信息并将其用于改进与创新活动。

4.3.3.3.3 如何获取和应用可供比较的竞争对手和标杆的顾客满意信息。

4.3.3.3.4 如何使测量顾客满意和忠诚的方法适应发展方向及业务需要。

4.4 资源

4.4.1 总则

本条款用于评价组织的人力、财务、信息和知识、技术、基础设施和相关方关系等资源管理的情况。

4.4.2 人力资源

4.4.2.1 提要

组织如何建立以人为本的人力资源管理体系,促进员工的学习和发展,提高员工的满意程度。

4.4.2.2 工作的组织和管理

4.4.2.2.1 如何对工作和职位进行组织、管理,以应对战略挑战、满足实施计划,对业务变化作出快速灵活反应,促进组织内部的合作,调动员工的积极性、主动性,促进组织的授权、创新,以提高组织的执行力。

4.4.2.2.2 如何确定员工的类型和数量的需求,如何识别所需员工的特点和技能、如何提高现有员工的能力,如何招聘、任用和留住员工。

4.4.2.2.3 如何听取和采纳员工、顾客和其他相关方的各种意见和建议,如何在不同的部门、职位和地区之间实现有效的沟通和技能共享。

4.4.2.3 员工绩效管理

如何实施员工绩效管理,包括员工绩效的评价、考核和反馈,以及如何建立科学合理的薪酬体系和实施适宜的激励政策和措施,以提高员工和组织的工作绩效,实现组织的战略实施计划。

4.4.2.4 员工的学习与发展

4.4.2.4.1 员工的教育与培训

如何识别教育与培训需求,制定和实施教育与培训计划,并结合员工和组织的绩效以评价其有效性，使教育与培训适应组织发展方向和员工职业发展的要求；如何针对不同的岗位和职位实施教育与培训，鼓励和支持员工以多种方式实现与工作需要和职业发展、技能提高相关的学习目标。

4.4.2.4.2 员工的职业发展

如何对包括高层领导在内的所有员工的职业发展实施有效管理，如何帮助员工实现学习和发展目标，如何实施继任计划，形成人才梯队，以提高组织的持续经营能力。

4.4.2.5 员工的权益与满意程度

4.4.2.5.1 员工权益

——如何保证和不断改善员工的职业健康安全，针对不同的工作场所确定相应的测量指标和目标，并确保对工作场所的紧急状态和危险情况做好应急准备；
——如何针对不同的员工群体，提供针对性、个性化和多样化的支持，保障员工的合法权益；
——如何鼓励员工积极参与多种形式的管理和改进活动，并为员工参与的活动提供必要的资源，以提高员工的参与程度和效果。

4.4.2.5.2 员工满意程度

如何确定影响员工满意程度和积极性的关键因素以及这些因素对不同员工群体的影响，如何测量和提高员工满意程度。

4.4.3 财务资源

如何确定资金需求，保证资金供给。如何实施资金预算管理、成本管理和财务风险管理，将资金的实际使用情况与计划相比较，及时采取必要的措施，适时调整。如何加快资金周转，提高资产利用率，以实现财务资源的最优配置，并提高资金的使用效率和安全。

4.4.4 信息和知识资源

4.4.4.1 如何识别和开发信息源，如何确保获得和提供所需的数据和信息，并使员工、供方和合作伙伴及顾客易于获取相关数据和信息。

4.4.4.2 如何配备获取、传递、分析和发布数据和信息的设施，如何建立和运行信息系统，如何确保信息系统硬件和软件的可靠性、安全性、易用性。

4.4.4.3 如何使信息系统适应组织的发展方向及业务需要。

4.4.4.4 如何有效地管理组织的知识资产，收集和传递来自员工、顾客、供方和合作伙伴等方面的相关知识，识别、确认、分享和应用最佳实践。

4.4.4.5 如何确保数据、信息和知识的准确性、完整性、可靠性、及时性、安全性和保密性。

4.4.5 技术资源

4.4.5.1 组织如何对其拥有的技术进行评估，并与同行先进水平进行比较分析，为制定战略和增强核心竞争力提供充分依据。

4.4.5.2 如何以国际先进技术为目标，积极开发、引进、消化、吸收适用的先进技术和先进标准，提高组织的技术创新能力。

4.4.5.3 如何形成和使用组织的技术诀窍与专利。

4.4.5.4 如何制定技术开发与改造的目标和计划，论证方案，落实增强技术先进性、实用性所采取的措施。

4.4.6 基础设施

在考虑组织自身和相关方需求和期望的同时，如何确定和提供所必需的基础设施，包括：

a） 根据战略实施计划和过程管理的要求提供基础设施；

b） 制定并实施基础设施的预防性和故障性维护保养制度；

c） 制定和实施更新改造计划，不断提高基础设施的技术水平；

d） 预测和处置因基础设施而引起的环境、职业健康安全和资源利用问题。

4.4.7 相关方关系

如何建立与其战略实施相适应的相关方关系，尤其是与关键供方和合作伙伴的良好合作关系，促进双向交流，共同提高过程的有效性和效率。

4.5 过程管理

4.5.1 总则

本条款用于评价组织的过程识别、设计、实施与改进的情况。

注：适用时，鼓励将组织的过程分为价值创造过程和支持过程。

4.5.2 过程的识别与设计

4.5.2.1 提要

组织如何识别、确定和设计关键过程。

4.5.2.2 过程的识别

组织如何确定主要产品、服务及经营全过程，并识别、确定其中的关键过程，包括利用外部资源的过程。

4.5.2.3 过程要求的确定

如何结合来自顾客及其他相关方的信息，确定关键过程的要求，必要时在全部要求中确定关键要求，如何确保这些要求清晰并可测量。

4.5.2.4 过程的设计

4.5.2.4.1 在过程设计中如何满足已确定的关键要求，如何有效利用新技术和组织的知识，如何考虑可能的变化并保持敏捷性，如何考虑质量、安全、周期、生产率、节能降耗、环境保护、成本控制及其他效率和有效性因素，确定过程的关键绩效指标。

4.5.2.4.2 如何考虑应对突发事件和采取应急准备，以规避风险、减少危害；在建立组织的应急响应系统中如何考虑预防和管理，以及运营的连续性。

4.5.3 过程的实施与改进

4.5.3.1 过程的实施

如何实施关键过程，以持续满足过程设计要求，并确保过程的有效性和效率。

如何使用关键绩效指标监控过程的实施，如何在过程的实施中利用来自顾客和其他相关方的信息，如何优化关键过程的整体成本。

4.5.3.2　过程的改进

如何评价关键过程实施的有效性和效率，改进关键过程，减少过程波动与非增值性活动，使关键过程与发展方向和业务需要保持一致，并在各部门和各过程分享改进成果和经验教训，以促进组织的学习和创新。

4.6　测量、分析与改进

4.6.1　总则

本条款用于评价组织测量、分析和评价绩效的方法及改进和创新的情况。

4.6.2　测量、分析和评价

4.6.2.1　提要

如何测量、分析和评价组织各层次及所有部门的绩效。

4.6.2.2　绩效测量

4.6.2.2.1　说明组织如何建立绩效测量系统，如何有效应用相关的数据和信息，监测日常运作及组织的整体绩效，支持组织的决策、改进和创新。

4.6.2.2.2　如何有效应用关键的对比数据和信息，支持组织的决策、改进和创新。

4.6.2.2.3　如何确保绩效测量系统适应发展方向及业务需要，并确保对组织内外部的快速变化保持敏感性。

4.6.2.3　绩效分析和评价

4.6.2.3.1　如何分析、评价组织绩效，包括：如何评价组织的成就、竞争绩效以及长、短期目标和实施计划的进展，如何评价组织的应变能力。

4.6.2.3.2　如何根据绩效评价结果，确定改进的优先次序，并识别创新的机会；如何将这些优先次序和创新机会及其举措在组织内展开，适当时展开到关键供方和合作伙伴，以达到协调一致。

4.6.3　改进与创新

4.6.3.1　提要

组织如何进行改进和创新的管理，如何应用改进和创新的方法。

4.6.3.2　改进与创新的管理

4.6.3.2.1　如何对改进和创新进行策划，明确各层次和所有部门、过程在改进与创新方面的计划和目标。

4.6.3.2.2　如何实施、测量、评价改进与创新活动，分析对盈利能力和实现组织战略目标的贡献，促进组织绩效的提高。

4.6.3.3　改进与创新方法的应用

4.6.3.3.1　如何应用多种方法，组织各层次员工开展各种改进与创新活动。

4.6.3.3.2　如何正确和灵活应用统计技术和其他工具，为改进与创新提供支持。

4.7 结果

4.7.1 总则

本条款用于评价组织在主要经营方面的绩效和改进，包括产品和服务、顾客与市场、财务、资源、过程有效性和领导等方面的绩效。绩效水平应与竞争对手和(或)标杆对比并进行评价。

4.7.2 产品和服务结果

4.7.2.1 主要产品和服务的关键绩效指标(如实物质量指标和服务水平等)的当前水平和趋势。

4.7.2.2 主要产品和服务的关键绩效指标与竞争对手对比的结果，与国内、国际同类产品和服务的对比结果。

4.7.2.3 主要产品和服务所具有的特色及创新成果。

4.7.3 顾客与市场结果

4.7.3.1 提要

组织在顾客与市场方面的绩效结果，包括顾客满意和忠诚以及市场方面的绩效结果。必要时，将结果按顾客群与市场区域加以细分。其中应包括适当的对比性数据。

4.7.3.2 顾客方面的结果

顾客方面的结果应包括但不限于以下方面：

a) 顾客满意的关键绩效指标的当前水平和趋势；

b) 顾客满意与竞争对手和本行业标杆对比的结果；

c) 顾客忠诚的关键绩效指标的当前水平和趋势。

4.7.3.3 市场结果

4.7.3.3.1 市场的关键绩效指标的当前水平和趋势，可包括市场占有率、市场地位、业务增长或新增市场等。

4.7.3.3.2 市场绩效与竞争对手和本行业标杆的对比结果，在国内外同行业中的水平。

4.7.4 财务结果

组织在财务绩效方面的关键绩效指标的当前水平和趋势，可包括：主营业务收入、投资收益、营业外收入、利润总额、总资产贡献率、资本保值增值率、资产负债率、流动资金周转率等综合指标。必要时按行业特点、不同产品和服务类别或市场区域分别说明。其中应包括适当的对比性数据。

4.7.5 资源结果

组织人力资源方面的结果，应包括工作的组织和管理、员工绩效管理、员工学习和发展、员工权益与满意程度等方面的关键绩效指标的当前水平和趋势。其中应包括适当的对比性数据。

组织在人力、财务、信息和知识、技术、基础设施和相关方关系等资源方面的关键绩效指标的当前水平和趋势。其中应包括适当的对比性数据。

4.7.6 过程有效性结果

组织在反映关键过程有效性和效率方面的关键绩效指标的当前水平和趋势，应包括全员劳动生产率、质量、成本、周期、供方和合作伙伴绩效以及其他有效性的测量结果。适当时，将结果按产品和服务类别或市场区域加以细分。其中应包括适当的对比性数据。

4.7.7 领导方面的结果

组织在领导方面的绩效结果，应包括实现战略目标、组织治理、公共责任、道德行为以及公益支持等方面的绩效结果。必要时按业务单元加以细分。其中应包括适当的对比性数据：

a） 在实现战略目标方面的关键绩效指标的当前水平和趋势；

b） 在组织治理方面的关键绩效指标的当前水平和趋势；

c） 在公共责任方面的关键绩效指标的当前水平和趋势；

d） 在道德行为方面的关键绩效指标的当前水平和趋势；

e） 在公益支持方面的关键绩效指标的当前水平和趋势。

ICS 47.020.30
U 52

中华人民共和国国家标准

GB/T 19699—2012/ISO 15364:2007
代替 GB/T 19699—2005

船舶与海上技术　液货舱压力/真空阀

Ships and marine technology—Pressure/vacuum valves for cargo tanks

(ISO 15364:2007,IDT)

2012-12-31 发布　　2013-07-01 实施

中华人民共和国国家质量监督检验检疫总局
中国国家标准化管理委员会　发布

前　言

本标准按照GB/T 1.1—2009给出的规则起草。

本标准使用翻译法等同采用ISO 15364:2007《船舶与海上技术　液货舱压力/真空阀》。

本标准由中国船舶工业集团公司提出。

本标准由全国船用机械标准化技术委员会管系附件分技术委员会(SAC/TC 137/SC 3)归口。

本标准起草单位:中国船舶工业综合技术经济研究院、南通亚泰船舶工程有限公司、中油船舶海洋工程科技有限公司。

本标准主要起草人:王俊、张美玲、罗发元、王德荣、沈忙宝。

船舶与海上技术　液货舱压力/真空阀

1　范围

本标准规定了压力/真空阀的性能与试验的最低要求，强调了安装在液货船液货舱中的PV阀的材料选择、内部加工和表面要求(见附录A)。本标准规定了PV阀的设计和使用性能衡准、操作、试验及维护要求。

符合本标准的合格证书不证明对任何PV阀都适合，仅说明考虑到了某种最低要求，并且向设备的购买方提供了确定适合性的必要信息。

本标准适用于当船舶系统(包括液货舱)中存在超出系统/舱室设计参数的气体/蒸汽压力或真空时起保护作用的压力/真空释放阀。

本标准不包括对阻火装置，例如阻火器的所有试验程序。此类设备可能与PV阀联合使用。

注：在国际海事组织(IMO)《国际海上人命安全公约》(SOLAS)第Ⅱ-2章规则4(2002)和经IMO海上安全委员会(MSC)第1009号通函修正的第677号通函(MSC/Circ.677)中，"阻止火焰进入液货船液货舱装置的设计、试验和安装的修订标准"中可得到关于阻止火焰进入压力/真空阀的内容。

2　规范性引用文件

下列文件对于本文件的应用是必不可少的。凡是注日期的引用文件，仅注日期的版本适用于本文件。凡是不注日期的引用文件，其最新版本(包括所有的修改单)适用于本文件。

检验与发证协调系统　检验导则　国际海事组织大会决议A.746(18)

国际海上人命安全公约(SOLAS)第Ⅱ-2章规则4(2002)　国际海事组织

3　术语和定义

下列术语和定义适用于本文件。

3.1

主管机关　administration

船旗国行政管理机构。

3.2

阻火器　flame arrester

能阻止火焰进入的，设计和试验符合规定的性能标准的装置。

注：其阻火元件是基于使火熄灭的原理。

3.3

全开阀　full opening valve

设计为在设定压力下能完全开启的阀门。

3.4

高速透气口　high velocity vent

由依据阀门入口的压力调节可用开度的机械阀门组成，使喷出气流速度不小于30 m/s(98 ft/sec)的能阻止火焰进入的装置。

3.5

最大实验安全间隙 maximum experimental safe gap

MESG

在规定条件下，当壳内气体混合物被点燃后，通过 25 mm 长的接合面，不能点燃壳外任意浓度的被试气体或空气中的混合蒸汽，接合面处内腔两部分表面间的最大距离。

注：IEC 60079-1[1] 规定了标准试验仪器和试验方法。

3.6

最大预期压降 maximum intended pressure drop

经试验室验证相应流量的阀产生的最大压力降。

3.7

调幅阀 modulating valve

开度随着压力的增加按比例调节的阀。

3.8

压力/真空阀 pressure/vacuum valve

PV 阀 PV valve

将封闭容器内的压力和真空度保持在预设范围内的装置。

3.9

标准空气 standard air

在温度为 21 ℃(70 ℉)和压力为 1 013.25 hPa(29.92 in 汞柱)条件下的干燥空气。

注：实际上相当于密度为 1.2 kg/m^3(0.075 lb/ft^3)。干燥空气的比热为 1 004.8 J/(kg·K)[(0.24 Btu/lb·°R)]。

3.10

第三方检验机构 third-party inspection body

由主管机关指定独立于制造厂或用户，执行或证明本标准规定的试验和检查的机构。

3.11

转换阀 transition point valve

在特定压力下，其特性能从调幅转换为全开的阀门。

3.12

验证图表 verified drawings and diagrams

由试验室依据本标准出具的试验报告证明真实且完整的图表。

3.13

验证流量图 verified flow chart

由试验室依据本标准出具的试验报告证实的压力与流量关系图。

4 符号

下列符号适用于本文件。

D	装置连接处的管径
D_{min}	装置和非振荡液舱之间许用的管路最小直径
L_{max}	装置和非振荡液舱之间许用的管路最大长度
L_1	流量试验中试验液舱和装置之间的管子长度
L_2	非振荡试验中试验液舱和装置之间的管子长度
$p_{closing}$	在阀盘和阀座不接触的情况下，保持阀门部分开启所需的最小流量所对应的阀门压降
p_{max}	对应于最大流量(Q_3)的最大压降

p_{set}　　设定压力,作用在阀盘上的计算力与液舱压力作用面积之比

p_{1-tpv}　　转换阀从调幅变为全开时的压力

Q_{1-fov}　　开启阀门所需的流量

Q_2　　使阀门保持全开所需的流量

Q_{2-fov}　　在 p_{set} 下维持阀门全开所需的流量

Q_{1-mv}　　开启阀门所需的流量

Q_{2-mv}　　使阀门保持全开所需的流量

Q_{1-tpv}　　转换阀从调幅变为全开时所需的流量

Q_{2-tpv}　　在 p_{1-tpv} 下维持转换阀全开所需的流量

Q_3　　对应于阀门最大预期压力降的流量

Q_{close}　　在阀盘和阀座不接触的情况下保持阀门部分开启要求的最小流量

V_{min}　　非振荡液舱的最小容积

5　材料

5.1　PV 阀的阀体和用于保持压力的其他部件或螺栓,应由适用于预定用途并列入公认的国家或国际标准中的材料制成。

PV 阀的阀体、阀盘、轴、阀座、弹簧、垫片、密封件、阻火器(当设计中包括时)和所有其他的整体部件,包括涂有防腐蚀涂层的部件,应由能防止被海水及被保护舱中的液体和蒸汽腐蚀的材料制成(参见附录 C)。

不准许使用镀有抗腐蚀材料的弹簧。

5.2　除了垫片、密封件及 6.11 所允许的横膈膜以外,PV 阀的受压部件不应使用非金属材料。

仅当 PV 阀的密封件部分或完全损坏或烧毁但仍能有效执行其阻火功能时,才可以安装弹性密封装置。

非金属垫片应由适用于预定用途的不燃材料制成。

5.3　PV 阀与各自管系的连接部件的材料应满足与它们所连接的管系相似的物理特性标准。

5.4　选择材料时应考虑电化学腐蚀的可能性(附加的材料选择因素参见附录 C)。

5.5　验证图表中应包括综合了本章及第 6 章中所列的其他材料要求的完整的材料清单。

6　其他要求

6.1　应给出 PV 阀在 80%公称开启压力设定值时,以标准空气量表示的最大气体泄漏率。

6.2　PV 阀的阀体、零件、密封垫片的材料应能承受阀件在正常工况下可能会出现的最大压力和最小压力及温度。

6.3　PV 阀的受压部件采用焊接结构时,焊缝设计细节、焊接和非破坏性试验均应符合国家标准或国际标准。为确保产品焊缝质量的一致性,焊缝应坚固并且具有适当的强度,焊工和焊接工艺应由公认的组织按照公认的国家标准或国际标准授以资格。

6.4　管路末端的 PV 阀的设计应使得将压力保持区域的冷凝蒸汽和水从装置排至液舱时不致削弱设备的有效性,且能防止 PV 阀内部积水及结冰引起堵塞。需要排水的内部构件、排水槽及内壁应倾斜。

6.5　与 PV 阀的动作相关的所有紧固件均应防止松动。

6.6　PV 阀的设计和构造应在正常工况下,使污染影响减至最小。PV 阀的设计应使其能检查出所有由于蒸汽冷凝而产生的残渣。对某些可能结晶的货物,则需要有加热装置。

6.7　PV 阀应能在预期的所有环境温度范围内工作。PV 阀应能在冰冻状态下工作(例如可能由货物

蒸汽冻结或是恶劣天气下结冰造成的阻塞)。当有冰层覆盖时,制造厂应在操作手册中说明允许的冰层厚度。PV 阀也应在使用加热设备导致 PV 阀表面温度升高时正常工作。

6.8 装于管路末端的 PV 阀应使喷出气流方向垂直向上(见 SOLAS2002 第Ⅱ-2 章规则 4 中 5.3.4.1.1.2)且对所有流量,阀门出口横截面处的气体最小平均流速不应小于 30 m/s。

6.9 应提供手动方法,验证每只 PV 阀的阀盘和其他移动部件能自如且完全提起又不会保持在打开位置。PV 阀的设计应确保在使用上述的手动方法按制造厂要求进行目视检查时,不由于腐蚀、残渣或结冰导致无法操作。

6.10 依据制造厂要求进行维护时,应考虑到装载期间冷凝蒸汽通过阀门可能会产生结聚,PV 阀的阀盘和其他活动部件应装有适当的导向装置以防止卡住,并确保有合适的自闭功能(阀座)。阀盘应能通过金属与金属接触正常关闭在阀座上。如果设计要求阀盘紧靠阀座上关闭,应提供弹性密封,以防止密封损坏、破坏或者被移出。

阀盘可以是实心的,或者制成空心的,以便增加配重材料以改变开启压力。如果使用了空心阀盘,应安装螺栓紧固的水密盖,把配重材料包起来。在主管机关同意以前,除制造商外,所有人员不应改变开启压力。PV 阀外部应使用清晰可见的标志,指示阀盘的状态。在甲板平面上应从 PV 阀的下部和侧部查看指示器。

6.11 除非故障会导致舱内蒸汽自由流入大气,或在舱压或舱内真空度增加时 PV 阀通常开启,PV 阀可使用非金属膜片。

6.12 压力释放调节装置应由锁紧金属丝、止动螺母或是其他适当方式永久固定,以防止 PV 阀由于操纵、安装或者振动导致误差。

7 认可试验

7.1 型式认可试验应由主管机关批准的试验室来进行。制造厂在选择试验室时,应确保其具有试验资格(由主管机关或主管机关指定的认证实体授予)来执行本标准规定的试验,并且试验室配有(或者有途径得到)试验所必需的仪器、设施、人员和校准设备。在由主管机关指定的第三方检查实体见证下,若制造厂证实其能正确进行本标准所规定的试验时,则试验也可以选择由制造厂来进行。

7.2 不同型式和不同规格的 PV 阀均应进行试验。对耐腐蚀性有影响的材料的改变,视为本条所述的型式的改变。设计或结构的改变,视为本条所述的型式的改变。每一型式的每个规格都应提交型式认可。一个型号中的 PV 阀应具有相同的尺寸和最不利的间隙。如果在试验过程中改动 PV 阀,其功能或其性能受到影响,应告知主管机关且需经过第三方检查实体对变动部分进行可接受的试验。

应进行腐蚀试验。试验中,将整个 PV 阀,包括与之相连的一段管子,暴露于温度为 25 ℃(77 ℉)的 5%氯化钠溶液喷雾中 240 h,干燥 48 h。之后,所有的活动部件应能正常工作并应没有冲洗不掉的腐蚀沉淀物。

PV 阀的受压部件应进行静水压试验,试验压力不小于 150%的最大额定压力或是 3 450 hPa (50 psig)[1)] 的最小压力,取两者之大者,10 min 内无破裂、渗漏或出现永久变形。试验中,阀盘可以被关闭或阻塞。

制造厂标示的性能特征,比如在正压和负压下的流量、操作灵敏性、流动阻力和流速,应用适当的试验来验证。

应进行外部结冰试验来验证 PV 阀保持运转所允许的外部冰层厚度。试验中,将整个 PV 阀,包括与之相连的管段,暴露于温度为 −10 ℃(14 ℉)中 24 h。之后,应使用不超过 2 ℃(35.6 ℉)的 1 L

---

1) 1 psig=1 bf/in^2 gauge。

(1.7 pints)水每隔 10 min 对阀门的外表面进行喷洒直至达到规定的冰层厚度。应验证 PV 阀能正常工作。

7.3 试验室应提供每个试验样品的试验报告,应包括:

a) PV 阀及其部件的详细验证图表;

b) 试验的类型和所得的结果,连同记录的试验验证数据;

c) 对认可附件的特殊建议;

d) 试验装置图,包括配备的进、出口管路的描述;

e) 被试 PV 阀上所有标志的记录;

f) 说明书(制造厂提供);

g) 报告编号。

8 检验

8.1 制造厂应向购货方的验收人员提供所有合理的便利,使其相信提供的材料符合本标准的规定。购货方的检验不应对制造厂的生产造成不必要的干扰。除非双方都同意,否则所有验证和检验都应在制造现场进行。

8.2 每个成品阀均应进行外观检查和尺寸检验,以确保符合本标准,包括附录 E 的说明书、第 12 章的证书和标志。应特别注意检查焊缝的质量和接头的正确装配。

8.3 每个成品 PV 阀均应使用空气进行泄漏试验,以验证其按 6.1 规定的最大泄漏率。

9 流量和流速试验

9.1 流量确定

PV 阀的流量应根据流量试验确定,每种型号的每件规格的透气装置在 9.2～9.4 中所列条件下至少应测试一个试验样品。

9.2 流量数据

确定流量数据时满足下列要求:

a) 管子及管子和阀门之间的连接件应没有产生湍流的障碍物;

b) 被试验管子的公称直径应与被试验阀门的规格相同或更大;

c) 所有的压力测量点应布置在垂直于管子轴线的位置上且不应对气流造成影响;

d) 试验介质应为周围的空气;应记录环境气压和温度用于将流速转换为标准空气条件;

e) 所有测量仪器应予以校准。

9.3 试验装置

试验装置见图 1。试验舱(部件 3)的大小应足以使舱内平均流速小于 0.5 m/s。应记录所有试验舱压力数据。

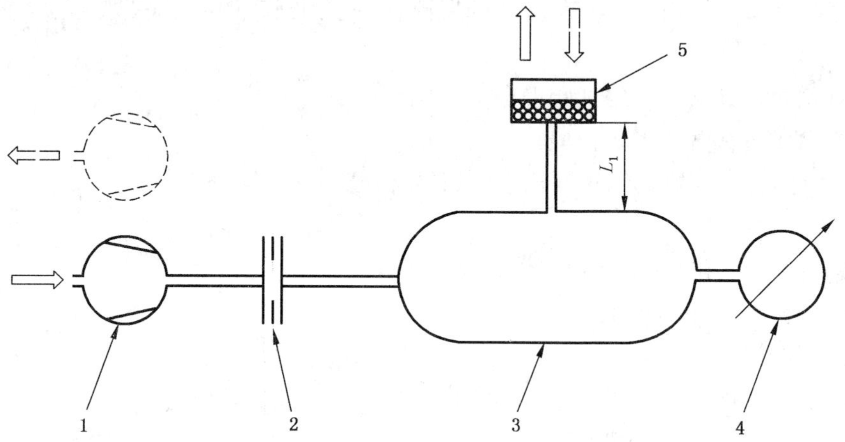

说明：
1 ——鼓风机或抽风机；
2 ——流量计；
3 ——试验舱；
4 ——压力测量装置；
5 ——PV 阀；
L_1——连接管长度。

图 1 流量试验装置图

试验管子 L_1 的长度应不大于试样的 $10\times D$，且不小于 $1.5\times D$。

试验舱的贯穿部位应位于试验舱内基本平坦处且贯穿部位的周围，应依据经认可的国家标准或国际标准，提供均匀的压降。

真空阀气流呈相反方向。

警告：如果抽风机的扇叶未经校准或已损坏，应注意观察鼓风机或抽风机可能导致的系统振动。这种情况应予以避免。

9.4 流量测量

9.4.1 PV 阀的流量测量应使用具体型式的最低和最高设置来进行。中间设置的流量图可用内插法获得。

注：如果在阀体的形式和形状及各构件的物理外观都没有任何改变的情况下能更改设置(例如通过改变磁力，弹簧压缩力等)，这种情况不构成型式的改变。无需考虑弹簧丝自身的直径。

9.4.2 PV 阀开启压力应使用导致压力升高不大于 0.01 $N/mm^2/min$(10 kPa/min 或 0.2953 Hg)的流量来确定。设定压力以 p_{set} 表示，其值应在计算设定压力的±3%以内，表示关闭力与试验舱压力在阀盘上的投影面积之间的关系。

9.4.3 根据 PV 阀的类型，流量测定的步骤按附录 B。流量图示例参见附录 F。

对于高速透气口，按附录 B 进行各项测量期间，应记录通过阀门至大气出口的横截面的平均气体流速。

9.4.4 应绘制表示附录 B 各步骤读数的流量图，格式参见附录 F。

9.4.5 流量试验应按图 1 所示进行。所有设备应先校准且误差不超过±5%。

10 无阻尼振荡试验

高速透气口应进行无阻尼振荡试验。试验仪器见图 2。所有设备应先校准。

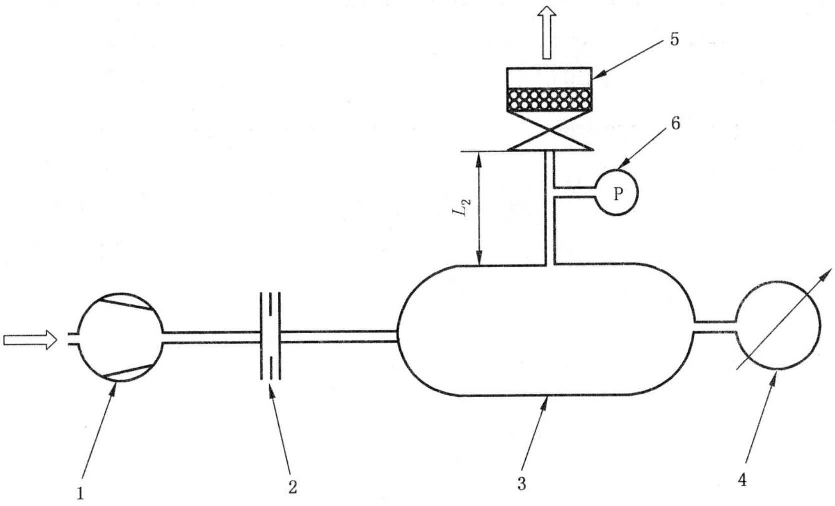

说明：

1 ——鼓风机或抽风机；

2 ——流量计；

3 ——试验舱；

4 ——压力测量装置；

5 ——高速透气阀；

6 ——压力传感器；

L_2——透气管长度。

图 2　无阻尼振荡试验装置图

试验应使用 9.4.1 注中所定义的未构成改变的具体型式的最低开度和最高开度。

管子的长度 L_2、直径和试验舱的容积应由制造厂规定。试验初始流量为 $0.2\times Q_{close}$，并以此流量为步长递增至 $2\times Q_{close}$（本试验的最大流量为 $2\times Q_{close}$），从初始流量至 $2\times Q_{close}$ 构成大致间隔相等的 10 个流量值，每个流量值试验时长为 3 min。

注：有的阀门开启动作会引起流量计读数的周期性改变（见图 2）。在这种情况下，在 3 min 试验时间内记录的平均流量反映出步长值。

如果阀盘位置传感器显示阀盘与阀座或上部限制器以大于 0.5 Hz 频率接触时，管子长度 L_2 应缩短，直至接触频率不超过以上数值。应将此长度记录为 L_{max}，并将管子的直径记录为 D_{min}、相应的试验舱容积记录为 V_{min}。

保护端的管子长度应不超过 L_{max}，直径不小于 D_{min}，任何时候被保护试验舱最小可用预容量（损耗空间）不应小于 V_{min}。

对于调幅阀，关闭压力下没有流量，其试验的初始流量应为该阀全开时流量的 10%。

11　文件

11.1　一般要求

应提供使用说明书。使用说明书应包括表 1 及 11.2 中所列项目。

表 1　与附录 E 中的特定信息相关的应包括在使用说明书中的产品数据

特定信息	目　的	A. 数据位置 B. 试验数据记录/应用注解
1. 管子公称尺寸,管道结构和管子长度	符合液货舱压力限值和高速透气阀的设计参数,符合无敲击的条件	A:型式认可证书; B:对于高速透气口:试验记录包括管件安全限值、无敲击性能(从阀门至液舱液面上的空间/缓冲区的最小直径和最大长度)
2. 考虑的最大气体密度	与液舱压力限值的设计参数一致	B:转换为标准空气
3. 最低的最大实验室安全间隙(MESG)	满足应用	A:型式认可证书; B:IEC 爆炸组别允许的最低 MESG
4. 压力/真空的开启点设定	满足应用	A:型式认可证书; B:不应超过流体试验期间采用的最高和最低值
5. 最大压力降	依据液舱压力限制的设计性能及所选阀门的开启设置	A:经验证的流量图; B:流量图应表示任何流量下通过阀门的最大压力降。其数值对于压力降计算十分重要
5a. 最大流量时的压力降	依据液舱压力限制的设计性能及所选阀门的开启设置	A:经验证的流量图; B:流量图应表示出阀门在要求的最大流量下的最大压力降
6. 最小复位压力	满足货舱蒸汽损失最小化的应用	A:经验证的流量图; B:流量图应指出复位压力
7. 最低和最高环境温度	满足应用	A:说明书; B:不应超出制造厂推荐值
8. 制造材料	满足应用	A:检验图; B:所选材料的组合不宜低于外观检验的防腐性能。检验图应按第 5 章给出材料清单
9. 表面处理和涂层	满足应用	A:说明书; B:表面处理和涂层,若需要,应由买方按附录 D 确定
10. 标准空气下的最大气流、管系的压力降和最大液舱压力	满足应用且与液舱压力限值、报警、PV 释放器、高密度液货的加注限制的设计参数一致	A:经验证的流量图; B:计算阀门的组合压力及管系的压力降时,不应超出一般操作允许的最大液舱压力减去适当的污垢系数及报警和破断器等设置的余量
11. 最大外部冰层厚度	满足应用	A:型式认可证书; B:应考虑船舶营运条件和装卸货物前和整个航程中的甲板除冰设施

表 1（续）

特定信息	目　的	A. 数据位置 B. 试验数据记录/应用注解
12. 高速透气口：阀门出口横截面处的最小平均速度要求	满足应用	A：在试验报告中记录； B：与阀门出口流速对应的排气能力
13. 最大空气泄漏率	满足应用	A：说明书； B：验证的产品数据应标出在 80%公称开启压力设定值下新阀门最大泄漏率，以空气量表示

11.2　安装说明书

11.2.1　操作说明书，包括影响设备安全功能的各项使用限制。

11.2.2　维修要求，包括对各防腐蚀系统的维修信息(参见附录 D)。

11.2.3　清理内部残渣说明书。使用说明书应用图来描述清洁方法。

11.2.4　经验证的分解图，包含检验、修理或更换内部元件时，各零部件拆解和组装顺序。PV 阀设计不允许由于零部件顺序错误或丢失导致检验、清洁或维修后组装错误。图上应包含所有部件的尺寸，以确保满足气密性要求，对于拟复原的阀，应包含出售状态的设定压力和流速。

11.2.5　完整的操作过程描述，包括图示如何在工作状态不拆卸阀门的情况下，更换易损件。

11.2.6　为用户提供的在装卸液货作业前检查 PV 阀开启状态的说明书应包括：

——应证明活动部件的移动不受阻碍，且

——确保污物状态是可控的，能确保安全作业和满负荷作业。

11.2.7　试验报告。

12　标志

每个 PV 阀上均应打上永久标志：

a)　制造厂的名称和商标；

b)　式样、类型、型式或者制造厂对 PV 阀的其他的标识，它们形成 PV 阀的唯一标识；

c)　入口尺寸(出口尺寸，如果有)；

d)　系列号；

e)　流体通过 PV 阀的流动方向；

f)　试验室和试验报告编号；

g)　设定的压力和真空度；

h)　本标准号，例如 GB/T 19699—2012/ISO 15364:2007。

注：如果设定压力改变，标识应作相应更新。

13　质量保证

13.1　PV 阀的设计、制造和试验应确保其满足按本标准进行的样品试验的特性。除 7.2 涉及的内容外，不允许做任何改变和修正。

13.2　PV 阀制造厂应保持按本标准设计、试验和标志的阀件的质量。PV 阀不满足本标准要求不允许标志本标准号进行销售。

附　录　A
（规范性附录）
按2002国际海上人命安全公约(SOLAS)的船舶安装要求

A.1　一般要求

液货舱透气系统船上的布置和安装，适用《2002国际海上人命安全公约(SOLAS)》第Ⅱ-2章规则4。

A.2　船上液货舱PV阀检验

液货舱PV阀在船舶上的检验，适用国际海事组织大会决议A.746(18)《检验与发证协调系统　检验导则》中6.2.3.3。

A.3　检验PV阀的通道布置

为确保每个PV阀能易于开启又不会保留在打开位置(按制造厂说明书)，应布置适当的通道以便接近阀门进行验证，例如需要时可在甲板上设置一个架子或是平台。提供允许检查货物残余和更换部件。设备说明书应包括表示所有大于10 kg(22 lb)的需要拆开检查、清洁、更换易损件的部件重量表，必要时用于分配起重机械及制定适当的工作流程。

附 录 B
（规范性附录）
流量试验测量法

B.1 一般要求

依据 PV 阀类型，流量测量应由下列步骤组成（相应的图参见附录 F）。

B.2 转换阀

a) 阀从关闭至转换点调节特性改变至全开特性的开启相位。

b) 压力不超过阀门保持全开所需的最小值时的流量。

c) 阀门的最大预期压力降。

d) 阀门在最大预期压力降时从全开至关闭的关闭相位。

步骤 1：

流量测量是为确定阀门特性从调节改变至全开的最大压力降及相应的流量（转换点）。该交点由 p_{1-tpv} 和 Q_{1-tpv} 表示。应记录将 0～Q_{1-tpv} 等间距划分为 10 段测量的对应压力值。压力不超过阀门保持全开所需的最小值时的流量，每段流量应保持 5 s，相应的压力读数不少于每秒 10 次。

步骤 2：

流量测量是为确定阀门在 p_{1-tpv} 保持全开所需的流量。该交点表示为 Q_{2-tpv}。在流量图上表示，应从 Q_{1-tpv}～Q_{2-tpv} 做一条水平线。

步骤 3：

流量测量是为确定阀门最大预期压力降对应的流量。表示为 p_{max} 和 Q_3。应记录从 Q_{2-tpv}～Q_3 之间等间距划分为 10 段测量的压力值。压力不超过阀门保持全开所需的最小值时的流量，每段流量应保持 5 s，相应的压力读数不少于每秒 10 次。

步骤 4：

流量测量是为确定阀门的关闭压力，$p_{closing}$。将 Q_3 和 $p_{closing}$ 之间的流量范围等分为 10 段流量。压力不超过阀门保持全开所需的最小值时的流量，每段流量应至少保持 5 s，相应的压力读数不少于每秒 10 次。

B.3 全开阀

a) 阀门从关闭至持续全开的开启相位。

b) 阀门的最大预期压力降。

c) 在最大预期压力降时从全开至关闭的关闭相位。

步骤 1：

为便于流量图绘制，应忽略开启阀门所需的流量 Q_{1-fov}。流量测量用于确定阀门在 p_{set} 保持全开时所需流量。该交点由 Q_{2-fov} 表示。在流量图上表示为在 Q_{1-fov}～Q_{2-fov} 区间，自 p_{set} 平行地重做一条水平线。

步骤 2：

流量测量用于确定阀门最大预期压力降对应的流量。表示为 p_{max} 和 Q_3。应记录在 Q_{2-fov}～Q_3 之间测量的等分的10段压力。压力不超过阀门保持全开所需的最小值时的流量，每段流量应保持5 s，相应的压力读数不少于每秒10次。

步骤3：

流量测量用于确定阀门的关闭压力 $p_{closing}$。在 Q_3 和 $p_{closing}$ 对应的流量值流量范围应等分为10段流量。压力不超过阀门保持全开所需的最小值时的流量，每段流量应保持5 s，相应的压力读数不少于每秒10次。

B.4 调幅阀

a) 从关闭至阀门最大预期压力降的开启相位。

b) 在最大预期压力降时从全开至关闭的关闭相位。

步骤1：

开启阀门所需的流量 Q_{1-mv} 和使阀门保持全开所需的流量 Q_{2-mv} 在流量图上应忽略。流量测量用于确定阀门最大预期压力降对应的流量。表示为 p_{max} 和 Q_3。应记录在0～Q_3 之间测量的等分的10段压力。压力不超过阀门保持全开所需的最小值时的流量，每段流量应保持5 s，相应的压力读数不少于每秒10次。

步骤2：

流量测量用于确定阀门的关闭压力 $p_{closing}$。在 Q_3 和 $p_{closing}$ 对应的流量值流量范围应等分为10段流量。压力不超过阀门保持全开所需的最小值时的流量，每段流量应保持5 s，相应的压力读数不少于每秒10次。

附 录 C
（资料性附录）
材料选择指南

C.1 概述

本指南为推荐本标准适用范围内的PV阀所使用材料的选择、应用和维护的一般准则。

本指南不替代由船东、制造厂和船厂所负责的任何具体设计或阀件型式的技术内容。设备的选择依据买方参考附录D提供的规定信息。

制造厂应向买方提供必备系统的细节，以确保PV阀具有适当的防腐蚀等级。

C.2 材料的选择

PV阀制造材料的选择应按不同的货物及其蒸汽的预期工况和环境决定。根据应用情况（例如安装于管路末端或管路当中和货物类型），可选择铸铁、球墨铸铁、青铜和不同等级的不锈钢。非金属材料部件的使用参见第5章。

对于易损部件，比如阀座和阀盘材料的选择应使预期工况与期望的阀门功能特性相一致。

由于以下原因阀座和阀门频繁接触，可能对易损部件的寿命产生负面影响：

a) 尺寸过大，在正常工作期间阀门不能全开；

b) 超过阀门的最大压力降，阀盘升力降低，注入速率下降；

c) 全开时，正常工作期间的透气速率和阀门转换点之间未加注意的关系。

附　录　D
（资料性附录）
防腐蚀指南

D.1　防腐蚀系统

在选择合适的防腐蚀系统时应考虑:表面处理等级、设计特点、预定工况、维护方案和保护时间。

硬涂层、含有某种防腐蚀剂的软涂层和粉末涂层均为防腐蚀方法。

由于腐蚀导致需要修理时,只要表面处理和作业条件可得到满意结果,维修涂层应与原来使用的涂层体系相同。阀门制造厂应在操作手册中给出、防腐蚀系统维修说明,包括表面处理细节、涂装工艺和可采用的涂料类型。

D.2　防腐蚀系统的选择

在选择防腐蚀系统时,有关各方应考虑到现状、可预见的工况和维修保养方案。

需要考虑以下方面:

a)　表面现状;

b)　可能的表面处理;

c)　阀门设计和预定用途;

d)　表面清洁度和干燥度的要求;

e)　表面处理时所要求的周围环境条件;

f)　阀门接触腐蚀性化合物的频率及其温度;

g)　追求的牢固度;

h)　维护特点。

D.3　涂料

防腐蚀涂层的牢固度,受到诸如表面状态、表面贯穿、涂料选择、应用和维护等因素的影响。

用于表面保护的普通类型涂料为:

a)　用于高等级表面防护的环氧类涂料;

b)　含有防腐蚀物质的天然或合成油脂化合物。

使用浅色涂层易于观测喷涂过程和阀门使用中的检查。

应认真遵循技术生产数据表和工作规范,包括所要求的使用环境和工况。

涂装期间应记录环境状况和施工情况。

D.4　表面处理

涂层体系的性能受涂装表面处理状态的影响很大。

表面处理等级直接影响到保护涂料的选择及使用期间的涂层性能。

关于表面处理应遵守认可的国家标准或国际标准,以及制造厂的建议。

可能的表面处理方法包括:

a) 喷砂清理；

b) 手工及动力工具清理；

c) 火焰清理；

d) 高压喷水清理；

e) 电解清理。

选择表面处理方法时应考虑到清洁度、湿度和表面处理等级的必要的要求。

残留物，例如喷砂磨料、尘埃、铁锈碎片和水都应妥善清除。

应记录表面处理结果。

D.5 施工

涂装工作均应按制造厂推荐的方法实施。

无论液体或粉末涂料，在规定的工况下可采用喷涂法，修补时可用刷涂或辊涂。

施工说明书对每一涂层都应有最大/最小膜厚要求。即 80%检测点的厚度应大于或等于标称涂层厚度，剩余检测点的膜厚应不低于标称厚度的 80%。

根据涂料的类型，可测量湿膜厚度或干膜厚度。

说明书应指出干燥—再涂的间隔时间和涂装期间的环境条件。

D.6 试验

应避免进行破坏性试验。

每一涂层涂好以后应用适当的测厚仪测量其厚度。

D.7 检查

表面处理后和涂好的涂层应依据有关各方的预先协议作相应的检查。每一阶段检查的结果应记录在各方约定格式的验收报告上。

检查的项目应包括：

a) 工况；

b) 周围环境条件，例如：温度和湿度；

c) 表面处理工艺；

d) 涂装设备；

e) 涂层厚度和每一涂层的干燥期；

f) 最后干燥时间；

g) 涂层修补。

检查期间有缺陷的地方应做标记，并且作适当修补。

D.8 维护

D.8.1 阀门防腐系统应终身维护。

应依据制造厂推荐的最有效的方法来维护防腐系统以保证它的有效作用。

D.8.2 当决定最适合的维护时间表时，应考虑所运载货物的类型。影响维护频率的因素有：

a) 货物的化学侵蚀性及货物蒸汽结晶倾向；

b） 阀门允许冷凝物聚积的设计性能；

c） 阀门感知气体在某些窄通道处受阻的灵敏度；

d） 将进水(雨水或海水)和蒸汽凝结物通过泄放口或泄放阀自由排出的设计功能；

e） 阀门设计为不拆解即不能肉眼检查气体通道；

f） 阀门设计为不拆解即不能清洁气体通道。

D.9 设备的常规检查

通常防腐系统的有效性和阀件的功能应在阀门使用期间进行监控。

对8.2所列的项目及条件定期进行状态评估。

对可能导致腐蚀加速的局部破损进行监控来评定硬涂层。

附　录　E
（资料性附录）
说明书信息

为使制造厂提供给最终用户适合的PV阀，制造厂应提供充足的信息。本附录包括此类信息的典型元素。符合本标准的阀门说明书应包括下列信息：

a) 管子公称尺寸，管路构成及管子长度；
b) 最大气体密度；
c) 最大气化因素；
d) 最低的最大实验室安全间隙(MESG)；
e) 压力及真空的设定开启点；
f) 任何流量下阀门允许的最大压力降；
g) 复位压力；
h) 最大和最小环境大气温度；
i) 附录C提及的制造材料，特别是易损部件，以及期望的环境pH值和期望的易损部件的使用寿命的信息；
j) 表面处理和涂层情况(参见附录D)；
k) 转换为标准空气的最大气体流量，管系设计压力降和液舱最大许用压力范围；
l) 阀门在全流量或最大压力降取大者时，产生的最大许用压力降；
m) 要求的最大外部冰层厚度；
n) 为防止货物结晶是否需要加热；
o) 对高速透气口，要求的阀门至大气出口横截面最小平均速度。

注：对下列组件所提供的信息应包括参照公认的国家标准或国际标准的说明给出的制造材料要求(附加细节见第5章)：
——阀体及螺栓连接；
——阀盘、轴、阀座、弹簧、垫片、密封件、阻火器组件。

附 录 F
（资料性附录）
流量图示例

符合第 9 章的各型式的流量图见图 F.1～图 F.3。

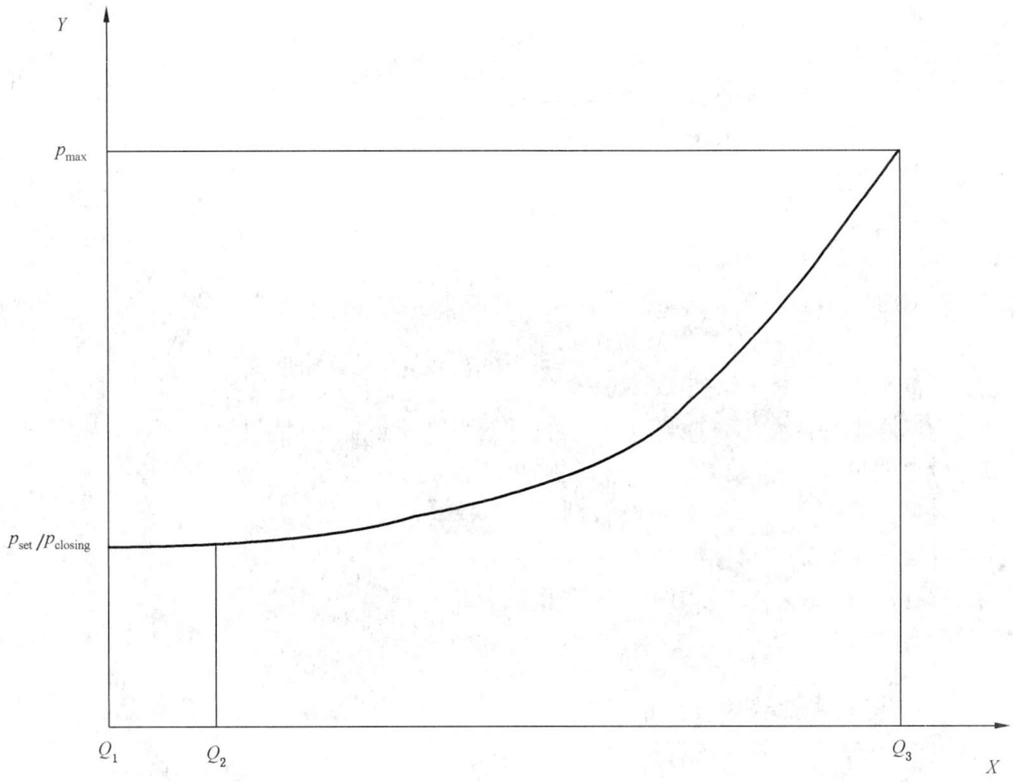

说明：
X——流量；
Y——压力。

图 F.1 调幅阀流量图

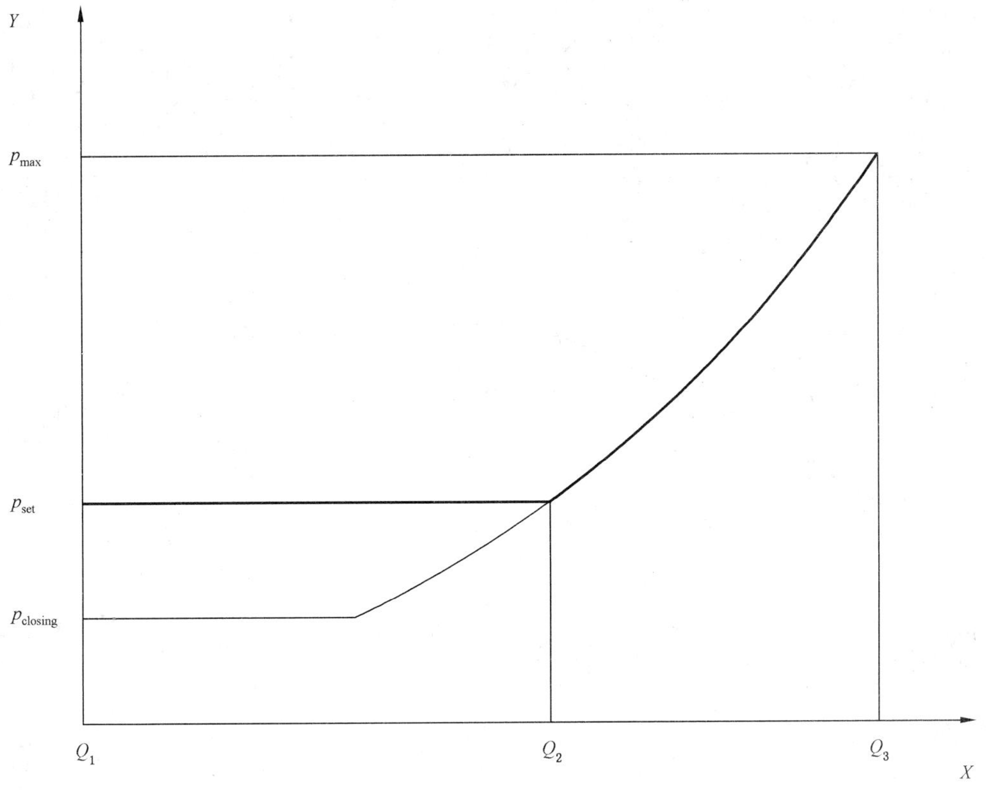

说明：
X——流量；
Y——压力。

图 F.2　全开阀流量图

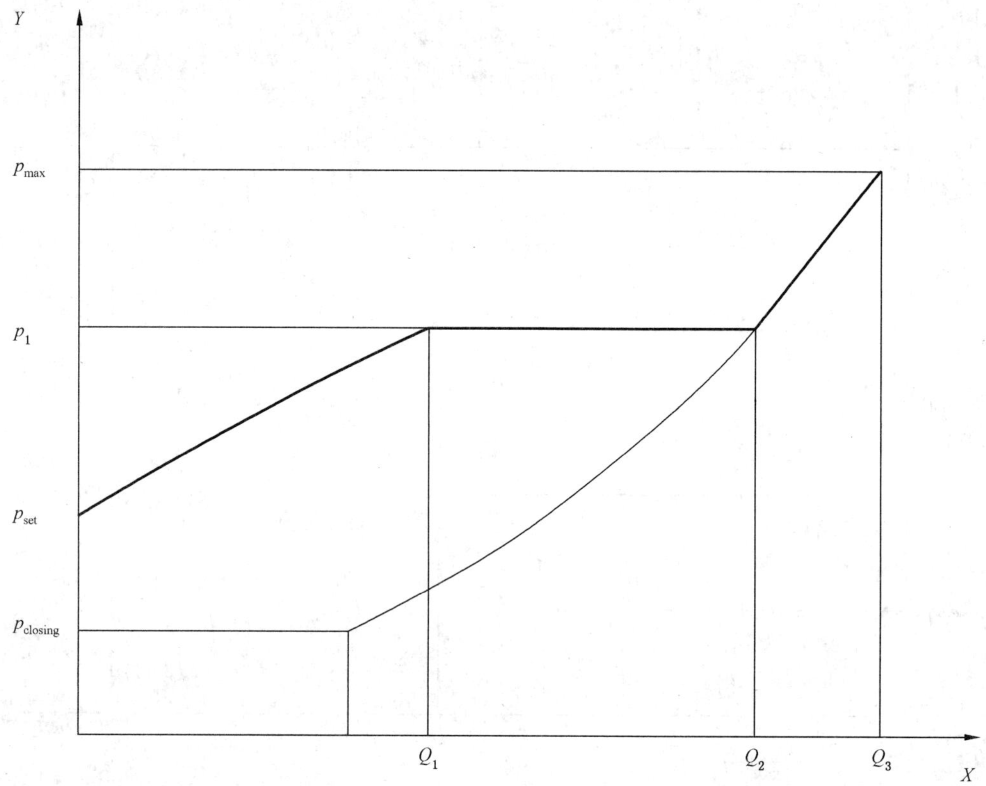

说明：

X——流量；

Y——压力。

图 F.3 转换阀流量图

参 考 文 献

［1］ IEC 60079-1 爆燃性气体环境用电气设备 第1部分:“d”级隔爆外壳的设备保护
［2］ 经IMO MSC/Circ.1009修正的第677号通函(MSC/Circ.677)“阻止火焰进入液货船液货舱装置的设计、试验及安装的修订标准”

ICS 25.040
N 10

中华人民共和国国家标准

GB/T 19769.3—2012/IEC 61499-3:2004

工业过程测量和控制系统用功能块 第3部分:指导信息

Function block for industrial-process measurement and control systems—Part 3:Tutorial information

(IEC 61499-3:2004,IDT)

2012-06-29 发布　　　　2012-11-01 实施

中华人民共和国国家质量监督检验检疫总局
中国国家标准化管理委员会　发布

前　言

GB/T 19769《工业过程测量和控制系统用功能块》分为如下几部分：

——第 1 部分：结构；

——第 2 部分：软件工具要求；

——第 3 部分：指导信息；

——第 4 部分：应用行规指南。

本部分为 GB/T 19769 的第 3 部分。

本部分等同采用 IEC 61499-3:2004《工业过程测量和控制系统用功能块　第 3 部分：指导信息》(英文版)。

本部分按照 GB/T 1.1—2009 给出的规则起草。

本部分根据 GB/T 1.1—2009 对 IEC 61499-3:2004 做了下列编辑性修改：

——删除了 IEC 61499-3:2004 的前言，重新编写了本部分的前言；

——凡有"IEC 61499"的地方改为"GB/T 19769"；

——用小数点"."代替作小数点的逗号","。

——按照汉语习惯对一些编排格式进行了修改；

——将一些适用于国际标准的表述改为适用于我国标准的表述。

本部分的附录 A 和附录 B 为资料性附录。

本部分由中国机械工业联合会提出。

本部分由全国工业过程测量和控制标准化技术委员会(SAC/TC 124)归口。

本标准负责起草单位：西南大学。

本标准参加起草单位：中国四联仪器仪表集团有限公司、上海自动化仪表股份有限公司、机械工业仪器仪表综合技术经济研究所。

本部分主要起草人：张为群、李涛、吕静、黄仁杰、刘进、包伟华、欧阳劲松。

引　言

以下给出了 GB/T 19769 各部分内容的描述。

a) 第一部分
- 一般需求,包括引言、范围、规范性引用文件、定义和参考模型;
- 定义功能块类型的规则,声明的类型实例的行为的规则;
- 功能块在分布式工业过程测量和控制系统(IPMCS)配置中使用的规则;
- 功能块在满足分布式 IPMCS 通信需求中使用的规则;
- 功能块在分布式 IPMCS 的应用、资源和设备的管理中使用的规则。

b) 第 2 部分定义了软件工具的需求,以支持 GB/T 19769.1 的 1.1 中列举的以下系统工程任务:
- 功能块类型的规范;
- 资源类型和设备类型的规范;
- 分布式 IPMCS 的分析和验证的规范;
- 分布式 IPMCS 的配置、实现、操作和维护;
- 软件工具之间的信息交换。

c) 第 3 部分的目的是促进理解和接收,促进 IPMCS 结构的通用的和领域特定的应用性,促进软件工具满足其他部分的需求,通过提供:
- 关于 GB/T 19769 的常见问题解答(FAQ);
- 使用 GB/T 19769 结构解决控制和自动化工程中常遇到的问题的示例。

d) 第 4 部分定义了一致性行规的开发规则,规定了需要实现的 GB/T 19769.1 和 GB/T 19769.2 的特性,以提供基于 GB/T 19769 的系统、设备和软件工具的以下属性:
- 多个提供商的设备的互操作性;
- 多个提供商的软件工具之间的软件移植性;
- 过个提供商的软件工具对过个提供商的设备的可配置性。

工业过程测量和控制系统用功能块 第3部分:指导信息

1 范围

本部分规定了一种技术报告,旨在为广泛应用领域中的常见功能提供一种简单的表达方法。在某种程度上可以将它视为一种"语言"。应该指出,GB/T 19769 并不是一种程序设计方法。

2 规范性引用文件

下列文件对于本文件的应用是必不可少的。凡是注日期的引用文件,仅注日期的版本适用于本文件。凡是不注日期的引用文件,其最新版本(包括所有的修改单)使用于本文件。

GB/T 15969.3—2005 可编程序控制器 第3部分:编程语言(IEC 61131-3:2002,IDT)

GB/T 21099.1—2007 过程控制用功能块 第1部分:系统方面的总论(IEC/CDV 61804-1:2003,IDT)

GB/T 21099.2—2007 过程控制用功能块 第2部分:功能块概念及电子设备描述语言的规范(IEC/CDV 61804-2:2003,IDT)

3 常见问题

3.1 一般问题

本部分的作用:

本部分是对 GB/T 19769 各部分常见问题的回答的汇编。

GB/T 19769 的益处:

遵循 GB/T 19769 的分布式工业过程测量装置和控制系统(IPMCS)、设备和它们相关的生命周期支持系统将给其所有者和系统集成商带来许多重大的好处,包括:

a) 通过配置、编程和数据管理功能的集成,遵循 GB/T 19769 的生命周期支持系统能够降低工程的成本。另外,GB/T 19769 分布式系统的简单而完备的模型使系统容易集成,这也节省了成本。这种模型为系统的所有功能(包括控制和信息处理以及通信和过程接口)提供了独立于硬件和操作系统的表示;

b) 工程师和技术人员通过将通用的概念和技巧用于系统的所有元素,能够节省系统实现的时间。另外,通过消除以前集成不兼容的系统元素和软件工具所需要的软件补丁和"粘件(glueware)",也能够节省系统实现的时间;

c) 补丁和粘件的消除、可互操作的软件集的可获得、工程技巧的可移植性和系统元素的容易集成,将在系统生命周期内产生更高的可靠性和可维护性;

d) GB/T 19769 提供了一种抽象的、独立于实现方法的系统功能表示方式。这种通用的目标将使已存在的系统容易地移植到 GB/T 19769 兼容的系统,旧的技术平台(操作系统、通行等)容易地移植到新的 GB/T 19769 兼容的技术平台;

e) 通用软件和固件技术统一应用的规模经济将提供每一功能更低的硬件成本。因为现代控制硬件最主要的成本项是它的固件和支持软件。

GB/T 19769 的性质：

不是独立的文档。为了实现以上列出的好处，分布式工业过程测量和控制系统(IPMCS)需要：

- 遵循 GB/T 19769.4 规则的兼容性行规，包括使用的通信协议的完整定义；
- 标准的编程语言，如在 GB/T 15969.3 中为基本功能块类型的算法规范定义的编程语言；
- 标准化的和用户化的功能块类型、资源类型和设备类型库，以及它们在特定领域的应用指南。

GB/T 19769 功能块和 GB/T 15969.3 功能块的区别：

功能块术语已分别用于 GB/T 15969.3 中和 GB/T 21099 所反映的过程控制领域中。但 GB/T 19769 按照分布式、事件驱动的结构，以更通用的方式定义了该术语。GB/T 15969.3 采用的集中式、扫描式结构和 GB/T 21099 采用的分布式、扫描式结构可以视为一种特殊的情况。将来，GB/T 15969.3 和 GB/T 21099 可能按照 GB/T 19769.4 给出的规则，选择制定它们自己的兼容性行规，以规定这些标准的协调一致。

3.2 面向对象

使用严格的面向对象模型的目的：

为了获得封装的、可重用的软件模块(功能块)的分布式级别，GB/T 19769 使用面向对象的程度是必须的。

本部分的附录 B 讨论了使用面向对象开发的益处以及 GB/T 19769 实现这些益处的程度。

实现的代价：

不一定很昂贵。GB/T 19769 模型并不要求完全的面向对象实现。除非，功能块和兼容性设备的外部可视行为符合 GB/T 19769 要求和 GB/T 19769.4 所定义的一致性行规要求。

不使用通用的分布式对象模型(如 DCOM 或 CORBA)的原因：

实现这些信息技术模型的规定的特性将很昂贵，并且在于分布式实时工业过程测量和控制系统(IPMCS)中使用，它们通常太慢了。

另外，没有标准的、易于理解的图形化模型来表示分布式应用中这些对象之间的事件和数据的交互。

数据连接与事件连接是一种对象：

库元素中包含的数据和事件连接声明可被视为软件工具管理的对象，如附录 B 和 GB/T 19769.1 所示。

另外，数据和事件连接在资源中被视为被管理对象，如附录 B 和 GB/T 19769.1 所示。

没有 GLOBAL 或 EXTERNAL 变量的原因：

所有的变量都被封装了。不保证存在可用的隐式全局的分布机制。这种机制可用时，它们通常地能够映射到服务接口功能块。

如何访问内含参数：

外部访问功能块的内部变量与好的软件设计原则不符。虽然如此，为了适应例外的情况和先前的实践，为管理功能块定义了到内部变量的 READ、WRITE 服务和相关的访问路径。然而，这种实践，可能极大地降低系统的性能、可靠性、可维护性和安全性。特别是它取代了标准 PUBLISH/SUBSCRIBE 或 CLIENT/SERVER 服务，用于对变量的高速、周期性访问。

功能块用于模型设备或资源管理应用的原因：

这种方法的好处有：

- 系统中所有应用，包括管理应用，具有一致的模型；
- 具有一致性的方法封装和重用所有的功能，包括管理功能；
- 重用已存在的数据类型；

- 使用已有的标准化的方法来定义要求的新数据类型和管理消息的规范。

3.3 事件驱动模型

使用事件驱动模型的原因：

任何执行控制策略(循环的，按时间调度的等)都可以通过事件驱动模型来表示。GB/T 19769 选择更具有通用性的模型，以便为一致性标准和系统提供最大的灵活性和描述能力。

数值的改变如何产生事件：

定义在 GB/T 19769.1 的附录 A 中的 E_R_TRIG 和 E_F_TRIG 功能块类型，在连续发生的输入事件之间，当逻辑值输入上升时或下降时都会分别地产生输入事件。这种类型的实例可以联合其他功能块以产生上升沿或下降沿触发、阀值探测等事件。

事件类型及其用途：

事件类型是与功能块类型的事件输入或事件输出相联系的标识符，是事件输入或输出声明的一部分，见 GB/T 19769 的 2.2.1.1 中的描述。软件工具可以用它来确保没有不适当的事件连接。例如，确保用于初始化的事件输出没有连接到用于报警处理的事件输入上。

定义在 GB/T 19769.1 中的，在基本功能块中用于控制算法执行的执行控制图表不能探测事件的类型。因此在这种功能块类型中，事件类型不能用于影响事件的处理。

除了缺省的 EVENT 类型外，GB/T 19769 没有定义任何标准事件类型。

这种模型如何适应采样数据系统：

在采样数据系统中主要的问题是(例如，在运动、机器人和连续过程控制中使用的问题)：

- 如何获得过程或机器输入的同步采样；
- 如何确保用于处理或控制算法的所有数据及时到达；
- 如何确保在下一个采样和执行周期开始之前，所有的输出都可用并为采样作好了准备。

要解决这些问题，典型地需要专门的通信和操作系统服务。这些服务可用 GB/T 19769 模型的服务接口功能块来表示。要采样的输入和输出同样地可以通过服务接口功能块来表示。系统服务、输入和输出采样和算法控制的关系可以用事件连接和数据连接来表示。

通信子系统丢失了重要事件的处理：

这是所有分布式控制系统共同的问题，其解决方法是众所周知的。例如，通过周期性通信、丢失事件探测和/或正响应协议来解决。GB/T 19769 模型通过 IND-、CNF-和 INITO-服务原语和服务接口功能块的状态输出，提供对异常操作的通知。

区分处理事件和执行调度事件：

事件可以通过事件类型的机制来相互区分。软件工具可以使用这些事件只显示感兴趣的事件类型，也可以用来约束兼容事件类型之间的连接。

功能块响应故障和异常：

在 GB/T 19769 模型中，故障和异常模型化为服务接口功能块的事件输出和关联的数据输出。这些输出可以连接到任何功能块的适当的事件输入和关联的数据输入上。这些功能块须负责对故障和异常的响应，例如，通过改变它们的运行模式。

实例化事件处理功能块(E_CYCLE、E_RESTART 等)：

标准没有限制通用事件处理功能块或服务接口功能块的实例化关系。原则上，可以在任何其他功能块类型可以实例化(例如，实例化为复合功能块的组件或资源配置的一部分)的地方使用它们。

算法或事件按优先级执行的机制：

GB/T 19769.1 的附录 H 中有一些算法优先级的描述，但这些描述不是标准化的。

通过定义执行控制图表(ECC)的转换和动作的特定处理顺序，GB/T 19769.1 的 2.2.2.2 中给出的算法调用规则提供实质程度上的优化控制。

具有优先级和循环时间的 GB/T 15969.3 任务转换到 GB/T 19769：

E_CYCLE 功能块主要用于像 GB/T 15969.3 那样的循环任务的循环执行的控制。参见前一问题关于优先级的讨论。

3.4 工程方法

使用 GB/T 19769 设计和实现状态机控制：

状态机控制系统的设计有多种形式化和非形式化的方法。下面给出了这些方法的一般概要以及如何使用 GB/T 19769 模型和软件工具。

a) 为被控机器和过程定义预期的操作序列，以及(如果可能的话)定义可能发生的异常序列。可以通过一般语言的非形式化定义，或者使用形式化符号例如 Petri 网和 GB/T 15969.3 的顺序概念图(SFC)来定义；

b) 定义用于实现预期行为的执行机构，传感器用于决定被控机器或过程的实际状态。定义它们与状态机控制器的接口。GB/T 19769 的服务接口功能块类型可用于这种目的。符合 GB/T 19769的传感器和执行机构设备供应者典型地为这种目的提供这种定义；

c) 对发送给执行器的命令所产生的机器或过程的响应行为(事件和数据)进行建模。并对来自于传感器的可观测并基于时间的输出(事件和数据)进行建模。这种建模可以形式化地用 Petri Net 符号来完成，或非形式化地用仿真模型(可以用 GB/T 19769 合适的模型来实现)来完成；

d) 定义合适的状态机控制器，典型地定义为基本功能块类型的 ECC 和算法。完成这一步的方法可以是非形式化的，基于工程经验的，也可以是更形式化的，使用(例如)Petri Net 理论。最好的方法是使用来自于 GB/T 19769 功能块库的已存在的、经过检验的状态机控制器；

e) 验证推荐的状态机控制器和被控机器或过程的模型。为了获取可能的设计或规范错误，通常使用仿真的方式。另外，如果可能也可以使用形式化的验证方法；

f) 最后，使用被控的实际机器或过程的服务接口替换仿真的传感器和执行器接口。

ECC 及其使用：

ECC 是一种特殊的状态机，在基本功能块类型中允许多个事件触发多个算法，这可能取决于内部的状态。当需要算法选择和调度的最大灵活性或高性能、事件驱动状态机时，应该使用 ECC。否则，可以使用 GB/T 19769.1 附录 D 中的转换 GB/T 15969.3 功能块为 GB/T 19769 类型的块的机制。

复合功能块可以没有内部变量的原因：

复合功能块不需要内部变量，因为所有的数据源都被解释为复合功能块或其组件功能块的输入或输出变量。

是否允许可扩展的用户自定义的功能块：

GB/T 19769 遵循 GB/T 15969.3 的用法，没有为用户自定义功能块的可扩展输入和输出定义特定的语法规范。认为使用省略号(…)和伴随的文本描述，对可扩展输入和输出的标准和服务接口功能块类型的规范是足够的。

可以使用可替换的图形表示：

软件工具可以使用可替换的图形、文本或表格表示，只要附带的文档明确地映射到 GB/T 19769.1 定义的图形元素和相关的文本语法。

创建趋势和视图对象：

在一些过程控制技术中，视图是来自不同数据源的数据值的集合，是为远程访问准备的。这种功能由 GB/T 19769 的通信功能块执行。

注： 术语“视图”的这种用法不同于众所周知的用于用户接口的模型/视图/控制器(MVC)模型。

趋势是来自于同一数据源的数据值的序列。收集趋势数据的功能可由基本功能块的算法来实现。标准的通信功能块可以提供对这种收集的数据的远程访问。4.1.1 和 4.1.2 给出了更多的信息。

WITH 结构及其使用：

当设计功能块类型的时候，需要使用 WITH 结构来指定一个事件输入和一组输入变量之间的关联，或指定一个事件输出和一组输出变量之间的关联。GB/T 19769.1 的 2.2.2.2 陈述了：这种关联意味着在 ECC 状态机某一特殊转换时，采样关联的输入变量。没有为事件输出和输出变量的 WITH 关联给出具体的语义。推荐，但不要求，使用以下的语义解释。

GB/T 19769.1 陈述了：WITH 结构用于确定：

- 当某一类型实例关联的事件输入处发生了事件时，采样哪些输入变量；
- 当关联的输出变量改变时，使用哪些事件来进行指示。

在以上两种任一情况下，期望软件工具使用这种信息，以帮助用户确保：

- 一个功能块中的算法使用的数据与其他功能块中的算法产生的数据是一致的，并通过与一个或多个事件连接相关联的一个或多个的数据连接进行传递；
- 按照应用设计者预期的方式，在分布式应用中，资源之间通过通信连接传输的消息传递应用的功能块实例之间的一致性数据和事件。

服务接口功能块(SIFB)序列的目的：

SIFB 的服务序列的使用针对文档的目的，特别地它给出了对符合 ISO 8509 约定的、规定详尽的服务的直接映射。即使在文档术语中，它应被视为是对相应 SFIB 的外部可观测操作序列的限制。软件工具可以，但不要求，使用这种规范来为 GB/T 15969.3 ST、C++、JAVA 等实现语言产生框架代码。

将 GB/T 19769 关联到面象对象开发的常规方法：

见附录 B。

3.5 应用

GB/T 19769 没有定义应用作为应用类型的实例的原因：

这是由与实现无关的规范决定的。该规范规定应用类型等价于复合功能块类型。然而，这种观点已扩展到了子应用各类型。可以按照以下的过程对应用进行配置：

a) 创建和连接表示应用的一个或多个的子应用类型(也可能为其他功能块类型)的实例；

b) 创建表示应用过程接口的服务接口功能块类型的实例；

c) 在过程接口功能块和表示应用的子应用之间创建合适的事件和数据连接；

d) 移除子应用的封装，暴露其组件功能块(也可能是子应用)作为应用的分布式元素；

e) 移除所有新暴露的子应用的封装，若有必要进行重复；

f) 通过给相应的资源分配功能块实例，进行应用的分布；

g) 创建和配置合适的通信功能块类型的实例，以维持应用的事件和数据流。

注：软件工具典型地可以提供该过程中许多操作的自动化方法，特别是步骤 d)、e)和 f)。

应用可以包含子应用：

是的。见以上的描述以及 GB/T 19769.1 的 2.4。

一个应用到其他应用的接口：

没有直接的接口，因为没有可以在其中定义接口的应用类型。然而，应用可以通过通信 SIFB 进行相互的通信。通过事件连接和数据连接，子应用也可以具有相互之间的接口。

加载和启动被管理的应用程序：

用于此目的软件工具将输入系统配置并为管理功能块生成命令序列，以执行应用的装载和启动，可以在本地进行，也可以通过通信功能块运程地进行。这种功能的细节典型地包含在遵循 GB/T 19769.4 规则的一致性行规中。

4 示例

4.1 SIFB的应用

4.1.1 视图

一些系统结构定义了特有的对象来提供规定的功能，这些对象包括变送块、视图、趋势、警告和远程的链接。本节的目的是描述使用SIFB来替换这些特有的对象。

本示例描述使用通信功能块来提供对功能块的实时数据和参数的受控远程访问。通常的方法如下：

a) 将期望的功能模型化为带有外部可视的、可访问的参数的功能块；

b) 使用合适的SIFB，例如SERVER，来模型化参数的分组和访问控制；

c) 使用不可见的内含参数和内部访问机制封装以上得到的模型。

图1给出了资源类型的部分配置。通过标记为OP_VIEW的块提供了操作员视图，通过标记为ENG_VIEW的块提供了工程视图。这些视图是与GB/T 19769.1的2.3.1描述示例的PI_REAL复合功能块的实例相关联的数据。ENG_VIEW块提供了KP和KI参数以及到PI块的HOLD变量。OP_VIEW块提供了SP变量并返回PV变量(由远程发布者通过PV_SUB块提供)和PI块的XOUT变量。

注1：XOUT参数典型地连接到PUBLISH块或本地输出点，以使预期的控制生效。本例没有给出这种连接。

注2：本节中SIFB类型的命名给出了有帮助的约定。块被命名为XXXX_NI_NO，XXXX是服务的名称，例如SERVER；NI是输入的编号，例如2；NO是输出的编号，例如1，在这个例子中，块的类型为SERVER_2_1；通信连接另一端的服务接口具有相反的输入和输出编号，例如CLIENT_1_2。

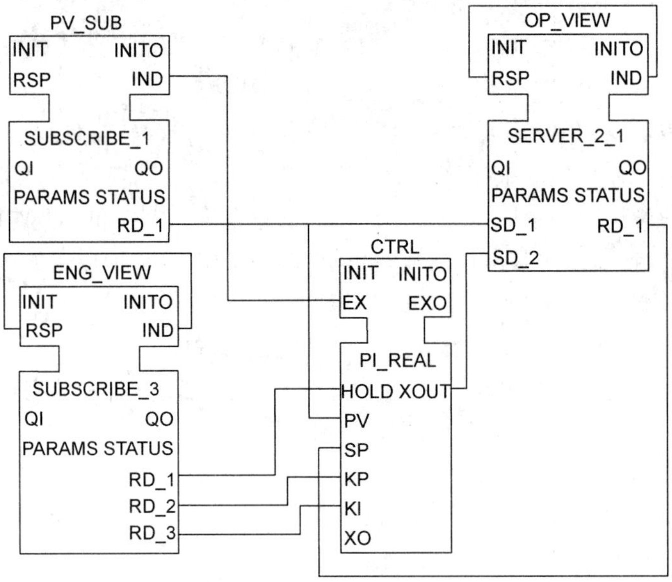

图1 PI_REAL类型块的视图

图2a)描述了用于图1中给出的远程资源的简单远程操作员接口的部分资源配置。GB/T 19769.1服务F描述的指定版本的CLIENT功能块类型的实例给出了设置PI算法的SP(Set Point)的运程接口，并从该算法读取PV(Process Variable)输入和XOUT输出。相似的配置可以用于工程界面；如果两个接口并排放置，则可获得如图2b)的显示。

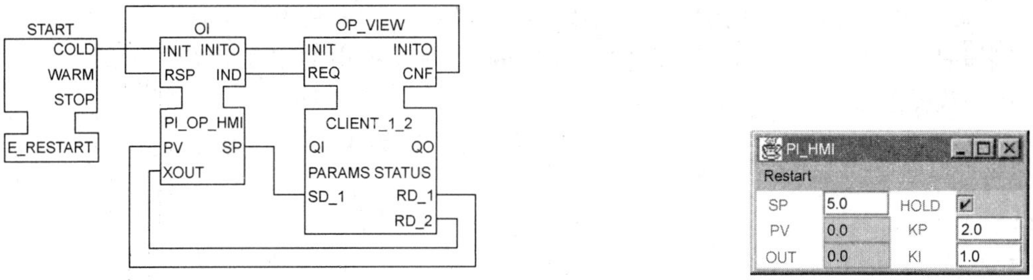

a） 部分资源的配置　　　　b） 典型的显示

图 2 人机接口

图 3 给出了 PI_OP_HMI 功能块类型的外部接口和内部功能块网络。PI_OP_HMI 在图 2 中作为简单的人机接口使用。实际上，典型地使用条形图来显示 SP、PV 和 OUT 这三个值。

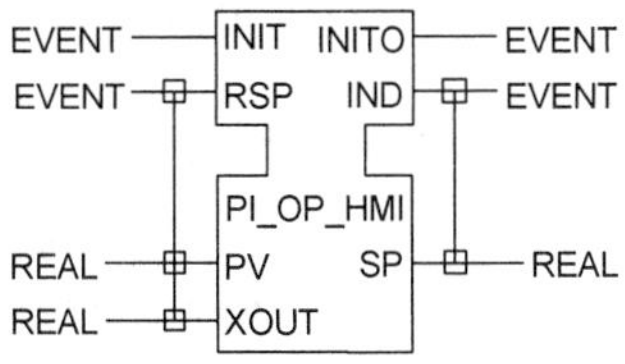

a） 外部接口

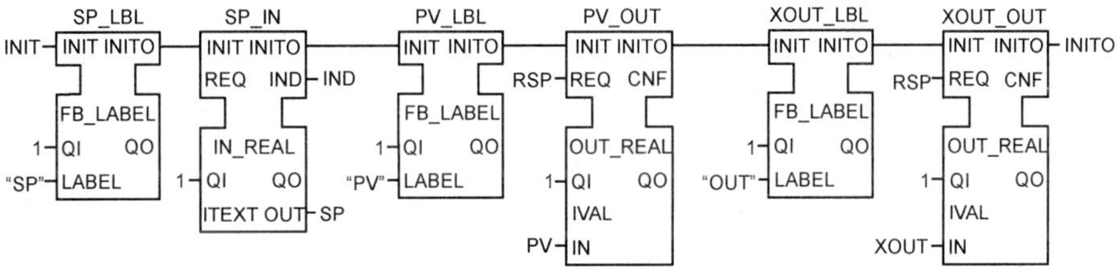

b） 实现

图 3 功能块类型 PI_OP_HMI

4.1.2 趋势

图 4 给出了在 TREND_16_REAL_VS 功能块中实现的 16 个采样趋势的功能。该功能块提供一对 RD/RDO 来确保正在被读取的数据正确同步。REAL_VS 类型的输入数据提供了数据的值和状态，见以下的声明。

```
TYPE REAL_VS:                 (* 状态字节的实际值 *)
STRUCT
    Status:BYTE;              (* 实现相关的编码 *)
    Value:REAL;
  END_STRUCT;
END_TYPE
```

编码在状态字节中的信息可以包括：

- good(cascade)—变量值可以用于控制；
- good(non-cascade)—变量值可以用于操作；
- uncertain—变量值是可疑的；

- bad—变量值不能反应真实的测量值、计算值或控制值；
- 也可以编码其他的状态属性(即,属性的解释依赖以上所列举的主要状态)和界限属性(例如,超过高限或低限)。

每一输入数据的采样都带有当前的日期和时间,以解释可能出现的非均匀的采样间隔。以下的声明给出了被采样的数据的类型。

```
TYPE STAMPED_REAL_VS:                  (* 带有状态字节的、标记了时间的 REAL 值 *)
  STRUCT
    Value:REAL_VS;
    Stamp:DATE_AND_TIME;
  END_STRUCT;
END_TYPE
```

GB/T 19769.1 附录 F 中描述的 SERVER 块的适当的实例可以提供对趋势值的远程访问。

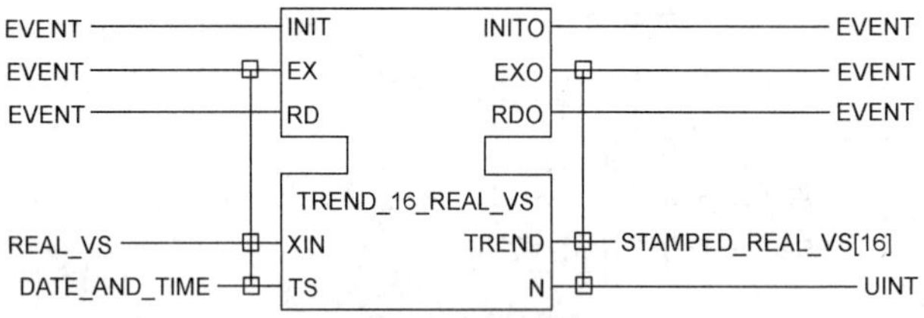

a) 外部接口

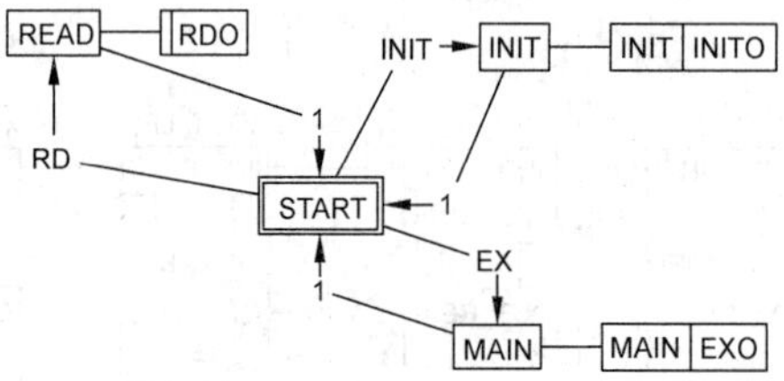

b) ECC

图 4 TREND_16_REAL_VS 功能块类型

4.1.3 远程采样

图 5 给出了一种发布从热电偶接口获得的数据的资源类型。该热电偶接口由图 6 中的 SIFB 类型 TC_INTFC 的实例来表示。TC_INTFC 块的 PARAMS 输入可以包含适合表征热电偶接口的数据,包括通道号、热电偶类型、校准数据、工程单位、缩放比例等。TC_INTFC 块的 RD_1 输出典型地为 REAL_VS 数据类型,以合适的工程单位和相关状态来表示温度值。STATUS 输出指示接口类型特定的条件,例如,断路、短路等。

在这种资源的典型操作中,TRIGGER 块的 IND 输出处事件的到达将触发 TC 块的采样,并随后发布相关的数据。

GB/T 19769.2 中所描述的软件工具典型地可以通过以下的操作顺序来初始化这种资源的操作。

a) 建立连接到资源 MANAGER 块的 SERVER 块的通信连接；

b) 使用 WRITE 或 CREATE 管理命令,建立 TRIGGER、TC 和 PUB 块的 PARAMS 输入的值；

c) 发出 GB/T 19769.1 的 3.3.2 描述的 START 命令,进行强制初始化。这将在 START 块的 WARM 处产生事件,并通过 SUB、VALVE 和 PUB 块的 INIT/INITO 链进行传播；

d) 通过使用 READ 命令查询 TRIGGER、TC 和 PUB 块的 STATUS 输出的值,以验证是否已经正确地初始化了。如有必要,采取相应的校正动作；

e) 为了监视发布变量的状态,软件工具也可以建立自己的到为 PUB 块建立的发布/预定通道的 SUBSCRIBE 块。

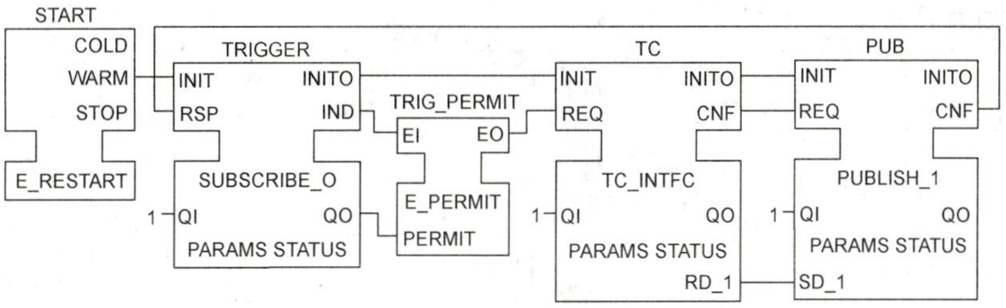

图 5　TC_XMTR 资源类型

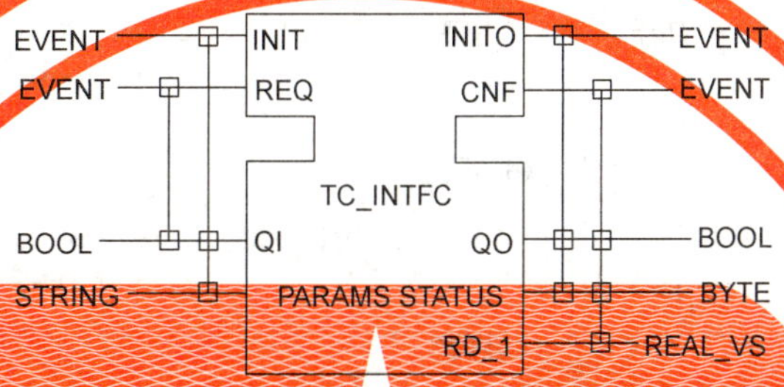

说明：见 4.1.2 对 REAL_VS 数据类型的讨论。

图 6　TC_INTFC SIFB 类型

4.1.4　远程执行

图 7 给出了一种资源类型，它订阅了操作阀门接口所需的数据。这种阀门接口由图 8 描述的 VALVE_INTFC SIFB 类型的实例来表示。VALVE_INTFC 块的 PARAMS 输入包含有适合于表征其操作的数据，包括通道号、前向或反向阀门动作、缩放比例等。VALVE_INTFC 块的 SD_1 输入典型地为 REAL_VS 数据类型，表示有标度的阀门位置和相关的数据状态，它的 STATUS 输出指示了粘滞、超程等条件。该资源类型中也提供了 PUBLISH_1 类型的块 PUB，以在错误条件发生时发布阀门的状态。这种错误条件由 VALVE_INFC 服务的 CNF－原语来指示。

在这种资源的典型操作中，SUB. IND 处的事件到达将触发 VALVE 块开始动作阀门到 SUB. RD_1 规定的位置。接着在 VALVE. CNF 出产生事件，在 VALVE. QO 和 VALVE. STAUS 处产生适当的值。如果发生了由 VALVE. QO 的值 FALSE 指示的错误，VALVE. CNF 事件将通过 PUB_SW. EO0 传递给 PUB. REQ，引起在 VALVE. STATUS 处发布诊断信息。

通过以下的操作序列，GB/T 19769.2 描述的软件工具典型地通过以下的操作顺序来初始化这种资源的操作。

a)　建立连接到资源的 MANAGER 块的 SERVER 块的通信连接；
b)　使用 WRITE 或 CREATE 管理命令来建立 SUB、VALVE、PUB 块的 PARAMS 输入的值；
c)　发出 START 命令，强制进行初始化。这将在 START 块的 WARM 输出处产生事件，并通过 SUB、VALVE 和 PUB 块的 INIT/INITO 链进行传递；
d)　使用 READ 命令查询 SUB、VALVE 和 PUB 块 STATUS 输出的值，以验证是否已正确地初始化了。若有必要，采取适当的校正动作；
e)　软件工具也可以建立自身的到为 PUB 块建立的发布/预定通道的 SUBSCRIBE 块，以监视阀门的状态。

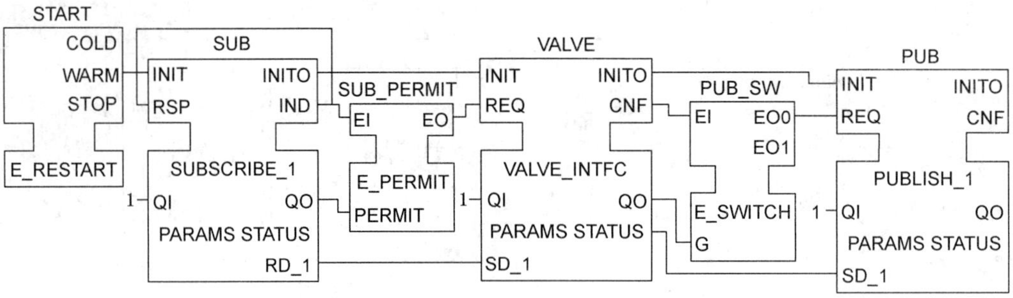

图 7　VALVE_XCVR 资源类型

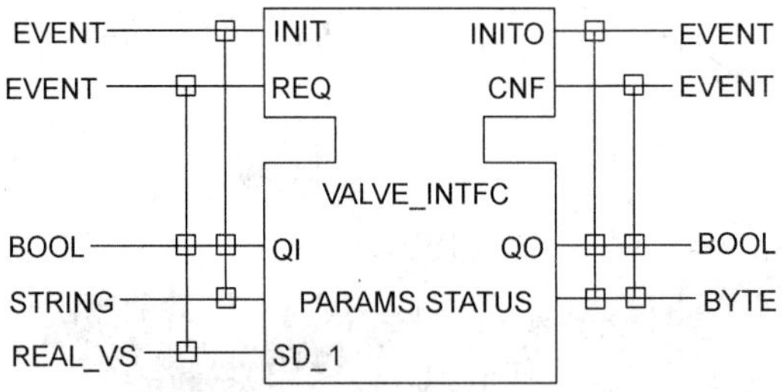

说明：见 4.1.2 对 REAL_VS 数据类型的讨论。

图 8　VALVE_INTFC SIFB 类型

4.1.5　远程控制

图 9 给出了一种资源类型，为了服务接口功能块类型 PID 实例的运行，它订阅了设定点(SP)和过程变量(PV)所需的数据，并发布它管理的 OUT 变量，如图 10 所示。PID 块的 PARAMS 输入包含适合于表征其操作的数据，如采样时间、比例/积分/微分常量、操作模式等。该资源类型也提供了 PUBLISH_1 类型的 STATUS_PUB 块，在发生由 PID 服务的 CNF－原语指示的错误条件时，发布块的状态信息。

在该资源的典型操作中，PV. IND 处到达了事件，将触发 PID 算法的运行，随后在 CTRL. CNF 处产生带有 CTRL. QO、CTRL. STATUS 和 CTRL. OUT 适当值的事件。取决于 CTRL. QO 的值是 TRUE 或 FALSE，PUB_SW. EO0 或 PUB_SW. EO1 将 CTRL. CNF 事件传递给 PUB. REQ 或 STATUS_PUB. REQ。

SP. IND 处的事件和 SP. RD_1 处的相应数据的到达将改变设定点的值。

通过以下的操作序列，典型地，GB/T 19769.2 描述的软件工具通过以下的操作顺序来初始化这种资源的操作。

a)　建立连接到资源的 MANAGER 块的 SERVER 块的通信连接；

b)　使用 GB/T 19769.1 的 3.3.2 中描述的 WRITE 或 CREATE 管理命令来建立 PV、SP、CTRL、STATUS_PUB 和 PUB 块的 PARAMS 输入的值；

c)　发出 GB/T 19769.1 的 3.3.2 中描述的 START 命令，强制进行初始化。这将在 START 块的 WARM 输出处产生事件，并通过 PV、SP、CTRL、STATUS_PUB 和 PUB 块的 INIT/INITO 链进行传递；

d)　使用 READ 命令查询 SUB、VALVE 和 PUB 块 STATUS 输出的值，以验证是否已正确地初始化了。若有必要，采取适当的校正动作；

e) 软件工具也可以建立自身的到为 STATUS_PUB 和 PUB 块建立的发布/预定通道的 SUBSCRIBE 块,以分别监视 PID 块的状态和输出值。

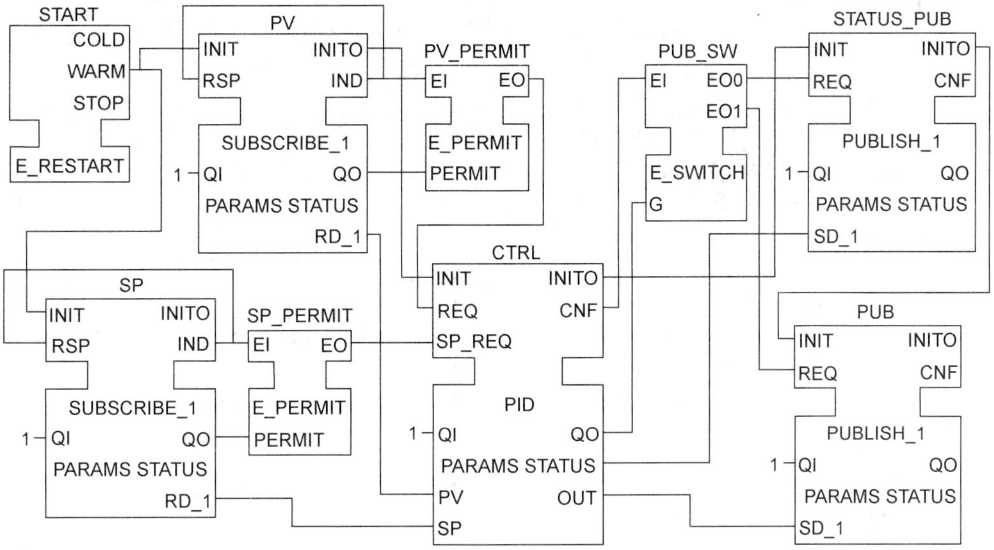

图 9 **PID_RSRC 资源类型**

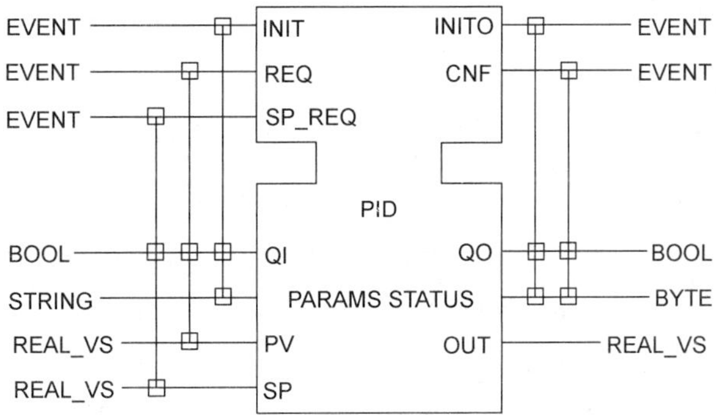

说明:

1. 该功能模块类型的内部功能性规范超出了本技术报告的范围。
2. 见 4.1.2 对 REAL_VS 数据类型的讨论。

图 10 **PID SIFB 类型**

4.1.6 控制与执行的组合

图 11 给出了一种资源类型,它组合了图 9 和图 10 给出的控制、执行和诊断功能。

通过以下的操作序列,典型地,GB/T 19769.2 描述的软件工具通过以下的操作顺序来初始化这种资源的操作。

a) 建立连接到资源的 MANAGER 块的 SERVER 块的通信连接;
b) 使用 WRITE 或 CREATE 管理命令来建立 PV、SP、CTRL、STATUS_PUB、VALVE 和 VALVE_PUB 块的 PARAMS 输入的值;
c) 发出 GB/T 19769.1 的 3.3.2 中描述的 START 命令,强制进行初始化。这将在 START 块的 WARM 输出处产生事件,并通过 PV、SP、CTRL、VALVE 和 VALVE_PUB 块的 INIT/INITO 链进行传递;

d) 使用 READ 命令查询 PV、SP、CTRL、STATUS_PUB、VALVE 和 VALVE_PUB 块 STATUS 输出的值，以验证是否已正确地初始化了。若有必要，采取适当的校正动作；

e) 软件工具也可以建立自身的到为 STATUS_PUB 和 VALVE_PUB 块建立的发布/预定通道的 SUBSCRIBE 块，以分别监视 PID 和 VALVE 块的状态。

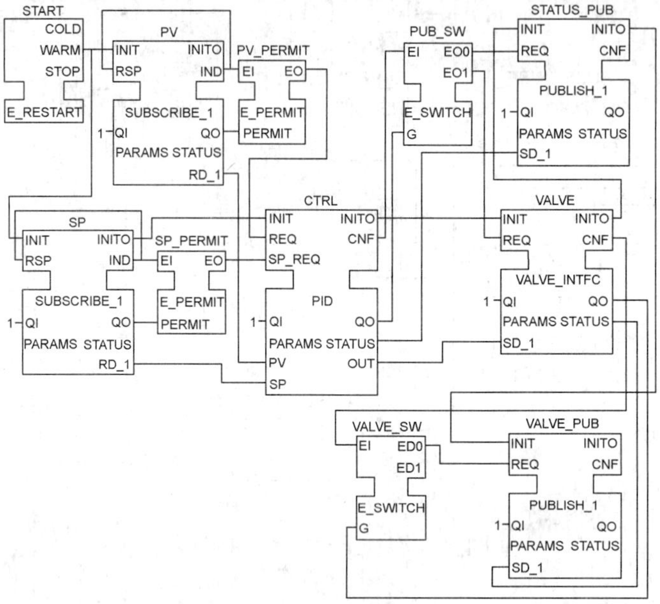

图 11 **PID_VALVE 资源类型**

4.2 系统配置

图 12 描述了如何将 4.1 中定义的元素组合到一个简单的系统配置中。这种配置的特征如下。

a) 为了声明和参数化，通信通道可能被模型化为功能块。该功能块存在于系统层还是资源的层次，取决于连接端点存在于不同的设备中还是在同一设备中；

b) 在本例中，假设 1)存在一些种类的目录服务(directory service)，允许连接端点的服务接口，通过由对应服务接口功能块的 PARAMS 输入处给出的名称，来定位通信连接；2)GB/T 19769.2 中描述的软件工具能够使用这种信息，以实现相关的方式，来建立合适的通信连接。为了集成这个应用，这是唯一的需要包含到资源配置中的附加信息；

c) 通过添加 E_CYCLE 块来发布周期性的事件，可以为系统建立简单的周期性调度，见 TC. LAS 资源的配置。图 13 给出了得到的时序图，假设功能块的执行时间为 10 ms，数据传输时间为 5 ms，阀门和热电偶接口执行时间为 5 ms。

通过以下的操作序列，GB/T 19769.2 描述的软件工具典型地通过以下的操作顺序来初始化这种资源的操作。

a) 使用 4.1.2 和 4.1.5 为 TC_XMTR 和 PID_VALVE 资源类型描述的程序，分别建立 TC. TCX 和 VALVE. V 资源中参数的初始值。在本例中，它包含，在其他动作中，为 TC. TCX. TRIGGER. PARAMS 设定 CLK_CNXN 的值，为 TC. TCX. PUB. PARAMS 和 VALVE. V. PV. PARAMS 设置 PV. CNXN 的值；

b) 为 TC 设备建立连接到资源的 MANAGER 块的 SERVER 块的通信连接。使用 CREATE 管理命令来添加 LAS 资源和 CLK_CNXN 块到 TC 设备；

c) 为 TC. LAS 资源建立连接到资源的 MANAGER 块的 SERVER 块的通信连接，然后：

  1) 使用 CREATE 管理命令来为资源增加 MAIN. CLK 和 CLK_PUB 块；

2) 使用 CREATE 命令来建立资源中的事件和数据连接；

3) 使用 WRITE 或 CREATE 命令来建立资源中块的参数值；

注：以上描述的步骤中的命令顺序可以从相关设备和资源配置的文本声明的顺序中得出，见附录 B。

d) 通过管理块向相应的设备发送 START 命令，强制进行初始化。START 命令的确切顺序基于所使用的通信功能块所要求的初始化服务；

e) 软件工具也可以通过建立自身的通信服务接口和操作员接口块，来创建操作员接口应用，以监视和操作各种资源。并为此目的，建立合适的通信连接和参数化各种资源中可用的通信服务接口。

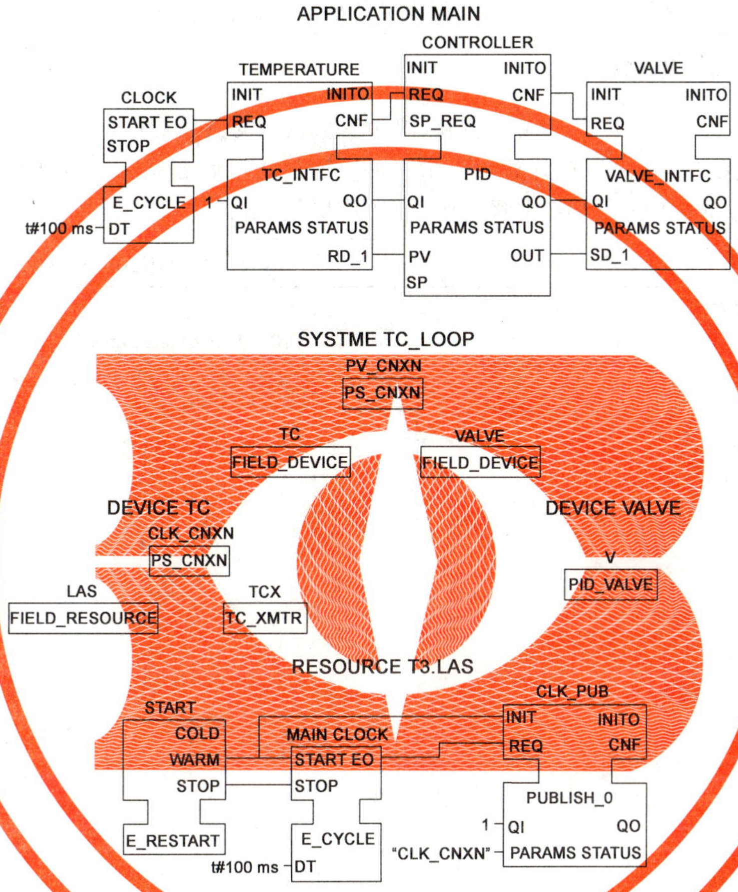

图 12 TC_LOOP 系统配置

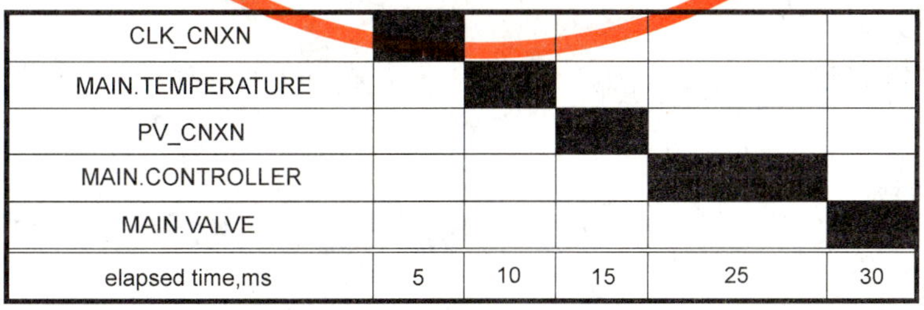

图 13 系统时序的示例

4.3 通信功能块的使用

当一个应用分布在多个资源中时，这些穿过资源边界的应用的数据和事件连接，必须映射到资源中的通信连接。为了确保应用操作的正确地同步,必须为每一事件输出和其关联的数据输出提供一个单向的通信连接。这些事件和数据输出的连接是跨资源的。该通信连接由 GB/T 19769.1 的 F.2.1 描述的一个 PUBLISHER 功能块类型的实例和一个或多个 SUBSCRIBER 功能块类型的实例组成。如果可以标识两个事件的成对链接,则可以使用包含由 GB/T 19769.1 的 F.2.1 描述的 CLIENT/SERVER 的双向通信连接。

要求的通信功能块可以通过几种方式来产生,例如:

a) 应用开发者显式地规定它们,特别用于操作和监视的目的;

b) 软件功能可以为跨资源边界的任何连接自动地产生它们。

4.4 过程控制功能块中的内含变量

对于如 GB/T 21099 系列提出的应用领域,内含变量定义为其值可以被操作员、更高级的设备配置或设定的变量,或定义为其值可以被计算的变量。可以通过访问路径指定访问内含变量。下例中描述了在设备类型 MOTOR_CONTROL 中解析访问路径 PATHA。

类型声明	解析 MOTOR_CONTROL 中的 PATHA

TYPE MEASUREMENT:STRUCT
  V:VOLTS;
  A:AMPERES;
END_STRUCT; END_TYPE
TYPE VOLTS:STRUCT
  PhsA:REAL;
  PhsB:REAL;
END_STRUCT; END_TYPE
PUNCTION_BLOCK PROTECTOR
…
VAR
  MX:MEASUREMENT;
  …
END_VAR
…
END_FUNCTION_BLOCK
FUNCTION_BLOCK BREAKER
…
FBS
  TOC:PROTECTOR;
  …
  END_FBS
  …
  END_FUNCTION_BLOCK
  RESOURCE_TYPE MOTOR_CONTROL
  …
  FBS
    BreakerA:BREAKER;
    …
END_FBS
…
VAR_ACCESS
    PATHA:BreakerA.TO3.MX.A.PhsA;
    …
END_VAR
…
END_RESOURCE
	BreakerA--fb_instance_name
	  .TOC--fb_instance_name
	    .MX--variable_name
	      .A--field_selector
	        .PhsA--field_selector

注:用省略号(…)来表示上例中省略的细节	

4.5 使用适配器接口来实现面向对象的概念

图14a)给出了一种适配器类型,用于提供面向对象编程中的多态性。这种适配器为两个INT类型变量的任何典型的(代表)功能定义了接口。

如图14b)所示,这种接口的正常操作可被视为两个步骤:从接收者功能块发送消息到提供者功能块;随后,服务器发送另一条包含功能评估结果的消息给客户端。接收者功能块可以视为是计算功能的客户端。提供者功能块可以视为是提供计算功能的服务器。图14c)和图14d)分别呈现在评估被禁止的功能时和在导致了错误时发送的消息。图14e)给出了这些服务序列详细的文本声明。

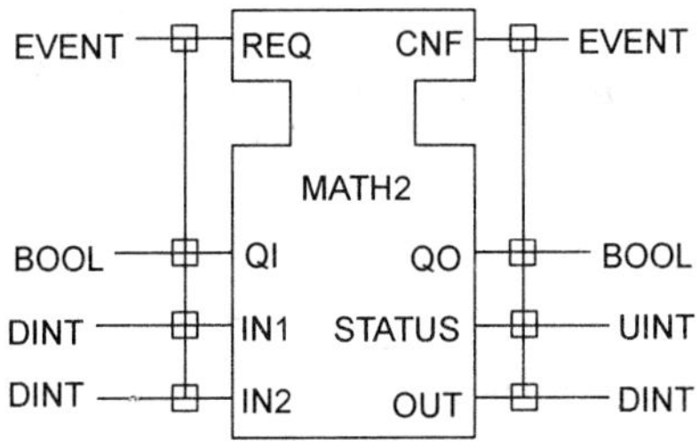

a) 接口

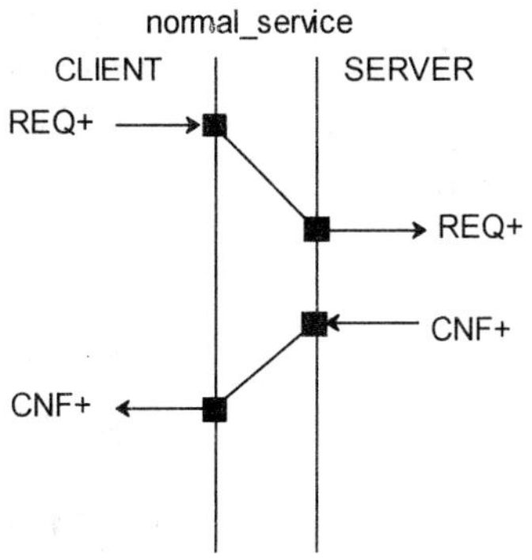

b) 正常的服务序列

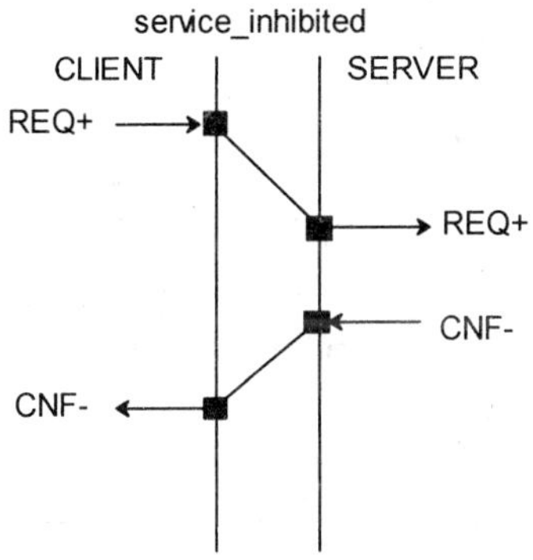

c) 服务被禁止

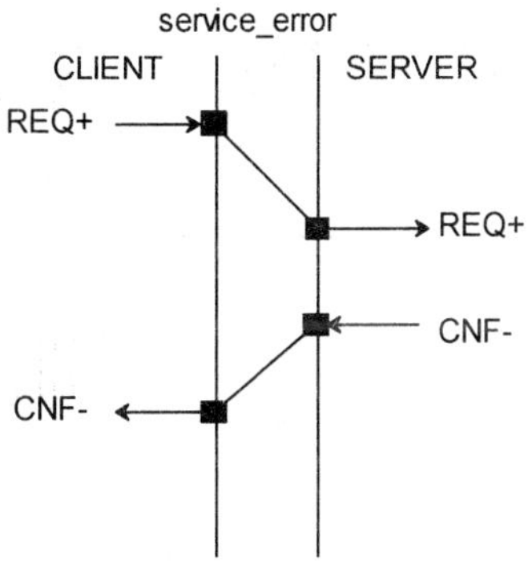

d) 服务错误

```
SERVICE CLIENT/SERVER
SEQUENCE normal_service
    CLIENT.REQ+(IN1,IN2) -> SERVER.REQ+(IN1,IN2);
    SERVER.CNF+(OUT) -> CLIENT.CNF+(OUT);
END_SEQUENCE
SEQUENCE service_inhibited
    CLIENT.REQ-() -> SERVER.REQ-();
    SERVER.CNF-(STATUS) -> CLIENT.CNF-(STATUS);
END_SEQUENCE
SEQUENCE service_error
    CLIENT.REQ+(IN1,IN2) -> SERVER.REQ+(IN1,IN2);
    SERVER.CNF-(STATUS) -> CLIENT.CNF-(STATUS);
END_SEQUENCE
END_SERVICE
```

e) 服务序列的文本声明

图14 多态的适配器类型声明

图 15 给出了不同的客户端接收者功能块类型的实例，可以表现出不同行为，这取决于插入到插座 S1 的功能性。在面向对象编程术语中，多态行为通过部分继承类而不是直接继承（inheritance by descent）提供。

注 1：QO 和 STATUS 的值直接从适配器实例 S1 传递到“父”功能块的输出，因为 FB_ADD_INT 的特定实现没有提供这些值。

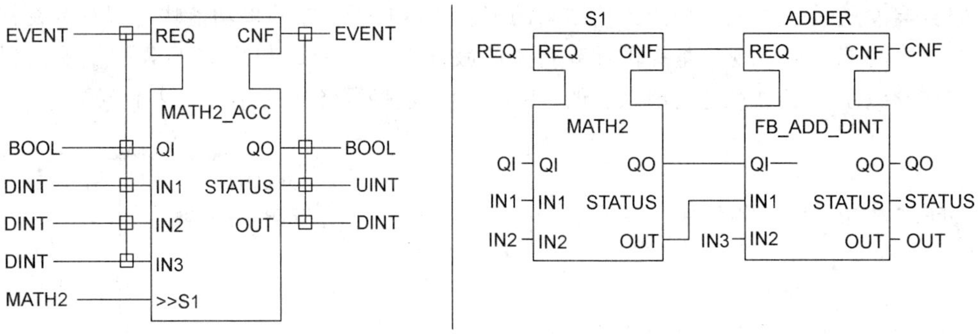

图 15　多态的接收者（客户端）功能块类型

图 16a）和图 16b）给出了“服务器”提供者功能块类型，它通过 MATH2 接口提供 INT 乘法。图 16c）和图 16d）给出了 INT 除法功能的提供者。

注 2：图 16b）的功能块主体中，P1. QI 的值直接传递给 P1. Q0，P1. STATUS 的值设置为 0（false），因为 FB_ADD_MUL 的特定实现不会提供这些值。

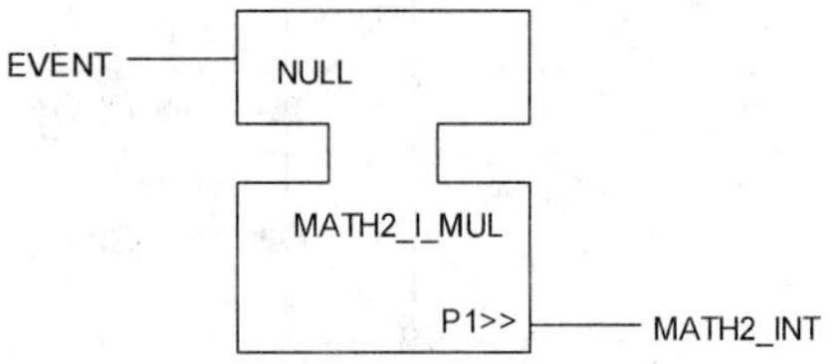

a）　乘法提供者接口

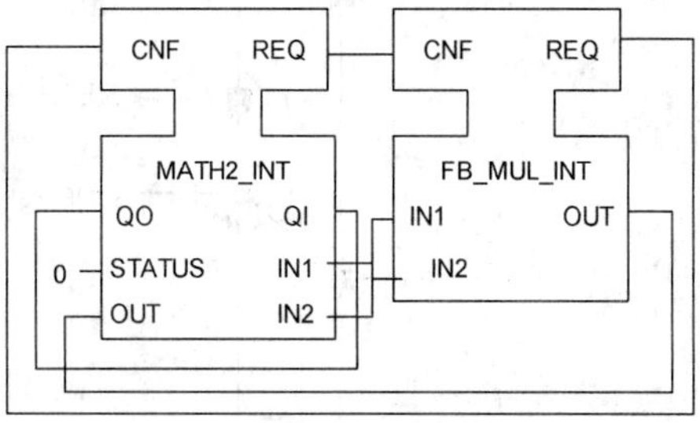

b）　乘法提供者主体

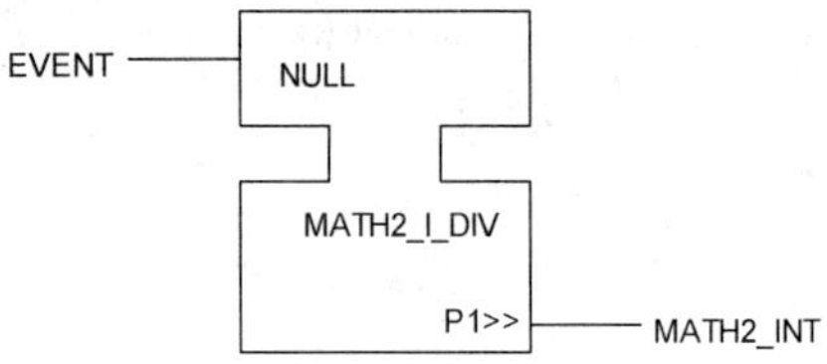

c）　除法提供者接口

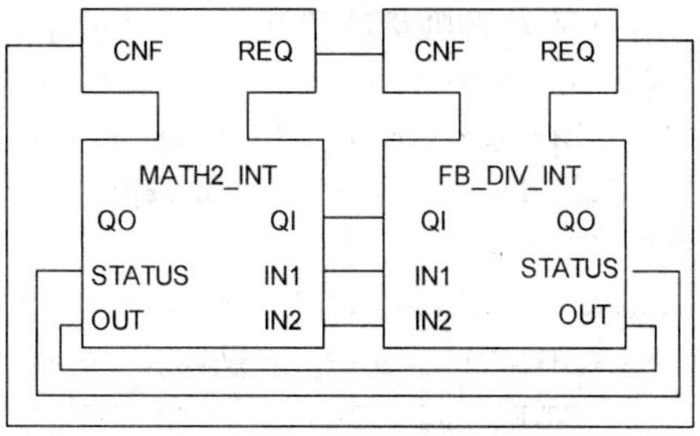

d）　除法提供者主体

图 16　提供者（服务器）功能块类型

图 17 给出了一种资源配置，用于测试名称为 ACC 的 MATH2_I_ACC 类型实例。乘法和除法操作的提供者分别是 MATH2_I_ADD 和 MATH2_I_MUL。

图 18 给出了作为提供者的 MATH2_I_DIV 实例（DIV_PROV）的配置测试结果，给出的结果为 OUT＝IN1/IN2＋IN3。这个示例的上半部分给出了正常的操作，下半部用 STATUS＝4 显示 QO＝FALSE，指示由于 GB/T 19769.1 的附录 D 所指定的除以 0 而导致的无效值。图 18b）给出了作为提供

者的 MATH2_I_MUL 实例(MUL_PROV)的配置测试结果，给出的结果为 OUT=IN1 * IN2+IN3。图的下半部分给出了 QI=FALSE 的操作结果；在这种情况下，QO=FALSE，但 STATUS 输出没有给出原因，因为该输出 MATH2_I_MUL 块的特定实现没有给出这种输出。在 MATH2_I_DIV 块的情况下，STATUS 输出的值为 1，见 GB/T 19769.1 附录 D。

管理功能块可用于修改多态性接收者实例的行为。例如，在图 17 中，通过移动把适配器连接起始端点从 DIV_PROV. P1 移到 MUL_PROV. P1。

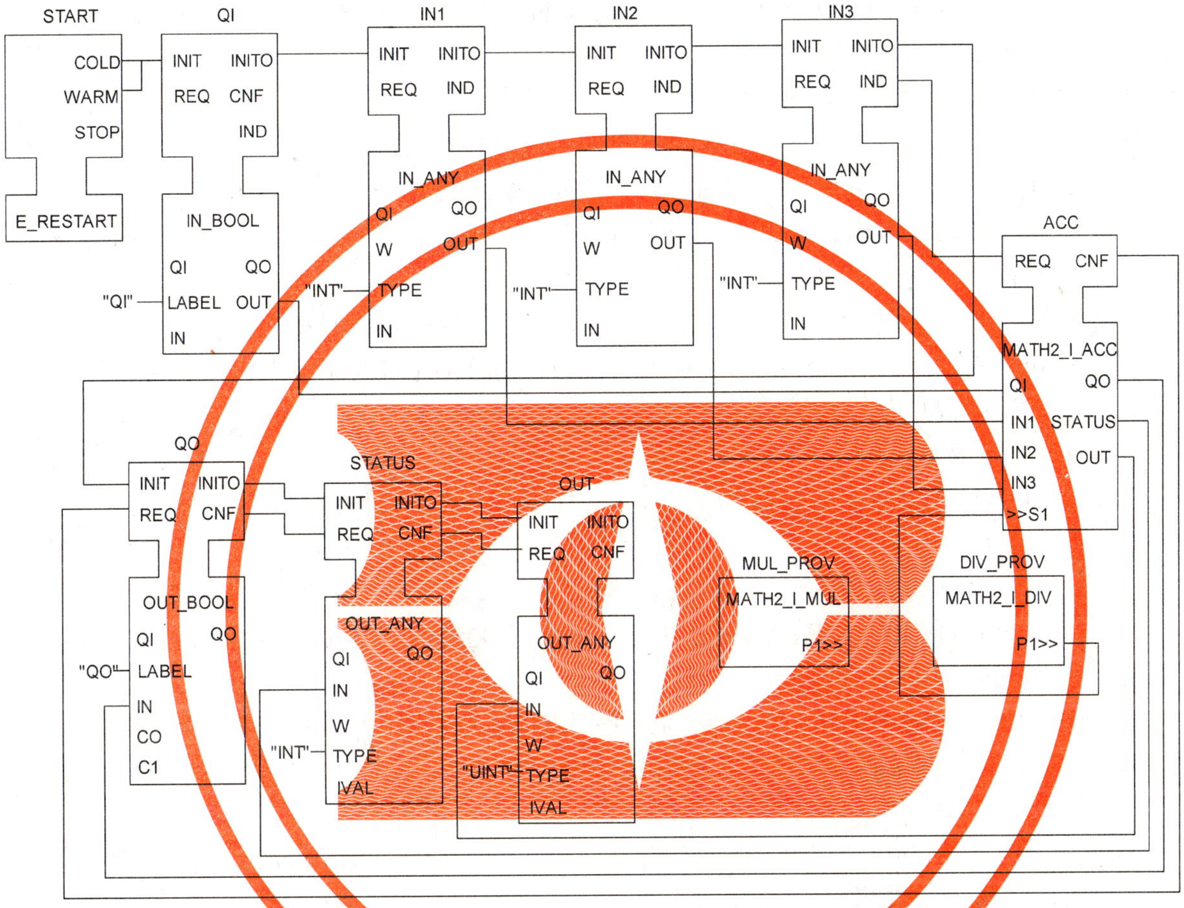

图 17 用于测试适配器接口的资源配置

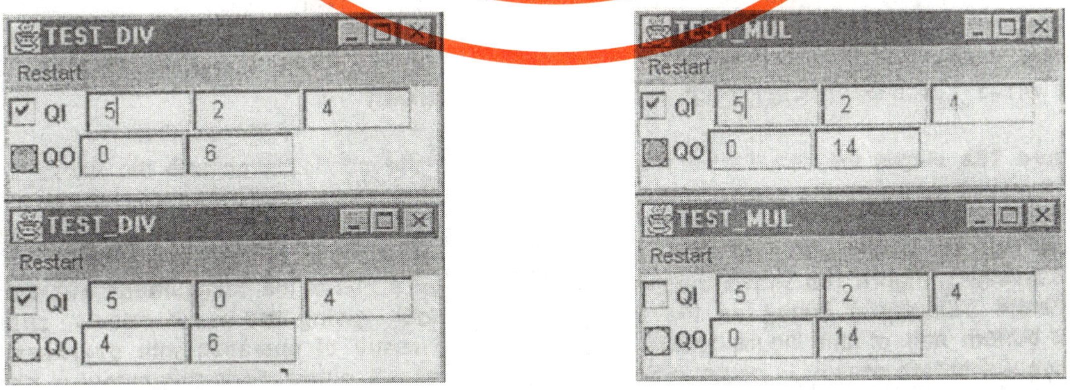

a) 带有 DIV_PROV　　　　b) 带有 MUL_PROV

图 18 测试结果

4.6 初始化算法

GB/T 19769.1 的 2.2.2.1 陈述了：

"功能块**类型**也可指定相应事件发生时要执行的初始**化算法**,例如 INIT 算法…。**应用**可指定这一算法执行的条件,例如,通过连接附录 A 中定义的 E_RESTART 类型实例的一个输出到一个适当的事件输入…"

图 19a)给出了描述以上原则的人机接口(HMI)资源配置。这些资源包含三种 HMI 服务接口类型的实例。

- IN_EVENT 类型,它为事件输入提供按钮;
- CHOICE_IN 类型,它从下拉列表选择中提供 WSTRING 输出;
- OUT_ANY 类型,它为任意数据类型的文字值的输出提供文本域。

INIT+服务原语发生时(例如,即当 QI 输入的值为 TRUE 时,在 INIT 输入处发生一个事件),每一这种类型的初始化算法的操作如下:

a) 如果图形用户界面(GUI)元素不存在,则创建它并把它加入到 HMI 面板中。

b) 使用块的输入参数初始化图形用户界面(GUI)元素的内容。特定的初始化有:
   - 从 **LABEL** 输入初始化 **IN_EVENT** 标签;
   - 从 **W** 输入设置 **OUT_ANY** 的字节数,从 **IVAL** 输入初始化内容,从 **TYPE** 输入(例如,**UINT**)的内容来解决实际数据类型的任何多义性不确定性;
   - CHOICE_IN 类型所表示的选择,由 CHOICE_IN 输入的逗号分隔的子串来给出,列表的第一个元素被显示为初始选择。

c) 发出 INITO+服务原语(当 QO 值为 TURE 时,伴随发生 IND 输出处的事件)。

这些块的正常操作如下:

- IN_EVENT:当客户单击按钮时,产生服务原语;
- CHOICE_IN:REQ+输入服务原语的发生或用户选择了值,会引起 OUT 采用当前的选择值,然后发生 IND+;
- OUT_ANY:REQ+输入服务原语的发生或客户键入了 Enter 键,会引起 OUT 采用当前的输入,然后发生 CNF+。

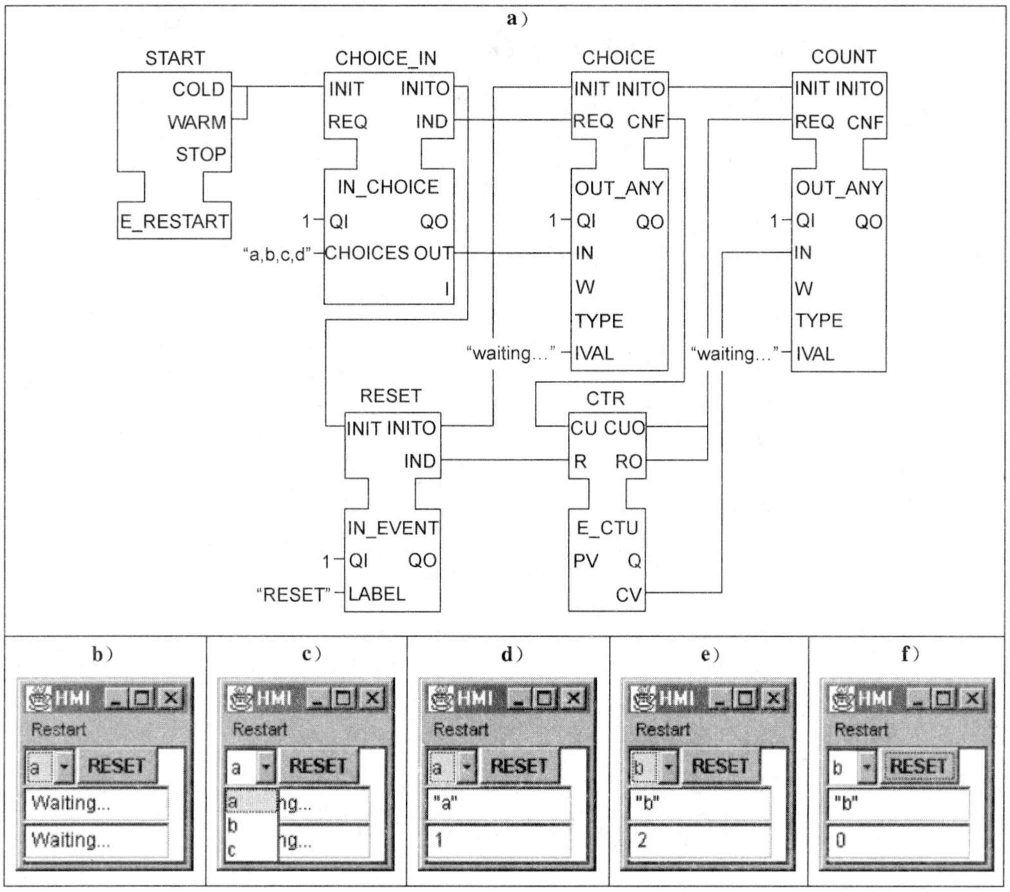

图 19 **HMI** 示例

图 19 中其余的项目描述了如下的 HMI 操作：

a) 在资源 COLD 启动或 WARM 重启时，处于初始状态；

b) 从下拉列表选择初始数据；

c) 初始选择后的 HMI 状态；

d) 选择"b"选项后的 HMI 状态；

e) 点击 RESET 按钮后的 HMI 状态。

5 用 ECC 实现的状态图表

使用 ECC 实现的状态机控制比使用更一般的状态机模型更简单。例如，图 20 给出了给定录像机电机的(简化的)控制，包含 ECC 结构中没有包括的以下特性：

- 包含 FWD 和 REV 两个子状态的 RUNNING 超状态；
- 可以从外部状态返回的"历史"节点；例如，当 PAUSE 事件发生时，如果 RUN 状态是活动的，在响应 RESUME 事件后，从 PAUSE 状态返回，RUN 状态被重新激活。

注：集成设计与过程科学学报 1998 年 12 月第 2 卷第 4 号的《从基于 OMT 动态模型产生可执行代码的面向对象方法》给出了实现图 20 状态机器的另一种方法，每一 RUNNING、STOPPED、PAUSED 超状态使用一个单独的块实例。

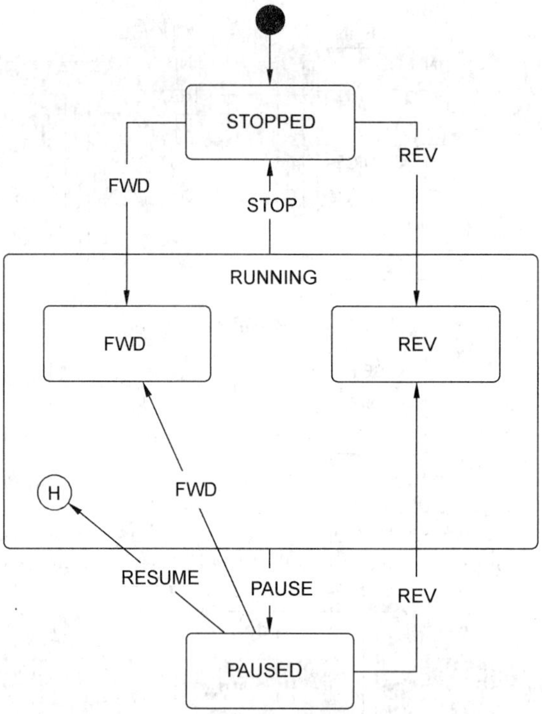

图 20　假设 VCR 的电机控制的状态机

有必要指出,图 20 中的状态机符号是一种设计符号,而 ECC 是一种实现符号。图 21 给出了实现图 20 中设计的 VCR 电机控制的基本功能块的接口和 ECC。该 ECC 的状态与源状态图的状态相同,并且使用内部变量 WAS_FWD 来存储电机暂停时的状态。该存储的状态用于在电机恢复运行时,恢复合适的电机状态。用于实现该功能的声明如下:

```
VCR
  WAS_FWD:BOOL;(*电机状态的历史*)
END_VAR
ALGORITHM STOP IN ST:
  MTR_FWD:=FALSE;
  MTR_REV:=FALSE;
END_ALGORITHM
ALGORITHM FWD_M IN ST;
  WAS_FWD:=TRUE;
END_ALGORITHM
ALGORITHM REV_M IN ST;
  WAS_FWD:=FALSE;
END_ALGORITHM
ALGORITHM RUN IN ST;
  MTR_FWD:=AS_FWD;
  MTR_REV:=NOT WAS_FWD;
END_ALGORITHM
```

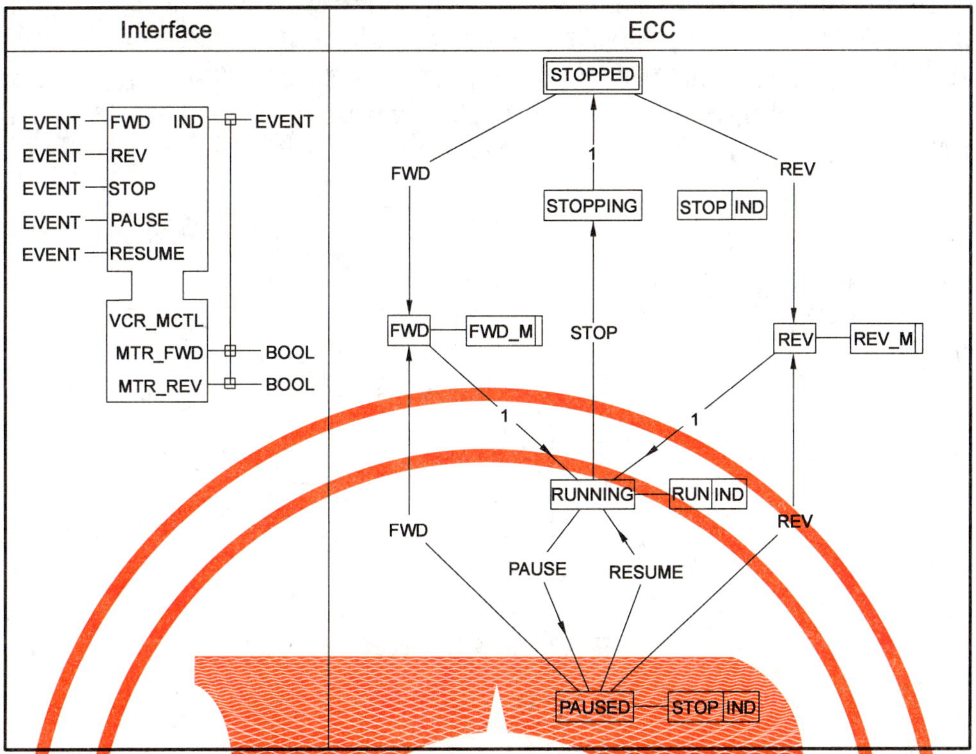

图 21 实现状态图表的基本功能块

6 设备与资源管理

6.1 分布式管理应用

如图 22 所示，设备管理的功能可以被模型化为管理应用。在管理应用中，软件工具提供“管理客户端”，“管理服务器”位于被管理的设备中。它们被分别模型化为 DM_CLT 和 DEV_MGR 类型的实例。

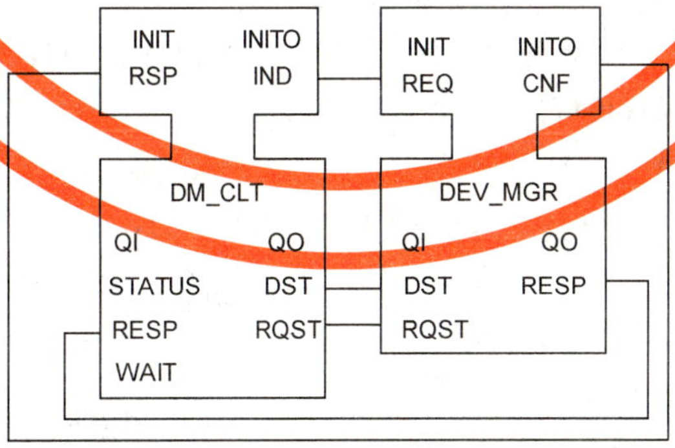

图 22 设备管理应用

因为软件工具典型地位于与正在被管理设备分开的设备中。管理应用典型地是分布式的。通信服务接口可用于实现软件工具的“远程设备代理”和远程设备中的管理资源之间的必要的通信。这种元素可被分别创建为图 23 和图 24 给出的 RMT_PRXY 和 DM_RES 类型的实例。

注 1：使用 DM_CLT 类型的实例来表示带有管理应用的软件工具的接口。

注 2：DM_KRNL 类型的接口和功能的描述见 6.2。

注 3：设备供应商负责提供图 27 给出的 DM_RES 类型实例的 MGR_ID 输入的等价的值。例如，它可以是 IETF RFC 1630 定义的主机端口元素的值，用于访问设备管理服务，例如，“localhost:61499”。这个值可以定义为设备类型库元素文件的一部分，或可以通过 GB/T 19769 之外的一些其他方法来配置，例如，通过本地串口或配置文件。

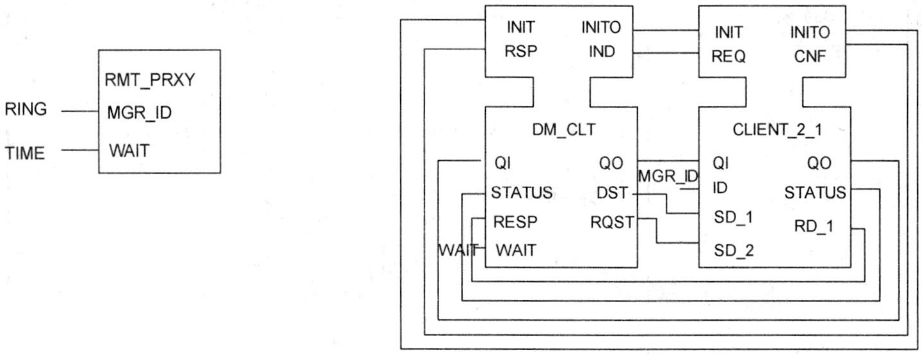

a） 接口　　b） 主体

图 23　远程设备代理

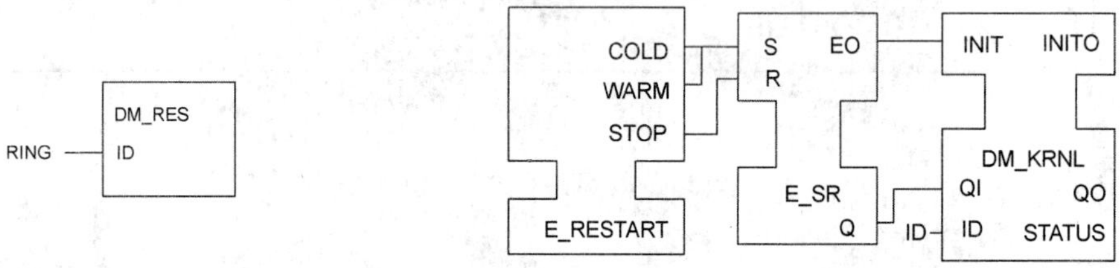

a） 接口　　b） 主体

图 24　设备管理资源

6.2　设备管理功能块

如图 26 所示，图 25 给出的 DM_KRNL 功能块提供了通信服务接口（SERVER_1_2 类型的实例）与设备管理服务接口（DEV_MGR 类型的实例），与图 23 给出的代理设备一起，由适当的软件工具使用，以支持图 22 给出的分布式管理应用。

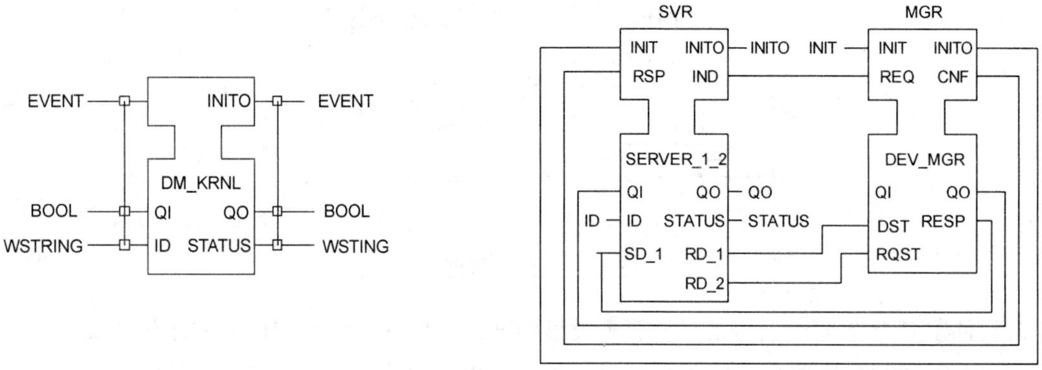

a） 接口　　b） 主体

图 25　设备管理内核

设备管理服务由图 26 给出的 DEV_MGR 类型的实例所提供。这种类型的输入和输出的类型与语义，与 GB/T 19769.1 定义的 MANAGER 类型的对应名称的输入和输出完全相同，并具有如下的扩充：

a) DST 输入表明了 RQST 输入的目的如下：

- “”值(空字符串)表示设备；
- 包括 IEC 61161-3 标识符的值表示设备中的资源；
- 包括以句点(“.”字符)分隔的 IEC 61161-3 标识符序列表示层次化资源中的资源。最左边的标识符对应于最外层的资源，最右边的标识符对应于最内层的资源。

例 1 DST 的值为“RES1”表示 RQST 输入的目的为管理设备中包含的名称为 RES1 的资源。

例 2 DST 的值为“MOTOR1.WINDING2”表示 RQST 输入的目的是管理设备中包含的名称为 MOTOR1 的资源中包含的名称为 WINDING2 的资源。

b) RQST 输入和 RESP 输出，按照 6.3 给出的 XML DTD 的 Request 和 Response 元素，分别进行编码。这些元素的语义的定义在 6.4 中；

c) 如图 26 所示，REQ+原语输入总是导致 CNF+原语输出。因为包含故障条件的实际结果编码在 RESP 输出中。类似的，REQ-输入总是导致 CNF-输出，因为在这种情况下，没有进行管理操作。特别是，这意味着，在图 25 给出的 DM_KRNL 功能块类型实例中，来自通信服务接口的 IND-原语既不会引起执行管理操作，也不会产生响应消息。

图 26 给出了设备管理的服务原语序列。这些服务序列中的“manager”对象是 GB/T 19769.1 附录 C 中描述的 FBManager 类的实例。它是设备的还是包含的资源的管理器，取决于以上解释的 DST 输入的值。

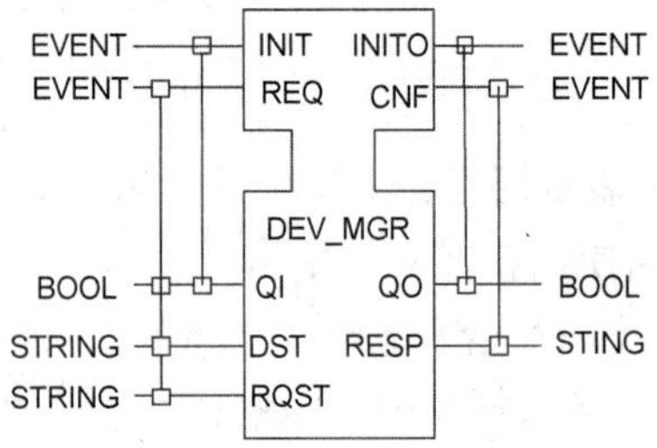

a） 接口

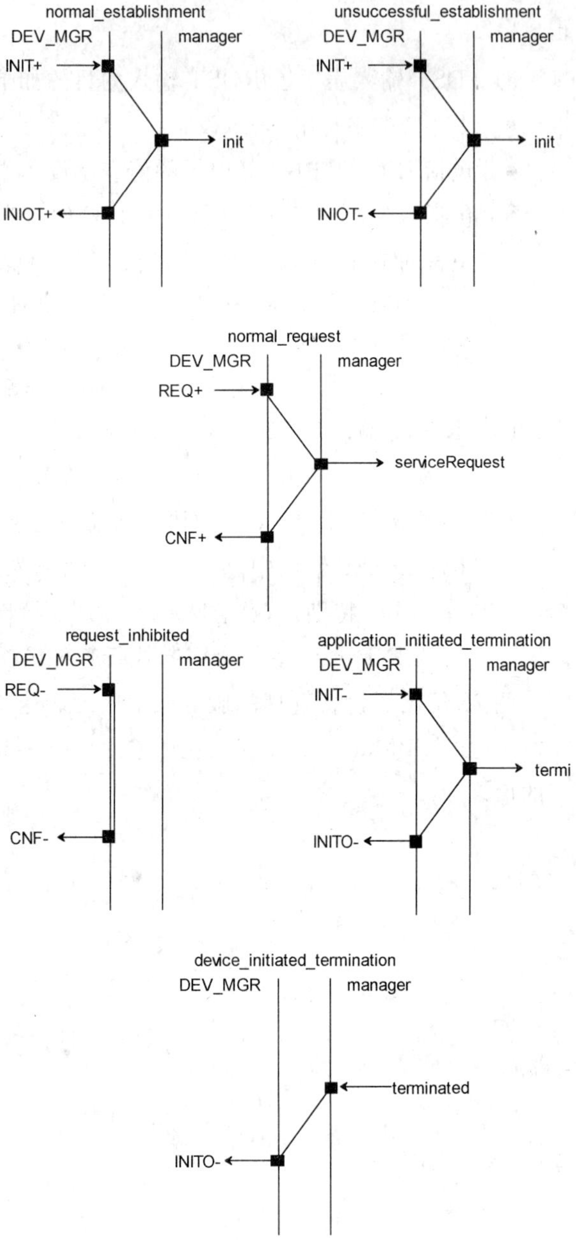

b） 服务序列

图 26 设备管理服务接口

6.3 FBMGT 文件类型定义(DTD)

表 1 给出的定义在 FBMGT DTD 中的 Request 和 Response 元素，分别表示图 26 给出的 DEV_MGR 功能块类型的 RQST 输入和 RESP 输出的 XML 语法。表 2 给出了该 DTD 元素的解释和其属性的(合适的)形式语法的参考。GB/T 19769.4 为各种设备类描述了这些元素允许的组合及其用法的限制。

注：为了提供精简的消息，用于 XML 文档产品的 prolog 和 Misc * 组件不用于 FBMGT 消息。因为这些组件隐含在管理上下文关系中；因此，只有 Request 和 Response 元素作为管理消息被传输。

表 1 FBMGT DTD

```
〈? xml version="1.0" encoding="UTF-8"?〉

〈! -- REQUEST elements --〉
〈! ELEMENT Request (FB|Connection|FBType|Adapter|Type|DataType)〉
〈! ATTLIST Request
  ID CDATA #REQUIRED
  Action (CREATE|DELETE|START|STOP|KILL|QUERY|READ|WRITE) #REQUIRED〉

〈! -- RESPONSE elements --〉

〈! ELEMENT Response (FB | Connection+ | FBType | AdapterType | DataType | NameList | FBList |EndpointList | FBStatus)?〉
〈! ATTLIST Response
  ID CDATA #REQUIRED
  Reason (NOT_READY | UNSUPPORTED_CMD | UNSUPPORTED_TYPE | NO_SUCH_CBJECT | INVALID_OBJECT | INVALID_OPERATION | INVALID_STATE | OVERFLOW) #IMPLIED〉

〈! ELEMENT NameList (#PCDATA)〉
〈! ELEMENT FBList (#PCDATA)〉
〈! ELEMENT EndpointList (#PCDATA)〉

〈! ELEMENT FBStatus EMPTY〉
〈! ATTLIST FBStatus
  Status (INITIALIZED|WAITING|EVALUATING|PROCESSING|STOPPED|KILLED) #REQUIRED〉

〈! -- Common elements --〉
〈! ELEMENT ByteData (PCDATA)〉

〈! ELEMENT VersionInfo EMPTY〉
〈! ATTLIST VersionInfo
  Organization CDATA #REQUIRED
  Version CDATA #REQUIRED
  Data CDATA #REQUIRED〉

〈! ELEMENT FB EMPTY〉
〈! ATTLIST FB〉
  Name CDATA #REQUIRED
  Type CDATA #REQUIRED〉

〈! ELEMENT Connection EMPTY〉

〈! ATTLIST Connection
  Source CDATA #REQUIRED
  Destination CDATA #REQUIRED〉

〈! ELEMENT VarDeclaration EMPTY〉
〈! ATTLIST VarDeclaration
  Name ID #REQUIRED
  Type CDATA #REQUIRED
  ArraySize CDATA #IMPLIED
  InitialValue CDATA #IMPLIED〉
```

表 1（续）

```
〈! -- FBType elements --〉
〈! ELEMENT FBType (VersionInfo,InterfaceList,ByteData?)〉
〈! ATTLIST FBType
  Name CDATA #REQUIRED〉

〈! ELEMENT InterfaceList〉
(EventInputs?,EventOutputs?,InputVars?,Sockets?,Plugs?)〉

〈! ELEMENT EventInputs (Event+)〉
〈! ELEMENT EventOutputs (Event+)〉
〈! ELEMENT InputVars (Vardeclaration+)〉
〈! ELEMENT OutputVars (Vardeclaration+)〉
〈! ELEMENT Sockets (AdapterDeclaration+)〉
〈! ELEMENT Plugs (AdapterDeclaration+)〉

〈! ELEMENT Event EMPTY〉
〈! ATTLIST Event
  Name ID #REQUIRED
  Type CDATA #IMPLIED
  With CDATA #IMPLIED〉

〈! ELEMENT AdapterDeclaration EMPTY 〉
〈! ATTLIST AdapterDeclaration
  Name ID #REQUIRED
  Type CDATA #REQUIRED 〉
```

```
〈! -- AdapterType elements --〉
〈! ELEMENT AdapterType (VersionInfo,InterfaceList,ByteData?)〉
〈! ATTLIST AdapterType
  Name ID #REQUIRED〉
```

```
〈! -- DataType elements --〉
〈! ELEMENT DataType (VersionInfo,ASN1Tag,(DirectlyDerivedType|EnumeratedType|SubrangeType|ArrayType
|StructuredType),ByteData?)〉
〈! ATTLIST DataType
  Name ID #REQUIRED〉

〈! ELEMENT ASN1Trag EMPTY〉
〈! ATTLIST ASN1Trag
  Class (UNIVERSAL | APPLICATION | CONTEXT | PRIVATE) #IMPLIED
  Number CDATA #REQUIRED〉

〈! ELEMENT SubrangeType (Subrange)〉
〈! ATTLIST SubrangeType
  BaseType (BOOL|SINT|INT|DINT|LINT|USINT|UINT|UDINT|ULINT|REAL|LREAL|TIME|DATE|
  |TIME_OF_DAY|DATE_AND_TIME|STRING|BYTE|WORD|DWORD|LWORD|WSTRING) #REQUIRED
  InitialValue CDATA #IMPLIED〉

〈! ELEMENT EnumeratedType (#PCDATA)〉
```

表 1（续）

```
〈! ATTLIST EnumeratedType
  InitialValue CDATA ＃IMPLIED〉

〈! ELEMENT SubrangeType（＃PCDATA)〉
〈! ATTLIST SubrangeType
  BaseType (SINT|INT|DINT|LINT|USINT|UINT|UDINT|ULINT) ＃REQUIRED
  InitialValue CDATA ＃IMPLIED〉

〈! ELEMENT Subrange EMPTY〉
〈! ATTLIST Subrange
  LowerLimit CDATA ＃REQUIRED
  UpperLimit CDATA ＃REQUIRED〉

〈! ELEMENT ArrayType (Subrange)+〉
〈! ATTLIST ArrayType
  BaseType CDATA ＃REUIRED
  InitialValues CDATA ＃IMPLIED〉

〈! ELEMENT StructuredType
(VarDeclaration|ArrayVarDeclaration|SubrangeVarDeclaration)+〉

〈! ELEMENT ArrayVarDeclaration (Subrange+)〉
〈! ATTLIST ArrayVarDeclaration
  Name ID ＃REQUIRED
  Type CDATA ＃REQUIRED
  InitialValues CDATA ＃IMPLIED〉
〈! ELEMENT SubrangeVarDeclaration (Subrange?)〉
〈! ATTLIST SubrangeVarDeclaration
  Name ID ＃REQUIRED
  Type (SINT|INT|DINT|LINT|USINT|UINT|UDINT|ULINT) ＃REQUIRED
  InitialValues CDATA ＃IMPLIED 〉
```

表 2　FBMGT DTD 元素

元素属性	原文语法 (GB/T 15969.3,附录 B)	解释
Request	--	XML 编码管理请求
ID	--	用于请求(Request)/响应(Response)事务的独特标识符
Action	--	表 7 定义的被执行的必须操作
Response	--	XML 编码管理响应
ID	--	用于请求(Request)/响应(Response)事务的独特标识符
Reason	--	未执行请求动作的原因(见表 3),如果没有,则该动作被成功执行
NameList	标识符 {',' 标识符}	功能块类型名或数据类型名表单

表 2（续）

元素属性	原文语法 (GB/T 15969.3,附录 B)		解释
FBList	Fb_instance_name {‘,’ fb_instance_name}		功能块实例名表单
FBStatus	--		见 GB/T 19769.1 中的图 24
SyteData	--		实现相关的数据,通常以十六进制的形式来编码
VersionInfo	--		功能块类型或数据类型的当前下载或者已经下载的版本
Organization	--		提供本库元素的组织
Data	--		以 YYYY-MM-DD 形式来释放本版本的数据
FB			功能块或者资源实例
Name	标识符		功能块或者资源实例名称
Type	标识符		功能块或者资源类型名称
Connection			事件连接,数据连接或适配器连接
Source			请参见注 1
Destination			请参见注 1
VarDeclaration			一变量的声明
Name	Input_variable_name|output_variable_name		请参见注 2
Type	Data_type_name		
ArraySize			请参见注 3
InitialValue			请参见注 4
FBType			GB/T 19769.1 定义的功能块类型
Name	Fb_type_name		
Event			事件接口的声明
Name	event_input_name|event_output_name		请参见注 5
Type	Event_type		
With	(input_variable_name {‘,’ input_variable_name}) |(output_variable_name) {‘,’ output_variable_name}		请参见注 6
AdapterDeclaration			功能块类型的插头或插座接口声明
Name	Plug_name | socket_name		请参见注 7
Type	Adapter_type_name		请参见注 7
AdapterType			GB/T 19769.1 的 2.5 定义的适配器接口类型声明
Name	Adapter_type_name		
DataType			GB/T 15969.3 定义的数据类型的名称
Name	Data_type_name		
ASN1Tag			ISO/IEC 8824 定义的 ASN.1 标签

表 2（续）

元素属性	原文语法 （GB/T 15969.3，附录 B）	解释
Class	ISO/IEC 8824 定义的 ASN.1 标签类	
Number	ISO/IEC 8824 定义的 ASN.1 标签编号	
DirectlyDerivedType	GB/T 15969.3 定义的直接派生类型	
Basetype	Elementary_type_name	
InitialValue	constant	
EnumeratedType	与 NameList 相同	枚举值的逗号分隔列表
InitialValue	identifier	如果出现，它将会是目录元素的中的一个
SubrangeType	GB/T 15969.3 定义的子区域类型	
BaseType	Integer_type_name	
InitialValue	Signed_integer	
Subrange	GB/T 15969.3 定义的子区域	
LowerLimit	Signed_integer	
UpperLimit	Signed_integer	
ArrayType	GB/T 15969.3 定义的数组类型	
BaseType	Non_generic_type_name	
InitialValues	Array_initialization	
UpperLimit	Signed_integer	
StructuredType	GB/T 15969.3 定义的结构数据类型	
ArrayVarDeclaration	GB/T 15969.3 定义的数组声明	
Name	Structure_element_name	
Type	Array_type_name	
InitialValues	Array_initialization	
SubrangeVarDeclaration	GB/T 15969.3 定义的子区域变量声明	
Name	Structure_element_name	
Type	Integer_type_name	
InitialValue	Signed_integer	

注 1：依赖于上下文关系，Source 或 Destination 元素的语法应该分别对应于 GB/T 19769.1 附录 B 给出的 connection_end_point 或 accessed_data 中各元素的语法。

注 2：当关联的 VarDeclaration 元素作为 inputVars 或 outputVars 元素的一部分时，应分别使用 input_variable_name 或 output_variable_name。

注 3：当给出元素的语法时，该语法应该等价于语法表达式（subrange {'，' subrange}）| integer {'，' integer}。非终止符的 subrange 和 integer 定义在 GB/T 15969.3 中。第二种形式的每一术语等价于子范围 0..n－1，这里 n 是对应 integer 句法元素的值。如果没有该元素，则变量不是一个数组。

注 4：该元素的语法是用于初始化 GB/T 15969.3 定义的相应变量类型的语法。

注 5：当 Event 元素作为 EventInputs 或 EventOutputs 元素的一部分时，应分别使用 event_input_name 或 event_output_name。

注 6：当 Event 元素作为 EventInputs 或 EventOutputs 元素的一部分时，应分别使用 event_input_name 或 event_output_name。

注 7：当关联的 AdapterDeclaration 元素作为 Plugs 或 Socket 元素的一部分时，应分别使用 plug_name 或 socket_name。

6.4 Request/Response 的语义

在图 26 给出的 normal_request 服务序列中，以下的规则适用于 6.3 中定义的 Request 和 Response 元素的使用。

1) **Response** 元素的 **ID** 属性与 **Response** 元素引用的 **Request** 元素的 **ID** 属性相同；

2) **Response** 元素中没有 **Reason** 属性表示请求操作的正常完成了；

3) 表 3 和表 4 定义了 **Request/Response** 元素中子元素的使用，以及在请求操作失败时 **Response** 元素可能的 **Reason** 属性。

表 3 Request 元素或 Response Reason 元素编码

Request		理由编码
动作	子元素	
Any	Any	NOT_READY:管理员不在允许处理请求的状态中
		UNSUPPORTED_CMD:管理员不支持该请求操作
		INVALID_OBJECT:无效的子元素或属性语法，没有包含其他更具体的 Reason 编码
		INVALID_OPERATION:指定的动作对指定的子元素是无效的操作
		OVERFLOW:以前的事务仍被挂起
CREATE	FB	UNSUPPORTED_TYPE:管理员不知道请求的 FB 类型。 INVALID_OPERATION:在设备或包含的资源中，不能创建请求的 FB 或资源。 INVALID_STATE:具有特定名称的 FB 实例已经存在
	Connection	NO_SUCH_OBJECT:不能找到连接端点的一个或两个端点。 INVALID_STATE:指定的连接已经存在
	FBType AdapterType DataType	UNSUPPORTED_TYPE:变量或适配器子元素的类型不存在。 INVALID_STATE:具有特定名称的库元素类型已经存在
DELETE	FB	NO_SUCH_OBJECT:不能找到具有特定实例名称的指定类型的 FB 实例。 INVALID_STATE:FB 实例不在 STOPPED 或 KILLED 状态中
	Connection	NO_SUCH_OBJECT:不能找到连接端点的一个或两个端点
	FBType AdapterType DataType	UNSUPPORTED_TYPE:不存在具有给定类型名称的指定类型的库元素。 INVALID_STATE:至少存在一个指定类型的实例。 INVALID_OPERATION:指定的类型不能被删除
START STOP KILL	FB	NO_SUCH_OBJECT:不能找到具有给定实例名称的指定类型的 FB 实例。 INVALID_STATE:FB 实例不在可以执行指定操作的状态中
READ	Connection (Source=Location, Destination=Null)	NO_SUCH_OBJECT:不能找到指定的 Source 位置。 见注 1。

表 3（续）

Request		理由编码
动作	子元素	
WRITE	Connection (Source=Data, Destination=Location)	NO_SUCH_OBJECT:不能找到指定的 Destination 位置。 INVALID_OBJECT:写入 Destination 位置的数据的 Source 属性的格式不正确。见注 2。

注 1：对 READ 请求的正常 Response 将包括 Connection 子元素，其 Source 属性按照附录 B.5 定义的 data_element 来编码。

注 2：WRITE 请求包括 Connection 子元素，其 Source 属性按照附录 B.5 定义的 data_element 来编码，并且其 Destination 属性按照附录 B.5 定义的 connection_end_point 来编码。

表 4　QUERY 的 Request 和 Response 元素

Request 子元素	正常的 Response 子元素	异常的 Response 原因编码
FB (Name 〈〉 " * ")	FBStatus	NO_SUCH_OBJECT:不能找到具有给定实例名称的指定类型的 FB 实例
FB (Name= " * ")	FBList 指定 FB 类型的所有实例的列表	NO_SUCH_OBJECT:不存在指定 FB 类型的实例
Conncetion (Destination=" * ")	EndpointList:从指定 Source 开始的所有连接的 Destination 的列表	INVALID_OBJECT:Source 清单不是层次化的名称
Conncetion (Source=" * ")	Connection+:终止于指定 Destination 的所有连接的 Source 的列表	INVALID_OBJECT:Destination 清单不是层次化的名称
FBType | DataType |AdapterType (No sub—elements, Name〈〉" * ")	FBType | DataType | AdapterType:具有指定名称的库类型的声明	UNSUPPORTED_TYPE:管理员不知道请求的库类型
FBType | DataType |AdapterType (No sub—elements, Name=" * ")	NameList:指定类型的所有库元素的名称的列表	UNSUPPORTED_TYPE:没有指定类型的库元素

例：假定一个系统的配置包含 DEV1 设备中资源名为 RES1 的声明，如下：

```
RESOURCE RES1:EMB_RES
FBS
    FF:E_SR;
    SB:SUBSCRIBE_2;
    AD:FB_ADD_REAL;
    PUB:PUBLISH_1;
END_FBS
EVENT_CONNECTIONS
    START.COLD TO FF.S;
```

```
        START. WARM TO FF. S;
        START. STOP TO FF. R;
        FF. EO TO SB. INIT;
        SB. INITO TO PUB. INIT;
        SB. IND TO AD. REQ;
        AD. CNF TO PUB. REQ;
    END_CONNECTIONS
    DATA_CONNECTIONS
        SB. RD_1 TO AD. IN1;
        SB. RD_2 TO AD. IN2;
        AD. OUT TO PUB. SD_1;
        FF. Q TO SB. QI;
        SB. QO TO AD. QI;
        SB. QO TO PUB. QI;
        "225.0.0.2:1026" TO SB. ID;
        "225.0.2.1:1025" TO PUB. ID;
    END_CONNECTIONS
    END_RESOURCE
```

以下给出的 Request/Response 事务描述了这种资源的配置。通过从指示的目标中删除"DEV1"字符串(和所有的终止字符"."，如果存在的话)，给出到 DEV1 中相应的 DEV_MGR 块的实际 DST 输入。例如，#85 request 的 DST 字符串为空，#86 request 的 DST 字符串为"RES1"。

```
DEV1:〈Request ID ="85" Action="CREATE"〉
  〈FB Name="RES1" Type="EMB_RES" /〉
〈/Request〉
DEV1:〈Response ID ="85" /〉
DEV1. RES1:〈Request ID ="86" Action="CREATE"〉
  〈FB Name="FF" Type="E_SR" /〉
〈/Request〉
DEV1. RES1:〈Response ID ="86"/〉
DEV1. RES1:〈Request ID ="87" Action="CREATE"〉
  〈FB Name="SB" Type="SUBSCRIBE_2" /〉
〈/Request〉
DEV1. RES1:〈Response ID ="87"/〉
DEV1. RES1:〈Request ID ="88" Action="CREATE"〉
  〈FB Name="AD" Type="FB_ADD_REAL" /〉
〈/Request〉
DEV1. RES1:〈Response ID ="88"/〉
DEV1. RES1:〈Request ID ="89" Action="CREATE"〉
  〈FB Name="PUB" Type="PUBLISH_1" /〉
〈/Request〉
DEV1. RES1:〈Response ID ="89"/〉
DEV1. RES1:〈Request ID ="90" Action="CREATE"〉
  〈Connection Source="START. COLD" Destination="FF. S" /〉
〈/Request〉
DEV1. RES1:〈Response ID ="90"/〉
```

DEV1. RES1:〈Request ID ="91" Action="CREATE"〉
〈Connection Source="START. WARM" Destination="FF. S" /〉
〈/Request〉
DEV1. RES1:〈Response ID ="91"/〉
DEV1. RES1:〈Request ID ="92" Action="CREATE"〉
〈Connection Source="START. STOP" Destination="FF. R" /〉
〈/Request〉
DEV1. RES1:〈Response ID ="92"/〉
DEV1. RES1:〈Request ID ="93" Action="CREATE"〉
〈Connection Source="FF. EO" Destination="SB. INIT" /〉
〈/Request〉
DEV1. RES1:〈Response ID ="93"/〉
DEV1. RES1:〈Request ID ="94" Action="CREATE"〉
〈Connection Source="SB. INITO" Destination="PUB. INIT" /〉
〈/Request〉
DEV1. RES1:〈Response ID ="94"/〉
DEV1. RES1:〈Request ID ="95" Action="CREATE"〉
〈Connection Source="SB. IND" Destination="AD. REQ" /〉
〈/Request〉
DEV1. RES1:〈Response ID ="95"/〉
DEV1. RES1:〈Request ID ="96" Action="CREATE"〉
〈Connection Source="AD. CNF" Destination="PUB. REQ" /〉
〈/Request〉
DEV1. RES1:〈Response ID ="96"/〉
DEV1. RES1:〈Request ID ="97" Action="CREATE"〉
〈Connection Source="SB. RD_1" Destination="AD. IN1" /〉
〈/Request〉
DEV1. RES1:〈Response ID ="97"/〉
DEV1. RES1:〈Request ID ="98" Action="CREATE"〉
〈Connection Source="SB. RD_2" Destination="AD. IN2" /〉
〈/Request〉
DEV1. RES1:〈Response ID ="98"/〉
DEV1. RES1:〈Request ID ="99" Action="CREATE"〉
〈Connection Source="AD. OUT" Destination="PUB. SD_1" /〉
〈/Request〉
DEV1. RES1:〈Response ID ="99"/〉
DEV1. RES1:〈Request ID ="100" Action="CREATE"〉
〈Connection Source="FF. Q" Destination="SB. QI" /〉
〈/Request〉
DEV1. RES1:〈Response ID ="100"/〉
DEV1. RES1:〈Request ID ="101" Action="CREATE"〉
〈Connection Source="SB. QO" Destination="PUB. QI" /〉
〈/Request〉
DEV1. RES1:〈Response ID ="101"/〉
DEV1. RES1:〈Request ID ="102" Action="CREATE"〉
〈Connection Source="SB. QO" Destination="PUB. QI" /〉
〈/Request〉

DEV1.RES1:〈Response ID ="102"/〉

DEV1.RES1:〈Request ID ="103" Action="WRITE"〉

〈Connection Source=""225.0.0.1:1026"" Destination="PUB.ID" /〉

〈/Request〉

DEV1.RES1:〈Response ID ="103"/〉

DEV1.RES1:〈Request ID ="104" Action="WRITE"〉

〈Connection Source=""225.0.0.1:1025"" Destination="PUB.ID" /〉

〈/Request〉

DEV1.RES1:〈Response ID ="104"/〉

附 录 A
（资料性附录）
与其他标准的关系

本附录提供了简短的范围描述，也逐一对建议的、可能与GB/T 19769有关系的标准进行了相关分析。对这些标准的正式引用列在参考文献中和第2章中。

GB/T 15969.3规定了用于可编程控制器系统编程的编程语言。GB/T 19769的附录D解释了GB/T 19769和GB/T 15969.3的关系。

IEC 61360-1提供了定义电气系统的所有元素的特征属性（数据元素类型）的基础，从基本的组件到子配件再到完整的系统。使用该标准方便了描述电气系统的数据的交换。与IEC 61360-1紧密相关的是IEC 61360-2，它利用EXPRESS建模语言包含信息模型。使用这种信息模型，允许通过ISO 10303-21所定义的STEP物理文件格式，在不同系统之间交换字典信息。IEC 61360-4定义了数据元素类型的集合，用于在计算机系统中的组件选择和组件管理、元器件的列表处理和CAD、CAM和CAT。

GB/T 19769.1定义的设备和资源一定程度上可以视为电气系统的元素。IEC 61360描述了这些元素。GB/T 19769.1的结构可以用于定义这些元素的软件实现。

GB/T 19898定义了工业过程测量与控制系统中软件文档的需求。因为GB/T 19769规定了这种系统软件实现的功能性。使用GB/T 19769结构的系统的文档应该考虑GB/T 19898的需求。

GB/T 21099.1定义了功能块的总体需求，以提供控制，方便作为应用的维护和技术管理。这些功能块与数字过程控制系统中的执行器和测量设备进行交互。GB/T 21099.1为过程控制规定了功能块，通过：

a） 设备模型；
b） 测量、执行和处理的功能块的概念规范；
c） 设备描述语言（EDDL），为自动化系统组件的设备参数，规定了的电子的、可计算的属性描述的方法。基于EDDL的电子设备描述（EDD）用于设备的配置、参数化、监控和操作行为。GB/T 21099.1的附录C和D给出了GB/T 21099和GB/T 19769.1关系的更多讨论。关于过程控制功能块的进一步讨论见4.4。

IEC 82045-1为生命周期中与对象相关的文档管理，规定了定义元数据的原则和方法。当这些对象是工业过程测量和控制系统按照GB/T 19769结构来实现的元素时，对应GB/T 19769库元素的管理可以按照IEC 82045-1的原则，使用合适的元数据来进行描述。

附 录 B
(资料性附录)
GB/T 19769 和面向对象开发

B. P 的 Douglass 写的《Real-time UML—Developing Efficient Objects for Embedded Systems》一书列举了面向对象(OO)开发的基本优点和目标。仔细比较 GB/T 19769.1 和 GB/T 19769.2,可以看出这种结构达到了如下所述的这些优点与目标。

模型视图(分析/设计视图)的一致性

GB/T 19769.2 处理了分析模型到设计模型的映射。通过增加设计概念(例如,分布式策略),从分析模型出发,以转换的开发模型的方式,详细描述了设计模型。这允许创建转换器来直接实现设计决策。例如,通过合适的实时通信 SIFB 来实现通信的基础结构。

促进问题领域的抽象

该模型独立于应用领域和硬件基础结构。它对概念的封装、数据项及其管理操作的强内聚和 SIFB 概念提供了一个高级别的抽象。它允许用户和厂家非常清楚地理解用户需求的含义,因为它以用户自己的概念来构造的。应用工程师可以直接关注于自动化对象,而不是计算机科学的实现领域。

增强更改的稳定性

功能和数据封装为对象(被称为功能块)的概念,可以减小需求或实现的小修改而导致整个软件结构发生灾难的概率。需求的改变可以通过移除或添加来阐述,通过功能块类型或类、资源和设备来表示,而不必完全重新建立系统的结构。

增强模型复用的能力

重用常常被理解为该组件的原样副本另外使用于不同的环境中。如果新的运行时间和开发环境与原来的不一致,则典型地须要修改源代码或开发"集成粘件"来使组件适应新的环境。

OO 开发和 GB/T 19769 功能块模型包含两种策略方法来促进复用——泛化和细化。泛化(继承)通过添加和扩展组件而不用修改其源代码来支持复用。这种对不同部分编程的方式允许开发人员只对变化部分进行编码。细化与泛化类似,但它允许不完全地规定对象,然后通过添加缺少的部分来细化。不同的缺少部分重用相同的基础结构。一个例子是,可以编写相同的基本结构,然后通过添加特定的代码段(方法),为不同的数据类型(例如整型、浮点型等)进行细化。

GB/T 19769 及其适配器接口概念的类或类型构建机制支持这两种概念。

适配器接口机制是一种有意思的功能块模型化机制。它允许规定标准功能块接口(数据和时间输出和输入),称为"适配器接口类型"。提供者类型功能块使用"插头"接口类型,可以依次由接收者功能块类型的"插座"使用。这种概念与 UML 的"接口"概念非常类似。

在这种概念中,提供者功能块提供特定的功能。这些功能作为插头封装在特定接口类型中,用在接收者功能块中。

这种概念允许对功能与概念相关的类建模,并允许将语义接口引入到设计中。通过简单地添加和使用具有一般的适配器类型接口的插座和插头,可以细化特定的组件功能块为一般的功能(功能块)。它允许不完全地规定对象(带有插座的功能块),然后通过添加缺少的部分(带有插头功能块)来细化它们。

增强可伸缩性

GB/T 19769 具有高级别的抽象和封装。这允许组件之间的松耦合。通过事件和数据的耦合是非常灵活的。通过贯穿开发过程(即使是从分析到设计和从设计实现)的通用基本符号,也支持可伸缩性。这种符号是简单的,但是完备的。它避免了特定情况下的不足而需要的人为定义。这提供了将小系统扩展为大系统的基础,而不会伴随增加复杂性。这在系统整个生命周期中都成立,即使是在运行时(动态创建和删除系统元素,系统配置)。

更好的支持可靠性和安全性

因为更好的抽象和封装,不同OO组件的交互应当被限制在几种定义好的接口中。GB/T 19769通过提供系统组件交互的精确的定义机制,以增强系统的可靠性。无歧义地定义了穿过FB边界的数据和任何种类的组件交互。可预测性是导向的原则。通过SIFB概念,在句法上和语义上确切地定义了和标准化了,实时操作系统提供的FB和服务之间的接口。

对并发性的内在支持

GB/T 19769通过以下实现了OO设计的好处:

a) 它的分布式结构支持不同设备和资源的并发执行;

b) 它的事件驱动结构和正确实现的多任务多线程调度功能,支持并发执行,即使是在同一资源中。

参 考 文 献

IEC 61360-1:2002, Standard data element types with associated classification scheme forelectric components—Part 1:Definitions—Principles and methods

IEC 61360-2:2002, Standard data element types with associated classification scheme forelectric components—Part 2:EXPRESS dictionary schema

IEC 61360-4:1997, Standard data element types with associated classification scheme forelectric components—Part 4: IEC reference collection of standard data element types, component classes and terms

IEC 61506:1997, Industrial-process measurement and control—Documentation of application software

IEC 82045-1:2001, Document management—Part 1:Principles and methods

ISO/IEC 10731:1994, Information technology—Open Systems Interconnection—Basic Reference Model—Conventions for the definition of OSI services

ISO 10303-21:2002, Industrial automation systems and integration—Product data representation and exchange—Part 21:Implementation methods:Clear text endoding of the exchange structure

"An Object Oriented Approach to Generate Executable Code from the OMT-based Dynamic Model", Journal of Integrated Design and Process Science, December 1998, Vol. 2, No. 4.

DOUGLASS, BP, Real-Time UML: Developing Efficient Objects for Embedded Systems, Addison-Wesley, 1998. ISBN 0-201-32579-9.

ICS 65.060.35
B 91

中华人民共和国国家标准

GB/T 19792—2012
代替 GB/T 19792—2005

农业灌溉设备 水动化肥-农药注入泵

Agricultural irrigation equipment—Water-driven chemical injector pumps

(ISO 13457:2008,MOD)

2012-12-31 发布 2013-07-01 实施

中华人民共和国国家质量监督检验检疫总局
中国国家标准化管理委员会 发布

前 言

本标准按照 GB/T 1.1—2009 给出的规则起草。

本标准代替 GB/T 19792—2005《农业灌溉设备 水动化肥-农药注入泵》。

本标准与 GB/T 19792—2005 相比,除编辑性修改外主要技术差异如下:

——调整了规范性引用文件;

——GB/T 19792—2005 中 7.1 规定灌溉水和注入水的温度为 5 ℃～50 ℃,本标准 7.1 规定灌溉水和注入水的温度为 15 ℃～35 ℃;

——防泄漏试验中,在水动注入泵出口施加的负压值,GB/T 19792—2005 规定 5 kPa～10 kPa,本标准规定 10 kPa(见 7.5.1);

——本标准删除了 GB/T 19792—2005 中 7.2 抽样和验收规则;

——耐久性累计运行时间由应不少于 1 000 h 改为应不少于 1 150 h(见 8.1)。

本标准使用重新起草法修改采用 ISO 13457:2008《农业灌溉设备 水动化肥-农药注入泵》(英文版)。

本标准与 ISO 13457:2008 的差异为:

——关于规范性引用文件,本标准做了具有技术性差异的调整,调整情况集中反映在第 2 章,具体调整情况如下:

- 用等效采用的 GB/T 7306.1～7306.2—2000 代替 ISO 7-1:1994;
- 用与国际标准一致性关系为非等效的 GB/T 17241.1～17241.7—1998 代替 ISO 7005-2:1988;
- 增加 GB/T 9112～9124《钢制管法兰》。

本标准由中国机械工业联合会提出。

本标准由全国农业机械标准化技术委员会(SAC/TC 201)归口。

本标准起草单位:江苏大学流体机械工程技术研究中心、中国农业机械化科学研究院。

本标准主要起草人:王洋、张咸胜、兰才有、李红、王新坤、赵丽伟、向清江、陈超。

本标准所代替标准的历次版本发布情况为:

——GB/T 19792—2005。

农业灌溉设备　水动化肥-农药注入泵

1　范围

本标准规定了水动化肥-农药注入泵(以下简称水动注入泵)的结构、技术要求和试验方法。该水动注入泵用于向灌溉系统中注入化肥-农药。化肥-农药包括液体肥料、肥料溶液以及酸类物、杀虫剂、除草剂等可溶性农药。

本标准适用于在温度不超过 50 ℃,并且含有灌溉系统常用类型及浓度的化肥和农药的水中运行的水动注入泵。

本标准不适用于回流防止装置,也不适用于向灌溉系统注入化肥-农药的文丘里式水动装置。

2　规范性引用文件

下列文件对于本文件的应用是必不可少的。凡是注日期的引用文件,仅注日期的版本适用于本文件。凡是不注日期的引用文件,其最新版本(包括所有的修改单)适用于本文件。

GB/T 7306.1～7306.2　55°密封管螺纹(GB/T 7306.1～7306.2—2000,eqv ISO 7-1:1994)

GB/T 9112～9124　钢制管法兰

GB/T 17241.1～17241.7　铸铁管法兰(GB/T 17241.1～17241.7—1998,ISO 7005-2:1988,NEQ)

3　术语和定义

下列术语和定义适用于本文件。

3.1

水动注入泵　water-driven injector pump

水动化肥-农药注入泵　water-driven chemical injector pump

仅依靠灌溉水的能量驱动活塞、涡轮等液动装置,向灌溉系统注入化肥-农药的液动泵。

3.2

公称尺寸　nominal size

用于标定串接式水动注入泵尺寸的常规数字标记。

注:该尺寸等于将水动注入泵与灌溉系统连接的螺纹、法兰或其他连接装置的公称尺寸。

3.3

最小工作压力　minimum working pressure

P_{min}

制造厂声明的水动注入泵发挥正常功能时水动注入泵进口最低压力。

3.4

最大工作压力　maximum working pressure

P_{max}

制造厂声明的水动注入泵发挥正常功能时水动注入泵进口最高压力。

3.5

工作压力范围　range of working pressure

最小工作压力和最大工作压力之间的压力范围。

3.6

驱动水　drive water

用于使并接式水动注入泵运行的灌溉水。

3.7

驱动水流量　drive water flow rate

用于使并接式水动注入泵运行的驱动水的流量。

3.8

驱动水比率　drive water ratio

注入单位体积化肥和农药与注入相同体积化肥-农药溶液所需的驱动水体积的比值。

3.9

驱动水流量范围　drive water flow range

制造厂声明的能够保证水动注入泵正常运行的最小流量和最大流量之间的流量范围。

3.10

灌溉水流量　irrigation water flow rate

水动注入泵向灌溉管路中提供的灌溉水的流量。

3.11

注入流量　injection rate

泵入流量　pumping rate

水动注入泵运行时向灌溉系统中注入的化肥-农药溶液的流量。

3.12

化肥-农药　chemical

加入或注入灌溉系统的液体肥料、肥料溶液及其他农用可溶性化学物(农用液态、溶液或水溶性的酸类物质、杀虫剂和除草剂等)。

3.13

化肥-农药溶液　chemical solution

溶解或稀释有一种或若干种化肥-农药的水。

3.14

灌溉系统流量　irrigation system water flowt rate

灌溉水流量和注入流量之和。

3.15

混合比　mixing ratio

注入流量与灌溉系统流量之比。

3.16

冲程体积　stroke volume

脉冲体积　pulse volume

水动注入泵一个动作循环注入灌溉系统中的化肥-农药溶液的体积。

3.17

比例式水动化肥-农药注入泵　proportional water-driven chemical injector pump

在制造厂声明的灌溉水流量条件下,混合比在整个运行期间保持相对稳定的水动注入泵。

3.18

串接式水动注入泵　in-line water-driven injector pump

安装在灌溉系统主管路或旁路上的水动注入泵(见图1)。

3.19

并接式水动注入泵　on-line water-driven injector pump

不安装在灌溉系统主管路上,并具有4个进出口的水动注入泵(见图2)。

3.20

化肥-农药储存罐　chemical storage tank

用于储存化肥和农药,并把它们提供给水动注入泵的容器。

3.21

最大吸头　maximum suction head

水动注入泵出口中心线与存储罐中最低化肥-农药溶液面间的最大距离。

4　分类

4.1　按安装方式分

4.1.1　串接式水动注入泵(图1)

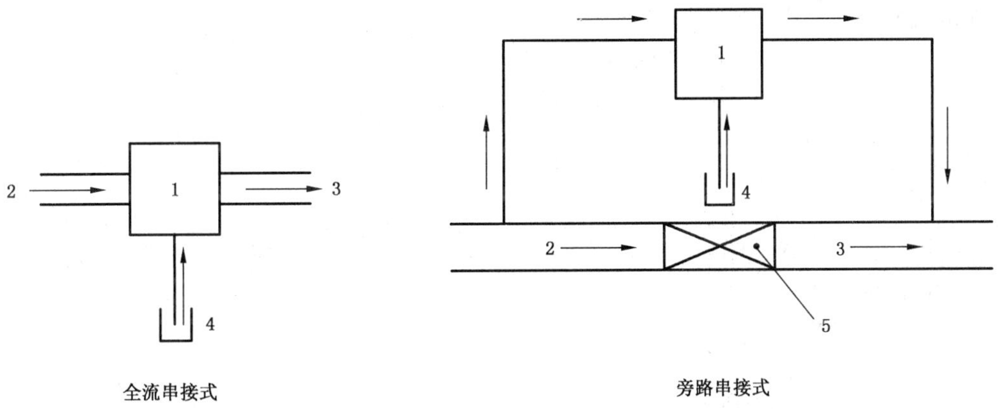

说明:

1——水动注入泵;

2——灌溉水进口;

3——已注入化肥-农药的灌溉水出口;

4——化肥-农药进口;

5——阀门。

注1:箭头表示流动方向。

注2:化肥-农药的注入发生在水动注入泵的内部。

图1　串接式水动注入泵

4.1.1.1　全流安装式

4.1.1.2　旁路安装式

4.1.2　并接式水动注入泵(图2)

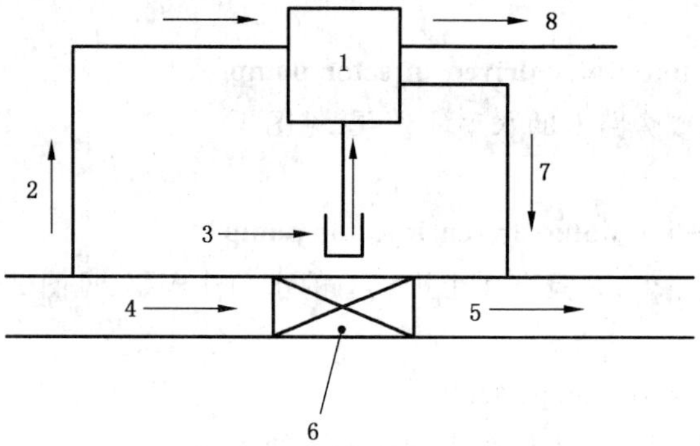

说明：
1——水动注入泵；
2——驱动水进口；
3——化肥-农药进口；
4——灌溉水流；
5——已注入化肥-农药的灌溉水；
6——阀门；
7——化肥-农药出口；
8——驱动水出口。

注 1：箭头表示流动方向。

注 2：化肥-农药注入灌溉水中发生在水动注入泵的外部。化学-农药出口与灌溉系统主管路连接。从驱动水出口排出的驱动水不能再回流到灌溉系统主管路中。

注 3：驱动水可以从水动注入泵中喷出，也可以回流到灌溉系统（见图 1）。

图 2 并接式水动注入泵

4.2 按混合比分

4.2.1 比例式水动注入泵

4.2.1.1 固定混合比式

4.2.1.2 可调混合比式

4.2.2 非比例式水动注入泵

5 标记

水动注入泵应具有包含下列内容的清晰耐久标记：

a) 制造厂名称或其注册商标；

b) 公称尺寸；

c) 最大工作压力（P_{max}）；

d) 与制造厂产品样本一致的型号识别标记；

e) 生产日期或批号；

f) 指示水流方向以及化肥-农药进入和流出水动注入泵方向的箭头。

6 技术要求

6.1 一般要求

水动注入泵应配有真空断路阀一类装置，以防止水动注入泵内的压力低于化肥-农药储存罐内的压力时，化肥-农药储存罐内的化肥-农药经由水动注入泵全部流入灌溉系统。

水动注入泵应配有止回阀一类装置，以防止流经水动注入泵的灌溉水流入化肥-农药储存罐。

水动注入泵应是可拆装的，以便于清洗被化肥-农药或灌溉水中的杂质堵塞的水动注入泵零部件。为便于清洗，水动注入泵零部件可以安装适当的过滤装置。

对于4.1.2类并接式水动注入泵，由于驱动水是从水动注入泵中喷出的，所以驱动水出口应制成螺纹或配备其他接头，以便于连接排水管，将驱动水排到远离水源的地方。

注：回流防止装置应参考各国家的特定要求。

6.2 材料

田间正常条件下暴露于紫外线中的水动注入泵塑料件，其材料中应加入改善防紫外线性能的添加剂。

形成流道的塑料件应不透光，或加一层不透光的壳罩，以防止光线射入洁净水流道。

输送化肥-农药的塑料管可以是半透明的或透明的。

水动注入泵的所有零部件应能耐受或防止制造厂认可或推荐的一定浓度的化肥-农药的腐蚀。制造厂另有说明的除外。

6.3 水动注入泵与灌溉系统的连接

水动注入泵应采用下列方式中的一种方式与灌溉系统连接：

a) 符合GB/T 7306.1～7306.2的螺纹；如果提供适当的中间接头，则可采用其他形式螺纹。

b) 符合GB/T 17241.1～17241.7规定的铸铁法兰；符合GB/T 9112～9124规定的钢法兰；如果法兰采用其他材料，法兰的装配尺寸（螺栓孔中心圆直径、螺栓孔数）应符合GB/T 17241.1～17241.7的规定。

c) 压紧式、企口式或其他特殊接头。

7 机械性能和功能特性试验

7.1 一般要求

除特殊规定外，所有试验均用水代替化肥-农药溶液作为注入液体。确保灌溉水和注入水的温度为15 ℃～35 ℃，并用装有120 μm的滤网或其他具有同等过滤效果的过滤器进行过滤，或者采用含有120 μm或更大的污染物颗粒的质量分数不超过0.002%(20 ppm)[1)]的水进行试验，或者过滤器的过滤效果符合制造厂产品资料中对最大颗粒的限制。

确保试验用测量仪器的测量值相对于真值的偏差不大于±2%。

确保给试验用化肥-农药储存罐配备测量容积变化的装置，或安装一根观察管（压力计），或储存罐是半透明的，以便能显示水面的高度。可以在储存罐侧壁上制出刻度。

7.2 耐压试验

将水动注入泵置于不工作状态，给正常条件下承受压力的水动注入泵所有零部件施加1.6倍的最大工作压力(P_{max})，保持该压力5 min。

水动注入泵及其所有零部件应能承受该试验压力而不出现损坏、泄露和永久变形。

7.3 止回阀密封性试验

7.3.1 将水动注入泵的进水口堵住，化肥-农药进口与大气相通。在水动注入泵的出口分别施加等于

1) ppm（百万分之一）不是一个国际单位制。

最大工作压力(P_{max})25%、50%、75%、100%的压力。每个压力点大约保压20 s。

水动注入泵的化肥-农药旁路应不出现回泄现象。

7.3.2 对装有防止反向水流成为正向水流的整体式止回阀的水动注入泵,将水动注入泵的进水口与大气相通,重复7.3.1规定的试验。

水动注入泵的进水口应不出现回泄现象。

7.4 工作压力范围试验

7.4.1 按制造厂说明,将水动注入泵安装在试验装置上,使化肥-农药储存罐的最高液面比水动注入泵的出口中心线低0.5 m。

在水动注入泵进口施加等于最小工作压力 P_{min} 的压力,保压1 min。确保灌溉水流量大约等于制造厂声明的灌溉水流量范围的中间值;对并接式水动注入泵,还应确保驱动水流量大约等于制造厂声明的驱动水流量的中间值。

水动注入泵应正常注入化肥-农药。

7.4.2 在串接式水动注入泵的进口或并接式水动注入泵的出口施加等于最大工作压力 P_{max} 的压力,重复7.4.1规定的试验一次;在串接式水动注入泵的进口或并接式水动注入泵的出口施加大约等于工作压力范围中间值的压力,重复7.4.1规定的试验一次。

水动注入泵应正常注入化肥-农药。

7.5 防泄露试验

7.5.1 按制造厂说明,将水动注入泵安装在试验装置上,使化肥-农药储存罐的液面比水动注入泵的出口中心线低0.5 m。

为使该试验顺利进行,应确保化肥-农药储存罐安放的位置在整个试验中能方便地观察和/或测量罐内的液面。

使水动注入泵在其进口压力大约等于工作压力范围中间值的状态下运行2 min。

确保灌溉水流量大约等于制造厂声明的灌溉水流量范围的中间值;对并接式水动注入泵,还应确保驱动水流量大约等于制造厂声明的驱动水流量的中间值。

使水动注入泵停止运行,立即在其出口施加一个比大气压低10 kPa的压力(负压)。

保持该压力(负压)1 min,并在保压期间观察化肥-农药存储罐内的液面。

从水动注入泵停止运行到试验结束这一段时间内,化肥-农药储存罐内的液面高度应无变化。

7.5.2 对正常运行时化肥-农药储存罐内的化肥-农药溶液液面高于水动注入泵出口中心线的水动注入泵,按制造厂说明安装水动注入泵,使化肥-农药储存罐的液面位于制造厂声明的水动注入泵中心线以上的最大高度,重复7.5.1规定的试验。

从水动注入泵停止运行到试验结束这一段时间内,化肥-农药储存罐内的液面高度应无变化。

7.6 注入流量试验

按7.4.1的规定安装水动注入泵。对于4.2.1.2类可调混合比的比例式水动注入泵,把混合比大约调节到制造厂声明的调节范围的中间值。

将驱动水流量设置在制造厂声明的流量范围的中间值,并在整个试验过程中保持该流量。

在水动注入泵进口处分别施加工作压力范围内包括最小工作压力 P_{min} 和最大工作压力 P_{max} 在内的5个等级差的压力。

使水动注入泵在每个试验点运行至少2 min,测量水动注入泵注入的体积流量。

水动注入泵在任何一个压力点的注入流量相对于制造厂声明值的偏差应不大于±10%。

7.7 驱动水比率试验

对 4.1.2 类驱动水被排出的水动注入泵，在 7.6 规定的试验中，测量驱动水的体积。

计算驱动水比率。

驱动水比率相对于制造厂声明值的偏差应不大于±10%。

7.8 比例式水动注入泵的注入流量试验

7.8.1 按 7.4.1 的规定和图 1 安装比例式水动注入泵。

7.8.2 对于 4.2.1.1 类固定混合比的比例式水动注入泵，以其固定混合比进行 7.8.4 规定的试验。将注入流量与驱动水流量之间的关系绘制成表格或图形。

在任何情况下测得的混合比相对于制造厂声明的固定混合比的偏差应不大于±10%。

7.8.3 对于 4.2.1.2 类可调混合比的比例式水动注入泵，以下列 3 种不同混合比进行 7.8.4 规定的试验：

a） 制造厂声明的最小混合比；

b） 制造厂声明的最大混合比；

c） 制造厂声明的最小混合比和最大混合比之间的某一适当混合比。

7.8.4 使串接式水动注入泵分别在制造厂规定的灌溉水流量范围的上下限之间的 4 个或 4 个以上灌溉水流量下运行。选择工作压力范围中间值附近的一个适当压力作为试验压力。测量每个灌溉水流量下的注入流量，并计算水动注入泵的实际混合比。

使并接式水动注入泵分别在制造厂规定的驱动水流量范围的上下限之间的 4 个或 4 个以上驱动水流量下运行，并确保灌溉水流量近似等于制造厂声明的灌溉水流量的中间值。选择工作压力范围中间值附近的一个适当压力作为试验压力。测量每个驱动水流量下的注入流量，并计算水动注入泵的实际混合比。

7.9 串接式水动注入泵的水头损失试验

按 7.4.1 的规定将水动注入泵安装在试验装置上，测量水动注入泵在工作压力范围中间值压力下的水头损失。测量制造厂声明的灌溉水流量范围内 5 个等间隔值灌溉水流量下的水头损失。

任何一个灌溉水流量下的水头损失均不应大于制造厂声明值的 10%。

8 耐久性

8.1 按制造厂说明，将水动注入泵与试验装置相连，使化肥-农药储存罐内的液面比水动注入泵出口中心线大约低 0.5 m。所有试验均用水代替化肥-农药溶液作为注入的液体。

确保灌溉水和注入水的温度为 5 ℃～50 ℃，并用装有 120 μm 的滤网或其他具有同等过滤效果的过滤器进行过滤，或者过滤器的过滤效果符合制造厂产品资料中对最大颗粒的限制。

确保灌溉水流量近似等于制造厂声明的灌溉水流量范围的中间值；对并接式水动注入泵，还应确保驱动水流量近似等于制造厂声明的驱动水流量的中间值。

使水动注入泵运行 4 个时间段，每个时间段运行 250 h，中间间歇 50 h。4 个时间段的累计运行时间应不少于 1 150 h。

确保满足下列运行条件：

——运行压力：为制造厂声明的工作压力范围的中间值。

——驱动水流量：

- 对串接式水动注入泵，灌溉水流量应为制造厂声明的灌溉水流量范围的中间值；

● 对并接式水动注入泵，驱动水流量应为制造厂声明的驱动水流量范围的中间值。

——对注入流量可调的水动注入泵，注入流量应为制造厂声明的注入流量范围的中间值。

8.2 水动注入泵按8.1的规定运行1 150 h后，重复下列试验：

——耐压(见7.2)；

——止回阀密封性(见7.3)；

——进口压力为工作压力范围中间值情况下的工作压力范围(见7.4)；

——水动注入泵的注入流量(见7.6)；注入流量相对于制造厂声明值的偏差应不大于±15%；

——驱动水比率(见7.7)；驱动水比率相对于制造厂声明值的偏差应不大于±20%；

——比例式水动注入泵的注入流量(见7.8)。

试验中，应将混合比设置在制造厂声明的混合比范围的中间值，并将驱动水流量大约设置在制造厂声明的驱动水流量范围的中间值。测出的混合比相对于制造厂声明值的偏差应不大于±15%。

9 制造厂提供的资料

水动注入泵制造厂以产品样本或技术文件形式应提供下列信息，并注明公布日期。

a) 一般信息

1) 水动注入泵在产品样本中的编号；

2) 水动注入泵与灌溉系统的连接形式和规格；

3) 水动注入泵的外形尺寸和质量；

4) 水动注入泵的工作原理；

5) 备件清单以及供更换零部件用的水动注入泵剖面图或分解图；

6) 流量调节器的型号和规格(当流量调节器为水动注入泵的必备部件时)；

7) 水头损失；

8) 排出的驱动水流量(对并接式水动注入泵)。

b) 运行信息

1) 安装说明；

2) 校准说明；

3) 维护和贮存说明；

4) 表征工作参数范围与注入流量的性能图表；

5) 水动注入泵注入流量与进口压力之间关系的准确度；

6) 化肥-农药以及灌溉水的过滤说明；

7) 4.2.1.2类活塞式水动注入泵的冲程体积；

8) 驱动水比率；

9) 驱动水流量范围；

10) 最大吸头；

11) 混合比范围以及设置混合比的方式(手动、液动或电动)；

12) 数字化和模拟化输出数据、流量和计时资料、相关描述图表和运行参数表；

13) 驱动水排出管水头损失对水动注入泵运行的影响(必要时)；

14) 工作压力范围(最小和最大工作压力)；

15) 灌溉水流量范围；

16) 注入流量；

17) 防止回流的说明。

参 考 文 献

[1] ISO 7714, Agricultural irrigation equipment—Volumetric valves—General requirements and test methods

ICS 65.060.35
B 91

中华人民共和国国家标准

GB/T 19794—2012
代替 GB/T 19794—2005

农业灌溉设备 定量阀 技术要求和试验方法

Agricultural irrigation equipment—Volumetric valves—General requirements and test methods

(ISO 7714:2008,MOD)

2012-12-31 发布 2013-07-01 实施

中华人民共和国国家质量监督检验检疫总局
中国国家标准化管理委员会 发布

前　言

本标准按照 GB/T 1.1—2009 给出的规则起草。

本标准代替 GB/T 19794—2005《农业灌溉设备　定量阀　技术要求和试验方法》。

本标准与 GB/T 19794—2005 相比,除编辑性修改外主要技术差异如下:

——调整了第 2 章规范性引用文件;

——增加和调整了术语和定义(见第 3 章);

——增加了流量计量要求(见 6.3);

——调整了测量装置准确度要求(见 7.2);

——修改了抽样和验收规则(见 7.3);

——细化了热预处理的规定(见 7.3.2);

——调整了定量阀耐压试验、手动开启和关闭试验、准确度试验、压力损失和耐久性试验的要求和规程(见 7.4～7.8);

——增加了附录 A。

本标准使用重新起草法修改采用 ISO 7714:2008《农业灌溉设备　定量阀　技术要求和试验方法》(英文版)。

本标准与 ISO 7714:2008 的主要技术差异如下:

——关于规范性引用文件,本标准做了具有技术性差异的调整,调整情况集中反映在第 2 章,具体调整情况如下:

- 用修改采用的 GB/T 7306(所有部分)代替 ISO 7-1:1994。

本标准由中国机械工业联合会提出。

本标准由全国农业机械标准化技术委员会(SAC/TC 201)归口。

本标准起草单位:中国农业机械化科学研究院、江苏大学流体机械工程技术研究中心。

本标准主要起草人:张咸胜、王洋、李红、兰才有、刘俊萍、朱兴业、王新坤。

本标准所代替标准的历次版本发布情况为:

——GB/T 19794—2005。

农业灌溉设备　定量阀
技术要求和试验方法

1　范围

本标准规定了定量阀的技术要求和试验方法。该定量阀可在各种流量下，计算流经它的水温不超过 50 ℃水的水量，并在达到预置的灌溉水量后能够自动关闭。

本标准适用于仅由管路内的有压水流驱动，无需任何其他外部能源的定量阀。

注：对定量阀的典型要求是其用于各种流量下不同品质且温度在 5 ℃～50 ℃范围内的灌溉水能正常运行。

2　规范性引用文件

下列文件对于本文件的应用是必不可少的。凡是注日期的引用文件，仅注日期的版本适用于本文件。凡是不注日期的引用文件，其最新版本(包括所有的修改单)适用于本文件。

GB/T 7306(所有部分)　55°密封管螺纹(ISO 7-1:1994)

GB/T 18688—2012　农业灌溉设备　灌溉阀的压力损失　试验方法(ISO 9644:2008,IDT)

3　术语和定义

下列术语和定义适用于本文件。

3.1

定量阀　volumetric valve

在各种流量下，计量流经的水量并在达到预置水量后能够自动关闭的农用灌溉阀。

3.2

顺次定量阀　serial volumetric valve

定量阀灌溉系统中能顺次运行的定量阀。

3.2.1

单出口顺次定量阀　single outlet serial volumetric valve

并联在定量阀灌溉系统中，有一个进口和一个出口的顺次定量阀。该阀在预置的开启位置时借助水力信号开启，达到预置水量后自动关闭，并能把水力信号传递给系统中的下一个定量阀，使其运行。

3.2.2

单出口“跳级”顺次定量阀　single outlet “skip over”serial volumetric valve

并联在定量阀灌溉系统中，有一个进口和一个出口的顺次定量阀。该阀在预置的开启位置时借助水力信号开启，达到预置水量后自动关闭，并能把水力信号跳过下一个定量阀传递给系统中的另一个定量阀，使其运行。

3.2.3

双出口顺次定量阀　dual outlet serial volumetric valve

有一个进口和两个在进口压力为大气压时常开出口的顺次定量阀。第一个出口流过预置的水量后自动关闭继而第二个出口自动开启，剩余水量流经第二个出口后，将水力信号传递给灌溉系统中的下一个定量阀。

3.3

非顺次定量阀　non-serial volumetric valve

独立而不能顺次运行的定量阀。

3.4

恒定流量　permanent flow rate

q_{V3}

正常工作条件下能够保证定量阀在最大允许偏差内稳定运行的最大流量。

3.5

过载流量　overload flow rate

q_{V4}

定量阀在最大允许压力损失范围和最大误差范围内能运行较短时间，同时在随后的正常工作条件下又能保持计量性能的最大流量。

3.6

最小流量　minimum flow rates

q_{V1}

正常工作条件下能保证定量阀在最大误差范围内运行的最小流量。

3.7

流量范围　range of flow rate

最小流量和过载流量之间的流量范围，包括最小流量值和过载流量值。

3.8

工作流量范围　range of working flow rate

最小流量和恒定流量之间的流量范围，包括最小流量值和恒定流量值。

3.9

相对误差　relative error

ε

以百分比表示的误差，由以下公式确定：

$$\varepsilon = \frac{V_i - V_\alpha}{V_\alpha} \times 100$$

式中：

V_i——指示流量；

V_α——实际流量。

[ISO 4064-3:2005，定义 3.3]

3.10

最大工作压力　maximum working pressure

制造厂给定的保证定量阀正常运行的进口最大压力。

3.11

最小工作压力　minimum working pressure

制造厂给定的定量阀正常运行并具有机械和水力性能情况下的进口最小压力。

3.12

工作压力范围　range of working pressure

最小工作压力和最大工作压力之间的压力范围，包括最小工作压力值和最大工作压力值。

3.13

公称压力　nominal pressure

制造厂推荐的在正常工作条件下运行时紧靠定量阀上游的最大压力。

3.14

准确度　accuracy

表征测量仪器示值与真值接近程度的量。

3.15

测量不确定度　uncertainty of measurement

考虑所有误差来源，使用适当数学公式计算得到的与测量结果相联系的参数，其表征合理地赋予测量结果值的分散性。

3.16

型式认可　pattern approval

由权威认可机构授予证书，确认测量仪器的型式符合认证标准的要求。

3.17

测定粒度　granulometry

灌溉水中颗粒含量的测定，表征为颗粒尺寸分布和固体颗粒总量。

4　分类

4.1　按累加计数器的准确度分

第1类：定量阀有带累加计数器的控制机构，在流量范围内其体积测量的准确度为±2%；

第2类：定量阀有带累加计数器的控制机构，在流量范围内其体积测量的准确度为±4%；

第1类和第2类推荐用于农业灌溉系统中水量测量。

第3类：定量阀有预置体积的控制机构，但不带累加计数器。

4.2　按定量阀系统的运行方式分

4.2.1　非顺次定量阀

4.2.2　顺次定量阀

——单出口顺次定量阀；

——单出口"跳级"顺次定量阀；

——双出口顺次定量阀。

注：系统中首个定量阀进口开启和关闭的水力信号可以手动给出，也可以自动给出。

5　标记

每个定量阀都应具有包含下列内容的清晰耐久标记：

a)　制造厂名称或注册商标；

b)　恒定流量，q_{V3}；

c)　q_{V3}/q_{V1} 比率；

d)　系列编号；

e)　指示水流方向的箭头；

f)　指示控制装置调节方向的箭头(必要时)；

g)　公称压力；

h)　对顺次定量阀，应有标明顺次运行连接点的标志，在制造厂产品样本中还应说明标志的含义；

i)　准确度等级(1、2或3)

6 技术要求

6.1 一般要求

同一制造厂生产的相同规格型号的定量阀所有零部件应能互换,以便于拆卸、维护和维修。

定量阀中的所有部件,应耐农业通常用的常规浓度化学物,并应能在7.1规定的水质中运行。

如果用户提出要求,制造厂应提供定量阀用于农业非常规纯度水(如腐蚀性水)中时与运行和安全有关的资料。

正常工作条件下暴露于紫外线中的定量阀非金属件应含有改善抗紫外线性能的添加剂。

形成流道的定量阀非金属件应不透光,或采用其他方式(如加密封罩)以阻挡光线进入流道。

定量阀的水量控制机构应允许手动操作,以便在任何时刻都可采取某些措施(如将装置设置在零位)切断水流。

6.2 接口螺纹

直接与管路连接的带螺纹接口的定量阀,其螺纹应符合GB/T 7306的规定。如果采用中间接头与管路连接,则定量阀接口可采用其他螺纹,但该中间接头与管路连接的螺纹应符合GB/T 7306的规定。

带螺纹接口的定量阀阀体上应具有适合用标准开口扳手拧紧的六边形结构或至少两个平行面,以防止安装或拆卸时定量阀转动。如有必要,制造厂应提供专用工具。

6.3 计量要求

6.3.1 一般要求

定量阀应根据恒定流量 q_{V3}(单位为立方米每小时,m^3/h)和表示工作流量范围的 q_{V3}/q_{V1} 比率进行标识。

6.3.2 第1类、第2类和第3类—尺寸DN16,DN20和DN25的定量阀

定量阀体积式流量表的尺寸(公称直径DN,单位为毫米)对应的恒定流量最小值应符合表1。

表1 尺寸DN16,DN20和DN25的定量阀—恒定流量最小值

体积式流量表的尺寸 mm	恒定流量(q_{V3})最小值 m^3/h
DN16	1.6
DN20	2.5
DN25	4.0

恒定流量 q_{V3}(单位为立方米每小时,m^3/h)的较大值可从下列数值中选取:2.5、4.0、6.3、10。

q_{V3}/q_{V1} 比率值应从下列数值中选取:8、10、12.5、16、20、25、31.5。

6.3.3 第1类和第2类—尺寸DN40～DN300的定量阀

定量阀体积式流量表的尺寸对应的恒定流量最小值应符合表2。

表 2 尺寸 DN40～DN300 的定量阀—恒定流量最小值

体积式流量表的尺寸 mm	恒定流量(q_{V3})最小值 m^3/h
DN40	16
DN50	25
DN65	40
DN80	63
DN100	100
DN125	160
DN150	250
DN200	400
DN250	630
DN300	1 000

恒定流量 q_{V3}(单位为立方米每小时，m^3/h)的较大值可从下列数值中选取：25、40、63、100、160、250、400、630、1 000、1 600。

q_{V3}/q_{V1} 比率值应从下列数值中选取：10、12.5、16、20、25、31.5、40、50、63、80、100。

6.3.4 过载流量(q_{V4})

过载流量的定义如下：

$q_{V4}=1.25q_{V3}$

该定义适用于所有类别和尺寸的定量阀。

7 机械性能、功能特性和准确度试验

7.1 一般要求

试验用水或为清洁水，或为按附录 A 的表 A.1 确定水质的灌溉水。

除有特殊规定外，在水温为 5 ℃～50 ℃和水压为工作压力范围内进行所有试验。

7.2 测量装置的准确度

压力和压差测量装置的准确度应为测量值的±1%。

流量的测量准确度应为±2.5%。

温度测量装置的准确度应为±0.5 ℃。

体积应使用经校准的高准确度水表或经校准的水箱(体积式或质量式)测量。

体积测量试验的扩展相对不确定度应不超过型式认可最大允许准确度误差的 1/5，且应不超过初次和后续验证的最大允许准确度误差的 1/3。计数准确度和计量准确度的最大允许误差分别见 7.6.2.1 和7.6.2.2。

7.3 抽样和验收规则

7.3.1 型式认可试验

样本应从批量不少于20个的定量阀中随机抽取。各试验项目抽取的试验用最小样本大小和确认通过本标准试验的最小样本数应符合表3的规定。

表3 最小样本大小和判定合格样本数

条款号	试验项目	试验用最小样本大小	应通过试验的最小样本数
7.4	耐压	5	4[a]
7.5	手动开启和关闭	4	3
7.6	准确度	3	3
7.7	压力损失	2	2
7.8	耐久性	2	2
[a]仅允许一个样本存在泄漏缺陷。出现阀体损坏或影响定量阀运行的危害现象应判该批不合格。			

如果同一型号的定量阀已经进行了表3中的型式认可试验,且制造厂自型式认可试验后没有改变定量阀的结构,则在验收试验中不要求进行7.8规定的耐久性试验。

7.3.2 热预处理

热预处理应在型式认可试验之前进行。

定量阀的机械、结构或材料有重大改变之后应进行热预处理。

使用下列方法之一将定量阀置于50 ℃～55 ℃温度环境中24 h进行热预处理:

a) 浸没水中;

b) 使保持热预处理温度的水以尽可能低的流速通过定量阀;

c) 置于烘箱中。

热预处理完毕后,继续进行以下试验。

7.4 定量阀耐压试验

将定量阀进口与压力水源相连,使压力逐渐加大到1.6倍最大工作压力,保持该压力2 min。

该试验规程应进行两次:第一次在定量阀开启、全部出口关闭状态下进行,第二次在定量阀关闭、全部出口开启状态下进行。

定量阀应能承受该试验而不出现损坏或故障。阀体、连接处或出口不应出现泄漏现象。该试验适用于塑料阀和金属阀。

7.5 手动开启和关闭试验

7.5.1 非顺次定量阀

7.5.1.1 在定量阀进口压力为最小工作压力下,利用设定装置开启定量阀,等待定量阀完全开启,然后将设定装置返回到关闭位置,并确认定量阀已经完全关闭。

7.5.1.2 在定量阀进口压力为最大工作压力下,重复上述试验过程。

7.5.1.3 试验进行3次。3次试验中，定量阀都应正常开启和关闭。

7.5.2 顺次定量阀(单出口、单出口“跳级”、双出口)

7.5.2.1 一般要求

不同的制造厂对于相同的自动化问题会有不同的解决方法。因此，顺次定量阀的试验应按照制造厂使用说明书进行。

测试人员应按照制造厂提交的考虑了顺次功能的试验规程进行试验。

7.5.2.2 试验规程

按7.5.1针对非顺次定量阀的描述进行同样的操作，并按制造厂使用说明书进行各种必要的调整。

试验过程中，观察向下一个将开启的定量阀传递水力信号的通道，当被试定量阀开启时，水应自由流经该信号通道；当被试定量阀关闭时，信号通道应关闭，或者正好相反，这取决于水力信号的逻辑。

7.6 准确度试验

7.6.1 一般要求

准确度试验的类型取决于定量阀的种类。带累加计数器的定量阀(第1类和第2类)应进行下列两项准确度试验：

——计数准确度(7.6.2.1)；

——计量准确度(7.6.2.2)。

不带累加计数器的定量阀(第3类)只进行计量准确度试验(7.6.2.2)。

7.6.2 准确度试验的流量和最大允许误差

7.6.2.1 计数准确度

定量阀的计数准确度试验应在下列流量下进行：q_{V1}，1.6 q_{V1}，0.3 q_{V3}，q_{V3}和 q_{V4}。

确定相对误差(还可见ISO 4064-3:2005)。

相对误差不应大于下列值：

——对第1类定量阀，在流量范围(q_{V1}～q_{V4})内为±2%；

——对第2类定量阀，在流量范围(q_{V1}～q_{V4})内为±4%。

7.6.2.2 计量准确度

将定量阀的水量计量值调整到最大刻度值的50%，使流经定量阀的流量为恒定流量 q_{V3}。

将定量阀的水量计量值调整到最大刻度值的20%，使流经定量阀的流量为最小流量 q_{V1}。

在每种情况下，将控制机构设置的水量与定量阀累加计数器最初和最终读数水量差进行比较。以百分比表示的相对于定量阀最大刻度值的计量相对误差按以下公式计算：

$$\varepsilon = \frac{V_{\mathrm{s}} - V_{\mathrm{m}}}{V_{\max}} \times 100$$

式中：

V_{s} ——控制机构设置的水量；

V_{m} ——累加计数器最初和最终读数水量差；

$V_{\max}$——定量阀最大刻度值。

计量相对误差不应大于下列值：

——对第 1 类和第 2 类定量阀，最大刻度值的±2%；
——对第 3 类定量阀，定量阀最大刻度值的 2%与预置水量的 4%之和。

7.7 压力损失

7.7.1 一般要求

过载流量下压力损失应不大于 100 kPa。

7.7.2 试验规程

按 GB/T 18688 规定的方法测量定量阀的压力损失。试验至少在最小流量、恒定流量和过载流量下进行。

对双出口顺次定量阀，应分别测量进口和两个出口之间的压力损失。

测得的压力损失值应不大于制造厂声明值的 105%。

7.8 耐久性试验

7.8.1 计量机构耐久性

对尺寸为 DN16、DN20 和 DN25 的定量阀，在流量为过载流量 q_{V4} 下运行 100 h，再在流量为恒定流量 q_{V3} 下运行 100 h。

对尺寸为 DN40～DN300 的定量阀，在流量为过载流量 q_{V4} 下运行 200 h，再在流量为恒定流量 q_{V3} 下运行 800 h。

在计量机构耐久性试验过程中，进口压力应在工作压力范围内，并且出口压力应足够大以避免发生气蚀。该要求适用于成批安装在一个试验台上的所有定量阀。

定量阀每次自动关闭后，把水量设定到最大刻度值。为避免重复调整，控制机构可临时与关闭机构分离。分离关闭机构的操作应由制造厂完成或按制造厂使用说明书规定进行并得到认可。

7.8.2 计量机构耐久性后的准确度试验

完成计量机构耐久性试验后，按 6.3 规定的计量要求重复进行 7.6 规定的准确度试验。

计量的相对误差应不大于下列值：

——对第 1 类定量阀，在流量范围(q_{V1}～q_{V4})内为±2%；
——对第 2 类定量阀，在流量范围(q_{V1}～q_{V4})内为±4%；

对两类定量阀，耐久性试验后相对于耐久性试验开始前的计量相对误差的变化量应不大于 2%。

预置水量的相对误差应不大于 7.6.2.2 的规定值。

耐久性试验后相对于耐久性试验开始前的预置水量相对误差的变化量应不大于 1%。

7.8.3 运行机构耐久性

7.8.3.1 使运行机构进行 10 000 个动作循环，每个循环应包括下列步骤：

a) 将运行机构设定在开启位置。对顺次定量阀，在接收开启信号的进口施加和定量阀进口压力相等的压力；
b) 等待定量阀完全打开，水流稳定地通过；
c) 保持运行机构处于开启位置 5 s；
d) 将运行机构返回到关闭位置；
e) 等待定量阀完全关闭；
f) 施加等于公称压力的压力，同时保持运行机构处于关闭位置 5 s。

7.8.3.2 上述试验结束后，在关闭位置对定量阀进行耐压试验（见7.4）以及手动开启和关闭试验（见7.5）。

顺次定量阀必须顺利通过这两项试验，才能判定其符合本标准规定。

8 制造厂提供的资料

制造厂随每个定量阀应至少提供下列资料：

a） 一般资料
  1） 制造厂名称和地址；
  2） 安装说明书；
  3） 顺次定量阀连接和使用说明书。

b） 运行资料
  1） 最大工作压力，单位为千帕（kPa）；
  2） 最小工作压力，单位为千帕（kPa）；
  3） 恒定流量，单位为立方米每小时或升每分钟（m^3/h 或 L/min）；
  4） 过载流量，单位为立方米每小时或升每分钟（m^3/h 或 L/min）；
  5） 最小流量，单位为立方米每小时或升每分钟（m^3/h 或 L/min）；
  6） 定量阀进口和出口间压力损失曲线，对双出口定量阀应给出进口与每个出口之间的压力损失曲线；
  7） 定量阀按4.1的分类和计量准确度。

c） 维护和备件
  1） 各种维护周期的建议；
  2） 各种备件更换周期的建议。

附　录　A
（资料性附录）
灌溉水质

灌溉水会永久或暂时含有各种比例的矿物质或有机物颗粒。出于测试目的，按照增加的测定粒度数量进行分类，确定三种测定粒度类别（第1、2、3类），并给出了允许的总固体颗粒含量和相应的水质。见表A.1。

表 A.1　测定粒度类别

物质含量	固体颗粒
第1类	测定粒度在20 μm～60 μm之间 固体颗粒总含量的质量百分比为25%±5%
第2类	测定粒度在60 μm～320 μm之间 固体颗粒总含量的质量百分比为50%±10%
第3类	测定粒度在320 μm～1 600 μm之间 固体颗粒总含量的质量百分比为25%±5%
第1、2和3类总和	2.0 g/L±0.2 g/L的硅石，且硅石的 SiO_2 含量高于95%

参 考 文 献

[1] ISO 228-1,Pipe threads where pressure-tight joints are not made on the threads—Part 1:Dimensions,tolerances and designation

[2] ISO 4064-3:2005,Measurement of water flow in fully charged closed conduits—Meters for cold potable water and hot water—Part 3:Test methods and equipment

ICS 65.060.35
B 91

中华人民共和国国家标准

GB/T 19797—2012/ISO 11545:2009
代替 GB/T 19797—2005

农业灌溉设备 中心支轴式和平移式喷灌机 水量分布均匀度的测定

Agricultural irrigation equipment—Centre-pivot and moving lateral irrigation machines with sprayer or sprinkler nozzles—Determination of uniformity of water distribution

(ISO 11545:2009,IDT)

2012-12-31 发布　　2013-07-01 实施

中华人民共和国国家质量监督检验检疫总局
中国国家标准化管理委员会 发布

前　言

本标准按照 GB/T 1.1—2009 给出的规则起草。

本标准代替 GB/T 19797—2005《农业灌溉设备　中心支轴式和平移式喷灌机　水量分布均匀度的测定》。

本标准与 GB/T 19797—2005 相比，主要技术内容变化如下：

——范围中增加了对灌水装置高度的要求；

——术语和定义中增加了“旋转式喷头”和“灌溉用非旋转式喷头”两个术语；

——调整了 3.1.1 中雨量筒高度和开口直径的要求；

——调整了 3.2.5 中风速的要求。

本标准使用翻译法等同采用 ISO 11545:2009《农业灌溉设备　中心支轴式和平移式喷灌机　水量分布均匀度的测定》。

为便于使用，本标准作了如下编辑性修改：

增加了公式编号。

本标准由中国机械工业联合会提出。

本标准由全国农业机械标准化技术委员会(SAC/TC 201)归口。

本标准起草单位：江苏大学流体机械工程技术研究中心、中国农业机械化科学研究院。

本标准主要起草人：王洋、张咸胜、金宏智、汤跃、李红、刘俊萍、朱兴业。

本标准所代替标准的历次版本发布情况为：

——GB/T 19797—2005。

农业灌溉设备 中心支轴式和平移式喷灌机 水量分布均匀度的测定

1 范围

本标准规定了配置旋转式或非旋转式喷头的中心支轴式和平移式喷灌机的田间水量分布均匀度的测定方法和水量分布均匀系数的计算方法。

本标准适用于灌水装置离地面高度1.5 m以上的连续喷洒、产生重叠水量分布的中心支轴式和平移式喷灌机。

本标准不适用于装有地角臂的中心支轴式喷灌机。

2 术语和定义

下列术语和定义适用于本文件。

2.1

中心支轴式喷灌机 centre-pivot irrigation machine

由多个自走式塔架车支承着管道,绕中心支轴旋转的自动化喷灌机。水经中心支轴进入喷灌机,沿径向流动,由安装在管道上的旋转式或非旋转式喷头喷洒到田间。

2.2

平移式喷灌机 moving lateral irrigation machine

由多个自走式塔架车支承着横向管道,管道基本上成一条直线,在田间的行走轨迹也为直线,灌溉矩形面积的自动化喷灌机。水可经管道上的任一点进入喷灌机,由安装在管道上的旋转式或非旋转式喷头喷洒到田间。

2.3

旋转式喷头 sprinkler

各种规格型号的洒水装置,如摇臂式喷头、固定喷头、喷灌枪。

2.4

灌溉用非旋转式喷头 irrigation sprayer

没有作旋转运动的零部件,以细流喷射形式或扇形喷洒水的装置。

2.5

喷头组件 sprinkler package

安装在中心支轴式或平移式喷灌机管道出水口上的一组装置。该装置可由运动部件、管子、压力(或流量)调节装置以及为满足某种特殊喷灌机需要并达到一组特殊运行参数所需的支撑管件组成。

2.6

末端喷枪 endgun

安装在中心支轴式或平移式喷灌机末端,用以增加灌溉面积的一个或多个旋转式或非旋转式喷头。末端喷枪通常只在一个时段内运行,以使喷灌机产生某种喷洒边界。

2.7

试验压力 test pressure

在中心支轴式或平移式喷灌机管道进水口机架顶部的第一个弯头或三通下游的测出的压力。

2.8

有效半径 effective radius

中心支轴式喷灌机所灌溉的圆形面积的半径。沿管路从中心支轴到末端旋转式或非旋转式喷头的距离。

2.9

有效长度 effective length

平移式喷灌机上与管道平行方向的尺寸，沿管道测量管道上两个相距最远的旋转式或非旋转式喷头之间的距离。如果管道下面的一部分面积被供水系统占用，并且该面积不种植作物，则有效长度不包括这段距离。

2.10

射程 wetted radius

r_w

从旋转式或非旋转式喷头中心线到最后一个可测量水深的雨量筒之间的距离，或为制造厂技术文件中给出的喷洒直径的一半。

2.11

灌水深度 applied depth

d_i

一排雨量筒中，每个雨量筒中集存的水量与雨量筒内被蒸发掉的平均水量之和，除以雨量筒的开口面积。

2.12

雨量筒 collector

在水量分布试验中用于收集水的容器。

2.13

委托方 client

受其委托进行试验的个人或组织。

2.14

试验方 tester

实施试验的个人或组织。

3 试验条件和试验设备

3.1 雨量筒

3.1.1 确保试验用的所有雨量筒相同，并且其形状能防止外面的水溅到筒内或筒内的水溅到外面。确保雨量筒的开口边缘均匀无缺陷。每个雨量筒的高度至少应为试验中所收集到的水的最大深度的两倍，且不小于 150 mm。雨量筒具有无缺陷的尖劈状圆环形开口。雨量筒的直径至少为高度的 0.5 倍，且不小于 85 mm。为了将测量不确定度限制到最小，推荐试验方在切实可行的情况下，采用尽可能大的雨量筒。

3.1.2 将雨量筒均匀的布置在与喷灌机行走方向垂直的两条或多条直线上。每条直线上的雨量筒最大间距应符合表 1 的规定。雨量筒不应放置在旋转式或非旋转式喷头喷射受喷灌机塔架影响的地方。

表 1 雨量筒的最大间距

喷头射程 m	雨量筒最大间距 m
＜10	3
≥10	5

为将系统误差降低到最小，相邻雨量筒排上的雨量筒位置应相互错开。错开的距离应为雨量筒间距的 $1/n$，其中 n 为雨量筒的排数(雨量筒的布置方式详见图 1 和图 2)。确保雨量筒间距不是旋转式或非旋转式喷头间距的整数倍。雨量筒不应放置在喷灌机的轮辙上。记录雨量筒的安放位置。

单位为米

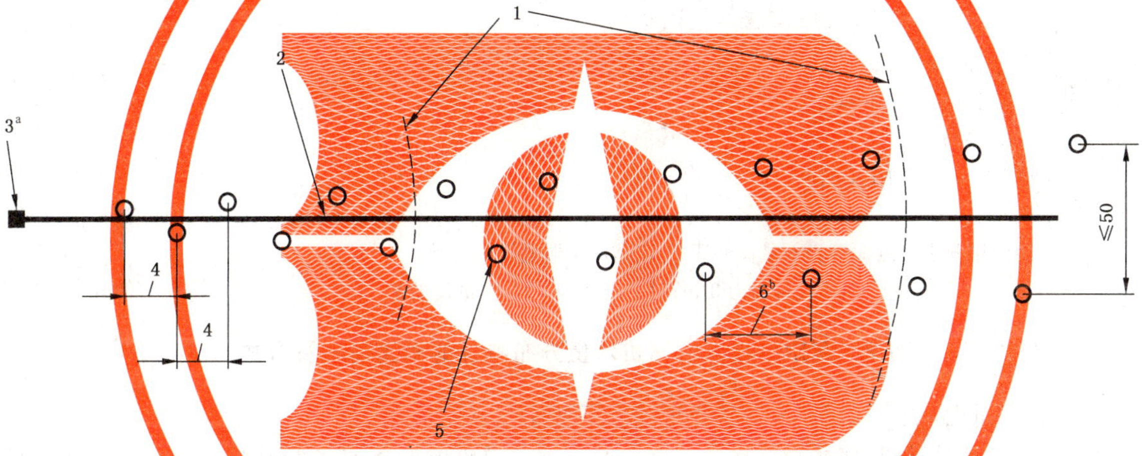

说明：

1——轮辙；

2——中心支轴式喷灌机管道；

3——中心支轴；

4——错开的距离；

5——第 j 排的第 i 个雨量筒(与另一排错开)；

6——雨量筒间距。

注： 雨量筒的错开距离近似等于雨量筒间距的 $1/n$，n 为雨量筒的排数。

[a] S_i 的基准点(第 i 个雨量筒距中心支轴的距离)。

[b] 对 r_w＜10 m 的，雨量筒的最大间距为 3 m；对 r_w≥10 m 的，雨量筒的最大间距为 5 m。

图 1 测定中心支轴式喷灌机水量分布特性的雨量筒布置方式

单位为米

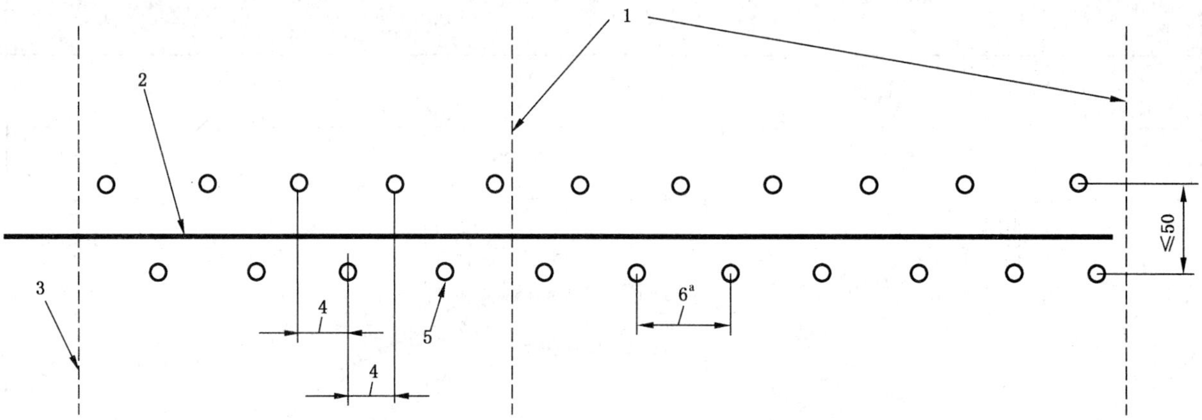

说明：

1——轮辙；

2——平移式喷灌机管道；

3——随意确定的距离基准点；

4——错开的距离；

5——第 j 排的第 i 个雨量筒；

6——雨量筒间距。

注：雨量筒的错开距离近似等于雨量筒间距的 $1/n$，n 为雨量筒的排数。

[a] 对 $r_w<10$ m 的，雨量筒的最大间距为 3 m；对 $r_w \geq 10$ m 的，雨量筒的最大间距为 5 m。

图 2 测定平移式喷灌机水量分布特性的雨量筒布置方式

3.1.3 放置雨量筒，使雨量筒排之间的距离符合下列要求。

对中心支轴式喷灌机，将雨量筒放置在以中心支轴为端点的两条或多条射线上。确保两条相邻射线上末端雨量筒之间的距离不大于 50 m。绘出布置图(见图 1)。

对平移式喷灌机，将雨量筒布置在与管道平行的两条或多条直线上。确保雨量筒排的长度大于喷灌机的有效长度，并且雨量筒排的间距不应大于 50 m。绘出布置图(见图 2)

3.1.4 雨量筒的放置应避免作物冠层等障碍物对测量水量分布产生影响。当障碍物高于雨量筒开口，但低于喷头喷嘴时，保持雨量筒排两侧无障碍物的水平距离至少是障碍物高度的 2 倍(见图 3 中的 A)。对喷灌机运行时喷头喷嘴低于作物冠层的情况，保持雨量筒两侧的无障碍物水平距离至少是喷头射程的 1.25 倍(见图 3 中的 B)

3.1.5 确保雨量筒开口保持水平。当预计试验中的风速大于 2 m/s 时，雨量筒开口相对于地面或作物冠层的高度应不大于 0.3 m。确保旋转式或非旋转式喷头的喷嘴高度至少比雨量筒顶部高 1 m。记录旋转式或非旋转式喷头的高度和雨量筒开口高度。

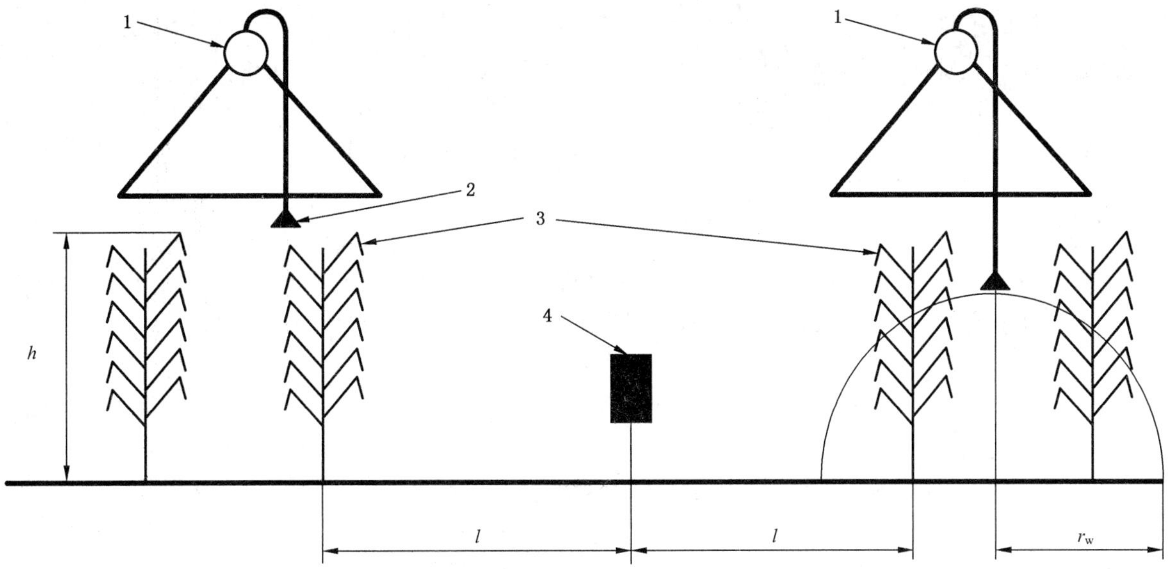

A 喷嘴高于作物冠层($l \geqslant 2$ h)　　　　B 喷嘴低于作物冠层($l \geqslant 1.25\ r_w$)

说明：

1 ——管道；

2 ——喷嘴；

3 ——障碍物(作物)；

4 ——雨量筒；

r_w——射程；

h ——障碍物高度。

图 3　试验场地内有障碍物(如作物)的雨量筒安放指南

3.2　风速风向

3.2.1　采用旋转式风速计或其他等效装置测量试验期间的风速。

3.2.2　采用至少显示 8 个方位的风向标测定相对于雨量筒排的风向。

3.2.3　风速测量装置应放置在试验场 200 m 以内、距地面高度 2 m 的位置。该位置应能代表试验场的风力条件。

3.2.4　确保风速计的风速起始测量值不大于 0.3 m/s，风速测量值相对于真值的偏差应不大于 ±10%。

3.2.5　当风速大于 1 m/s 时，试验的准确度开始降低。如果风速大于 5 m/s，喷头组件的均匀性或性能试验应视为无效。在风速大于 5 m/s 的条件下进行试验时，委托方和试验方应了解试验结果的局限性。在试验开始时、结束时以及试验期间取不大于 15 min 的时间间隔测量并记录风速和主风向。

3.3　蒸发

3.3.1　试验应在傍晚或早晨蒸发量最小的时段进行。

3.3.2　为将试验中雨量筒内的蒸发对试验的影响降到最小，一旦雨量筒不在喷洒范围内时，立即测量并记录每个雨量筒的水量。利用蒸发损失对每个雨量筒收集的水量进行修正，应对每个雨量筒的存水时间，即从该雨量筒开始进入喷洒范围内，一直到测量该雨量筒内的水量所经历的时间进行估算。

3.3.3　如果要对雨量筒收集的水量数据用蒸发量进行校正，可预先在试验场内放置 3 个对照雨量筒。在试验前和试验后分别记录每个雨量筒内的水量，并且在试验结束后记录雨量筒的测量时间。计算 3

个对照雨量筒的平均蒸发量(E_i),并记录,见A.1。对照雨量筒的尺寸应符合3.1.1的规定。将对照雨量筒放置在小气候基本不受喷灌机运行影响的位置。该位置通常位于试验场的上风向。

3.3.4 采取适当的措施将蒸发量降低到最小。这些措施包括采用蒸发抑制器或设计特殊的雨量筒。如果对蒸发进行了抑制,应记录所采取的措施,例如蒸发抑制器的类型等。

3.4 高程

试验场地的高程差应在喷头组件的设计规范之内。采用测量精度为±0.2 m/50 m的仪器测量高程差。如果地面不是水平的,应随试验结果一起附上每排雨量筒沿线地面的纵剖面图。

4 试验规程

4.1 对喷灌机进行试验前,试验方应核实已按设计规范安装好了喷头组件,除非委托方另有规定。

4.2 试验中,将提供给喷灌机的水压调整到并一直保持在委托方和试验方商定的试验压力的±5%的误差范围内。确保压力测量仪器的测量值相对于试验压力的偏差不大于±2%。记录试验压力。

4.3 使喷灌机达到平均灌水深度不小于15 mm的运行速度,除非委托方另有规定。

4.4 测量雨量筒内收集水的体积、质量或水深,记录灌水深度数据。按下列方法修正蒸发量:修正后的水的体积(V_i)等于记录的每个雨量筒内水的体积(Vc_i)加上对照雨量筒的蒸发水量的平均值(在水放置在特定雨量筒的时间t_i内),记录这些数据,见A.2。确保测量装置的测量值相对于所收集的水量的平均值的偏差不大于±3%。

4.5 进行水量分布特性分析时,删除因雨量筒泄露、倾翻或其他原因引起的明显的错误数据点。确保删除的数据点数量不超过灌水深度测量点总数的3%。记录所有的检测结果。记录删除的数据编号及其删除的原因。

4.6 对试验结果进行分析时,删除超出喷灌机有效半径或有效长度的数据。

4.7 如果喷头组件设计带有末端喷枪,则应在末端喷枪正常运行的情况下进行试验。试验中,旋转式或非旋转式喷头的数量应保持不变。如果想评价喷灌机不带末端喷枪条件下的水量分布特性,试验也可在末端喷枪不运行的情况下进行。

4.8 如果试验方和委托方达成一致,中心支轴式喷灌机总长度上靠近中心支轴的20%雨量筒的数据可以在进行水量分布特性分析时删除。如果中心支轴式喷灌机水量分布特性试验不对靠近中心支轴的那一段进行分析,则该段可不放置雨量筒。

5 计算

5.1 对中心支轴式喷灌机,采用修正后的赫尔曼-海因(Heermann and Hein)[1]公式计算水量分布均匀系数。增加的性能参数可用于描述水量分布均匀性。试验方应能正确的鉴别增加的性能参数和计算公式。

修正后的赫尔曼-海因水量分布均匀系数按公式(1)计算:

$$C_{uH}=100\left[1-\frac{\sum_{i=1}^{n}|V_i-\bar{V}_w|S_i}{\sum_{i=1}^{n}(V_iS_i)}\right] \quad \cdots\cdots(1)$$

式中:

C_{uH}——赫尔曼-海因水量分布均匀系数;

n ——用于数据分析的雨量筒个数;

i ——雨量筒标识变量，通常从距中心支轴最近的雨量筒($i=1$)开始，到距中心支轴最远的雨量筒($i=n$)结束；

V_i ——第 i 个雨量筒内收集的水的体积(也可用质量和水深)；

S_i ——第 i 个雨量筒距中心支轴的距离；

$\bar{V}_W$ ——所收集水的体积(质量或水深)的加权平均值。按公式(2)计算：

$$\bar{V}_W = \frac{\sum_{i=1}^{n} V_i S_i}{\sum_{i=1}^{n} S_i} \quad \cdots\cdots(2)$$

5.2 对平移式喷灌机，采用克里斯琴森(Christiansen)[2]公式计算水量分布均匀系数。增加的性能参数可用于描述水量分布均匀性。试验方应能正确的鉴别增加的性能参数，包括计算公式。

克里斯琴森水量分布均匀系数按公式(3)计算：

$$C_{uC} = 100\left[1 - \frac{\sum_{i=1}^{n} |V_i - \bar{V}|}{\sum_{i=1}^{n} V_i}\right] \quad \cdots\cdots(3)$$

式中：

C_{uC}——克里斯琴森水量分布均匀系数；

n ——用于数据分析的雨量筒个数；

V_i ——第 i 个雨量筒内收集的水的体积(也可用质量和水深)；

$\bar{V}$ ——用于数据分析的所有雨量筒收集水的体积(质量或水深)的算术平均值。按公式(4)计算：

$$\bar{V} = \frac{\sum_{i=1}^{n} V_i}{n} \quad \cdots\cdots(4)$$

5.3 各排雨量筒都适用于计算 C_{uH} 或 C_{uC}。采用所有雨量筒排的数据计算水量分布组合均匀系数 C_{uH} 或 C_{uC}。

5.4 对带有末端喷枪的喷灌机，当装着末端喷枪测定水量分布均匀系数时，采用 4.7 规定的规程；当卸掉末端喷枪进行测定时，4.7 是任选项。为了描述末端喷枪的运行情况，需在报告(见 A.1)中说明是末端喷枪运行时的灌溉面积，还是卸掉末端喷枪时的灌溉面积。

5.5 绘制一个示意图，显示每个雨量筒收集水的体积(质量或水深)与雨量筒距中心支轴的距离，或相对于各塔架车和喷头位置的关系曲线。分别绘制每排雨量筒的数据图。

6 评价

6.1 计算出的水量分布均匀系数应被作为基于试验中的田间条件、周围环境、工作压力及其他变量条件下喷头组件性能的显示。一组新喷头组件的水量分布均匀系数可用于与其他各种不同类型喷头组件进行对比，也可作为使用一段时期的类似喷灌机的参考。

6.2 如果一台安装使用过的喷灌机的水量分布均匀系数与原始设计规定值明显偏离，应另行调查查找原因。水量分布均匀系数小于设计值可能意味着灌水装置磨损、破裂或存在故障。

6.3 沿管道方向的灌水深度示意图可帮助查找喷灌机运行中出现的问题。如果管道上某位置的灌水深度比平均水深增大或减小 10%以上，应查找引起变化的原因。

7 试验报告

试验测得的数据应按与标准数据文本类似的 A.1 和 A.2 给出的形式进行记录，并编写 A.3 所示的摘要。以文件的形式记录并说明委托方和试验方达成的特殊协议。在数据表中指出数据不一致的原因。本标准未要求的数据，如果有助于描述水量分布均匀性也应写进试验报告里。

附 录 A
(规范性附录)
数据表和试验报告格式

A.1 田间条件和喷灌机数据表

试验代号:____________________

试验地点:____________________

喷灌机描述

制造厂/型号:____________________

塔架车数:____________________

中心支轴和末端塔架车之间的距离:____________________ m

管道长度

第 1 段__________ m　　第 2 段__________ m　　第 3 段__________ m

管道直径

第 1 段__________ m　　第 2 段__________ m　　第 3 段__________ m

喷头组件型号:

压力调节器:__________是　__________否

压力调节器位置:参考附图

压力调节器等级:参考附图

末端喷枪:近似灌溉面积

——末端喷枪不工作时的灌溉面积:____________________ hm^2

——末端喷枪工作时的灌溉面积:____________________ hm^2

喷头喷嘴距地面的公称高度:____________________ m

雨量筒开口距地面的高度:____________________ m

运行条件

试验压力:____________________ kPa

喷灌机行走速度

——试验消耗时间:____________________ h

——末端塔架车行走距离:____________________ m

——中心支轴式喷灌机末端塔架车:____________________ m/h

——平移式喷灌机管道:____________________ m/h

——计时器的设定值:____________________ %

——计时器的循环周期(试验开始时和结束时):____________________ s

表 A.1　对照雨量筒的蒸发量计算

雨量筒编号	初始体积 mL	放置雨量筒时间点 h min	最终体积 mL	记录雨量筒时间点 h min	蒸发的体积 mL	雨量筒接收水的时间 h	蒸发速率 mL/h
1							
2							
3							
平均蒸发量 E_i							

田间平面图

标出试验中管道的位置

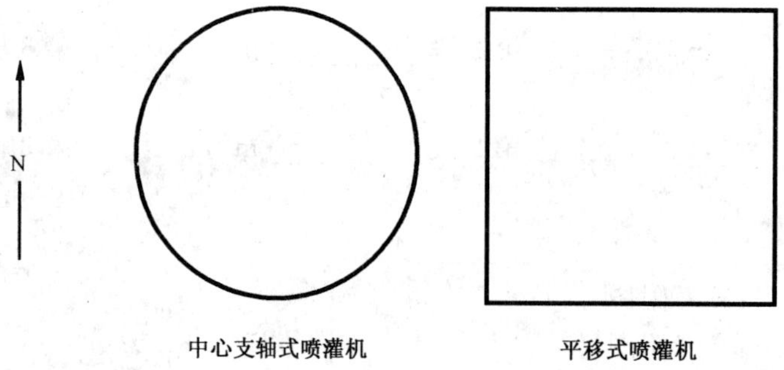

风速风向资料

画出每次测量的风速矢量。

注：每个同心圆代表 1 m/s，最外层的圆为 10 m/s。

约定的最大试验风速：____________________ m/s

试验中的平均风速：____________________ m/s

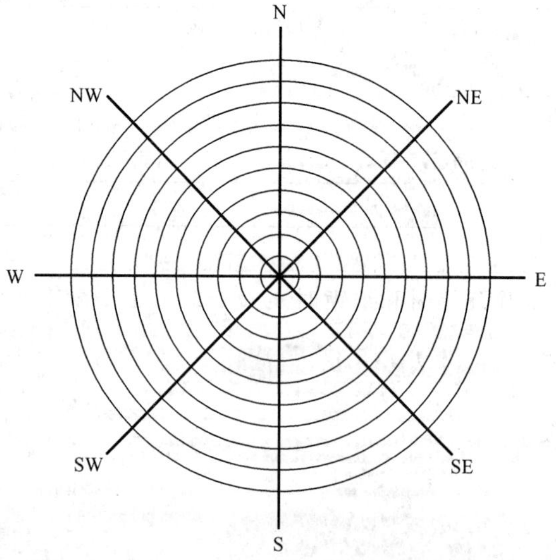

管道高程

在图中画出试验中管道的相对高程。

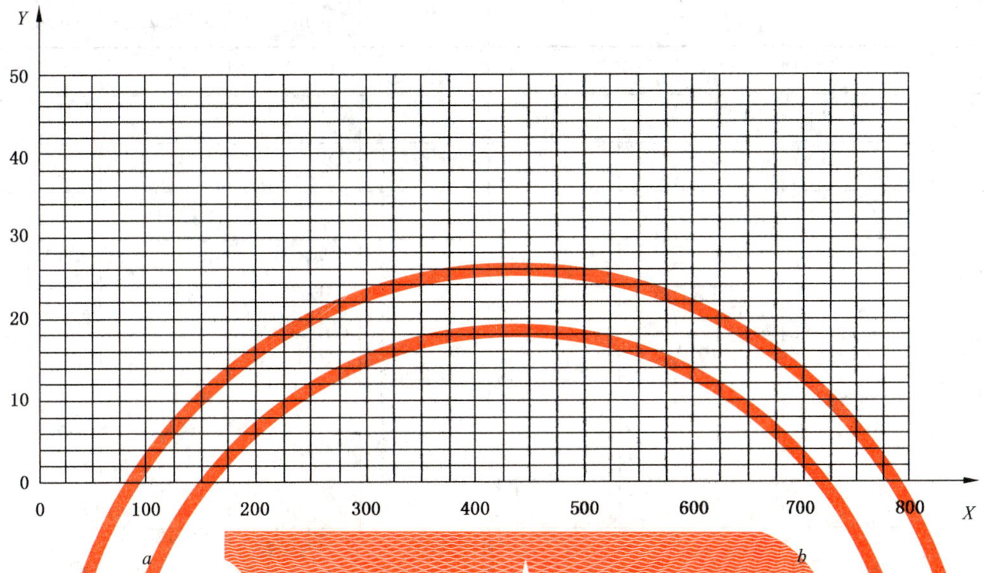

X ——沿管道输水方向的距离，单位为米(m)；

Y ——管道在田间的高程差，单位为米(m)；

a ——进口；

b ——末端。

A.2 记录试验结果的典型数据表

试验代号：____________________

雨量筒排数：____________________

雨量筒直径(D_c)：____________________ mm

雨量筒开口面积[$A_c = 0.785(D_c)^2$]：____________________ mm^2

雨量筒的公称间距：____________________ m

雨量筒排之间的公称间距：____________________ m

错开的距离：____________________ m

对照雨量筒的平均蒸发速率(E_i)：____________________ mL/h

雨量筒编号 i	指出删除的数据[a]	雨量筒距中心支轴的距离[b] S_i m	雨量筒首次在喷洒范围内的估计时间点 h min	测量雨量筒集水量的时间点 h min	雨量筒集水的时间 t_i h	收集的水体积 V_{ci} mL	修正后的水体积[c] V_i mL	灌水深度[d] d_i mm	距离与水体积的乘积[e] $S_i\ V_i$
		ΣS_i				ΣV_i		$\Sigma S_i V_i$	

[a] 标注删除的数据(见 4.5)。

[b] 该项与平移式喷灌机无关。

[c] 修正后的水体积等于每个雨量筒内收集的水体积加上时间 t_i(水在对照雨量筒内的停留时间)内对照雨量筒内蒸发量的平均值,即:$V_i = V_{ci} + E_i t_i$

[d] $d_i = 1\ 000\ V_i / A_c$

[e] 距离与水体积的乘积仅用于计算中心支轴式喷灌机的水量分布均匀系数。

A.3 试验摘要

试验代号：____

最远端旋转式或非旋转式喷头的射程(2.10)：________________________

中心支轴式喷灌机

从中心支轴到最远端旋转式或非旋转式喷头的距离：________________ m

有效半径(2.8)：________________________________ m

平移式喷灌机

两个最远端旋转式或非旋转式喷头之间的距离：________________ m

管道下面的供水系统长度：________________________ m

有效长度(2.9)：________________________________ m

放置的雨量筒数量：________________________________

用于数据分析的雨量筒数量(n)：________________________

数据分析时删除的雨量筒占总数的百分比：________________ %

删除的原因：____

____

____

____

加权平均值	雨量筒排号	1	2	3	4	总值或综合值

a) 中心支轴式喷灌机

水体积(质量或水深)与距离乘积的总和 $\sum_{i=1}^{n} V_i S_i =$ ____ ____ ____ ____ ____

距离之和 $\sum_{i=1}^{n} S_i =$ ____ ____ ____ ____ ____

水体积(质量或水深)的加权平均值 $\bar{V}_{\mathrm{W}} = \frac{\sum_{i=1}^{n} V_i S_i}{\sum_{i=1}^{n} S_i} =$ ____ ____ ____ ____ ____

水量分布均匀系数 $C_{\mathrm{uH}} = 100\left[1 - \frac{\sum_{i=1}^{n} |V_i - \bar{V}_{\mathrm{W}}| S_i}{\sum_{i=1}^{n} (V_i S_i)}\right] =$ ____ ____ ____ ____ ____

b) 平移式喷灌机

水体积(质量或水深)平均值 $\bar{V} = \frac{\sum_{i=1}^{n} V_i}{n} =$ ____ ____ ____ ____ ____

水量分布均匀系数 $C_{\mathrm{uc}} = 100\left[1 - \frac{\sum_{i=1}^{n} |V_i - \bar{V}|}{\sum_{i=1}^{n} V_i}\right] =$ ____ ____ ____ ____ ____

参 考 文 献

［1］ HEERMANN,D. F and HEIN,P. R. Performance characteristics of self-propelled center pivot sprinkler irrigation systems. Transactions of the ASAE,1968,11,No. 1,pp. 11-15

［2］ CHRISTIANSEN,J. E. Irrigation by Sprinkling. Bulletin 670,1942. University of California,College of Agriculture,Agricultural Experiment Station,Brekeley,California

［3］ American Society of Agricultural Engineers Standard ASAE S436, Test Procedure for Determining the Uniformity of Water Distribution of Center Pivot and Lateral Move Irrigation Machines Equipped with Spray or Sprinkler Nozzles

ICS 19.100;25.160.40
J 04

中华人民共和国国家标准

GB/T 19799.2—2012/ISO 7963:2006
代替 GB/T 19799.2—2005

无损检测 超声检测 2号校准试块

Non-destructive testing—Ultrasonic testing—Specification for calibration block No. 2

(ISO 7963:2006,IDT)

2012-09-03 发布　　2013-03-01 实施

中华人民共和国国家质量监督检验检疫总局
中国国家标准化管理委员会　发布

前　言

本部分按照 GB/T 1.1—2009 给出的规则起草。

本部分代替 GB/T 19799.2—2005《无损检测　超声检测　2 号校准试块》。本标准与 GB/T 19799.2—2005 相比，除编辑性修改外主要技术变化如下：

——修改了规范性引用文件(见第 2 章，2005 年版的第 2 章)；

——增加了术语和定义(见第 3 章)；

——修改了材料(见第 5 章，2005 年版的第 4 章)；

——增加了标记(见第 7 章)；

——修改了使用方法(见第 8 章，2005 年版的第 6 章)；

——增加了证书(见第 9 章)。

本部分使用翻译法等同采用 ISO 7963:2006《无损检测　超声检测　2 号校准试块规范》(英文版)。

本部分由全国无损检测部分化技术委员会(SAC/TC 56)提出并归口。

本部分起草单位：上海泰司检测科技有限公司、上海锅炉厂有限公司、上海材料研究所、济宁瑞祥模具有限责任公司(山东济宁模具厂)、上海宝钢工业检测公司。

本部分主要起草人：张佩铭、魏忠瑞、金宇飞、章怡明、罗云东。

本部分所代替标准的历次版本发布情况为：

——GB/T 19799.2—2005。

引　言

2 号校准试块的尺寸、形状不同于 ISO 2400(GB/T 19799.1)所描述的。

2 号校准试块更小更轻,并且几何形状更简单。

2 号校准试块不提供如同大试块那样广泛的应用范围,尤其不能用于对超声探伤仪的全面校验。

但是在实际检测中,可以随时用 2 号校准试块对超声检测设备的时基线和灵敏度设置进行简单的校验。此外,它也适用于对小型斜探头的入射角和入射点的校验。

注:现行的 EN 12223 对 1 号校准试块进行了详细说明。

无损检测　超声检测　2号校准试块

1　范围

GB/T 19799 的本部分规定了2号校准试块的尺寸、材料、制造，以及用它对超声检测设备进行校准和校验的使用方法。

2　规范性引用文件

下列文件对于本文件的应用是必不可少的。凡是注日期的引用文件，仅注日期的版本适用于本文件。凡是不注日期的引用文件，其最新版本(包括所有的修改单)适用于本文件。

GB/T 3505　产品几何技术规范(GPS)　表面结构　轮廓法　术语、定义及表面结构参数(ISO 4287:1997,IDT)

GB/T 12604.1　无损检测　术语　超声检测(ISO 5577:2000,IDT)

EN 10025-1　结构钢热轧产品　第1部分:通用性交货技术条件(Hot rolled products of structural steels—Part 1:General technical delivery conditions)

3　术语和定义

GB/T 12604.1 界定的术语和定义适用于本文件。

4　尺寸

图1给出了试块的尺寸。

除刻度槽长度的公差为±0.5 mm 之外，其余的尺寸公差为±0.1 mm。

平均表面粗糙度 *Ra* 的定义按 ISO 4287。

试块厚度允许大于12.5 mm(见A.1)。

尺寸单位为毫米

表面粗糙度单位为微米

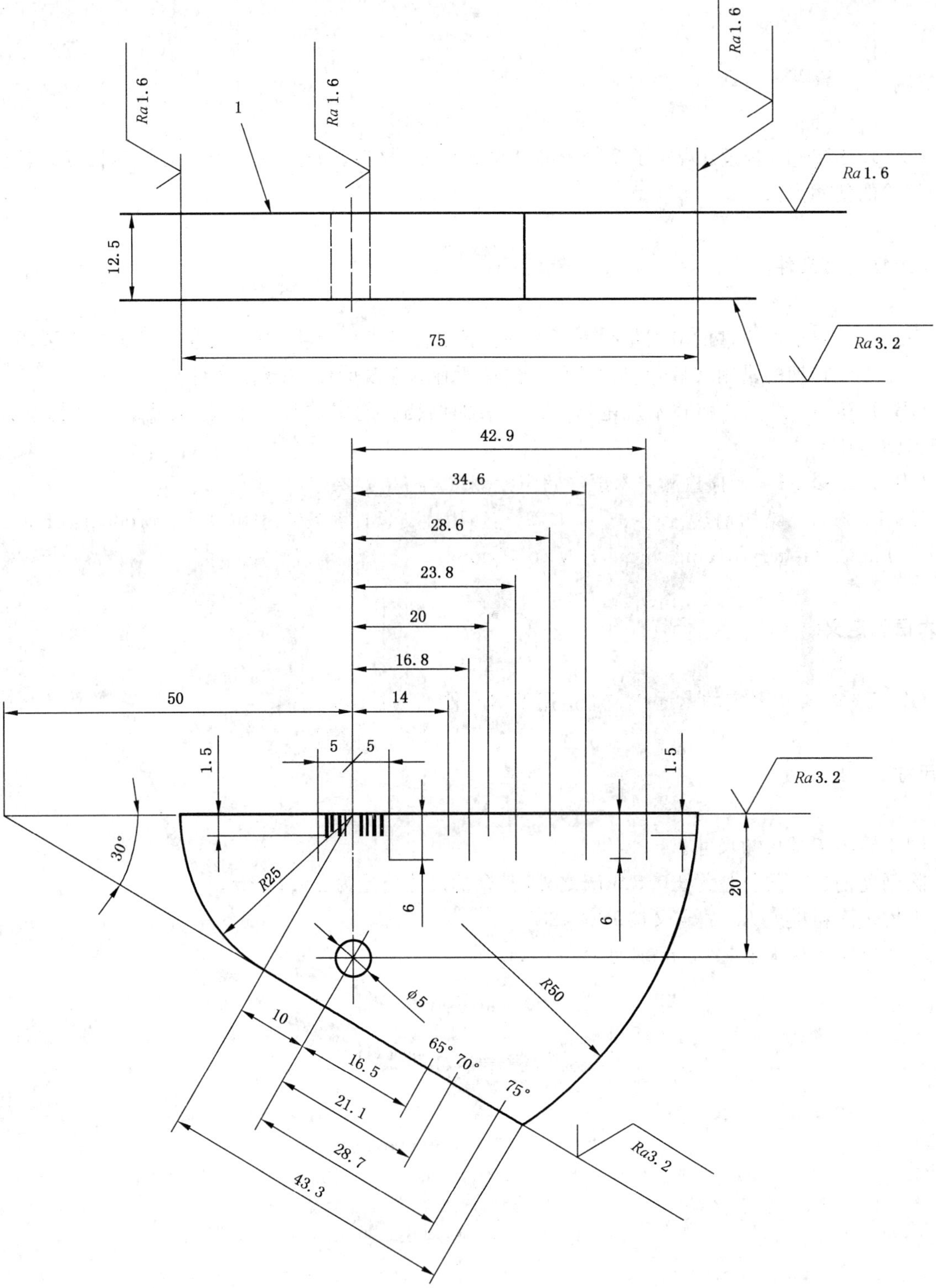

说明：

1——反射面。

图 1　超声检测用 2 号试块　试块尺寸与刻度

5 材料

校准试块的制作,应采用 EN 10025-1 的 S355JO 级钢或其等效材料。

6 制备

校准试块的材质应均匀,且经超声检测无缺陷(见 A.2)。

为获得细晶组织和良好的材质均匀性,在最终机加工前应将试块按以下方式进行热处理:

a) 以 920 ℃的温度保温 30 min,并用水淬冷;

b) 再加热到 650 ℃至少保温 2 h,然后在静止空气中冷却。

热处理后机加工前,应从两个相互垂直的方向,并沿轧制方向对试块做进一步的超声检测。

热处理后,所有表面应至少去除 2 mm。所有尺寸和表面粗糙度应符合图 1 要求。

为了防止附加效应的产生,刻度槽的深度应为 0.1 mm±0.05 mm。刻度槽的长度应为 6 mm,并且其位置公差为±0.2 mm。

机加工完成后应进行最终超声检测。

试块的纵波速度应为 5 920 m/s±30 m/s,横波速度应为 3 255 m/s±15 m/s。

7 标记

2 号试块上应按图 1 做永久性参考标记。

除此之外试块上还应做以下永久性标记:

——生产商商标;

——本标准号;

——唯一的序列号。

8 使用方法

8.1 时基线的设置

调节时基线时,应将相继回波的前沿(左侧边)调整到与仪器屏幕对应的刻度相一致。

脉冲传播时间取决于被检材料中的超声波波速。

8.1.1 用直探头校准不大于 250 mm 的时基线

探头在校准试块反射面上的放置位置应按图 2 a)的示意。图 2 b)是校准范围为 50 mm 时荧光屏(A 扫描)上的显示示意图。

注:当校准距离大于 10 倍的试块厚度时可能会出现困难,这取决于所用的探头和频率。

单位为毫米

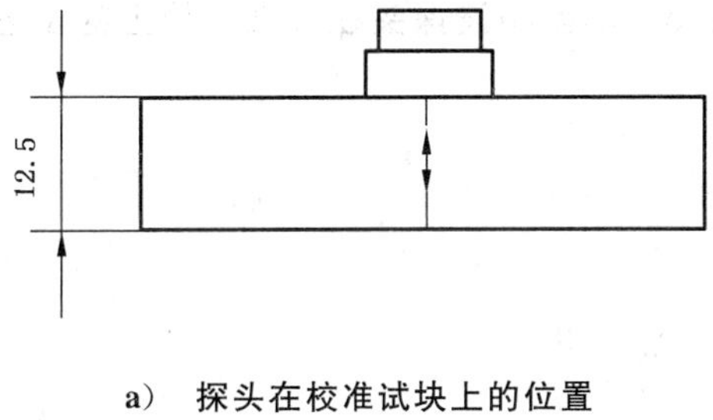

a) 探头在校准试块上的位置

图 2 用直探头校准不大于 250 mm 的时基线

单位为毫米

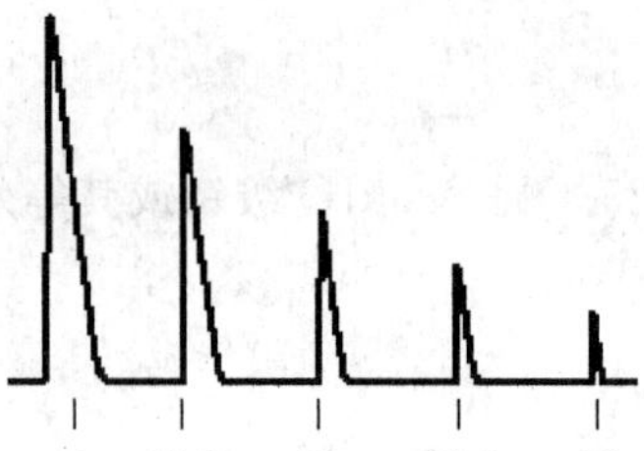

b) 校准范围为 50 mm 时 A 扫描的显示示意图

图 2（续）

8.1.2 用小型斜探头校准 100 mm 或 125 mm 的时基线

小型横波探头在校准试块上的位置按图 3 a)(用于 125 mm 校准距离)和图 3 b)(用于 100 mm 校准距离)。图 3 a)和图 3 b)也给出了这两种校准范围的仪器荧光屏显示示意图。

单位为毫米

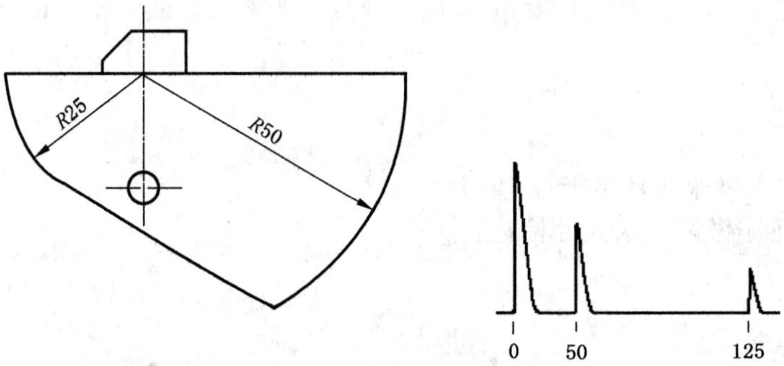

a) 用于 125 mm 校准范围

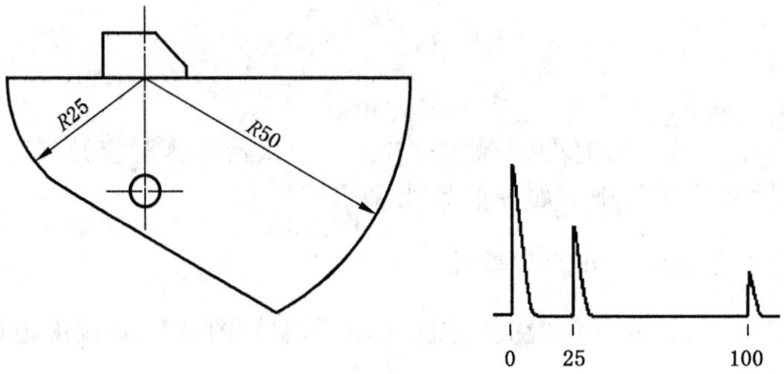

b) 用于 100 mm 校准范围

图 3 小型横波探头在校准试块上的位置

8.2 灵敏度设置和探头校验

8.2.1 概述

很多因素会影响灵敏度设置(见 A.3)。

8.2.2 纵波探头灵敏度设置

探头应置于图 4 中“a”所在的位置。

灵敏度的设置应以A扫描中显示的连续回波作为参考基准。

也可将探头放在图4"b"的位置，利用直径5 mm孔的回波，使相应回波幅度最大，以此设置灵敏度。

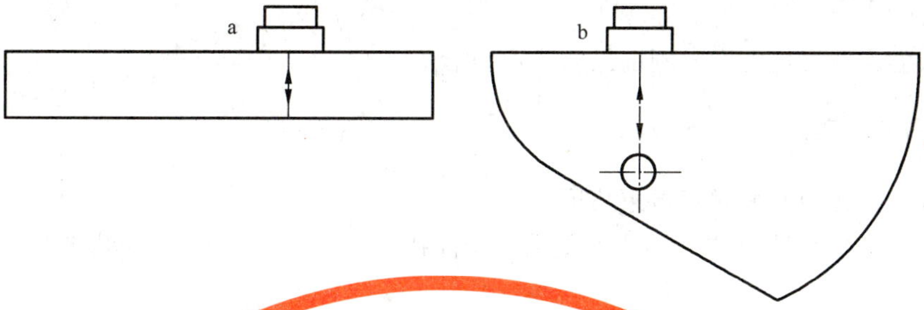

图4 直探头灵敏度设置

8.2.3 小型横波探头

8.2.3.1 灵敏度设置

应以直径5 mm的孔的最大回波作为灵敏度设置的参考基准(见图5中位置"a")。

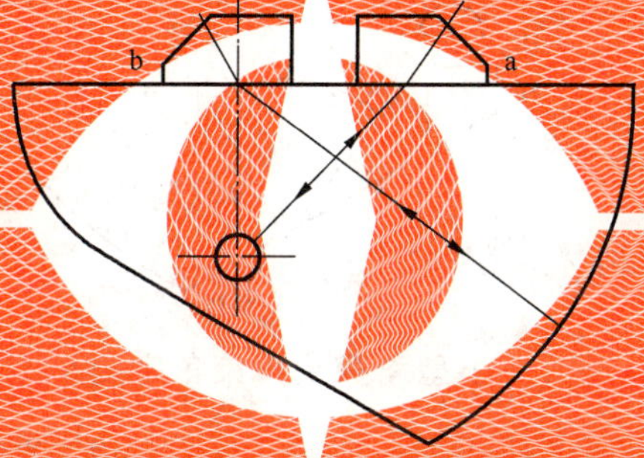

图5 小型斜探头灵敏度设置

也可分别利用半径为50 mm和25 mm的两个圆柱面进行灵敏度设置。

在这种情况下有两种设置的方法：

a) 使用经校准的增益调节器，先将来自于圆柱面的回波调到屏幕高度的80%，然后再将其调节到需设置的水平。

b) 不用增益调节器，利用来自于圆柱面的多个连续回波调节灵敏度(见图6)。

校验探头时，声耦合是一个重要因素，当进行探头之间的比较时，应使用相同的耦合介质。

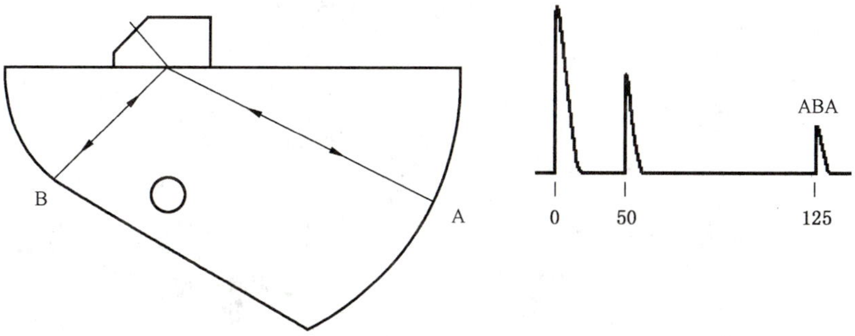

图6 小型斜探头不用增益调节器进行灵敏度设置

8.2.3.2 探头入射点位置的测定

小型斜探头应按图 3 a)或 3 b)放置，并在校准试块主平面上平行移动，直到来自于圆柱面的反射回波幅度达到最大。

这时探头入射点与试块上毫米刻度尺的中心重合。

8.2.3.3 声束角度的测定

用 5 mm 直径的孔的回波测定声束角度。

将小型斜探头在校准试块主平面上平行移动，直到来自于 5 mm 直径的孔的反射回波幅度达到最大。

声束角度可以直接从校准试块上与探头入射点重合的刻度值上读得，当探头入射点与刻度线不重合时也可以采用插值法获取。

图 7 所示的这些位置可用于测定 45°、60°和 70°的探头。

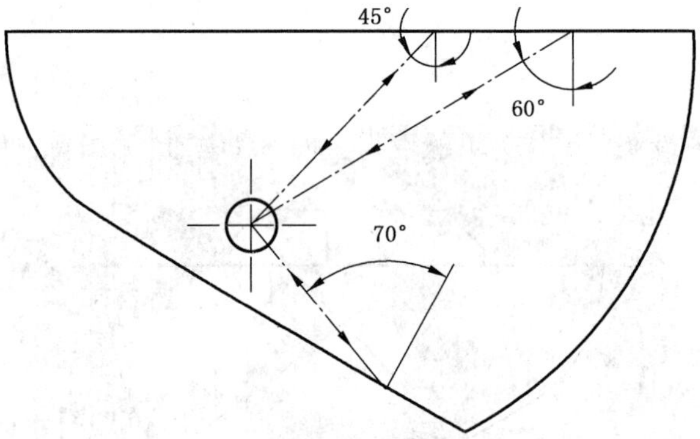

图 7 小型斜探头声束角度测定

9 证书

对于每一块试块，制造商都应发布一份证书以说明：

a) 该试块符合本标准(ISO 7963 或 GB/T 19799.2)；

b) 所测得的纵波声速平均值：v_l；

c) 所测得的横波声速平均值：v_t。

附 录 A
（规范性附录）
校准试块的特性和用途

A.1 用于“非小型”探头校准的试块厚度

当用于非小型探头时，可以使用更厚的试块，例如 20 mm 或 25 mm 厚。

A.2 最终机加工前后的材料超声检测

建议用纵波探头（晶片直径 10 mm、频率 6 MHz）进行两次检测：

a） 将探头按图 2 a）放置，第四次底面回波的波幅应比后面出现的、由晶粒结构产生的噪声高出至少 50 dB。

b） 在材料均匀性方面，不应有波幅大于晶粒散射波幅的缺陷。

A.3 设置灵敏度需考虑的因素

设置灵敏度时宜考虑下列因素，它们可分为四大类：

a） 设备：脉冲能量、频率、脉冲波形、放大率等；

b） 所用探头：种类、尺寸、声阻抗、晶片阻尼、声场极值分布图等；

c） 被检材料：表面状态（与耦合有关），材料种类（吸收性）等；

d） 缺陷分析：形状、取向、性质等。

参 考 文 献

[1] ISO 2400 Welds in steel—Reference blck for the calibration of equipment for ultrasonic examination

[2] EN 12223 Non-destructive testing—Ultrasonic examination—Specification for calibration block No. 1

ICS 25.160.10
J 33

中华人民共和国国家标准

GB/T 19869.2—2012

铝及铝合金的焊接工艺评定试验

Welding procedure qualification test for aluminum and its alloys

(ISO 15614-2:2005,Specification and qualification of welding procedure for metallic materials—Welding procedure test—Part 2:Arc welding of aluminum and its alloys,MOD)

2012-11-05 发布　　　　2013-03-01 实施

中华人民共和国国家质量监督检验检疫总局
中国国家标准化管理委员会　发布

前　言

本标准按照GB/T 1.1—2009给出的规则起草。

本标准使用重新起草法修改采用ISO 15614-2:2005《金属材料焊接工艺规程及评定　焊接工艺评定试验　第2部分:铝及铝合金的弧焊》(英文版)。

本标准与ISO 15614-2:2005的主要技术性差异及其原因如下:

——明确了各类缺欠的合格等级要求,以便于操作;

——增加了异种铝合金接头评定的附加试验,以满足评定的需求;

——工艺评定报告的格式和内容结合我国实际应用情况进行了调整,便于执行。

为了便于使用,本标准在转化国际标准时做了下列编辑性修改:

——删除了国际标准的前言;

——将ISO 15614-2:2005中引用的ISO标准,用我国对应的标准代替。

本标准由全国焊接标准化技术委员会(SAC/TC 55)提出并归口。

本标准起草单位:哈尔滨焊接研究所、哈尔滨焊接技术培训中心、山东索力得焊材有限公司、江苏中江焊丝有限公司。

本标准主要起草人:朴东光、王林、关常勇、嵇文斌、王克楠、苏金花。

铝及铝合金的焊接工艺评定试验

1 范围

本标准规定了铝及铝合金的焊接工艺评定试验方法和要求。

本标准适用于铝及铝合金的惰性气体保护电弧焊和等离子弧焊接。

评定铝合金的其他熔焊工艺时也可参照本标准的有关要求。

2 规范性引用文件

下列文件对于本文件的应用是必不可少的。凡是注日期的引用文件，仅注日期的版本适用于本文件。凡是不注日期的引用文件，其最新版本(包括所有的修改单)适用于本文件。

GB/T 2651—2008 焊接接头拉伸试验方法 (ISO 4136:2001,IDT)

GB/T 2653—2008 焊接接头弯曲试验方法 (ISO 5173:2000,IDT)

GB/T 3323—2005 金属熔化焊焊接接头射线照相

GB/T 16475—2008 变形铝及铝合金状态代号 (ISO 2107:2007,MOD)

GB/T 16672—1996 焊缝 工作位置 倾角和转角的定义 (idt ISO 6947:1990)

GB/T 19805—2005 焊接操作工 技能评定 (ISO 14732:1998,IDT)

GB/T 19866—2005 焊接工艺规程及评定的一般原则 (ISO 15607:2003,IDT)

GB/T 19867.1 电弧焊焊接工艺规程

GB/T 19868.4—2005 基于预生产焊接试验的工艺评定 (ISO 15613:2004,IDT)

GB/T 22087—2008 铝及铝合金的弧焊接头 缺欠质量分级指南 (ISO 10042:2005,IDT)

GB/T 24598—2009 铝及铝合金熔化焊焊工技能评定 (ISO 9606-2:2004,MOD)

GB/T 26955—2011 金属材料焊缝破坏性试验 焊缝宏观和微观检验 (ISO 17639:2003,MOD)

GB/T 27551—2011 金属材料焊缝破坏性试验 断裂试验(ISO 9017:2001,IDT)

ISO/TR 17671-4:2002 焊接 金属材料焊接推荐工艺 第4部分:铝及铝合金的弧焊(Welding—Recommendations for welding of metallic materials—Part 4:Arc welding of aluminium and aluminium alloys)

3 焊接工艺预规程(pWPS)

可参照 GB/T 19866 的相关要求编制焊接工艺预规程。

4 焊接工艺评定

试件的焊接和试验应符合第6章和第7章的要求。

在满足相关试验要求的前提条件下，按照本标准进行焊接工艺试验并合格的焊工或焊接操作工可视其具备 GB/T 24598 或 GB/T 19805 规定的资格。

5 试件

5.1 一般原则

试件应采用标准试件，其加工应符合6.2的相关要求。试件制备所采用的焊接工艺应与焊接工艺预规程一致，具有实际生产的代表性。标准试件不适用时，可考虑按照GB/T 19868.4，采用预生产焊接试件进行工艺试验。

5.2 试件的形状和尺寸

5.2.1 一般要求

试件应具有足够的尺寸(或数量)，以满足所要求的试验。

试验量较多时(如需要进行附加试验或复试)，允许制备附加试件(或尺寸更长的试件)。

除支接管和T型接头角焊缝试件之外(具体参见图3和图4)，所有对接板(或管子)的母材厚度应相同。

产品标准对工件的方向(如轧制方向)有要求时，应在试件上做标记。

试件的厚度和管子外径应按照7.3.2.1～7.3.2.4要求选择。

试件的形状和最小尺寸应按5.2.2～5.2.5要求。

5.2.2 全焊透的板对接焊缝试件

试件应按图1制备。

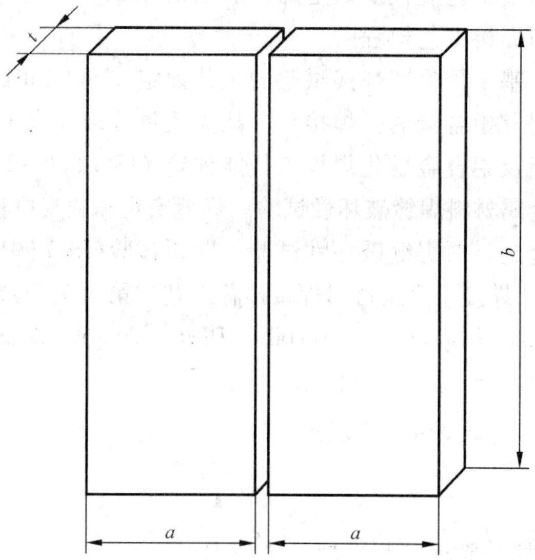

说明：

a——最小值150 mm(横向弯曲试样可能需要较大的尺寸，见6.4)；

b——最小值300 mm；

t——母材厚度。

图1 全焊透的板对接焊缝试件

5.2.3 全焊透的管对接焊缝试件

试件应按图2制备。

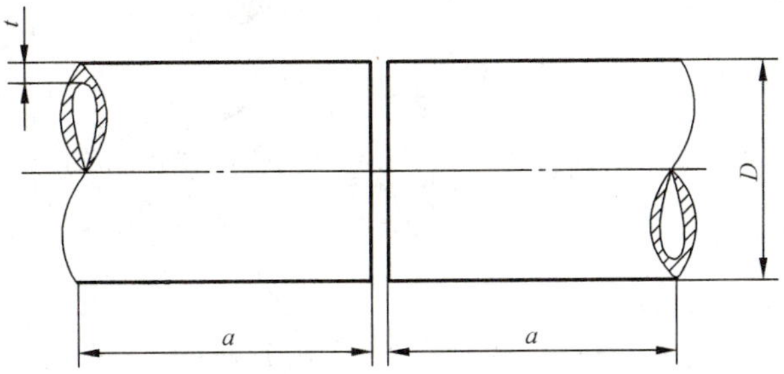

说明：
a——最小值 150 mm；
D——管子外径；
t——母材厚度。

图 2　全焊透的管对接焊缝试件

5.2.4　T 型接头试件

试件应按图 3 制备。

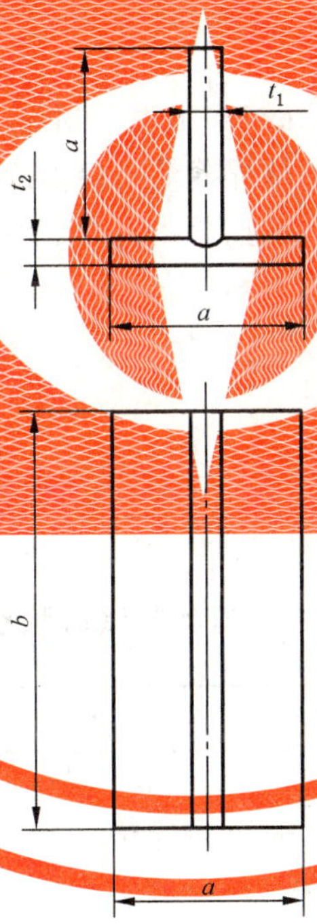

说明：
a——最小值 150 mm；
b——最小值 300 mm。

图 3　T 型接头试件

T 型接头可用于评定 T 型接头组合焊缝（全焊透的对接焊缝和角焊缝）。

5.2.5　支管接头试件

支接管试件应按图 4 制备。支管的角度 α 应取实际产品的最小值。

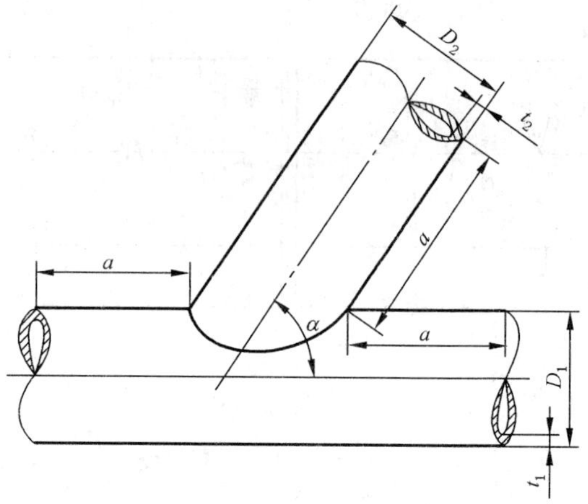

说明：

a——最小值 150 mm；

D_1——主管外径；

D_2——支管外径；

t_1——主管壁厚；

t_2——支管壁厚；

α——支管角度。

图 4　支管接头试件

5.3　试件的焊接

试件的焊接应按照焊接工艺预规程，在与实际生产相近的条件下进行。试件的焊接位置、倾角和转角范围应符合 GB/T 16672 的规定。如定位焊缝最终熔入接头，则试件中应包含定位焊缝。

试件的焊接及试验应在考官或考试机构监督下进行。

6　试验和检验

6.1　试验内容

试验包括无损检测和破坏性试验，具体要求见表 1。

表 1　试件的试验和检验

试件	试验种类	试验内容	备　　注
全焊透的 对接焊缝 图 1 和图 2	外观 射线或超声波检测 渗透检测 横向拉伸 横向弯曲或断裂试验 （铸件或铸锻件） 宏观检验 微观检验	100% 100% 100% 2 个试样 2 个正弯和 2 个背弯试样 1 个试样 1 个试样	— — — — [a] — [b]
全焊透的 T 型接头 图 3 全焊透的支接管[c] 图 4	外观 渗透检测 宏观检验 微观检验	100% 100% 4 个试样 1 个试样	— — [d] [b]

表 1（续）

试件	试验种类	试验内容	备　注
角焊缝[c] 图 3 和图 4	外观 渗透检测 宏观检验 微观检验	100% 100% 2 个试样 1 个试样	— — — [b]

[a] 厚度 $t \geqslant 12$ mm 时，可用 4 个侧弯试样代替 2 个正弯和 2 个背弯试样。
[b] 仅针对 23 类组（参见附录 B）及所有铸件而言。
[c] 这些试验不提供接头力学性能方面的数据。实际应用需要这些性能数据时，应做附加评定（如对接接头的试验评定）。
[d] 该类接头试件（如图 3 所示），可只做 2 个宏观检验。

产品标准可能规定附加试验，如：

——焊缝纵向拉伸试验；

——全焊缝金属弯曲试验（或测量延伸率的特殊焊缝金属弯曲试验）；

——测定屈服强度及/或延伸率的拉伸试验；

——化学分析；

——十字接头试验。

6.2 试样的截取位置

应按照图 5、图 6、图 7 和图 8 的要求截取试样。

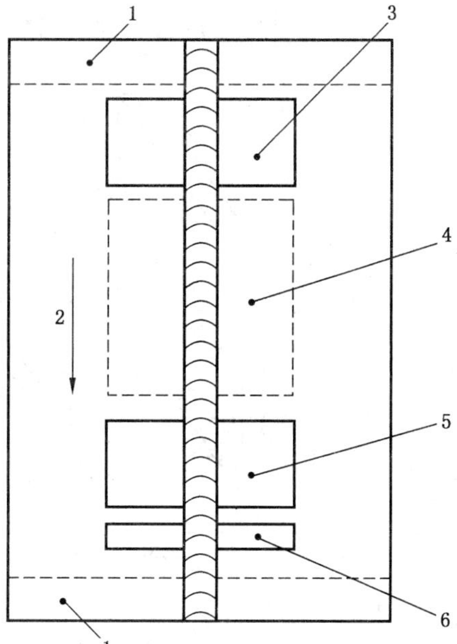

说明：

1——去除 25 mm；

2——焊接方向；

3——该部位：一个拉伸试样；弯曲试样或断裂试样；

4——该部位：附加试样（必要时）；

5——该部位：一个拉伸试样；弯曲试样或断裂试样；

6——该部位：一个宏观检验试样；一个微观检验试样。

图 5　板对接接头试样的位置

试样的截取应在无损检测合格后进行。

截取试样时，允许避开试件的缺欠部位（缺欠应在规定限值范围内）。

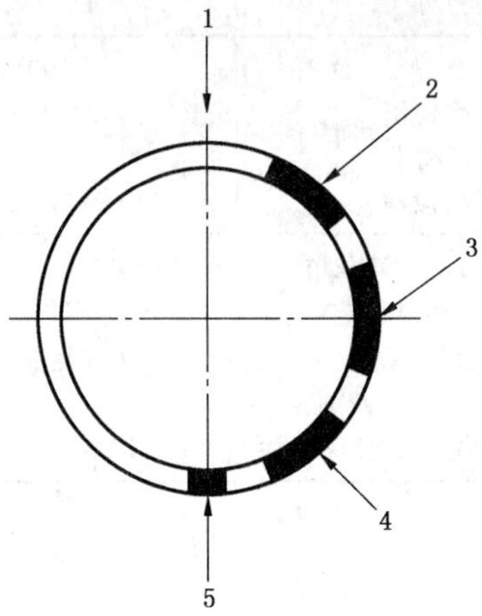

说明：

1——固定管的顶端；

2——该部位：一个拉伸试样；弯曲试样或断裂试样；

3——该部位：附加试样（必要时）；

4——该部位：一个拉伸试样；弯曲试样或断裂试样；

5——该部位：一个宏观检验试样；一个微观检验试样。

图 6　管子对接接头试样的位置

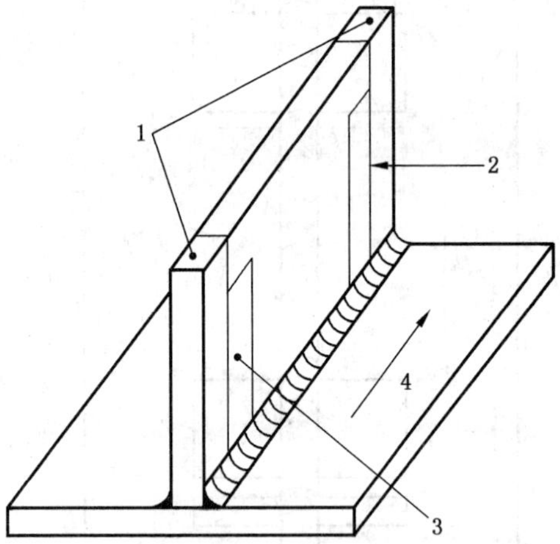

说明：

1——去除 25 mm；

2——宏观检验试样和微观检验试样；

3——一个宏观检验试样；

4——焊接方向。

图 7　T 型接头试样的位置

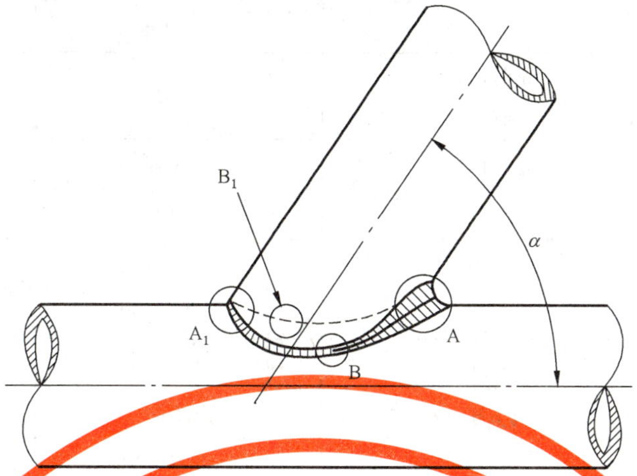

说明：
α——为支管角度；
1——宏观检验试样的取样部位（A、A_1、B、B_1 位置）；
2——微观检验试样的取样部位（A 位置）。

图 8 支管或管角焊缝试样的位置

6.3 无损检测

在切割试件之前，应对试件进行 6.1 和表 1 规定的无损检测。

无损检测的内容应根据接头形式、材料种类和要求，按表 1 选择，具体方法可参照相关的无损检测标准（如 GB/T 3323 等）。

6.4 破坏性试验

6.4.1 一般原则

试验内容参见表 1。

6.4.2 横向拉伸试验

对接接头横向拉伸试验的试样和试验应满足 GB/T 2651 的要求。

对于外径大于 50 mm 的管子，应去除两面的焊缝余高，使得试样厚度与管壁厚相同。

当采用小直径全截面管试样（外径小于或等于 50 mm）时，允许保留管子内表面的焊缝余高。

试样的拉伸强度不得低于相关标准对母材（类组 21、22 的“O”态）要求的下限值，参见表 2。

焊态下焊接试样的拉伸强度 $R_m(w)$ 应满足下列要求：

$$R_m(w)=R_m(pm)\times T$$

式中：

$R_m(w)$ 为焊态下焊接试样的拉伸强度。

$R_m(pm)$ 为相关标准要求的母材拉伸强度下限值。

T 为焊缝系数。

对于异种铝合金接头，应取最低的 $R_m(w)$ 值。

表 2 焊缝系数

材料类别或组别（见附录 B）	焊前母材的状态[a b]	焊后状态[c]	焊缝系数 $T=R_m(w)/R_m(pm)$
21	所有状态	焊态	1 [d]
22	所有状态	焊态	1 [d]
23.1	T4	自然时效	0.7
	T4	人工时效	0.7[e f]
	T5 和 T6	自然时效	0.6
	T5 和 T6	人工时效	0.7[e]
23.2	T4	自然时效	0.95
	T4	人工时效	0.75 [e f]
	T6	自然时效	0.75
	T6	人工时效	0.75 [f]
其他铝合金	所有状态	—[g]	—[g]

[a] 参见 GB/T 16475。
[b] 本表中未列出的其他状态母材，其 $R_m(w)$ 应按设计标准取值。
[c] 时效条件应符合设计规范。
[d] $R_m(pm)$ 以“O”态下规定的拉伸强度下限为准，不考虑试验时母材的状态。
[e] 试件在焊接完成后，开始试验之前做人工时效时，效率系数 T 适用于 T6 母材条件。
[f] 如果焊后做整体热处理，可以获得更高的性能。$R_m(w)$ 应按设计标准取值。
[g] 焊后的时效条件及 $R_m(w)$ 应按设计标准取值。

6.4.3 弯曲试验

对接接头弯曲试验的试样应符合 GB/T 2653 规定。

所有铝合金母材的弯曲角度均为 180°，弯心直径按照母材延伸率计算：

——延伸率大于 5%时：

$$d=(100\times t_s)/A-t_s$$

式中：

d ——弯心直径最大值；

t_s ——弯曲试样的厚度（包括侧弯试样在内）；

A ——材料标准要求的最低延伸率（异种铝合金接头应取较小值）。

表 3 给出了用某些延伸率和厚度计算的最大弯心直径示例。

为便于试验操作，弯心直径数值应取整数。

根据试验室条件，允许采用较小的弯心直径。

延伸率≤5%时，试验之前应做退火处理。弯心直径应采用规定的退火状态下的延伸率计算。

试验过程中，试样不应在任何方向出现大于 3 mm 的缺陷。评定时在试样边角处出现的缺陷可以忽略。

表 3 用某些延伸率和厚度计算的最大弯心直径示例

弯曲试样厚度 t_s mm	延伸率 A/%							
	8	10	12	15	17	20	25	35
	计算的最大弯心直径 d/mm							
4	46	36	29	23	20	16	12	7
6	69	54	44	34	29	24	18	11
8	92	72	59	45	39	32	24	15
10	115	90	73	57	49	40	30	19
12	138	108	88	68	59	48	36	22
15	172	135	110	85	73	60	45	28
20	230	180	147	113	98	80	60	37
25	288	225	183	142	122	100	75	46
30	345	270	220	170	146	120	90	56
35	402	315	257	198	171	140	105	65
40	460	360	293	227	195	160	120	74

6.4.4 断裂试验

对接接头断裂试验的试样和试验应符合 GB/T 27551 的规定。

6.4.5 宏观检验和微观检验

试样应按 GB/T 26955 规定制备并在一侧腐蚀，以清晰地显示出熔合线、热影响区和各层焊道。

低倍金相检测应包括未受到影响的母材。

在腐蚀过程中应注意避免产生类似裂纹的痕迹。

6.5 合格等级

如果试件的缺欠在 GB/T 22087 规定的 B 级限值范围内(但焊缝超高、角焊缝凸度过大、下塌除外，这些缺陷的限值为 C 级)，则判定焊接工艺评定合格。

6.6 复试

如果试件不符合 6.5 规定的外观检测或无损检测要求，应再按原条件焊制一块试件并进行同样的试验。如果这块复试的试件仍无法满足这些要求，则焊接工艺评定不合格。

如果试样仅因焊接缺陷而不符合 6.4 规定的破坏性试验要求，每个不符合项应附加两块试样。这些复试试样可取自同一块试件(如果材料足够大的话)，或取自一个新焊制的试件。

如果拉伸试样不符合 6.4.2 要求，每个不合格的试样应加做两个相同的拉伸试样。这两个拉伸试样应满足 6.4.2 要求。

每个复试试样应进行与原未合格试样相同的试验。复试试样中的任何一个不符合要求，则焊接工艺评定失败。

7 认可范围

7.1 概述

焊接工艺规程中的参数和条件发生改变并超出认可范围时，需要重新进行焊接工艺评定试验。

7.2 与制造商有关的条件

制造商按本标准通过焊接工艺评定试验评定合格的 pWPS，适用于该制造商制定相同车间(或现场)技术和质量控制条件下的焊接工艺规程。

7.3 与材料有关的条件

7.3.1 母材类组

为了尽量减少焊接工艺评定试验的数量，将铝及铝合金按照类组进行划分(参见附录 B)。

附录 B 未包含的母材(或母材组合)应单独进行焊接工艺评定。

永久衬垫材料应作为评定类组中的一种母材考虑。

表 4 给出了同种和异种铝及铝合金接头的认可范围。

表 4 未包含的异种铝合金接头应做特殊的评定试验，其认可范围只针对评定试验有效。

为了评定力学性能，异种铝合金接头可能需要做附加试验。

异种铝合金接头的评定，在使用相同焊接材料的条件下，对该类母材的低组别材料有效。

表 4 同种和异种铝合金接头的认可范围

试验的材料类组	同种接头认可范围类组	异种接头认可范围类组
21-21	21-21	不适用
22.1-22.1	22.1-22.1	22.1-22.2
	22.2-22.2	
22.2-22.2	22.2-22.2	22.1-22.2
	22.1-22.1	
22.3-22.3	22.3-22.3	22.1、22.2、22.3 和 22.4 之间的组合接头
	22.1-22.1	
	22.2-22.2	
	22.4-22.4	
22.4-22.4	22.4-22.4	22.1、22.2、22.3 和 22.4 之间的组合接头
	22.1-22.1	
	22.2-22.2	
	22.3-22.3	
23.1-23.1	23.1-23.1	22.1、22.2[a]、22.3[a] 和 22.4[a] 之间的组合接头
	22.1-22.1	
	22.2-22.2[a]	
	22.3-22.3[a]	
	22.4-22.4[a]	

表 4（续）

试验的材料类组	同种接头认可范围类组	异种接头认可范围类组
23.2-23.2	23.2-23.2	23.2-23.1 22.1、22.2[a]、22.3[a]和 22.4[a]之间的组合接头
	23.1-23.1	
	22.1-22.1	
	22.2-22.2[a]	
	22.3-22.3[a]	
	22.4-22.4[a]	
24.1-24.1	24.1-24.1	不适用
24.2-24.2	24.2-24.2	24.2-24.1 和 24.2-23.1[b]
	24.1-24.1	
	23.1-23.1[b]	
25-25	25-25	25-24.1 25-24.2
	24.1-24.1	
	24.2-24.2	
26-26	26-26	26 与 24.1[c]、24.2[c]或 25[c]的异种铝合金接头
	24.1-24.1[c]	
	24.2-24.2[c]	
	25-25[c]	
注：使用的焊接材料相同，则评定有效。		
[a] 使用铝镁焊接材料。 [b] 使用铝硅焊接材料。 [c] 仅对铝合金铸件有效。		

7.3.2 母材厚度和管直径

7.3.2.1 概述

公称厚度 t 具有如下含义：

a) 对接焊缝：

为母材厚度，母材厚度不同时为较薄的厚度。

b) 角焊缝：

为认可的母材厚度，母材厚度不同时为较薄的厚度。

表 5 中的每个厚度认可范围，还应符合 7.3.2.3 对角焊缝有效厚度 a 的认可范围要求。

c) 对于骑座式支接管：

为支管的厚度。

d) 对于插入式或全插式支接管：

为主管的厚度。

7.3.2.2 母材厚度的认可范围

表5规定了以厚度 t 进行的焊接工艺评定(单道焊及多道焊)厚度认可范围。

对组合焊的工艺评定,其每种焊接方法的熔敷厚度可用来评定该焊接方法的认可范围。

单道自动焊时,其熔敷厚度即为认可的最大厚度。

表5 板和管的母材厚度认可范围

单位为毫米

试件的厚度(t)	认可范围
$t \leqslant 3$	$0.5t \sim 2t$
$3 < t \leqslant 20$	$3 \sim 2t$
$t > 20$	$\geqslant 0.8t$

7.3.2.3 角焊缝有效厚度的认可范围

在满足表5规定的基础上,还应符合表6关于角焊缝有效厚度的认可要求。

表6 板和管角焊缝有效厚度的认可范围

单位为毫米

试件的角焊缝有效厚度(a)	认可范围
$a < 10$	$0.75a \sim 1.5a$
$a \geqslant 10$	$\geqslant 7.5$

采用对接焊缝评定角焊缝时,有效厚度的认可范围应按照熔敷的焊缝金属厚度。

实际产品以角焊缝为主时,可要求附加角焊缝的工艺评定。

7.3.2.4 管及支管直径的认可范围

用直径 D 进行的焊接工艺评定适用于表7给出的范围。

当管子外径大于500 mm,或者在PA或PC转动位置上的管子外径大于150 mm时,板材的评定适用于管子。

表7 管子和支接管直径的认可范围

单位为毫米

试件的直径 D[a]	认可范围
$D \leqslant 25$	$0.5D \sim 2D$
$D > 25$	$\geqslant 0.5D$(最小25 mm)
注:对于中空结构,D 为较短边长。	
[a] D 为主管或支管的外径。	

7.3.3 支管的角度

用支管角度 α 进行的工艺评定,在 $\alpha \leqslant \alpha_1 \leqslant 90°$ 的条件下,适用于所有的支管角度 α_1。

7.4 焊接工艺通用规则

7.4.1 焊接方法

机械化程度(手工、半机械化、全机械化和自动化)不同的焊接方法应单独评定。

评定仅对焊接工艺评定试验所用的焊接方法有效。

对于包含多种焊接方法的工艺评定而言,可针对每种焊接方法单独评定;也可以采用多种焊接方法焊接一个工艺评定试件进行组合评定。组合评定合格的焊接方法顺序不允许变化,否则需要重新评定。

7.4.2 焊接位置

任一位置(板或管子)上的焊接试验适用于所有位置(板或管子)的焊接,但向下立焊位置(PG)和倾斜45°向下焊位置(J-L045)需要单独评定。

7.4.3 接头种类

表8规定了焊接工艺评定试验所用接头种类的认可范围。表8中横栏为给出的认可范围。

就某种焊接方法而言,不允许将多道焊改为单道焊(或者每面单道焊),反之也不允许。

表8 接头种类的认可范围

焊接工艺评定试件的接头种类			认可范围								
			板对接接头				管对接接头		支接管接头		角焊缝(板、管)
			单面焊		双面焊		单面焊		单面焊	双面焊	
			带衬垫	不带衬垫	清根	不清根	带衬垫	不带衬垫	—	—	—
板对接接头[b]	单面焊	带衬垫	X	—	X	—	X[a]	—	—	X[a]	X
		不带衬垫	X	X	X	X	X[a]	X[a]	X[a]	X[a]	X
	双面焊	清根	X	—	X	—	X[a]	—	—	X[a]	X
		不清根	X	—	X	X	—	—	—	X[a]	X
管对接接头	单面焊	带衬垫	X	—	X	—	X	—	—	X	X
		不带衬垫	X	X	X	X	X	X	X	X	X
支接管接头	单面焊	—	—	—	—	—	—	—	X	X	X
	双面焊	—	—	—	—	—	—	—	—	X	X
角焊缝(板、管)	—	—	—	—	—	—	—	—	—	—	X

注1:X表示WPS涵盖了这些接头种类。

注2:表示WPS未涵盖这些接头种类。

[a] 板可以认可直径大于500 mm的管子。

[b] 板对接接头认可了T型接头。

7.4.4 焊接材料、型号

铝合金焊丝的认可范围为相关标准(ISO/TR 17671-4)规定的同类铝合金焊丝。

7.4.5 电流种类

认可范围为焊接工艺评定试验所使用的电流种类(交流、直流、脉冲电流)和极性。

7.4.6 热输入

有焊接热输入控制要求时,在焊接热输入超出评定试验热输入值的25%条件下,应重新评定。

7.4.7 预热温度

有预热要求时,认可的下限值就是焊接工艺评定试验开始时的预热温度。

7.4.8 道间温度

认可的上限值就是焊接工艺评定试验中的最高道间温度。

7.4.9 焊后热处理或时效处理

应按照GB/T 16475在pWPS中规定焊后热处理或时效处理(如人工时效、自然时效)。

不允许增加或取消焊后热处理或时效处理。

pWPS规定的热处理温度或时效处理条件为其认可范围。

7.5 不同焊接方法的特殊要求

7.5.1 熔化极惰性气体保护电弧焊(131)

7.5.1.1 保护气体的认可局限于评定所用的气体型号。

7.5.1.2 认可仅局限于焊接工艺评定试验使用的焊丝配置(如:单丝或多丝)。

7.5.2 钨极惰性气体保护电弧焊(141)

7.5.2.1 保护气体及背面气体的认可范围限定于评定试验所用的气体型号。

7.5.3 等离子弧焊(15)

7.5.3.1 认可局限于焊接工艺评定试验所使用的等离子气体组分。

7.5.3.2 保护气体及背面气体的认可范围限定于评定试验所用的气体型号。

8 焊接工艺评定报告(WPQR)

焊接工艺评定报告应完整表述每个试件(包括复试试件)的评定结果。报告应包含GB/T 19867.1中WPS列出的参数,以及按第7章评定的详细情况。焊接工艺评定报告的格式应能够记录焊接工艺过程及试验结果,以便于对数据做统一说明和评定。

当所有试验全部合格时,该试件焊接工艺评定合格。合格的焊接工艺评定报告应由考官或考试机构签字确认。

附录A给出了焊接工艺评定报告的典型示例。

附 录 A
（资料性附录）
焊接工艺评定报告格式（WPQR）

焊接工艺评定—试验报告

制造商的 WPQR 编号：　　　　　　　　　　　考官或考试机构：

制造商：　　　　　　　　　　　　　　　　　代号：

地址：

规程/试验标准：

焊接日期：

认可范围

焊接方法：

接头及焊缝种类：

母材类组和分类组：

母材厚度(mm)：

焊缝厚度(mm)：

单焊道/多焊道：

管子外径(mm)：

焊接材料种类：

保护气体种类、流量：

背面气体种类、流量：

焊接电流种类、极性：

热输入：

焊接位置：

预热温度：

道间温度：

焊后热处理及/或时效处理：

其他信息：

兹证明考试焊缝的制备、焊接及检验符合上述规程/考核标准的要求。

地点：　　　　　　　　颁发日期：　　　　　　　　　考官或考试机构

姓名、日期及签名

试件焊接记录

地点：

制造商的 pWPS 编号：

制造商的 WPQR 编号：

制造商：

焊工姓名：

焊接方法：

接头种类：

焊接接头详述(草图)：

考官或考试机构：

制备方法及清理：

母材标准及型号：

材料厚度(mm)：

管子外径(mm)：

焊接位置：

接头设计	焊接顺序

焊接详述

焊道	焊接方法	焊材规格	电流 A	电压 V	电流种类/极性	送丝速度	焊接速度	热输入

焊接材料型号：

特殊烘干或干燥要求：

气体：　　正面：

　　　　　背面：

气体流量：　正面：

　　　　　背面：

钨极种类/尺寸：

背面清根/衬垫详述：

预热温度：

道间温度：

焊后热处理及/或时效处理：

(时间、温度、方法、加热及冷却速度)：

其他信息：

摆动(焊道的最大宽度)：

摆动：幅度、频率、停留时间：

脉冲焊接详述：

干伸长度：

等离子焊接详述：

焊枪角度：

制造商

姓名、日期及签名

考官或考试机构

姓名、日期及签名

试验结果

制造商的 WPQR 编号：　　　　　　　　　　考官或考试机构：
代号：

无损检测

种类	合格	不合格	报告编号
外观检测			
渗透/磁粉检测			
射线检测			
超声波检测			

金相试验

种类	合格	不合格	报告编号
宏观检验			
微观检验			

破坏性试验

拉伸试验　　是否要求？　是　　否　　　　　　　　**试验温度**：

种类/编号	R_e N/mm²	R_m N/mm²	A %	Z %	断裂部位	备注

合格：　　不合格：

弯曲试验

种类/编号	弯曲面	弯心直径	结果

合格：　　不合格：

其他试验：
备注：

试验按照________________标准的要求进行。
试验报告编号：
试验结果符合/不符合：
试验在____________监督下进行。

考官或考试机构
姓名、日期及签名

附 录 B
（资料性附录）
铝及铝合金材料分类指南

铝材分类指南见表 B.1。

表 B.1 铝及铝合金的分类

类别	组别	铝及铝合金的种类
21		杂质(或合金含量)的纯铝
22		非热处理铝合金
	22.1	铝锰合金
	22.2	Mg≤1.5%的铝镁合金
	22.3	1.5%<Mg≤1.5%的铝镁合金
	22.4	Mg>3.5%的铝镁合金
23		热处理铝合金
	23.1	Al-Mg-Si 合金
	23.2	Al-Zn-Mg 合金
24		Cu≤1%的 Al-Si 合金
	24.1	Cu≤1%,5%<Si<15%的 Al-Si 合金
	24.2	Cu≤1%,5%<Si<15%,0.1%<Mg<0.80%的 Al-Si 合金
25		5.0%<Si≤14%;1.0%<Cu≤5.0%，Mg≤0.8%的 Al-Si-Cu 合金
	26	2.0%<Cu≤6.0%的 Al-Cu 合金
注：21、22、23 一般为锻材，24、25、26 为铸造材料。		

ICS 13.110
J 09

中华人民共和国国家标准

GB/T 19876—2012/ISO 13855:2010
代替 GB/T 19876—2005

机械安全　与人体部位接近速度相关的安全防护装置的定位

Safety of machinery—Positioning of safeguards with respect to the approach speeds of parts of the human body

(ISO 13855:2010,IDT)

2012-11-05 发布　　　　2013-03-01 实施

中华人民共和国国家质量监督检验检疫总局
中国国家标准化管理委员会　发布

前　言

本标准按照 GB/T 1.1—2009 给出的规则起草。

本标准代替 GB/T 19876—2005《机械安全　与人体部位接近速度相关的防护装置的定位》，与 GB/T 19876—2005 相比主要技术变化如下：

——将标准的名称修改为《机械安全　与人体部位接近速度相关的安全防护装置的定位》；

——修改了标准的范围(见第 1 章，2005 版的第 1 章)；

——增加了术语“间接接近”、“绕过探测区”、“危险机器功能终止”、“探测区”、“最小距离”、“侵入距离”(见 3.1.5～3.1.10)；

——增加了符号和缩略语(见 3.2)；

——修改了方法流程图(见图 1，2005 版的图 2)；

——增加了采用带控制功能的有源光电保护装置的机器运行的循环再启动的要求(见 6.2.3.2)；

——删除了双位置设施(2005 版的 6.4)；

——增加了防止绕开电敏保护设备进入危险区的要求(见 6.5)；

——增加了间接接近——从探测区至危险区的路径被障碍物阻挡的要求(见 6.6)；

——修改了地面设置的停机装置最小距离计算方法(见第 7 章，2005 版的第 7 章)；

——增加了不带防护锁定的联锁防护装置最小距离计算方法(见第 9 章)；

——删除了 2005 版中的资料性附录 B；

——增加了资料性附录 B、资料性附录 C、资料性附录 D 和资料性附录 E。

本标准使用翻译法等同采用 ISO 13855:2010《机械安全　与人体部位接近速度相关的安全防护装置的定位》(英文版)。

本标准等同翻译 ISO 13855:2010。为便于使用，本标准做了下列编辑性修改：

——用 GB/T 15706—2012 代替国际标准中的 GB/T 15706.1、GB/T 15706.2 或 GB/T 16856.1。

——按照 GB/T 1.1—2009 的要求修改了范围中条款的表述，增加了标准的适用范围。

与本标准中规范性引用的国际文件有一致性对应关系的我国文件如下：

——GB/T 19436.1—2004　机械电气安全　电敏保护设备　第 1 部分：一般要求和试验(IEC 61496-1:1997，IDT)

本标准由全国机械安全标准化技术委员会(SAC/TC 208)提出并归口。

本标准起草单位：苏州澳昆智能机器人技术有限公司、深圳市华测检测有限公司、南京林业大学光机电仪工程研究所、机械科学研究总院。

本标准主要起草人：李政德、朱平、居荣华、富锐、刘霞、李波、宋小宁、李勤、宁燕、刘治永、倪超。

本标准所代替标准的历次版本发布情况为：

——GB/T 19876—2005。

引　言

机械领域安全标准的结构如下：

——A类标准(基础安全标准)，给出适用于所有机械的基本概念、设计原则和一般特征；

——B类标准(通用安全标准)，涉及在机械的一种安全特征或使用范围较宽的一类安全装置：

- B1类，特定的安全特征(如安全距离、表面温度、噪声)标准；
- B2类，安全装置(如双手操纵装置、联锁装置、压敏装置、防护装置)标准。

——C类标准(机器安全标准)，对一种特定的机器或一组机器规定出详细的安全要求的标准。

根据GB/T 15706，本标准属于B类标准。

C类标准可补充或修改本标准中的条款。

对于按照C类标准设计和构造的机器，如果C类标准中的条款与A类或B类标准不一致时，优先采用C类标准。

本标准描述的某些类型的安全防护装置，其将风险减小到最低程度的效果，在一定程度上取决于该装置相关的部件相对于危险区的正确定位。确定这些部件位置时应考虑的一些因素包括：

——根据GB/T 16856.1进行风险评估的必要性；

——机器实际使用经验；

——全系统停机性能；

——安全防护装置起动后保证机器达到安全状态所需要的时间，如停止机器；

——生物力学数据和人体测量学数据；

——安全防护装置被致动前人体部位朝危险区的侵入；

——人体部位从探测区向危险区运动的路径；

——人员是否有可能进入安全防护装置和危险区之间；

——进入危险区而不被探测到的可能性。

机械安全　与人体部位接近速度相关的安全防护装置的定位

1　范围

本标准规定了与人体部位接近速度相关的安全防护装置的定位。

本标准规定了基于人体部位接近速度数值的参数，并提供了从探测区或安全防护装置的致动装置到危险区的最小距离的确定方法。

本标准中的接近速度数值（步行速度和上肢运动）已通过计时测试或实际经验验证。本标准给出了典型接近时计算最小距离的指南。本标准未考虑其他形式的接近，例如跑、跳或跌落。

注1：其他形式的接近可导致接近速度高于或低于本标准中规定的值。

本标准考虑的安全防护装置包括：

a）电敏保护设备［见 IEC 61496（所有部分）］，包括：
——光幕和光栅（AOPDs）；
——激光扫描器（AOPDDRs）和二维视觉系统；

b）压敏保护装置（见 GB/T 17454.1、GB/T 17454.2、GB/T 17454.3），尤其是压敏垫；

c）双手操纵装置（见 GB/T 19671）；

d）不带防护锁定的联锁防护装置（见 GB/T 18831）。

本标准规定了从探测区、探测面、探测线、探测点或联锁防护装置进入点至机器运动部件造成危险（如挤压、剪切、卷入）的危险区的距离。

本标准适用于 GB/T 15706 定义的机械。

本标准不适用于防护因飞射的固体或流体材料、排放、辐射或电力所引起危险造成的风险。

注2：确定公式中侵入距离“C”值时，采用了14岁及以上人群的第5至第95百分位数间的人体测量数据。

注3：本标准中的数据基于工业经验；如果将本标准用于非工业目的，则设计者有责任考虑到这一点。

注4：本标准没有采用专门针对儿童的数据。在可获得儿童接近速度的具体数据之前，设计者在计算安全距离时有责任考虑到儿童可能更快或者儿童可能进入危险区之后才被探测到。

本标准不适用于不使用工具就能被移到比所计算的最小距离更靠近危险区的安全防护装置（如悬挂式双手操纵装置）。

根据本标准所得出的最小距离不适用于在已由防护装置或电敏保护设备提供保护的区域中探测是否有人存在的安全防护装置。

2　规范性引用文件

下列文件对于本文件的应用是必不可少的。凡是注日期的引用文件，仅注日期的版本适用于本文件。凡是不注日期的引用文件，其最新版本（包括所有的修改单）适用于本文件。

GB/T 15706—2012　机械安全　设计通则　风险评估与风险减小（ISO 12100:2010，IDT）

GB 23821—2009　机械安全　防止上下肢触及危险区的安全距离（ISO 13857:2008，IDT）

IEC 61496-1:2004　机械安全　电敏保护设备　第1部分：一般要求和试验（Safety of machinery—Electro-sensitive protective equipment—Part 1:General requirements and tests）

3 术语、定义、符号和缩略语

3.1 术语和定义

GB/T 15706 界定的以及下列术语和定义适用于本文件。

3.1.1

致动 actuation

〈安全防护装置〉安全防护装置探测到人体或人体部位时的物理起动。

3.1.2

全系统停机性能 overall system stopping performance

T

感应功能致动到危险机器功能终止之间的时间间隔。

注：改写自 IEC 61496-1:2004

3.1.3

探测能力 detection capability

d

供应商规定的引起保护装置致动的感应功能参数限值。

[IEC/TS 62046:2004,3.1.2]

3.1.4

电敏保护设备 electro-sensitive protective equipment

ESPE

一起工作时可起到保护跳闸或存在感应作用的装置和/或元件的集成，其组成至少包括：

——一个感应装置；

——控制/监控装置；

——输出信号开关装置。

[IEC 61496-1:2004,3.5]

注：电敏保护设备仅指非接触式感应装置。

3.1.5

间接接近 indirect approach

通向危险区的最短路径被机械障碍阻挡时的接近。

注：只有绕过障碍才能接近危险区。

3.1.6

绕过探测区 circumventing the detection zone

从探测区上方、下方或侧面通过，在保护装置未致动的情况下进入危险区。

3.1.7

危险机器功能终止 termination of the hazardous machine function

危险参数降低到不能导致身体伤害或损害健康的水平时所达到的条件。

注：示例见附录 B。

3.1.8

探测区 detection zone

规定试件能被保护设备探测到的区域。

注 1：探测区也可为点、线或平面。

注 2：改写自 IEC 61496-1:2004,3.4。

3.1.9

最小距离　minimun distance

S

通过计算得到的防止人或人体部位在机器达到安全状态前进入危险区所必需的安全防护装置和危险区之间的距离。

注：对于不同的状态或不同的接近方式，计算得到的最小安全距离可能也不相同，但是，选择防护装置位置时，应采用这些最小距离中的最大值。

3.1.10

侵入距离　intrusion distance

C

人体部位（通常是手）在安全防护装置致动之前越过安全防护装置向危险区移动的距离。

3.2　符号和缩略语

3.2.1　符号

符号	术　语	单　位
T	全系统停机性能	s
S	最小距离	mm
C	侵入距离	mm
t_1	保护装置的反应时间	s
t_2	停机时间	s
t_3	打开防护装置的打开时间	s
K	接近速度参数	mm/s
d	探测能力	mm
H	探测区距离基准面的高度	mm
h	台阶高度	mm
X	探测区末端与危险区之间的距离	mm
S_{RO}	越过触及的最小距离	mm
S_{RT}	穿过触及的最小距离	mm
C_{RO}	越过触及时距离危险区的侵入距离	mm
C_{RT}	穿过触及时距离危险区的侵入距离	mm
a	危险区的高度	mm
b	安全防护装置（如 ESPE、保护结构）的高度	mm
S^*	实际距离	mm
$l_1;l_2;l_3$	绕过障碍物的最短距离	mm
S_1	l_1 投射到水平面的距离	mm
S_2	l_2 投射到水平面的距离	mm
S_3	l_3 投射到水平面的距离	mm
e	开口尺寸	mm
v	动力驱动联锁防护装置打开的速度	mm/s

3.2.2 缩略语

AOPD ——有源光电保护装置
AOPDDR——响应漫反射的有源光电保护装置(如激光扫描器)
VBPD ——基于视觉的保护装置
ESPE ——电敏保护设备

4 方法

图1给出了按照本标准确定安全防护装置的感应或致动装置正确位置的方法示意图,具体如下:

a) 识别危险并评估风险(见 GB/T 15706);

b) 如果该机器有C类标准可用,则从相应的C类标准中选择一种规定的安全防护装置类型,并使用该标准规定的距离;

注1:C类标准直接规定最小距离或要求参照本标准。

c) 如果没有C类标准,则使用本标准给出的公式计算所选安全防护装置的最小距离;

注2:合适安全防护装置的选择见 GB/T 15706—2012,6.3 以及 IEC/TS 62046。

d) 如果存在绕开(绕过)探测区的可能,还需要利用6.5中的公式进行辅助计算;

e) 如果采用组合式安全防护装置,则计算最小距离时应考虑每一类安全防护装置以及绕开的可能性;

f) 计算进入危险区每一种可能途径的最小距离,然后从中选择最保险的(最大值);

g) 如有可能,将此距离用于机器的设计。否则,见步骤i);

h) 检查安装安全防护装置后是否存在进入危险区而不被探测到的可能性。如果存在这种可能性,则应重新设计[步骤i)],否则进入步骤j);

i) 可否修改参数或采用其他安全防护装置?如果不可能,应使用附加安全防护装置;

j) 检查已确定的位置是否允许人员停留在保护装置与危险区之间而无法探测到。此时,需要根据附加的风险评估提供补充措施。

注3:补充措施的示例:位于危险区之外或位于安全防护装置与危险区之间的手动复位开关。手动复位开关位置的选择使得对其操作的人员容易检查确认危险区内或者安全防护装置与危险区之间没有人员存在。手动复位功能的要求见 GB/T 16855.1—2008,5.2.2。

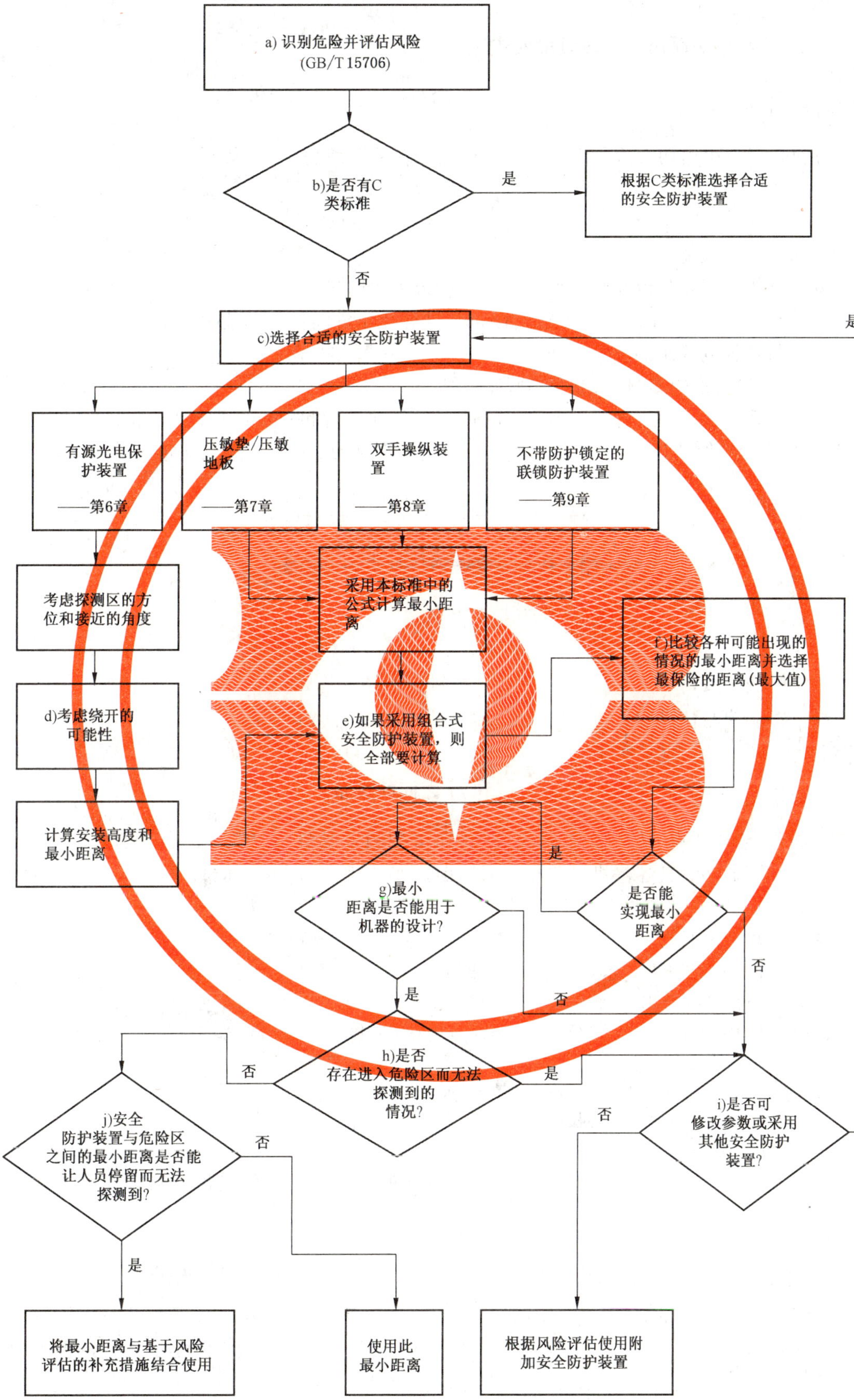

a) 识别危险并评估风险
(GB/T 15706)
b)是否有C类标准
是
根据C类标准选择合适的安全防护装置
否
c)选择合适的安全防护装置
是
有源光电保护装置
——第6章
压敏垫/压敏地板
——第7章
双手操纵装置
——第8章
不带防护锁定的联锁防护装置
——第9章
考虑探测区的方位和接近的角度
采用本标准中的公式计算最小距离
f)比较各种可能出现的情况的最小距离并选择最保险的距离(最大值)
d)考虑绕开的可能性
e)如果采用组合式安全防护装置，则全部要计算
计算安装高度和最小距离
是
g)最小距离是否能用于机器的设计?
是否能实现最小距离
否
是
否
h)是否存在进入危险区而无法探测到的情况?
否
是
否
j)安全防护装置与危险区之间的最小距离是否能让人员停留而无法探测到?
否
i)是否可修改参数或采用其他安全防护装置?
是
将最小距离与基于风险评估的补充措施结合使用
使用此最小距离
根据风险评估使用附加安全防护装置

图 1　方法

5 全系统停机性能和最小距离计算的通用公式

5.1 全系统停机性能

全系统停机性能至少由两个阶段组成。两个阶段的关系可用公式(1)表示：

$$T = t_1 + t_2 \qquad \cdots\cdots(1)$$

式中：

T ——全系统停机性能；

t_1 ——安全防护装置发生致动到输出停机信号的最大时间；

t_2 ——停机时间，是指安全防护装置输出停机信号后终止危险机器功能所需要的最大时间。t_2 应包含机器控制系统的响应时间。

t_1 和 t_2 受到各种因素的影响，如温度、阀门开关时间、元件老化等。

图 2 表明了 t_1 和 t_2 之间的关系。t_1 和 t_2 分别是安全防护装置和机器的函数。t_1 和 t_2 的大小由设计决定，并通过测量进行评价。对 t_1 和 t_2 进行评价时，应考虑因测量、计算和/或结构造成的不确定性。

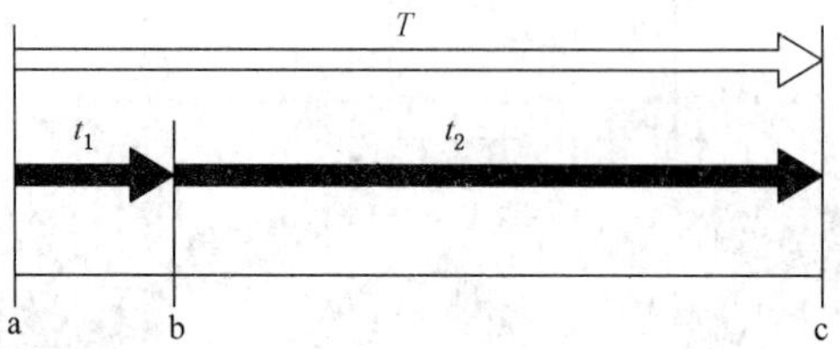

说明：

a ——安全防护装置致动；

b ——安全防护装置运行(产生停机信号)；

c ——危险机器功能终止(安全状态)。

图 2 t_1 和 t_2 之间的关系

全系统停机性能 T 是确定保护装置位置的一项基本特性。估算 T 值时，机器停机时间(t_2)的任何偏差都应考虑(见附录 D)。机器停机时间在生命周期内变长时，宜采用技术或管理措施确保准确的全系统停机性能。例如，这些措施包括：

——控制装置的制动性能；

——检查，宜在用户手册中规定检查的性质和频率。

注：可能还需要考虑一些额外因素，如：

a) 保护功能的完整性(故障安全)(见 GB/T 16855.1、GB/T 16855.2 和 IEC 62061)；

b) 停机性能监控(见 IEC/TS 62046 等)；

c) 因停机性能不充分而无法适用本标准的情况，如：

1) 在一个周期内机器无法停机；

2) 停机性能无法预测。

为了得到精确恰当的值，需要仔细考虑系统停机性能的测量。附录 D 给出了确保得到合适结果的步骤指南。

5.2 最小距离

应通用公式(2)计算至危险区的最小距离。

$$S = (K \times T) + C \qquad \cdots\cdots(2)$$

式中：

S ——最小距离，单位为毫米(mm)；

K ——根据人体或人体部位接近速度数据导出的参数，单位为毫米每秒(mm/s)；

T ——全系统停机性能，单位为秒(s)，(见 3.1.2 和 5.1)；

C ——侵入距离，单位为毫米(mm)。

针对特定类型和特定配置的保护装置，第 6 章至第 9 章给出了如何使用本公式计算最小距离。计算示例见附录 A。

6 采用有源光电保护系统的电敏保护设备的最小距离计算

6.1 概述

6.1.1 本章规定了人体或人体部位接近方向为以下两种主要情况时的要求：

a) 垂直于(成直角或法线方向)探测区(见 6.2)；

b) 平行于探测区(见 6.3)。

同时还规定了下列情况的要求：

——需要考虑从一定角度接近(介于垂直和平行方向之间)的情况(见 6.4)；

——不得不考虑电敏保护设备可能被绕开的情况(见 6.5)；

——从探测区通向危险区的路径被障碍物阻碍(间接接近)的情况(见 6.6)。

注 1：上述情况也可能同时出现。

当最小距离无法探测到停留在探测区域危险区之间的人员时，宜提供存在感应设备或其他方法来防止这种情况。

注 2：本标准并不提供防止通过攀爬到达危险区的措施。

6.1.2 安全防护装置的配置和定位应能杜绝进入危险区不被发现的情况。

6.1.3 必要时，应提供附加安全防护装置防止绕开安全防护装置的探测区(见图 9)。

6.1.4 如果采用激光扫描器(AOPDDR)或带二维保护区的基于视觉的保护装置(VBPD)，则应根据接近方向按照 6.2、6.3 或 6.4 计算最小距离。

6.2 探测区垂直于接近方向

6.2.1 概述

图 3 给出了探测区垂直于接近方向的三个示例。

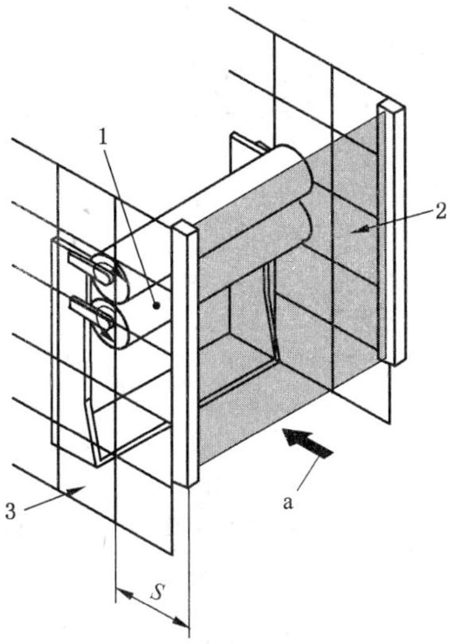

a)

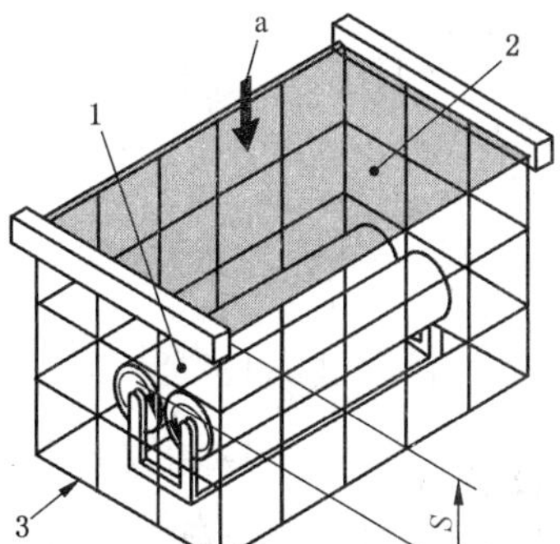

b)

图 3 探测区垂直于接近方向的三个示例

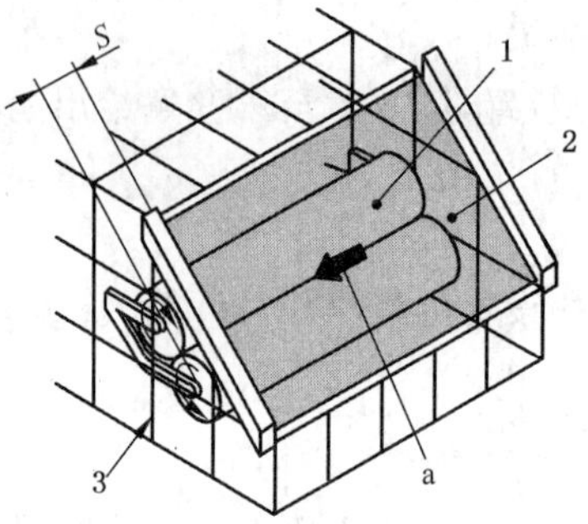

c)

说明：

1 ——危险区；

2 ——探测区；

3 ——固定式防护装置。

S——最小距离；

a ——接近方向。

图 3（续）

6.2.2 探测全身进入的垂直探测区

安全防护装置仅用于探测全身进入时：

a) 最低光束的高度应小于等于 300 mm，防止从探测区下面进入。如果可预见到电敏保护设备将用于非工业用途，例如用于探测是否有儿童存在，则最低光束应小于 200 mm。

b) 最高光速的高度应大于等于 900 mm，防止从上面跨过探测区。这一要求不适用于单路光束或与接近方向平行的探测区（见 6.3）。

6.2.3 传感器探测直径小于等于 40 mm 的采用有源光电保护设备的电敏保护设备

6.2.3.1 计算

从探测区至危险区的最小距离 S 不应小于根据公式(2)计算得出的最小距离。

$$S=(K\times T)+C \qquad \cdots\cdots(2)$$

式中：

K=2 000 mm/s；

$C=8(d-14)$，但不小于 0；

d——装置的传感器探测能力，单位为毫米(mm)。

则：

$$S=(2\,000\times T)+8(d-14) \qquad \cdots\cdots(3)$$

公式(3)适用于所有 500 mm 及以下的最小距离 S。S 的最小值应为 100 mm。

如果采用公式(3)计算得到的 S 值超过 500 mm，则可采用公式(4)。在此情况下，S 的最小值应为 500 mm。

$$S=(K\times T)+C \qquad \cdots\cdots(2)$$

式中：

K=1 600 mm/s；

$C=8(d-14)$，但不小于 0；

d——装置的传感器探测能力,单位为毫米(mm)。

则:

$$S=(1\ 600\times T)+8(d-14) \quad \cdots\cdots(4)$$

如果将采用有源光电保护装置的电敏保护设备用于非工业用途,如用于探测是否有儿童存在,则应采用公式(3)计算最小距离 S 并至少再增加 75 mm。这种情况下,公式(4)不再适用。

6.2.3.2 采用带控制功能的有源光电保护装置的机器运行的循环再启动

有源光电保护装置用于机器循环再启动时:

——其传感器探测能力应小于等于 30 mm;

——应采用公式(3)(见 6.2.3.1);

——最小距离 S 应大于 150 mm。

如果传感器探测能力小于等于 14 mm,则:

——应采用公式(3),且

——最小距离 S 应大于 100 mm。

注 1:采用电敏保护设备启动机器工作循环的条件在 GB/T 15706—2012,6.3.2.5.3 以及 IEC/TS 62046:2008,5.6 中给出。

注 2:对电敏保护设备的额外要求在 IEC 61496-1 中给出。

注 3:传感器探测直径大于 30 mm 的电敏保护设备在探测到手后可能无法探测到手腕或小臂。可能会发生机器工作循环意外重新启动的情况。

6.2.4 传感器探测直径大于 40 mm 且小于等于 70 mm 的电敏保护设备

传感器探测直径大于 40 mm 且小于等于 70 mm 的电敏保护设备无法检测手的侵入,因此只有在风险评估表明没有必要探测手的侵入时,才应采用这种电敏保护设备。

此设备应按照以下参数安装。

应根据公式(5)计算从探测区至危险区的最小距离。

$$S=(K\times T)+C \quad \cdots\cdots(2)$$

式中:

$K=1\ 600$ mm/s;

$C=850$ mm。

则:

$$S=(1\ 600\times T)+850 \quad \cdots\cdots(5)$$

注:850 mm 可视为标准的手臂触及范围。

6.2.5 多路分道光束

采用 2 路、3 路、或 4 路分道光束可以用来探测全身进入危险区,但不适用于探测人体部位(如手或指头)。

如果风险评估表明可以采用多路分道光束,则这些光束应设置在距离危险区最小距离符合公式(5)(见 6.2.3)的位置。

风险评估过程中,应考虑可能被用来绕过此类装置的方法。风险评估应考虑此类装置可能被绕过的各种情况。例如:

——从最低的光束下爬入;

——从最高的光束上面越过触及;

——从两路光束之间穿过触及;

——身体在两路光束之间通过。

附加信息见附录 E。

6.2.6 单路光束

只有平行于地面且光束被直立姿势的人体阻挡的情况下才考虑使用这类光束。

注：单路光束装置通常与限制开口的其他防护装置或其他结构结合使用，从而保证不可能发生通过防护装置而不被探测到的情况。

最小距离 S 应按照公式(6)计算。

$$S=(1\ 600\times T)+1\ 200 \qquad \cdots\cdots(6)$$

距离地面或基准面 750 mm 的高度(见 GB 23821)被认为是工业上解决从光束上方跨过或弯腰从光束下意外进入的实用方案。

6.3 探测区平行于接近方向

见图 4。

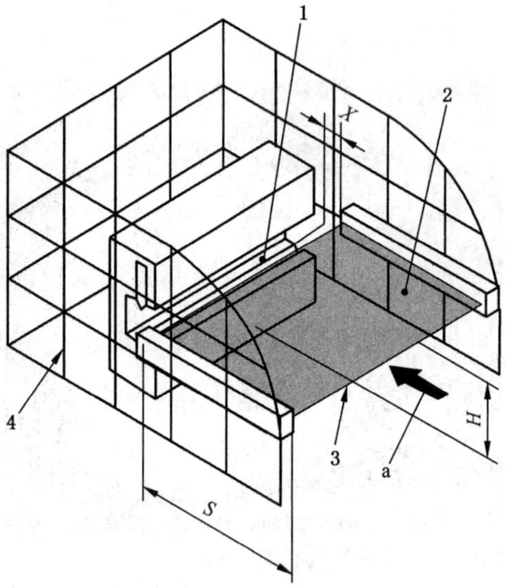

说明：

1 ——危险区；

2 ——探测区；

3 ——探测区边缘；

4 ——固定式防护装置。

H——探测区距离基准面的高度；

S ——最小距离；

X ——探测区末端与危险区之间的距离；

a ——接近方向。

图 4 探测区平行于接近方向

接近方向与探测区平行时，应采用公式(7)计算最小距离。

$$S=(K\times T)+C \qquad \cdots\cdots(2)$$

式中：

K=1 600 mm/s；

C=1 200 mm−0.4H，但是不小于 850 mm。其中 H 为探测区距离基准面(如地面)的高度，单位为毫米。

则：

$$S = (1\,600 \times T) + (1\,200 - 0.4H) \qquad \cdots\cdots(7)$$

对于接近方向平行于探测区的安全防护装置，探测区的高度 H 不应大于 1 000 mm。但是，如果 H 大于 300 mm（非工业应用时为 200 mm，如探测是否有儿童存在），则存在从探测区下方意外进入而未被探测到的风险。风险评估时应考虑这种情况，并在必要时采取补充保护措施。

探测区允许的最低高度应采用公式(8)计算。

$$H = 15(d - 50) \qquad \cdots\cdots(8)$$

如果 d 小于 50 mm，则 H 不能小于 0。

因此，如果探测区高度已知，相应传感器探测能力 d 应根据公式(9)计算得出。

$$d = \left(\frac{H}{15}\right) + 50 \qquad \cdots\cdots(9)$$

这意味着如果探测区高度已知或一定，则可通过计算得出传感器是最大探测能力。

例如，计算 L 型电敏保护设备的水平截面积时，或者假定传感器的探测能力已知或一定，则最低高度可通过计算得出。最低高度允许的最大值为 1 000 mm。

将该装置用作跳闸及存在感应装置时，距离 X（见图 4）不应小于探测能力 d。

应采取措施防止保护装置被利用为进入危险区的通道（如踏上或爬上外罩）。

6.4 探测区与接近方向成一定角度

如果探测区安装后与接近方向的角度大于±30°，则应作为与接近方向垂直对待[见 6.2、图 5 a)和图 6]。

如果探测区安装后与接近方向的角度小于±30°，则应作为与接近方向平行对待[见 6.3、图 5 b)和图 6]。

上述角度应允许±5°的误差。

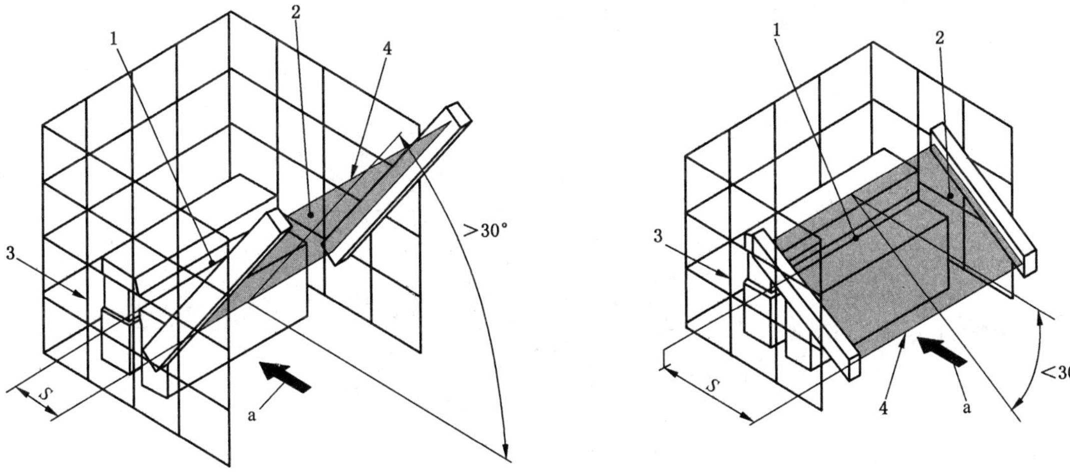

a) 垂直接近　　　　b) 平行接近

说明：

1 ——危险区；

2 ——探测区；

3 ——固定式防护装置；

4 ——探测区边缘。

S——最小距离；

a ——接近方向。

图 5 接近方向与探测区成一定角度

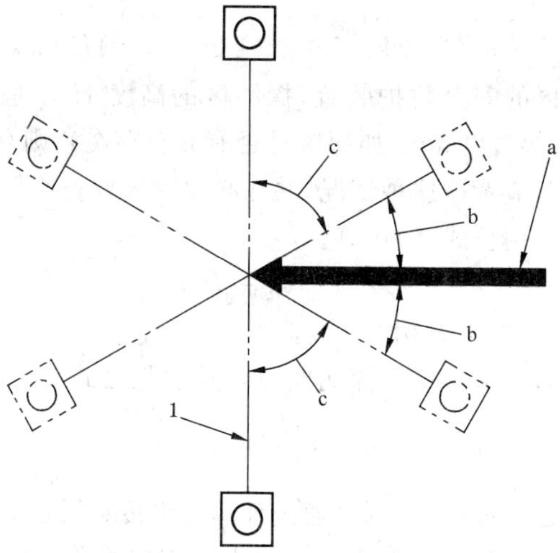

说明：

1——电敏保护设备与接近方向成不同角度时的位置。

a——接近方向；

b——平行接近角度；小于±30°；

c——垂直接近角度。

图6 接近方向的不同角度

当成一定角度的接近被考虑为平行接近时(见图6)，则 H 和 d 关系(见6.3)的公式(8)应适用于探测区离危险区最远的边缘(见图7)。

注：在某些应用中，探测区可能会高出基准面1 000 mm以上。利用公式(7)计算时，探测区高出基准面1 000 mm以外的部分不予考虑。

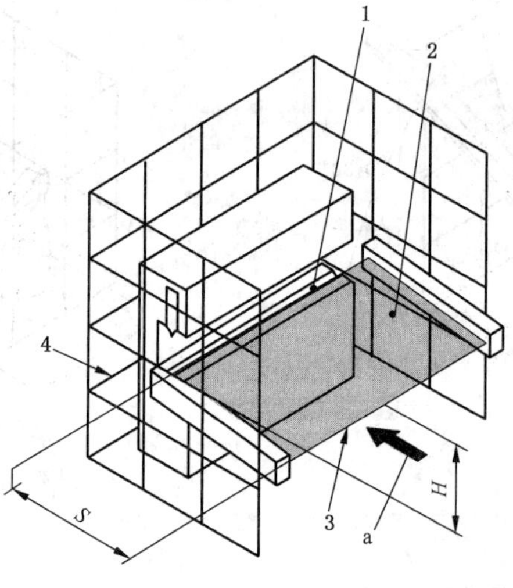

说明：

1 ——危险区；

2 ——探测区；

3 ——探测区边缘；

4 ——固定式防护装置。

H ——探测区的高度(最低的光束)；

S ——最小距离；

a ——接近方向。

图7 探测区的高度(最低的光束)

6.5 防止绕开电敏保护设备探测区进入危险区

6.5.1 概述

应避免绕过电敏保护设备进入危险区。

注：这可以通过提供防护装置或其他保护措施来实现。

如果无法排除从上方越过垂直已安装的电敏保护设备进入危险区的可能性，则应确定安全防护装置的高度和最小距离 S。应通过 6.2 和 6.3 中根据人体部位或肢体接近计算出的数值和 6.5.2、6.5.3 和 6.5.4 中确定的从上方越过的数值进行对比来确定。应采用对比得出的较大值。

6.5.2 防止从上方越过不带附加保护结构的电敏保护设备的垂直探测区

为了防止采取从上方越过的方式绕过 ESPE，探测区至危险区的最小距离 S 不应小于根据公式(10)计算出的最小距离。

C_{RO} 应使用表 1 中的值。表 1 给出的 C_{RO} 是根据人体部位(通常是手)在电敏保护设备致动前能够朝危险区移动的距离确定的附加距离，单位为毫米。表 1 只针对从上方越过 ESPE 的情况。

图 8 所示为从上方越过不带附加保护结构的垂直探测区。

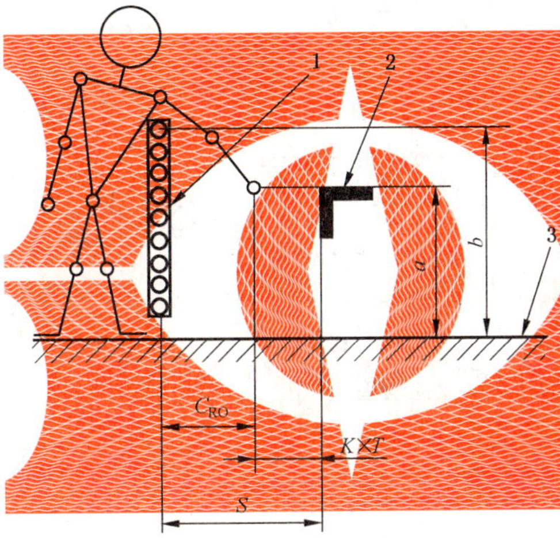

说明：

1 ——电敏保护设备；

2 ——危险区；

3 ——基准面。

a ——危险区高度；

b ——电敏保护设备探测区上边缘的高度；

C_{RO}——人体部位在电敏保护设备致动前能够朝危险区移动的距离(具体值见表 1)；

S ——从上方越过的最小距离。

图 8 从上方越过不带附加保护结构的电敏保护设备的垂直探测区

如果已固定 ESPE 的高度，则可根据表 1 得出最小距离 S。如果已固定最小距离，同样也可以根据表 1 得出所需的 ESPE 高度。

$$S = (K \times T) + C_{RO} \qquad (10)$$

式中：

$K = 2\ 000$ mm/s；

则：

$$S = (2\ 000 \times T) + C_{RO} \qquad (11)$$

此公式适用于所有500 mm及以下的最小距离S。S的最小值不应小于100 mm。首先用公式(11)计算S。如果S值超过500 mm,则可使用公式(12)。S值不应小于500 mm。

$$S = (K \times T) + C_{RO} \quad \cdots\cdots (10)$$

式中:

K=1 600 mm/s;

则:

$$S = (1\,600 \times T) + C_{RO} \quad \cdots\cdots (12)$$

表1 从上方越过电敏保护设备的垂直探测区

单位为毫米

危险区高度 a	电敏保护设备探测区上边缘的高度 b											
	900	1 000	1 100	1 200	1 300	1 400	1 600	1 800	2 000	2 200	2 400	2 600
	至危险区的附加距离 C_{RO}											
2 600[a]	0	0	0	0	0	0	0	0	0	0	0	0
2 500	400	400	350	300	300	300	300	300	250	150	100	0
2 400	550	550	550	500	450	450	400	400	300	250	100	0
2 200	800	750	750	700	650	650	600	550	400	250	0	0
2 000	950	950	850	850	800	750	700	550	400	0	0	0
1 800	1 100	1 100	950	950	850	800	750	550	0	0	0	0
1 600	1 150	1 150	1 100	1 000	900	850	750	450	0	0	0	0
1 400	1 200	1 200	1 100	1 000	900	850	650	0	0	0	0	0
1 200	1 200	1 200	1 100	1 000	850	800	0	0	0	0	0	0
1 000	1 200	1 150	1 050	950	750	700	0	0	0	0	0	0
800	1 150	1 050	950	800	500	450	0	0	0	0	0	0
600	1 050	950	750	550	0	0	0	0	0	0	0	0
400	900	700	0	0	0	0	0	0	0	0	0	0
200	600	0	0	0	0	0	0	0	0	0	0	0
0	0	0	0	0	0	0	0	0	0	0	0	0

当给出的值为0时,宜根据6.2至6.4计算最小距离S。

注1: 如果电敏保护设备:

——探测区上边缘高度小于900 mm,则不包括,因为不能充分防止被绕过或跨越。

——探测区下边缘相对于基准面高度大于300 mm,则不能充分防止从底下爬过。

注2: 本表中的数据由德国BG研究得出,见参考文献[21]。

注3: 表1中给出的值大多数小于GB 23821—2009的表1和表2中给出的值,因为人体部位从安全防护装置上方越过时自身不能形成支撑。

[a] 不可能从上方越过接近危险区。

确定表1中的值时,不应采用插值法。如果已知a、b和C_{RO}值处于表1中两个值的中间,则应采用较大的最小距离值。

示例见附录A。

6.5.3 防止从上方越过与保护结构(如固定式防护装置)结合使用的电敏保护设备的垂直探测区

如果可从上方越过保护结构接近危险区(见图9),则最小距离S不应小于根据GB 23821—2009中,4.2.2中的表1(低风险)或表2(高风险)确定的至危险区的水平安全距离c。

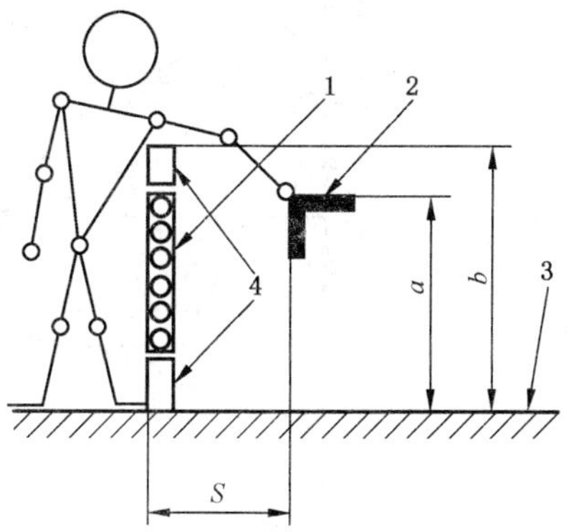

说明：

1——电敏保护设备；

2——危险区；

3——基准面；

4——保护结构(如固定式防护装置)。

a——危险区的高度；

b——保护结构上边缘的高度；

S——从上方越过的最小距离[*S* 等于 GB 23821—2009,4.2.2 中的表 1(低风险)或表 2(高风险)的 *c* 值]。

图 9 从上方越过与防护结构结合使用的电敏保护设备的垂直探测区示例

6.5.4 从上方与探测区成一定角度越过

当接近方向可被认为是垂直方向[见图 5 a)和图 6]，且可以通过从上方越过电敏保护设备接近危险区时，则最小距离 *S* 应采用以下数值中较大的：

a) 使用 6.2.3.1 或 6.2.4 中相应公式计算得出的距离；

b) 使用 6.2.3.1 或 6.2.4 中相应公式，并用表 1 中给出的从上方越过的附加距离 C_{RO} 代替 *C* 计算得出的距离。

最小距离应从离危险区最近的光束开始计算。

6.6 间接接近——从探测区至危险区的路径被障碍物阻挡

6.6.1 概述

存在两个或多个危险区使用 ESPE 时，则应计算每一个危险区的最小距离。

当有永久固定的障碍物阻碍上肢进入危险区时，最小距离可以是这些障碍物周围最短的路径(间接接近，见图 10)。这种情况下，接近速度不同于直接接近的速度，因此应降低到 1 600 mm/s。

比较所有最小距离，*S* 应取其中最大的值。

障碍物是机器功能设计的结果，但不应仅仅为了降低上肢接近速度而设置障碍物。

注：障碍物指防止直接通过危险区的机器部件，如外壳、盖板、阻挡装置、辅助设备。

6.6.2 间接接近的最小距离计算

对于间接接近，电敏保护设备至危险区的实际距离用公式(13)计算。

$$S^* = (K \times T) + C = l_1 + l_2 + l_3 \qquad (13)$$

式中：

S^*——实际距离。

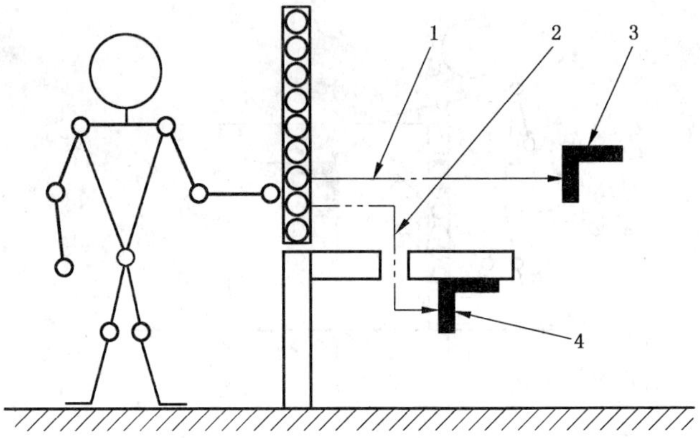

说明：

1——直接接近；

2——间接接近；

3——危险区 1；

4——危险区 2。

图 10　间接接近示例

在本公式中，接近速度的参数 K 应取 1 600 mm/s。l_1、l_2 和 l_3 是指探测区至障碍物周围、下方或上方测得的最短距离(见 6.2～6.5)。可认为间接接近的最小距离 S 是实际距离 S^* 在水平方向的投影长度(见图 11)。

最小距离 S 的计算示例见 C.1。

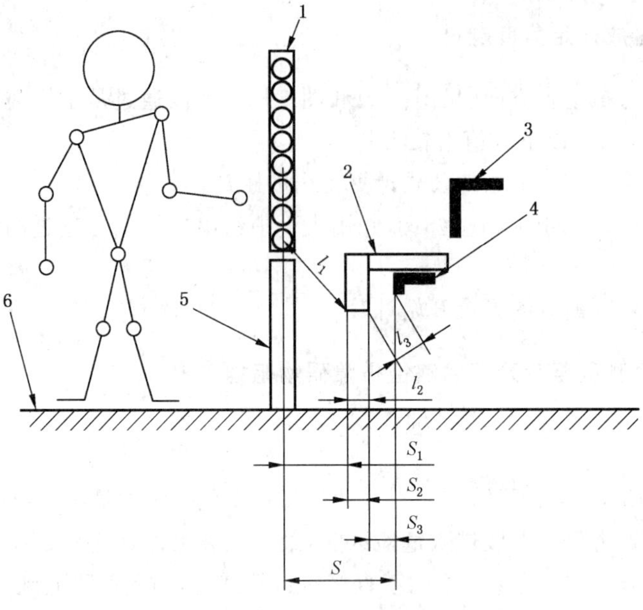

说明：

1——电敏保护设备；

2——障碍物；

3——危险区 2；

4——危险区 1；

5——保护结构；

6——基准面。

S ——最小距离，危险区至探测区最外边的水平距离；

$S=S_1+S_2+S_3$

S_1 ——l_1 在水平面上的投影；

S_2 ——l_2 在水平面上的投影；

S_3 ——l_3 在水平面上的投影；

l_1、l_2、l_3——障碍物周围至危险区方向的最短距离。

图 11　实际距离计算图解

可能发生间接接近情况下，确定探测区位置的最小距离可采用上述方法计算。

注：对于某些只可能间接接近的不常见操作，可以接受采用较低的接近速度。例如，研究表明对于两个间距为1 m或以下且最小高度为500 mm的障碍物，可采用0.8的折减系数(见参考文献[21])。

7 压敏垫或压敏地板位置的计算方法

7.1 概述

应根据相应的C类标准选择和使用压敏垫/压敏地板；如果没有相应的C类标准，则根据风险评估的结果选择和使用。

为防止在不被致动的情况下被轻易跨越，压敏垫/压敏地板最小宽度应至少为750 mm。

注：研究表明，以步行速度行进时，从脚后跟触地处量出的两步间(即以同一只脚起步和停步)的第95百分位数距离约为1 900 mm。将这一长度除以2并减去第5百分位数的鞋长，则步距为700 mm。如果假设不得不规定一个允差，例如在探测区与50 mm步幅(示例)之间，则得出探测区的最小宽度为750 mm。

本章所得出的压敏垫/压敏地板的最小距离，其前提条件是假设进入危险区的接近速度为步行速度(1 600 mm/s)。

从危险区到保护装置探测区最边缘的最小距离 S 应使用公式(14)计算：

$$S=(1\ 600\times T)+1\ 200 \quad\cdots\cdots(14)$$

7.2 台阶安装

如果保护装置安装在台阶或凸起的平台上，则最小距离就可以缩短 $0.4h$，这里的 h 为台阶高度，单位为毫米。从探测区到危险区的最小距离 S 可使用公式(15)计算：

$$S=(1\ 600\times T)+(1\ 200-0.4h) \quad\cdots\cdots(15)$$

8 双手操纵装置

从最近的致动器至危险区的最小距离应使用公式(16)计算。

$$S=(K\times T)+C \quad\cdots\cdots(2)$$

式中：

$K=1\ 600$ mm/s；

$C=250$ mm。

则：

$$S=(1\ 600\times T)+250 \quad\cdots\cdots(16)$$

如果致动器一触发就可消除手或手的一部分侵入危险区的风险(如适当的遮蔽)，则 C 可能为零，S 最小允差为100 mm。

注：GB/T 19671给出了通过覆盖来防止废弃控制器预定操作的建议。该标准所提出的措施并不是在所有应用中都足以防止手或手的一部分侵入危险区。

9 不带防护锁定的联锁防护装置

为了保证在危险机器动作停止前，打开不带防护锁定的联锁防护装置时不能进入危险区，应确定最小距离 S。

从不带防护锁定的联锁防护装置开口的最近边至危险区的最小距离应使用公式(2)计算。

$$S=(K\times T)+C \quad\cdots\cdots(2)$$

式中：

K=1 600 mm/s；

C——如果产生停机信号之前，手指或手能够穿过开口朝危险区方向运动，则 C 是取自 GB 23821—2009 的表 4 和表 5 中的安全距离。

在某些情况下，T 可能减去打开时间 t_3，t_3 是将防护装置打开到开口尺寸允许人体相关部位进入所需要的时间。应考虑 GB 23821—2009 中表 4 和表 5 给出的开口尺寸 e。应从能够进入危险区的人体最小部位开始计算。

如果打开时间 t_3 取决于联锁防护装置，则应采用该时间，并通过计算或试验确定。

对于动力驱动联锁防护装置，包括联锁卷帘门，t_3 可使用公式(17)计算：

$$t_3 = \frac{e}{v} \qquad (17)$$

式中：

e——开口尺寸，单位为毫米每秒(mm/s)；

v——动力驱动联锁防护装置打开的速度，单位为毫米每秒(mm/s)。

注：如果最小距离太大，可采用带防护锁定的联锁防护装置(见 GB/T 18831)来减小。

附 录 A
（资料性附录）
计 算 示 例

A.1 概述

本附录给出了如何使用本标准的示例。

这些示例假定相应的C类标准或相关机器的风险评估允许使用示例中选用的安全防护装置。

最小距离 S 的计算包括三个步骤：

a） 第一步：穿过探测区的最小距离，S_{RT}；

b） 第二步：从上方越过探测区的安全距离，S_{RO}；

c） 第三步：对比 S_{RT} 和 S_{RO}，确定 S。

注：某些应用中，可能有必要注意其他绕过安全防护装置的可能性，而不仅仅是从上方越过。

A.2 示例1

机器停机时间为 60 ms(t_2)。该机器装有一个垂直式有源光电保护装置的电敏保护设备，其传感器探测能力为 14 mm、响应时间为 30 ms(t_1)。本示例中，假设不可能从上方越过 ESPE。因此，不必进行第二步和第三步计算。

使用公式(3)：

$$S=(2\,000\times T)+8(d-14)$$

式中：

S ——危险区至探测区的最小距离，单位为毫米(mm)；

T ——全系统停机性能，(60+30)ms=90 ms=0.09 s；

d=14 mm。

则：

$$S=(2\,000\times 0.09)+8(14-14)$$

$$\underline{S=180\ \text{mm}}$$

A.3 示例2

使用与示例1相同的机器，但是传感器探测能力为 30 mm。

使用公式(3)：

$$S=(2\,000\times T)+8(d-14)$$

式中：

T——全系统停机性能，(60+30)ms=90 ms=0.09 s；

d=30 mm。

则：

$$S=(2\,000\times 0.09)+8(30-14)$$

$$S=180+128$$

$$\underline{S=308\ \text{mm}}$$

A.4 示例3

计算垂直安装的电敏保护设备的最小距离 S 并确定探测区上边缘的高度 b。

机器的停机时间为 250 ms(t_2),含控制系统响应时间。该机器装有一个垂直式有源光电保护装置(AOPD)的电敏保护设备,其传感器探测能力为 30 mm(d)、响应时间为 30 ms(t_1)。危险区高于基准面 800 mm(a);有源光电子保护装置从 200 mm 高度开始有效。

a) 第一步:

计算穿过电敏保护设备的安全距离,S_{RT}。

使用公式(3):

$$S_{RT}=(K\times T)+C_{RT}=(2\ 000\times T)+8(d-14)$$

式中:

S_{RT}——根据 6.2.3.1,从危险区至探测区的最小距离,单位为毫米(mm);

T ——全系统停机性能,(250+30)ms=280 ms=0.28 s;

d=30 mm。

则:

$$S_{RT}=(2\ 000\times 0.28)+8(30-14)$$

$$S_{RT}=688\ \text{mm}$$

由于 $S>500$ mm,可使用公式(4):

$$S_{RT}=(1\ 600\times T)+8(d-14)$$

则:

$$S_{RT}=(1\ 600\times 0.28)+8(30-14)$$

$$S_{RT}=576\ \text{mm}$$

b) 第二步:

1) 确定:

——至危险区的附加距离,C_{RO};

——用于探测从上方越过电敏保护设备的最低高度 b。

使用公式(2):

$$S=(K\times T)+C$$

设 $S_{RO}=S_{RT}$,则:

$$C_{RO}=C_{RT}=128\ \text{mm}$$

在表 A.1 中,“a=800”列(见①),C_{RO}次小值为 C_{RO}=0 mm(见②)

2) 利用表 A.1 确定电敏保护设备探测区上边缘的高度 b。

相应的值为 b=1 600 mm(见③)。

表 A.1　从上方越过电敏保护设备的垂直探测区

单位为毫米

危险区高度 a	电敏保护设备探测区上边缘的高度 b											
	900	1 000	1 100	1 200	1 300	1 400	1 600③	1 800	2 000	2 200	2 400	2 600
	至危险区的附加距离 C_{RO}											
2 600[a]	0	0	0	0	0	0	0	0	0	0	0	0
2 500	400	400	350	300	300	300	300	300	250	150	100	0
2 400	550	550	550	500	450	450	400	400	300	250	100	0
2 200	800	750	750	700	650	650	600	550	400	250	0	0
2 000	950	950	850	850	800	750	700	550	400	0	0	0
1 800	1 100	1 100	950	950	850	800	750	550	0	0	0	0
1 600	1 150	1 150	1 100	1 000	900	850	750	450	0	0	0	0
1 400	1 200	1 200	1 100	1 000	900	850	650	0	0	0	0	0
1 200	1 200	1 200	1 100	1 000	850	800	0	0	0	0	0	0
1 000	1 200	1 150	1 050	950	750	700	0	0	0	0	0	0
800①	1 150	1 050	950	800	500	450	0②	0	0	0	0	0
600	1 050	950	750	550	0	0	0	0	0	0	0	0
400	900	700	0	0	0	0	0	0	0	0	0	0
200	600	0	0	0	0	0	0	0	0	0	0	0
0	0	0	0	0	0	0	0	0	0	0	0	0
注：附加信息见表 1 中的注。												
[a] 不可能从上方越过接近危险区。												

c)　第三步：

由于 $C_{RO}=0$，因此 S_{RO} 小于 S_{RT}，选用 S_{RT}

$S=S_{RT}=576$ mm

A.5　示例 4

计算垂直安装的电敏保护设备探测区的最小距离 S，其探测区上边缘高度 b 为 1 300 mm。

机器的停机时间为 250 ms(t_2)，含控制系统响应时间。该机器装有一个垂直式有源光电保护装置(AOPD)的电敏保护设备，其传感器探测能力为 30 mm(d)、响应时间为 30 ms(t_1)。危险区高于基准面 800 mm(a)；有源光电保护装置从 200 mm 高度开始有效，其探测区的上边缘高度(b)为 1 300 mm。

a)　第一步：

确定穿过电敏保护设备的最小距离 S_{RT}：

使用公式(3)：

$$S_{RT}=(K\times T)+C_{RT}=(2\ 000\times T)+8(d-14)$$

式中：

S_{RT}——根据 6.2.3.1，危险区至探测区的最小距离，单位为毫米(mm)；

T ——全系统停机性能，(250＋30)ms＝280 ms＝0.28 s；

d＝30 mm。

则：

$$S_{RT}=(2\,000\times 0.28)+8(30-14)$$

$$S_{RT}=688\ \text{mm}$$

由于 $S_{RT}>500$ mm，因此使用公式(4)：

$$S=(1\,600\times T)+8(d-14)$$

则：

$$S_{RT}=(1\,600\times 0.28)+8(30-14)$$

$$S_{RT}=576\ \text{mm}$$

b) 第二步：

当确定表 A.2 中的值时，不应采用插值法。如果 a＝650 mm，则表 A.2 中最近(更安全)的值为 a＝800 mm。如果 b＝1 340 mm，则表 A.2 中最近(更安全)的值为 b＝1 300 mm。

确定从上方越过电敏保护设备的安全距离，S_{RO}。

1) 利用表 A.2，已知 a＝800 mm(见①)和 b＝1 300(见②)：

找出的 C_{RO}＝500 mm(见③)即为从上方越过的最小附加距离。

表 A.2 从上方越过电敏保护设备的垂直探测区

单位为毫米

危险区高度 a	电敏保护设备探测区上边缘的高度 b											
	900	1 000	1 100	1 200	1 300②	1 400	1 600	1 800	2 000	2 200	2 400	2 600
	至危险区的附加距离 C_{RO}											
2 600[a]	0	0	0	0	0	0	0	0	0	0	0	0
2 500	400	400	350	300	300	300	300	300	250	150	100	0
2 400	550	550	550	500	450	450	400	400	300	250	100	0
2 200	800	750	750	700	650	650	600	550	400	250	0	0
2 000	950	950	850	850	800	750	700	550	400	0	0	0
1 800	1 100	1 100	950	950	850	800	750	550	0	0	0	0
1 600	1 150	1 150	1 100	1 000	900	850	750	450	0	0	0	0
1 400	1 200	1 200	1 100	1 000	900	850	650	0	0	0	0	0
1 200	1 200	1 200	1 100	1 000	850	800	0	0	0	0	0	0
1 000	1 200	1 150	1 050	950	750	700	0	0	0	0	0	0
800①	1 150	1 050	950	800	500③	450	0	0	0	0	0	0
600	1 050	950	750	550	0	0	0	0	0	0	0	0
400	900	700	0	0	0	0	0	0	0	0	0	0
200	600	0	0	0	0	0	0	0	0	0	0	0
0	0	0	0	0	0	0	0	0	0	0	0	0

注：附加信息见表 1 中的注。

[a] 不可能从上方越过接近危险区。

2) 使用公式(10)：

$$S=S_{RO}=(K\times T)+C_{RO}$$

式中：

$$S_{RO}=(2\ 000\times 0.28)+500$$

$S_{RO}>500$ mm，因此使用公式(12)：

$$S=(1\ 600\times T)+C_{RO}$$

则：

$$S=(1\ 600\times 0.28)+500$$

$$S_{RO}=448+500=948\ \text{mm}$$

c) 第三步：

比较 S_{RT} 和 S_{RO}，确定最小距离 S：

$$S_{RT}<S_{RO}$$

相应的，至危险区的最小距离为 $S=S_{RO}=948$ mm。

A.6 示例 5

计算与固定式防护装置结合使用的垂直安装电敏保护设备探测区的最小距离 S。

机器的停机时间为 250 ms(t_2)，含控制系统响应时间。该机器装有一个垂直式有源光电保护装置(AOPD)的电敏保护设备，其传感器探测能力为 30 mm(d)、响应时间为 30 ms(t_1)。危险区高于基准面 800 mm(a)；有源光电子保护装置从 200 mm 高度开始有效，其防护装置上边缘高度为 1 600 mm(b)。

a) 第一步：

确定穿过电敏保护设备的最小距离 S_{RT}。

使用公式(3)：

$$S=(2\ 000\times T)+8(d-14)$$

式中：

$S=S_{RT}$——根据 6.2.3.1，危险区至探测区的最小距离，单位为毫米(mm)；

T ——全系统停机性能，(250+30)ms=280 ms=0.28 s；

$d=30$ mm。

则：

$$S=(2\ 000\times 0.28)+8(30-14)$$

$$S_{RT}=688\ \text{mm}$$

$S_{RT}>500$ mm，因此使用公式(4)：

$$S=(1\ 600\times T)+8(d-14)$$

则：

$$S=(1\ 600\times 0.28)+8(30-14)$$

$$S_{RT}=576\ \text{mm}$$

b) 第二步

确定从上方越过电敏保护设备的最小距离，S_{RO}。

已知 $a=800$ mm 和 $b=1\ 600$ mm，使用 GB 23821—2009 中的表 2。

找出：

$S_{RO}=c=600$ mm，即为从上方越过至危险区最小距离。

c) 第三步：

比较 S_{RT} 和 S_{RO}，确定最小距离 S：

$$S_{RO} > S_{RT}$$

相应的，至危险区的最小距离为 $S = S_{RO} = 600$ mm。

A.7 比较不同保护装置的示例

A.7.1 示例 6

用光电保护装置探测意外进入机器危险区。假设危险区的高度为 600 mm。

风险评估表明采用多路单道光束更合适，因此，按照附录 E 选用三路光束的 ESPE。

机器系统的停机时间为 300 ms(t_2)，安全防护装置的响应时间为 35 ms(t_1)。

由表 E.1 可知，三路光束应分别设置在离地面 300 mm、700 mm 和 1 100 mm 处。

a) 第一步：

最小距离由公式(5)确定：

$$S_{RT} = (1\ 600 \times T) + 850$$

式中：

$T = 335$ ms $= 0.335$ s。

则：

$$S_{RT} = (1\ 600 \times 0.335) + 850$$
$$S_{RT} = 536 + 850$$
$$S_{RT} = 1\ 386 \text{ mm}$$

b) 第二步

由于最上面一道光束高度是 1 100 mm，需要考虑从上方越过。

从表 A.1 可知，公式中的 C_{RO} 值为 750 mm。

则：

$$S_{RT} = (1\ 600 \times 0.335) + 750$$
$$S_{RO} = 1\ 286 \text{ mm}$$

c) 第三步：

$$S_{RO} < S_{RT}$$

因此：

选择 $S = S_{RT} = 1\ 386$ mm 作为最小距离。

A.7.2 示例 7

机器与示例 6 相同，但使用安装在地面的压敏垫或安装在地面的光电保护装置代替三路光束装置。

a) 第一步：

最小距离由公式(10)确定：

$$S = (1\ 600 \times T) + 1\ 200$$

则：

$$S = (1\ 600 \times 0.335) + 1\ 200$$
$$S = 536 + 1\ 200$$
$$S = 1\ 736 \text{ mm}$$

b) 第二步和第三步：

与示例 6 中按表 A.1 确定的从上方越过数值比较后，选择 1 736 mm 作为最小距离。

A.7.3　示例 8

机器与示例 6 相同，但安装双手操纵装置。

使用公式(15)：

$$S=(1\ 600\times T)+250$$

则：

$$S=(1\ 600\times 0.335)+250$$

$$S=536+250$$

$$S=786\ \text{mm}$$

如果得到充分覆盖，则 S 可降低至 536 mm(见第 8 章)。

附 录 B
(资料性附录)
危险机器功能的终止

按照本标准规定计算安全防护装置的最小距离时，系统停机性能是一项决定性参数。此时间取决于危险机器功能(通常是运动)改变至不再伤害人体的时刻。如果能确保不会造成人身伤害或健康损害，则认为达到此时刻。

如果此时刻在机器完全停止前达到，但是又不可能确定具体达到的时间，则有必要考虑采用完全停止的时间。

许多因素都能影响停机性能，且只有有限的指南。以下提供了一些可以考虑的示例，但是所引用标准在特定应用中却不一定具有直接相关性：

a) 施加在人体上的力；

b) 受到影响的人体部位；

c) 机器部件的形状(如锐边、突出部分等)；

d) 材料的性质(如软橡胶、易变形)；

e) 运动速度；

f) 挤压风险。

目前，还没有用于评价人体受力所造成的影响的B类标准。

注1：可在GB/T 8196—2003,5.2.5.2中找到关于力和动能方面的一些信息。

注2：可在GB 12265.3找到避免人体部位挤压的最小间隙。

注3：也可见GB/T 16856.1—2008的附录A列出的危险状态示例。

如果按照本标准的规定计算防护装置的最小距离，宜明确危险机器功能终止与机器完全停止时刻之间的关系。可按以下示例确定此关系：

——存在挤压危险的情况下，除非存在头部挤压风险之外，可认为危险机器功能终止就是机器完全停止位置之前2 mm。这就意味着可在停机时间基础上再减去这2 mm所代表的时间。

注4：除头部之外，可认为压缩2 mm并不会对人体部位造成伤害。

附 录 C
(资料性附录)
考虑间接接近的示例

本附录给出了绕过障碍物的路径计算。

机器的停机时间为 250 ms(t_2)。该机器装有一个采用垂直式有源光电保护装置的电敏保护设备，其传感器探测能力为 30 mm(d)、响应时间为 30 ms(t_1)的。

进入危险区需要绕过一个障碍物(见图 C.1)。

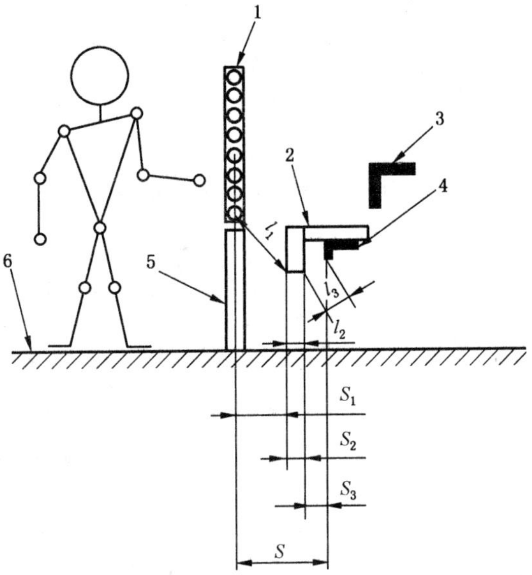

说明：

1 ——电敏保护设备；

2 ——障碍物；

3 ——危险区 2；

4 ——危险区 1；

5 ——保护结构；

6 ——基准面。

S ——最小距离，危险区至探测区最外边的水平距离；

$S=S_1+S_2+S_3$；

S_1 ——l_1 在水平面上的投影；

S_2 ——l_2 在水平面上的投影；

S_3 ——l_3 在水平面上的投影。

l_1；l_2；l_3——障碍物周围至危险区方向的最短距离。

图 C.1 间接接近时水平距离与最小距离之间的关系

本示例采用以下设计数据：

$l_1=100$ mm

$l_3=200$ mm

使用公式(3)和 6.2.3.1：

$$S^*=(1\,600\times T)+8(d-14)$$

式中：

$S^{*}=(K\times T)+C=l_1+l_2+l_3$[使用公式(13)]，即危险区至探测区的实际距离，单位为毫米(mm)；

T——全系统停机性能，(250+30)ms=280 ms=0.28 s；

d=30 mm。

则：

$$S^{*}=(1\,600\times 0.28)+8(30-14)$$

$$S^{*}=576\ \text{mm}$$

本示例中假设的水平距离已由设计确定并根据 l_1 和 l_3 得出，由此：

S_1=60 mm；

S_3=75 mm

设水平段的进入距离 l_2 等于 S_2，结果为：

$$S_2=l_2=S^{*}-(l_1+l_3)=576\ \text{mm}-300\ \text{mm}=276\ \text{mm}$$

因此，电敏保护设备至危险区的水平距离为：

$$S=S_1+S_2+S_3=60\ \text{mm}+276\ \text{mm}+75\ \text{mm}$$

$$S=441\ \text{mm}$$

附 录 D
（资料性附录）
全系统停机性能的测量与计算

D.1 何时发出停机信号

模拟触发保护装置的信号（即停机信号）宜在所需停机时间最长的运动时刻/位置/阶段提供给机器。宜使用机器在最坏情况下的停机时间（在现实范围内）。确定此最坏情况时，宜考虑工具重量、温度、阀门开关时间、元件老化等因素。大多数情况下，最坏情况就是机器达到最大速度的时候。

根据本标准计算最小距离时，可采用运动设备在危险区内的设计速度（例如通过编程）。在故障条件下，不需要考虑运动设备的速度。

注 1：当人员接近危险状态时，两个不相关的故障（事件）需要在同一时间发生：人员向危险点伸出手臂，并且运动设备的速度或范围下降，这不太可能发生。

注 2：即使在故障条件下，也有必要计算速度，例如：当设计受限行程或机器轴线运动，且发生故障能击中人员的时候。这种情况下，出现了人员但并没有接近，单个故障就能导致危险状态。这些考虑本标准并没有涉及，但这是 C 类标准的目标。

D.2 如何计算全系统停机性能

要计算最小距离，只进行一次测量是不够的。至少要求测量 10 次。

统计学上涵盖正常分布人口中 99.7% 的个体的方法就是计算平均值 ±3 倍标准偏差。

计算安全距离宜采用最大测量值或平均值加上三倍标准偏差中较大的一个数值。

D.3 应避免的做法

不宜只采用平均值来计算安全距离，因为在 50% 的情况下，机器具有更好的全系统停机性能。只有在停机时间受到监测的应用中，才可能只使用平均值。

除非能够安全地假设异常值是由于测量误差造成的，否则不推荐排除异常测量值的做法。

D.4 记录测量结果好的做法

除了陈述计算得出的安全距离以及测量所使用机器识别信息两种情况之外，在记录结果的同时，还宜列出确定最坏情况所做的假设以及安全状况是如何定义的。

一份精心设计的测量结果记录宜包含以下信息：

a) 机器识别信息；

b) 使用的安全防护装置；

c) 使用的测量设备；

d) 测量设备的检定（包括校准）；

e) 进行测量的个人/公司名称；

f) 测量日期；

g) 使用的测量方法；

h) 测量和计算所做的假设；

i) 关于机器或测量情况的其他信息；

j) 计算得出的全系统停机时间；

k) 计算得出的最小距离，并标明公式中采用的值。

附 录 E
（资料性附录）
光束数量及其高出基准面的高度

表 E.1 中给出的 2 路、3 路和 4 路光束被认为是充分风险减小与最佳实用性之间的最好折衷方案。并不是所有应用场合都允许采用多条独立光束。可能还需要采用进一步的保护措施来防止进入危险区。对于最低的光束[见 6.2.2 a)]，只有风险评估允许时高度才能取 400 mm。

表 E.1 光束数量及其高出基准面的高度

光束数量	高出地面等基准面的高度/mm
4	300，600，900，1 200
3	300，700，1 100
2	400[a]，900
注：2 路、3 路和 4 路光束的高度被认为是最实用的。	
[a] 对于最低的光束[见 6.2.2 a)]，只有风险评估允许时高度才能取 400 mm。	

参 考 文 献

［1］ GB/T 8196—2003 机械安全 防护装置 固定式和活动式防护装置的设计与制造一般要求

［2］ GB 12265.3 机械安全 避免人体各部位挤压的最小间距

［3］ GB 16655 机械安全 集成制造系统 基本要求

［4］ GB/T 16855.1—2008 机械安全 控制系统有关安全部件 第1部分:设计通则

［5］ GB/T 16855.2 机械安全 控制系统有关安全部件 第2部分:确认

［6］ GB/T 17454.1 机械安全 压敏保护装置 第1部分:压敏垫和压敏地板的设计和试验通则

［7］ GB/T 17454.2 机械安全 压敏保护装置 第2部分:压敏边和压敏棒的设计和试验通则

［8］ GB/T 17454.3 机械安全 压敏保护装置 第3部分:压敏缓冲器、压敏板、压敏线及类似装置的设计和试验通则

［9］ GB/T 18717.1 用于机械安全的人类工效学设计 第1部分:全身进入机械的开口尺寸确定原则

［10］ GB/T 18717.2 用于机械安全的人类工效学设计 第2部分:人体局部进入机械的开口尺寸确定原则

［11］ GB/T 18717.3 用于机械安全的人类工效学设计 第3部分:人体测量数据

［12］ GB/T 18831 机械安全 带防护装置的联锁装置 设计和选择原则

［13］ GB/T 19671 机械安全 双手操纵装置 功能状况及设计原则

［14］ IEC 61496-2,Safety of machinery—Electro-sensitive protective equipment—Part 2:Particular requirements for equipment using active opto-electronic protective devices(AOPDs)

［15］ IEC 61496-3,Safety of machinery—Electro-sensitive protective equipment—Part 3:Particular requirements for active opto-electronic protective devices responsive to diffuse reflection(AOPD-DR)

［16］ IEC/TR 61496-4,Safety of machinery—Electro-sensitive protective equipment—Part 4:Particular requirements for equipment using vision based protective devices(VBPD)

［17］ IEC/TS 62046:2008,Safety of machinery—Application of protective equipment to detect the presence of persons

［18］ IEC 62061,Safety of machinery—Functional safety of electrical,electronic and programmable control systems for machinery

［19］ EN 12203,Footwear,leather and imitation leather goods manufacturing machines—Shoe and leather presses—Safety requirements

［20］ EN 12453,Industrial,commercial and garage doors and gates—Safety in use of power operated doors—Requirements

［21］ "Reaching over ESPE and indirect approach to hazardous zones";research by German Berufsgenossenschaft Metall Nord Sud,Fachausschuss Maschinenbau Fertigungssysteme und Stahlbau(FA MFS),W. Th. Römheldstr. 15;D-55130 Mainz;DOK 612. 1:2008
http://www,bg-metall,de/

ICS 17.220.20
N 22

中华人民共和国国家标准

GB/T 19882.212—2012

自动抄表系统
第212部分：低压电力线载波抄表系统
载波集中器

Automatic meter reading system—
Part 212: Distribution line carrier meter reading system—
DLC Concentrator

2012-12-31 发布　　2013-06-01 实施

中华人民共和国国家质量监督检验检疫总局
中国国家标准化管理委员会　发布

前　言

《低压电力线载波抄表系统》分为4个部分：

——第211部分：系统要求；

——第212部分：载波集中器；

——第213部分：载波采集器；

——第214部分：静止式载波电能表特殊要求。

本部分为GB/T 19882.212—2012《自动抄表系统　第212部分：低压电力线载波抄表系统　载波集中器》。

下面列出《自动抄表系统》国家标准的颁布和预计结构及对应的国际标准：

a) GB/T 19882.1—2005《自动抄表系统　总则》；

b) 《自动抄表系统　抄表系统》：

——第21部分：低压电力线载波抄表系统；

——第22部分：无线通信抄表系统；

——第23部分：基于IP网络的抄表系统；

c) 《自动抄表系统　应用层数据交换协议》：

——第31部分：对象标识系统(GB/T 19882.31—2007,IEC 62056-61:2002,IDT)；

——第32部分：接口类(GB/T 19882.32—2007,IEC 62056-62:2002,IDT)；

——第33部分：COSEM应用层(GB/T 19882.33—2007,IEC 62056-53:2002,IDT)；

d) GB/T 19897—2005《自动抄表系统　低层通信协议》：

——第1部分：直接本地数据交换(GB/T 19897.1—2005,IEC 62056-21:2002,IDT)；

——第2部分：基于双绞线载波信号的局域网使用(GB/T 19897.2—2005,IEC 62056-31:1999,IDT)；

——第3部分：面向连接的异步数据交换的物理层服务进程(GB/T 19897.3—2005,IEC 62056-42:2002,IDT)；

——第4部分：基于HDLC协议的链路层(GB/T 19897.4—2005,IEC 62056-46:2002,IDT)。

本部分按照GB/T 1.1—2009给出的规则起草。

请注意本文件的某些内容可能涉及专利。本文件的发布机构不承担识别这些专利的责任。

本部分由中国机械工业联合会提出。

本部分由全国电工仪器仪表标准化技术委员会(SAC/TC 104)归口。

本部分负责起草单位：哈尔滨电工仪表研究所、北京福星晓程电子科技股份有限公司、北京纳思电器有限公司、江苏林洋电子有限公司、深圳市科陆电子科技股份有限公司、长沙威胜信息技术有限公司、西安旌旗电子有限公司。

本部分参加起草单位：深圳市泰瑞捷电子有限公司、深圳市龙电电气有限公司、杭州百富电子技术有限公司、深圳浩宁达仪表股份有限公司、华立仪表集团股份有限公司、宁波三星科技有限公司、天正集团有限公司、黑龙江省电力有限公司、华北电力科学研究院有限责任公司、广东浩迪创新科技有限公司、深圳市力合微电子有限公司、怀化建南机器厂有限公司、漳州科能电器有限公司、上海英孚特电子技术有限公司、青岛东软电脑技术有限公司、美国埃施朗股份有限公司。

本部分主要起草人：张志忠、潘之凯、李万宏、肖伟峰、薛德晋、蒋周金、兰铁岩、袁瑞铭、关文举、胡亚军、郭永林、徐茂林、胡生、阳武、宋锡强、姚礼本、陈声荣、黎洪、张绍衡、易思杏、刘永生。

自动抄表系统
第212部分：低压电力线载波抄表系统
载波集中器

1 范围

本部分规定了载波集中器(以下简称为集中器)的术语、技术要求、试验方法以及检验规则。

本部分仅适用于低压电力线载波抄表系统用集中器。

2 规范性引用文件

下列文件对于本文件的应用是必不可少的。凡是注日期的引用文件,仅注日期的版本适用于本文件。凡是不注日期的引用文件,其最新版本(包括所有的修改单)适用于本文件。

GB/T 2423.1—2008 电工电子产品环境试验 第2部分:试验方法 试验A:低温(IEC 60068-2-1:2007,IDT)

GB/T 2423.2—2008 电工电子产品环境试验 第2部分:试验方法 试验B:高温(IEC 60068-2-2:2007,IDT)

GB/T 2423.3—2006 电工电子产品环境试验 第2部分:试验方法 试验Cab:恒定湿热试验(IEC 60068-2-78:2001,IDT)

GB/T 2423.10—2008 电工电子产品环境试验 第2部分:试验方法 试验Fc:振动(正弦)(IEC 60068-2-6:1995,IDT)

GB/T 2829—2002 周期检验计数抽样程序及表(适用于对过程稳定性的检验)

GB 4208—2008 外壳防护等级(IP代码)(IEC 60529:2001,IDT)

GB/T 5169.11—2006 电工电子产品着火危险试验 第11部分:灼热丝/热丝基本试验方法 成品的灼热丝可燃性试验方法(IEC 60695-2-11:2000,IDT)

GB/T 15284—2002 多费率电能表 特殊要求

GB/T 16935.1—2008 低压系统内设备的绝缘配合 第1部分:原理、要求和试验(IEC 60664-1:2007,IDT)

GB/T 17626.2—2006 电磁兼容 试验和测量技术 静电放电抗扰度试验(IEC 61000-4-2:2001,IDT)

GB/T 17626.3—2006 电磁兼容 试验和测量技术 射频电磁场辐射抗扰度试验(IEC 61000-4-3:2002,IDT)

GB/T 17626.4—2008 电磁兼容 试验和测量技术 电快速瞬变脉冲群抗扰度试验(IEC 61000-4-4:2004,IDT)

GB/T 17626.5—2008 电磁兼容 试验和测量技术 浪涌(冲击)抗扰度试验(IEC 61000-4-5:2005,IDT)

GB/T 17626.8—2006 电磁兼容 试验和测量技术 工频磁场抗扰度试验(IEC 61000-4-8:2001,IDT)

GB/T 17626.11—2008 电磁兼容 试验和测量技术 电压暂降、短时中断和电压变化的抗扰度

试验(IEC 61000-4-11:2004,IDT)

GB/T 19882.211—2010　自动抄表系统　第211部分:低压电力线载波抄表系统　系统要求

JB/T 6214—1992　仪器仪表可靠性验证试验及测定试验(指数分布)导则

YD/T 1028—1999　800 MHz CDMA　数字蜂窝移动通信系统设备总技术规范:移动台部分

YD/T 1050—2000　800 MHz CDMA 数字蜂窝移动通信网设备总测试规范:移动台部分

YD/T 1214—2006　900/1 800 MHz TDMA 数字蜂窝移动通信网通用分组无线业务(GPRS)设备技术要求:移动台

YD/T 1215—2006　900/1 800 MHz TDMA 数字蜂窝移动通信网通用分组无线业务(GPRS)设备测试方法:移动台

3　术语和定义

GB/T 19882.211 界定的术语和定义以及下列术语和定义适用于本文件。

3.1

远程信道　remote channel

集中器与主站之间通信时数据传输的载体,如无线电波、电话线、光纤等。集中器通过远程信道完成与主站之间的数据交换。

3.2

本地信道　local channel

集中器进行本地通信、维护、数据采集时的数据传输载体,如RS232、RS485、USB、红外、低压电力线等。集中器通过本地信道完成与本地设备之间的数据交换。

3.3

数据转发　data transfer

一种借用其他设备的远程信道进行数据传输的方式。主站通过数据转发命令,可以将电能表的数据通过主站与电能采集集中器间的远程信道直接传送到主站。

4　技术要求

4.1　气候和大气环境条件

4.1.1　气候环境条件

集中器设备正常运行的气候环境条件见表1。

表1　气候环境条件分类

场所类型	级别	空气温度		湿　度
		范围 ℃	最大变化率[a] ℃/h	相对湿度[b] %
遮蔽	C1	−5～+45	0.5	5～95
	C2	−25～+55	0.5	10～100
户外	C3	−40～+70	1	
协议特定	CX			

[a] 温度变化率取5 min时间内平均值。

[b] 相对湿度包括凝露。

4.1.2 使用场所大气压力

集中器设备使用场所大气压力见表2。

表2 大气压力分级

级别	大气压力 kPa	适用高度
BB1	86～108	海拔1 000 m以下
BB2	66～108	海拔3 000 m以下
BBX	协议特定	

4.2 工作电源

4.2.1 一般要求

集中器应使用交流三相四线供电，在断一相或两相电压的条件下，交流电源应能维持集中器正常工作和通信。

4.2.2 额定值及允许偏差

工作电源额定电压：220 V/380 V，允许偏差±20%（也可按用户协议定）。

频率：50 Hz，允许下偏差−2%、上偏差+2%。

4.2.3 功率消耗

在非通信状态下集中器消耗的视在功率应不大于50 VA、有功功率应不大于10 W。

低压载波传输状态下，每相功耗增量不超过5 VA、3 W。

远程通信时，集中器功耗超出上述规定值是允许的。

4.2.4 失电数据和时钟保持

集中器供电电源中断后，不应出现信息混乱，并有措施至少保持数据和时钟一个月。电源恢复时，保存数据不丢失，内部时钟正常运行。

4.2.5 抗接地故障能力

集中器的电源由非有效接地系统或中性点不接地系统的三相四线配电网供电时，在接地故障及相对地产生10%过电压的情况下，没有接地的两相对地电压将会达到1.9倍的标称电压；在此情况下，集中器不应出现损坏。供电恢复正常后，集中器应正常工作，保存数据应无改变。

4.3 结构

4.3.1 外壳及其防护性能

4.3.1.1 机械强度

集中器的外壳应有足够的强度，外物撞击造成的变形应不影响其正常工作。

4.3.1.2 阻燃性能

非金属外壳应符合 GB/T 5169.11—2006 的阻燃要求,试验要求见 5.2.3。

4.3.1.3 外壳防护性能

防雨淋环境及室内安装的集中器外壳的防护性能应符合 GB 4208—2008 规定的 IP51 级要求,即防尘和防滴水。

户外场所安装的集中器外壳的防护性能应符合 GB 4208—2008 规定的 IP54 级要求。

4.3.2 接线端子

接线端子要求如下:

a) 集中器对外的连接线应经过接线端子,接线端子及其绝缘部件可以组成端子排,端子排应有端子盖板保护。强电端子和弱电端子分开排列,具备有效的绝缘隔离。电源端子的结构应与截面为 1.5 mm^2～2.5 mm^2 的引出线配合。

b) 端子排的绝缘强度应符合 4.5.2 的要求。

c) 端子排的阻燃性能应符合 GB/T 5169.11—2006 的阻燃要求,试验要求见 5.2.3。

4.3.3 天线的引入

采用无线信道时,天线的引入方式应保证在不打开集中器封印的情况下无法使天线由集中器上拆下。

4.3.4 接地端子

金属的外壳和端子盖板以及集中器正常工作中可能被接触的金属部分,应连接到独立的保护接地端子上。接地端子应有清楚的接地符号。接地端子的直径应不小于 5 mm。

4.3.5 电气间隙和爬电距离

裸露的带电部分对地和对其他带电部分之间,以及接线端子排的端子之间和端子排螺钉对金属盖板之间应具有表 3 规定的最小电气间隙和爬电距离。对于工作在海拔高度 2 000 m 以上的集中器的电气间隙应按 GB/T 16935.1—2008 的规定进行修正。

表 3 最小电气间隙和爬电距离

额定电压 V	电气间隙 mm	爬电距离 mm
$U \leqslant 25$	1	1.5
$25 < U \leqslant 60$	2	2
$60 < U \leqslant 250$	3	4
$250 < U \leqslant 380$	4	5

4.3.6 封印

集中器壳体应能加封印。

4.3.7 金属部分的防腐蚀

在正常运行条件下可能受到腐蚀或能生锈的金属部分，应有防锈、防腐的涂层或镀层。

4.4 机械性能

集中器应能承受正常运行及常规运输条件下的机械振动和冲击而不造成失效和损坏。

4.5 绝缘性能要求

4.5.1 绝缘电阻

集中器各电气回路对地和各电气回路之间的绝缘电阻要求如表4所示。

表4 绝缘电阻

额定工作电压 V	绝缘电阻 MΩ		测试电压 V
	正常条件	湿热条件	
$60<U\leqslant 250$	≥10	≥2	500

4.5.2 介电强度

电源回路对地和电气隔离的各回路之间，应耐受50 Hz、有效值2 000 V的交流电压，历时1 min的试验。试验时不得出现击穿、闪络现象，漏电流应不大于5 mA。

4.5.3 冲击电压

电源回路对地和电气隔离的各回路之间，应耐受如表5中规定的冲击电压峰值，正负极性各5次。试验时应无破坏性放电(击穿跳火、闪络或绝缘击穿)现象。

表5 冲击电压峰值

额定工作电压 V	试验电压有效值 V	额定绝缘电压 V	试验电压有效值 V
$U\leqslant 60$	2 000	$125<U\leqslant 250$	5 000
$60<U\leqslant 125$	5 000	$250<U\leqslant 400$	6 000
注：RS485接口与电源回路间试验电压不低于4 000 V。			

4.6 通信信道

4.6.1 载波信道传输要求

应符合GB/T 19882.211—2010中7.1要求。

4.6.2 RS485通信接口

4.6.2.1 一般要求

集中器至少具有2路本地通信接口，其中1路应作为RS485电能表接口；应采用光电隔离等措施与内部电路电气隔离。传输速率可选用600 bit/s,1 200 bit/s,2 400 bit/s或以上。

4.6.2.2 RS485抗干扰能力

RS485输出端子应能有如下的抗冲击能力:

——8 kV静电接触放电无损坏;

——与电源端子间承受4 000 V的冲击电压试验无损坏;

——RS485的A、B端子间承受380 V的交流电压历时5 min无损坏;

——1 kV电瞬变快速脉冲群耦合至通信线路能正常通信。

4.6.3 无线公网信道

4.6.3.1 一般要求

远程信道采用无线公网(GSM、GPRS、CDMA及其他无线信道)时,无线收发通信模块的指标应符合通信行业标准YD/T 1214—2002和YD/T 1028—1999的规定。

4.6.3.2 工作频率与射频性能

采用国家无线电管理机构对用于某种业务的相应设备所规定的工作频率范围,工作频率与射频性能要求见表6。

表6 工作频率与射频性能要求

指标	GSM900	GSM1800	CDMA
频率范围	Tx:890 MHz～915 MHz Rx:935 MHz～960 MHz	Tx:1 710 MHz～1 785 MHz Rx:1 805 MHz～1 880 MHz	Tx:825 MHz～835 MHz Rx:870 MHz～880 MHz
参考灵敏度	<−102 dBm	<−102 dBm	<−116 dBm
输出功率误差	±6 dB(最大功率控制级)	±6 dB(最大功率控制级)	+2/−4 dB
载波频率误差	在$\pm1\times10^{-7}$范围内	在$\pm1\times10^{-7}$范围内	−300 Hz～+300 Hz

4.6.4 其他信道

其他信道应符合相关标准规定。

4.7 功能和性能要求

4.7.1 数据采集

4.7.1.1 采集方式

集中器可以用下列方式采集载波计量仪表、载波采集器所管理的计量仪表的数据:

a) 定时自动采集:集中器应能根据主站设置的抄表方案自动采集数据。

b) 召读数据:集中器应能根据主站的召读命令,读取应答数据并转发回主站。

c) 自动补抄:集中器对在规定的抄读间隔内未抄读到的数据应有自动补抄功能。

4.7.1.2 采集数据

采集数据应包括:各载波计量仪表和采集器的所有需要上传的数据。

电能量数据保存时应带有时标。

4.7.2 数据存储

集中器至少应能分类存储500个单相用户和100个三相用户的最近31个日零点冻结电量数据，12个月末冻结电能量数据和20个重点用户10天的24点实时电能数据。

4.7.3 告警功能

集中器应具有记录电能表异常信息告警的功能。

集中器远程信道应采用“永久在线”方式或具有主动登录功能，集中器应主动向主站发送异常告警信息。

4.7.4 参数设置和查询功能

可以远程或本地设置和查询下列参数：

——集中器编号；

——集中器通信参数，如主站通信地址(包括主通道和备用通道)、IP地址、振铃次数等；

——中继路由参数；

——抄表方案，如抄读间隔、自动抄表日、抄表时间、抄读数据项等；

——电能表档案。

其他需要的可扩展参数。

4.7.5 时钟召测和对时功能

集中器应有计时单元，计时单元的日计时误差≤0.5 s/d。外电源失电后，时钟应能维持正常工作。

集中器可接收主站或本地手持单元的时钟召测和对时命令。集中器应能通过低压电力线载波信道对系统内电能表进行广播对时。

4.7.6 级联

集中器可以级联，级联的若干集中器中1台设置为主集中器，其余设置为从集中器。主集中器通过RS485接口(第1路RS485接口)或其他通信接口级联最多4台从集中器。

主集中器通过远程信道与主站通信，实现主集中器与主站之间的数据传输，并实现主站与级联从集中器之间的数据转发。

在允许主动上报通信方式下，主集中器应周期巡查级联的从集中器，当从集中器有数据主动上报要求时，主集中器将从集中器的数据转发给主站。

4.7.7 数据安全保护功能

与主站之间的远程通信具有权限密码，避免人为破坏或者误操作。

本地设置和抄表应有权限和密码管理等安全措施，防止非授权人员操作。

4.7.8 工作状态指示

集中器应有工作状态指示，指示集中器电源、通信、抄表等工作状态。

4.7.9 其他功能

集中器可具有：

a) 自检功能。

b) 异常情况记录功能。

c) 软件在线下载功能。

4.8 采集数据可靠性

4.8.1 采集数据电能读数准确度

4.8.1.1 采集计度器电能表的电能读数准确度

集中器采集的电能表累计电能量读数 E 与电能表(计度器)显示的电能量示值 E_0 的差值应满足下列要求:

a) 在实验室条件下 $|E-E_0-\Delta E| \leqslant 0.01\% E_0+1\times10^{-(\alpha+1)}+\gamma\times10^{-\beta}$ (1)

b) 在现场运行条件下 $|E-E_0-\Delta E| \leqslant 0.05\% E_0+1\times10^{-(\alpha+1)}+\gamma\times10^{-\beta}$ (2)

注:在式(1)和式(2)中:ΔE=初始化时的 E-初始化时的 E_0,α 为用户电能表计度器的小数位数,β 为系统电能读数的小数位数,γ 为进位误差,当$(E-E_0-\Delta E)\geqslant 0$ 时,$\gamma=0$;当$(E-E_0-\Delta E)<0$ 时,$\gamma=1$。

4.8.1.2 采集非计度器电能表的电能读数准确度

集中器直接抄读或通过采集器抄读非计度器电能表时,集中器采集的电能表累计电能量读数 E 应与电能表示值 E_0 一致。

4.8.2 数据采集成功率

集中器、载波采集器和一定数量的载波电能表组成一个数据采集网络。统计集中器采集数据的成功率应大于97%。

4.9 电磁兼容性要求

低压载波抄表系统的载波频率在无线电频率范围外,因此不考核无线电干扰性能。

4.9.1 电压暂降和短时中断

在电源电压突降及短时中断时,集中器不应发生死机、损坏,电源电压恢复后集中器存储数据无变化,功能和性能符合4.7要求,试验具体要求参见5.8.2。

4.9.2 工频磁场抗扰度

应能抗御频率为50 Hz、磁场强度为400 A/m的工频磁场影响而不发生损坏,试验时集中器的功能和性能符合4.7要求,试验具体要求参见5.8.3。试验后应能正常工作和通信。

4.9.3 辐射电磁场抗扰度

集中器应能承受工作频带以外如表7所示强度的射频辐射电磁场的骚扰不发生损坏,试验时集中器的功能和性能符合4.7要求;试验后应能正常工作和通信。试验等级和要求见表7,试验具体要求参见5.8.4。

表7 磁场、电快速瞬变脉冲群、浪涌试验的主要参数

试验项目	等级	试验值	试验回路
工频磁场		400 A/m	整机
射频辐射电磁场	4	10 V/m	整机
电快速瞬变脉冲群	3	1.0 kV(耦合)	通信线
	4	4.0 kV	电源回路
浪涌	4	4.0 kV(共模),2.0 kV(差模)	电源回路

4.9.4 静电放电抗扰度

集中器在正常工作条件下，应能承受加在其外壳和人员操作部分上的 8 kV 直接静电放电以及邻近设备的间接静电放电而不发生损坏，试验具体要求参见 5.8.5。

4.9.5 电快速瞬变脉冲群抗扰度

集中器应能承受如表 7 所示强度的传导性电快速瞬变脉冲群的骚扰而不发生损坏，试验中集中器不应出现死机和数据出错；试验后应能正常工作和通信。试验具体要求参见 5.8.6。

4.9.6 浪涌抗扰度

集中器应能承受如表 7 所示强度的浪涌的骚扰而不发生损坏，试验时集中器的性能应满足相关要求，不出现死机和数据出错；试验后应能正常工作和通信。试验具体要求参见 5.8.7。

4.10 可靠性指标

集中器的可靠性指标是平均无故障工作时间（MTBF），在正常工作条件下，平均无故障工作时间（MTBF）不少于 2.6×10^{4} h。

5 试验方法

5.1 试验条件

5.1.1 试验方法要求

一个由主站、集中器、载波采集器和电能表组成的系统，其采集电能表数不少于 9 块，且三相均匀分布。模拟主机定时自动采集或实时采集数据，定时采集的时间间隔可设置为 30 min～60 min，运行时间 7 d。

5.1.2 气候环境条件

除非另有规定，各项试验均在以下大气条件下进行：

——温度：+15 ℃～+35 ℃；

——相对湿度：25%～75%；

——大气压力：86 kPa～108 kPa。

在每一项目的试验期间，大气环境条件应相对稳定。

5.1.3 电源条件

电源要求如下：

——频率：50 Hz，允许下偏差－2%、上偏差 1%；

——电压：220 V，允许偏差±5%，失真度<5%。

5.2 结构和机械试验

5.2.1 一般检查

进行外观和结构检查时，不应有明显的凹凸痕、划伤、裂缝和毛刺，镀层不应脱落，标牌文字、符号应清晰、耐久，接线应牢固。

5.2.2 间隙和爬电距离

按 GB/T 16935.1—2008 中第 4 章规定的测量方法用卡尺测量端子的电气间隙和爬电距离。

5.2.3 耐热和阻燃试验

在非金属外壳和有端子排及相关连接件的试验样品上按 GB/T 5169.11—2006 规定的方法进行试验,试验样品使用的材料应与被试集中器的材料相同。

灼热丝顶部的温度为 750 ℃±10 ℃,灼热丝顶部施加在试验样品的端子排的某一端子上,试验时间为 30 s±1 s。在施加灼热丝期间和在其后的 30 s 内,观察样品的试验端子以及端子周围,试验样品应无火焰或不灼热;或样品在施加灼热丝期间产生火焰或灼热,但应在灼热丝移去后 30 s 内熄灭。

灼热丝顶部的温度为 650 ℃±10 ℃,灼热丝顶部施加在试验样品的外壳上,试验时间为 30 s±1 s。在施加灼热丝期间和在其后的 30 s 内,观察样品的外壳应无火焰或不灼热;或样品在施加灼热丝期间产生火焰或灼热,但应在灼热丝移去后 30 s 内熄灭。

5.2.4 振动试验

受试集中器不包装、不通电,固定在试验台中央。试验按 GB/T 2423.10—2008 的规定进行:

——频率范围:10 Hz～150 Hz;

——位移幅值:0.075 mm(频率范围≤60 Hz);

——加速度幅值:10 m/s^2(频率范围>60 Hz);

——每轴线扫频周期数:20。

试验后检查受试设备应无损坏和紧固件松动脱落现象,功能和性能应满足相关要求。

5.3 气候影响试验

5.3.1 高温试验

按 GB/T 2423.2—2008 规定的 Bb 类进行,将被试集中器在非通电状态下放入高温试验箱中央,升温至 4.1 规定的最高温度,保温 6 h,然后通电 0.5 h,功能和性能应满足相关要求。

5.3.2 低温试验

按 GB/T 2423.1—2008 规定的 Ab 类进行,将受试集中器在非通电状态下放入低温试验箱的中央,降温至 4.1 规定的最低温度,保温 6 h,然后通电 0.5 h,功能和性能应满足相关要求。

5.3.3 湿热试验

按 GB/T 2423.3—2006 的规定进行试验。试验箱内保持温度 40 ℃±2 ℃、相对湿度 93%±3%,试验周期为 2 d。试验结束前 0.5 h,在湿热条件下测绝缘电阻应不低于 2 MΩ。试验结束后,在大气条件下恢复 1 h～2 h,功能和性能应满足相关要求;检查集中器金属部分应无腐蚀和生锈情况。

5.4 绝缘性能试验

5.4.1 试验要求

进行各项绝缘性能试验前,应对集中器进行自检,所有结果和显示应正常。

绝缘试验时集中器应盖好外壳和端子盖板。如外壳和端子盖板由绝缘材料制成,应在其外覆盖以导电箔并与接地端子相连,导电箔应距接线端子及其穿线孔不大于 2 cm。试验时,不进行试验的电气回路应短路并接地。进行交流电压和冲击耐压试验时,不应发生闪络、破坏性放电和击穿。

5.4.2 绝缘电阻

在正常试验条件和湿热试验条件下,按表4的测试电压在集中器的端子处测量各电气回路对地和各电气回路间的绝缘电阻,其值应符合表4的规定。

5.4.3 交流耐压

用50 Hz正弦波、有效值2 000 V的交流电压对以下回路进行试验,时间1 min。被试回路为:
——电源回路对地。

5.4.4 冲击电压

冲击电压要求:
——脉冲波形:标准1.2/50 μs脉冲波;
——电源阻抗:500 Ω±50 Ω;
——电源能量:0.5 J±0.05 J。
每次试验分别在正、负极性下施加5次,两个脉冲之间最少间隔3 s,试验电压按表5规定。
被试回路为:
——电源回路对地;
——RS485接口与电源端子间。

5.5 电源影响试验

5.5.1 电源断相试验

按4.2.1的要求进行电源断相试验,试验时集中器应正常工作,功能和性能应满足相关要求。

5.5.2 电源电压变化试验

将电源电压变化到4.2.2规定的极限值时,集中器应能正常工作,功能和性能应满足相关要求。

5.5.3 功率消耗试验

有功功率:用2.0级准确度以上的三相标准有功功率表测量。

视在功率:用2.0级准确度以上的交流电压表和电流表测电源回路的电流值(A)和电压值(V),其乘积数(VA)即为视在功率。

静态功耗测量:在参比温度、参比频率、参比电压、集中器非通信状态下进行试验,有功功率、视在功率应符合4.2.3的规定。

功耗增量测量:使用本地信道,连续召读载波电能表1 min,有功功率、视在功率增量应符合4.2.3的规定。

5.5.4 数据和时钟保持试验

记录集中器中已有的各项数据和时钟显示,然后断开供电电源3 d后,再合上电源,检查各项数据应无改变和丢失,时钟走时应正确。

5.5.5 抗接地故障能力试验

三相供电的集中器由三相四线试验电源供电,电源电压升至1.1倍的标称电压,集中器应工作正常,然后将集中器电源的中性端与三相四线试验电源的地端断开,并与试验电源的模拟接地故障相(输出电压为零)连接,三相四线试验电源的另外两相的电压升至1.1倍的标称电压。

每相试验时间4 h。试验后,集中器不应出现损坏,保存数据应无改变,主要功能和性能应满足相关要求。

5.6 传输信道试验

5.6.1 载波信道试验

按GB/T 19882.211—2010中通信功能试验。

5.6.2 公用通信网试验

采用公用通信网络的通信部件按照YD/T 1215—2006和YD/T 1050—2000及相关标准的测试方法对表6所列技术指标进行测试。

5.6.3 其他信道试验

其他信道的测试按相关标准。

5.7 功能和性能试验

5.7.1 一般要求

各项功能试验时,应将测试主机、被测试集中器、电能表和相应信道连接成一个测试系统,功能试验结果应符合4.7的相关规定。

5.7.2 数据存储试验

测试主机分别发出实时数据、历史数据查询命令,在规定的响应时间内,测试主机显示接收到的数据项目应符合4.7.2的数据存储要求。

5.7.3 参数设置和查询试验

按4.7.4的要求,用测试主机向被试集中器设置各项参数,集中器的显示以及主机召测到的结果应与设置参数值一致。

5.7.4 时钟误差试验

根据标准GB/T 15284—2002中6.6.2.2规定的时间开关计时准确度的实验方法,测试集中器时钟准确度,应满足4.7.5的时钟准确度要求。

或者用标准秒表作为基准,记录集中器时钟与基准的初始差值S_1,24 h后再次记录集中器时钟与基准的初始差值S_2,$|S_2-S_1|$的结果应小于1 s。

5.7.5 级联试验

按4.7.6的要求,设置两个集中器一个为主集中器、另一个为从集中器,主集中器通过通信接口级联到从集中器;用测试主机向被试从集中器进行设置各项参数,从集中器的显示以及主机召测到的结果应与设置参数值一致。

5.7.6 工作状态指示功能试验

观察集中器显示屏或信号灯应能正确显示集中器电源、通信、抄表等状态。

5.8 电磁兼容性试验

5.8.1 一般要求

以下试验规定了集中器的电源、输入、输出等回路的电磁兼容性试验方法。在进行电磁兼容性试验时,集中器的性能应满足相关要求,不出现死机和数据出错;试验后应能正常工作和通信。

5.8.2 电压暂降和短时中断试验

集中器在正常工作状态,按 GB/T 17626.11—2008 的规定,并在下述条件下进行试验:

a) 电压试验等级 40%UT(从额定电压暂降 60%):
——持续时间:1 min(3 000 个周期);
——降落次数:1 次。

b) 电压试验等级 0%UT(从额定电压暂降 100%):
——持续时间:1 s(50 个周期);
——中断次数:3 次,各次中断之间的恢复时间 10 s。

c) 电压试验等级 0%UT(从额定电压暂降 100%):
——中断时间:20 ms(1 个周期);
——中断次数:1 次。

以上电源电压的突变发生在电压过零处。

试验中集中器不应发生损坏和死机现象。试验后集中器工作正常,存储数据无改变,功能和性能应满足相关要求。

5.8.3 工频磁场影响试验

按 GB/T 17626.8—2006 的规定,将集中器置于与系统电源电压相同频率的随时间正弦变化的、强度为 400 A/m 的均匀磁场的线圈中心,试验时集中器的性能应满足相关要求,不出现死机和数据出错;试验后应能正常工作和通信。

5.8.4 射频电磁场辐射抗扰性试验

按 GB/T 17626.3—2006 的规定,并在下述条件下进行试验:

——集中器在正常工作状态(外接电能表);
——频率范围:80 MHz~1 000 MHz;
——严酷等级:3;
——试验场强:10 V/m。

对于无线通信系统,试验时集中器天线应引出,集中器在使用频带内不应发生损坏和死机;在使用频带外时,集中器的性能应满足相关要求,不出现死机和数据出错;试验后应能正常工作和通信。

5.8.5 静电放电抗扰性试验

静电放电抗扰性试验的试验条件中相对湿度为 30%~60%,其他试验条件同 5.1.2。

集中器在正常工作状态(外接电能表正常工作),按 GB/T 17626.2—2006 的规定,并在下述条件下进行试验:

——接触放电;
——严酷等级:4;
——试验电压:8 kV;

——直接放电(在操作人员正常使用时可能触及的外壳和操作部分)及间接放电(集中器各个侧面);

——每个敏感试验点放电次数:正负极性各 10 次,每次放电间隔至少为 1 s。

如集中器的外壳为金属材料,则直接放电采用接触放电;如集中器的外壳为绝缘材料,则直接放电采用空气放电,试验电压 8 kV。

试验时集中器的性能应满足相关要求,存储数据无改变,不出现死机和数据出错;试验后应能正常工作和通信。

5.8.6 电快速瞬变脉冲抗扰性试验

按 GB/T 17626.4—2008 的规定,并在下述条件下进行试验:

a) 集中器在工作状态(外接电能表正常工作),试验电压施加于集中器的供电电源端和保护接地端:

——严酷等级:4;

——试验电压:±4 kV(重复频率 5 kHz);

——试验时间:1 min/次;

——施加试验电压次数:正负极性各 3 次。

试验中集中器不应出现死机和数据出错;试验后应能正常工作和通信。

b) 集中器在正常工作状态下(外接电能表正常工作),用电容耦合夹将试验电压耦合至通信线路上:

——严酷等级:3;

——试验电压:±1 kV;

——试验时间:1 min/次;

——施加试验电压次数:正负极性各 3 次。

试验时集中器的性能应满足相关要求,不出现死机和数据出错;试验后应能正常工作和通信。

5.8.7 浪涌抗扰性试验

集中器在正常工作状态(外接电能表正常工作),按 GB/T 17626.5—2008 的规定,并在下述条件下进行试验:

——严酷等级:4(电源回路);

——试验电压:2 kV(电源电压两端口之间),4 kV(电源电压各端口与地之间);

——波形:1.2/50 μs;

——极性:正、负;

——试验次数:正负极性各 5 次;

——重复率:1 次/min。

试验时集中器不应出现死机和数据出错;试验后应能正常工作和通信。

5.9 可靠性验证试验

按 JB/T 6214—1992 中的截尾序贯试验进行,方案 4:6($\alpha=\beta=0.2, D_m=2$)进行,见表 8。

方案中各符号含义如下:

m_0——指定的可接受的平均无故障工作时间;

m_1——不可接受的平均无故障工作时间;

α ——生产方风险,实际的 $m=m_0$ 时产品被拒收的概率;

β ——使用方风险,实际的 $m=m_1$ 时产品被接收的概率;

D_m——平均无故障工作时间鉴别比。

D_m 的计算公式为：

$$D_m = m_0 / m_1$$

已知 $D_m=2.0$，$m_0=2\times10^4$ h，所以 $m_1=4\times10^4$ h。

表 8　4:6 合格判定表

失效数	累计试验时间（m_0 的倍数）	
	拒收（等于或小于）	接收（等于或大于）
0		1.40
1	0.35	2.09
2		2.79

累积相关试验时间 T_k 为：

$$T_k = \sum_{j=1}^{n} T_{kj}$$

式中：

T_k ——第 k 次失效的累积试验时间，h；

n ——集中器数，台；

T_{kj}——第 k 次失效时，第 j 号集中器的试验时间，h。

根据计算累积试验时间，按表 8 进行下列判定：

a）如无故障发生，则在 1.4 m_0 时间后可验收。

b）如在 0.35 m_0 时间内发生两台以上故障则拒收。

6　检验规则

6.1　检验分类

检验分为出厂检验和型式检验两类。

6.2　出厂检验

6.2.1　项目和建议顺序

经调试合格的集中器，应按型号、生产批号相同者划分为组，按组提供给质检部门按附录 B 项目和建议顺序逐个进行检验。

6.2.2　不合格判定

检验中发现任一样品的 A 类不合格或其他类不合格折算为 A 类不合格的权值，累积数大于或等于 1 时，则判为不合格品，应重新进行调试或修理。

6.3　型式试验

6.3.1　周期

集中器新产品或老产品恢复生产以及设计和工艺有重大改进时，应进行型式试验。批量生产或连续生产的集中器,每两年至少进行一次型式试验。

可靠性验证试验在生产定型时进行,或按客户要求,在系统试运行时进行。

6.3.2 抽样

型式试验的样品应在出厂检验合格的集中器中随机抽取。按 GB/T 2829—2002 选择判别水平Ⅰ,不合格质量水平 $RQL=30$ 的一次抽样方案,即

$$(n \quad Ac \quad Re)=[3 \quad 0 \quad 1]$$

式中:

n ——样本大小;

Ac ——合格判定数;

Re ——不合格判定数。

6.3.3 不合格分类

按 GB/T 2829—2002 规定,不合格分为 A、B、C 三类。各类的权值定为:A 类 1.0,B 类 0.5,C 类 0.3。

6.3.4 合格或不合格判定

检验项目不合格类别的划分见附录 B,当一个样本不合格检验项目的不合格权值的累积数大于或等于 1 时,则判为不合格品;反之为合格品。

对一个样本的某个试验项目发生一次或一次以上的不合格,均按一个不合格计。

6.4 项目和顺序

检验项目和推荐的试验顺序见附录 B。

7 标志、运输、贮存

7.1 标志

7.1.1 产品标志

集中器上应有下列标志:

——产品名称及型号;

——制造厂名或商标;

——制造日期及厂内编号。

7.1.2 接线标志

集中器的端子盖板背面应有端子与外电路的连接线路图,接线端子应有下列清楚和永久性的标志:

——交流电源三相线端子应标以字母 A、B、C;

——交流电源中线端子应标以字母 N;

——保护接地端子应标以图形符号或字母 PE。

7.1.3 包装标志

集中器的包装箱上应有下列标志:

——标以“小心轻放”、“向上”、“防潮”等图示;

——制造厂名；
——产品名称、型号、产品执行标准号；
——产品数量、体积、重量。

7.2 运输

包装完整的产品在运输过程中应避免雨、雪的直接淋袭，并防止受到剧烈的撞击和振动。

7.3 贮存

集中器的贮存环境条件应符合：
——温度：－25 ℃～＋55 ℃；
——相对湿度：5％～100％（包括凝露）；
——无腐蚀性气体。

附 录 A
（资料性附录）
集中器和采集器的类型标识代码

A.1 集中器和采集器的类型标识代码

集中器和采集器的类型标识代码如下：

```
××  ×  ××  ×—××××
```

——生产企业代号及设计序号(不大于8位)

——温度级别:1—C1,2—C2,3—C3,4—CX

——I/O配置(2位,1位大写英文字母,1位数字或大写英文字母)

——上行通信信道:W—230 MHz专网,G—无线G网,C—无线C网,J—微功率无线,Z—电力线载波,L—有线网络,P—公共交换电话网,T—其他

——分类:DJ—集中器,DC—采集器

其中I/O配置以大写英文字母及数字表示,第1位:A—交流模拟量输入,B—基本型,C—简易型(低压采集器),D—外接装置,E—脉冲型(低压采集器);第2位:1～9—1～9路控制出/双位置状态入/脉冲入/电能表接口(厂站采集终端),A～W—10～32路控制出/双位置状态入/脉冲入/电能表接口(厂站采集终端),X—大于32路。

类型标识代码的命名由产品型号登记机构负责。

附　录　B
（资料性附录）
检验项目和建议顺序

检验项目和建议顺序见表B.1。

表B.1　检验项目和建议顺序

序号	检验项目	出厂检验	型式检验	不合格类别
1	结构	√	√	B
2	功能和性能	√[a]	√	A
3	通信信道	√ *	√	B
4	电源影响(电源断相、电压变化)	√ *	√	A
5	功率消耗	√ *	√	B
6	接地故障能力	√ *	√	A
7	高温	√ *	√	A
8	低温	√ *	√	A
9	电压暂降和短时中断		√	A
10	工频磁场抗扰度		√	A
11	射频电磁场辐射抗扰度		√	A
12	静电放电		√	A
13	电快速瞬变脉冲群		√	A
14	浪涌抗扰度		√	A
15	绝缘电阻及绝缘强度	√ *	√	A
16	冲击电压	√ *	√	A
17	机械振动		√	B
18	湿热		√	B
注：出厂检验中“√”表示应做的项目，“√ *”表示批次抽查的项目。				
[a] 功能和性能中数据采集功能。				

ICS 17.220.20
N 22

中华人民共和国国家标准

GB/T 19882.213—2012

自动抄表系统
第213部分:低压电力线载波抄表系统 载波采集器

Automatic meter reading system—
Part 213:Distribution line carrier meter reading system—
DLC Acquisition unit

2012-12-31发布 2013-06-01实施

中华人民共和国国家质量监督检验检疫总局
中国国家标准化管理委员会 发布

前　言

《低压电力线载波抄表系统》分为4个部分：

——第211部分：系统要求；

——第212部分：载波集中器；

——第213部分：载波采集器；

——第214部分：静止式载波电能表特殊要求。

本部分为GB/T 19882.213—2012《自动抄表系统　第213部分：低压电力线载波抄表系统　载波采集器》。

下面列出《自动抄表系统》国家标准的颁布和预计结构及对应的国际标准：

a）GB/T 19882.1—2005《自动抄表系统　总则》；

b）《自动抄表系统　抄表系统》；

——第21部分：低压电力线载波抄表系统；

——第22部分：无线通信抄表系统；

——第23部分：基于IP网络的抄表系统；

c）《自动抄表系统　应用层数据交换协议》：

——第31部分：对象标识系统(GB/T 19882.31—2007,IEC 62056-61:2002,IDT)；

——第32部分：接口类(GB/T 19882.32—2007,IEC 62056-62:2002,IDT)；

——第33部分：COSEM应用层(GB/T 19882.33—2007，IEC 62056-53:2002,IDT)；

d）GB/T 19897—2005《自动抄表系统　低层通信协议》：

——第1部分：直接本地数据交换(GB/T 19897.1—2005,IEC 62056-21:2002,IDT)；

——第2部分：基于双绞线载波信号的局域网使用(GB/T 19897.2—2005,IEC 62056-31:1999,IDT)；

——第3部分：面向连接的异步数据交换的物理层服务进程(GB/T 19897.3—2005,IEC 62056-42:2002,IDT)；

——第4部分：基于HDLC协议的链路层(GB/T 19897.4—2005,IEC 62056-46:2002,IDT)。

本部分按照GB/T 1.1—2009给出的规则起草。

请注意本文件的某些内容可能涉及专利。本文件的发布机构不承担识别这些专利的责任。

本部分由中国机械工业联合会提出。

本部分由全国电工仪器仪表标准化技术委员会(SAC/TC 104)归口。

本部分负责起草单位：哈尔滨电工仪表研究所、广东浩迪创新科技有限公司、深圳市龙电电气有限公司、长沙威胜信息技术有限公司、杭州百富电子技术有限公司、深圳市泰瑞捷电子有限公司、西安旌旗电子有限公司。

本部分参加起草单位：深圳市思达仪表有限公司、北京福星晓程电子科技有限公司、北京纳思电器有限公司、江苏林洋电子有限公司、华立仪表集团股份有限公司、深圳科陆电子科技股份有限公司、宁波三星科技有限公司、深圳浩宁达仪表股份有限公司、天正集团有限公司、怀化建南机器厂有限公司、黑龙江省电力有限公司、华北电力科学研究院有限责任公司、深圳市力合微电子有限公司、漳州科能电器有限公司、上海英孚特电子技术有限公司、青岛东软电脑技术有限公司、美国埃施朗股份有限公司。

本部分主要起草人：陈声荣、肖伟峰、黄深喜、张志忠、潘之凯、许惠锋、薛德晋、蒋周金、兰铁岩、关文举、胡亚军、郭永林、徐茂林、胡生、王兆宏、姚礼本、易思杏、袁瑞铭、黎洪、张绍衡、戴恋。

自动抄表系统 第213部分:低压电力线载波抄表系统 载波采集器

1 范围

本部分规定了电能表载波采集器的术语、技术要求、试验方法以及检验和验收规则。

本部分仅适用于低压电力线载波抄表系统用采集器。

2 规范性引用文件

下列文件对于本文件的应用是必不可少的。凡是注日期的引用文件,仅注日期的版本适用于本文件。凡是不注日期的引用文件,其最新版本(包括所有的修改单)适用于本文件。

GB/T 2423.1—2008 电工电子产品环境试验 第2部分:试验方法 试验A:低温(IEC 60068-2-1:2007,IDT)

GB/T 2423.2—2008 电工电子产品环境试验 第2部分:试验方法 试验B:高温(IEC 60068-2-2:2007,IDT)

GB/T 2423.3—2006 电工电子产品环境试验 第2部分:试验方法 试验Cab:恒定湿热试验(IEC 60068-2-78:2001,IDT)

GB/T 2423.10—2008 电工电子产品环境试验 第2部分:试验方法 试验Fc:振动(正弦)(IEC 60068-2-6:1995,IDT)

GB/T 2829—2002 周期检验计数抽样程序及表(适用于对过程稳定性的检验)

GB 4208—2008 外壳防护等级(IP代码)(IEC 60529:2001,IDT)

GB/T 5169.11—2006 电工电子产品着火危险试验 第11部分:灼热丝/热丝基本试验方法 成品的灼热丝可燃性试验方法(IEC 60695-2-11:2000,IDT)

GB/T 16935.1—2008 低压系统内设备的绝缘配合 第1部分:原理、要求和试验(IEC 60664-1:2007,IDT)

GB/T 17626.2—2006 电磁兼容 试验和测量技术 静电放电抗扰度试验(IEC 61000-4-2:2001,IDT)

GB/T 17626.3—2006 电磁兼容 试验和测量技术 射频电磁场辐射抗扰度试验(IEC 61000-4-3:2002,IDT)

GB/T 17626.4—2008 电磁兼容 试验和测量技术 电快速瞬变脉冲群抗扰度试验(IEC 61000-4-4:2004,IDT)

GB/T 17626.5—2008 电磁兼容 试验和测量技术 浪涌(冲击)抗扰度试验(IEC 61000-4-5:2005,IDT)

GB/T 17626.8—2006 电磁兼容 试验和测量技术 工频磁场抗扰度试验(IEC 61000-4-8:2001,IDT)

GB/T 17626.11—2008 电磁兼容 试验和测量技术 电压暂降、短时中断和电压变化的抗扰度试验(IEC 61000-4-11:2004,IDT)

GB/T 19882.211—2010 自动抄表系统 第 211 部分:低压电力线载波抄表系统 系统要求
GB/T 19882.212—2012 自动抄表系统 第 212 部分:低压电力线载波抄表系统 载波集中器
JB/T 6214—1992 仪器仪表 可靠性验证试验及测定试验(指数分布)导则

3 术语和定义

GB/T 19882.211,GB/T 19882.212 中界定的术语和定义适用于本部分。

4 技术要求

4.1 功能要求

4.1.1 转发功能

接收集中器下发的电能表数据抄读、参数设置和控制等命令,实时下发给下连的具有通信接口的电能表(以下简称电能表)。

4.1.2 数据收发功能

采集器应能读取电能表的数据和状态信息并将数据信息发送给集中器。

采集器应支持集中器对电能表的控制操作的要求。

4.1.3 数据采集能力

采集器应具有至少采集 8 只电能表的数据的能力。

4.1.4 本地维护功能

采集器应具有本地维护功能,能够采用手持设备对采集器进行参数设置和维护检测。

4.2 通信接口要求

4.2.1 下行通信接口要求

采集器应具备至少一个下行通信接口,下行通信接口可以采用 RS485/RS232 等通信接口,所采用的通信接口应符合相应的标准。

4.2.2 上行信道要求

采集器具备载波上行通道,载波上行通道应符合 GB/T 19882.211—2010 中 7.1 的要求。

4.2.3 本地维护信道要求

采集器具备至少一个本地维护通道,本地通道的信道要求符合相应的标准要求。

4.3 电气性能

4.3.1 额定工作条件

采集器可以采用单相 220 V 或三相四线 220 V/380 V 的交流 50 Hz 电源供电,允许供电电压偏差范围为额定值的−20%~+20%,允许频率偏差范围为额定值的−2%~+2%。

在三相四线供电时,在断一相或两相电压的条件下,采集器应能维持正常工作和通信。

4.3.2 功率消耗

采集器在非通信状态下每相功耗应不大于 10 VA、2 W。

载波传输状态下，每相增加的功耗不大于 10 VA、1.5 W。

4.4 环境条件

4.4.1 气候环境条件

采集器正常运行的气候环境条件应满足 GB/T 19882.212—2012 中表 1 的要求。

4.4.2 海拔高度

采集器使用场所海拔高度应满足 GB/T 19882.212—2012 中表 2 的要求。

4.5 结构要求

4.5.1 结构要求

4.5.1.1 壳体

使用阻燃、防紫外线的材料制成。非金属外壳应符合 GB/T 5169.11—2006 的阻燃要求。

户内：外壳的防护性能应符合 GB 4208—2008 规定的 IP51 级要求。

户外：外壳的防护性能应符合 GB 4208—2008 规定的 IP54 级要求。

4.5.1.2 铭牌

可防紫外线辐射，标示下列信息：产品名称、型号、规格、制造厂名、编号或批号、生产日期、执行标准。

4.5.1.3 封印

壳体应能加封印。

4.5.1.4 端子排列

强电（电压）端子和弱电端子分开排列，左侧为强电端子，右侧为弱电端子，强弱电端子间需有效的绝缘隔离，端子的定义及接线方式有清晰的标识。

4.5.1.5 电气间隙和爬电距离

端子和导体的电气间隙和爬电距离应符合 GB/T 19882.212—2012 中 4.3.5 的要求。

4.5.2 指示

采集器应在仪表正面配置有可见的运行状态指示，并至少提供供电电源、上行通信和下行通信的状态指示信息。

4.6 绝缘性能要求

4.6.1 绝缘电阻

采集器各电气线路对地和各电气线路之间的绝缘电阻应符合 GB/T 19882.212—2012 中表 4 的要求。

4.6.2 介电强度

采集器的电源线路对地和电气隔离的各线路之间的介电强度，应符合 GB/T 19882.212—2012 中 4.5.2 的要求。

4.6.3 冲击电压

采集器的电源线路对地和电气隔离的各线路之间，应按照 GB/T 19882.212—2012 中表 5 规定进行冲击电压试验，正负极性各 5 次。试验时应无破坏性放电(飞弧或击穿)现象。

4.7 机械性能

采集器应能承受正常运行及常规运输条件下的机械振动和冲击而不造成失效和损坏。

4.8 电磁兼容性(EMC)

4.8.1 电压暂降和短时中断

在电源电压暂降及短时中断时，采集器不应发生死机或损坏，电源电压恢复后采集器存储的数据无变化，功能和性能符合 4.1 要求。

4.8.2 工频磁场抗扰度

应能抗御频率为 50 Hz、磁场强度为 400 A/m 的工频磁场干扰而不发生错误动作，功能和性能符合 4.1 要求。

4.8.3 电磁抗扰度

采集器应承受如表 1 所示强度的骚扰不发生损坏，功能和性能符合 4.1 要求。试验等级和要求见表 1。

表 1 电快速瞬变脉冲群、浪涌、静电放电和电磁场试验的主要参数

试验项目	等级	试验值	试验线路	要求
电快速瞬变脉冲群	3	1.0 kV(耦合)	通信线	试验时采集器无损坏、无死机，试验后通信正常
	4	4.0 kV	电源线路	试验时采集器无损坏、无死机，试验后通信正常
浪涌	4	4.0 kV(共模) 2.0 kV(差模)	电源线路	试验时采集器无损坏、无死机，试验后通信正常
静电放电	4	8 kV，直接和间接	外壳	试验时采集器无损坏、无死机，试验后通信正常
射频辐射电磁场	3	10 V/m	整机	试验时采集器无损坏、无死机，试验后通信正常

试验方法见 5.8。

4.9 可靠性要求

应符合 GB/T 19882.212—2012 中 4.10 要求。

5 试验方法

5.1 试验条件

5.1.1 气候环境条件

除非另有规定，各项试验均在以下大气条件下进行：

——温度：+15 ℃～+35 ℃；

——相对湿度：25%～75%；

——大气压力：86 kPa～108 kPa。

在每一项目的试验期间，大气环境条件应相对稳定。

5.1.2 电源条件

电源要求如下：

——频率：50 Hz，允许下偏差−2%、上偏差1%；

——电压：220 V，允许偏差±5%，失真度<5%。

5.2 结构和机械试验

5.2.1 一般检查

进行外观和结构检查时，不应有明显的凹凸痕、划伤、裂缝和毛刺，镀层不应脱落，标牌文字、符号应清晰、耐久，接线应牢固。

5.2.2 间隙和爬电距离

应按 GB/T 16935.1—2008 中第4章规定的测量方法用卡尺测量端子的电气间隙和爬电距离。

5.2.3 耐热和阻燃试验

应按 GB/T 19882.212—2012 中5.2.3规定的方法进行试验。

5.2.4 振动试验

应按 GB/T 19882.212—2012 中5.2.4规定的方法进行试验。

5.3 气候影响试验

5.3.1 高温试验

按 GB/T 2423.2—2008 规定的Bb类进行，将被试采集器在非通电状态下放入高温试验箱中央，升温至4.4.1规定的最高温度，保温6 h，然后通电0.5 h，采集器能够正常工作，功能和性能不改变。

5.3.2 低温试验

按 GB/T 2423.1—2008 规定的Ab类进行，将受试采集器在非通电状态下放入低温试验箱的中央，降温至4.4.1规定的最低温度，保温6 h，然后通电0.5 h，采集器能够正常工作，功能和性能不改变。

5.3.3 湿热试验

按 GB/T 2423.3—2006 的规定进行试验。试验箱内保持温度(40±2)℃、相对湿度(93±3)%，试验周期为 2 d。试验结束前 0.5 h，在湿热条件下测绝缘电阻应不低于 2 MΩ。试验结束后，在参比条件下恢复 1 h～2 h，采集器能够正常工作，功能和性能不改变，金属部分无锈蚀。

5.4 绝缘性能试验

5.4.1 试验要求

进行各项绝缘性能试验前，应对采集器进行自检，所有结果和显示应正常。

绝缘试验时采集器应盖好外壳和端子盖板。如外壳和端子盖板由绝缘材料制成，应在其外覆盖以导电箔并与接地端子相连，导电箔应距接线端子及其穿线孔不大于 2 cm。试验时，不进行试验的电气线路应短路并接地。进行交流电压和冲击耐压试验时，不应发生闪络、破坏性放电和击穿。

5.4.2 绝缘电阻

在实验室试验条件以及湿热试验条件下，按 GB/T 19882.212—2012 中表 4 的测试电压在采集器的端子处测量各电气线路对地和各电气线路间的绝缘电阻，其值应符合 GB/T 19882.212—2012 中表 4 的规定。

5.4.3 交流耐压

用 50 Hz 正弦波、有效值 2 000 V 的交流电压对以下线路进行试验，时间 1 min。被试线路为：

——电源线路对地。

5.4.4 冲击电压

冲击电压要求：

——脉冲波形：标准 1.2/50 μs 脉冲波；

——电源阻抗：500 Ω±50 Ω；

——电源能量：0.5 J±0.05 J。

每次试验分别在正、负极性下施加 5 次，两个脉冲之间最少间隔 3 s，试验电压按GB/T 19882.212—2012 中表 5 规定。

被试线路为：

——电源线路对地；

——RS485 接口与电源端子间。

5.5 电源影响试验

5.5.1 电源断相试验

采用三相供电时，采集器应按 4.3.1 的要求进行电源断相试验，试验时应正常工作，功能和性能应满足相关要求。

5.5.2 电源电压变化试验

将电源电压调整到 4.3.1 规定的极限值时，采集器应能正常工作，功能和性能应满足相关要求。

5.5.3 整机功率消耗

有功功率：用 1.0 级准确度以上的三相标准有功功率表测量。

视在功率：用 1.0 级准确度以上的交流伏特表和安培表测电源回路的电流值(A)和电压值(V)，其乘积数(VA)即为视在功率。

静态功耗测量:在参比温度、参比频率、参比电压和采集器非通信状态下进行试验,其有功功率、视在功率应符合4.3.2的规定。

载波传输状态下的测量:在参比温度、参比频率、参比电压和采集器使用载波信道连续发出上传数据信号1 min时进行试验,其有功功率、视在功率增量应符合4.3.2的规定。

5.6 传输信道试验

应按GB/T 19882.211—2010中9.6的规定进行试验。

5.7 功能和性能试验

5.7.1 试验条件

各项功能试验时,应将测试主机、测试集中器、被测试采集器、电能表通过相应通信信道连接成一个测试系统,功能试验结果应符合4.1的相关规定。

5.7.2 指令和数据收发功能

测试主机发出针对采集器的数据抄读指令,观察采集器是否正常响应中转主机测试命令。

5.7.3 数据采集能力试验

采集器通过下行通信接口连接不少于8块电能表,测试主机发出读表的命令,观察采集器是否正常返回全部被测电能表的信息。

5.7.4 本地功能试验

5.7.4.1 本地状态指示试验

观察采集器信号灯能否正确显示采集器电源、通信、抄表等状态。

5.7.4.2 本地维护接口试验

通过红外手持机或其他设置工具连接采集器维护接口,观察采集器能否正确通信。

5.8 电磁兼容性试验

5.8.1 一般要求

以下试验规定了采集器的电源、输入、输出等线路的电磁兼容性试验方法。在进行电磁兼容性试验时,采集器不应有损坏、复位、死机现象;试验后,应能正常工作和通信,存储参数和数据无改变功能和性能应满足相关要求。

5.8.2 电压暂降和短时中断试验

采集器在正常工作状态,按GB/T 17626.11—2008的规定,并在下述条件下进行试验:

a) 电压试验等级40%UT(从额定电压暂降60%):
 ——持续时间:1 min(3 000个周期);
 ——降落次数:1次。
b) 电压试验等级0%UT(从额定电压暂降100%):
 ——持续时间:1 s(50个周期);
 ——中断次数:3次,各次中断之间的恢复时间10 s。

c) 电压试验等级 0%UT(从额定电压暂降 100%)：

——中断时间:20 ms(1 个周期)；

——中断次数:1 次。

以上电源电压的突变发生在电压过零处。

5.8.3 工频磁场影响试验

按 GB/T 17626.8—2006 的规定,将采集器置于与系统电源电压相同频率的随时间正弦变化的、强度为 400A/m 的均匀磁场的线圈中心,采集器在正常工作状态下,功能和性能应满足相关要求。

5.8.4 射频电磁场辐射抗扰性试验

按 GB/T 17626.3—2006 的规定,并在下述条件下进行试验：

——采集器在正常工作状态(外接电能表)；

——频率范围 80 MHz～1 000 MHz；

——严酷等级 3；

——试验场强 10 V/m。

采集器应能正常工作和通信,功能和性能应满足相关要求。

5.8.5 静电放电抗扰性试验

静电放电抗扰性试验的试验条件中相对湿度为 30%～60%,其他试验条件同 5.1.1。

采集器在正常工作状态(外接电能表正常工作),按 GB/T 17626.2—2006 的规定,并在下述条件下进行试验：

——接触放电；

——严酷等级:4；

——试验电压:8 kV；

——直接放电(在操作人员正常使用时可能触及的外壳和操作部分)及间接放电(采集器各个侧面)；

——每个敏感试验点放电次数:正负极性各 10 次,每次放电间隔至少为 1 s。

如采集器的外壳为金属材料,则直接放电采用接触放电;如采集器的外壳为绝缘材料,则直接放电采用空气放电,试验电压 8 kV。

5.8.6 电快速瞬变脉冲抗扰性试验

按 GB/T 17626.4—2008 的规定,并在下述条件下进行试验：

a) 集中器在工作状态(外接电能表正常工作),试验电压施加于采集器的供电电源端和保护接地端：

——严酷等级:4；

——试验电压:±4 kV(重复频率 5 kHz)；

——试验时间:1 min/次；

——施加试验电压次数:正负极性各 3 次。

b) 采集器在正常工作状态下(外接电能表正常工作),用电容耦合夹将试验电压耦合至通信线路上：

——严酷等级:3；

——试验电压:±1 kV；

——试验时间:1 min/次；

——施加试验电压次数：正负极性各 3 次。

5.8.7 浪涌抗扰性试验

采集器在正常工作状态(外接电能表正常工作)，按 GB/T 17626.5—2008 的规定，并在下述条件下进行试验：

——严酷等级：4 级(电源线路)；

——试验电压：2 kV(电源电压两端口之间)，4 kV(电源电压各端口与地之间)；

——波形：1.2/50 μs；

——极性：正、负；

——试验次数：正负极性各 5 次；

——重复率：1 次/min。

5.9 可靠性验证试验

按 JB/T 6214—1992 中的截尾序贯试验进行，方案 4：6($\alpha=\beta=0.2, D_m=2$)进行，见表 2。

方案中各符号含义如下：

m_0 ——指定的可接受的平均无故障工作时间；

m_1 ——不可接受的平均无故障工作时间；

α ——生产方风险，实际的 $m=m_0$ 时产品被拒收的概率；

β ——使用方风险，实际的 $m=m_1$ 时产品被接收的概率；

D_m ——平均无故障工作时间鉴别比。

D_m 的计算公式为：

$$D_m = m_0 / m_1$$

已知 $D_m=2.0$，$m_0=2\times10^4$ h，所以 $m_1=4\times10^4$ h。

表 2　4:6 合格判定表

失效数	累计试验时间(m_0 的倍数)	
	拒收(等于或小于)	接收(等于或大于)
0		1.40
1		2.09
2	0.35	2.79

累积相关试验时间 T_k 为：

$$T_k = \sum_{j=1}^{n} T_{kj}$$

式中：

T_k ——第 k 次失效的累积试验时间，单位为小时(h)；

n ——采集器数，台；

T_{kj} ——第 k 次失效时，第 j 号采集器的试验时间，单位为小时(h)。

根据计算累积试验时间，按表 8 进行下列判定：

a) 如无故障发生，则在 1.4 m_0时间后可验收。

b） 如在 0.35 m_0 时间内发生两台以上故障则拒收。

6 检验规则

6.1 出厂检验

由制造厂技术检验部门对生产的系统的每个产品，按附录 A 规定的出厂检验项目进行检验。合格后加盖合格印，并给出出厂检验合格报告。

6.2 型式检验

6.2.1 型式试验规程

按附录 A 规定的全部项目进行检验，下列情况之一应进行型式检验：

a） 新产品设计定型鉴定及批试生产定型鉴定。

b） 当结构、工艺或主要材料有所改变，可能影响其符合本部分要求时。

c） 停产一年后重新投产时。

d） 国家质量监督机关或使用部门要求进行型式检验时。

e） 批量生产的产品应周期性（3 年）进行一次型式检验。

6.2.2 不合格分类

按 GB/T 2829—2002 规定，不合格分为 A、B、C 三类。各类的权值定为：A 类 1.0，B 类 0.5，C 类 0.3。

6.2.3 合格或不合格判定

检验项目不合格类别的划分见附录 A，当一个样本不合格检验项目的不合格权值的累积数不小于 1 时，则判为不合格品；反之为合格品。

对一个样本的某个试验项目发生一次或一次以上的不合格，均按一个不合格计。

6.3 项目和顺序

检验项目和建议顺序如资料性附录 A 所示。

7 标志、包装、运输及储存

7.1 标志

系统的每个产品应有下列标志：

a） 产品名称及型号。

b） 符合执行标准的编代号（按国标规定）。

c） 制造厂名称及注册商标。

d） 制造日期、出厂编号和使用环境条件。

注：名称及型号应经归口主管部门正式颁发。

7.2 包装、运输、储存

包装应符合 GB/T 15464 规定。

包装完整的产品在运输过程中应能避免雨、雪的直接淋袭，并能防止受到剧烈的撞击和振动。

产品存放时，应存放在温度为 −25 ℃～55 ℃、相对湿度不超过 85%、储存室内空气中且无腐蚀性气体的室内物质。

附 录 A
（资料性附录）
推荐的试验顺序

建议	检验项目	出厂检验	型式检验	不合格类别
1	结构	√	√	B
2	功能和性能	√	√	A
3	数据传输信道	√ *	√	B
4	电源影响	√ *	√	A
5	功率消耗	√ *	√	B
6	高温	√ *	√	A
7	低温	√ *	√	A
8	电压暂降和短时中断		√	A
9	工频磁场抗扰度		√	A
10	射频电磁场辐射抗扰度		√	A
11	静电放电		√	A
12	电快速瞬变脉冲群		√	A
13	振荡波抗扰度		√	A
14	浪涌抗扰度		√	A
15	绝缘电阻及绝缘强度	√ *	√	A
16	冲击电压	√ *	√	A
17	机械振动		√	B
18	湿热		√	B

注：出厂检验中“√”表示应做的项目，“√ *”表示批次抽查的项目。

ICS 17.220.20
N 22

中华人民共和国国家标准

GB/T 19882.214—2012

自动抄表系统 第214部分:低压电力线载波抄表系统 静止式载波电能表特殊要求

Automatic meter reading system—
Part 214: Distribution line carrier meter reading system—
Particular requirements for static DLC meters

2012-12-31 发布 2013-06-01 实施

中华人民共和国国家质量监督检验检疫总局
中国国家标准化管理委员会 发布

前　言

《低压电力线载波抄表系统》分为 4 个部分：

——第 211 部分：系统要求；

——第 212 部分：载波集中器要求；

——第 213 部分：载波采集器要求；

——第 214 部分：静止式载波电能表特殊要求。

本部分为 GB/T 19882.214—2012《自动抄表系统　第 214 部分：低压电力线载波抄表系统　静止式载波电能表特殊要求》。

下面列出《自动抄表系统》国家标准的颁布和预计结构及对应的国际标准：

a)　GB/T 19882.1—2005《自动抄表系统　总则》；

b)《自动抄表系统　抄表系统》：

——第 21 部分：低压电力线载波抄表系统；

——第 22 部分：无线通信抄表系统；

——第 23 部分：基于 IP 网络的抄表系统；

c)《自动抄表系统　应用层数据交换协议》：

——第 31 部分：对象标识系统(GB/T 19882.31—2007，IEC 62056-61：2002，IDT)；

——第 32 部分：接口类(GB/T 19882.32—2007，IEC 62056-62：2002，IDT)；

——第 33 部分：COSEM 应用层(GB/T 19882.33—2007，IEC 62056-53：2002，IDT)；

d)　GB/T 19897—2005《自动抄表系统　低层通信协议》：

——第 1 部分：直接本地数据交换(GB/T 19897.1—2005，IEC 62056-21：2002，IDT)；

——第 2 部分：基于双绞线载波信号的局域网使用(GB/T 19897.2—2005，IEC 62056-31：1999，IDT)；

——第 3 部分：面向连接的异步数据交换的物理层服务进程(GB/T 19897.3—2005，IEC 62056-42：2002，IDT)；

——第 4 部分：基于 HDLC 协议的链路层(GB/T 19897.4—2005，IEC 62056-46：2002，IDT)。

本部分按照 GB/T 1.1—2009 给出的规则起草。

请注意本文件的某些内容可能涉及专利。本文件的发布机构不承担识别这些专利的责任。

本部分由中国机械工业联合会提出。

本部分由全国电工仪器仪表标准化技术委员会(SAC/TC 104)归口。

本部分负责起草单位：哈尔滨电工仪表研究所、华立仪表集团股份有限公司、华北电力科学研究院有限责任公司、宁波三星科技有限公司、天正集团有限公司、漳州科能电器有限公司、江苏林洋电子有限公司。

本部分参加起草单位：长沙威胜信息技术有限公司、上海英孚特电子技术有限公司、深圳市泰瑞捷电子有限公司、深圳市龙电电气有限公司、杭州百富电子技术有限公司、广东浩迪创新科技有限公司、深圳科陆电子科技股份有限公司、深圳浩宁达仪表股份有限公司、黑龙江省电力有限公司、怀化建南机器厂有限公司、西安旌旗电子有限公司、北京纳思电器有限公司、深圳市力合微电子有限公司、北京福星晓程电子科技有限公司、青岛东软电脑技术有限公司、美国埃施朗股份有限公司。

本部分主要起草人：王兆宏、袁瑞铭、李万宏、肖伟峰、潘之凯、兰铁岩、胡雅钧、张志忠、郭永林、徐茂林、胡生、夏亚莉、阳武、姚礼本、蒋周金、陈声荣、薛德晋、张绍衡、易思杏、刘永生、黎洪、浦志勇、关文举。

引　　言

低压电力线载波抄表系统的本部分对系统内的载波电能表进行规范，以保证系统的正常运行。

本部分所指载波电能表是以静止式电能表（这些电能表包括普通计量类电能表、各种多费率电能表和多功能电能表）为基础，加上以低压电力线为载波通信信道，在系统内实现数据交换的通信模块构成的一种电子式电能计量设备。因此，静止式载波电能表除应符合相应的电能表国家标准的要求外，同时还必须符合电力线载波集中抄表系统的整体要求。

自动抄表系统 第214部分:低压电力线载波抄表系统 静止式载波电能表特殊要求

1 范围

本部分规定了静止式载波电能表的要求、试验方法、检验规则、标志、包装及贮存。

本部分适用于新制造的、带有低压电力线载波抄表功能的、用于测量额定频率为50 Hz或60 Hz交流电能的静止式载波电能表(以下简称仪表)及其型式试验。

可靠性方面的要求由IEC 62059系列标准涵盖。

如用户无特别要求,仪表制成为户内仪表。

2 规范性引用文件

下列文件对于本文件的应用是必不可少的。凡是注日期的引用文件,仅注日期的版本适用于本文件。凡是不注日期的引用文件,其最新版本(包括所有的修改单)适用于本文件。

GB/T 2829—2002 周期检验计数抽样程序及表(适用于对过程稳定性的检验)

GB/T 9969—2008 工业产品使用说明书 总则

GB/T 15284—2002 多费率电能表 特殊要求

GB/T 13384—2008 机电产品包装通用技术条件

GB/T 17215.211—2006 交流电测量设备 通用要求、试验和试验条件 第11部分:测量设备(IEC 62052-11:2003,IDT)

GB/T 17215.301—2007 多功能电能表 特殊要求

GB/T 17215.321—2008 交流电测量设备 特殊要求 第21部分:静止式有功电能表(1级和2级)(IEC 62053-21:2003,IDT)

GB/T 17215.323—2008 交流电测量设备 特殊要求 第23部分:静止式无功电能表(2级和3级)(IEC 62053-23:2003,IDT)

GB/T 17215.352—2009 交流电测量设备 特殊要求 第52部分:符号(IEC 62053-52:2005,IDT)

GB/T 19882.211—2010 自动抄表系统 第211部分:低压电力线载波抄表系统 系统要求

GB/T 19882.212—2012 自动抄表系统 第212部分 低压电力线载波抄表系统 载波集中器

GB/Z 21192—2007 电能表外形和安装尺寸

3 术语和定义

GB/T 17215.211、GB/T 15284和GB/T 19882.211中界定的术语和定义适用于本文件。

4 分类

4.1 按照接入线路方式和测量电能量的类别

接入线路方式和测量电能量的类别如表1所示。

表 1 接入线路方式和测量电能量类别表

接入电路方式	测量电能量的类别	
	单相	三相四线或三线
直接接入式	有功	有功或/和无功
经电流互感器接入式	有功	有功或/和无功

4.2 按测量电能的准确度等级

有功:1 级和 2 级;无功:2 级和 3 级(如有此功能时)。

4.3 按测量电能的方向

双向型仪表和单向型仪表。

4.4 按计费率类型

单费率仪表和多费率仪表。

5 标准电量值

应符合 GB/T 17215.211 的规定。

6 要求

6.1 功能要求

6.1.1 电能计量功能

6.1.1.1 计量单向或双向有功总电能量,对多费率仪表应计量各费率有功电能量和有功总电能量。

6.1.1.2 具有无功计量功能的仪表应计量四象限或组合无功电能量。

6.1.2 冻结功能

仪表应至少能自动冻结当日零点时刻有功电能量、结算日有功电能量。

6.1.3 通信功能

仪表应具有通过电力线载波的方式与集中器进行通信的功能。其技术要求应符合GB/T 19882.211。

注:也可根据用户的要求增加其他通信接口(如光电接口、红外、RS485 总线或其他通信方式)实现本地或远程通信。

6.1.4 扩展功能

更多功能要求可通过用户与制造方协商确定。如这些功能要求在 GB/T 17215.301 覆盖范围内,则应符合该标准的要求。

6.2 机械要求

除 GB/T 17215.211 中给出的机械要求外，还应符合下列要求。

6.2.1 一般要求

仪表的外壳、端子座、端子盖等应完整洁净，无明显划伤和毛刺；使用说明书及附件等应齐全。

按钮操作应灵活可靠，无卡死或接触不良现象。

外形及安装尺寸应符合 GB/Z 21192 的规定。

6.2.2 结构要求

6.2.2.1 对预置数据的改变应在不打开表盖条件下进行，并有防止非授权人员输入数据或操作的软件和硬件双重措施。

6.2.2.2 对多费率仪表应提供一个时钟测试输出，在不打开表盖情况下测试其时基频率。

注：如仪表装有电池，对电池的要求见附录 A。

6.2.3 显示

6.2.3.1 被测量值的显示可用机电计数器或电子显示器。

6.2.3.2 在额定电压、最大电流和 $\cos\phi=1.0$（或 $\sin\phi=1.0$）的条件下，计度器应记录和显示从零开始至少 1 500 h 的电能值；对多费率仪表各费率计度器记录值应不少于 900 h 的电能值。

注：更多时间的记录值，可通过订货合同规定。

6.2.4 测试输出装置

6.2.4.1 仪表应提供指示与所耗电能累计成正比的脉冲数的显示，并从仪表的正面可见。

6.2.4.2 仪表的测试输出装置与显示器示值的关系应与铭牌的常数标志一致。

注：测试输出装置产生的脉冲序列可能不均匀，因此，为保证在不同的负荷点上测试准确度不低于仪表准确度等级指数的 1/10，制造厂应在技术文件中注明对应不同负荷点测试所必需的脉冲数。

6.2.4.3 光电测试输出装置的电气特性和光特性应符合 GB/T 17215.211 的要求。

6.3 气候条件

GB/T 17215.211 中给出的气候条件适用于本部分。

6.4 电气要求

除 GB/T 17215.211 中的电气要求外，仪表还应满足下列要求。

6.4.1 功率消耗

6.4.1.1 电压线路

在参比电压、参比温度和参比频率下，仪表每一电压线路的有功功率和视在功率消耗应不超过 2 W 和 10 VA。

注 1：为了匹配仪表的电压互感器，不论负荷是感性或容性的，制造厂应予注明（仅对内含互感器的仪表）。

注 2：以上数值是平均值，开关电源时的峰值允许超过上述值，但应确保仪表所连接的电压互感器有足够的负荷能力。

注 3：通信时的功耗允许超过此规定值。具体数值可由供需双方协商确定。

6.4.1.2 电流线路

直接接入的仪表，每一电流线路在基本电流、参比频率和参比温度下的视在功率不应超过表 2 规定值。

经电流互感器接入的仪表，每一电流线路在参比温度和参比频率下电流值等于电流互感器二次额定电流的视在功率不应超过表 2 规定值。

表 2　电流线路的功率消耗

	仪表等级	
	1	2
单相和多相	4.0 VA	2.5 VA

注 1：额定二次电流是电流互感器的二次电流值，即确定互感器性能的电流值。最大二次电流的标准值是额定二次电流的 120%、150%和 200%。

注 2：为了匹配仪表的电流互感器，制造厂应予注明负荷是感性或容性的（仅对内含互感器的仪表）。

6.4.2 电源电压影响

应符合 GB/T 17215.211 的规定；

对多费率仪表中电源电压对时钟影响应符合 GB/T 15284—2002 中 5.4.2 的规定。

6.4.3 短时过电流影响

对载波有功电能表、无功电能表、多费率电能表应分别符合 GB/T 17215.321、GB/T 17215.323、GB/T 15284 的规定。

注：本要求不适用于在电流电路中有触点的仪表，此情况参见相关标准。

6.4.4 自热影响

不同类型仪表应分别符合 GB/T 17215.321、GB/T 17215.323、GB/T 15284 的规定。

6.4.5 温升

应符合 GB/T 17215.211—2006 中 7.2 的规定。

6.4.6 绝缘

脉冲电压试验应符合 GB/T 17215.211—2006 中 7.3 的规定。

交流电压试验应分别符合 GB/T 17215.321 或 GB/T 17215.323 的相关规定。

6.5 通信性能要求

6.5.1 频带和电平

应符合 GB/T 19882.211—2010 中 7.1.1 和 7.1.2 的规定。

6.5.2 使用频带外的干扰电平

应符合 GB/T 19882.211—2010 中 7.1.3 的规定。

6.6 数据安全性要求

6.6.1 数据的安全措施

仪表应设置软、硬件措施以保证数据的安全。这些措施在附录C中作了例举,可参考使用。

6.6.2 数据安全要求

6.6.2.1 当其他设备通过接口与仪表交换信息时,仪表的计量性能、存贮的计量数据和参数不应受到影响和改变。
6.6.2.2 仪表的设置软件应注明版本号。
6.6.2.3 在任何情况下,仪表的电量数据以及运行参数不应因非法操作或干扰而发生改变。

6.7 电磁兼容性(EMC)

6.7.1 仪表在所传导的或辐射的电磁现象以及静电放电的作用下,既不应损坏仪表也不应实质性地影响测量结果和通信性能,允许仪表有工作状态指示错误,但不应出现死机、复位和继电器误动作等现象。
6.7.2 持续和长期的电磁现象被视作影响量考虑,其准确度要求在GB/T 17215.321、GB/T 17215.323、GB/T 15284等相关标准中给定,通信可靠性和电能抄收准确性等指标在GB/T 19882.212中规定。
6.7.3 短时的电磁现象按GB/T 17215.211—2006中3.6.5给出的定义被视作骚扰。

注:所考虑的电磁环境与以下电磁现象有关:

——静电放电;
——射频电磁场;
——快速瞬变脉冲群;
——射频场感应的传导电压;
——浪涌;
——振荡波;
——无线电干扰。

6.7.4 试验见7.5.1~7.5.2。

6.8 准确度要求

6.8.1 电能测量准确度

仪表有功电能的测量准确度应符合GB/T 17215.321规定的准确度要求。

具有无功电能测量功能的仪表,其准确度应符合GB/T 17215.323规定的准确度要求。

6.8.2 费率寄存器示值的组合误差

对多费率仪表其电能示值误差还应符合GB/T 15284规定的要求。

6.8.3 内部时钟的准确度

参比温度下,内部时钟计时准确度应不大于0.5 s/d。启动工作储备36 h后,计时准确度应优于1 s/d。

计时准确度随温度的改变量每24 h应小于0.03 s/℃。

7 试验方法

GB/T 17215.211、GB/T 17215.321、GB/T 17215.323、GB/T 17215.301、GB/T 15284中给出的

试验和试验条件适用于本部分。

7.1 功能符合性试验

仪表通电后，目视检查显示器及发光元器件，显示应清晰；其计量、冻结、通信等功能及数据安全性要求符合本标准规定，显示的内容、测量单位及其他功能等应符合其产品说明书的要求。对电池的要求试验按照附录A进行。

7.2 机械性能试验

7.2.1 外观检查

目视检查外壳、端子座、端子盖及其他结构件应整洁、无明显划伤和毛刺；辅助接线端的标记符合规定；使用说明书、附件等齐全。

按键操作灵活可靠，自检项目正常。

标志应符合9.1的要求。

7.2.2 其他机械要求试验

按GB/T 17215.211规定进行试验，试验后仪表不得出现功能受损，并能按照本标准正确地工作。

7.3 气候影响试验

7.3.1 一般试验

单费率仪表按GB/T 17215.211规定的高温试验、低温试验、交变湿热和阳光辐射防护试验方法进行试验，多费率仪表按GB/T 15284相关规定进行。试验后仪表不得出现功能受损，并能按照本标准正确地工作。

7.3.2 通信状态下的试验

7.3.2.1 高温试验

7.3.2.1.1 在参比电压下，将具有电子显示器的仪表，置于55 ℃，允差为0 ℃～+2 ℃(室内仪表)的温度环境1 h后，目视检查电子显示器状态。

7.3.2.1.2 依据GB/T 19882.212相关内容进行通信状态试验。目视检查电子显示器状态。

7.3.2.2 低温试验

7.3.2.2.1 参比电压下，将具有电子显示器的仪表，置于－25 ℃，允差为－3 ℃～0 ℃(室内仪表)或－40 ℃，允差为－3 ℃～0 ℃(室外仪表)的温度环境1 h后，目视检查电子显示器状态。

7.3.2.2.2 依据GB/T 19882.212相关内容进行通信状态试验。目视检查电子显示器状态。

7.4 电气性能试验

7.4.1 功率消耗试验

在参比温度、参比频率、参比电压和基本电流下，显示器处于正常显示状态下进行试验。试验设备的等级指数不应低于2级。功率消耗测量的综合最大误差应不超过5%。

注：可采用附录B介绍方法或其他合适的方法进行试验。

7.4.2 电源电压影响试验

按GB/T 17215.211的规定进行试验。

电源电压对内部时钟的影响试验按 GB/T 15284 的规定进行。

7.4.3 温升试验

按 GB/T 17215.211—2006 中 7.2 的规定进行试验。

7.4.4 绝缘试验

按 GB/T 17215.211—2006 中 7.3 的规定进行试验。

7.4.5 接地故障能力试验

按 GB/T 17215.211—2006 中 7.4 的规定进行试验。

7.4.6 自热影响试验

根据仪表测量的不同电能分别按 GB/T 17215.321 或 GB/T 17215.323 规定的方法进行试验。

7.4.7 短时过电流影响试验

根据仪表测量的不同电能分别按 GB/T 17215.321 或 GB/T 17215.323 规定的方法进行试验。

7.5 电磁兼容试验

7.5.1 一般试验条件

仪表应在其正常工作位置，盖上表盖和端子盖，所有预定接地的部分应接地。

7.5.2 试验方法

守候状态下，按照 GB/T 17215.211—2006 中 7.5 的规定进行。试验后仪表的性能和功能应回复正常。

7.6 数据安全性试验

在功能符合性试验时进行。

7.7 准确度试验

7.7.1 对电能测量的准确度试验应根据不同类型仪表分别按 GB/T 17215.321、GB/T 17215.323、GB/T 15284 的规定进行，通信模块和内置负荷开关在工作状态下对计量准确度的影响应满足附件工作影响量要求。

7.7.2 对内部时钟的准确度试验应按 GB/T 15284 的规定进行。

7.7.3 对多费率仪表的电能示值误差的试验应按 GB/T 15284 的规定进行。

7.7.4 如仪表适用于两个方向测量电能，则试验应对仪表在每一测量方向进行。

7.8 输出装置试验

7.8.1 仪表常数试验

检验仪表测试输出与显示器示值的关系是否与标牌的(常数)标志一致。

7.8.2 电测试输出

按照 GB/T 15284—2002 中 6.7.2 进行。

7.8.3 光测试输出

按照 GB/T 15284—2002 中 6.7.3 进行。

8 检验规则

8.1 出厂检验

由制造厂质量检验部门对所生产的每个产品按本标准规定的项目进行检验。合格后应加封印，并出具质量合格证明。检验项目见附录 D。

8.2 型式检验

除非在相应条款中另有说明，所有试验应在参比条件下进行。

型式试验应在由制造商选择的仪表样品上进行，以确定其规定的特性并证明其与本标准要求的符合性。

推荐的试验顺序在附录 D 中给出。

若在型式试验后，对仪表所进行的调整仅影响仪表部分性能时，则只需对因调整而可能影响到的特性进行有限的试验。

下列情况应进行型式检验：

a) 新产品定型鉴定；

b) 当仪表的结构、工艺或主要材料（元器件）以及软件有重大改变时。

8.3 周期检验（过程稳定性检验）

8.3.1 一般要求

正常生产时应进行周期检验，并按 GB/T 2829—2002 规定的程序进行。

周期检验每年进行一次，检验项目见附录 D。

8.3.2 抽样方案

按 GB/T 2829 的规定，选择判别水平Ⅱ、不合格质量水平 $RQL=30$ 的一次抽样方案。

即：

$$(n, Ac, Re)=[3,0,1]$$

式中：

n ——抽样数；

Ac ——合格判定数；

Re ——不合格判定数。

8.3.3 不合格分类

不合格分为 A、B、C 三类。A 类不合格权值为 1，B 类不合格权值为 0.6，C 类不合格权值为 0.2。

检验不合格类别的划分见附录 D。

8.3.4 检验结果的判定

8.3.4.1 检验中，以样本的 A 类不合格或其他类不合格折算为 A 类不合格，作为不合格判定数。

8.3.4.2 除另有说明外，对在同一样本上重复出现的不合格（以 A 类计算），均以一个不合格计。

8.3.4.3 根据合格或不合格的样本数，按抽样方案中的合格判定数 Ac 和不合格判定数 Re，确定检验是否合格。

8.4 监督检验

由国家质量技术监督部门进行。监督检验按有关规定进行。

9 标志、说明书、包装及贮存

9.1 标志

产品标志所用文字应为规范中文。可以同时使用外文。标志的汉字、数字和字母的字体高度应不小于 4 mm。

产品标志应清晰、牢固，易于识别。使用的符号应符合 GB/T 17215.352 的规定。

仪表应有下列标志：

a) 名称及型号；
b) 制造厂名称及注册商标；
c) 本标准的编号；
d) 制造顺序号和年份；如顺序号标在固定表盖的标牌上时，则也应标在表底上或存贮在仪表的非易失存贮器中；
e) 计量单位，如“kWh”；
f) 制造计量器具许可证编号及标志；
g) 仪表电能测量准确度等级指数；
h) 仪表的相、线数(例如：单相二线、三相三线、三相四线)，可由 GB/T 17215.352 中规定的图形符号代替；
i) 参比电压、参比频率；
j) 对直接接入的仪表，标志基本电流值和最大电流值；对经互感器接入的仪表，标志与其所连互感器的二次额定电流值及仪表的最大电流值；
k) 仪表的常数，以 imp/kWh 或 Wh/imp 形式表示；
l) 参比温度(不是 23 ℃时，应标出)；
m) 端子盖内侧应标有接线图；
n) Ⅱ类防护绝缘包封的仪表，应加双方框符号回。

9.2 产品使用说明书

产品应附使用说明书。产品使用说明书中应注明：

a) 为保证在不同的测试点上测量准确度不低于仪表准确度等级指数的 1/10 所必须的采样脉冲数(或时间)；
b) 内部时钟的时基频率测试点及采样时间；
c) 仪表所具有的功能(除电能计量和通信以外的)；
d) 其他需要说明的事项。

产品使用说明书的编制应符合 GB/T 9969 的规定。

9.3 包装及贮存

9.3.1 包装

产品的包装应采用符合环保要求的材料，应根据产品的性质、外形和尺寸、储运装卸条件和用户要求进行设计，达到包装紧凑、防护周密、结构合理、安全可靠、美观适销等要求。

包装要求应符合 GB/T 13384 的规定。

9.3.2 贮存

保存仪表的地方应清洁,其环境温度应为－25 ℃～55 ℃,相对湿度不超过85％,且在空气中含有的有害物质不足以引起仪表的腐蚀。

附　录　A
（规范性附录）
电池要求

A.1　电池的寿命要求

电池寿命应不少于10年且应保证在工作储备启动后至少工作10 000 h。

宜采用一次性不含重金属(汞、铅、镉)的环保电池。

A.2　电池的安装

不能因电池安装不当或者电池安装的极性错误，使电池的电解液泄漏或爆裂而影响人身安全或削弱仪表的安全性并影响仪表的功能。

应在仪表电池盒(或安装电池处)上标有电池极性标志，并且应在使用说明书中提供电池安装操作说明。

在仪表安装电池位置应注明电池更换日期。

A.3　电池的充电和放电

电池不应引起爆裂或由于过充或过放而产生着火的危险。如果需要，仪表内部应采用复合防护措施，除非制造厂使用说明书规定只使用具有内部防护的电池。

为避免因安装了非指定型号的电池而造成电池的爆裂或着火，应在仪表电池盒(或安装电池处)上标有警告标志，并且制造厂的使用说明书中应有警告说明。

A.4　电池的检查

电池的寿命按制造商提供的寿命承诺和电池的安时数进行计算；目测检验仪表的电池安装。

附 录 B
（资料性附录）
功耗试验接线示意图

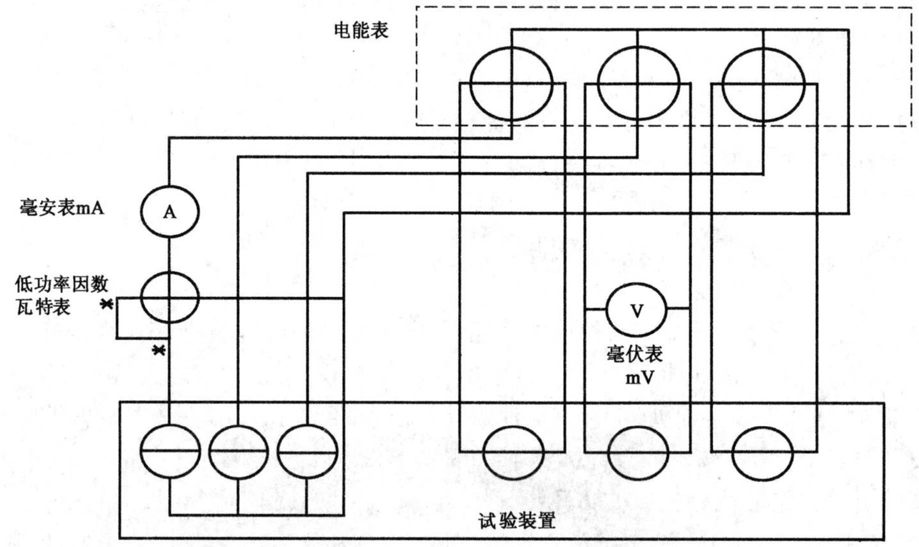

图 B.1 A 相电压、B 相电流功耗测量接线示意图

试验中，分别读取毫安表、毫伏表和低功率因数瓦特表的示值 I_1、V_1、P_1。电流线路功耗为 $I_1 \times V_1$(VA)；电压线路功耗为 $U_n \times I_1$(VA)、P_1(W)。

附 录 C
（资料性附录）
数据安全性措施的示例

C.1 软件措施

为使仪表数据的安全性更高，可增加以下软件包安全措施：

a) 增加安全级别 4 级，其中 1 级为最低安全级别，4 级为最高安全级别，按级别授权。各级别权限如下：
   级别 1：抄表访问。可访问和抄读电能量、需量、瞬时量等数据，无需密码。
   级别 2：诊断访问。可访问仪表的全部的设置参数等。
   级别 3：设置访问。可进行仪表数据复位、参数设置（包括时段和费率参数、设置时钟、显示设置参数等）。
b) 采用双备份数据区加校验技术。
c) 记录打开仪表端盖的时间和次数。
d) 记录打开仪表盖的时间和次数。

C.2 硬件措施

C.2.1 可封缄的设置按键

仪表应具有外部可触及的、可封缄的设置按钮。在诊断、设置访问时除需要软件安全措施外，还需要按下此键后有效。

C.2.2 内置开关

仪表内部设置有开关，打开表盖才可以触到该开关。在进行管理访问时，要闭合该开关。

C.3 密码的设置和使用

C.3.1 仪表出厂时为默认密码，由用户在投入运行前重新设置密码。

C.3.2 用较高级密码可以设置较低级密码，但设置时应在可封缄的设置按键按下时进行。

C.3.3 密码校验如果连续 5 次不正确，将闭锁密码诊断访问、设置访问或管理访问；使用高级密码设置正确后才可以开锁；如果最高级密码锁死，必须闭合仪表内置开关才可以开锁。

附 录 D
（资料性附录）
推荐的试验顺序

表 D.1 推荐的试验顺序

序号	试验项目	标准要求	试验方法	不合格类别	出厂检验	周期检验	型式检验
1	外观检查						
1.1	标志	9.1	7.2.1	A	√	√	√
1.2	外观	6.2.1	7.2.1	C	√	√	√
1.3	附件	6.2.1	7.2.1	C	√	√	√
2	绝缘性能试验[a]						
2.1	脉冲电压试验	6.4.6	7.4.4	A		√	√
2.2	交流电压试验	6.4.6	7.4.4	A	√	√	√
3	功能符合性试验						
3.1	计量功能	6.1.1	7.1	A	√	√	√
3.2	冻结功能	6.1.2	7.1	B	√	√	√
3.3	通信功能	6.1.3	7.1	C	√	√	√
3.4	电池功能	附录 A	7.1	C	√	√	
3.5	数据安全性	6.6	7.6	A	√	√	√
4	准确度要求试验						
4.1	仪表常数试验	6.2.4	7.8.1	A	√	√	√
4.2	输出装置试验	6.2.4	7.8.2	B	√	√	√
4.3	起动状态试验	见相关标准	7.7	A	√	√	√
4.4	无负载状态(潜动)试验	见相关标准	7.7	A	√	√	√
4.5	电流改变引起的误差极限	见相关标准	7.7	A	√	√	√
4.6	影响量试验	见相关标准	7.7	B		√	√
4.7	内部时钟	6.8.3	7.7	B		√	√
4.8	费度寄存器示值组合误差	6.8.2	7.7	B		√	√
5	电气要求试验						
5.1	功率消耗试验	6.4.1	7.4.1	B		√	√
5.2	电源电压影响试验						

表 D.1（续）

序号	试验项目	标准要求	试验方法	不合格类别	出厂检验	周期检验	型式检验
5.2.1	电压范围	6.4.2	7.4.2	B		√	√
5.2.3	暂降、短时中断	6.4.2	7.4.2	B		√	√
5.2.4	时间开关电压暂降	6.4.2	7.4.2	B		√	√
5.2.5	时间开关电压短时中断	6.4.2	7.4.2	B		√	√
5.2.6	时间开关电压长时中断	6.4.2	7.4.2	B			√
5.2.7	电压长时中断对仪表存贮	6.4.2	7.4.2	A			√
5.3	短时过电流影响试验	6.4.3	7.4.7	B		√	√
5.4	自热影响试验	6.4.4	7.4.6	C			√
5.5	温升影响	6.4.5	7.4.3	C			√
5.6	接地故障抑制试验	6.4	7.4.5	B		√	√
6	电磁兼容(EMC)试验						
6.1	无线电干扰	6.8	7.5	B			√
6.2	电快速瞬变脉冲群试验	6.8	7.5	B		√	√
6.3	射频电磁场抗扰度试验	6.8	7.5	B		√	√
6.4	射频场感应的传导骚扰抗扰度试验	6.8	7.5	B		√	√
6.5	静电放电抗扰度试验	6.8	7.5	B		√	√
6.6	浪涌抗扰度试验	6.8	7.5	B		√	√
6.7	衰减振荡波	6.8	7.5	B		√	√
7	气候影响试验						
7.1	高温试验	6.3	7.3	B		√	√
7.2	低温试验	6.3	7.3	B		√	√
7.3	交变湿热试验	6.3	7.3	B		√	√
7.4	阳光辐射试验	6.3	7.3	C			√
8	机械要求试验						
8.1	振动试验	6.2	7.2.2	B			√
8.2	冲击试验	6.2	7.2.2	B			√
8.3	弹簧锤试验	6.2	7.2.2	B			√
8.4	防尘和防水试验	6.2	7.2.2	B			√

表 D.1（续）

序号	试验项目	标准要求	试验方法	不合格类别	出厂检验	周期检验	型式检验
8.5	耐热和阻燃试验	6.2	7.2.2	A			√
9	可靠性验证试验[b]	见相关标准	见相关标准	(A)			√

[a] 绝缘性能的出厂检验，可按 GB 4793.1—1995 的附录 K 生产线常规试验进行。

[b] 可靠性验证试验项目为否决项。其试验不在型式检验的顺序之中，但可以同时进行。

ICS 25.040
L 67

中华人民共和国国家标准

GB/T 19902.6—2012/ISO 16100-6:2011

工业自动化系统与集成 制造软件互操作性能力建规 第6部分:基于多能力类结构进行专规匹配的接口服务和协议

Industrial automation systems and integration—Manufacturing software capability profiling for interoperability—Part 6: Interface services and protocols for matching profiles based on multiple capability class structures

(ISO 16100-6:2011,IDT)

2012-12-31 发布　　　　2013-06-01 实施

中华人民共和国国家质量监督检验检疫总局
中国国家标准化管理委员会　发布

前　言

GB/T 19902《工业自动化系统与集成　制造软件互操作性能力建规》包括以下部分：

——第1部分：框架；

——第2部分：建规方法论；

——第3部分：接口服务、协议与能力模板；

——第4部分：一致性测试方法、判则及报告；

——第5部分：基于多能力类结构进行专规匹配的方法学；

——第6部分：基于多能力类结构进行专规匹配的接口服务和协议。

本部分为GB/T 19902的第6部分。

本部分按照GB/T 1.1—2009给出的规则起草。

本部分使用翻译法等同采用ISO 16100-6:2011《工业自动化系统与集成　制造软件互操作性能力建规　第6部分：基于多能力类结构进行专规匹配的接口服务和协议》(英文版)。

与本部分中规范性引用的国际文件有一致性对应关系的我国文件如下：

GB/T 19902.1—2005　工业自动化系统与集成　制造软件互操作性能力建规　第1部分：框架(ISO 16100-1:2002,IDT)

GB/T 19902.2—2005　工业自动化系统与集成　制造软件互操作性能力建规　第2部分：建规方法论(ISO 16100-2:2003,IDT)

GB/T 19902.3—2006　工业自动化系统与集成　制造软件互操作性能力建规　第3部分：接口服务、协议及能力模板(ISO 16100-3:2005,IDT)

本部分的技术内容和组成结构与ISO 16100-6:2011《工业自动化系统与集成　制造软件互操作性能力建规　第6部分：基于多能力类结构进行专规匹配的接口服务和协议》(英文版)相一致，只在需要的地方，做了个别编辑性修改，主要变化如下：

——大写的英文缩写保留英文原名；

——删去了原文中不符合我国标准编写的字句。

本部分由中国机械工业联合会提出。

本部分由全国自动化系统与集成标准化技术委员会(SAC/TC 159)归口。

本部分由北京机械工业自动化研究所、东南大学负责起草。

本部分主要起草人：高雪芹、王茜、黎晓东、杨书评。

引　言

本标准的编制动机源自工业和经济环境，特别是：

a) 日益增长的厂商专用解决方案；

b) 应用标准时用户遇到的困难；

c) 需要向标准的系统集成工具模块靠拢；

d) 认识到应用软件及使用该软件的专业知识乃是企业的资产。

GB/T 19902 是用于对软件能力进行规范化描述的国家标准，这种描述是计算机可解释的并且是人可读的。它的目标是提供一个用于描述制造软件能力的方法，这些能力与其在整个制造业应用生命周期中的任务相关，不依赖于特定的系统体系结构或实现平台。这可以降低制造应用程序用户和供应商/提供商的生产和信息管理成本。

GB/T 19902 的本部分中的某些图表是根据 UML 的约定构造的。因为并不是图表中包含的所有概念在文中都有解释，故假定读者对 UML 有一定的了解。

工业自动化系统与集成 制造软件互操作性能力建规 第6部分:基于多能力类结构进行专规匹配的接口服务和协议

1 范围

GB/T 19902的本部分定义了用在基于多能力类结构的匹配方法中的详细的接口服务和协议。GB/T 19902的本部分还定义了能力专规模板接口(CPTI)服务组、扩展能力专规接口(CPI)服务组和扩展匹配器接口服务组,它们分别是GB/T 19902.3—2006的5.4中定义的类型1、类型2和类型3服务的扩展。

本部分还定义了能力类结构接口(CCSI)服务组,该附加服务组用于创建、注册、访问和修改GB/T 19902.5—2011的第6章定义的参考制造领域模型的能力类结构。

本部分还指定了如GB/T 19902.5—2011第7章定义的能力专规模板的指定部分的详细内容。

2 规范性引用文件

下列文件对于本文件的应用是必不可少的。凡是注日期的引用文件,仅注日期的版本适用于本文件。凡是不注日期的引用文件,其最新版本(包括所有的修改单)适用于本文件。

GB/T 19902.4—2010 工业自动化系统和集成 制造软件互操作性能力建规 第4部分:一致性测试方法、判则及报告(ISO 16100-4:2006,IDT)

GB/T 19902.5—2011 工业自动化系统和集成 制造软件互操作性能力建规 第5部分:基于多能力类结构进行专规匹配的方法学(ISO 16100-5:2009,IDT)

ISO 16100-1 工业自动化系统和集成 制造软件互操作性能力建规 第1部分:框架(Industrial automation systems and integration—Manufacturing software capability profiling for interoperability—Part 1: Framework)

ISO 16100-2 工业自动化系统和集成 制造软件互操作性能力建规 第2部分:建规方法论(Industrial automation systems and integration—Manufacturing software capability profiling for interoperability—Part 2: Profiling methodology)

ISO 16100-3 工业自动化系统和集成 制造软件互操作性能力建规 第3部分:接口服务、协议及能力模板(Industrial automation systems and integration—Manufacturing software capability profiling for interoperability—Part 3: Interface services, protocols and capability templates)

3 术语和定义

ISO 16100-1、ISO 16100-2、ISO 16100-3、GB/T 19902.4—2010和GB/T 19902.5—2011界定的以及下列术语和定义适用于本文件。

3.1

能力类 capability class

〈软件单元能力类〉能力建规方法中的元素,它根据软件单元在制造活动中的角色来表示该软件单元的功能和行为。

注 1:当制造软件单元(MSU)被用于不同的制造活动中时,其角色会发生改变,然而 MSU 对应的能力类在继承结构中的位置是唯一的,但是可以认为在聚合结构中处于不同的位置。

注 2:在本部分中,能力类模板等同于能力专规模板(见 ISO 16100-2:2003,6.3 中能力模板的要求)。

注 3:根据 ISO 16100-2:2003,定义 3.3 改编。

注 4:一般而言,一个能力类映射一个活动。一个能力类在能力继承结构中是特有的,并能和其他能力类形成能力聚合结构。

3.2

能力类结构　capability class structure

能力类的层次结构。

注:此结构用于 ISO 16100-1:2009 的目标领域(图 2)的能力聚合层次结构建模。

3.3

能力类结构模板　capability class structure template

表示能力类结构的 XML 模式。

注:改写 GB/T 19902.5—2011,定义 3.2。

3.4

能力专规模板　capability profile template

制造软件能力专规模式。

3.5

扩展的服务接口　extended service interface

GB/T 19902 的本部分定义的服务访问点集,用于处理制造领域数据、制造领域模型、能力类结构、能力专规和能力专规模板。

注:"扩展"指 GB/T 19902 的本部分指定的服务和 ISO 16100-3 指定的"基本"服务。

3.6

制造领域数据　manufacturing domain data

UML 类表示的信息,这些信息包括:特定制造领域中的制造资源、制造活动或制造资源间交换的内容。

注:改写 GB/T 19902.5—2011,定义 3.3。

3.7

制造领域数据模板　manufacturing domain data template

表示制造领域数据的 XML 模式。

[GB/T 19902.5—2011,定义 3.4]

3.8

制造领域模型　manufacturing domain model

制造领域的一种特殊视图,由制造领域数据及它们之间的关系组成,并与该领域的应用相对应。

[GB/T 19902.5—2011,定义 3.5]

3.9

零件库　parts library

〈制造业〉零件描述或分类的集合。

注:术语"零件库"也指字典,例如 ISO 13584 中的 PLIB 字典或 ISO 22745 中的 OTD。

4　缩略语

下列缩略语适用于本文件。

BSU:基本语义单元(Basic Semantic Unit)
CCS:能力类结构(Capability Class Structure)
CCSI:能力类结构接口(Capability Class Structure Interface)
CPI:能力专规接口(Capability Profile Interface)
CPTI:能力专规模板接口(Capability Profile Template Interface)
CSI:执行的一致性声明(Conformance Statement for the Implementation)
ESI:扩展的服务接口(Extended Service Interface)
ESP:扩展的服务供应者(Extended Service Provider)
ICD:国际代码命名符(International Code Designator)
MDD:制造领域数据(Manufacturing Domain Data)
MDM:制造领域模型(Manufacturing Domain Model)
MSU:制造软件单元(Manufacturing Software Unit)
OTD:开放技术字典(Open Technical Dictionary)
PLIB:零件库[Parts Library (如 ISO 13584 中所指定的)]
UML:统一建模语言(Unified Modeling Language)
URL:统一资源定位符(Uniform Resource Locator)
URN:统一资源名称(Uniform Resource Name)
XML:可扩展的标记语言(eXtensible Markup Language)

5 服务供应者接口服务

5.1 服务集

图 1 显示了处理能力专规、能力专规模板、CCS、MDM、MDD 和 MDD 对象的所有服务,以及这些服务与扩展服务供应者和基本服务供应者的关系。基本服务供应者处理 CPI 组类型 1 服务。扩展的服务供应者处理 CPTI、CPI 和 CCSI 服务。另外,扩展的服务供应者支持扩展匹配器服务和处理 MDM 和 MDD 的其他服务接口。

所有服务具有下列特点:

a) 服务实施时,只有一个服务供应者和一个服务用户,不再涉及第三方;
b) 服务用户初始化所有服务调用,这些调用区别于下层通信层的服务调用;
c) 服务用户调用总伴随一个来自服务供应者的响应;
d) 任何服务用户调用和相应的响应在绑定时间框架下实施,这由服务用户或服务供应者确定;
e) 对先前的服务调用响应完成时,处理服务访问点的服务调用;
f) 一个调用只针对一个单一服务,没有针对服务组的调用;
g) 图 1 中,对存储库添加和修改的注册服务使用数据存储机制;
h) 存储库中对象的状态如下:
   1) 存储:请求创建后,对象存储于存储库中;
   2) 注册:经过一致性测试后,对象注册到存储库中;
   3) 删除:请求删除后,对象从存储库中删除。

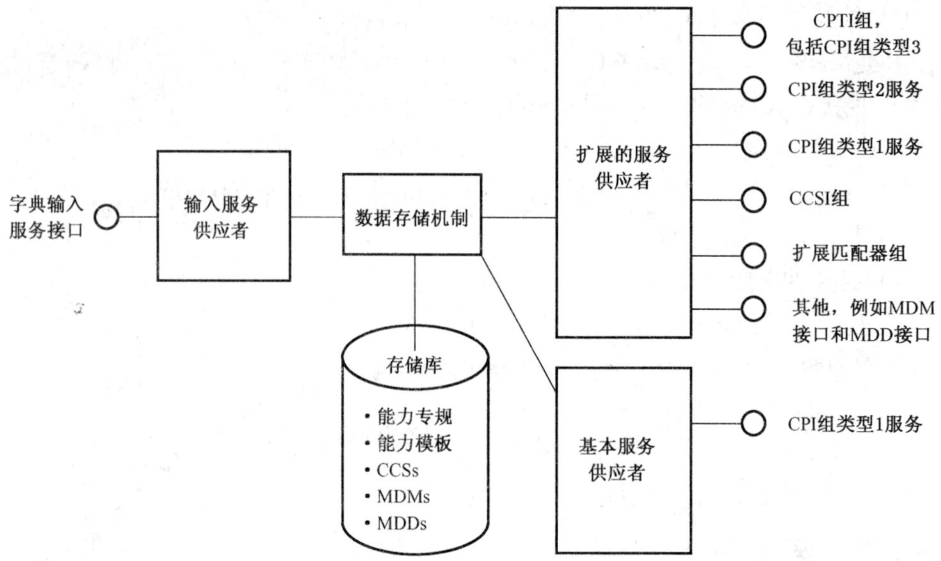

注 1：本图没有根据 UML 约定制作。数据存储机构和存储库之间的线条代表添加、删除和更改存储库内容的规则。数据存储机构和扩展的服务供应者之间的线条代表扩展服务到数据存储服务的映射。映射属典型的执行范畴，故非本部分的内容。

注 2：本图中粗体字元素将在本部分特别描述。

注 3：存储库内容存放为 XML 文件。

注 4：ESI 访问点在本部分的其他地方由对象 *ServiceAccessPoint* 表示。

注 5：在 ISO 16100-3:2005 的 5.4 中简要叙述的类型 1 CPI 服务组包括类型 1 匹配器服务。

注 6：在 ISO 16100-3:2005 的 5.4 中简要叙述的类型 2 CPI 服务组不包括类型 2 匹配器服务，类型 2 匹配服务属于扩展匹配器组的一部分。

注 7：类型 3 CPI 服务组在 ISO 16100-3:2005 的 5.4 中简要描述。

图 1　扩展的服务供应者服务集

5.2　ESI 服务集

由 ESP 提供的通用 ESI 服务能够以特定组合方式被组织进 CPI 组类型 1(见 ISO 16100-3)和下列的四个服务组，这四个服务组详见本部分第 6 章。也存在其他服务组，如 MDM、MDD 和 MDD 对象等，但是不在本部分定义。

a)　包括 CPI 组类型 3 的 CPTI 组，允许下列服务：
   1)　创建新的能力专规模板；
   2)　访问能力专规模板；
   3)　修改能力专规模板；
   4)　对能力专规模板进行一致性测试；
   5)　注册 MSU 能力专规；
   6)　删除 MSU 能力专规。

b)　CPI 组类型 2(见 ISO 16100-3)允许下列服务：
   1)　创建新 MSU 能力专规或新需求能力专规；
   2)　访问 MSU 能力专规或需求能力专规；
   3)　修改 MSU 能力专规或需求能力专规；
   4)　对能力专规进行一致性测试；

5) 注册 MSU 能力专规或需求能力专规;

6) 删除 MSU 能力专规或需求能力专规。

c) CCSI 组允许下列服务:

1) 创建新能力类结构;

2) 访问能力类结构;

3) 修改能力类结构;

4) 对能力类结构进行一致性测试;

5) 注册能力类结构;

6) 删除能力类结构。

d) 扩展匹配器组允许下列服务:

1) 访问 MSU 能力专规或需求能力专规;

2) 匹配两个能力专规,每一个参考不同的能力类结构。

5.3 字典导入服务接口

5.3.1 零件库导入存储库

字典导入服务接口能将零件库(例如 PLIB 字典或 OTD)导入存储库。

5.3.2 零件库和 MDD 之间的关系

被导入存储库的零件库在对能力进行专规化描述过程中能够被用作 MDD 的一部分。在 MDM 中的 MDD 包括制造活动的定义。由于 PLIB 字典和 OTD 包括技术术语定义,因而和 MDD 一样,它能够以同样方式用于对能力的专规化描述。PLIB 字典或 OTD 的所有类和属性能够由无歧义标识符根据 ISO 29002-5 和 ISO 22745-13 进行定义。无歧义标识符是 ISO/IEC 11179-5 定义的国际注册数据标识符(international registration data identifier,IRDI)格式。PLIB 字典里的类和属性还能够被字典和 BSU 二者的组合进行具体描述,BSU 是每个 PLIB 类和该字典内部属性的代码。PLIB 字典里的属性 BSU 是属性代码和父类 BSU 的组合。对于 OTD,不必参考父类的 BSU,因为 ISO 22745 在分类方面是中性的,并且在 OTD 中特性(properties)是独立定义的类。PLIB 字典或 OTD 和 MDD 之间的关系通过无歧义标识符向每个 MDD 和 MDD 的属性的映射决定,如图 2 所示。

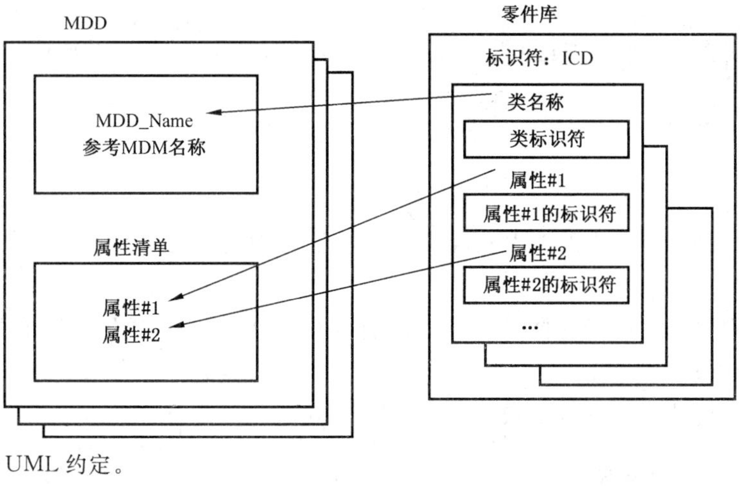

注 1:本图不遵守 UML 约定。

注 2:在 ISO 13584 中,使用术语"特性(property)"而非"属性(attribute)"。

图 2 零件库和 MDD 间的关系

5.3.3 PLIB元素到MDD的映射

图2中,元素"MDD_Name"应该具有下列扩展属性:

——"dictionary id";

——"parent";

——"BSU";

——"version";

——"reversion"。

属性集"dictionary id"、"parent"和"BSU"能够用来作MDD的标识符。

根据图2,MDD中的属性指PLIB字典中项目的属性。MDD对应PLIB字典里的元素。属于同一个元素的属性与一个MDD相联系(参见附录E)。

6 扩展的服务接口

6.1 CPTI组服务

6.1.1 CPTI组处理的场景

CPTI组处理下列能力专规模板场景:

a) 创建指定类结构的能力专规模板,可以通过部分填写能力专规模板的通用形式化结构的方式,或者通过以新的能力模板ID使用MDM中的MDD来修改现有能力专规模板的方式,然后接收来自服务供应者的能力专规模板;

b) 根据能力专规模板ID,从存储库请求能力专规模板,然后接收来自服务供应者的能力专规模板;

c) 根据用户请求或一致性测试结果,修改能力专规模板,并接收来自服务供应者的能力专规模板;

d) 测试能力专规模板是否符合GB/T 19902.5—2011第8章的能力专规模板一致性标准,并接收来自服务供应者的一个正的、负的或匹配层响应;

e) 向存储库(repository)注册已测试的能力专规模板,并从服务供应者接收"已注册(registered)"状态;

f) 删除基于能力专规模板ID的能力专规模板,并从服务供应者接收"已删除(deleted)"状态。

6.1.2 能力专规模板的创建

6.1.2.1 创建过程

创建特定能力类结构能力类的能力专规模板的过程,包括配置能力专规模板的形式化结构,可通过以下两种方式进行:

a) 在GB/T 19902.5—2011的6.3中定义的能力专规模板的形式化结构中填充特定元素的特定属性的指定值;

b) 在现有能力专规模板中修改之前填写的值。

6.1.2.2 能力专规模板的配置

能力专规模板的形式化结构可以根据应用需求部分或全部填写。

对任意一个能力专规模板,应该填入或修改下列属性和元素:

a) 元素“Capability Profile Template”的属性“id”和“name”。

b) 元素“Reference_MDM_Name”的属性“domain_Name”。

c) 元素“MDD_Description_Format”的属性“format_name”，具有下列4个值中的一个值：

1) “Set_Of_MDD_Objects”；

2) “List_Of_MDD_Objects”；

3) “Time_Ordered_MDD_Objects”；

4) “Event_Ordered_MDD_Objects。

d) 元素“MDD_Name”的属性“name”和“action”。

a)中属性“id”、b)中属性“domain_Name”和d)中属性“name”填入或修改的每一个值必须是唯一的。

能力专规模板应该用来创建和能力类相关联的能力专规。

6.1.2.3 *creatTemplate* 服务

6.1.2.3.1 基于通用形式能力结构的模板

createTemplate 服务应该允许模板用户创建基于形式化结构的模板。当创建基于形式化结构模板时，*createTemplate* 服务至少要使用 *requestBlankTemplate*、*returnBlankTemplate*、*processFilledTemplate* 和 *returnProcessingResult* 服务。*createTemplate* 服务应该包括以下步骤：

a) 模板用户调用 *ServiceAccessPoint* 对象的 *requestBlankTemplate* 服务，没有参数和 *requestBlankTemplate* 有关联；

b) 服务供应者调用 *ServiceAccessPoint* 对象的 *returnBlankTemplate* 服务，*returnBlankTemplate* 服务的参数是空白模板和创建错误；

c) 模板用户使用 MDM 的 MDD 填写空白模板，然后调用 *ServiceAccessPoint* 对象的 *processFilledTemplate* 服务，*processFilledTemplate* 服务的参数是模板 ID；

d) 服务供应者检查模板 ID 的唯一性，然后调用 *ServiceAccessPoint* 对象的 *returnProcessingResult* 服务，*returnProcessingResult* 服务的参数是 ID 检查错误和存储错误。

图3虚线以上部分提供了从形式化结构创建模板的规定步骤 UML 顺序图。

6.1.2.3.2 通过修改现有能力专规模板来创建模板

createTemplate 服务应该允许模板用户修改现有模板来创建模板。当修改现有模板来创建模板时，*createTemplate* 服务至少要使用 *requestExistingTemplate*、*returnExistingTemplate*、*processModifiedTemplate* 和 *returnProcessingResult* 服务。*createTemplate* 服务应该包括下列步骤：

a) 模板用户调用 *ServiceAccessPoint* 对象的 *requestExistingTemplate* 服务，*requestExistingTemplate* 服务的参数是模板 ID；

b) 服务供应者调用 *ServiceAccessPoint* 对象的 *returnExistingTemplate* 服务，*returnExistingTemplate* 服务的参数是现有模板和处理的错误；

c) 模板用户修改现有模板，然后调用 *ServiceAccessPoint* 对象的 *processModifiedTemplate* 服务，*processModifiedTemplate* 服务的参数是模板 ID；

d) 服务供应者检查模板 ID 的唯一性，然后调用 *ServiceAccessPoint* 对象的 *returnProcessingResult* 服务，*returnProcessingResult* 服务的参数是 ID 检查错误和存储错误。

图3虚线以下部分采用 UML 顺序图描述了从现有模板创建模板的规定步骤。

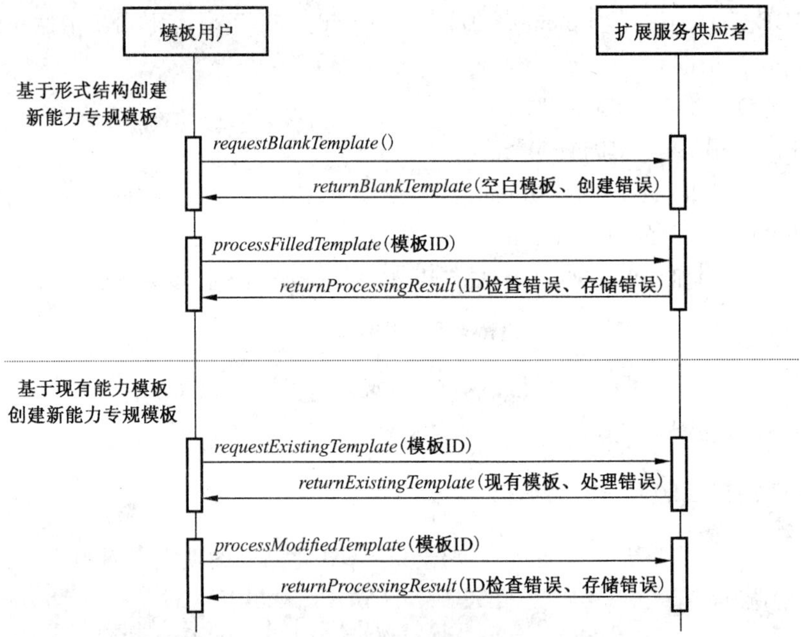

注 1：虚线将创建模板的两种情况分开。

注 2：创建模板之前是预备步骤注册和检验唯一模板标识符，这不属于 GB/T 19902 的范围。

图 3　*createTemplate* 服务

6.1.3　*accessTemplate* 服务

使用 *requestExistingTemplate* 和 *returnExistingTemplate* 服务的 *accessTemplate* 服务应该允许模板用户访问现有模板。

accessTemplate 服务应该包括下列步骤：

a) 模板用户调用 *ServiceAccessPoint* 对象的 *requestExistingTemplate* 服务，*requestExistingTemplate* 服务的参数是模板 ID；

b) 服务供应者调用 *ServiceAccessPoint* 对象的 *returnExistingTemplate* 服务，*returnExistingTemplate* 服务的参数是现有模板和处理错误。

图 4 采用 UML 顺序图描述了基于模板 ID 访问模板的必须步骤。

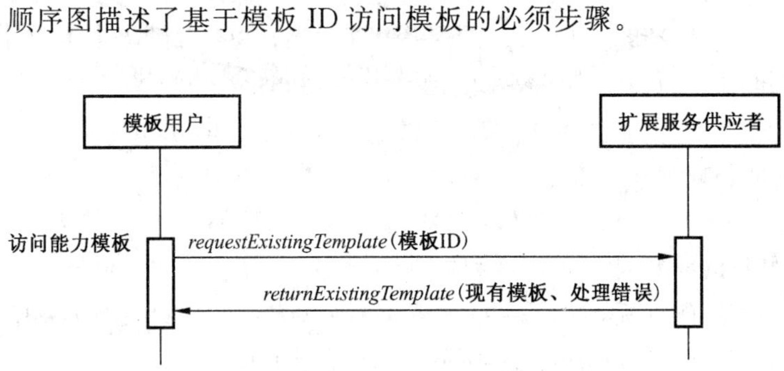

图 4　*accessTemplate* 服务

6.1.4　*modifyTemplate* 服务

使用 *requestExistingTemplate*、*returnExistingTemplate*、*processModifiedTemplate* 和 *return-*

ProcessingResult 服务的 *modifyTemplate* 服务应该允许模板用户修改现有模板。

modifyTemplate 服务应该包括下列步骤：

a) 模板用户调用 *ServiceAccessPoint* 对象的 *requestExistingTemplate* 服务，*requestExistingTemplate* 服务的参数是模板 ID；

b) 服务供应者调用 *ServiceAccessPoint* 对象的 *returnExistingTemplate* 服务，*returnExisting-Template* 服务的参数是现有模板和处理错误；

c) 模板用户修改现有模板，然后调用 *ServiceAccessPoint* 对象的 *processModifiedTemplate* 服务，*processModifiedTemplate* 服务的参数是模板 ID；

d) 服务供应者检查模板 ID 的唯一性，然后调用 *ServiceAccessPoint* 对象的 *returnProcessingResult* 服务，*returnProcessingResult* 服务的参数是 ID 检查错误和存储错误。

图 5 采用 UML 顺序图描述了基于模板 ID 修改现有模板的必须步骤。

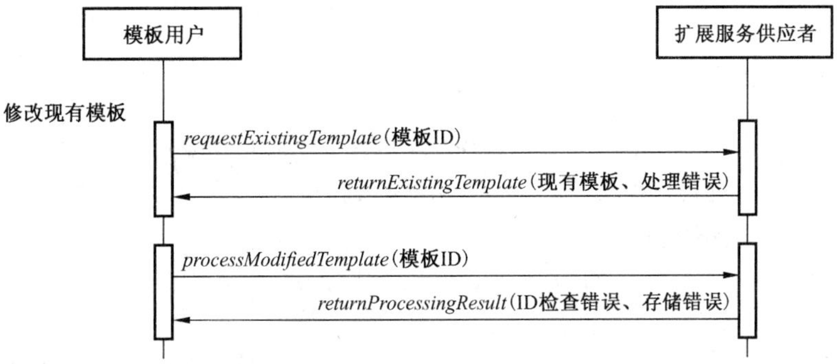

图 5　*modifyTemplate* 服务

6.1.5　*validateTemplate* 服务

使用 *requestUnregisteredTemplate*、*returnUnregisteredTemplate*、*testTemplate*、*returnTestResult* 服务的 *validateTemplate* 服务应该允许模板用户对现有未注册的模板进行一致性测试。

validateTemplate 服务应该包括下列步骤：

a) 模板用户调用 *ServiceAccessPoint* 对象的 *requestUnregisteredTemplate* 服务，*requestUnreg-isteredTemplate* 服务的参数是模板 ID；

b) 服务供应者调用 *ServiceAccessPoint* 对象的 *returnUnregisteredTemplate* 服务，*returnUn-registeredTemplate* 服务的参数是未注册模板和处理错误；

c) 模板用户调用 *ServiceAccessPoint* 对象的 *testTemplate* 服务，没有参数和 *testTemplate* 服务有关联；

d) 服务供应者调用 *ServiceAccessPoint* 对象的 *returnTestResult* 服务，*returnTestResult* 服务的参数是测试结果和匹配状态。

returnTestResult 服务的测试结果参数值可以是正的、负的或 GB/T 19902.5—2011 中的 7.2 所定义的匹配度。*returnTestResult* 服务匹配状态参数值应该和 GB/T 19902.4—2010 中 B.1 所示的输出消息相等。

如果 *returnTestResult* 服务的测试结果参数值是正的或是完全匹配(见 GB/T 19902.5—2011 的 7.2)，经测试的模板应该在存储库里注册。视用户的需求而定，如果测试结果参数值是完全必须匹配或部分必须匹配(见 GB/T 19902.5—2011 的 7.2)，经测试的模板可以在存储库里注册。如果测试结果参数值是负的或者无必须匹配(GB/T 19902.5—2011 的 7.2)，经测试的模板可以再次修改，以满足一致性标准。

图 6 提供了基于模板 ID 的未注册模板一致性测试的必须步骤的 UML 顺序图。

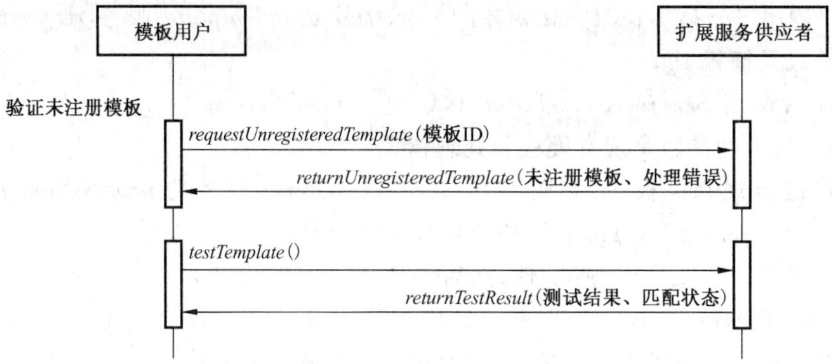

图 6 ***validateTemplate*** 服务

6.1.6 *deleteTemplate* 服务

使用 *requestExistingTemplate*、*returnExistingTemplate*、*removeTemplate* 和 *returnRemoveResult* 服务的 *deleteTemplate* 服务应该允许模板用户删除现有模板。

deleteTemplate 服务应该包括下列步骤：

a) 模板用户调用 *ServiceAccessPoint* 对象的 *requestExistingTemplate* 服务，*requestExistingTemplate* 服务的参数是模板 ID；

b) 服务供应者调用 *ServiceAccessPoint* 对象的 *returnExistingTemplate* 服务，*returnExistingTemplate* 服务的参数是现有模板和处理错误；

c) 模板用户调用 *ServiceAccessPoint* 对象的 *removeTemplate* 服务，没有参数和 *removeTemplate* 服务有关联；

d) 服务供应者调用 *ServiceAccessPoint* 对象的 *returnRemoveResult* 服务，*returnRemoveResult* 服务的参数是删除错误。

图 7 提供基于模板 ID 的模板被删除的必须步骤的 UML 顺序图。

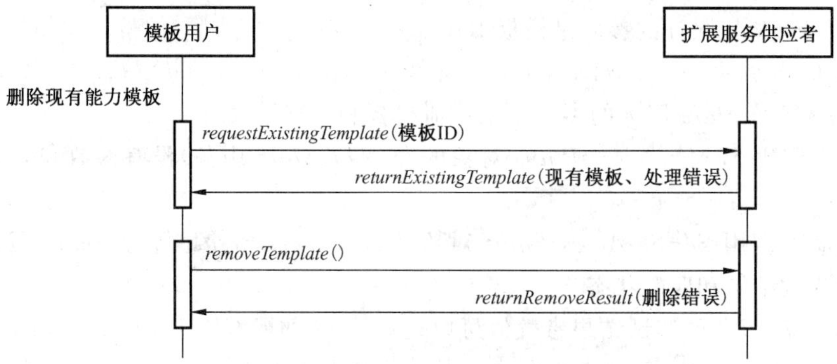

图 7 ***deleteTemplate*** 服务

6.2 扩展的 CPI 组

6.2.1 扩展的 CPI 组处理的场景

扩展 CPI 服务组应该处理下列能力专规场景：

a) 通过填入最少的模板必要属性或元素创建能力专规，或者通过使用新的专规 ID 和 MDM 的 MDD 修改现有能力专规而创建能力专规，然后，接收来自服务供应者的能力专规；
b) 通过 ESI 从存储库(repository)或者从 MSU 访问基于能力专规 ID 的专规，然后，接收来自服务供应者或者 MSU 的能力专规；
c) 根据用户需要或一致性测试结果修改能力专规，并从服务供应者或 MSU 接收经修改的能力专规；
d) 测试能力专规是否符合能力专规一致性标准，接收来自服务供应者的一个正的、负的或匹配度响应；
e) 向存储库(Repository)里注册已测试能力专规，并从服务供应者接收"已注册(registered)"状态；
f) 删除基于能力专规 ID 的能力专规，并从服务供应者接收"已删除(deleted)"状态。

6.2.2 能力专规的创建

6.2.2.1 创建过程

创建能力专规的过程包括：在能力专规模板中填入特定元素的特定属性的指定值，或者修改现有能力专规以前填入的值。

6.2.2.2 *createProfile* 服务

6.2.2.2.1 基于能力专规模板的专规

createProfile 服务应该允许专规用户请求根据能力专规模板创建专规。当根据能力专规模板创建专规时，*createProfile* 服务至少要使用 *requestExistingTemplate*、*returnExistingTemplate*，*processFilledProfile* 和 *returnProcessingResult* 服务。*createProfile* 服务应该包括下列步骤：

a) 专规用户调用 *ServiceAccessPoint* 对象的 *requestExistingTemplate* 服务，*requestExistingTemplate* 服务的参数是模板 ID；
b) 服务供应者调用 *ServiceAccessPoint* 对象的 *returnExistingTemplate* 服务，*returnExistingTemplate* 服务的参数是现有模板和处理错误；
c) 专规用户使用 MDM 的 MDD 对象填入现有模板，然后调用 *ServiceAccessPoint* 对象的 *processFilledTemplate* 服务，*processFilledTemplate* 服务的参数是模板 ID；
d) 服务供应者检查专规 ID 的唯一性，然后调用 *ServiceAccessPoint* 对象的 *returnProcessingResult* 服务，*returnProcessingResult* 服务的参数是 ID 检查错误和存储错误。

图 8 虚线以上部分提供了从现有模板创建专规的规定步骤的 UML 顺序图。

6.2.2.2.2 基于现有能力专规的专规

createProfile 服务应该允许专规用户请求通过修改现有专规来创建专规。当修改现有专规创建专规时，*createTemplate* 服务至少要使用 *requestExistingProfile*，*returnExistingProfile*，*processModifiedProfile* 和 *returnProcessingResult* 服务。*createProfile* 服务应该包括下列步骤：

a) 专规用户调用 *ServiceAccessPoint* 对象的 *requestExistingTemplate* 服务，*requestExistingTemplate* 服务的参数是专规 ID；
b) 服务供应者调用 *ServiceAccessPoint* 对象的 *returnExistingTemplate* 服务，*returnExistingTemplate* 服务的参数是现有专规和处理错误；
c) 专规用户使用 MDM 的 MDD 修改现有专规，然后调用 *ServiceAccessPoint* 对象的 *processModifiedProfile* 服务，*processModifiedProfile* 服务的参数是专规 ID；

d) 服务供应者检查专规 ID 的唯一性，然后调用 *ServiceAccessPoint* 对象的 *returnProcessingResult* 服务，*returnProcessingResult* 服务的参数是 ID 检查错误和存储错误。

图 8 虚线以下部分提供了从现有专规创建专规的 UML 顺序图。

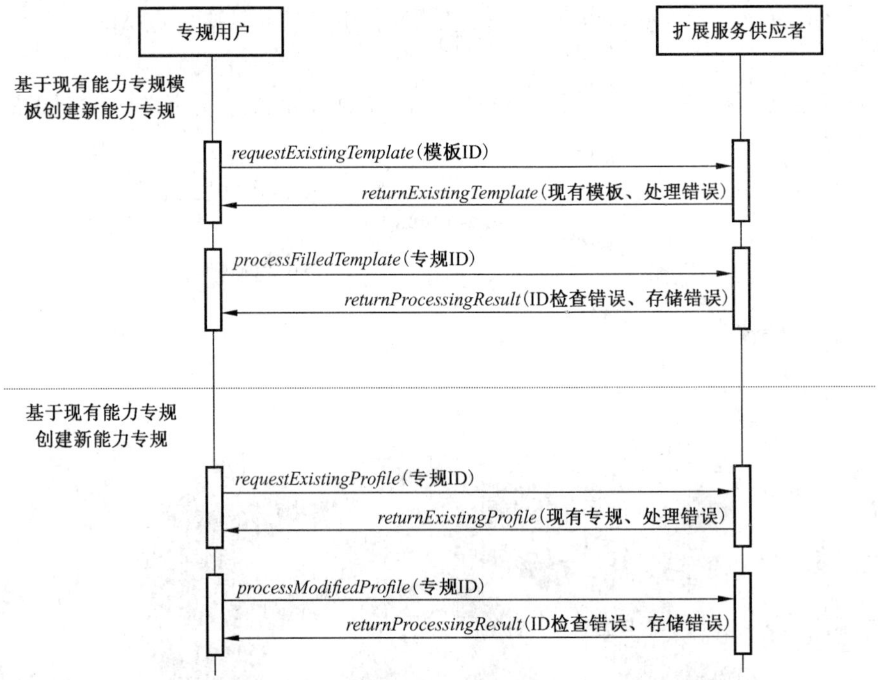

注 1：虚线将创建专规的两种情况分开。

注 2：创建专规之前的预备步骤是注册和检验唯一模板标识符，这不属于 GB/T 19902 的范围。

图 8 *createProfile* 服务

6.2.3 *accessProfile* 服务

6.2.3.1 来自 ESI 而非 MSU 的专规

accessProfile 服务应该允许专规用户从 ESI 而非 MSU 访问 MSU 能力专规。*accessProfile* 服务至少要使用 *requestExistingProfile* 和 *returnExistingProfile* 服务。*accessProfile* 服务应该包括下列步骤：

a) 专规用户调用 *ServiceAccessPoint* 对象的 *requestExistingProfile* 服务，*requestExistingProfile* 服务的参数是专规 ID；

b) 服务供应者调用 *ServiceAccessPoint* 对象的 *returnExistingProfile* 服务，*returnExistingProfile* 服务的参数是现有专规和处理错误。

图 9 虚线以上的部分提供根据专规 ID 通过 ESI 访问专规的强制步骤的 UML 顺序图。

6.2.3.2 来自 MSU 的专规

accessProfile 服务应该允许专规用户从 MSU 访问要求的能力专规。*accessProfile* 服务最小限度地使用 *requestExistingProfile* 和 *returnExistingProfile* 服务。*accessProfile* 服务应该包括下列步骤：

a) 专规用户调用 MSU 对象的 *requestExistingProfile* 服务，*requestExistingProfile* 服务无参数；

b) 服务供应者调用 MSU 对象的 *returnExistingProfile* 服务，*returnExistingProfile* 服务的参

数是现有专规和处理错误。

图 9 虚线以下提供根据专规 ID 通过 MSU 访问专规的强制步骤的 UML 顺序图。

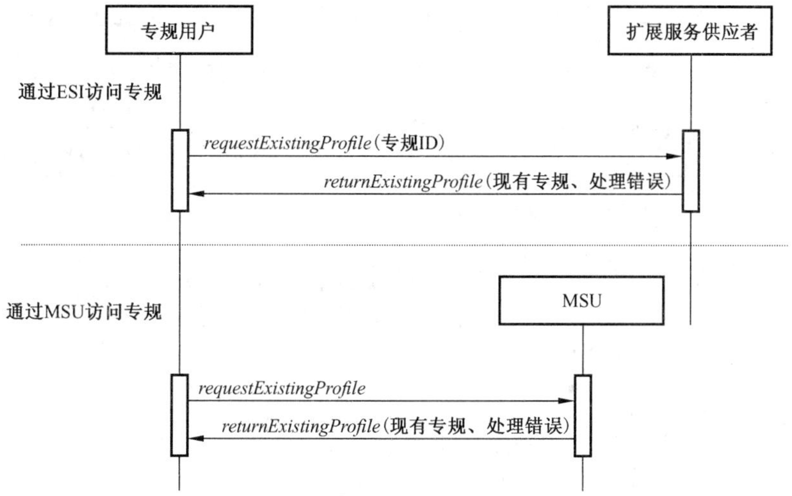

图 9 ***accessProfile*** 服务

6.2.4 *modifyProfile* 服务

6.2.4.1 从 ESI 访问专规

使用 *requestExistingProfile*、*returnExistingProfile*、*processModifiedProfile* 和 *returnProcessingResult* 服务的 *modifyProfile* 服务应该允许专规用户修改从 ESI 访问的现有专规。*modifyProfile* 服务应该包括下列步骤：

a) 专规用户调用 *ServiceAccessPoint* 对象的 *requestExistingProfile* 服务，*requestExistingProfile* 服务的参数是专规 ID；

b) 服务供应者调用 *ServiceAccessPoint* 对象的 *returnExistingProfile* 服务，*returnExistingProfile* 服务的参数是现有专规和处理错误；

c) 专规用户使用 MDM 的 MDD 修改现有专规，然后调用 *ServiceAccessPoint* 对象的 *processModifiedProfile* 服务，*processModifiedProfile* 服务的参数是专规 ID；

d) 服务供应者检查专规 ID 的唯一性，然后调用 *ServiceAccessPoint* 对象的 *returnProcessingResult* 服务，*returnProcessingResult* 服务的参数是 ID 检查错误和存储错误。

图 10 虚线以上部分提供了通过 ESI 从现有专规修改专规的规定步骤的 UML 顺序图。

6.2.4.2 从 MSU 访问专规

使用 *requestExistingProfile*、*returnExistingProfile*、*processModifiedProfile* 和 *returnProcessingResult* 服务的 *modifyProfile* 服务应该允许专规用户修改从 MSU 访问的现有专规。*modifyProfile* 服务应该包括下列步骤：

a) 专规用户调用 MSU 对象的 *requestExistingProfile* 服务，*requestExistingProfile* 服务的参数是专规 ID；

b) 服务供应者调用 MSU 对象的 *returnExistingProfile* 服务，*returnExistingProfile* 服务的参数是现有专规和处理错误；

c) 专规用户使用 MDM 的 MDD 修改现有专规,然后调用 MSU 对象的 *processModifiedProfile* 服务,*processModifiedProfile* 服务的参数是专规 ID;

d) 服务供应者检查专规 ID 的唯一性,然后调用 MSU 对象的 *returnProcessingResult* 服务,*returnProcessingResult* 服务的参数是 ID 检查错误和存储错误。

图 10 虚线以下部分提供了通过 MSU 从现有专规修改专规的规定步骤的 UML 顺序图。

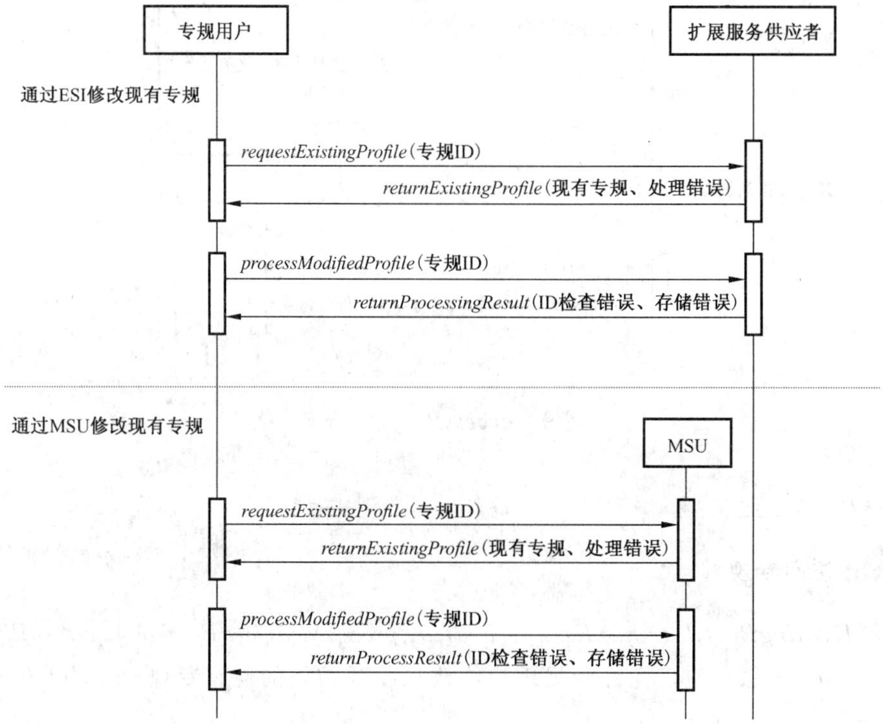

图 10 *modifyProfile* 服务

6.2.5 *validateProfile* 服务

使用 *requestExistingProfile*、*returnExistingProfile*、*testProfile* 和 *returnTestingResult* 服务的 *validateProfile* 服务应该允许专规用户对现有专规进行一致性测试。

validateProfile 服务应该包括下列步骤:

a) 专规用户调用 *ServiceAccessPoint* 对象的 *requestExistingProfile* 服务,*requestExistingProfile* 服务的参数是专规 ID;

b) 服务供应者调用 *ServiceAccessPoint* 对象的 *returnExistingProfile* 服务,*returnExistingProfile* 服务的参数是现有专规和处理错误;

c) 专规用户调用 *ServiceAccessPoint* 对象的 *testProfile* 服务,没有参数和 *testProfile* 服务有关;

d) 服务供应者调用 *ServiceAccessPoint* 对象的 *returnTestResult* 服务,*returnTestResult* 服务的参数是测试结果和匹配状态。

图 11 提供了对基于专规 ID 的现有专规进行一致性测试规定步骤的 UML 顺序图。

图 11　*validateProfile* 服务

6.2.6　*deleteProfile* 服务

使用 *requestExistingProfile*、*returnExistingProfile*、*removeProfile* 和 *returnRemoveResult* 服务的 *deleteProfile* 服务应该允许专规用户通过 ESI 从存储库里删除现有专规。

deleteProfile 服务应该包括下列步骤：

a）专规用户调用 *ServiceAccessPoint* 对象的 *requestExistingProfile* 服务，*requestExistingProfile* 服务的参数是专规 ID；

b）服务供应者调用 *ServiceAccessPoint* 对象的 *returnExistingProfile* 服务，*returnExistingProfile* 服务的参数是现有专规和处理错误；

c）专规用户调用 *ServiceAccessPoint* 对象的 *removeProfile* 服务，没有参数和 *removeProfile* 服务有关；

d）服务供应者调用 *ServiceAccessPoint* 对象的 *returnRemoveResult* 服务，*returnRemoveResult* 服务的参数是删除错误。

图 12 提供了删除基于专规 ID 专规的规定步骤的 UML 顺序图。

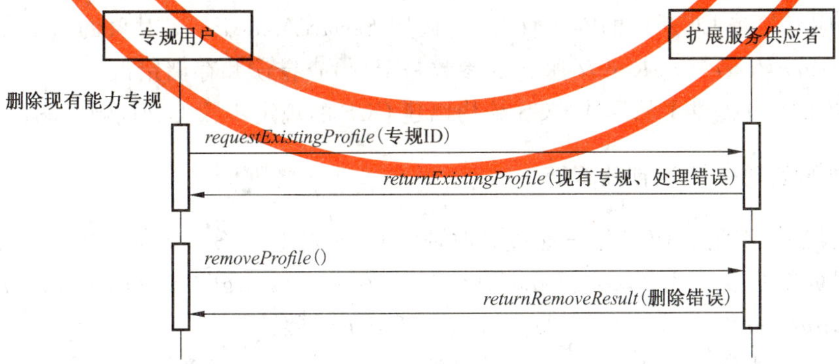

图 12　*deleteProfile* 服务

6.3　CCSI 组

6.3.1　CCSI 组处理的场景

CCSI 组应该处理下列能力专规模板场景：

a) 通过填入空白 CCS 模板或修改现有 CCS 创建一个 CCS,然后,从服务供应者接收已创建 CCS;
b) 通过 CCS ID 访问来自存储库的 CCS,然后从服务供应者接收 CCS;
c) 根据用户需求或一致性测试结果修改 CCS,并从服务供应者接收经修改的 CCS;
d) 测试 CCS 是否符合 CCS 一致性标准,从服务供应者接收一个正的、负的或匹配度响应;
e) 向存储库里注册 CCS,并从服务供应者接收"已注册(registered)"状态;
f) 删除基于 CCS ID 的 CCS,并从服务供应者接收"已删除(deleted)"状态。

6.3.2 能力类结构的创建

6.3.2.1 创建过程

能力类结构的创建过程从分析特定制造应用开始。包括了活动集的制造过程是分析所要考虑的关键内容。这些活动由能力类结构中的节点表示。通过创建新的节点,用户能够在同一 MDM 中创建新的能力类结构。

创建能力类结构过程包括填写空白 CCS 模板或根据特定应用修改现有 CCS。

6.3.2.2 *createCCS* 服务

6.3.2.2.1 来自空白 CCS 模板的 CCS

createCCS 服务应该允许 CCS 用户通过填写空白 CCS 模板创建 CCS。当通过填写空白 CCS 模板创建 CCS 时,*createCCS* 服务至少要使用 *requestBlankCCS*、*returnBlankCCS*、*processFilledCCS* 和 *returnProcessingResult* 服务。

从空白 CCS 模板创建新 CCS 的 *createCCS* 服务应该包括以下步骤:

a) CCS 用户调用 *ServiceAccessPoint* 对象的 *requestBlankCCS* 服务,没有参数和 *requestBlankCCS* 服务有关;
b) 服务供应者调用 *ServiceAccessPoint* 对象的 *returnBlankCCS* 服务,*returnBlankCCS* 服务的参数是空白 CCS 和创建错误;
c) CCS 用户使用 MDM 的 MDD 填入空白 CCS,然后调用 *ServiceAccessPoint* 对象的 *processFilledCCS* 服务,*processFilledCCS* 服务参数是 CCS ID;
d) 服务供应者检查 CCS ID 的唯一性,然后调用 *ServiceAccessPoint* 对象的 *returnProcessingResult* 服务,*returnProcessingResult* 服务的参数是 ID 检查错误和存储错误。

图 13 虚线以上部分提供了从形式 CCS 结构创建 CCS 的规定步骤 UML 顺序图。

6.3.2.2.2 通过修改现有 CCS 创建 CCS

createCCS 服务应该允许 CCS 用户通过修改现有 CCS 创建 CCS。当通过修改现有 CCS 创建 CCS 时,*createCCS* 服务至少要使用 *requestExistingCCS*、*returnExistingCCS*、*processModifiedCCS* 和 *returnProcessingResult* 服务。*createCCS* 服务应该包括以下步骤:

a) CCS 用户调用 *ServiceAccessPoint* 对象的 *requestExistingCCS* 服务,*requestExistingCCS* 服务的参数是 CCS ID;
b) 服务供应者调用 *ServiceAccessPoint* 对象的 *returnExistingCCS* 服务,*returnExistingCCS* 服务的参数是现有 CCS 和处理错误;
c) CCS 用户修改现有 CCS,然后调用 *ServiceAccessPoint* 对象的 *processModifiedCCS* 服务,*processModifiedCCS* 服务参数是 CCS ID;
d) 服务供应者检查 CCS ID 的唯一性,然后调用 *ServiceAccessPoint* 对象的 *returnProcessingResult*

服务,*returnProcessingResult* 服务的参数是 ID 检查错误和存储错误。

图 13 虚线以下部分提供了从现有 CCS 创建 CCS 的规定步骤 UML 顺序图。

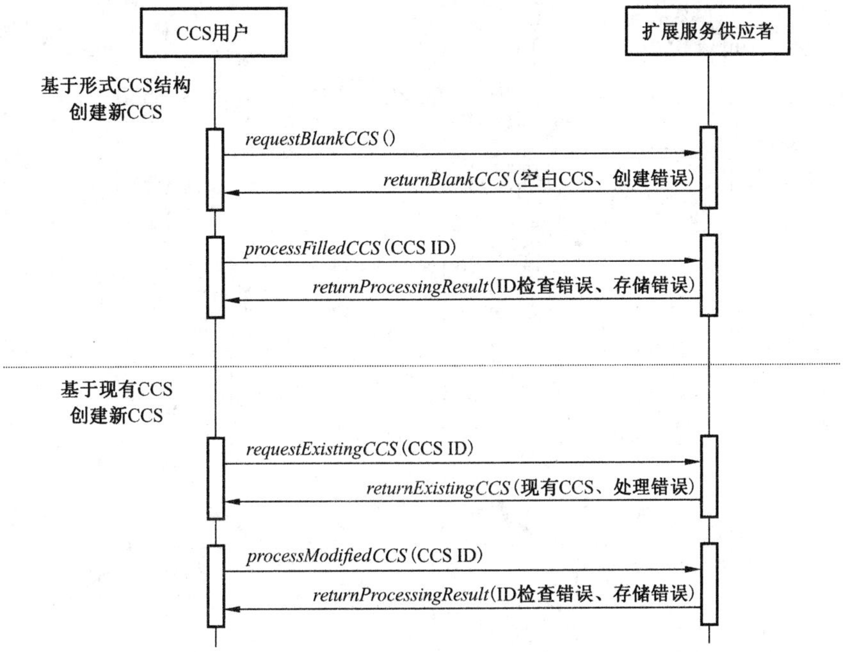

注 1:虚线将创建 CCS 的两种情况分开。

注 2:创建 CCS 之前是预备步骤注册和检验唯一 CCS 标识符,这不属于 GB/T 19902 的范围。

图 13 *createCCS* 服务

6.3.3 *accessCCS* 服务

使用 *requestExistingCCS* 和 *returnExistingCCS* 服务的 *accessCCS* 服务应该允许 CCS 用户访问现有 CCS。

accessCCS 服务应该包括下列步骤:

a) CCS 用户调用 *ServiceAccessPoint* 对象的 *requestExistingCCS* 服务,*requestExistingCCS* 服务的参数是 CCS ID;

b) 服务供应者调用 *ServiceAccessPoint* 对象的 *returnExistingCCS* 服务,*returnExistingCCS* 服务的参数是现有 CCS 和处理错误。

图 14 提供了根据 CCS ID 访问 CCS 的规定步骤 UML 顺序图。

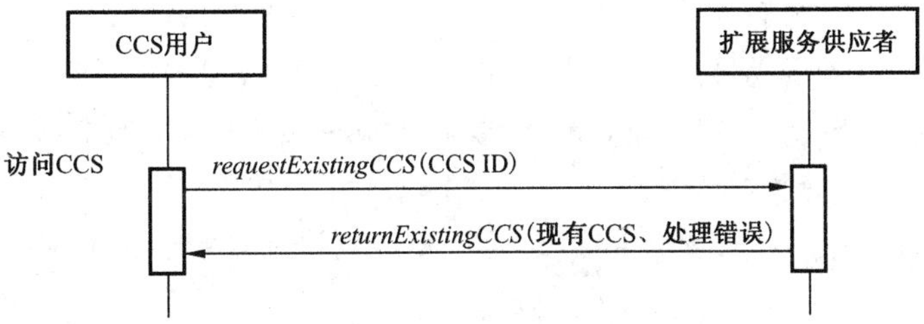

图 14 *accessCCS* 服务

6.3.4 *modifyCCS* 服务

使用 *requestExistingCCS*、*returnExistingCCS*、*processModifiedCCS* 和 *returnProcessingResult* 服务的 *modifyCCS* 服务应该允许 CCS 用户修改现有 CCS。

modifyCCS 服务应该包括以下步骤：

a) CCS 用户调用 *ServiceAccessPoint* 对象的 *requestExistingCCS* 服务，*requestExistingCCS* 服务的参数是 CCS ID；

b) 服务供应者调用 *ServiceAccessPoint* 对象的 *returnExistingCCS* 服务，*returnExistingCCS* 服务的参数是现有 CCS 和处理错误；

c) CCS 用户修改现有 CCS，然后调用 *ServiceAccessPoint* 对象的 *processModifiedCCS* 服务，*processModifiedCCS* 服务的参数是 CCS ID；

d) 服务供应者检查 CCS ID 的唯一性，然后调用 *ServiceAccessPoint* 对象的 *returnProcessingResult* 服务，*returnProcessingResult* 服务的参数是 ID 检查错误和存储错误。

图 15 提供了根据 CCS ID 修改现有 CCS 的规定步骤 UML 顺序图。

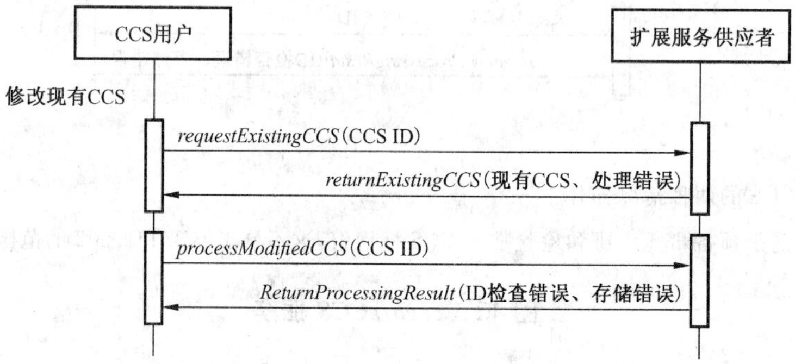

图 15 *modifyCCS* 服务

6.3.5 *validateCCS* 服务

使用 *requestExistingCCS*、*returnExistingCCS*、*testCCS* 和 *returnTestResult* 服务的 *validateCCS* 服务应该允许 CCS 用户对现有 CCS 进行一致性测试。

validateCCS 服务应该包括以下步骤：

a) CCS 用户调用 *ServiceAccessPoint* 对象的 *requestExistingCCS* 服务，*requestExistingCCS* 服务的参数是 CCS ID；

b) 服务供应者调用 *ServiceAccessPoint* 对象的 *returnExistingCCS* 服务，*returnExistingCCS* 服务的参数是现有 CCS 和处理错误；

c) CCS 用户调用 *ServiceAccessPoint* 对象的 *testCCS* 服务，没有参数和 *testCCS* 服务有关；

d) 服务供应者调用 *ServiceAccessPoint* 对象的 *returnTestResult* 服务，*returnTestResult* 服务的参数是检查结果和错误状态。

图 16 提供了对基于 CCS ID 的现有 CCS 进行一致性测试的规定步骤 UML 顺序图。

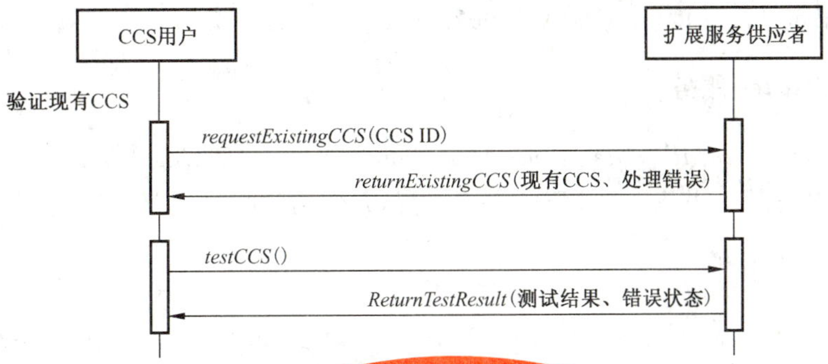

图 16 ***validateCCS*** 服务

6.3.6 *deleteCCS* 服务

使用 *requestExistingCCS*、*returnExistingCCS*、*removeCCS* 和 *returnRemoveResult* 服务的 *deleteCCS* 服务应该允许 CCS 用户删除现有 CCS。

deleteCCS 服务应该包括以下步骤：

a) CCS 用户调用 *ServiceAccessPoint* 对象的 *requestExistingCCS* 服务，*requestExistingCCS* 服务的参数是 CCS ID；

b) 服务供应者调用 *ServiceAccessPoint* 对象的 *returnExistingCCS* 服务，*returnExistingCCS* 服务的参数是现有 CCS 和处理错误；

c) CCS 用户调用 *ServiceAccessPoint* 对象的 *removeCCS* 服务，没有参数和 *removeCCS* 服务有关；

d) 服务供应者调用 *ServiceAccessPoint* 对象的 *returnRemoveResult* 服务，*returnRemoveResult* 服务的参数是删除错误。

图 17 提供了删除基于 CCS ID 的 CCS 规定步骤的 UML 顺序图。

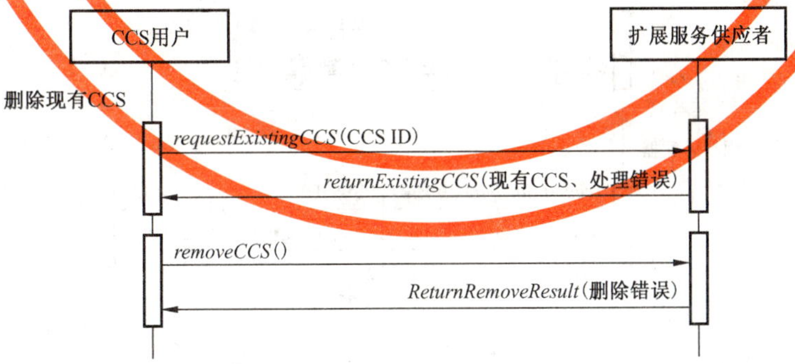

图 17 ***deleteCCS*** 服务

6.4 扩展的匹配器组

6.4.1 扩展的匹配器组处理的场景

扩展的匹配器组应该处理以下访问和匹配两个能力专规的场景：

a) 从 MSU 能力专规注册的存储库中请求 MSU 能力专规，或者从与 MSU 能力专规有关的

MSU 请求 MSU 能力专规，然后，接收 MSU 能力专规；

b) 匹配两个能力专规——MSU 能力专规和所需能力专规——并接收来自服务供应者的匹配结果，该结果包括匹配度(见 GB/T 19902.5—2011，7.2)和关于匹配/不匹配功能点的报告。

6.4.2 *ExtendedMatcher* 服务

使用 *requestProfile*、*returnProfile*、*requestMatching* 和 *returnMatchingResult* 服务的 *ExtendedMatcher* 服务应该允许用户从存储库里或者自 MSU 请求专规，并使用匹配器将 MSU 能力专规和所要求能力专规进行匹配。

ExtendedMatcher 服务应该包括以下步骤：

a) 匹配器用户调用 *ServiceAccessPoint* 对象或 MSU 对象的 *requestProfile* 服务，*requestProfile* 服务的参数是专规 ID；

b) 服务供应者调用 *ServiceAccessPoint* 对象或 MSU 对象的 *returnProfile* 服务，*returnProfile* 服务的参数是现有专规和处理错误；

c) 匹配器用户调用 *ServiceAccessPoint* 对象的 *requestMatching* 服务，*requestMatching* 服务有两个专规 ID 参数；

d) 服务供应者调用 *ServiceAccessPoint* 对象的 *returnMatchingResult* 服务，*returnMatchingResult* 服务的参数是匹配度(见 GB/T 19902.5—2011，7.2)和匹配报告(有关匹配和不匹配功能的报告)。

图 18 提供了请求专规和匹配两个专规的规定步骤的 UML 顺序图。

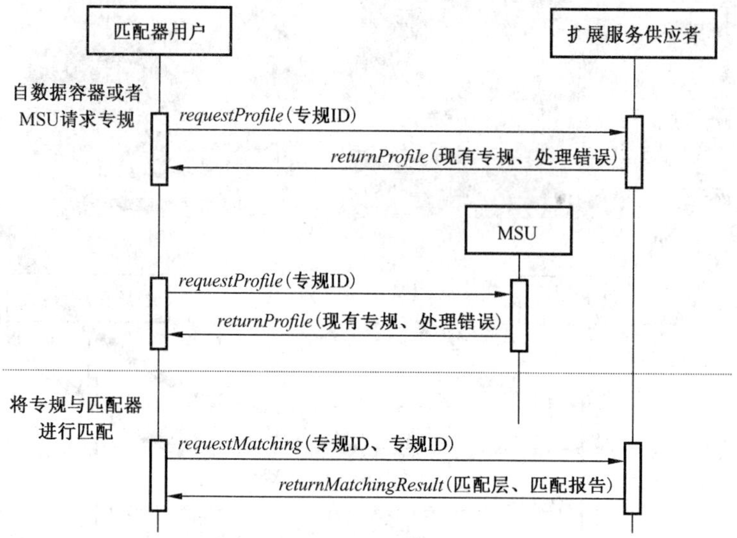

注：虚线将专规请求与匹配请求分开。

图 18 ***ExtendedMatcher*** 服务

6.4.3 匹配器一致性测试

GB/T 19902.4 指定的一致性方法应用于 GB/T 19902 的本部分，本部分扩展了 GB/T 19902.4—2010 的表 9 所示的能力专规匹配器 CSI。表 1 和表 2 应该用于一致性测试。表 1 和表 2 所示的一致性测试点类型在 GB/T 19902.4—2010 的表 5 定义。

表 1 匹配器执行的 CSI

一致性点和集合编号	一致性点描述	规定参考	一致性点类型	抽象测试判则
Index_1	接收所要求能力专规	GB/T 19902.5—2011,第7章	A	验证所要求能力专规符合GB/T 19902.5—2011的表2
Index_2	接收MSU的能力专规	GB/T 19902.5—2011,第7章	A	验证MSU的能力专规符合GB/T 19902.5—2011的表2
Index_3	比较两个专规的MDM ID	GB/T 19902.5—2011,第7章	A	—
Index_3.1	从两个专规中抽取MDM ID	GB/T 19902.5—2011,第7章	A	验证字典ID
Index_3.2	比较两个MDM ID	GB/T 19902.5—2011,第7章	A	验证并显示比较结果
Index_3.2.1	报告结果1,并前往类型1匹配器	GB/T 19902.5—2011,第7章	A	验证: 1) "IDs是相同的" 2) "前往类型1匹配器"
Index_3.2.2	报告结果2	GB/T 19902.5—2011,第7章	A	验证: "IDs不相同"
Index_4	比较两个专规的MDM名	GB/T 19902.5—2011,第7章	A	—
Index_4.1	从两个专规中抽取MDM名	GB/T 19902.5—2011,第7章	A	验证MDM名
Index_4.2	比较两个MDM名	GB/T 19902.5—2011,第7章	A	验证比较结果
Index_4.2.1	报告结果1并结束匹配	GB/T 19902.5—2011,第7章	A	验证: 1) "IDs不相同" 2) "两个专规来自不同的MDM" 3) "之前无匹配"
Index_4.2.2	报告结果2	GB/T 19902.5—2011,第7章	A	验证: "MDM名是相同的"
Index_5	比较两个专规的能力定义格式	GB/T 19902.5—2011,第7章	A	—
Index_5.1	抽取两个专规的能力定义格式	GB/T 19902.5—2011,第7章	A	验证能力定义格式
Index_5.2	比较能力定义格式	GB/T 19902.5—2011,第7章	A	验证比较结果
Index_5.2.1	报告结果1	GB/T 19902.5—2011,第7章	A	显示结果1: 1) "能力定义格式不相同" 2) "将能力定义中的MDD和MDD对象转换为单一能力定义格式"

表 1（续）

一致性点和集合编号	一致性点描述	规定参考	一致性点类型	抽象测试判则
Index_5.2.2	结果报告 2	GB/T 19902.5—2011，第7章	A	验证： “能力定义个是相同的”
Index_6	比较两个能力定义	GB/T 19902.5—2011，第7章	A	—
Index_6.1	比较两个能力定义中元素“Set_of_MDD_Objects”的内容	GB/T 19902.5—2011，第7章	A	—
Index_6.1.1	比较两个能力定义中元素“MDD_Name”中的属性“name”和“action”	GB/T 19902.5—2011，第7章	A	验证结果
Index_6.2	比较两个能力定义中两个“List_of_MDD_Objects”的内容	GB/T 19902.5—2011，第7章	A	—
Index_6.2.1	比较两个能力定义中元素“MDD_Name”的顺序	GB/T 19902.5—2011，第7章	A	验证结果
Index_6.2.2	比较两个能力定义中同一位置的元素“MDD_Name”中的属性“name”和“action”	GB/T 19902.5—2011，第7章	A	验证结果
Index_6.3	比较两个能力定义中两个“Time_Ordered_MDD_Objects”的内容	GB/T 19902.5—2011，第7章	A	—
Index_6.3.1	比较两个能力定义中元素“MDD_Name”是时间顺序	GB/T 19902.5—2011，第7章	A	验证结果
Index_6.3.2	比较两个能力定义中同一位置的两个元素“MDD_Name”中的属性“name”和“action”	GB/T 19902.5—2011，第7章	A	验证结果
Index_6.4	比较“Event_Ordered_MDD_Objects”的内容	GB/T 19902.5—2011，第7章	A	—
Index_6.4.1	比较两个能力定义中元素“MDD_Name”的事件顺序	GB/T 19902.5—2011，第7章	A	验证结果
Index_6.4.2	比较两个能力定义中同一位置的两个元素“MDD_Name”中的属性“name”和“action”	GB/T 19902.5—2011，第7章	A	验证结果
见 GB/T 19902.4—2010，表 5。				

表 2 匹配器报告的 CSL

一致性点和集合编号	一致性点描述	规定参考	一致性点类型	抽象测试判则
Index_1	MatchingLevelReport	GB/T 19902.5—2011,7.2	A	匹配度为下列之一: 完全匹配 完全必须匹配 部分必须匹配 无必须匹配
Index_2	DetaitedListReport	GB/T 19902.5—2011,7.2	A	验证已匹配功能和不匹配功能
Index_3	CompareMatchingLevel&DetailedReport MatchingLevel	—	—	—
Index_3.1	ForCompleteMatch	—	—	验证得出两个专规中的两个功能集完全相等
Index_3.2	ForAllMandatoryMatch	—	—	验证得出两个专规中的两个强制功能集完全相等
Index_3.3	ForSomeMandatoryMatch	—	—	验证两个专规中相等的强制功能清单,以及不相等强制功能清单
Index_3.4	ForNoMandatoryMatch	—	—	将两个专规中的两个功能集表示为完全不等
见 GB/T 19902.4—2010,表 5。				

7 形式化的 ESI 协议描述

7.1 通用的服务语法

ISO 16100-3 指定的服务 URN 语法适用于 GB/T 19902 的本部分。

通用的服务 URN 以字串“service:”开始。此服务 URN 包括后为相关服务访问点的服务类型,但是不包括最后的“:”,此处为地址说明的开始。服务的属性信息在地址说明后,根据 URN 语法编码。

完整的服务 URN 应该为下列语法:

“service:〈service-type〉:〈service-access-point〉://〈address〉;〈attribute-list〉”

RUN 字串中的〈service-type〉项应该代表 5.1 中所定义的通用服务。

RUN 字串中的〈service-access-point〉项应该代表 ESI 服务组的一个访问点,5.2 中定义了这些服务组。

RUN 字串中的〈address〉项应该代表至 ESI 服务供应者的路径。

属性清单包括一组由分号“;”分开的属性赋值。属性赋值应该为以下形式:

〈attribute-id〉=〈attribute-value〉

此外,对关键词属性来说,应该使用〈attribute-id〉形式。

第 6 章所有 UML 图表的详细服务描述应该使用第 7 章其他条款指定的形式语法表示。

7.2 CPTI 组的服务协议

7.2.1 能力专规模板的创建

7.2.1.1 基于形式化结构的创建

createTemplate 服务根据形式化结构生成模板，并应该包括以下步骤：

a) *requestBlankTemplate* 服务请求空白模板，并具有服务类型：
   〈service-type〉＝"requestBlankTemplate"
b) *returnBlankTemplate* 服务返回空白模板，并具有服务类型：
   〈service-type〉＝"returnBlankTemplate"
   并有相应属性：
   - template_content＝"the_template_content"
   - access_status＝"the_access_status"
c) *processFilledTemplate* 服务请求接受已填写模板，并具有服务类型：
   〈service-type〉＝"processFilledTemplate"
   并有相应属性：
   - template_ID＝"the_template_id"
d) *returnProcessingResult* 服务返回处理结果，并具有服务类型：
   〈service-type〉＝"returnProcessingResult"
   并有相应属性：
   - ID_check_error＝"ID_check_error"
   - storage_error＝"storage_error"

7.2.1.2 基于现有模板的创建

createTemplate 服务也能根据现有模板生成模板，并应该包括以下步骤：

a) *requestExistingTemplate* 服务请求现有模板，并具有服务类型：
   〈service-type〉＝"requestExistingTemplate"
   并有相应属性：
   - template_ID＝"the_template_id"
b) *returnExistingTemplate* 服务返回现有模板，并具有服务类型：
   〈service-type〉＝"returnExistingTemplate"
   并有相应属性：
   - template_content＝"the_template_content"
   - process_status＝"the_process_status"
c) *processModifiedemplate* 服务请求接受被修改模板，并具有服务类型：
   〈service-type〉＝"processModifiedTemplate"
   并有相应属性：
   - template_ID＝"the_template_id"
d) *returnProcessingResult* 服务返回处理结果，并具有服务类型：
   〈service-type〉＝"returnProcessingResult"
   并有相应属性：
   - ID_check_error＝"ID_check_error"
   - storage_error＝"storage_error"

7.2.2 能力专规模板的访问

accessTemplate 服务访问一个模板,并应该包括以下步骤:

a) *requestExistingTemplate* 服务访问现有模板,并具有服务类型:
〈service-type〉=“requestExistingTemplate”
并有相应属性:
- template_ID=“the_template_id”;

b) *returnExistingTemplate* 服务返回被请求模板,并应该具有服务类型:
〈service-type〉=“returnExistingTemplate”
并有相应属性:
- template_content=“the_template_content”
- process_status=“the_process_status”

7.2.3 能力专规模板的修改

modifyTemplate 服务修改模板,并应该包括以下步骤:

a) *requestExistingTemplate* 服务访问现有模板,并具有服务类型:
〈service-type〉=“requestExistingTemplate”
并有相应属性:
- template_ID=“the_template_id”

b) *returnExistingTemplate* 服务返回被请求模板,并具有服务类型:
〈service-type〉=“returnExistingTemplate”
并有相应属性:
- template_content=“the_template_content”
- process_status=“the_process_status”

c) *processModifiedemplate* 服务请求接受被修改模板,并具有服务类型:
〈service-type〉=“processModifiedTemplate”
并有相应属性:
- template_ID=“the_template_id”

d) *returnProcessingResult* 服务返回处理结果,并应该具有服务类型:
〈service-type〉=“returnProcessingResult”
并有相应属性:
- ID_check_error=“ID_check_error”
- storage_error=“storage_error”

7.2.4 能力专规模板的一致性测试

validateTemplate 服务测试模板,并应该包括以下步骤:

a) *requestUnregisterdTemplate* 服务访问未注册模板,并具有服务类型:
〈service-type〉=“requestUnregisterdTemplate”
并有相应属性:
- template_ID=“the_template_id”

b) *returnUnregisterdTemplate* 服务返回被请求模板,并应该具有服务类型:
〈service-type〉=“returnUnregisterdTemplate”
并有相应属性:

- template_content=“the_template_content”
- process_status=“the_process_status”

c) *testTemplate* 服务验证未注册模板，并应该具有服务类型：
〈service-type〉=“testTemplate”

d) *returnTestResult* 服务返回测试结果和状态，并应该具有服务类型：
〈service-type〉=“returnTestResult”
并有相应属性：
- test_result=“the_test_result”
- test_status=“the_test_status”

7.2.5 能力专规模板的删除

deleteTemplate 服务删除现有模板，并应该包括以下步骤：

a) *requestExistingTemplate* 服务访问现有模板，并应该具有服务类型：
〈service-type〉=“requestExistingTemplate”
并有相应属性：
- template_ID=“the_template_id”

b) *returnExistingTemplate* 服务返回被请求模板，并应该具有服务类型：
〈service-type〉=“returnExistingTemplate”
并有相应属性：
- template_content=“the_template_content”
- process_status=“the_process_status”

c) *removeTemplate* 服务从存储库里删除能力专规册模板，并应该具有服务类型：
〈service-type〉=“removeTemplate”

d) *returnRemoveResult* 服务返回删除状态，并应该具有服务类型：
〈service-type〉=“returnRemoveResult”
并有相应属性：
- remove_status=“the_remove_status”

7.3 扩展的 CPI 组服务协议

7.3.1 能力专规的创建

7.3.1.1 基于能力专规模板的创建

createProfile 服务根据能力专规模板生成专规，并应该包括以下步骤：

a) *requestExistingTemplate* 服务请求现有模板，并应该具有服务类型：
〈service-type〉=“requestExistingTemplate”
并有相应属性：
- template_ID=“the_template_id”

b) *returnExistingTemplate* 服务返回被请求模板，并应该具有服务类型：
〈service-type〉=“returnExistingTemplate”
并有相应属性：
- template_content=“the_template_content”
- access_status=“the_access_status”

c) *processFilledProfile* 服务请求接受已填写专规，并应该具有服务类型：

〈service-type〉＝"processFilledProfile"

并有相应属性：

- profile_ID＝"the_profile_id"

d) *returnProcessingResult* 服务返回处理结果，并应该具有服务类型：

〈service-type〉＝"returnProcessingResult"

并有相应属性：

- ID_check_error＝"ID_check_error"
- storage_error＝"storage_error"

7.3.1.2 基于现有专规的创建

createProfile 服务也可根据现有专规生成专规，并应该包括以下步骤：

a) *requestExistingProfile* 服务请求现有专规，并应该具有服务类型：

〈service-type〉＝"requestExistingProfile"

并有相应属性：

- profile_ID＝"the_profile_id"

b) *returnExistingProfile* 服务返回现有专规，并应该具有服务类型：

〈service-type〉＝"returnExistingProfile"

并有相应属性：

- profile_content＝"the_profile_content"
- process_status＝"the_ process_status"

c) *processModifiedProfile* 服务请求接受已修改专规，并应该具有服务类型：

〈service-type〉＝"processModifiedProfile"

并有相应属性：

- profile_ID＝"the_profile_id"

d) *returnProcessingResult* 服务返回处理结果，并应该具有服务类型：

〈service-type〉＝"returnProcessingResult"

并有相应属性：

- ID_check_error＝"ID_check_error"
- storage_error＝"storage_error"

7.3.2 能力专规的访问

7.3.2.1 通过 ESI 的访问

accessProfile 服务通过 ESI 访问专规，并应该包括以下步骤：

a) *requestExistingProfile* 服务访问现有专规，并应该具有服务类型：

〈service-type〉＝"requestExistingProfile"

并有相应属性：

- profile_ID＝"the_profile_id"

b) *returnExistingProfile* 服务返回被请求专规，并应该具有服务类型：

〈service-type〉＝"returnExistingProfile"

并有相应属性：

- profile_content＝"the_profile_content"
- process_status＝"the_ process_status"

7.3.2.2 通过 MSU 的访问

accessProfile 服务也可通过 MSU 访问专规,并应该包括以下步骤:

a) *requestExistingProfile* 服务访问现有专规,并应该具有服务类型:
〈service-type〉="requestExistingProfile"

b) *returnExistingProfile* 服务返回被请求专规,并应该具有服务类型:
〈service-type〉="returnExistingProfile"
并有相应属性:
- profile_content="the_profile_content"
- process_status="the_ process_status"

7.3.3 能力专规的修改

modifyProfile 服务修改专规,并应该包括以下步骤:

a) *requestExistingProfile* 服务访问现有专规,并应该具有服务类型:
〈service-type〉="requestExistingProfile"
并有相应属性:
- profile_ID="the_profile_id"

b) *returnExistingProfile* 服务返回被请求专规,并应该具有服务类型:
〈service-type〉="returnExistingProfile"
并有相应属性:
- profile_content="the_profile_content"
- process_status="the_ process_status"

c) *processModifiedProfile* 服务请求接受已修改专规,并应该具有服务类型:
〈service-type〉="processModifiedProfile"
并有相应属性:
- profile_ID="the_profile_id"

d) *returnProcessingResult* 服务返回处理结果,并应该具有服务类型:
〈service-type〉="returnProcessingResult"
并有相应属性:
- ID_check_error="ID_check_error"
- storage_error="storage_error"

7.3.4 能力专规一致性测试

validateProfile 服务测试现有专规,并应该包括以下步骤:

a) *requestExistingProfile* 服务访问现有专规,并应该具有服务类型:
〈service-type〉="requestExistingProfile"
并有相应属性:
- profile_ID="the_profile_id"

b) *returnExistingProfile* 服务返回被请求专规,并应该具有服务类型:
〈service-type〉="returnExistingProfile"
并有相应属性:
- profile_content="the_profile_content"
- process_status="the_process_status"

c) *testProfile* 服务验证未注册专规，并应该具有服务类型：

〈service-type〉＝“testProfile”

d) *returnTestResult* 服务返回测试结果和状态，并应该具有服务类型：

〈service-type〉＝“returnTestResult”

并有相应属性：

- test_result＝“the_test_result”
- test_status＝“the_test_status”

7.3.5 能力专规的删除

deleteProfile 服务删除现有专规，并应该包括以下步骤：

a) *requestExistingProfile* 服务访问现有专规，并应该具有服务类型：

〈service-type〉＝“requestExistingProfile”

并有相应属性：

- profile_ID＝“the_profile_id”

b) *returnExistingProfile* 服务返回被请求专规，并应该具有服务类型：

〈service-type〉＝“returnExistingProfile”

并有相应属性：

- profile_content＝“the_profile_content”
- process_status＝“the_process_status”

c) *removeProfile* 服务从存储库里删除能力专规，并应该具有服务类型：

〈service-type〉＝“removeProfile”

d) *returnRemoveResult* 服务返回删除状态，并应该具有服务类型：

〈service-type〉＝“returnRemoveResult”

并有相应属性：

- remove_status＝“the_remove_status”

7.4 CCSI 组的服务协议

7.4.1 能力类结构的创建

7.4.1.1 基于形式化结构的创建

createCCS 服务根据形式化结构生成 CCS，并应该包括以下步骤：

a) *requestBlankCCS* 服务请求空白 CCS，并具有服务类型：

〈service-type〉＝“requestBlankCCS”

b) *returnBlankCCS* 服务返回空白 CCS，并具有服务类型：

〈service-type〉＝“returnBlankCCS”

并有相应属性：

- CCS_content＝“the_CCS_content”
- access_status＝“the_access_status”

c) *processFilledCCS* 服务请求接受已填写 CCS，并具有服务类型：

〈service-type〉＝“processFilledCCS”

并有相应属性：

- CCS_ID＝“the_CCS_id”

d) *returnProcessingResult* 服务返回处理结果，并具有服务类型：

〈service-type〉＝“returnProcessingResult”

并有相应属性：

- ID_check_error＝“ID_check_error”
- storage_error＝“storage_error”

7.4.1.2 基于现有 CCS 的创建

createCCS 服务根据现有 CCS 也能生成模板，并应该包括以下步骤：

a) *requestExistingCCS* 服务请求现有 CCS，并具有服务类型：

〈service-type〉＝“requestExistingCCS”

并有相应属性：

- CCS_ID＝“the_CCS_id”

b) *returnExistingCCS* 服务返回现有 CCS，并具有服务类型：

〈service-type〉＝“returnExistingCCS”

并有相应属性：

- CCS_content＝“the_CCS_content”
- process_status＝“the_process_status”

c) *processModifiedCCS* 服务请求接受已修改 CCS，并具有服务类型：

〈service-type〉＝“processModifiedCCS”

并有相应属性：

- CCS_ID＝“the_CCS_id”

d) *returnProcessingResult* 服务返回处理结果，并具有服务类型：

〈service-type〉＝“returnProcessingResult”

并有相应属性：

- ID_check_error＝“ID_check_error”
- storage_error＝“storage_error”

7.4.2 能力类结构的访问

accessCCS 服务访问 CCS，并应该包括以下步骤：

a) *requestExistingCCS* 服务请求现有 CCS，并应该具有服务类型：

〈service-type〉＝“requestExistingCCS”

并有相应属性：

- CCS_ID＝“the_CCS_id”

b) *returnExistingCCS* 服务返回现有 CCS，并应该具有服务类型：

〈service-type〉＝“returnExistingCCS”

并有相应属性：

- CCS_content＝“the_CCS_content”
- process_status＝“the_ process_status”

7.4.3 能力类结构的修改

modifyCCS 服务修改 CCS，并应该包括以下步骤：

a) *requestExistingCCS* 服务请求现有 CCS，并应该具有服务类型：

〈service-type〉＝“requestExistingCCS”

并有相应属性：

- CCS_ID＝“the_CCS_id”

b) *returnExistingCCS* 服务返回现有 CCS,并应该具有服务类型：

〈service-type〉＝“returnExistingCCS”

并有相应属性：

- CCS_content＝“the_CCS_content”
- process_status＝“the_ process_status”

c) *processModifiedCCS* 服务请求接受已修改 CCS,并应该具有服务类型：

〈service-type〉＝“processModifiedCCS”

并有相应属性：

- CCS_ID＝“the_CCS_id”

d) *returnProcessingResult* 服务返回处理结果,并应该具有服务类型：

〈service-type〉＝“returnProcessingResult”

并有相应属性：

- ID_check_error＝“ID_check_error”
- storage_error＝“storage_error”

7.4.4 能力类结构一致性测试

validateCCS 服务测试 CCS,并应该包括以下步骤：

a) *requestExistingCCS* 服务请求现有 CCS,并应该具有服务类型：

〈service-type〉＝“requestExistingCCS”

并有相应属性：

- CCS_ID＝“the_CCS_id”

b) *returnExistingCCS* 服务返回现有,并应该具有服务类型：

〈service-type〉＝“returnExistingCCS”

并有相应属性：

- CCS_content＝“the_CCS_content”
- process_status＝“the_process_status”

c) *testCCS* 服务验证未注册 CCS,并应该具有服务类型：

〈service-type〉＝“testCCS”

d) *returnTestResult* 服务返回测试结果和状态,并应该具有服务类型：

〈service-type〉＝“returnTestResult”

并有相应属性：

- test_result＝“the_test_result”
- test_status＝“the_test_status”

7.4.5 能力类结构的删除

deleteCCS 服务删除现有模板,并应该包括以下步骤：

a) *requestExistingCCS* 服务请求现有 CCS,并应该具有服务类型：

〈service-type〉＝“requestExistingCCS”

并有相应属性：

- CCS_ID＝“the_CCS_id”

b) *returnExistingCCS* 服务返回现有 CCS,并应该具有服务类型：

〈service-type〉=“returnExistingCCS”

并有相应属性:

- CCS_content=“the_CCS_content”
- process_status=“the_process_status”

c) *removeCCS* 服务从存储库里删除 CCS,并应该具有服务类型:

〈service-type〉=“removeCCS”

d) *returnRemoveResult* 服务返回删除状态,并应该具有服务类型:

〈service-type〉=“returnRemoveResult”

并有相应属性:

- remove_status=“the_remove_status”

7.5 扩展的匹配器组服务协议

ExtendMatcher 服务使用匹配器将 MSU 能力专规与所需专规进行匹配,并应该包括以下步骤:

a) *requestExistingProfile* 服务访问现有专规,并具有服务类型:

〈service-type〉=“requestExistingProfile”

并有相应属性:

- Profile_ID=“the_Profile_id”

b) *returnExistingProfile* 服务返回被请求专规,并具有服务类型:

〈service-type〉=“returnExisting Profile”

并有相应属性:

- profile _content=“the_ profile _content”
- process_status=“the_process_status”

c) *requestMatching* 服务将两个被访问专规进行匹配,并具有服务类型:

〈service-type〉=“requestMatching”

并有相应属性:

- profile_ID_1=“the profile_id_1”
- profile_ID_2=“the profile_id_2”

d) *returnMatchingResult* 服务返回匹配结果,并具有服务类型:

〈service-type〉=“returnMatchingResult”

并有相应属性:

- matching_level=“the_matching_level”
- matching_report=“the_matching_report”

8 字典导入服务和协议

8.1 *DictionaryImporting* 服务

使用 *requestImportDictionary*、*returnImportDictionary*、*requestDictionary* 和 *returnDictionary* 服务的 *DictionaryImporting* 服务应该允许用户向存储库里导入零件库,并访问存储库里的内容(见图 19)。

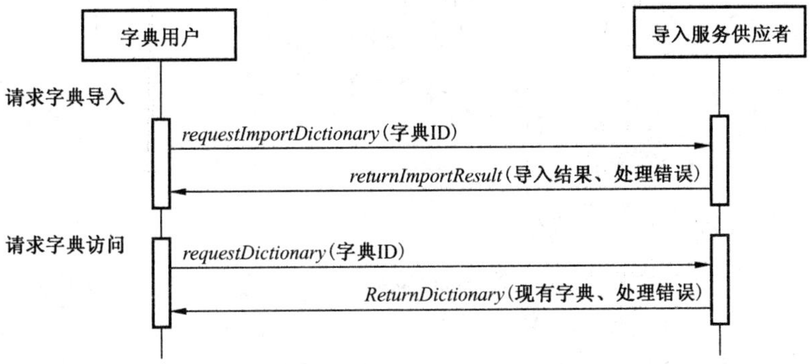

图 19 ***DictionaryImporting*** **服务**

DictionaryImporting 服务应该包括下列步骤：

a) 字典用户调用 *ImportServicePoint* 对象的 *requestImportDictionary* 服务，与 *requestImportingDictionary* 服务有关的参数是字典 ID；

b) 服务供应者调用 *ImportServicePoint* 对象的 *returnImportResult* 服务，*returnImportResult* 服务的参数是输入结果和处理错误；

c) 字典用户调用 *ImportServicePoint* 对象的 *requestDictionary* 服务，*requestDictionary* 服务的参数是字典 ID；

d) 服务供应者调用 *ImportServicePoint* 对象的 *returnDictionary* 服务，*returnDictionary* 服务的参数是现有字典和处理错误。

8.2 *DictionaryImporting* 协议

DictionaryImporting 服务向存储库里导入字典，并应该包括以下步骤：

a) *requestImportDictionaries* 服务请求导入字典，并应该具有服务类型：

〈service-type〉=“requestImportingProfile”

并有相应属性：

- dictionary_ID=“the_ dictionary _id”

b) *returnImportDictionay* 服务返回输入字典，并应该具有服务类型：

〈service-type〉=“returnImportingresult”

并有相应属性：

- importing _result=“the_ importing _result”
- process_status=“the_process_status”

c) *requestDictionary* 服务请求字典，并应该具有服务类型：

〈service-type〉=“requestDictionary”

并有相应属性：

- dictionary_ID=“the_dictionary_id”

d) *returnDictionary* 服务返回被请求字典，并应该具有服务类型：

〈service-type〉=“returnDictionary”

并有相应属性：

- dictionary_content=“the_dictionary_content”
- process_status=“the_process_status”

附 录 A
（资料性附录）
用 MDD 建立的能力模型

A.1 能力模型图

制造活动包括制造过程中的一个或多个行动(action),制造过程和 ISO 16100-1:2009 中 5.3 描述的制造功能集有关。每个活动能够依照 ISO 15745-1 通过 MDD 建模。

应用活动树与能力类树具有一一映射的关系。活动模型能够映射至类能力模型,如图 A.1 所示。

图 A.1 根据 MDD 描述 CCS 能力,如下:

a) 活动中的行动;

b) 行动中的约束或交换的信息;

c) 用于支持行动的资源;

d) 行动中前驱和/或后继之间的关系。

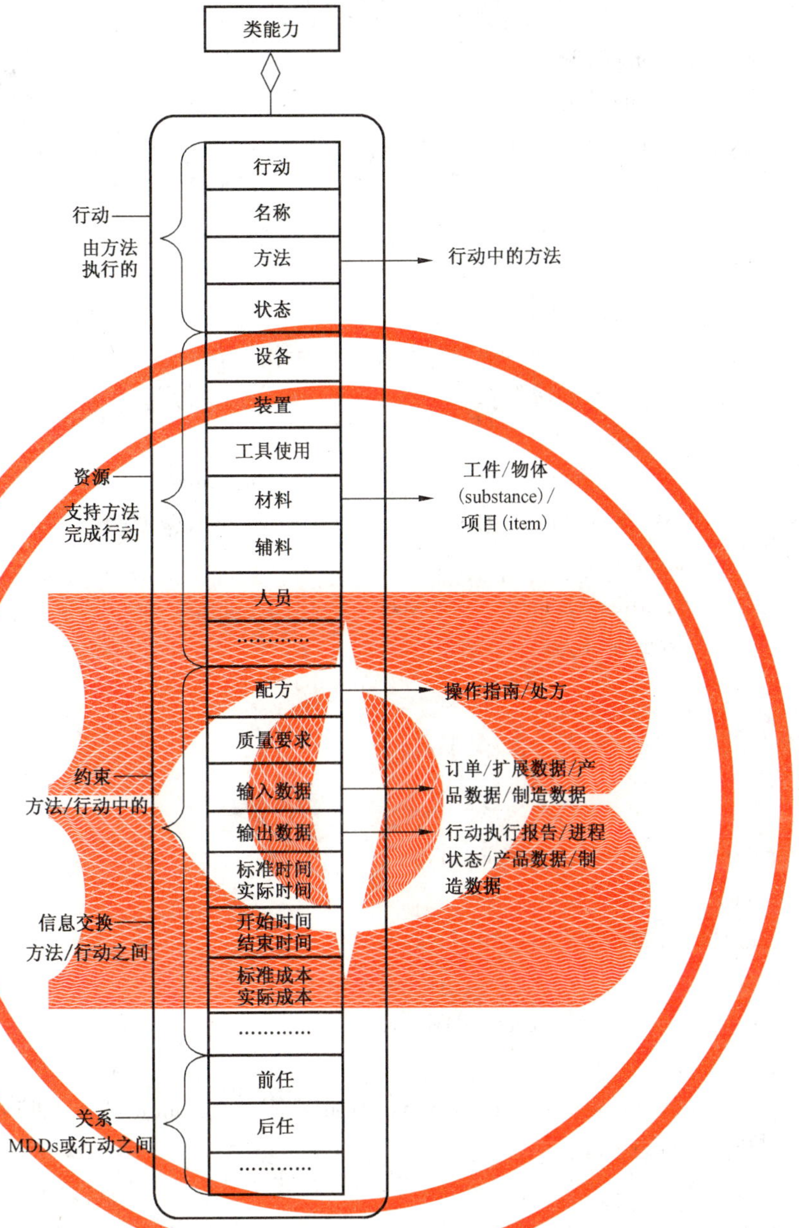

图 A.1 使用 MDD 将能力模型映射至活动模型

A.2 能力模型的 XML 句法

以下为模板的特定部分中能力模型的 XML 句法。

```
<?xml version="1.0" encoding="UTF-8"?>
<xs:schema xmlns:xs="http://www.w3.org/2001/XMLSchema">
  <xs:element name="CapabilityProfiling">
    <xs:complexType>
      <xs:sequence maxOccurs="unbounded">
```

```
          〈xs:element name="type"〉
            〈xs:complexType〉
              〈xs:attribute name="id" type="xs:string" use="required"/〉
            〈/xs:complexType〉
          〈/xs:element〉
          〈xs:element name="CapabilityProfile"〉
            〈xs:complexType〉
              〈xs:sequence〉
                〈xs:element name="pkgtype"〉
                  〈xs:complexType〉
                    〈xs:attribute name="version" type="xs:string" form="unqualified"/〉
                  〈/xs:complexType〉
                〈/xs:element〉
                〈xs:element name="Common" type="CommonPartType"/〉
                〈xs:element name="Specific" type="SpecificPartType"/〉
              〈/xs:sequence〉
              〈xs:attribute name="date" type="xs:string" form="unqualified"/〉
            〈/xs:complexType〉
          〈/xs:element〉
        〈/xs:sequence〉
      〈/xs:complexType〉
    〈/xs:element〉
  〈xs:complexType name="CommonPartType"〉
  〈/xs:complexType〉
  〈xs:complexType name="SpecificPartType"〉
    〈xs:sequence〉
      〈xs:element name="Reference_MDM_Name"〉
        〈xs:complexType〉
          〈xs:attribute name="domain_Name" type="xs:string" form="unqualified"/〉
        〈/xs:complexType〉
      〈/xs:element〉
      〈xs:element name="MDD_Description_Format” type="MDD_Description"/〉
          〈xs:complexType name="MDD_Description"〉
            〈xs:sequence〉
              〈xs:choice〉
                〈xs:element name="Set_of_MDD_Objects"〉
                  〈xs:complexType〉
                    〈xs:sequence minOccurs="0" maxOccurs="unbounded"〉
                      〈xs:element name="MDD_Name_action"〉
                        〈xs:attribute name="name" type="xs:string" use="required" fixed=""/〉
                        〈xs:attribute name="method" type="xs:string" use="required" fixed=""/〉
                        〈xs:attribute name="status" type="xs:string" default=""/〉
                      〈/xs:element〉
```

```
〈xs:element name="MDD_Name_exchanged_information"〉
  〈xs:complexType〉
    〈xs:sequence minOccurs="0" maxOccurs="unbounded"〉
      〈xs:choice〉
        〈xs:element name="information_out"〉
          〈xs:complexType〉
            〈xs:attribute name="name" type="xs:string"
form="unqualified"/〉
          〈/xs:complexType〉
        〈/xs:element〉
          〈xs:element name="information_in"〉
            〈xs:complexType〉
              〈xs:attribute name="name" type="xs:string"
form="unqualified"/〉
            〈/xs:complexType〉
          〈/xs:element〉
        〈/xs:choice〉
      〈/xs:sequence〉
    〈/xs:complexType〉
  〈/xs:element〉          // end of exchanged_information
〈xs:element name="MDD_Name_constraints"〉
  〈xs:complexType〉
    〈xs:sequence minOccurs="0" maxOccurs="unbounded"〉
      〈xs:element name="Constraint_name"〉
        〈xs:complexType〉
          〈xs:attribute name="name" type="xs:string"
form="unqualified"/〉
        〈/xs:complexType〉
      〈/xs:element〉
    〈/xs:sequence〉
  〈/xs:complexType〉
〈/xs:element〉          // end of constraints
〈xs:element name="MDD_Name_resources"〉
  〈xs:complexType〉
    〈xs:sequence minOccurs="0" maxOccurs="unbounded"〉
      〈xs:element name="Resource_name"〉
      〈xs:complexType〉
        〈xs:attribute name="name" type="xs:string"
form="unqualified"/〉
      〈/xs:complexType〉
      〈/xs:element〉
    〈/xs:sequence〉
  〈/xs:complexType〉
```

```
            </xs:element>        // end of resources
          </xs:sequence>
        </xs:complexType>
      </xs:element>       // end of "Set_of_MDD_Objects"
      <xs:element name="List_of_MDD_Objects">
          ……………………………………………..
      </xs:element>
      <xs:element name="Time_ordered_MDD_Objects ">
          ……………………………………………..
      </xs:element>
      <xs:element name="Event_ordered_MDD_Objects ">
          ……………………………………………..
      </xs:element>
    </xs:choice>
    <xs:element name="List_of_lower_level">
      <xs:complexType>
        <xs:sequence minOccurs="0" maxOccurs="unbounded">
          <xs:element name="Subactivity_name">
            <xs:complexType>
              <xs:attribute name="name" type="xs:string" form="unqualified"/>
            </xs:complexType>
          </xs:element>
          <xs:element name="subtemplate_name">
            <xs:complexType>
              <xs:attribute name="name" type="xs:string" form="unqualified"/>
            </xs:complexType>
          </xs:element>
        </xs:sequence>
      </xs:complexType>
    </xs:element>
  </xs:sequence>  // end for MDD_Description
 </xs:complexType>
</xs:sequence>
</xs:complexType>     // end for SpecificPart
</xs:schema
```

A.3 MDD 和相应的 MDM 的关系

图 A.2 为两个活动树 A 和 B,具有不同的 CCS。这两棵树的每一个节点拥有各自的能力类和相应的能力专规模板。每一个模板使用 MDD 描述其能力。这些 MDD 由特定 MDM 中的同一 MDD 集选出,即:

MDDi ∈ MDM | i ∈[1.. n]

特定 MDM 中的每一个 MDD 被定义,且各自不同,同时 MDD 的唯一标识符要作为语义匹配的起点。

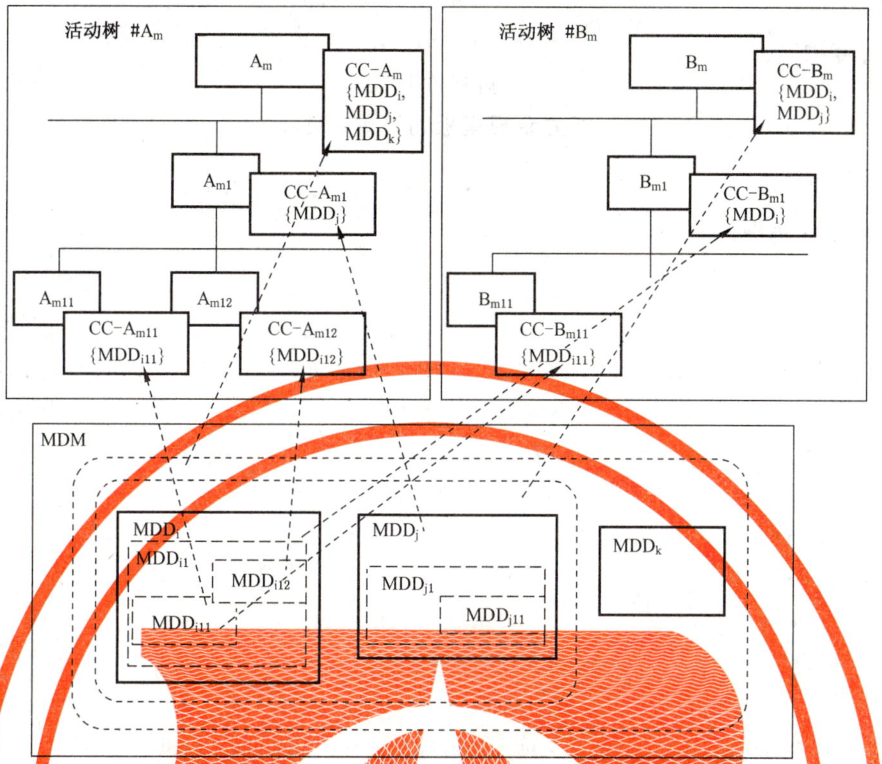

注：标签 CC-A_m、CC-A_{m1}、CC-A_{m11} 和 CC-A_{m12} 分别代表活动节点 A_m、节点 A_{m1}、节点 A_{m11} 和节点 A_{m12} 能力类的特定部分。与此类似，CC-B_m、CC-B_{m1} 和 CC-B_{m11} 分别代表活动节点 B_m、节点 B_{m1} 和节点 B_{m11} 能力类的特定部分。MDDs 是特定部分的元素。

图 A.2 活动和其 MDDs 间的关系

附 录 B
（资料性附录）
能力专规模板的简单化匹配

B.1 能力专规模板示例

B.1.1 例 1

以下是 GB/T 19902.5—2011 的 B.2 中活动 A21（“getOperationMethod”）的能力专规模板 XML 句法。

```
<?xml version="1.0" encoding="UTF-8"?>
<xs:schema xmlns:xs="http://www.w3.org/2001/XMLSchema">
    <xs:element name="CapabilityProfiling">
      <xs:complexType>
        <xs:sequence>
          <xs:element name="Template">
            <xs:complexType>
              <xs:attribute name="id" type="xs:string" use="required" fixed="A21"/>
              <xs:attribute name="name" type="xs:string" use="required"
fixed="getOperationMethod" />
            </xs:complexType>
          </xs:element>
          <xs:element name="type">
              <xs:complexType>
                  <xs:attribute name="id" type="xs:string"/>
              </xs:complexType>
            </xs:element>
            <xs:element name="CapabilityProfile">
                <xs:complexType>
                    <xs:sequence>
                      <xs:element name="pkgtype">
                          <xs:complexType>
                              <xs:attribute name="version" type="xs:string" form="unqualified"/>
                          </xs:complexType>
                        </xs:element>
                        <xs:element name="Common" type="CommonPartType"/>
                        <xs:element name="Specific" type="SpecificPartType"/>
                      </xs:sequence>
                      <xs:attribute name="date" type="xs:string" form="unqualified"/>
                  </xs:complexType>
              </xs:element>
            </xs:sequence>
```

```
            </xs:complexType>
        </xs:element>
        <xs:complexType name="CommonPartType">
            ..................................................................
            ..................................................................
    </xs:complexType>
    <xs:complexType name="SpecificPartType">
        <xs:sequence>
            <xs:element name="Reference_MDM_Name">
                <xs:complexType>
                    <xs:attribute name="domain_Name" type="xs:string" use="required"
fixed="MESApplicationDomain" form="unqualified"/>
                    </xs:complexType>
                </xs:element>
                <xs:element name="format_name" type="MDD_Description"/>
        </xs:sequence>
    </xs:complexType>
    <xs:complexType name="MDD_Description">
        <xs:sequence>
            <xs:element name="Set_Of_MDD_Objects">
                <xs:complexType>
                    <xs:sequence>
                        <xs:element name="action1">
                            <xs:complexType>
                                <xs:sequence maxOccurs="unbounded">
                                    <xs:element name="exchanged_information">
                                        <xs:complexType>
                                            <xs:sequence minOccurs="1" maxOccurs="1">
                                                <xs:element name="information_out">
                                                    <xs:complexType>
                                                        <xs:attribute name="name" use="required" type="xs:string"
form="unqualified" fixed="operation_type"/>
                                                    </xs:complexType>
                                                </xs:element>
                                            </xs:sequence>
                                        </xs:complexType>
                                    </xs:element>
                                    <xs:element name="Resources">
                                        ................................
                                        ...........................
                                    </xs:element>
                                    <xs:element name="Constraints">
                                        ...........................
```

```
                ……………………………… • …
              〈/xs:element〉
            〈/xs:sequence〉
            〈xs:attribute name="name" type="xs:string" use="required" fixed="setOperationType"/〉
            〈xs:attribute name="method" type="xs:string" use="required" fixed="Set"/〉
            〈xs:attribute name="status" type="xs:string" default="mandatory"/〉
          〈/xs:complexType〉
        〈/xs:element〉
        〈xs:element name="action2"〉
          〈xs:complexType〉
            〈xs:sequence maxOccurs="unbounded"〉
              〈xs:element name="exchanged_information"〉
                〈xs:complexType〉
                  〈xs:sequence minOccurs="1" maxOccurs="1"〉
                    〈xs:element name="information_in"〉
                        〈xs:complexType〉
                          〈xs:attribute name="name" type="xs:string" use="required"
form="unqualified" fixed="operation_method(plan)"/〉
                        〈/xs:complexType〉
                      〈/xs:element〉
                    〈/xs:sequence〉
                    〈/xs:complexType〉
                〈/xs:element〉
                〈xs:element name="Resources"〉
                  …………………… • • …
                  ………………………
              〈/xs:element〉
              〈xs:element name="Constraints"〉
                  ……………… • …
                  ……………… • • …
                〈/xs:element〉
              〈/xs:sequence〉
              〈xs:attribute name="name" type="xs:string" use="required" fixed="get OperationMethod"
form="unqualified"/〉
              〈xs:attribute name="method" type="xs:string" use="required" fixed="Get"
form="unqualified"/〉
              〈xs:attribute name="status" type="xs:string" default="optional"/〉
            〈/xs:complexType〉
          〈/xs:element〉
          〈xs:element name="action3"〉
            〈xs:complexType〉
              〈xs:sequence maxOccurs="unbounded"〉
                〈xs:element name="exchanged_information"〉
```

```
                〈xs:complexType〉
                  〈xs:sequence minOccurs="1" maxOccurs="1"〉
                    〈xs:element name="information_in"〉
                      〈xs:complexType〉
                        〈xs:attribute name="name" type="xs:string" use="required"
form="unqualified" fixed="recipe(plan)"/〉
                      〈/xs:complexType〉
                    〈/xs:element〉
                  〈/xs:sequence〉
                〈/xs:complexType〉
              〈/xs:element〉
              〈xs:element name="Resources"〉
                ……………………………..
                ……………………………
              〈/xs:element〉
              〈xs:element name="Constraints"〉
                ……………………………..
                ……………………………
            〈/xs:element〉
          〈/xs:sequence〉
          〈xs:attribute name="name" type="xs:string" use="required" fixed="getRecipe"
form="unqualified"/〉
          〈xs:attribute name="method" type="xs:string" use="required" fixed="Get"
form="unqualified"/〉
          〈xs:attribute name="status" type="xs:string" default="optional"/〉
        〈/xs:complexType〉
      〈/xs:element〉
    〈/xs:sequence〉
  〈/xs:complexType〉
〈/xs:element〉
〈xs:element name="List_of_lower_level"〉
  …………………………………………………………………
〈/xs:element〉
〈/xs:sequence〉
〈/xs:complexType〉
〈/xs:schema〉
```

B.1.2 例 2

以下是 GB/T 19902.5—2011 的 B.3 中活动 B11(“receiveManufacturingInstruction”)的能力专规模板 XML 句法。

```
〈? xml version="1.0" encoding="UTF-8"?〉
〈xs:schema xmlns:xs="http://www.w3.org/2001/XMLSchema"〉
  〈xs:element name="CapabilityProfiling"〉
```

```
<xs:complexType>
    <xs:sequence>
      <xs:element name="Template">
        <xs:complexType>
          <xs:attribute name="id" type="xs:string" use="required" fixed="B11"/>
          <xs:attribute name="name" type="xs:string" use="required"
fixed="receiveManufacturingInstruction" />
        </xs:complexType>
      </xs:element>
      <xs:element name="type">
        <xs:complexType>
          <xs:attribute name="id" type="xs:string"/>
        </xs:complexType>
      </xs:element>
      <xs:element name="CapabilityProfile">
        <xs:complexType>
          <xs:sequence>
            <xs:element name="pkgtype">
              <xs:complexType>
                <xs:attribute name="version" type="xs:string" form="unqualified"/>
              </xs:complexType>
            </xs:element>
            <xs:element name="Common" type="CommonPartType"/>
            <xs:element name="Specific" type="SpecificPartType"/>
          </xs:sequence>
            <xs:attribute name="date" type="xs:string" form="unqualified"/>
        </xs:complexType>
      </xs:element>
    </xs:sequence>
  </xs:complexType>
</xs:element>
<xs:complexType name="CommonPartType">
  ……………………………………….
  ………………………………………….
</xs:complexType>
<xs:complexType name="SpecificPartType">
  <xs:sequence>
<xs:element name="Reference_MDM_Name">
<xs:complexType>
  <xs:attribute name="domain_Name" type="xs:string" use="required"
fixed="MESApplicationDomain" form="unqualified"/>
</xs:complexType>
</xs:element>
```

```
    〈xs:element name="format_name" type="MDD_Description"/〉

  〈/xs:sequence〉
〈/xs:complexType〉
〈xs:complexType name="MDD_Description"〉
  〈xs:sequence〉
    〈xs:element name="Set_Of_MDD_Objects"〉
      〈xs:complexType〉
        〈xs:sequence〉
          〈xs:element name="action1"〉
            〈xs:complexType〉
              〈xs:sequence maxOccurs="unbounded"〉
                〈xs:element name="exchanged_information"〉
                  〈xs:complexType〉
                    〈xs:sequence minOccurs="1" maxOccurs="1"〉
                          〈xs:element name="information_in"〉
                              〈xs:complexType〉
                                〈xs:attribute name="name" type="xs:string" use="required"
form="unqualified" fixed="product_order(plan)"/〉
                              〈/xs:complexType〉
                          〈/xs:element〉
〈/xs:sequence〉
                  〈/xs:complexType〉
                〈/xs:element〉

                〈xs:element name="Resources"〉
...
...
                〈/xs:element〉
                〈xs:element name="Constraints"〉
                ...
...
                  〈/xs:element〉
                〈/xs:sequence〉
                〈xs:attribute name="name" type="xs:string" use="required" fixed="getProductOrder"/〉
                〈xs:attribute name="method" type="xs:string" use="required" fixed="Get"/〉
                〈xs:attribute name="status" type="xs:string" default="mandatory"/〉
              〈/xs:complexType〉
            〈/xs:element〉
            〈xs:element name="action2"〉
              〈xs:complexType〉
                〈xs:sequence maxOccurs="unbounded"〉
                  〈xs:element name="exchanged_information"〉
```

```
                    <xs:complexType>
                      <xs:sequence minOccurs="1" maxOccurs="1">
<xs:element name="information_in">
                          <xs:complexType>
                            <xs:attribute name="name" type="xs:string" use="required"
form="unqualified" fixed="operating_instruction(plan)"/>
                          </xs:complexType>
                        </xs:element>
                      </xs:sequence>
                    </xs:complexType>
                  </xs:element>

                  <xs:element name="Resources">
                    ..........................................
                    ..........................................
                  </xs:element>
                  <xs:element name="Constraints">
                    ..........................................
                    ..........................................
                  </xs:element>
                </xs:sequence>
                <xs:attribute name="name" type="xs:string" use="required"
fixed="getOperatingInstruction" form="unqualified"/>
                <xs:attribute name="method" type="xs:string" use="required" fixed="Get"
form="unqualified"/>
                <xs:attribute name="status" type="xs:string" default="optional"/>
              </xs:complexType>
            </xs:element>
            <xs:element name="action3">
              <xs:complexType>
                <xs:sequence maxOccurs="unbounded">
                  <xs:element name="exchanged_information">
                    <xs:complexType>
                      <xs:sequence minOccurs="1" maxOccurs="1">
                        <xs:element name="information_in">
                          <xs:complexType>
                            <xs:attribute name="name" type="xs:string" use="required"
form="unqualified" fixed="item"/>
                          </xs:complexType>
                        </xs:element>
                      </xs:sequence>
                    </xs:complexType>
                  </xs:element>
```

```
                    〈xs:element name="Resources"〉
                        ……………………………………
                        …………………………·…
                    〈/xs:element〉
                    〈xs:element name="Constraints"〉
                        ……………………………………·…
                        ………………………………………·…
                    〈/xs:element〉
                  〈/xs:sequence〉
                  〈xs:attribute name="name" type="xs:string" use="required" fixed="getItem"
form="unqualified"/〉
                  〈xs:attribute name="method" type="xs:string" use="required" fixed="Get"
form="unqualified"/〉
                  〈xs:attribute name="status" type="xs:string" default="mandatory"/〉
                〈/xs:complexType〉
              〈/xs:element〉
            〈/xs:sequence〉
          〈/xs:complexType〉
        〈/xs:element〉
        〈xs:element name="List_of_lower_level"〉
            ………………………………………………·…
            ……………………………………·…
        〈/xs:element〉
      〈/xs:sequence〉
    〈/xs:complexType〉
  〈/xs:schema〉
```

B.1.3 例 3

以下是 GB/T 19902.5—2011 的 B.2 中活动 A.33（"monitorOperationCondition"）的能力专规模板 XML 句法。

```
〈? xml version="1.0" encoding="UTF-8"?〉
〈xs:schema xmlns:xs="http://www.w3.org/2001/XMLSchema"〉
    〈xs:element name="CapabilityProfiling"〉
        〈xs:complexType〉
            〈xs:sequence〉
                〈xs:element name="Template"〉
                    〈xs:complexType〉
                        〈xs:attribute name="id" type="xs:string" use="required" fixed="A33"/〉
                        〈xs:attribute name="name" type="xs:string" use="required"
fixed="MonitorOperationCondition" /〉
                〈/xs:complexType〉
            〈/xs:element〉
```

```
                <xs:element name="type">
                    <xs:complexType>
                        <xs:attribute name="id" type="xs:string"/>
                    </xs:complexType>
                </xs:element>
                <xs:element name="CapabilityProfile">
                    <xs:complexType>
                        <xs:sequence>
                            <xs:element name="pkgtype">
                              <xs:complexType>
                                  <xs:attribute name="version" type="xs:string"
form="unqualified"/>
                              </xs:complexType>
                          </xs:element>
                          <xs:element name="Common" type="CommonPartType"/>
                          <xs:element name="Specific" type="SpecificPartType"/>
                      </xs:sequence>
                      <xs:attribute name="date" type="xs:string" form="unqualified"/>
                  </xs:complexType>
                </xs:element>
              </xs:sequence>
            </xs:complexType>
        </xs:element>
        <xs:complexType name="CommonPartType">
        </xs:complexType>
        <xs:complexType name="SpecificPartType">
            <xs:sequence>
                <xs:element name="Reference_MDM_Name">
                    <xs:complexType>
                        <xs:attribute name="domain_Name" type="xs:string" use="required"
fixed="MESApplicationDomain" form="unqualified"/>
                    </xs:complexType>
                </xs:element>
                <xs:element name="format_name" type="MDD_Description"/>
            </xs:sequence>
        </xs:complexType>
        <xs:complexType name="MDD_Description">
        <xs:sequence>
          <xs:element name="Set_Of_MDD_Objects">
            <xs:complexType>
              <xs:sequence>
                <xs:element name="action1">
                  <xs:complexType>
```

```
〈xs:sequence maxOccurs="unbounded"〉
  〈xs:element name="exchanged_information"〉
    〈xs:complexType〉
      〈xs:sequence minOccurs="1" maxOccurs="1"〉
          〈xs:element name="information_out"〉
              〈xs:complexType〉
                  〈xs:attribute name="name" type="xs:string" use="required"
form="unqualified" fixed="actual_equipment"/〉
              〈/xs:complexType〉
          〈/xs:element〉
      〈/xs:sequence〉
    〈/xs:complexType〉
  〈/xs:element〉

  〈xs:element name="Resources"〉
    ………………………………… • • …
    ……………………………… • …
  〈/xs:element〉
  〈xs:element name="Constraints"〉
    ……………………………………………………… • …
      …………………………………………………… • …
  〈/xs:element〉
〈/xs:sequence〉
〈xs:attribute name="name" type="xs:string" use="required"
fixed="setActualEquipment"/〉
〈xs:attribute name="method" type="xs:string" use="required" fixed="Set"/〉
〈xs:attribute name="status" type="xs:string" default="mandatory"/〉
〈/xs:complexType〉
〈/xs:element〉
〈xs:element name="action2"〉
  〈xs:complexType〉
    〈xs:sequence maxOccurs="unbounded"〉
      〈xs:element name="exchanged_information"〉
        〈xs:complexType〉
          〈xs:sequence minOccurs="1" maxOccurs="1"〉
              〈xs:element name="information_in"〉
                  〈xs:complexType〉
                      〈xs:attribute name="name" type="xs:string" use="required"
form="unqualified" fixed="state(result)"/〉
                  〈/xs:complexType〉
              〈/xs:element〉
          〈/xs:sequence〉
        〈/xs:complexType〉
```

```
                    </xs:element>

                    <xs:element name="Resources">
                      ……………………………………………………
                      ……………………………………………………
                    </xs:element>
                    <xs:element name="Constraints">
                      ……………………………………………………
...
                    </xs:element>
                  </xs:sequence>
                  <xs:attribute name="name" type="xs:string" use="required" fixed="getState"
form="unqualified"/>
                  <xs:attribute name="method" type="xs:string" use="required" fixed="Get"
form="unqualified"/>
                  <xs:attribute name="status" type="xs:string" default="optional"/>
                </xs:complexType>
              </xs:element>
            </xs:sequence>
          </xs:complexType>
        </xs:element>
        <xs:element name="List_of_lower_level">
          <xs:complexType>
            <xs:sequence minOccurs="1" maxOccurs="4">
              <xs:element name="subactivity_name1">
                <xs:complexType>
                  <xs:attribute name="id" type="xs:string" use="required" fixed="A331"
form="unqualified"/>
                </xs:complexType>
              </xs:element>
              <xs:element name="subtemplate_name1">
                <xs:complexType>
                  <xs:attribute name="id" type="xs:string" use="required" fixed="A331"
form="unqualified"/>
                </xs:complexType>
              </xs:element>
              <xs:element name="subactivity_name2">
                <xs:complexType>
                  <xs:attribute name="id" type="xs:string" use="required" fixed="A332"
form="unqualified"/>
                </xs:complexType>
              </xs:element>
              <xs:element name="subtemplate_name2">
```

```
            〈xs:complexType〉
              〈xs:attribute name="id" type="xs:string" use="required" fixed="A332"
form="unqualified"/〉
            〈/xs:complexType〉
          〈/xs:element〉
          〈xs:element name="subactivity_name3"〉
            〈xs:complexType〉
              〈xs:attribute name="id" type="xs:string" use="required" fixed="A333"
form="unqualified"/〉
            〈/xs:complexType〉
          〈/xs:element〉
          〈xs:element name="subtemplate_name3"〉
            〈xs:complexType〉
              〈xs:attribute name="id" type="xs:string" use="required" fixed="A333"
form="unqualified"/〉
            〈/xs:complexType〉
          〈/xs:element〉
          〈xs:element name="subactivity_name4"〉
            〈xs:complexType〉
              〈xs:attribute name="id" type="xs:string" use="required" fixed="A334"
form="unqualified"/〉
            〈/xs:complexType〉
          〈/xs:element〉
          〈xs:element name="subtemplate_name4"〉
            〈xs:complexType〉
              〈xs:attribute name="id" type="xs:string" use="required" fixed="A334"
form="unqualified"/〉
            〈/xs:complexType〉
          〈/xs:element〉
        〈/xs:sequence〉
      〈/xs:complexType〉
    〈/xs:element〉
  〈/xs:sequence〉
 〈/xs:complexType〉
〈/xs:schema〉
```


B.2 生成能力专规模板的过程

图 B.1 所示为根据能力专规模板的形式化结构生成能力专规模板的过程。

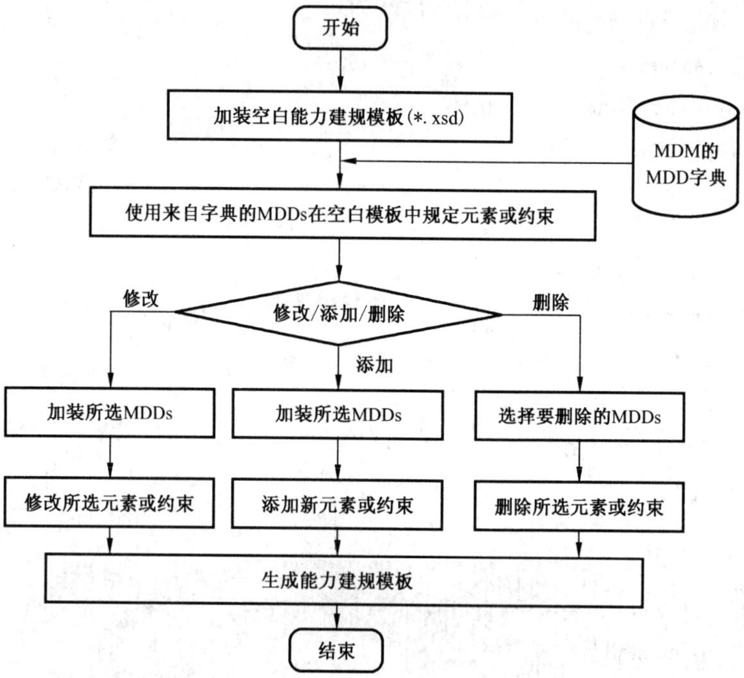

图 B.1 生成能力专规模板的过程

B.3 选择合适的能力专规模板的过程

图 B.2 所示为根据所需模板在存储库中选择合适的能力专规模板的过程。

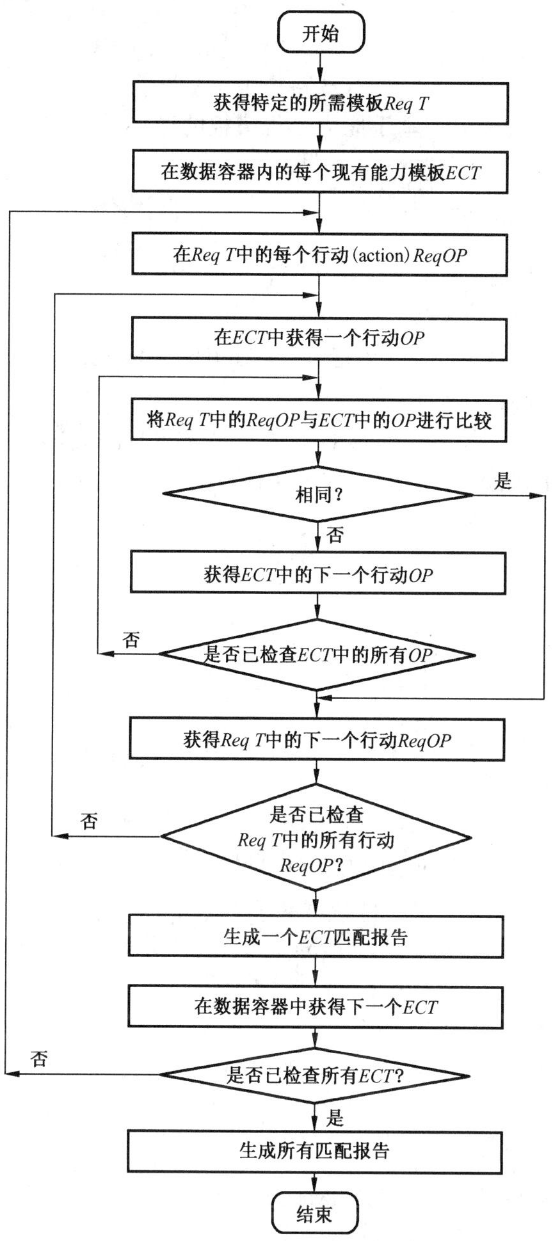

关键字：

ECT 现有能力专规模板

Req T 所需模板

ReqOP 所需操作

OP 操作

图 B.2 从存储库中选择能力专规模板的过程

附 录 C
(资料性附录)
基于能力专规模板的专规

C.1 “getOperationMethod”专规

以下是 GB/T 19902.5—2011 的 B.2 中活动 A.21 (“getOperationMethod”)的专规 XML 句法。

```
〈? xml version="1.0" encoding="utf-8" ?〉
〈CapabilityProfiling xmlns:xsi=http://www.w3.org/2001/XMLSchema-instance
  xsi:noNamespaceSchemaLocation="D:\newDB\MonitorOperationCondition.xsd"〉
   〈Template id="A21" name="getOperationMethod" /〉
   〈type id="MSU profile" /〉
   〈CapabilityProfile〉
      〈pkgtype version="1.1.1" /〉
      〈Common〉
         〈MSU_Capability〉
            〈ID〉getOperationMethod〈/ID〉
         〈/MSU_Capability〉
         〈ReferenceCapabilityClassStructure id="MESTreeA" /〉
         〈Capability_Class_Name name="getOperationMethod" /〉
         〈Reference_Capability_Class_Structure_Name name="MESTreeA" /〉
      〈/Common〉
      〈Specific〉
         〈Reference_MDM_Name domain_Name="MESApplicationDomain" /〉
         〈format_name〉
            〈Set_Of_MDD_Objects〉
               〈action1 name="setOperationType" method="Set" status="mandatory"〉
                  〈exchanged_information〉
                     〈information_out_in〉
                        〈information_out name="operation_type"/〉
                     〈/information_out_in〉
                  〈/exchanged_information〉
                  〈Resources/〉
                    〈Constraints/〉
               〈/action1〉
               〈action2 name="getOperationMethod" method="Get" status="optional"〉
                  〈exchanged_information〉
                     〈information_out_in〉
                        〈information_in name="operation_method(plan)" /〉
                     〈/information_out_in〉
```

```
                〈/exchanged_information〉
                〈Resources /〉
                〈Constraints /〉
            〈/action2〉
            〈action3 name="getRecipe" method="Get" status="optional"〉
                〈exchanged_information〉
                    〈information_out_in〉
                        〈information_in name="recipe(plan)" /〉
                    〈/information_out_in〉
                〈/exchanged_information〉
                〈Resources /〉
                〈Constraints /〉
            〈/action3〉
        〈/Set_Of_MDD_Objects〉
        〈List_of_lower_level /〉
    〈/format_name〉
  〈/Specific〉
 〈/CapabilityProfile〉
〈/CapabilityProfiling〉
```

C.2 "receiveManufacturingInstruction"专规

以下是 GB/T 19902.5—2011 的 B.3 中活动 B.11("receiveManufacturingInstruction")的专规 XML 句法。

```
〈? xml version="1.0" encoding="utf-8" ?〉
〈CapabilityProfiling xmlns:xsi=http://www.w3.org/2001/XMLSchema-instance
 xsi:noNamespaceSchemaLocation="D:\newDB\MonitorOperationCondition.xsd"〉
  〈Template id="B11" name="receiveManufacturingInstruction" /〉
  〈type id="MSU profile" /〉
  〈CapabilityProfile〉
      〈pkgtype version="1.1.1" /〉
      〈Common〉
          〈MSU_Capability〉
              〈ID〉receiveManufacturingInstruction〈/ID〉
          〈/MSU_Capability〉
          〈ReferenceCapabilityClassStructure id="MESTreeB" /〉
          〈Capability_Class_Name name="receiveManufacturingInstruction" /〉
          〈Reference_Capability_Class_Structure_Name name="MESTreeB" /〉
      〈/Common〉
      〈Specific〉
      〈Reference_MDM_Name domain_Name="MESApplicationDomain" /〉
          〈format_name〉
              〈Set_Of_MDD_Objects〉
```

```
            〈action1 name="getProductOrder" method="Get" status="mandatory"〉
              〈exchanged_information〉
                〈information_out_in〉
                  〈information_in name="product_order(plan)" /〉
                〈/information_out_in〉
              〈/exchanged_information〉
              〈Resources /〉
              〈Constraints /〉
            〈/action1〉
            〈action2 name="getOperatingInstruction" method="Get" status="optional"〉
             〈exchanged_information〉
               〈information_out_in〉
                 〈information_in name="operating_instruction(plan)" /〉
               〈/information_out_in〉
             〈/exchanged_information〉
             〈Resources /〉
             〈Constraints /〉
           〈/action2〉
           〈action3 name="getItem" method="Get" status="optional"〉
             〈exchanged_information〉
               〈information_out_in〉
                 〈information_in name="item" /〉
               〈/information_out_in〉
             〈/exchanged_information〉
             〈Resources /〉
             〈Constraints /〉
           〈/action3〉
         〈/Set_Of_MDD_Objects〉
         〈List_of_lower_level /〉
       〈/format_name〉
     〈/Specific〉
   〈/CapabilityProfile〉
〈/CapabilityProfiling〉
```

C.3 “monitorOperationCondition”专规

以下是 GB/T 19902.5—2011 的 B.2 中活动 A.33（“monitorOperationCondition”）的专规 XML 句法。

```
〈? xml version="1.0" encoding="utf-8" ?〉
〈CapabilityProfiling xmlns:xsi=http://www.w3.org/2001/XMLSchema-instance
 xsi:noNamespaceSchemaLocation="D:\newDB\MonitorOperationCondition.xsd"〉
  〈Template id="A33" name="MonitorOperationCondition" /〉
  〈type id="MSU profile" /〉
```

```
〈CapabilityProfile〉
    〈pkgtype version="1.1.1" /〉
    〈Common〉
    〈MSU_Capability〉
        〈ID〉MSUMonitorOperationCondition〈/ID〉
    〈/MSU_Capability〉
    〈ReferenceCapabilityClassStructure id="MESTreeA" /〉
    〈Capability_Class_Name name="MonitorOperationCondition" /〉
    〈Reference_Capability_Class_Structure_Name name="MESTreeA" /〉
 〈/Common〉
 〈Specific〉
    〈Reference_MDM_Name domain_Name="MESApplicationDomain" /〉
    〈format_name〉
        〈Set_Of_MDD_Objects〉
            〈action1 name="setMonitorCondition" method="Set" status="mandatory"〉
                〈exchanged_information〉
                    〈information_out_in〉
                        〈information_out name="actual equipment1" /〉
                    〈/information_out_in〉
                〈/exchanged_information〉
                〈Resources /〉
                〈Constraints /〉
            〈/action1〉
            〈action2 name="getMonitorCondition" method="Get" status="optional"〉
                〈exchanged_information〉
                    〈information_out_in〉
                        〈information_in name="state1" /〉
                    〈/information_out_in〉
                〈/exchanged_information〉
                    〈Resources /〉
                    〈Constraints /〉
                〈/action2〉
            〈/Set_Of_MDD_Objects〉
            〈List_of_lower_level〉
                〈subactivity_name1 id="A331" /〉
                〈subtemplate_name1 id="A331" /〉
                〈subactivity_name2 id="A332" /〉
                〈subtemplate_name2 id="A332" /〉
                〈subactivity_name3 id="A333" /〉
                〈subtemplate_name3 id="A333" /〉
                〈subactivity_name4 id="A334" /〉
                〈subtemplate_name4 id="A334" /〉
            〈/List_of_lower_level〉
```

</format_name>
</Specific>
</CapabilityProfile>
</CapabilityProfiling>

附　录　D
（资料性附录）
生成能力类结构的过程

生成 CCS 的过程如图 D.1 所示。

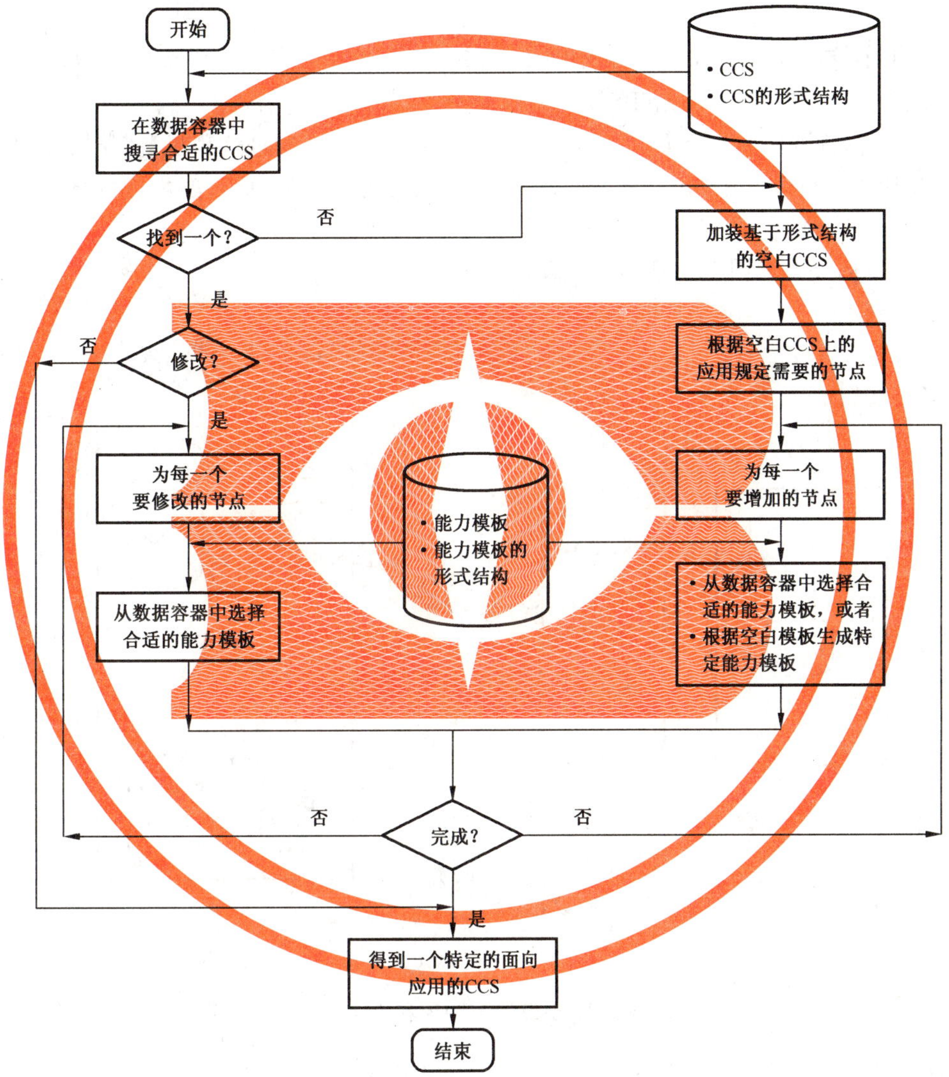

图 D.1　生成特定 CCS 的过程

附录 E
(资料性附录)
零件库(PLIB)到MDD的映射

E.1 映射的益处

可机读的PLIB字典包括零件族描述(PLIB类)和属性[在ISO 13584中为“特性(property)”]定义。该信息包含在名为基本语义单元(BSU)代码中。

能够将多语言标签添加给一个BSU条目,以支持多语言定义。通过这种机制,能力专规能够将不同属性名称(PLIB特性名称)用作同一定义。既然BSU也是可机读的,那么匹配机制将只是可机读代码的比较。其好处在于如此比较比在BSU和XML对象结构间进行比较要简单。

PLIB和MDD的关系如图E.1所示。

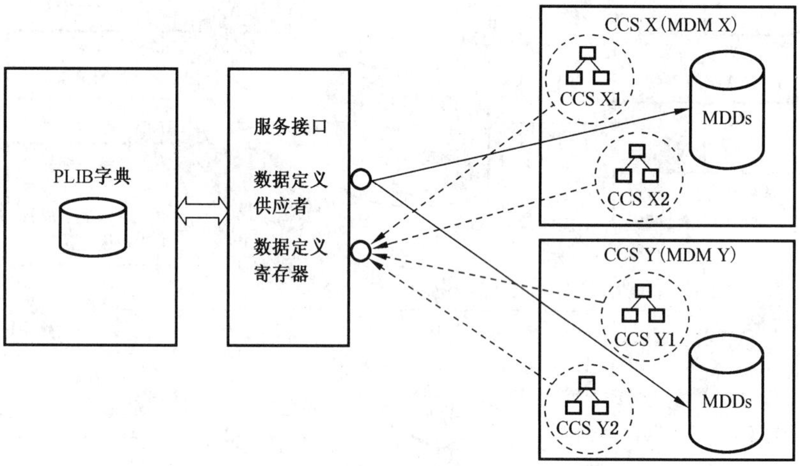

图E.1 通过服务接口的PLIB和MDDs间的关系

图E.2所示为来自一个PLIB字典的两个MDD。MDD有相同的BSU代码,但是名字不同。比较机制确认了MDD相同是因为BSU代码相同。

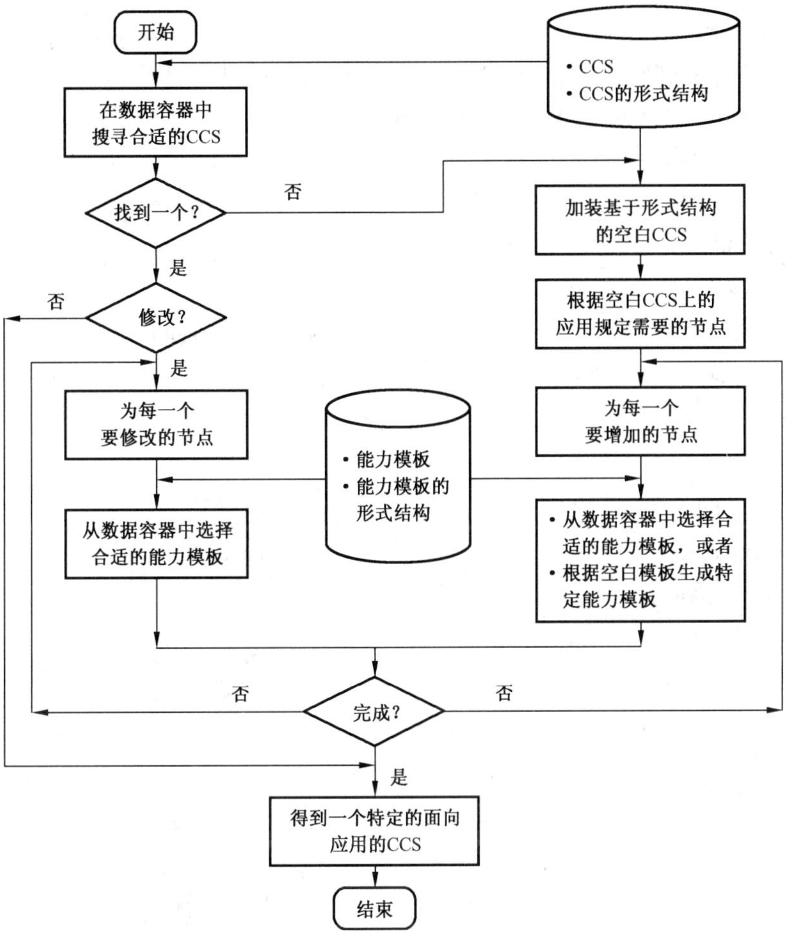

图 E.2 使用 PLIB 连接概念的标识符比较 MDD 的示例

E.2 映射示例

创建特定能力专规模板的过程从 GB/T 19902.5—2011 的 6.5.2 描述的形式 MDD 模板结构开始。在基于 PLIB 的 MDD 子集映射到形式 MDD 结构之后，特定的 MDD 模板建立。

以下为特定 MDD 模板示例的 XML 模式。

```
<? xml version="1.0" encoding="UTF-8"?>
<xs:schema xmlns:xs="http://www.w3.org/2001/XMLSchema">
  <xs:element name="MDD">
      <xs:complexType>
        <xs:sequence>
          <xs:element name="MDD_Name">
            <xs:complexType>
              <xs:attribute name="name" type="xs:string" form="process order"/>
              <xs:attribute name="DICTIONARY_ID" type="xs:string" form="9999/ISO 16100—
XXX"/>
```

```
〈xs:attribute name="PARENT" type="xs:string" form="F16100002E"/〉
〈xs:attribute name="BSU" type="xs:string" form="F16100001C"/〉
〈xs:attribute name="PREFERRED_NAME" language="en" type="xs:string"
form="process order"/〉
〈xs:attribute name="VERSION" type="xs:string" form="001" /〉
〈xs:attribute name="REVISION" type="xs:string" form="001" /〉
〈/xs:complexType〉
〈/xs:element〉
〈xs:element name="Reference_MDM_Name"〉
〈xs:complexType〉
〈xs:attribute name="name" type="xs:string" form="unqualified"/〉
〈/xs:complexType〉
〈/xs:element〉
〈xs:element name="List_Of_Attributes"〉
〈xs:complexType〉
〈xs:sequence minOccurs="0" maxOccurs="unbounded"〉
〈xs:element name="Attribute"〉
〈xs:complexType〉
〈xs:sequence〉
〈xs:element name="Attribute_Name"〉
〈xs:complexType〉
〈xs:attribute name="name" type="xs:string"
form="Source"/〉
〈xs:attribute name="DICTIONARY_ID" type="xs:string"
form="9999/ISO 16100-XXX"/〉
〈xs:attribute name="PARENT" type="xs:string"
form="F16100001"/〉
〈xs:attribute name="BSU" type="xs:string"
form="A161000001"/〉
〈xs:attribute name="PREFERRED_NAME" language="en"
type="xs:string" form="Source"/〉
〈xs:attribute name="PREFERRED_NAME" language="ja"
type="xs:string" form="Japanese-Source-Name"/〉
〈xs:attribute name="VERSION" type="xs:string"
form="001" /〉
〈xs:attribute name="REVISION" type="xs:string"
form="001" /〉
〈/xs:complexType〉
〈/xs:element〉
〈xs:element name="Attribute_Type"〉
〈xs:complexType〉
```

```
                    〈xs:attribute name="type" type="xs:string"
form="unqualified"/〉
                  〈/xs:complexType〉
                〈/xs:element〉
              〈/xs:sequence〉
              〈xs:attribute name="id" type="xs:string" form="unqualified"/〉
            〈/xs:complexType〉
          〈/xs:element〉
          〈xs:element name="Attribute"〉
            〈xs:complexType〉
              〈xs:sequence〉
                〈xs:element name="Attribute_Name"〉
                  〈xs:complexType〉
                    〈xs:attribute name="name" type="xs:string"
form="Destination"/〉
                    〈xs:attribute name="DICTIONARY_ID" type="xs:string"
form="9999/ISO 16100-XXX"/〉
                    〈xs:attribute name="PARENT" type="xs:string"
form="F16100001"/〉
                    〈xs:attribute name="BSU" type="xs:string"
form="A161000002"/〉
                    〈xs:attribute name="PREFERRED_NAME" language="en"
type="xs:string" form="Destination"/〉
                    〈xs:attribute name="PREFERRED_NAME" language="ja"
type="xs:string" form="Japanese-Destination-Name"/〉
                    〈xs:attribute name="VERSION" type="xs:string"
form="001" /〉
                    〈xs:attribute name="REVISION" type="xs:string"
form="001" /〉
                  〈/xs:complexType〉
                〈/xs:element〉
                〈xs:element name="Attribute_Type"〉
                  〈xs:complexType〉
                    〈xs:attribute name="type" type="xs:string"
form="unqualified"/〉
                  〈/xs:complexType〉
                〈/xs:element〉
              〈/xs:sequence〉
              〈xs:attribute name="id" type="xs:string" form="unqualified"/〉
            〈/xs:complexType〉
          〈/xs:element〉
```

〈/xs:sequence〉
〈/xs:complexType〉
〈/xs:element〉
〈/xs:sequence〉
〈/xs:complexType〉
〈/xs:element〉
〈/xs:schema〉

附 录 F
（资料性附录）
OTD 到 MDD 的映射

F.1 映射的益处

开放技术字典(OTD)是一个机器可读的不同类型概念的条目集合，包括类、特性、可控特点值、量度单元、量度限定符。每项条目至少包括无歧义标识符、术语和定义。对于某个特定的领域，识别手册可以用来指定特性的最小集，这些特性需用来描述类的成员以及特性之间的任何约束或关系。

根据 ISO 22745，OTD 中的项目由其所属的类和一组“特性-值”对来描述。在符合 ISO 22745 的项目描述中，每一个概念由其来自 OTD 的无歧义标识符表示。ISO 22745 在分类上是中性的。

GB/T 19902 中 MDD 的描述表达了活动、资源、软件能力或 MDDs 之间关系的信息，该描述能够通过使用 OTD 中定义的概念而被编码成符合 ISO 22745 的项目描述。MSU 能力或应用所需的能力能够以基于 OTD 的 MDD 表示。ISO 22745 项目描述能够链接到既符合 ISO 22745 又符合其他标准(如 ISO 13584)的等同的项目描述。

为了匹配两个基于 OTD 的 MDD，对非歧义概念标识符进行比较。如果两个 OTD 概念标识符表示相同概念，这一情况宜使用概念等价关系记录在 OTD 中。标识符或者在 MDDs 中明确给定，或者通过链接获得。

图 F.1 所示为 MDD 和 OTD 之间的关系。

图 F.2 所示为两个 MDD(＃A1 指能力类 A1 的 MDD；＃B1 指能力类 B1 的 MDD)，这两个 MDD 参考了同一个 OTD 项目全局标识符和同一个优先名。这两个 MDD 在各自字典里具有不同的名称，由其相应的 OTD 术语在共享 OTD 资源(例如 server)中表示。共享的全局标识符是为匹配 MDD 的单个字典之间的一座桥梁。

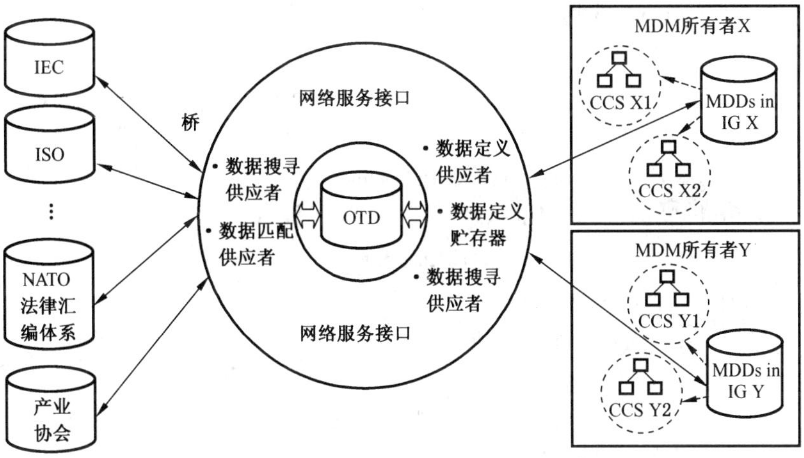

关键词

IG 识别手册(见 ISO 22745-2)

⇠ MDD 子集能在 CCS 中使用

↔ 双方向信息交换

图 F.1 通过服务接口的 OTD 和 MDD 之间的关系

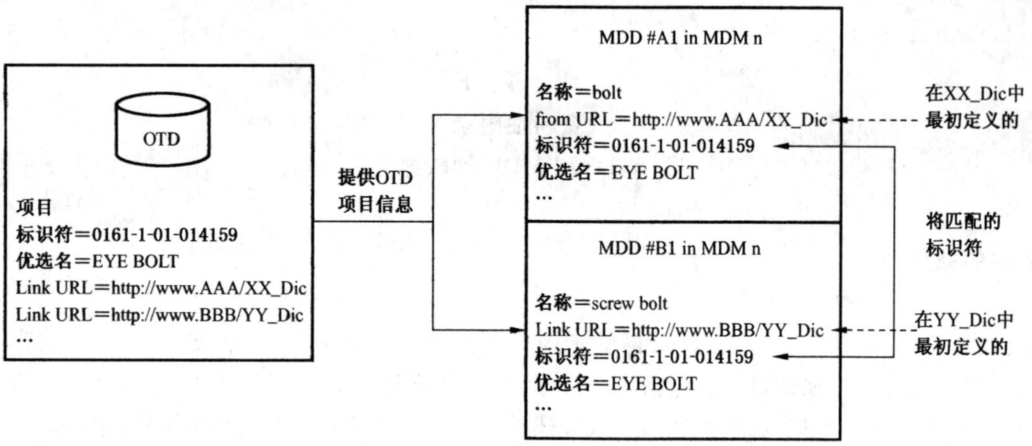

图 F.2 利用 OTD 链接概念标识符比较 MDD 的例子

F.2 映射示例

如 E.2 所述，继 GB/T 19902.5—2011 的 6.5.2 描述的形式 MDD 模板结构之后，能力专规模板的例子由使用基于 OTD 的 MDD 子集创建 MDD 模板开始，MDD 子集以在 OTD 中定义的元素表示，OTD 则属于特定 MDM。

以下是特定 MDD 模板例子的 XML 模式。

```
<? xml version="1.0" encoding="UTF-8"?>
<xs:schema xmlns:xs="http://www.w3.org/2001/XMLSchema">
  <xs:element name="MDD">
    <xs:complexType>
      <xs:sequence>
        <xs:element name="MDD_Name">
          <xs:complexType>
            <xs:attribute name="name" type="xs:string" form=" qualified" fixed="process
          operation"/>
            <xs:attribute name="GlobalItemIdentifier" type=" xs:string" form="qualified"
          fixed=" process_MDM_IGxxx"/>
            <xs:attribute name="GlobalItemCategory" type=" xs:string" form="qualified"
          fixed=" process_MDM_IGxxx "/>
            <xs:attribute name="Title" type="xs:string" form=" qualified" fixed="
          process_MDM_IGxxx "/>
            <xs:attribute name="Definition" type="xs:string" form=" qualified" fixed="
          process_MDM_IGxxx "/>
            <xs:attribute name="DateAdded" type="xs:string" form="qualified" fixed="
          process_MDM_IGxxx "/>
            <xs:attribute name="SecretariatReference" type=" xs:string" form="qualified"
          fixed=" process_MDM_IGxxx "/>
              </xs:complexType>
        </xs:element>
        <xs:element name="Reference_MDM_Name">
```

```
            〈xs:complexType〉
                〈xs:attribute name="name" type="xs:string" form= "unqualified"/〉
            〈/xs:complexType〉
        〈/xs:element〉
        〈xs:element name="List_Of_Attributes"〉
            〈xs:complexType〉
                〈xs:sequence minOccurs="0" maxOccurs="unbounded"〉
                    〈xs:element name="Attribute"〉
                        〈xs:complexType〉
                            〈xs:sequence〉
                                〈xs:element name="Attribute_Name"〉
                                    〈xs:complexType〉
                                        〈xs:attribute name="AtributeTitle"
                                type="xs:string" form=" qualified" fixed="
                                process_MDM_IGxxx "/〉
                                        〈xs:attribute name="AttributeDefinition"
                                type="xs:string" form="qualified" fixed="
                                process_MDM_IGxxx "/〉
                                            〈/xs:complexType〉
                                    〈/xs:element〉
                                    〈xs:element name="Attribute_Type"〉
                                        〈xs:complexType〉
                                        〈xs:attribute name="GlobalAttributeCategory"
                                    type="xs:string" form="qualified"
                                    fixed="process_MDM_IGxxx"/〉
                                        〈xs:attribute name="AttributeDateAdded"
                                    type="xs:string" form="qualified" fixed=" process_MDM_IGxxx
                                    "/〉
                                        〈xs:attribute name="AttributeSecretariatReference"
                                    type="xs:string" form="qualified" fixed=" process_MDM_IGxxx
                                    "/〉
                                        〈/xs:complexType〉
                                    〈/xs:element〉
                                〈/xs:sequence〉
                                〈xs:attribute name="GlobalAttributeIdentifier" type="xs:string"
                            form="qualified" fixed="process_MDM_IGxxx"/〉
                            〈/xs:complexType〉
                        〈/xs:element〉
                    〈/xs:sequence〉
                〈/xs:complexType〉
            〈/xs:element〉
        〈/xs:sequence〉
    〈/xs:complexType〉
〈/xs:element〉
〈/xs:schema〉
```

附 录 G
（资料性附录）
匹配两个专规的过程

扩展的匹配器组服务集能用来匹配基于多 CCS 的能力专规。匹配两个专规的目的在于，根据同一制造应用中的给定活动所需的能力专规，从存储库中选择一个合适的 MSU。

“能力专规匹配过程”的过程如 GB/T 19902.5—2011 的图 12 所示。该过程的 5 个步骤如下：

—— 步骤 1：比较两个专规的两个字典 ID；

—— 步骤 2：比较两个 MDM 名称；

—— 步骤 3：比较两个定义格式；

—— 步骤 4：将 MDD 对象转换成相同的定义；

—— 步骤 5：对所需能力专规里的能力定义和 MSU 能力专规中的能力定义一一比较。

在每一步中，MDD 对象的唯一标识符（在一个 MDM 里是唯一的）是 MDD 对象中语义比较的起点。“比较能力定义”（步骤 5）的关注点是对“MDD_Description”的比较。比较过程（例如“List_of_MDD_Objects”）如图 G.1 所示。

图 G.1 中，有两种类型的环路：外环和内环。在外环，环路 B 根据所需专规的指令对行动进行比较。在“Time_Order_Of_MDD_Objects”和“Event_Order_Of_MDD_Objects”中使用同一规则。根据“MDD_Description”的“Time_Order_Of_MDD_Objects”中的时间序列对“行动”元素下命令。与此类似，根据“MDD_Description”的“Event_Order_Of_MDD_Objects”中的事件序列对“行动”元素下命令。对“行动”元素的对比严格根据指令要求执行。对此的例外是“Set_Of_MDD_Objects”，所需专规中的每一个行动元素按顺序和 MSU 专规中所有行动元素进行比较，直到匹配成功或失败。

内环实际包括四个环路 B。第一个内环用于比较来自两个单独专规的两个 MDD_Name_action 元素。根据图 2 所示的形式结构，两个行动元素的比较之后是行动名称、方法和状态。

第二个内环用于比较两个行动中的 MDD_Name_exchanged_information 元素。根据图 2 所示的形式结构，所需专规中的每个 exchanged_information 元素按顺序和 MSU 专规中的所有 exchanged_information 元素进行比较，直到匹配成功或失败。由于一个行动中可能有数个 exchanged_information 元素，每一次 exchanged_information 比较之后是 information_in 或 information_out 和元素名称。

第三个内环用于比较两个行动中的 MDD_Name_constraint 元素。根据图 2 所示的形式结构，所需专规中的每一个约束元素按照顺序和 MSU 专规中的所有约束元素进行比较，直到匹配成功或失败。由于一个行动中可能有数个约束元素，每一次约束比较之后是约束名称。

第四个内环用于比较两个行动中的 MDD_Name_resource 元素。根据图 2 所示的形式结构，所需专规中的每一个资源元素按照顺序和 MSU 专规中的所有资源元素进行比较，直到匹配成功或失败。由于一个行动中可能有数个资源，每一次资源比较之后是资源名称。

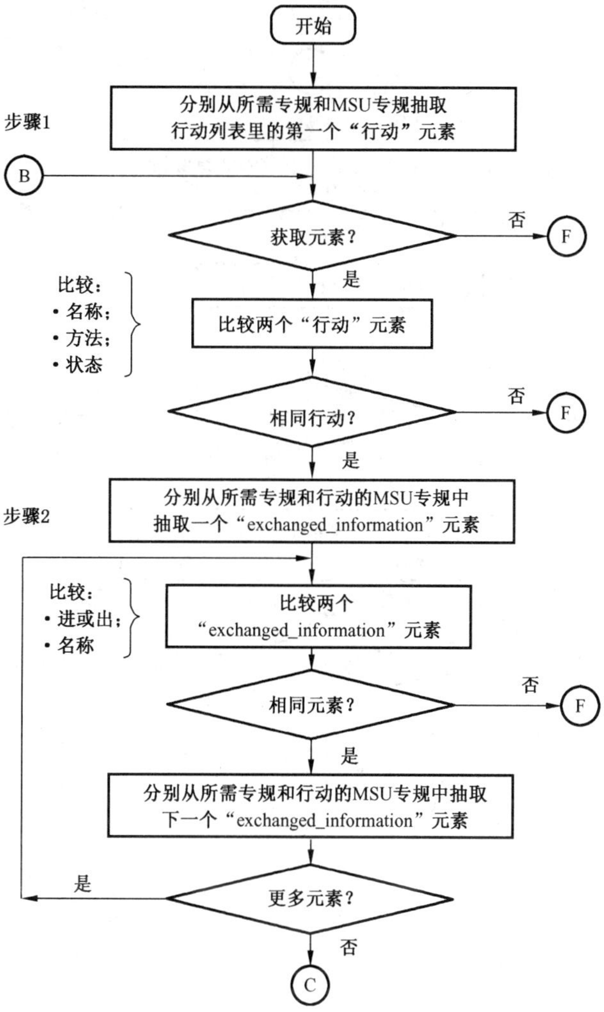

图 G.1 类型 2 匹配器中“compare MDD_description”过程

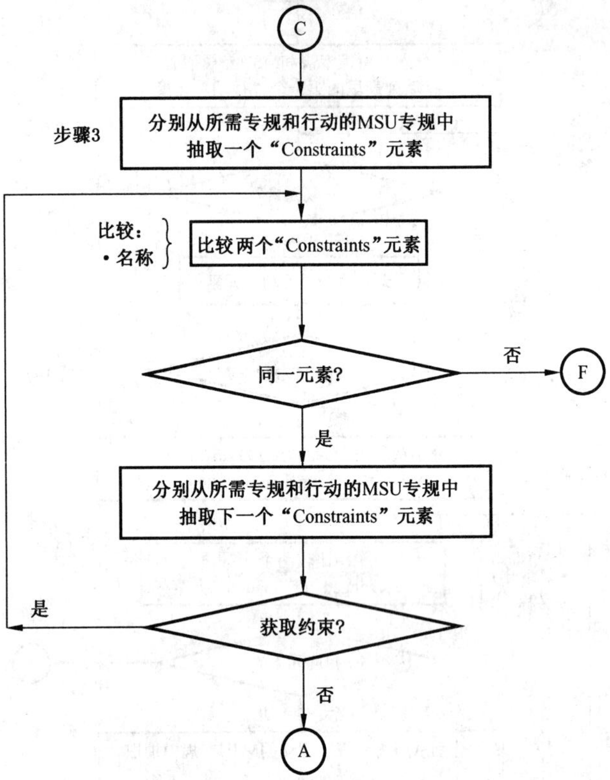
C
步骤3
分别从所需专规和行动的MSU专规中
抽取一个“Constraints”元素
比较：
·名称
比较两个“Constraints”元素
同一元素?
否
F
是
分别从所需专规和行动的MSU专规中
抽取下一个“Constraints”元素
是
获取约束?
否
A

图 G.1（续）

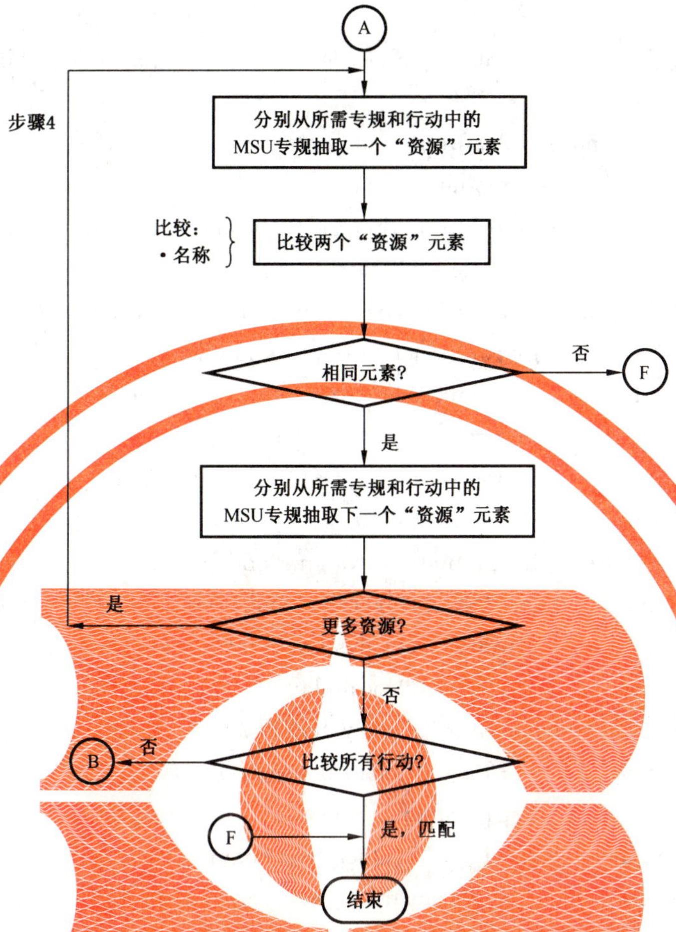

注：A、B、C和F过程连接点，F表示匹配失败。

图 G.1（续）

参 考 文 献

[1] ISO/IEC 11179-5 Information technology—Metadata registries (MDR)—Part 5:Naming and identification principles

[2] ISO 13584-24 Industrial automation systems and integration—Parts library—Part 24: Logical resource:Logical model of supplier library

[3] ISO 13584-26 Industrial automation systems and integration—Parts library—Part 26: Logical resource:Information supplier identification

[4] ISO 13584-42 Industrial automation systems and integration—Parts library—Part 42:Description methodology:Methodology for structuring parts families

[5] ISO 15745-1 Industrial automation systems and integration—Open systems application integration framework—Part 1:Generic reference description

[6] ISO/IEC 19501 Information technology—Open Distributed Processing—Unified Modeling Language (UML) Version 1.4.2

[7] ISO 22745-1 Industrial automation systems and integration—Open technical dictionaries and their application to master data—Part 1:Overview and fundamental principles

[8] ISO 22745-2 Industrial automation systems and integration—Open technical dictionaries and their application to master data—Part 2:Vocabulary

[9] ISO 22745-13 Industrial automation systems and integration—Open technical dictionaries and their application to master data—Part 13:Identification of concepts and terminology

[10] ISO/TS 22745-35 Industrial automation systems and integration—Open technical dictionaries and their application to master data—Part 35:Query for characteristic data

[11] ISO/TS 29002-5 Industrial automation systems and integration—Exchange of characteristic data—Part 5:Identification scheme

[12] RFC 2276 Architectural Principles of Uniform Resource Name Resolution,IETF (Internet Engineering Task Force),ed. K. Sollins,1998

ICS 27.160
F 12

中华人民共和国国家标准

GB/T 19964—2012
代替 GB/Z 19964—2005

光伏发电站接入电力系统技术规定

Technical requirements for connecting photovoltaic power station to power system

2012-12-31 发布　　　　2013-06-01 实施

中华人民共和国国家质量监督检验检疫总局
中国国家标准化管理委员会　发布

前　　言

本标准根据 GB/T 1.1—2009 给出的规则起草。

本标准代替 GB/Z 19964—2005《光伏发电站接入电力系统的技术规定》。

本标准由中国电力企业联合会提出并归口。

本标准起草单位：中国电力科学研究院、中国科学院电工研究所、国网电力科学研究院。

本标准主要起草人：王伟胜、许洪华、刘纯、石文辉、何国庆、吕宏水、朱伟刚、迟永宁、陈默子、李琰、朱凌志、张军军、冯炜、刘莉敏、王勃。

本标准所代替标准的历次版本发布情况为：

——GB/Z 19964—2005。

光伏发电站接入电力系统技术规定

1 范围

本标准规定了光伏发电站接入电力系统的技术要求。

本标准适用于通过 35 kV 及以上电压等级并网，以及通过 10 kV 电压等级与公共电网连接的新建、改建和扩建光伏发电站。

2 规范性引用文件

下列文件对于本文件的应用是必不可少的。凡是注日期的引用文件，仅注日期的版本适用于本文件。凡是不注日期的引用文件，其最新版本(包括所有的修改单)适用于本文件。

GB/T 12325 电能质量 供电电压偏差

GB/T 12326 电能质量 电压波动和闪变

GB/T 14549 电能质量 公用电网谐波

GB/T 15543 电能质量 三相电压不平衡

GB/T 19862 电能质量监测设备通用要求

GB/T 24337 电能质量 公用电网间谐波

DL/T 448 电能计量装置技术管理规程

DL/T 1040 电网运行准则

3 术语和定义

下列术语和定义适用于本文件。

3.1

光伏发电站 photovoltaic(PV) power station

利用光伏电池的光生伏特效应，将太阳辐射能直接转换成电能的发电系统，一般包含变压器、逆变器和光伏方阵，以及相关辅助设施等。

3.2

逆变器 inverter

将直流电变换成交流电的设备。

3.3

并网点 point of interconnection

对于有升压站的光伏发电站，指升压站高压侧母线或节点；对于无升压站的光伏发电站，指光伏发电站的输出汇总点。

3.4

光伏发电站送出线路 transmission line of PV power station

从光伏发电站并网点至公共电网的输电线路，以下简称送出线路。

3.5

光伏发电站有功功率 active power of PV power station

光伏发电站输入到并网点的有功功率，以下简称有功功率。

3.6

光伏发电站无功功率　reactive power of PV power station

光伏发电站输入到并网点的无功功率，以下简称无功功率。

3.7

光伏发电站有功功率变化　active power change of PV power station

一定时间间隔内，光伏发电站有功功率最大值与最小值之差，以下简称有功功率变化。

3.8

低电压穿越　low voltage ride through

当电力系统事故或扰动引起光伏发电站并网点电压跌落时，在一定的电压跌落范围和时间间隔内，光伏发电站能够保证不脱网连续运行。

3.9

孤岛　islanding

包含负荷和电源的部分电网，从主网脱离后继续孤立运行的状态。孤岛可分为非计划性孤岛和计划性孤岛。

注：非计划性孤岛指的是非计划、不受控地发生孤岛。计划性孤岛指的是按预先配置的控制策略，有计划地发生孤岛。

3.10

防孤岛　anti-islanding

防止非计划性孤岛现象的发生。

4　有功功率

4.1　基本要求

4.1.1　光伏发电站应具备参与电力系统的调频和调峰的能力，并符合 DL/T 1040 的相关规定。

4.1.2　光伏发电站应配置有功功率控制系统，具备有功功率连续平滑调节的能力，并能够参与系统有功功率控制。

4.1.3　光伏发电站有功功率控制系统应能够接收并自动执行电网调度机构下达的有功功率及有功功率变化的控制指令。

4.2　正常运行情况下有功功率变化

4.2.1　在光伏发电站并网、正常停机以及太阳能辐照度增长过程中，光伏发电站有功功率变化速率应满足电力系统安全稳定运行的要求，其限值应根据所接入电力系统的频率调节特性，由电网调度机构确定。

4.2.2　光伏发电站有功功率变化速率应不超过 10%装机容量/min，允许出现因太阳能辐照度降低而引起的光伏发电站有功功率变化速率超出限值的情况。

4.3　紧急控制

4.3.1　在电力系统事故或紧急情况下，光伏发电站应按下列要求运行：

a）　电力系统事故或特殊运行方式下，按照电网调度机构的要求降低光伏发电站有功功率。

b）　当电力系统频率高于 50.2 Hz 时，按照电网调度机构指令降低光伏发电站有功功率，严重情况下切除整个光伏发电站。

c）　若光伏发电站的运行危及电力系统安全稳定，电网调度机构按相关规定暂时将光伏发电站切除。

4.3.2 事故处理完毕，电力系统恢复正常运行状态后，光伏发电站应按调度指令并网运行。

5 功率预测

5.1 基本要求

装机容量 10 MW 及以上的光伏发电站应配置光伏发电功率预测系统，系统具有 0 h～72 h 短期光伏发电功率预测以及 15 min～4 h 超短期光伏发电功率预测功能。

5.2 预测曲线上报

5.2.1 光伏发电站每 15 min 自动向电网调度机构滚动上报未来 15 min～4 h 的光伏发电站发电功率预测曲线，预测值的时间分辨率为 15 min。

5.2.2 光伏发电站每天按照电网调度机构规定的时间上报次日 0 时至 24 时光伏发电站发电功率预测曲线，预测值的时间分辨率为 15 min。

5.3 预测准确度

光伏发电站发电时段（不含出力受控时段）的短期预测月平均绝对误差应小于 0.15，月合格率应大于 80%；超短期预测第 4 小时月平均绝对误差应小于 0.10，月合格率应大于 85%。

6 无功容量

6.1 无功电源

6.1.1 光伏发电站的无功电源包括光伏并网逆变器及光伏发电站无功补偿装置。

6.1.2 光伏发电站安装的并网逆变器应满足额定有功出力下功率因数在超前 0.95～滞后 0.95 的范围内动态可调，并应满足在图 1 所示矩形框内动态可调。

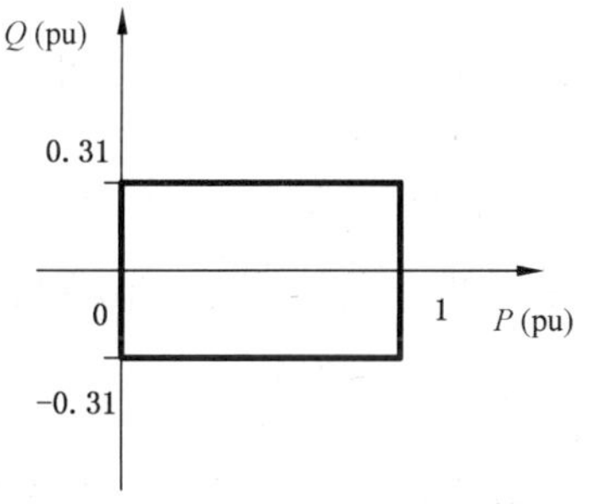

图 1 逆变器无功出力范围

6.1.3 光伏发电站要充分利用并网逆变器的无功容量及其调节能力；当逆变器的无功容量不能满足系统电压调节需要时，应在光伏发电站集中加装适当容量的无功补偿装置，必要时加装动态无功补偿装置。

6.2 无功容量配置

6.2.1 光伏发电站的无功容量应按照分（电压）层和分（电）区基本平衡的原则进行配置，并满足检修备用要求。

6.2.2 通过 10 kV～35 kV 电压等级并网的光伏发电站功率因数应能在超前 0.98～滞后 0.98 范围内连续可调，有特殊要求时，可做适当调整以稳定电压水平。

6.2.3 对于通过110(66)kV及以上电压等级并网的光伏发电站，无功容量配置应满足下列要求：

a) 容性无功容量能够补偿光伏发电站满发时站内汇集线路、主变压器的感性无功及光伏发电站送出线路的一半感性无功之和；

b) 感性无功容量能够补偿光伏发电站自身的容性充电无功功率及光伏发电站送出线路的一半充电无功功率之和。

6.2.4 对于通过220 kV(或330 kV)光伏发电汇集系统升压至500 kV(或750 kV)电压等级接入电网的光伏发电站群中的光伏发电站，无功容量配置宜满足下列要求：

a) 容性无功容量能够补偿光伏发电站满发时汇集线路、主变压器的感性无功及光伏发电站送出线路的全部感性无功之和；

b) 感性无功容量能够补偿光伏发电站自身的容性充电无功功率及光伏发电站送出线路的全部充电无功功率之和。

6.2.5 光伏发电站配置的无功装置类型及其容量范围应结合光伏发电站实际接入情况，通过光伏发电站接入电力系统无功电压专题研究来确定。

7 电压控制

7.1 基本要求

7.1.1 通过10 kV～35 kV电压等级接入电网的光伏发电站在其无功输出范围内，应具备根据光伏发电站并网点电压水平调节无功输出，参与电网电压调节的能力，其调节方式和参考电压、电压调差率等参数应由电网调度机构设定。

7.1.2 通过110(66)kV及以上电压等级接入电网的光伏发电站应配置无功电压控制系统，具备无功功率调节及电压控制能力。根据电网调度机构指令，光伏发电站自动调节其发出(或吸收)的无功功率，实现对并网点电压的控制，其调节速度和控制精度应满足电力系统电压调节的要求。

7.2 控制目标

7.2.1 当公共电网电压处于正常范围内时，通过110(66)kV电压等级接入电网的光伏发电站应能够控制光伏发电站并网点电压在标称电压的97%～107%范围内。

7.2.2 当公共电网电压处于正常范围内时，通过220 kV及以上电压等级接入电网的光伏发电站应能够控制光伏发电站并网点电压在标称电压的100%～110%范围内。

7.3 主变压器选择

通过35 kV及以上电压等级接入电网的光伏发电站，其升压站的主变压器应采用有载调压变压器。

8 低电压穿越

8.1 基本要求

图2为光伏发电站应满足的低电压穿越要求：

a) 光伏发电站并网点电压跌至0时，光伏发电站应能不脱网连续运行0.15 s；

b) 光伏发电站并网点电压跌至曲线1以下时，光伏发电站可以从电网切出。

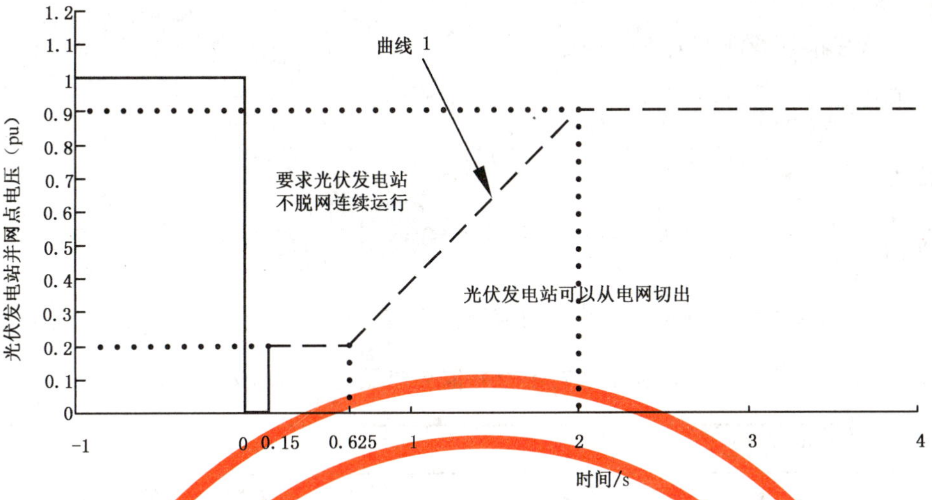

图 2 光伏发电站的低电压穿越能力要求

8.2 故障类型及考核电压

电力系统发生不同类型故障时，若光伏发电站并网点考核电压全部在图 2 中电压轮廓线及以上的区域内，光伏发电站应保证不脱网连续运行；否则，允许光伏发电站切出。针对不同故障类型的考核电压如表 1 所示。

表 1 光伏发电站低电压穿越考核电压

故障类型	考核电压
三相短路故障	并网点线电压
两相短路故障	并网点线电压
单相接地短路故障	并网点相电压

8.3 有功功率恢复

对电力系统故障期间没有脱网的光伏发电站，其有功功率在故障清除后应快速恢复，自故障清除时刻开始，以至少 30%额定功率/秒的功率变化率恢复至正常发电状态。

8.4 动态无功支撑能力

对于通过 220 kV（或 330 kV）光伏发电汇集系统升压至 500 kV（或 750 kV）电压等级接入电网的光伏发电站群中的光伏发电站，当电力系统发生短路故障引起电压跌落时，光伏发电站注入电网的动态无功电流应满足以下要求：

a) 自并网点电压跌落的时刻起，动态无功电流的响应时间不大于 30 ms。
b) 自动态无功电流响应起直到电压恢复至 0.9 pu 期间，光伏发电站注入电力系统的动态无功电流 I_T 应实时跟踪并网点电压变化，并应满足：

$I_T \geq 1.5 \times (0.9 - U_T) I_N \quad (0.2 \leq U_T \leq 0.9)$

$I_T \geq 1.05 \times I_N \quad (U_T < 0.2)$

$I_T = 0 \quad (U_T > 0.9)$

式中：

U_T ——光伏发电站并网点电压标幺值；

I_N ——光伏发电站额定装机容量/($\sqrt{3}$×并网点额定电压)。

9 运行适应性

9.1 电压范围

光伏发电站在表 2 所示并网点电压范围内应能按规定运行。

表 2 光伏发电站在不同并网点电压范围内的运行规定

电压范围	运行要求
<0.9 pu	应符合本标准第 8 章低电压穿越的要求
$0.9\ \text{pu} \leqslant U_T \leqslant 1.1\ \text{pu}$	应正常运行
$1.1\ \text{pu} < U_T < 1.2\ \text{pu}$	应至少持续运行 10 s
$1.2\ \text{pu} \leqslant U_T \leqslant 1.3\ \text{pu}$	应至少持续运行 0.5 s

9.2 电能质量范围

当光伏发电站并网点的谐波值满足 GB/T 14549、三相电压不平衡度满足 GB/T 15543、间谐波值满足 GB/T 24337 的规定时，光伏发电站应能正常运行。

9.3 频率范围

光伏发电站应在表 3 所示电力系统频率范围内按规定运行。

表 3 光伏发电站在不同电力系统频率范围内的运行规定

频率范围	运行要求
<48 Hz	根据光伏发电站逆变器允许运行的最低频率而定
$48\ \text{Hz} \leqslant f < 49.5\ \text{Hz}$	频率每次低于 49.5 Hz，光伏发电站应能至少运行 10 min
$49.5\ \text{Hz} \leqslant f \leqslant 50.2\ \text{Hz}$	连续运行
$50.2\ \text{Hz} < f \leqslant 50.5\ \text{Hz}$	频率每次高于 50.2 Hz，光伏发电站应能至少运行 2 min，并执行电网调度机构下达的降低出力或高周切机策略；不允许处于停运状态的光伏发电站并网
>50.5 Hz	立刻终止向电网线路送电，且不允许处于停运状态的光伏发电站并网

10 电能质量

10.1 电压偏差

光伏发电站接入后，所接入公共连接点的电压偏差应满足 GB/T 12325 的要求。

10.2 电压波动和闪变

光伏发电站接入后，所接入公共连接点的电压波动和闪变值应满足 GB/T 12326 的要求。

10.3 谐波

10.3.1 光伏发电站所接入公共连接点的谐波注入电流应满足 GB/T 14549 的要求，其中光伏发电站并网点向电力系统注入的谐波电流允许值应按照光伏发电站安装容量与公共连接点上具有谐波源的发/供电设备总容量之比进行分配。
10.3.2 光伏发电站接入后，所接入公共连接点的间谐波应满足 GB/T 24337 的要求。

10.4 电压不平衡度

光伏发电站接入后，所接入公共连接点的电压不平衡度应满足 GB/T 15543 的要求。

10.5 监测与治理

光伏发电站应配置电能质量实时监测设备，所装设的电能质量监测设备应满足 GB/T 19862 的要求。当光伏发电站电能质量指标不满足要求时，光伏发电站应安装电能质量治理设备。

11 仿真模型和参数

11.1 仿真模型

光伏发电站应建立光伏发电单元（含光伏组件、逆变器、单元升压变压器等）、光伏发电站汇集线路、光伏发电站控制系统模型及参数，用于光伏发电站接入电力系统的规划设计及调度运行。

11.2 参数变化

光伏发电站应跟踪其各个元件模型和参数的变化情况，并随时将最新情况反馈给电网调度机构。

12 二次系统

12.1 基本要求

12.1.1 光伏发电站的二次设备及系统应符合电力二次系统技术规范、电力二次系统安全防护要求及相关设计规程。
12.1.2 光伏发电站与电网调度机构之间的通信方式、传输通道和信息传输由电网调度机构作出规定，包括提供遥测信号、遥信信号、遥控信号、遥调信号以及其他安全自动装置的信号，提供信号的方式和实时性要求等。
12.1.3 光伏发电站二次系统安全防护应满足国家电力监管部门的有关规定。

12.2 正常运行信号

光伏发电站向电网调度机构提供的信号至少应包括以下方面：

a) 每个光伏发电单元运行状态，包括逆变器和单元升压变压器运行状态等；
b) 光伏发电站并网点电压、电流、频率；
c) 光伏发电站主升压变压器高压侧出线的有功功率、无功功率、发电量；
d) 光伏发电站高压断路器和隔离开关的位置；
e) 光伏发电站主升压变压器分接头挡位；
f) 光伏发电站气象监测系统采集的实时辐照度、环境温度、光伏组件温度。

12.3 继电保护及安全自动装置

12.3.1 光伏发电站继电保护、安全自动装置以及二次回路应满足电力系统有关标准、规定和反事故措施的要求。

12.3.2 对光伏发电站送出线路，应在系统侧配置分段式相间、接地故障保护；有特殊要求时，可配置纵联电流差动保护。

12.3.3 光伏发电站应配置独立的防孤岛保护装置，动作时间应不大于 2 s。防孤岛保护还应与电网侧线路保护相配合。

12.3.4 光伏发电站应具备快速切除站内汇集系统单相故障的保护措施。

12.3.5 通过 110(66)kV 及以上电压等级接入电网的光伏发电站应配备故障录波设备，该设备应具有足够的记录通道并能够记录故障前 10 s 到故障后 60 s 的情况，并配备至电网调度机构的数据传输通道。

12.4 光伏发电站调度自动化

12.4.1 光伏发电站应配备计算机监控系统、电能量远方终端设备、二次系统安全防护设备、调度数据网络接入设备等，并满足电力二次系统设备技术管理规范要求。

12.4.2 光伏发电站调度自动化系统远动信息采集范围按电网调度自动化能量管理系统(EMS)远动信息接入规定的要求接入信息量。

12.4.3 光伏发电站电能计量点(关口)应设在光伏发电站与电网的产权分界处，产权分界处按国家有关规定确定。产权分界点处不适宜安装电能计量装置的，关口计量点由光伏发电站业主与电网企业协商确定。计量装置配置应符合 DL/T 448 的要求。

12.4.4 光伏发电站调度自动化、电能量信息传输应采用主/备信道的通信方式，直送电网调度机构。

12.4.5 光伏发电站调度管辖设备供电电源应采用不间断电源装置(UPS)或站内直流电源系统供电，在交流供电电源消失后，不间断电源装置带负荷运行时间应大于 40 min。

12.4.6 对于接入 220 kV 及以上电压等级的光伏发电站应配置相角测量系统(PMU)。

12.5 光伏发电站通信

12.5.1 对于通过 110 kV(66 kV)及以上电压等级接入电网的光伏发电站，至调度端应具备两路通信通道，其中一路为光缆通道。

12.5.2 光伏发电站与电力系统直接连接的通信设备[如光纤传输设备、脉码调制终端设备(PCM)、调度程控交换机、数据通信网、通信监测等]应具有与系统接入端设备一致的接口与协议。

13 并网检测

13.1 基本要求

13.1.1 光伏发电站应向电网调度机构提供光伏发电站接入电力系统检测报告；当累计新增装机容量超过 10 MW，需要重新提交检测报告。

13.1.2 光伏发电站在申请接入电力系统检测前需向电网调度机构提供光伏部件及光伏发电站的模型、参数、特性和控制系统特性等资料。

13.1.3 光伏发电站接入电力系统检测由具备相应资质的机构进行，并在检测前 30 日将检测方案报所接入地区的电网调度机构备案。

13.1.4 光伏发电站应在全部光伏部件并网调试运行后 6 个月内向电网调度机构提供有关光伏发电站运行特性的检测报告。

13.2 **检测内容**

检测应按照国家或有关行业对光伏发电站并网运行制定的相关标准或规定进行，应包括但不仅限于以下内容：

a) 光伏发电站电能质量检测；

b) 光伏发电站有功/无功功率控制能力检测；

c) 光伏发电站低电压穿越能力验证；

d) 光伏发电站电压、频率适应能力验证。

ICS 29.120.50
K 31

中华人民共和国国家标准

GB 20044—2012
代替 GB 20044—2005

电气附件 家用和类似用途的不带过电流保护的移动式剩余电流装置(PRCD)

Electrical accessories—Portable residual current devices without integral overcurrent protection for household and similar use (PRCD)

(IEC 61540:1999,MOD)

2012-12-31 发布 2013-12-01 实施

中华人民共和国国家质量监督检验检疫总局
中国国家标准化管理委员会 发布

前　言

本标准中第 8、9 章为强制性，其余为推荐性。

本标准按照 GB/T 1.1—2009 给出的规则起草。

本标准代替 GB 20044—2005《电气附件　家用和类似用途的不带过电流保护的移动式剩余电流装置(PRCD)》。

本标准与 GB 20044—2005 的主要差异如下：

1) 在 GB 20044—2005 中的引用标准 GB 2099.1—1996《家用和类似用途插头插座　第 1 部分：通用要求》已由 GB 2099.1—2008 标准代替，因而对与此相关的内容作了更改。主要包括以下变化：
   ——所有引用标准 GB 2099.1—1996 修改为 GB 2099.1—2008；
   ——增加了额定电流 2.5 A 的规格；
   ——按 GB 2099.1—2008 的规定对移动式插座增加了部分试验要求。
2) 对 PE 线可断开的剩余电流保护插头，补充和完善了标志、技术要求和相应的试验方法等条款。
3) 增加了在“−25 ℃～+40 ℃环境温度”下使用的 PRCD 的动作特性试验要求。
4) 对 4.3.2.2 分类的 PRCD，增加了电源电压降低到 50V 时，通以 $I_{\Delta n}$应动作的要求。
5) 按 GB 18499—2008 的要求，在 9.29 中补充规定了相应的电磁兼容试验项目。
6) 在附录 A 中，对表 A.1、表 A.2 和表 A.3 补充了电磁兼容的试验程序、试品数量和规格的要求，并取消了原附录 D《验证 PRCD 符合电磁兼容(EMC)技术要求的试验、补充试验程序和试品数量一览表》。

本标准修改采用国际标准 IEC 61540:1999《电气附件　家用和类似用途的不带过电流保护的移动式剩余电流装置(PRCD)》。本标准与 IEC 61540 的主要差异如下：

1) 插头插座部分的技术要求和尺寸参数符合 GB 2099.1—2008《家用和类似用途插头插座　第 1 部分：通用要求》和 GB 1002—2008《家用和类似用途单相插头插座　型式，基本参数和尺寸》的要求。删除了 IEC 标准中不适用于中国国家标准规定的插头插座型式和尺寸的有关要求和试验方法。
2) 为适应国内产品使用和技术发展状况，在分类中增加了 AC 型 PRCD 的分类。
3) 在 9.9.4 中补充了“−25 ℃～+40 ℃环境温度”下使用的 PRCD 的动作特性试验要求。
4) 在 9.17.3 中补充了对 4.3.2.2 分类的 PRCD 在电源电压降低到 50 V 时，通以 $I_{\Delta n}$应动作的要求。
5) 在附录 A 中补充了电磁兼容的试验程序、试品数量和规格的要求，并取消了 IEC 标准的附录 D《验证 PRCD 符合电磁兼容(EMC)技术要求的试验、补充试验程序和试品数量一览表》。
6) 编辑性的修改，例如，条款号、图号，小数点的表示方式等。

本标准由中国电器工业协会提出。

本标准由全国低压电器标准化技术委员会(SAT/TC 189)归口。

本标准负责起草单位：上海电器科学研究院、上海电科电器科技有限公司。

本标准参加起草单位：施耐德电气(中国)有限公司、佛山市新基德电子厂有限公司、浙江正泰建筑电器有限公司、浙江德力西电器股份有限公司、中山市开普电器有限公司、苏州益而益电器制造有限公司、余姚市嘉荣电子电器有限公司、无锡 TCL 罗格朗低压电器有限公司、上海电器设备检测所、苏州电器科学研究院股份有限公司、中国电动工具研究所、通领科技集团有限公司、贵州长征开关制造有限公司、华通机电股份有限公司、苏州路美思电气有限公司、中国质量认证中心。

本标准主要起草人:周积刚、龚骏昌、刘金琰。

本标准参与起草人:谢娟、张建民、陈玉、黄蓉蓉、邹建华、李成力、钱加灿、傅凯、祝嘉、王金根、李邦协、叶祥发、贺贵兵、杨志明、陈景正、张勇。

本部分所代替标准的历次版本发布情况为:

——GB 20044—2005。

电气附件　家用和类似用途的不带过电流保护的移动式剩余电流装置(PRCD)

1　范围

本标准规定了家用和类似用途的移动式剩余电流装置(以下称为PRCD)的分类、特性、标志和产品资料、使用和安装的标准工作条件、结构和操作的要求、试验。

本标准适用于PRCD由一个插头、一个剩余电流装置(RCD)和一个或几个插座或接线器件组成，其动作功能与电源电压有关或与电源电压无关。PRCD不带过电流保护，适用于对地额定电压不超过交流250 V，额定电流不超过16 A的单相电路。除了固定装置提供的保护以外，PRCD用来对其下端的电路提供直接接触的电击危险保护。

PRCD的额定剩余动作电流不超过0.03 A。

插头和插座应符合有关的标准。

本标准适用于能同时执行检测剩余电流，把该剩余电流值与剩余动作电流值相比较以及当剩余电流超过该值时，断开被保护电路等功能的移动式装置。

PRCD不能用来作为固定装置的一部分使用，他们的连接装置可以是插头，插座，端子或电缆等。

注1：PRCD的要求与GB 16916.1的一般要求一致。PRCD主要由非专业人员操作并且设计成不需要维修，他们可提交认证。

注2：PRCD的RCD部分不用来提供隔离，隔离可以由插头来提供。

注3：如果需要时，对有关的插头和插座系统，允许使用整体式的熔断器。

本标准技术要求适用于7.1规定的环境条件。在更严酷环境条件下使用的PRCD可能需要补充的技术要求。

包含电池的PRCD没有包括在本标准的范围内。

本标准不适用于具有检测电源侧故障的附加功能，并能在供电电路故障时防止其闭合的PRCD。

2　规范性引用文件

下列文件对于本文件的应用是必不可少的。凡是注日期的引用文件，仅注日期的版本适用于本文件。凡是不注日期的引用文件，其最新版本(包括所有的修改单)适用于本文件。

GB 1002—2008　家用和类似用途单相插头插座　型式、基本参数和尺寸

GB/T 1633—2000　热塑性塑料维卡软化温度(VST)的测定(idt ISO 306:1994)

GB 2099.1—2008　家用和类似用途插头插座　第1部分：通用要求(IEC 60884-1:2006，E3.1，MOD)

GB/T 2423.4—2008　电工电子产品环境试验　第2部分：试验方法 试验Db　交变湿热(12 h+12 h循环)(IEC 60068-2-30:2005，IDT)

GB/T 2424.2—2005　电工电子产品环境试验　湿热试验导则(IEC 60068-3-4:2001，IDT)

GB/T 4207—2003　固体绝缘材料在潮湿条件下相比电痕化指数和耐电痕化指数的测定方法(IEC 60112:1979，IDT)

GB 4208—2008　外壳防护等级(IP代码)(IEC 60529:2001，IDT)

GB 4343.1—2009　家用电器、电动工具和类似器具的电磁兼容要求　第1部分：发射(IEC/

CISPR 14-1:2005,IDT)

GB/T 5013.1—2008 额定电压 450/750 V 及以下橡皮绝缘电缆 第 1 部分:一般要求(IEC 60245-1:2003,IDT)

GB/T 5023.1—2008 额定电压 450/750 V 及以下聚氯乙烯绝缘电缆 第 1 部分:一般要求(IEC 60227-1:2007,IDT)

GB/T 5169.10—2006 电工电子产品着火危险试验 第 10 部分:灼热丝/热丝基本试验方法 灼热丝装置和通用试验方法(IEC 60695-2-10:2000,IDT)

GB/T 5465.2—2008 电气设备用图形符号 第 2 部分:图形符号(IEC 60417 DB:2007,IDT)

GB/Z 6829—2008 剩余电流动作保护电器的一般要求 (IEC/TR 60755:2008,IDT)

GB 8898—2011 音频、视频及类似电子设备安全要求(IEC 60065:2005,MOD)

GB/T 14472—1998 电子设备用固定电容器 第 14 部分:分规范 抑制电源电磁干扰用固定电容器(idt IEC 60384-14:1993)

GB 16916.1—2003 家用和类似用途的不带过电流保护的剩余电流动作断路器(RCCB) 第 1 部分:一般规则(IEC 61008-1:1996,MOD)

GB 16895.4—1997 建筑物电气装置 第 5 部分:电气设备的选择和安装 第 53 章:开关设备和控制设备(idt IEC 60364-5-53:1994)

GB/T 16935.3—2005 低压系统内设备的绝缘配合 第 3 部分:利用涂层、罐封和模压进行防污保护(IEC 60664-3:2003,IDT)

GB 18499—2008 家用和类似用途的剩余电流动作保护器(RCD) 电磁兼容性(IEC 61543:1995,IDT)

GB/T 20000.1—2002 标准化工作指南 第 1 部分:标准化和相关活动的通用词汇(ISO/IEC guide 2:1996,MOD)

IEC 60249-2 印刷电路的基材 第 2 部分:规范(Base materials for printed circuits—Part 2:Specifications)

3 术语和定义

下列术语和定义适用于本文件。

除非另有规定,本标准中所用术语“电压”和“电流”均为有效值。

整个标准中,词语“接地”均表示“保护接地”。

术语“电器附件”是通用术语,包括插头和插座。而术语“移动式电器附件”则包括插头和移动式插座。电器附件的使用见 GB 2099.1—2008 的图 1a)。

3.1 关于插头和插座的定义

3.1.1

插头 plug

具有设计用于与插座的插套插合的插销、并且装有用于与软缆进行电气连接和机械定位部件的电器附件。

3.1.2

插座 socket-outlet

具有设计用于与插头的插销插合的插套、并且装有用于连接软缆的端子的电器附件。

3.1.3

移动式插座 portable socket-outlet

打算连接到软缆上或与软缆构成整体的、而且在与电源连接时易于从一地移动到另一地的插座。

3.1.4

多位插座　multiple socket-outlet

两个或多个插座的组合体。

3.1.5

可拆线插头　rewirable plug

结构上能更换软缆的电器附件。

3.1.6

不可拆线插头或不可拆线移动式插座　non-rewirable plug or non-rewirable portable socket-outlet

在电器附件生产厂进行连接和组装之后，在结构上与软缆形成一个整体的电器附件（参见GB 2099.1—2008 的 14.1）。

3.1.7

模压电器附件　moulded-on accessory

用模具将预先组装好的零部件和软缆端头与绝缘材料压制在一起的不可拆线的电器附件。

3.1.8

电线加长组件　cord extension set

由带有一个不可拆线插头和一个不可拆线的移动式插座的软电缆组成的组件。

3.1.9

端子　terminal

用于与电源导线连接的、可重复使用的、有绝缘或无绝缘的连接器件。

3.1.10

端头　termination

用于与电源导线连接的、不可重复使用的、有绝缘或无绝缘的连接器件。

3.1.11

端子的夹紧件　clamping unit of a terminal

由导线的机械夹紧和电气连接所必需的部件组成的器件。

3.1.12

螺纹型端子　screw-type terminal

用于连接一根导线并且随后可拆卸这个导线，或用于两根或几根能拆卸的导线的相互连接的端子，其连接直接地或间接地用各种螺钉或螺母来完成。

3.1.13

柱式端子　pillar terminal

导线被插入一个孔内或型腔内，靠螺钉的端部来压紧导线的螺纹型端子。

其紧固压力可直接地由螺钉端部来施加或通过一个由螺钉端部施加压力的过渡元件来施加。

3.1.14

螺钉端子　screw terminal

导线紧固在螺钉头下面的螺纹型端子。

其紧固压力可直接由螺钉头来施加或通过一个过渡零件，例如：垫圈、夹板或一个防松装置来施加。

3.1.15

螺栓端子　stud terminal

导线紧固在螺母下的螺纹型端子。

其紧固压力可直接由一个适当形状的螺母来施加或通过一个过渡零件，例如：垫圈、夹板或一个防松装置来施加。

3.1.16

鞍形端子　saddle terminal

导线通过两个或几个螺钉或螺母紧固在鞍形板下的螺纹型端子。

3.1.17

罩式端子　mantle terminal

导线通过螺母紧固在螺栓槽底部的螺纹型端子。

通过螺母下面的适当形状的垫圈或中心销(如螺母是帽式螺母)或通过能将螺母的压力传递到槽内导线上的等效部件将导线紧固在螺栓底部。

3.1.18

无螺纹端子　screwless terminal

用于连接一根导线并且随后可拆卸这个导线,或用于两根或几根能拆卸的导线的相互连接的端子。其连接直接地或间接地通过弹簧、楔形块、偏心轮或锥形轮等来完成,除了剥去绝缘外,无须对导线进行特殊加工。

3.1.19

保护门　shutter

装在插座里、用于在插头拔出时能自动地、至少将插座的插套遮蔽起来的活动部件。

3.1.20

转换器　adapter

结构上把插头的插销和插座的插套组成一体的电器附件。

3.1.21

过渡转换器　intermediate adapter

可用来把一个或几个插头经过一个控制器,例如,调光器、定时开关、光电开关及剩余电流装置等与插座进行连接的转换器,这些装置通过软缆连接到转换器上。

3.2　关于剩余电流装置的定义

3.2.1　关于从带电部件流入大地电流的定义

3.2.1.1

接地故障电流　earth fault current

由于绝缘故障而流入大地的电流。

3.2.1.2

对地泄漏电流　earth leakage current

无绝缘故障,从设备的带电部件流入大地的电流。

3.2.1.3

脉动直流电流　pulsating direct current

在每一个额定工频周期内,用角度表示至少为150°的一段时间间隔内电流值为0或不超过直流0.006 A的脉动波形电流。

3.2.1.4

电流滞后角 α　current delay angle α

通过相位控制使电流导通的起始时刻滞后的时间,用角度表示。

3.2.1.5

危险状态　hazardous situation

当大于 $I_{\Delta n}$(见5.2.3)的接地故障电流流过RCD的时间大于5.3.11中表2规定的时间时发生的

电击危险状态。

3.2.1.6

构成电击危险的电源故障　supply failure constituting a shock hazard

在下列情况时发生的状态：

——中线断开；

——在相线供电系统中，相线断开；

——保护接地线(PE)断开。

3.2.2　关于剩余电流装置(RCD)激励的定义

3.2.2.1

激励量　energizing quantity

必须单独地或与其他类似的量一起施加到 RCD 上，使其能在规定条件下完成其功能的电气激励量。

3.2.2.2

激励输入量　energizing input-quantity

在规定条件下施加时，使 PRCD 动作的激励量。

例如，这些条件可以包括某些辅助元件的激励。

3.2.2.3

剩余电流　residual current

I_{Δ}

流过 RCD 主回路电流瞬时值的矢量和(用有效值表示)。

3.2.2.4

剩余动作电流　residual operating current

使 RCD 在规定条件下动作的剩余电流值。

3.2.2.5

剩余不动作电流　residual non-operating current

在该电流及低于该电流时，RCD 在规定条件下不动作的剩余电流值。

3.2.3　关于剩余电流装置动作和功能的定义

3.2.3.1

剩余电流装置　residual current device; RCD

具有剩余电流检测，将剩余电流值与剩余动作电流值相比较以及当剩余电流超过该值时断开被保护电路等功能的开关电器。

3.2.3.2

剩余电流动作断路器　residual current operated circuit-breaker

在正常运行条件下能接通、承载和分断电流，以及在规定条件下当剩余电流达到规定值时能使触头断开的机械开关电器。

3.2.3.3

动作功能与电源电压无关的 PRCD　PRCD functionally independent of line voltage

其检测、判断和断开功能与电源电压无关的 PRCD。

3.2.3.4

动作功能与电源电压有关的 PRCD　PRCD functionally dependent on line voltage

其检测和/或判断和/或断开功能与电源电压有关的 PRCD。

3.2.3.5

开关电器 switching device

用于接通或分断一个或几个电气回路电流的装置。

3.2.3.6

机械开关电器 mechanical switching device

用可分离的触头来闭合或断开一个或几个电气回路的开关电器。

3.2.3.7

自由脱扣 PRCD trip-free PRCD

在闭合操作开始后,若进行自动断开操作,即使闭合命令仍维持着,其动触头能返回并保持在断开位置上的 PRCD。

注:为保证正常分断可能被接通的电流,触头可能需要瞬时地到达闭合位置。

3.2.3.8

PRCD 的分断时间 break time of a PRCD

从突然达到剩余动作电流瞬间起至所有极电弧熄灭瞬间为止所经过的时间。

3.2.3.9

闭合位置 closed position

保证 PRCD 主电路预定的连续性的位置。

3.2.3.10

断开位置 open position

保证 PRCD 主电路的断开触头之间有预定的电气间隙的位置。

3.2.3.11

极 pole

仅与主电路的一个独立的导电路径相连的 PRCD 的部件,具有用来连接和断开主电路本身的触头。它不包括那些用来将各极固定在一起并使各极一起动作的部件。

3.2.3.12

(PRCD 的)主电路 main circuit (of a PRCD)

包括在电流路径里的 PRCD 的所有导电部分。

3.2.3.13

(PRCD 的)控制电路 control circuit (of a PRCD)

用于 PRCD 的闭合操作或断开操作或用于两者的电路(主电路的电流路径除外)。

注:本定义包括用于试验装置的电路。

3.2.3.14

(PRCD 的)辅助电路 auxiliary circuit(of a PRCD)

除了 PRCD 的主电路和控制电路以外的电路里所包括的 PRCD 的所有导电部件。

3.2.3.15

试验装置 test device

装在 PRCD 里的模拟 PRCD 在规定条件下动作的剩余电流条件的装置。

3.2.3.16

AC 型 PRCD PRCD Type AC

对突然施加的或缓慢上升的剩余正弦交流电流能确保脱扣的 PRCD。

3.2.3.17

A 型 PRCD PRCD Type A

对突然施加的或缓慢上升的剩余正弦交流电流和剩余脉动直流电流能确保脱扣的 PRCD。

3.2.4 与激励量值和范围有关的定义

3.2.4.1

激励量的额定值　rated value of an energizing quantity

制造厂规定的特性所涉及的激励量值。

3.2.4.2

主电路不动作的过电流　non-operating overcurrents in the main circuit

没有任何对框架或对地故障以及没有对地泄漏电流时，能够流过一个两极 PRCD 而不使其动作的单相过电流负载的最大值。

注：主电路出现过电流的情况下，没有剩余电流时，检测装置也可能由于其本身的不对称而发生动作。

3.2.4.3

剩余短路耐受电流　residual short-circuit withstand current

在规定的条件下能够确保 PRCD 动作的剩余电流最大值，大于该值时，该装置可能遭受不可逆转的变化。

3.2.4.4

预期电流　prospective current

如果 PRCD 和过电流保护装置(如果有的话)的每个主电流回路用一个阻抗可忽略不计的导体代替时，在电路中流过的电流。

注：预期电流同样可以看作一个实际电流，例如：预期分断电流，预期峰值电流，预期剩余电流等。

3.2.4.5

接通能力　making capacity

PRCD 在规定的使用和工作条件下以及在规定的电压下能够接通的预期电流的交流分量值。

3.2.4.6

分断能力　breaking capacity

PRCD 在规定的使用和工作条件下以及在规定的电压下能够分断的预期电流的交流分量值。

3.2.4.7

剩余接通和分断能力　residual making and breaking capacity

在规定的使用和工作条件下，PRCD 能够接通、承载其断开时间以及能够分断的剩余预期电流的交流分量值。

3.2.4.8

限制短路电流　conditional short-circuit current

被一合适的串联的短路保护装置(以下简称 SCPD)保护的 PRCD 在规定的使用和工作条件下能够承受的预期电流的交流分量值。

3.2.4.9

限制剩余短路电流　conditional residual short-circuit current

被一合适的串联的 SCPD 保护的 PRCD 在规定的使用和工作条件下能够承受的预期剩余电流的交流分量值。

3.2.4.10 关于动作功能与电源电压有关的 PRCD 的电源电压极限值(U_x 和 U_y)的定义

3.2.4.10.1

U_x

电源电压下降时，动作功能与电源电压有关的 PRCD 仍能在规定条件下动作的电源电压最小值(见 9.17.1.1)。

3.2.4.10.2

U_y

低于该电压时,动作功能与电源电压有关的 PRCD 在没有任何剩余电流情况下自动断开的电源电压的最小值(见 9.17.1.1)。

3.2.4.11

I^2t (焦耳积分) I^2t(Joule integral)

电流的平方在给定的时间间隔(t_0,t_1)内的积分。

$$I^2t=\int_{t_0}^{t_1} i^2\,\mathrm{d}t$$

3.2.4.12

恢复电压 recovery voltage

分断电流后,在 PRCD 的电源端子之间出现的电压。

注:此电压可以认为有两个连续的时间间隔组成,第一个时间间隔出现瞬态电压,接着的第二个时间间隔只出现工频恢复电压。

3.2.4.12.1

瞬态恢复电压 transient recovery voltage

在具有显著瞬态特征的时间内的恢复电压。

注:根据电路和 PRCD 的特性,瞬态电压可以是振荡的,或非振荡的或两者兼有。

3.2.4.12.2

工频恢复电压 power-frequency recovery voltage

在瞬态电压现象消失后的恢复电压。

3.2.5 与影响量值和范围有关的定义

3.2.5.1

影响量 influencing quantity

可能改变 PRCD 规定的工作状况的任何量。

3.2.5.2

影响量的基准值 reference value of an influencing quantity

与制造厂规定的特性有关的影响量值。

3.2.5.3

影响量的基准条件 reference conditions of influencing quantities

所有的影响量均为基准值。

3.2.5.4

影响量的范围 range of an influencing quantity

当其他影响量有其基准值时,可使 PRCD 在规定的条件下工作的一个影响量值的范围。

3.2.5.5

影响量的极限范围 extreme range of an influencing quantity

在这个影响量值范围内,PRCD 仅受到自发的可逆性的变化,但不必符合任何技术要求。

3.2.5.6

周围空气温度 ambient air temperature

在规定条件下确定的 PRCD 周围的空气的温度。

3.2.6 操作条件

3.2.6.1

操作 operation

动触头从断开位置到闭合位置的转换或相反的转换。

注：如果必须加以区分，则电气含义上的操作(即接通和分断)称为开闭操作，而机械含义上的操作(即闭合和断开)称为机械操作。

3.2.6.2

闭合操作 closing operation

PRCD从断开位置转换到闭合位置的操作。

3.2.6.3

断开操作 opening operation

PRCD从闭合位置转换到断开位置的操作。

3.2.6.4

操作循环 operating cycle

从一个位置转换到另一个位置再返回至起始位置的连续操作。

3.2.6.5

操作顺序 sequence of operations

具有规定时间间隔的规定的连续操作。

3.3 关于试验的定义

3.3.1

型式试验 type test

对按某一设计制造的一个或几个电器所进行的试验，以表明该设计符合某一规范。

3.3.2

常规试验 routine tests

对每个正在制造的和/或制造完毕的电器进行的试验，以确定其是否符合某些标准。

4 分类

PRCD按下列方式分类。

4.1 根据接线方式和用途分

见图1。

4.1.1 PRCD过渡转换器

与一个插头和一个或两个插座组合在一起的PRCD。

4.1.2 不可拆线的剩余电流保护电线加长组件

4.1.2.1 其RCD的一端装有一个插头，而另一端连接一根带有一个或几个插座的电缆的PRCD。

4.1.2.2 其RCD的一端连接一根电缆和插头，而另一端连接一根电缆和一个或几个插座的PRCD。

4.1.2.3 其RCD的一端装有一个或几个插座，而另一端连接一根电缆和一个不可拆线的插头的PRCD。

4.1.3 剩余电流保护插头

4.1.3.1 装有一个插头和一组端子的 PRCD。

4.1.3.2 器具用剩余电流保护插头:装有一个插头和一根不可拆线电缆的 PRCD。

4.1.4 在线式 PRCD

4.1.4.1 在 PRCD 的电源侧接有一根不可拆线的电缆和一个不可拆线的插头,在输出端装有一组端子。

4.1.4.2 在 PRCD 的电源侧接有一根不可拆线的电缆和一个不可拆线的插头,在输出端接有一根不可拆线的电缆。

4.1.4.3 其 RCD 的两端装有端子或整体式的不可拆线电缆的 PRCD,由设备制造厂采用对使用者安全的特殊措施装入到设备中。

4.2 根据端子类型分

4.2.1 采用螺纹型端子的 PRCD。

4.2.2 采用无螺纹端子的 PRCD(正在考虑)。

4.3 根据动作方式分

注:不同型式 PRCD 的选用按 GB 16895.4 的要求。

4.3.1 动作功能与电源电压无关的 PRCD(见 3.2.3.3)。

4.3.2 动作功能与电源电压有关的 PRCD(见 3.2.3.4)。

4.3.2.1 电源电压故障时能自动断开的 PRCD

a) 电源电压恢复时能自动闭合;

b) 电源电压恢复时不能自动闭合。

4.3.2.2 电源电压故障时不能自动断开,但在电源故障时如出现危险状态能脱扣的 PRCD。

4.4 根据剩余电流含有直流分量时的工作状况分

4.4.1 AC 型 PRCD。

4.4.2 A 型 PRCD。

4.5 根据周围空气温度分类

4.5.1 在－5 ℃～＋40 ℃之间使用的 PRCD。

4.5.2 在－25 ℃～＋40 ℃之间使用的 PRCD。

5 PRCD 的特性

5.1 特性概述

PRCD 是在单相电路中使用,它们应具有两个极或两个极和一个连续的接地回路。

注:二极 PRCD 仅适用于 I_n≤10A 的 PRCD,并用在Ⅱ类使用场合。

PRCD 的特性应由以下几个项目来说明:

——接线和使用方式;

——所属的插头和插座系统的型式;

——按 GB 4208 的防护等级;

——额定电压 U_n(见 5.2.1);
——额定电流 I_n(见 5.2.2);
——额定剩余动作电流 $I_{\Delta n}$(见 5.2.3);
——额定剩余不动作电流 $I_{\Delta no}$(见 5.2.4);
——额定频率(见 5.2.5);
——额定接通分断能力 I_m(见 5.2.6);
——额定剩余接通分断能力 $I_{\Delta m}$(见 5.2.7);
——剩余电流含有直流分量时的动作特性(见 5.2.8);
——包括电气间隙和爬电距离的绝缘配合(见 5.2.9);
——额定限制短路电流 I_{nc}(见 5.4.2);
——额定限制剩余短路电流 $I_{\Delta c}$(见 5.4.3)。

5.2 额定量和其他特性

5.2.1 额定电压(U_n)

5.2.1.1 额定工作电压(U_e)(以下称为“额定电压”)

制造厂规定的与 PRCD 性能有关的电压值。

注:同一台 PRCD 可规定几个额定电压。

5.2.1.2 额定绝缘电压(U_i)

制造厂规定的与 PRCD 的介电试验电压和爬电距离有关的电压值。

除非另有规定,额定绝缘电压是 PRCD 的最大额定电压值。任何情况下,最大额定电压不应超过额定绝缘电压。

5.2.2 额定电流(I_n)

制造厂规定的 PRCD 在不间断工作制下能够承载的电流。

5.2.3 额定剩余动作电流($I_{\Delta n}$)

制造厂规定的在该电流值时,PRCD 应在规定的条件下动作的剩余动作电流(见 3.2.2.4)值。

5.2.4 额定剩余不动作电流($I_{\Delta no}$)

制造厂规定的在该电流值时,PRCD 在规定的条件下不动作的剩余不动作电流(见 3.2.2.5)值。

5.2.5 额定频率

设计 PRCD 时所采用供电电源频率,这频率与其他特性值有关。

注:同一台 PRCD 可规定几个额定频率。

5.2.6 额定接通分断能力(I_m)

制造厂规定的 PRCD 在规定条件下能接通、承载和分断的预期电流(见 3.2.4.4)交流分量的有效值。

规定条件见 9.11.2.2。

5.2.7 额定剩余接通分断能力($I_{\Delta m}$)

制造厂规定的 PRCD 在规定条件下能接通、承载和分断的预期剩余电流交流分量的有效值(见

3.2.4.7)。

规定条件见 9.11.2.3。

5.2.8 剩余电流含有直流分量时的动作特性

A 型 PRCD 的动作特性应这样，无论对突然施加或缓慢上升的剩余正弦交流电流和剩余脉动直流电流均能确保脱扣。

5.2.9 包括电气间隙和爬电距离的绝缘配合

正在考虑中。

注：暂时，电气间隙和爬电距离按 8.1.3 的规定。

5.3 标准值和优先值

5.3.1 额定电压(U_n)的优先值

额定电压的优先值为 230 V。

注：除 230 V 以外，220 V、240 V 暂定也是一个优先值。

5.3.2 额定电流(I_n)的标准值

额定电流的标准值见表 1 的规定。

表 1 额定电流的标准值及相应的额定电压优先值

型式	额定电压/V	额定电流/A
2 P	230	2.5、6、10
2 P +接地	230	6、10、16

在 PRCD 中，插座的额定电流不应大于插头的额定电流，插座的额定电压不应低于插头的额定电压。

5.3.3 额定剩余动作电流($I_{\Delta n}$)的标准值

额定剩余动作电流的标准值为：

0.006 A—0.01 A—0.03 A。

5.3.4 额定剩余不动作电流($I_{\Delta no}$)的标准值

额定交流剩余不动作电流的标准值为 0.5 $I_{\Delta n}$。

注：对剩余脉动直流电流，剩余不动作电流与电流滞后角 α 有关(见表 16)。

5.3.5 通过 PRCD 的不动作过电流的标准最小值

通过 PRCD 的不动作过电流的标准最小值为 4 I_n。

5.3.6 额定频率的优先值

额定频率的优先值为 50 Hz。

如果采用其他值，额定频率应标志在 PRCD 上，并在该频率下进行试验。

5.3.7 **额定接通分断能力(I_m)的最小值**

额定接通分断能力 I_m 的最小值 250 A。

5.3.8 **额定剩余接通分断能力($I_{\Delta m}$)的最小值**

额定剩余接通分断能力 $I_{\Delta m}$ 的最小值为 250 A。

5.3.9 **额定限制短路电流(I_{nc})的标准值**

额定限制短路电流的标准值为 1 500 A。

5.3.10 **额定限制剩余短路电流($I_{\Delta c}$)的标准值**

额定限制剩余短路电流的标准值为 1 500 A。

5.3.11 **分断时间的标准值**

分断时间的标准值见表 2。

表 2 交流剩余电流分断时间的标准值

剩余电流(I_Δ)等于下列值时的最大分断时间标准值/s			
$I_{\Delta n}$	$2I_{\Delta n}$	$5I_{\Delta n}$	250 A
0.3	0.15	0.04	0.04
注：剩余电流含有直流分量时的动作特性见 9.21。			

5.4 **与短路保护电器(SCPD)的协调配合**

5.4.1 **概述**

PRCD 应按 IEC 60364 的安装规程采用符合有关标准的断路器或熔断器进行短路保护。

PRCD 和 SCPD 之间的配合应在 9.11.2.1 的一般条件下采用 9.11.2.4 规定的试验进行验证，以验证对直至额定限制短路电流 I_{nc} 和额定限制剩余短路电流 $I_{\Delta c}$ 的电流具有足够的保护。

5.4.2 **额定限制短路电流(I_{nc})**

制造厂规定的由一个 SCPD 保护的 PRCD 在规定的条件下能够承受的预期电流有效值，而不遭受任何妨碍其功能的变化。

规定条件见 9.11.2.4 a)的规定。

5.4.3 **额定限制剩余短路电流($I_{\Delta c}$)**

制造厂规定的由一个 SCPD 保护的 PRCD 在规定条件下能够承受的预期剩余电流值，而不遭受任何妨碍其功能的变化。

规定条件见 9.11.2.4 c)的规定。

6 标志和其他产品资料

6.1 **每个 PRCD 应用耐久的方式标志下列数据**

a) 制造厂名称或商标；

b) 型号、目录号或系列号；

c) 额定电压和电源种类；

d) 额定频率(如果 PRCD 设计的频率不是 50Hz 时)(见 5.3.6)；

e) 额定电流；

f) 额定剩余动作电流；

g) 防护等级(仅在高于 IP4X 时)；

h) 试验装置的操作件，用字母“T”或相应的文字表示；

i) 剩余电流含有直流分量时的动作特性：

——AC 型 PRCD 用符号表示；

——A 型 PRCD 用符号表示。

j) “使用前试验”；

k) 按 4.5.2 分类的 PRCD 应标志符号；

l) PE 线具有可开闭触头的示意图，例如用接线图说明(适用时)。

额定电压和额定电流标志可以仅用数字表示。这些数字应排成一行，用一根斜线隔开或不隔开；或将额定电流数字放在额定电压数字的上方并用一根水平线隔开。

电源种类的标志应紧靠额定电流和额定电压的标志放置。

电流、电压和电源种类标志示例：

16 A 230 V～，或$\frac{16}{230}$～，或 16/230～. 等。

使用符号时，应如下所示：

——安培　　A；

——伏特　　V；

——交流　　～；

——中性线　　N；

——保护接地　　。

模压结构形成的线条不能认为是标志的一部分。

对交流符号和保护接地符号的详细情况见 GB/T 5465.2。

标志应位于 PRCD 的本体上或固定在 PRCD 的铭牌上，并应位于 PRCD 按正常使用组装后清晰易见的地方。

h) 和 j) 项的标志应在 PRCD 正常使用时可见。

如果 PRCD 由几个装有 RCD 部件的部分组成，有关的 c)、d) 和 e) 项的标志应重复标志在每个部分上。

对不是用按钮操作的 PRCD，断开位置应由符号“○”表示，而闭合位置用“｜”(一根短直线)表示。

允许对该指示增加国家符号，暂时允许用国家符号作为唯一的位置指示。这些指示在 PRCD 正常使用时应清晰可见。

对用两个按钮操作的 PRCD，只用来进行断开操作的按钮应用红色和/或标志符号“○”。这时，分开的试验按钮不应采用红色，但应标志字母“T”。

如试验按钮是唯一的断开操作器件，仍标志字母“T”，这时可使用红色。

PRCD 的任何其他按钮不应是红色。如果用一个按钮来闭合触头，并能明显地区分，则按钮保持在按下位置就足以指示闭合位置。

专门用于连接中性线回路的端子应标志字母“N”。

如果必须区别电源端子和负载端子，应清晰地标志(例如，在相应的端子旁标志“电源”和“负载”或用指示电功率流向的箭头)。

用于保护导体的端子应标志符号⏚(GB/T 5465.2—5019)。

此外,对采用无螺纹端子的可拆线的PRCD应有合适的标志,标明在导线插入无螺纹端子前应剥去绝缘的长度。该标志可位于PRCD上,位于包装件上和/或在随同PRCD提供的说明书中给出。

标志应不易擦掉,清晰易读并且不应位于螺钉、垫圈或其他可拆卸的部件上。

通过检查和9.3的试验来检验是否符合要求。

6.2 产品说明书应提供下列资料

a) 指导用户每次使用前应试验PRCD的说明,并作为正常工作程序的操作步骤;
b) 如果PRCD不能按说明的要求正确动作,则应停止使用的说明;
c) 任何合适软电缆安全接线的详细说明,包括参考GB 5023和GB 5013、电缆芯线的数量和颜色、导线的最小和最大截面积以及长度等(如果必要时);
d) 有关PRCD所属的插头和插座系统的说明;
e) 不能在表3规定的使用条件以外的场所贮存或使用,以及避免诸如跌落和浸水等滥用情况的警告说明;
f) 不小心用电可能造成危险,PRCD不能替代作为基本的电气安全保护措施以及明确指出拔下PRCD达到电气隔离的说明;
g) 告诉用户如果PRCD连接有关的用电器具后反复脱扣或按说明书试验时不能脱扣,则应向制造厂、负责的销售商或有经验的电工咨询的说明;
h) 告诉用户PRCD应直接连接到固定插座上的说明。

通过直观检查来检验是否符合要求。

7 使用和安装的标准工作条件

7.1 标准条件

符合本标准的PRCD应能在表3所示的标准条件下工作。

表3 使用的标准工作条件

影响量	使用的标准范围	基准值	试验允许误差[e]
周围温度[a,f]	−5 ℃~+40 ℃[b] −25 ℃~+40 ℃[g]	20 ℃	±5 ℃
海拔	不超过2 000 m		
相对湿度 (40 ℃时最大值)	50%[c]		
外磁场	任何方向不超过地磁场的5倍	地磁场	[d]
频率	基准值±5%	额定值	±2%
正弦波畸变	不超过5%	0	5%

[a] 日平均最高温度值为+35 ℃。
[b] 经常出现较恶劣气候条件的地方,由制造厂和用户之间协商,允许超出这个范围。
[c] 在较低温度下允许有较高的相对湿度(例如20 ℃时为90%)。
[d] PRCD不宜在强磁场附近使用,这种情况下可能需要补充技术要求。
[e] 除非在相应的试验中另有规定,所给的允许误差适用。
[f] 对−5 ℃~+40 ℃的使用范围,在贮存和运输过程中允许−20 ℃~+60 ℃的极端范围,并应在设计PRCD时予以考虑。对−25 ℃~+40 ℃的使用范围,这种极端范围正在考虑中。
[g] 见4.5.2。

7.2 安装条件

PRCD 应按制造厂说明书使用。

8 结构和操作的要求

8.1 机械设计

PRCD 的设计和结构应使其在正常使用时性能可靠，即使电源电压发生故障或中性线断开也不会对使用者或周围环境产生危害。

PRCD 中的 PE 接地回路应是连续的并不受 PRCD 操作的影响。

在某些特殊要求的剩余电流保护插头中，允许 PE 导线带有可开闭的触头。当 PE 导线流过故障电流或者存在危险的电压时，剩余电流保护插头能自动动作，断开被保护电路，包括 PE 线回路，但在带电导线断开以前，PE 导线不能断开。在结构上应做到，剩余电流保护插头闭合时，PE 线的触头比相线极和中性极的触头先接通，断开时比相线极和中性极的触头后断开。这类器件要清楚地加以识别(例如在接线图中说明)。

PE 回路的触头应有足够的触头压力，在正常使用时应不会劣化。

PE 回路不应有任何其他的串联元器件，例如，二极管等。

RCD 部分应在一个单元中，与其连接的软电缆的位置不应影响 RCD 正确动作，并且在按正常使用组装后，其最低的防护等级应符合 8.2.1.4 的要求。

PRCD 的插头和 RCD 部分之间电缆的最大允许长度为 2 m。

带有软电缆的 PRCD，应用黄绿双色导线作为 PE 导线。

不应有变换 PRCD 的动作特性的设施。

PRCD 的插头插座在机械和电气方面应与他们预期使用的插头插座系统一致。

通过检查和有关条款来检验是否符合要求。对 PE 线具有可断开触头的剩余电流保护插头，通过检查和 9.6.4、9.8.3、9.10.2 的试验来检验是否符合要求。

8.1.1 插头部分、插座部分和 RCD 部分

8.1.1.1 插头和插座部分尺寸

插头和插座部分的型式和尺寸应符合 GB 1002 的要求。

通过 GB 2099.1—2008 的第 9 章来检验是否符合要求。

8.1.1.2 接地措施

8.1.1.2.1 接地触头的结构应这样，当插入插头时，在插头的载流触头带电前先完成接地连接。

当插头拔出时，载流插销应在接地连接断开前先分开。

通过对照插头插座型式、基本参数和尺寸的标准，检查试样来检验是否符合要求。

注：符合相应标准尺寸的要求即保证符合本要求。

8.1.1.2.2 可拆线的 PRCD 接地端子应符合 8.1.5 的相应要求。

接地端子的尺码应与相应的电源导线的端子的尺码相同。

在正常使用过程中可能出现的各种情况下，包括盖子固定螺钉的松脱和盖子马虎安装等情况，均应能保证接地导线的连接。

接地电路的各个部分应成为一个整体或永久地连接在一起，例如采用铆接或焊接。

注 1：在本条的技术要求中，螺钉不视为触头的部件。

注 2：考虑接地电路各部分之间连接的可靠性时，应考虑腐蚀可能产生的影响。

通过检查和 9.5 的试验来检验是否符合要求。

8.1.1.2.3 接地端子和易触及的金属件之间的连接应是低电阻连接。

通过 9.6.4 的试验来检验是否符合要求。

8.1.1.3 接地插套的工作

接地插套应有足够的接触压力，在正常使用时性能不应劣化。

通过 9.8 的试验来检验是否符合要求，但仅对保护接地回路通以额定电流。

8.1.1.4 拔出插头所需的力

GB 2099.1—2008 中第 22 章适用。

8.1.1.5 结构

8.1.1.5.1 PRCD 的不可拆线的部件应符合下列要求：

——若不使 PRCD 永久性地不能使用，便不能把软电缆从该部件上拆下；

——用手或螺丝刀等一般用途的工具，无法把该部件打开。

注：不能用原来的零件或材料重新装配成 PRCD，则认为是永久地不能使用。

8.1.1.5.2 插头的插销和移动式插座应有足够的机械强度。

通过 9.12 的试验来检验是否符合要求。

8.1.1.5.3 插头的插销应该是：

——锁定，防止旋转；

——不拆散插头便不能将其拆下；

——插头按正常使用接线和装配好后，插销应可靠地固定在插头本体上。

应不可能置换插头的接地插销、中性线插销或插套至任何不正确的位置上。

通过检查、手动试验和 9.12 的试验来检验是否符合要求。

8.1.1.5.4 移动插座的接地插套和中性线插套应锁定，不得旋转，并且应不能拆下。

通过检查、手动试验和 9.12 的试验来检验是否符合要求。

8.1.1.5.5 插座的组件应有足够的弹性，以确保足够的接触压力。

接触压力与具有这种特性的绝缘材料部件有关的插座也应符合这要求，在任何正常的使用条件下(尤其是绝缘件收缩、老化和变形等)均能确保安全和恒定的接触压力。

通过检查和 9.10 及 GB 2099.1—2008 中第 22 章的试验来检验是否符合要求。

8.1.1.5.6 插销和插套应耐腐蚀和耐磨损。

通过试验来检验是否符合要求(正在考虑中)。

8.1.1.5.7 可拆线的电器附件的外壳应能把端子和软电缆的端部完全包封住。

其结构应使导线能得到正确的连接，当电器附件按正常使用要求接线和装配好之后，不会有下述的危险：

——导线相互挤压；

——电缆芯线的导线连接到带电端子后，芯线与易触及金属部件接触；

——电缆芯线的导线连接到接地端子后，芯线与带电部件接触。

通过检查和手动试验来检验是否符合要求。

8.1.1.5.8 符合 4.1.3.1 和 4.1.4.1 的 PRCD 应设计成端子螺钉或螺母不会松脱，也不会偏离正常位置而使带电部件和接地端子之间或带电部件和与接地端子连接的金属部件之间形成电气连接。

通过检查和手动试验来检验是否符合要求。

8.1.1.5.9 符合 4.1.3.1 和 4.1.4.1 的 PRCD 应设计有充裕的空间，使接地导线有一定余度，万一应力缓冲机构失效时,保证接地导线的接头只有在载流导线接头受力之后才受力;而且在应力过度的情况下,接地导线应在载流导线断裂之后断裂。

通过 9.25 的试验来检验是否符合要求。

8.1.1.5.10 符合 4.1.3.1 和 4.1.4.1 的 PRCD 的端子的位置和防护应使他们不会产生危险状态。

通过 9.6.5 的试验来检验是否符合要求。

8.1.1.5.11 符合 4.1.3.1 和 4.1.4.1 的可拆线 PRCD 应符合下列要求:

——如何有效地解除应力和防止导线扭绞应是明确的;

——软电缆固定装置或至少其一个部件应与插头或移动式插座组成一体或永久地固定在插头或移动式插座的一个部件上;

——不得采用电缆打结或用绳子捆绑导线端部等临时措施固定电缆;

——软电缆固定装置应能适合于可能要连接的不同类型的软电缆,其有效性应与本体各部件的装配无关;

——软电缆固定装置应由绝缘材料制成,或具有固定在金属件上的绝缘衬垫;

——软电缆固定装置的金属件包括夹紧螺钉等应与接地回路绝缘。

通过检查来检验是否符合要求。

8.1.1.5.12 保持带电部件在正常位置的绝缘部件应可靠地固定在一起,而且不借助工具应不能将电器附件拆散。

通过检查和手动试验来检验是否符合要求。

8.1.1.5.13 如果 PRCD 的盖装有插销插入孔用的衬套,则应不可能从外面把他们拆除,在拆开盖子之后,亦不可能使他们意外地从内侧脱落。

通过检查来检验是否符合要求。

8.1.1.5.14 预期要进入到电器附件内部的螺钉应不能自行脱落。

注:用紧密配合的硬纸板垫圈或类似零件,即可视为足以确保固定不能自行脱落的螺钉。

通过检查来检验是否符合要求。

8.1.1.5.15 按正常使用接线和装配好以后,插头的插合面除了插销外应无任何突出物。

连接表 4 规定截面积的导线后通过检查来进行检验是否符合要求。

注:接地触头不能视为插合面的突出物。

8.1.1.5.16 PRCD 的插座部分应这样设计,使其插合面的任何突出物不会影响与其相应的插头完全插合。

当插头和插座完全插合时,测量插座与插头接合面之间的间隙来检验是否符合要求,间隙不应超过 1 mm。

8.1.1.5.17 防护等级高于 IPX4 的 PRCD 应装有密封电缆入口的压盖或类似部件。

防护等级高于 IPX4 的 PRCD 在按正常使用接上软电缆以后,应是完全密封的。

非普通型插座,即使在没有插头插合时,也应是完全密封的。

通过检查和 GB 2099.1—2008 中 16.2 的试验来检验是否符合要求。

注:在没有插头插合时,用不会自行脱落的盖可达到完全密封。

8.1.1.5.18 挂到墙上或其他安装表面的悬挂装置应这样设计,使其不会与带电部件接触,而且在试验过程中的任何故障也不会暴露带电部件。

注:正在考虑合适的试验。

8.1.1.5.19 如果插头与插入式电器设备构成整体,则该设备不应引起插销过热,或对固定插座施加过度的应力。

通过 9.8 和 9.26 的试验来检验是否符合要求。

8.1.1.5.20 插头的形状和制造材料,应使其便于用手从相应的插座中拔出。

此外，插头的握持面应使插头便于拔出而无须拉动软电缆。

注 1：正在考虑合适的试验。

注 2：移动式多位插座的补充要求正在考虑中。

8.1.1.6 软电缆及其连接

8.1.1.6.1 任何可拆线的 PRCD 部分应有软电缆固定装置，使导线在连接到端子或端头后，不受包括扭绞在内的应力，并使导线的护套避免磨损。

如果有软电缆的铠装套，则应夹紧在软电缆固定装置里。

通过检查和 9.27 的试验来检验是否符合要求。

8.1.1.6.2 PRCD 的不可拆线部分应接有符合 GB 5023 或 GB 5013 的软电缆。与插头部分和插座部分额定值有关的导线的最小截面积如表 4 的相关栏目所示。

连接到接地触头的导线应用黄/绿双色线来识别。

通过检查、测量和校核电缆是否符合 GB 5023 和 GB 5013(适用时)来检验是否符合要求。

表 4 适用于 PRCD 不可拆线插头和不可拆线插座的软电缆的铜导线最小截面积

插头部分或插座部分的额定值	不可拆线电器附件的最小截面积/mm^2
2.5 A、6 A 250 V	0.75
10 A 250 V	1
16 A 250 V	1.5

8.1.1.6.3 不可拆线部分的设计应使得软电缆在进入电器附件处不会受到过度弯曲。

用来缓和过度弯曲的护套应由绝缘材料制成，并应采用可靠方法固定。

注：螺旋形金属弹簧，无论是裸金属还是覆盖有绝缘材料的，均不宜用作软电缆护套。

通过检查和 9.28 的试验来检验是否符合要求。

8.1.1.6.4 模压的 PRCD 部件应具有保护措施，防止导线松脱的线丝与电器附件的所有可触及外表面之间的距离小于最小隔离距离要求，插头的插合面除外。

通过 9.6.6 的检查来检验是否符合要求。

8.1.2 机构

PRCD 二极的动触头机械上应这样连接，使其无论在手动操作或自动断开时，基本上同时闭合和同时断开。

PRCD 应有自由脱扣机构。

PRCD 应具有自动断开后可手动复回的机构。

PRCD 应具有试验装置(见 8.11)，当 PRCD 如正常使用那样插合时，其手动操作件应是易于触及的。

当 PRCD 如正常使用那样插合并通电时，应能切断 PRCD。不能认为能把插头从电源拔下即满足这个技术要求。可以用试验装置来断开电源。

对动作功能与电源电压有关的 PRCD，当电源电压在 $0.7U_e$ 和 $1.1U_e$ 之间时，均应可以进行手动操作。试验装置可以用作断开操作，当电源电压低于 $0.7U_e$ 时该要求不适用。

PRCD 的结构应使动触头只能置于闭合位置(见 3.2.3.10)或断开位置(见 3.2.3.11)，即使当操作件释放在某一中间位置时也是如此。

PRCD应有表示闭合位置和断开位置的指示装置，当PRCD按正常使用安装后，应易于从其前面加以识别。

如果用操作件来指示触头的位置，在释放时，操作件应自动地置于或保持在与动触头位置相对应的位置。这时操作件应有两个明显区分的对应于动触头的静止位置。但是对于自动断开，操作件可以有第三个明显的位置。在这情况下必须用手动方式使PRCD复位后，才能重新闭合触头。

如果一个按钮用来闭合触头并能明显地区分，则其按下位置足以指示闭合位置。

如果用单个按钮来闭合和断开触头，并且能这样区分，则按钮保持在按下位置足以指示闭合位置。另一方面，如果按钮不能保持在按下位置，则应另外提供一个指示触头位置的装置。

只要操作件有两个明显区分的静止位置，指示装置可以是操作件，或采用一个专门的指示装置或两者的组合。

对动作功能与电源电压有关的PRCD，当电源电压故障时能自动断开，而且当电源电压恢复能自动闭合(见4.3.2.1 a))时，应具有指示下列状态的装置：

——指示“ON”，此时如果PRCD通电，触头可以处在闭合位置，或在电源电压故障后，触头处于断开位置。在这样情况下，在电源电压恢复后，PRCD将自动闭合；

——指示“OFF”，如果用手动操作或故障电流脱扣使触头断开。

注：对这种型式的PRCD，操作件不能用作指示触头闭合和断开位置的装置。

如果用指示灯指示闭合和断开位置，当PRCD处于闭合位置时，指示灯应点亮，并采用明亮的颜色。指示灯不应是唯一的指示闭合位置的装置。

机构的动作应不受外壳或盖子位置的影响，并与任何可拆卸的部件无关。

制造厂密封的盖子可认为是不可拆卸的部件。

如果用盖子作为按钮的导向，应不能从PRCD的外面取下按钮。

操作件应可靠地固定在其转轴上，不用工具应不能拆下。

允许把操作件固定在盖上。

通过检查，手动操作试验来验证是否符合上述要求，对自由脱扣机构，用9.15的试验来验证。

8.1.3 电气间隙和爬电距离(见附录C)

PRCD按正常使用安装时，其电气间隙和爬电距离应不小于表5所示的值。对插头和插座部分，应符合GB 2099.1—2008中第27章的要求。

表5 电气间隙和爬电距离

部　　位	距离/mm
电气间隙[a]	
● PRCD在断开位置时，分开的带电部件之间[d]	3
● 不同极的带电部件之间[c]	3
● 带电部件与	
——金属操作件之间；	3
——PRCD接线时必须拆下的盖子的固定螺钉或其他器件之间；	3
——金属盖子或外壳之间；	3
——其他易触及的部件之间[b]	3
● 机构的金属部件与	
——易触及的金属部件之间[b]	3

表 5（续）

部 位	距离/mm
爬电距离[a]	
● PRCD 在断开位置时，分开的带电部件之间	3
● 不同极的带电部件之间[c]	3
● 带电部件与	
——金属操作件之间；	3
——PRCD 接线时必须拆下的盖子的固定螺钉或其他器件之间；	3
——易触及的金属部件之间[b]	3

[a] PRCD 的互感器一次绕组之间以及二次回路的电气间隙和爬电距离不考虑。

[b] 包括按正常使用安装后，易触及的绝缘材料表面覆盖的金属箔。用一个图 2 所示的直的试指把金属箔推到每一个角落和凹槽处。

[c] 对具有长期连接在两极之间的电子元件的 PRCD，仅在外部导线的端子处测量电气间隙和爬电距离。其他有关的测量用 9.30 和 9.31 的试验代替。

[d] 对 PE 导线带有可开闭的触头时，也适用于 PE 线断开触头之间的电气间隙。

符合 GB/T 16935.3 的 2 型覆盖层的印刷电路板不需要本验证。

注：正在考虑对表 5 的值进行修改。

当触头处于闭合位置时，连接在带电导体(相线和中性线)之间和/或带电导体与接地回路之间的电子电路，用 9.30 的试验来替代验证电气间隙和爬电距离。

8.1.4 螺钉、载流部件及其连接

8.1.4.1 PRCD 的机械连接和电气连接应能承受正常使用所产生的机械应力。

PRCD 接线时使用的螺钉不应采用螺纹切削型自攻螺钉。

通过检查来检验是否符合要求。

注 1：PRCD 接线时使用的螺钉(或螺母)包括固定盖子或盖板的螺钉，但不包括螺纹导线管的连接装置和固定 PRCD 基座的螺钉。

注 2：螺纹切削型螺钉正在考虑中。

注 3：可认为螺纹连接由 9.8、9.11、9.12、9.13 和 9.23 的试验来检验。

通过检查和 9.4 的试验来检验是否符合要求。

8.1.4.2 对与绝缘材料螺纹啮合的，并且是在安装时装配 PRCD 所使用的螺钉，必须确保螺钉正确导入螺钉孔或螺母。

注：如果能防止螺钉倾斜导入，例如用一个内螺纹中的凹槽固定的零件或使用一个去掉前端导入螺纹的螺钉等即可达到正确导入的要求。

通过检查和手动试验来检验是否符合要求。

8.1.4.3 电气连接的设计应使得接触压力不是通过绝缘材料(但陶瓷、天然云母或者性能不比这些材料逊色的绝缘材料除外)来传递，除非在金属部件中有足够的弹性措施来补偿绝缘材料任何可能的变形和收缩。

通过检查来检验是否符合要求。

注：材料的适用性是就材料尺寸稳定性来考虑的。

8.1.4.4 载流部件，包括端子(也包括接地端子)的载流部件应由金属制成，在设备所能遇到的条件下，该金属具有预期使用所需的足够的机械强度、导电率和耐腐蚀性能。

通过检查来检验，必要时，可通过化学分析来检验是否符合要求。

在允许的温度范围内和正常的化学污染条件下，合适的金属有：

——铜；

——板材冷冲压弯曲制成的部件至少为含铜58%的合金，或其他部件至少为含铜50%的合金；

——含铬至少为13%，而含碳不大于0.09%的不锈钢；

——其他能满足预期使用要求的金属或适当的涂覆金属。

注：确定耐腐蚀性的新技术要求和合适的试验正在考虑中。该技术要求允许使用其他适当涂覆的材料。

本条要求不适用于触头、磁路、加热元件、双金属、分流器、电子装置的部件以及端子的螺钉、螺母、垫圈、夹紧板等类似部件和试验回路的部件等。

8.1.5 可拆线PRCD连接外部导线的端子

8.1.5.1 连接外部导线的端子应使连接导体能持久地保持必需的接触压力。

本标准只考虑连接外部铜导线的螺纹型端子。

注：对16 A及以下的无螺纹端子的技术要求正在考虑中。

在预期的使用条件下，应能方便地触及端子。

通过检查和9.5的试验来检验是否符合要求。

8.1.5.2 PRCD的端子应能连接表6所示标称截面积的铜导体。

注：端子的设计示例见GB 16916.1—2003的附录IC。

通过检查、测量和9.5.3的试验来检验是否符合要求。

表6 螺纹型端子可连接的铜导线截面积

额定电流 A	可夹紧的标称截面积范围 mm^2	试验拉力 N
	软绞合导线	
2.5、6、10、16	0.75～1.5	40
注：对AWG导体，截面积见GB 16916.1—2003的附录ID。		

8.1.5.3 端子中夹紧导线的部件不得用于固定其他部件，即使它们只用于端子定位或防止端子转动也不行。

通过检查和9.5的试验来检验是否符合要求。

8.1.5.4 端子应能连接未经特殊加工的导线。

通过检查来检验是否符合要求。

注：术语“特殊加工”包括导线线丝的锡焊，使用电缆接头及弯成环形等，但不包括在导线插入端子前将导线整形或将软导线捻紧以增强端部强度等措施。

8.1.5.5 端子应有足够的机械强度。

用于夹紧导线的螺钉和螺母应具有公制ISO螺纹或者螺距和机械强度相当的螺纹。

通过检查和9.4和9.5.1的试验来检验是否符合要求。

注：暂时，认为SI、BA和UN螺纹在螺距和机械强度方面与公制ISO螺纹相当。

8.1.5.6 端子的结构应使其能夹紧导线又不会过度损坏导线。

通过检查和9.5.2的试验来检验是否符合要求。

8.1.5.7 端子的结构应使其能可靠地把导线夹紧在金属表面之间。

通过检查和9.4及9.5.1的试验来检验是否符合要求。

8.1.5.8 端子的结构和位置应使其在拧紧夹紧螺钉或螺母时，多股导体的线丝不会脱出。

通过 9.5.3 的试验来检验是否符合要求。

8.1.5.9 端子的固定和定位应使其在拧紧或拧松夹紧螺钉或螺帽时不会引起端子本身松脱。

本要求并不是指端子的结构应阻止其旋转和位移，但任何运动应受到充分的限制以免不符合本标准的要求。

只要符合下列要求，则认为使用密封胶或树脂就足以防止端子松脱：

——正常使用中密封胶或树脂不受到应力；

——在本标准规定的最不利条件下，端子所能达到的温度不会损害密封胶或树脂的有效性。

通过检查和 9.4 的试验来检验是否符合要求。

8.1.5.10 预期连接保护导体的端子的夹紧螺钉或螺母应充分地锁定以防止意外的松脱，而且不用工具应不可能把他们松开。

通过手动试验来检验是否符合要求。

通常，GB 16916.1—2003 附录 IC 中给出的端子例子结构能提供足够的弹性，可满足本要求。

其他结构可能需要特殊措施，例如采用一个不会意外丢失的具有足够弹性的部件。

8.1.5.11 预期连接外部导线的端子的螺钉或螺母应与金属螺纹啮合，且螺钉不应是自攻螺钉。

通过检查来检验是否符合要求。

8.1.6 不可拆线 PRCD 的接线端头

不可拆线 PRCD 应具有锡焊、熔焊、卷边压接或等效的永久性的连接。

不能使用螺钉或搭锁式的连接。

不允许以卷边压接预先焊锡的软导线的方法来接线，除非锡焊部分在卷边区域的外面。

通过检查来检验是否符合要求。

8.1.7 插头或插座中的载流部件也应符合 GB 2099.1—2008 中 26.5 的要求

凡会受到机械磨损的载流部件不应采用有镀层的钢材制造。

8.2 电击保护

PRCD 的结构应使其按制造厂的说明书使用时，不能触及其带电部件，即使把那些不用工具可拆下的部件拆除亦应如此。

如果部件能被标准试指（见图 2）所触及，则认为该部件是可触及部件。

除了固定盖子和标牌的螺钉或其他类似器件外，PRCD 在正常使用中易触及的外部部件应用绝缘材料制成或衬有完整的绝缘材料，除非带电部件位于一个绝缘材料的内部壳子中。

绝缘衬垫应固定，使其不可能轻易丢失，他们应有足够的厚度和机械强度，对易触及锐利边缘的部位应有充分的保护。

电缆进入孔应由绝缘材料制成或具有绝缘材料套管或类似装置。这些装置应可靠地固定并有足够的机械强度。

操作件的易触及部件应由绝缘材料制成。

机构的金属部件应是不易触及的。此外，他们应与所有的易触及金属部件，包括金属框架、金属板、螺钉或其他作为支承的器件或固定装置绝缘。

对本条款用途来讲油漆、瓷漆不能提供足够的绝缘。

通过检查和 9.6 的试验来检验是否符合要求。

8.2.1 关于插头和插座的要求（无论是否组成整体）

注：这些要求符合 GB 2099.1—2008 的要求。其中 8.2.1.1 按 GB 2099.1—2008 中 10.1、10.2、10.3、10.4 和 10.6 的要求，而 8.2.1.2 是按 GB 2099.1—2008 中 10.5 的要求。

8.2.1.1 关于插头与插座插合的要求

当插头部分或全部地与插座插合时，其带电部件应是不易触及的。

通过检查，必要时用9.6.1的试验来检验是否符合要求。

插头的任一插销处于易触及状态时，不允许有一个插销与插座的带电插套插合。

通过手动试验和量规来检验是否符合要求，量规的尺寸为对这类试验最不利的尺寸，量规的公差应符合GB 2099.1—2008中9.1的规定。

对带有热塑性材料外壳或基座的电器附件，试验应在(35±2)℃的环境温度下进行，试品和量规均在这个温度下。

对带有橡胶或聚氯乙烯材料外壳或基座的插座，用量规施加75 N的力1 min。

8.2.1.2 PRCD的插座应具有保护门(见3.1.19)，其结构应满足在没有插头插合时，施加图3的量规不能触及带电部件。

保护门的结构应使其在拔出插头的同时把带电插套自动遮闭。

除了插头以外，保护门应不能轻易地被其他任何部件操动并应与易丢失的部件无关。

用量规来验证，非有意时保护门能防止触及带电插套。

图3的量规仅施加在带电插销对应的入口，不应触及带电部件。

用一个电压不低于40 V而不高于50 V的指示灯来指示量规与有关部件的接触。

通过检查和9.6.2的试验来检验是否符合要求。

8.2.1.3 插座的接地插套的结构应做到不会因插头的插入而出现危及安全的变形。

通过9.6.2的试验来检验是否符合要求。

8.2.1.4 PRCD的防护等级

PRCD的各部件的防护等级应不低于表7所规定的防护等级。

表7 PRCD各部件的防护等级

部件	最低的防护等级	试验参考标准
RCD	IP4X	GB 4208
插座(本体)	IP4X	GB 4208
插座(带电插套)		9.6.2
在插合过程中的插头	IP2X	9.6.1
处于插合状态的插头	IP2X	9.6.1

通过最后一栏规定的相关试验来检验是否符合要求。

可拆线的4.1.3.1和4.1.4.1型式的PRCD的电缆入口至少应为IP2X级。

通过GB 4208的相关试验来检验是否符合要求。

8.3 介电性能

PRCD应具有足够的介电性能。

通过9.7和9.20的试验来检验是否符合要求。

8.4 温升

8.4.1 温升极限值

按9.8规定条件测量时，表8规定的PRCD各部件的温升不应超过表中规定的极限值。

PRCD不应受到妨碍其功能和安全使用的损坏。

表 8 温升值

部件名称[a,b]	温升 K
插头的插销，插座的插套或连接外部导线的端子	50
正常使用时易触及的外部零件	40
[a] 对触头的温升值不作规定，因为大部分 PRCD 的结构，如不改动或拆下一些部件是不能直接测量触头温升的，而这些部件的变动或拆下往往会影响试验的重复性。可以认为 9.22.2 的试验已间接地对触头使用中过度发热的情况作了充分的考核。 [b] 对其他未列出部件的温升不作规定，但不应引起相邻绝缘材料部件的损坏，并不影响 PRCD 的操作。	

8.4.2 周围空气温度

表 8 所示的温升极限值仅适用于周围空气温度保持在表 3 所列的极限范围内。

8.5 动作特性

PRCD 应能在 −5 ℃～+40 ℃的环境温度范围内正确动作。

对 4.5.2 分类的 PRCD 应能在 −25 ℃～+40 ℃的环境温度范围内正确动作。

通过 9.9 的试验来检验是否符合要求。

8.6 机械电气耐久性

PRCD 应能进行足够的机械和电气操作循环次数。

通过 9.10.1 和 9.10.2 的试验来检验是否符合要求。

8.7 短路电流性能

PRCD 应能进行规定的短路操作次数。

通过 9.11 的试验来检验是否符合要求。

8.8 耐机械振动和机械撞击性能

PRCD 应有足够的机械性能以承受接线和使用时产生的应力。

通过 9.12 的试验来检验是否符合要求。

8.9 耐热性

PRCD 应有足够的耐热性能。

通过 9.13 的试验来检验是否符合要求。

8.10 耐异常发热和着火

PRCD 中由绝缘材料制成的外部零件，当它邻近的载流部件在故障或过载情况下达到高温状态时，应不大可能点燃和蔓延火灾。其他绝缘材料部件的耐异常发热和着火可以认为已由本标准的其他试验验证。

通过 9.14 的试验来检验是否符合要求。

8.11 试验装置

PRCD应具有一个试验装置用来模拟剩余电流通过检测装置，以定期地检查RCD的工作能力。

注：试验装置只用来检查脱扣能力，而不用来校核额定剩余电流和分断时间的数值。

操作PRCD的试验装置产生的安匝数不应超过PRCD一个极通以$I_{\Delta n}$的剩余电流产生的安匝数的2.5倍。

试验装置应符合9.16的试验要求。操作试验装置时不应使设备的保护导体带电。

当PRCD按正常使用接线并处于断开位置时，操作试验装置应不可能对负载电路供电。

试验装置可以是唯一的执行断开操作的工具，这时试验装置还应符合8.6的要求。

8.12 对动作功能与电源电压有关的PRCD的要求

动作功能与电源电压有关的PRCD应能在$0.7U_e$和$1.1U_e$之间的任何电压下正确动作。电源电压发生故障时，它们应能自动断开或继续提供保护。

符合4.3.2.1 b)的PRCD在电源电压恢复时，应不能自动重新闭合。

符合4.3.2.1 a)的PRCD在电源电压恢复时，应能自动重新闭合，除非他们已由于剩余电流而脱扣。

在9.9.2规定的补充试验条件下，通过9.17的试验来检验是否符合要求。

8.13 PRCD在主电路过电流时的工作性能

在规定的过电流条件下，PRCD应不动作。

通过9.18的试验来检验是否符合要求。

8.14 在冲击电压产生的对地浪涌电流作用下，PRCD的防止误脱扣的能力

PRCD应有足够的耐冲击电压的能力。

通过9.19的试验来检验是否符合要求。

8.15 接地故障电流含有直流分量时，PRCD的工作状况

A型PRCD对无论是突然施加的或缓慢上升的剩余交流电流和剩余脉动直流电流均应能确保脱扣。

通过9.21的试验来检验是否符合要求。

8.16 可靠性

PRCD的设计应考虑到元件老化、气候环境等因素对可靠性的影响。

通过9.22和9.23的试验来检验是否符合要求。

8.17 耐电痕化

与带电部件相接触的绝缘材料部件应能耐电痕化。

通过9.24的试验来检验是否符合要求。

8.18 电磁兼容性(EMC)

PRCD应符合相关的电磁兼容的要求。

通过9.29的试验来检验是否符合要求。

9 试验

9.1 概述

9.1.1 PRCD的特性由型式试验来验证

本标准所要求的型式试验列于表9。

注：已经按其相应的标准做过型式试验的插头和插座不需要再试验。

9.1.2 为验证符合本标准，型式试验按试验程序进行

注：一致性验证可以是：

——作为供货商声明的制造厂验证（见ISO/IEC导则2的13.5.1）；

——作为认证用，由一个独立的认证机构验证（见ISO/IEC导则2的13.5.2）。

根据ISO/IEC导则2的术语，术语“认证”只能用作第二种方案。

试验程序及提交试验的试品数量在附录A中规定。

除非另有规定，每项型式试验（或型式试验程序）在清洁的和新的PRCD上进行，影响量为标称的基准值（见表3）。

9.1.3 常规试验

常规试验是用来发现材料或制造方面的缺陷并确保PRCD的安全和功能正常。常规试验应在每个单独的PRCD产品上进行。

由制造厂进行的常规试验见附录B。

9.2 试验条件

试验在新的产品样品上进行。

除非另有规定，PRCD按正常使用接线，采用同一体系的插头和/或插座，按制造厂的说明书在20 ℃～25 ℃之间的环境温度下进行试验。

PRCD用一个固定安装的插座进行试验，固定插座连接一根1 m长硬导线，插头连接一根1 m长的软导线，导线截面积按表10。

对多位插座，依次在每个插座上或在最严酷的插座（如果这情况是明确的）上进行试验。

表9 型式试验表

试　　验	条　　款
——标志的耐久性试验	9.3
——螺钉、载流部件和连接的可靠性试验	9.4
——连接外部导体的端子的可靠性试验	9.5
——验证电击保护	9.6
——介电性能试验	9.7
——温升试验	9.8
——验证动作特性	9.9
——验证机械和电气耐久性	9.10
——验证PRCD在过电流条件下的工作状况	9.11
——验证耐机械振动和机械撞击性能	9.12

表 9（续）

试　验	条　款
——耐热试验	9.13
——绝缘材料耐异常发热和耐燃	9.14
——验证自由脱扣机构	9.15
——验证试验装置	9.16
——验证 4.3.2 分类的动作功能与电源电压有关的 PRCD 在电源电压故障时的工作状况	9.17
——验证过电流情况下的不动作电流极限值	9.18
——验证 $I_{\Delta n}\geqslant 0.010$ A 的 PRCD 在冲击电压产生的对地浪涌电流作用下，防止误脱扣的能力	9.19
——验证 PRCD 耐冲击电压的性能	9.20
——验证剩余电流含有直流分量时的正确动作	9.21
——验证可靠性	9.22
——验证老化性能	9.23
——耐漏电起痕	9.24
——验证应力对导线的影响	9.25
——验证插入式 PRCD 对固定安装插座施加的力矩	9.26
——电缆固定装置的试验	9.27
——不可拆线 PRCD 的弯曲试验	9.28
——验证电磁兼容性(EMC)	9.29
——当触头处于闭合位置时，验证连接在带电导体(相线与中性线)和/或带电导体和接地电路之间的电子电路的电气间隙和爬电距离的替代试验	9.30
——当触头在闭合位置时，连接在带电导体(相线与中性线)和/或带电导体和接地电路之间的电子电路中使用的电容器，特定的电阻器和电感器的技术要求	9.31

表 10　试验导线的截面积

PRCD 的额定电流 A	标称截面积 mm^2	
	试验插头及 PRCD 的端子的软导线	固定安装的试验插座的硬导线(实芯或绞合导线)
≤10	1	1.5
>10～16(含 16)	1.5	2.5
注：对美国线规(AWG)的导线，见 GB 16916.1—2003 的附录 ID。		

在没有规定误差时，型式试验在不低于本标准规定的数值下进行。除非另有规定，试验在额定频率±5%的条件下进行。

施加在端子螺钉上的拧紧力矩是表 11 规定值的三分之二。试验过程中，不允许维修或拆开样品。

9.3　标志的耐久性试验

用手拿一块浸透水的棉花擦标志 15 s，接着再用一块浸透脂族已烷溶剂(芳香剂容积含量最多为 0.1%，贝壳松脂丁醇值为 29，初沸点约为 65 ℃，干点约为 69 ℃，比重为 0.68 g/cm^3)的棉花擦 15 s 进行试验。

对用压印、模压或蚀刻方式制造的标志不进行本试验。

在本试验后，标志应容易识别。在本标准的所有试验后，标志仍应保持容易识别。

标志应不可能轻易地移动，并没有翘曲现象。

9.4 螺钉、载流部件和连接的可靠性试验

通过直观检查，对PRCD接线时使用的螺钉和螺母还要通过下列试验来检验是否符合8.1.4的要求。

拧紧或拧松螺钉和螺母：

——对与绝缘材料螺纹啮合的螺钉，10次；

——所有其他情况，5次。

与绝缘材料螺纹啮合的螺钉或螺母，每次试验时应完全旋出然后再重新旋入。

试验时应采用合适的试验螺丝刀或扳手施加表11所示的扭矩。

螺钉或螺母不应用冲击力拧紧。

采用表6规定的最大截面积的硬导体进行试验。每次拧松螺钉或螺母时，要移动导体。

在试验过程中，螺钉连接不应松动，并不应有妨碍PRCD继续使用的损坏，例如，螺钉断裂或螺钉头的槽、螺纹、垫圈或螺钉夹头损坏等。

此外，外壳和盖也不应损坏。

表11 螺纹直径和施加力矩

螺纹的标称直径 mm		力矩 N·m	
大于	至	Ⅰ[a]	Ⅱ[b]
—	2.8	0.2	0.4
2.8	3.0	0.25	0.5
3.0	3.2	0.3	0.6
3.2	3.6	0.4	0.8
3.6	4.1	0.7	1.2
4.1	4.7	0.8	1.8
4.7	5.3	0.8	2.0

[a] 第Ⅰ栏适用于拧紧时不能伸出孔外的无头螺钉，以及不能用刀口宽度比螺钉直径宽的螺丝刀来拧紧的其他螺钉。

[b] 第Ⅱ栏适用于用螺丝刀来拧紧的其他螺钉。

9.5 连接外部导体的端子的可靠性试验

通过直观检查以及9.4，9.5.1，9.5.2和9.5.3的试验来检验是否符合8.1.5的要求。在进行9.4的试验时，端子连接一根具有表6规定的最大截面积的铜导线。

进行9.5.1，9.5.2和9.5.3的试验时，采用适当的螺丝刀或扳手。

9.5.1 端子依次连接表6规定的最小和最大截面积的铜导线。

导体插入到端子中至规定的最短距离。如果没有规定距离，则插入至刚好从另一边露出为止，并且处于最容易使绞合导线的线丝松脱的位置。

然后用表11适当栏目中规定值的三分之二的扭矩拧紧紧固螺钉。

接着对每根导体施加表6规定的拉力。

施加拉力时不能用冲击力，时间为1 min，方向为插入导体空间的轴线方向。

在试验过程中，端子中导线应没有可觉察的移动。

9.5.2 端子依次连接表6规定的最小和最大截面积的铜导线。用表11适当栏目中规定值的三分之二的扭矩拧紧端子螺钉。

然后拧松端子螺钉，并对可能受到端子影响的导线部分进行检查。

导线应没有过度的损坏。

注：如果多股导线中有10%以上的线丝断裂，则认为导线过度损坏。

在试验过程中，端子不应松动，也不能有妨碍端子继续使用的损坏，例如，螺钉断裂或螺钉头的槽、螺纹、垫圈或螺钉夹头损坏。

9.5.3 端子(如果有的话)依次连接具有表6规定的最小和最大截面积的软铜导线，导线的组成如表12所示。

表12 导线的组成

截面积 mm^2	软导线	
	线丝根数	线丝直径 mm
0.75	24	0.20
1	32	0.20
1.5	30	0.25

在插入端子前，对导线的线丝进行适当整形。

导线插入至端子底部或刚好从端子另一边露出为止，并处于最容易使导线的线丝松脱的位置。然后用表11适当栏目中规定值的三分之二的扭矩拧紧紧固螺钉或螺母。

试验后，应没有任何导线的线丝从夹持装置中松脱。

9.6 验证电击保护

9.6.1 试品按正常使用接线，连接表6规定的最小截面积的导线进行试验，然后连接表6规定的最大截面积的导线重复试验。

对PRCD的每个可能的部位施加图2所示的标准试指。

对插头部分，当插头部分地或完全与插座插合时，把试指施加到每一个可能的部位。

用一个电压不低于40 V但不超过50 V的指示灯指示与有关部件的接触。

对使用合成橡胶或热塑性塑料的可能影响电击保护要求的PRCD，应在(35±2)℃的环境温度下重复进行试验，试验前PRCD应达到这个温度。

在这个补充试验中，应用一个与标准试指同样尺寸的直的无关节试指的顶端对PRCD施加一个75 N的力持续1 min。试指连接一个如上所述的指示灯，对所有绝缘材料变形可能影响PRCD安全性的地方进行试验。

在试验过程中，PRCD不应变形到使得有关标准规定的确保安全性的尺寸产生过度变化，而且标准试指(图2)不应触及任何带电部件。

然后把插头部分或移动插座部分的每个试样(如果有关时)按图12所示，以150 N的力压在两个扁平平面之间，持续5 min。

移走试验装置后15 min，试品不应有这样的变形，使得有关标准规定的确保安全的尺寸产生过度的变化。

9.6.2 插头完全拔出插座，用图3所示的钢质量规对插座进行试验，即在最不利的条件下，施加1 N的力，独立地垂直碰触插座三次，每次碰触后，均要拔出量规。对插头部分地插入状态下的插座，用标准试指(图 2)对插座进行检验。

对带有热塑性材料外壳或本体的插座，试验在(35±2)℃的环境温度下进行，试验前插座和量规均应达到这个温度。

9.6.3 把插座的插合面放置在水平位置。

把一个与插座相同型式的试验插头用 150 N 的力插入到插座中保持 1 min。

9.6.4 验证接地端子和易触及的金属部件之间的电阻

用一个空载电压不超过 12 V 的交流电源，依次在接地端子和每个易触及的金属部件之间通以 1.5 倍额定电流或 25 A 电流，两者取较大值。

测量接地端子和易触及的金属部件之间的电压降，并根据电流和电压降计算电阻值。对 PE 线可断开的剩余电流保护插头，应在触头处于闭合位置时测量，并应分别在新的状态下和 9.10.2 的试验后测量。

任何情况下，电阻不应超过 0.05 Ω。

注：要注意，测试棒顶端与被试金属部件之间的接触电阻不应影响测量结果。

9.6.5 可拆线 PRCD 的导线的线丝脱离试验

把具有表 4 规定截面积的软导线的端部剥去 6 mm 长的绝缘层，把绞合导线的一根线丝留在外部，其余导线如正常使用那样完全插入到端子中并夹紧。

然后将自由线丝朝各个可能的方向弯曲，但不得撕破和拉开绝缘层，也不能沿着隔板剧烈弯曲。

连接到带电端子的导线的自由线丝不应与任何易触及的金属零件接触，或试品装配好以后导线丝露出外壳。

连接到接地端子的导线的自由线丝不应触及带电部件。

如果必要时，导线丝在另一个方向重复进行上述试验。

防止沿着隔板剧烈弯曲不是指试验过程中自由线丝应保持直线。此外，如果认为插头或移动式插座在正常装配中可能发生这种情况，例如合上盖子时，则可以剧烈弯曲。

试验后，插座仍应符合 GB 2099.1—2008 中 10 的要求。

注：正在考虑修改本试验。

9.6.6 不可拆线 PRCD 的线丝脱离验证

对不可拆线的 PRCD 的模压部件，通过检查来验证是否符合 8.1.1.6.4 的要求。

注：验证的方法可能需要检查产品结构或装配方法。

9.7 介电性能试验

9.7.1 耐潮湿性能

9.7.1.1 被试 PRCD 的预处理

把不用工具就能拆卸的 PRCD 的部件拆下并和主要部件一起进行潮湿处理，在潮湿处理过程中，弹簧盖(如果有的话)保持打开。

进线孔(如果有的话)全部打开。

9.7.1.2 试验条件

潮湿处理在空气相对湿度保持在 91%～95%之间的潮湿箱中进行。

放置试品处的空气温度保持在 20 ℃～30 ℃之间的任何合适温度 T±1 K 范围内。

试品在放入到潮湿箱前，预热到 T ℃～(T+4)℃的温度。

9.7.1.3 试验顺序

试品在潮湿箱中保持 48 h。

注 1：在潮湿箱中放置硫酸钠(Na_2SO_4)或硝酸钾(KNO_3)的饱和水溶液，并使其与箱内空气有一个足够大的接触面，就可获得 91%～95%之间的相对湿度。

注 2：为了使箱内达到规定的条件，建议使用一个绝热的箱子并确保箱内空气不断循环。

9.7.1.4 试验后 PRCD 的状况

在潮湿处理后，试品应无本标准含义内的损坏，并应承受 9.7.2 和 9.7.3 的试验。

9.7.2 主电路的绝缘电阻

把经过 9.7.1 规定的处理后的 PRCD 从潮湿箱中取出。

在潮湿处理后，经过 30 min～60 min 的时间间隔，施加约 500 V 的直流电压 5 s 后，并在该电压下依次测量下列部位的绝缘电阻：

a) PRCD 处于断开位置，依次对每对端子之间或插销或插座的接触套之间，当 PRCD 处在闭合位置时，它们在电气上是连接在一起的；

b) PRCD 处于闭合位置，极与极之间，连接在电流回路之间的电子元件，试验时应断开；

注 1：如果 PRCD 不可能保持在闭合位置，每个极用外部连接线短接。

c) PRCD 处于闭合位置，所有连接在一起的极与框架，包括覆盖在绝缘材料内壳(如果有的话)外表面的金属箔之间；

注 2：对带电部件和接地回路之间接有元器件的 PRCD，正在考虑替代试验。

d) 机构内部的金属部件与框架之间；

注 3：为了进行这个测量项目，可由制造厂专门提供触及机构内部金属部件的通路。

e) 对具有绝缘材料内衬的金属外壳的 PRCD，框架与覆盖在绝缘材料衬垫(如果有的话)，包括套管和类似装置内表面的金属箔之间。

术语“框架”包括：

——所有易触及的金属部件和正常使用时易触及的绝缘材料表面覆盖的金属箔；

——PRCD 接线时必须拆下的固定盖的螺钉。

进行本试验时，保护导线应连接到框架上。

对 b)、c)、d)和 e)项的测量，金属箔应这样覆盖，使得密封化合物(如果有的话)也受到有效的试验。

绝缘电阻应不小于：

——2 MΩ，对 a)项和 b)项的测量；

——5 MΩ，对其他项的测量。

9.7.3 主电路的介电强度

PRCD 通过 9.7.2 的试验后，立即在 9.7.2 所指定的部件之间施加下面规定的试验电压 1 min。试验时，电子元件(如果有的话)应断开。

试验电压应基本上为正弦波形，频率在 45 Hz～65 Hz 之间。

试验电压的电源应能输出至少为 0.2 A 的短路电流。

当输出电路的电流小于 100 mA 时，试验变压器的过电流脱扣装置不应动作。

试验电压值应如下所示：

——2 000 V，对 9.7.2 的 a)至 d)项；

——2 500 V，对 9.7.2 的 e)项。

试验开始时，施加的电压不大于规定值的一半，然后在 5 s 内把电压升至全值。

试验过程中，不应发生闪络或击穿。

无电压降的辉光放电可忽略不计。

注：随着表 5 的修改，试验电压值将重新考虑。

9.7.4 检测互感器的二次回路

只要互感器的二次回路不与易触及的金属部件或保护导线或带电部件连接，则该回路不进行任何绝缘试验。

9.8 温升试验

9.8.1 试验条件

9.2 的一般试验条件适用。

可拆线的 PRCD 连接表 10 所示标称截面积的聚氯乙烯绝缘铜导线，而不可拆线的 PRCD 按制造厂的交货状态试验。

试验时必需使用的插头，其插销应由黄铜制成，并且其尺寸为规定的最小值。

试验时必需的固定插座应符合 GB 2099.1—2008 要求，尽量选用具有平均特性的插座。

9.8.2 周围空气温度

在试验周期的最后 1/4 时间内，应至少用两只温度计或热电偶，均匀地分布在 PRCD 周围，高度约为 PRCD 高度的一半，距 PRCD 约 1 m 的地方测量周围空气温度。

温度计或热电偶应免受气流和热辐射的影响。

注：注意避免温度突然变化产生的误差。

9.8.3 试验顺序

PRCD 的二极同时通以 I_n 的电流，通电时间应足以使温升达到稳定值。实际上，当温升变化每小时不超过 1 K 时，即可认为已达到稳定条件。

动作功能与电源电压有关的 PRCD 施加 $1.05U_n$。

在试验中，温升不应超过表 8 所示的值。

对 PE 线可断开的剩余电流保护插头，在 PE 线单独通以 I_n 的试验电流重复进行试验，动作功能与电源电压有关的剩余电流保护插头施加 $1.05U_n$。

在试验中，温升也不应超过表 8 所示的值。

注：为对 PE 线进行温升试验，制造商可提供一组特殊准备的试品，使 PE 线可连续地通过一个规定的试验电流。

9.8.4 各部件的温度测量

用细线热电偶或等效的器件在最可接近发热区域的位置测量表 8 各部件的温度。

热电偶与被测部件表面之间应保证有良好的热传导。

9.8.5 部件的温升

部件的温升是 9.8.4 测得的该部件的温度与 9.8.2 测得的周围空气温度的差。

9.9 验证动作特性

9.9.1 试验电路

PRCD 按正常使用接线。

试验电路的电感应可以忽略，并按图 4 的试验电路进行试验。

测量剩余电流的仪表至少应为 0.5 级，并应显示（或能测定）真有效值。

测量时间的仪表的最大相对误差应不大于测量值的 10%。

9.9.2　在基准温度(20±2)℃下，不带负载，用剩余正弦波交流电流试验

PRCD 应进行 9.9.2.1、9.9.2.2 和 9.9.2.3 试验（每项试验测量 5 次），仅在任选的一极进行试验，但对各个试品应在不同极上进行试验。

9.9.2.1　剩余电流稳定地增加，验证正确动作

试验开关 S_1、S_2 和 PRCD 处于闭合位置，剩余电流从小于或等于 $0.2I_{\Delta n}$ 开始以在 30 s 内增加到 $I_{\Delta n}$ 的速度稳定地增加，每次测量脱扣电流。

所有 5 次测量值均应在 $I_{\Delta no}$～$I_{\Delta n}$ 之间。

9.9.2.2　闭合剩余电流时，验证正确动作

a)　试验电路调节到表 2 规定的每个剩余电流值。试验开关 S_1、S_2 先闭合，用 PRCD 闭合电路以便尽可能地模拟使用条件。测量 5 次分断时间，所有的测量值均不应超过相应规定的极限值。

b)　对 4.3.2.1 a)的 PRCD，在最后一次剩余电流脱扣后，不手动复位。断开试验开关 S_1，然后重新闭合（见图 4）。PRCD 应保持在断开位置。

c)　对 4.3.2.1 a)的 PRCD，除了 9.9.2.2 a)项试验外，开关 S_1 在闭合位置，闭合 PRCD。然后断开 S_1，则 PRCD 应断开。接着，闭合开关 S_2，然后闭合 S_1，PRCD 可以重新闭合，但应在相应规定时间内脱扣。试验分别在 $I_{\Delta n}$ 和 $5I_{\Delta n}$ 时各进行 5 次，测量分断时间，所有的测量值均不应超过相应规定的极限值。

9.9.2.3　突然出现剩余电流时，验证正确动作

试验电路的试验电流依次调节到 5.3.11 表 2 规定的每一个剩余电流值，试验开关 S_1 和 PRCD 处于闭合位置，然后闭合试验开关 S_2 使电路中突然产生一个剩余电流。

每次试验 PRCD 应脱扣。

每一个剩余电流值试验 5 次，并测量分断时间。

所有的测量值均不应超过相应规定的极限值。

9.9.3　在基准温度下，带负载验证正确动作

PRCD 如正常使用一样，通以额定电流负载足够的时间以达到热稳定状态，重复 9.9.2.2 和 9.9.2.3 的试验。

实际上，当每小时温升变化不超过 1 K 时，即认为达到了热稳定状态。

9.9.4　在极限温度下试验

9.9.4.1　验证 4.5.1 和 4.5.2 分类的 PRCD 在"−5 ℃～+40 ℃"的周围空气温度下正确动作

PRCD 应依次在下列条件下进行 9.9.2.3 规定的试验：

a)　环境温度−5 ℃，空载；

b)　环境温度+40 ℃，PRCD 先在任何合适的电压下，通以额定电流负载至热稳定状态。

实际上，当每小时温升变化不超过 1 K 时，即认为达到了热稳定状态。

注：预加热可以在低电压下进行。

9.9.4.2 验证4.5.2分类的PRCD在低环境温度下正确动作

PRCD按正常使用连接，放置在周围空气温度为+23 ℃±2 ℃，相对湿度为93 %±3 %的合适的试验箱中，试验箱与试品(包括外壳)的容积比应大于50。PRCD在闭合位置，不带负载。

进行5个试验周期(见图25)。

在6 h内不供任何湿气，周围空气温度下降至-25 ℃±2 ℃，并在该温度保持6 h。接下来的6 h内温度增加至+23 ℃±2 ℃，并且相对湿度增加至93%±3%，在该条件下再保持6 h(第一个周期结束)。

共进行5个这样的试验周期，在试验过程中PRCD不应脱扣。

在最后6 h的-25 ℃时期结束前，对PRCD的一极通以1.25 $I_{\Delta n}$的交流剩余电流，PRCD应在0.3 s内脱扣。

对A型PRCD还应通以1.25×1.4$I_{\Delta n}$的半波脉动直流剩余电流(导通相位角为0°)(对$I_{\Delta n}$大于0.01 A的PRCD)，或通以1.25×2 $I_{\Delta n}$的半波脉动直流剩余电流(对$I_{\Delta n}$小于或等于0.01 A的PRCD)，PRCD也应在0.3 s内脱扣。

9.9.5 对动作功能与电源电压有关的PRCD的特殊试验条件

对动作功能与电源电压有关的PRCD，每次试验在相应的端子上施加下列电源电压值：0.7 U_n和1.1 U_n。

9.9.6 对PE线可断开的剩余电流保护插头，PE线的脱扣动作特性试验

对PE线可断开的剩余电流保护插头，当PE导线流过规定的故障电流时或者存在危险的故障电压时，应能使剩余电流保护插头脱扣。

9.9.6.1 验证故障电流脱扣

仅在基准温度(20±2)℃下，不带负载，用正弦波交流电流试验。对动作功能与电源电压有关的剩余电流保护插头，分别在0.7倍和1.1倍额定电压下进行下列试验：

——故障电流稳定增加时，测量故障动作电流

试验电路图按图4 a)，试验开关S_1、S_2和剩余电流保护插头处于闭合位置，故障电流从为0开始以在30 s内增加到$I_{\Delta n}$的速度稳定地增加，测量脱扣时的故障电流。测量5次，每次测量值均应在0.25 $I_{\Delta n}$～$I_{\Delta n}$之间。

对于$I_{\Delta n}$≤0.01 A的PRCD，试验电流的上限值可以扩展至0.03 A。

此外，还应按图4 b)试验电路图进行补充试验，试验电流同时通过L线和PE线。试验开关S_1、S_2和剩余电流保护插头处于闭合位置，剩余电流从为0开始以在30 s内增加到$I_{\Delta n}$的速度稳定地增加，测量脱扣时的剩余电流。测量5次，所有5次测量值均应在0.25 $I_{\Delta n}$～$I_{\Delta n}$之间。补充试验时，对$I_{\Delta n}$≤0.01 A的PRCD，脱扣电流的上限值也不能超过$I_{\Delta n}$。

——测量脱扣动作时间

试验电路图按图4a)，试验电路的试验电流调节到$I_{\Delta n}$的电流值，试验开关S_1和剩余电流保护插头处于闭合位置，然后闭合试验开关S_2使PE线回路中突然产生一个故障电流，测量5次。

对于$I_{\Delta n}$≤0.01 A的PRCD，试验电流可调节到0.03 A。

试验时剩余电流保护插头均应脱扣，测量动作时间，每次测量值不能超过0.3 s。

9.9.6.2 验证故障电压脱扣(适用时)

当PE线存在大于或等于50V的故障电压时，PRCD应不能闭合或闭合后立即断开。处于闭合状

态的 PRCD,当 PE 导线出现大于或等于 50 V 的故障电压时,应立即断开。

试验时,PRCD 不带负载,在基准温度(20±2)℃下,PRCD 的电源端施加额定电压,对 PE 导线与电源 N 线之间施加一个 50 V 的故障电压,验证 PRCD 是否符合上述要求。试验 5 次,断开时间不能超过 0.3 s。

9.10 验证机械和电气耐久性

9.10.1 PRCD 的插座和插头的正常操作

用图 7 作为示例的装置分别对插头和插座进行试验来验证是否符合要求。

注:单独的插头或插座按他们相应的标准进行试验。

试验过程中,在 2 500 个行程后应更换试验插销。

插头以每分钟 30 个行程的速率插入和拔出插座 5 000 次(10 000 个行程)。

转换器仅插入和拔出试验用插座 2 500 次(5 000 个行程)。对与电源电压有关的 PRCD,其组合的插头试验时可能需要一个经特殊加工的试品。

在额定电压下及 $\cos\varphi=0.6\pm0.05$ 的电路中,用交流额定电流对试品进行试验。

每次插头插合时通过试验电流。

接地电路不通电流。

用图 8 所示的连接方法进行试验,规定行程次数的一半选择开关 C 在一个位置,剩下的次数在另外一个位置。

试验过程中不得出现持续燃弧。

试后,试品不应有:

——影响继续使用的磨损;

——外壳、绝缘垫或隔板的劣化;

——会影响插销正常工作的插孔的损坏;

——电气或机械连接松脱;

——密封胶渗漏等。

对插座的保护门,用图 9 所示的量规对每个带电插销的插孔施加 20 N 的力,依次向 3 个方向施力,每次施力后都不拔出量规。然后用图 3 所示的钢质量规在 3 个方向施加 1 N 的力,采用独立施力方式(即每次施力以后都要拔出量规)。

图 9 的量规在施力时不应触及带电部件,图 3 的量规不应穿过保护门。

然后,试品应符合 9.8 的要求,任何点的温升不得超过 45 K。而且还应能承受 9.7 的介电试验,但是试验电压减少到 1 500 V。

在本条款试验后,进行 9.12 的试验,以检验是否符合 8.1.1.5.2 的要求。

9.10.2 PRCD 的 RCD 部分的试验

PRCD 的准备按 9.2 的要求。

耐久性试验的操作频率为每分钟 4 个操作循环,接通时间为 1.5 s~2 s。

9.10.2.1 负载试验顺序

在额定工作电压下用串联在负载端的电阻器和电感器把电流调节到额定电流进行试验。

如果使用空芯电感器,每个电感器应并联一个电阻器,流过电阻器的电流约为流过电感器电流的 0.6%。

如果使用铁心电感器,则这些电感器的铁心功耗不应明显地影响恢复电压。

电流应基本上为正弦波,功率因数应在 0.85~0.9 之间。

PRCD 要进行 2 000 次操作循环,每个操作循环包括一次接通操作和接着的一次分断操作。

PRCD 应按正常使用操作。

断开操作按下列要求进行：

a) 先用手动操作件操作 500 次(如果有手动操作件时)；

b) 接着对一极通以 $I_{\Delta n}$ 的剩余动作电流操作 750 次；

c) 对 4.3.2.1 分类的动作功能与电源电压有关的 PRCD,用断开电源电压的方法操作 250 次；

d) 用试验装置进行剩下的操作次数直至总数为 2 000 次。

9.10.2.2 空载试验程序

在 9.10.2.1 的试验后,PRCD 断开负载,用手动操作件进行 2 000 次操作循环。

注 1：对动作功能与电源电压有关的 PRCD,在电源侧施加额定电压。

注 2：对没有手动操作件的 PRCD,用试验装置进行断开操作,而用复位装置进行闭合操作。

对 4.3.2.1 分类的动作功能与电源电压有关的 PRCD,还要增加 1 000 次操作循环试验,补充试验时,用切断电源电压的方法断开 PRCD。然后用恢复电源电压的方法重新闭合,必要时,可使用手动操作件。

9.10.2.3 试后 PRCD 的状况

在 9.10.2.1 和 9.10.2.2 的试验后,检查 PRCD 应无下列状况：

——过度磨损；

——外壳损坏而使图 3 的标准量规能触及带电部件；

——电气或机械连接松动；

——密封胶渗漏(如果有的话)。

在 9.9.2.3 的试验条件下,对 PRCD 通以 $1.25I_{\Delta n}$ 的试验电流应脱扣。仅做一次试验,并且不测分断时间。

然后,PRCD 还应能承受 9.7.3 规定的介电强度试验,但试验电压为 900 V,持续时间 1 min,试前不进行湿热处理。

此外,对 PE 线可断开的剩余电流保护插头,应按 9.6.4 检查 PE 线的电气性。此外,还应检查 PE 线触头闭合时应比相线极和中性极的触头先接通,断开时应比相线极和中性极的触头后断开。可通过检查机械结构或采用示波图来检验触头的接通和断开顺序。

9.11 验证 PRCD 在过电流条件下的工作状况

9.11.1 过电流试验一览表

验证 PRCD 在过电流条件下工作状况的各种试验项目见表 13。

短路性能水平比第 5 章规定值高的试验及相应的功率因数见 GB 16916.1。

表 13 验证 PRCD 在过电流条件下工作状况的试验

验证项目	试验条款
额定接通和分断能力 I_m	9.11.2.2
额定剩余接通分断能力 $I_{\Delta m}$	9.11.2.3
在 500 A 和额定限制短路电流 I_{nc} 时的配合	9.11.2.4 a)
在额定接通分断能力 I_m 时的配合	9.11.2.4 b)
在 500 A 和额定限制剩余短路电流 $I_{\Delta c}$ 时的配合	9.11.2.4 c)
PRCD 中分开的或构成一体的插头和插座的接通分断能力	9.11.3

9.11.2 短路试验

9.11.2.1 一般试验条件

9.11.2 规定的试验条件适用于验证 PRCD 在短路条件下工作状况的任何试验项目。

a) 试验电路

试验电路图如图 10 所示。

由电源 S 供电的电路包括电阻器 R,电感器 L,SCPD(如果有的话)(见 3.2.4.8),被试 PRCD 和附加电阻 R_2 和/或 R_3(适用时)。

注:如 PRCD 已装有熔断器(见第 1 章的注 3),则不必再接 SCPD。

试验电路的电阻器的电阻值和电感器的电感值应可调节到满足规定的试验条件。

电感器 L 应是空心电抗。电感器和电阻器 R 串联。电感值应由各个电感器串联耦合得到。如果这些电感器的时间常数基本上相同,则电感器也可以并联。

因为带有大空心电感器的试验电路的暂态恢复电压不能代表正常的工作条件,所以除非制造厂和用户之间另有约定,空心电感器应并联一个电阻,此电阻的分流电流约为通过电感器电流的 0.6%。

每个试验电路的电阻器 R 和电感器 L 接在电源 S 和被试 PRCD 之间。

SCPD 或等效的阻抗(见 9.11.2.2 a)和 9.11.2.3 a)) 接在电阻器 R 和被试 PRCD 之间。

如果用附加电阻 R_3,应接在被试 PRCD 负载侧。

对 9.11.2.4 a)和 c)项的试验,可拆线的 PRCD 和 RCD 过渡转换器应在每极连接一根长 0.75 m,其截面积为表 6 规定的与额定电流相应的最大截面积的导线。不可拆线的 PRCD 包括转换器不另外接任何导线。

注:推荐在 PRCD 的电源侧接 0.5 m 导线,负载侧接 0.25 m 导线。

应在试验报告中给出试验电路图,并和本标准相应的试验电路图一致。

试验电路应有一个点,而且只有一个点直接接地,这个点可以是试验电路的短路连接点,也可是电源的中性点或者其他任何合适的点,但是接地方式应在试验报告中注明。

适当调节 R_2,得到下列电流:

——$10I_{\Delta n}$剩余电流,以便使 PRCD 在表 2 相应规定的合适的最小动作时间内动作;

——额定剩余接通和分断能力 $I_{\Delta m}$;

——额定限制剩余短路电流 $I_{\Delta c}$。

S_1 是辅助开关。

为了在验证 PRCD 所能承受的最小允许通过能量 I^2t 和最小峰值电流 I_p 时得到可重复的试验结果,SCPD 应为一根银丝,并固定在图 18 所示的试验装置里。

银丝的纯度至少应为 99.9%,直径为 0.35 mm。

额定电流 16 A 及以下,在额定限制短路电流或额定限制剩余短路电流(预期电流值:1 500 A)试验时,其相应的 I^2t 和 I_p 近似值分别为 1 kA^2 s 和 1.02 kA。对更高的额定电流,银丝的直径应为 0.5 mm,相应的允许通过能量 I^2t 和峰值电流 I_p 近似值分别为 4.1 kA^2 s 和 1.5 kA。

银丝应水平地插入到试验装置的相应位置上并绷紧。

每次试验后应更换银丝。

PRCD 所有正常工作时接地的导电部件,包括安装或放置 PRCD 的金属支架或任何金属外壳(见 9.11.2.1 f)),都应接到电源中性点或一个基本上无电感的人为的中性点上,该中性点至少允许通过 100 A 的预期故障电流。

在这个电路中应包括一个检测故障电流的直径为 0.1 mm,长度至少为 50 mm 的铜丝 F,如果必要时,还应有一个限制预期故障电流在 100 A 左右的电阻器 R_1。

电流传感器 O_1 连接在被试 PRCD 的负载侧。

电压传感器 O_2 跨接在被试 PRCD 的电源连接线之间。

除非试验报告中另有规定,测量电路的电阻至少应为每伏工频恢复电压 100 Ω。

动作功能与电源电压有关的 PRCD 应在电源侧施加额定电压。

对动作功能与电源电压有关的 PRCD,为了在试验时能进行断开操作,必须把短路接通开关 T 接到被试 PRCD 负载侧的相应位置,或在这个位置接入一个附加的短路接通装置。

b) 试验量的允许误差

除非另有规定,验证额定接通分断能力以及 PRCD 和 SCPD 正确配合的全部试验,均应在制造厂按本标准表 3 规定的影响量和影响因数下进行。

如果试验报告记录的量值在下列规定值的允许误差范围内,则认为试验是有效的:

——电流:$^{+5\%}_{0}$;

——频率:±5%;

——功率因数:$^{0}_{-0.05}$;

——电压(包括工频恢复电压):±5%。

c) 试验电路的功率因数

试验电路的功率因数应按常规的方法来确定,并应在试验报告里说明。

在 GB 16916.1—2003 的附录 IA 中给出了两个测量功率因数的例子。

功率因数应在 0.93～0.98 之间。

d) 工频恢复电压

工频恢复电压应为被试 PRCD 额定电压的 105%。

注:额定电压 105%的值被认为包括了正常运行条件下系统电压变化的影响。制造厂同意时,可提高上限值。

每次电弧熄灭后,工频恢复电压保持时间至少应为 0.1 s。

e) 试验电路的调节

被试 PRCD 和 SCPD(如果有的话),用一个阻抗与试验电路相比可以忽略不计的临时连接线 G_1 代替。

对于 9.11.2.4 a)的试验,被试 PRCD 负载端的连接线用阻抗可以忽略不计的连接线 C 短接。调节电阻器 R 和电感器 L 使电路在试验电压及规定的功率因数下流过的电流等于额定限制短路电流。试验电路二极同时通电,用电流传感器 O_1 记录电流曲线。

此外,对于 9.11.2.2、9.11.2.3、9.11.2.4 b)和 c)的试验,必要时使用附加电阻 R_2 和/或 R_3,以便调节到所要求的电流值(分别为 I_m,$I_{\Delta m}$和 $I_{\Delta c}$)。

f) 被试 PRCD 的条件

PRCD 应按制造厂的说明安装和接线,并按适用情况置于在大气中的金属支架上。

仅在断开操作(O)时,把一块厚为 0.05 mm±0.01 mm,每边至少比 PRCD 前面外形尺寸大 50 mm,但不小于 200 mm×200 mm 的清洁的聚乙烯簿膜固定在一个框架上并适当张紧。此框架放置在距离下列部位 10 mm 处:

——对没有操作件凹口的 PRCD,操作件的最突出的部位;

——对有操作件凹口的 PRCD,操作件凹口的边缘。

聚乙烯薄膜的物理性能如下:

——在 23 ℃时密度:(0.92±0.05)g/cm^3

——熔点:110 ℃～120 ℃

开闭操作的控制机构应尽可能地模拟正常的手动操作。

应验证被试 PRCD 在规定条件下操作时,能空载正确动作。

g) 操作程序

试验过程由一个操作程序组成。确定操作程序时，采用了下列符号：

——O：表示被试 PRCD 和 SCPD（如果有时）处在闭合位置，由开关 T 接通短路，PRCD 的断开操作；

——CO：表示开关 T 和 SCPD（如果有时）处在闭合位置，被试 PRCD 的闭合操作以及紧接的自动断开操作（有 SCPD 时，见 9.11.2.4）；

——t：表示连续两次短路操作之间的时间间隔，这时间应是 3 min 或为复位或更换 SCPD（如果有时）所需的更长的时间。

h） 试验过程中 PRCD 的工作状况

在试验过程中，被试 PRCD 不应危及操作者。

此外，不应有持续燃弧，极间或极与外露的导电部件之间应没有闪络，装置 F 也不应动作。

注：如果装有内置式熔断器，在试验过程中可动作。

i） 试后 PRCD 的状况

按 9.11.2.2，9.11.2.3，9.11.2.4 a），9.11.2.4 b）和 9.11.2.4 c）进行的每个适用的试验后，被试 PRCD 应没有妨碍其继续使用的损坏。不采用附加的放大措施，用正常视力或矫正视力观察，聚乙烯薄膜应没有可见的孔。

不经维修，PRCD 应能符合下列要求：

——符合 9.7.3 的要求，但电压为 2 倍额定电压，保持 1 min，试前不进行湿热处理；

——在额定电压下接通和分断其额定电流。

在 9.9.2.2 a）的试验条件下，PRCD 应能在 $1.25I_{\Delta n}$ 试验电流下脱扣，仅对任选的一极进行一次试验，试验时不测分断时间。

此外，动作功能与电源电压有关的 PRCD 应能满足 9.17 的试验要求（适用时）。

9.11.2.2 验证额定接通分断能力（I_m）

本试验是用来验证，当剩余电流引起 PRCD 动作时，PRCD 能接通、承载一个规定的时间并分断短路电流的能力。

a） 试验条件

PRCD 在 9.11.2.1 规定的一般试验条件所确定的试验电路里进行试验。试验电路里不另外接入 SCPD。

用 PRCD 和阻抗与 SCPD 接近的连接取代阻抗可忽略的连接线 G_1。

辅助开关 S_1 闭合。

b） 试验过程

通过开关 S_1 和电阻 R_2 流过 $10I_{\Delta n}$ 的剩余动作电流，进行下面的操作程序：

CO-t-CO-t-CO

9.11.2.3 验证额定剩余短路接通和分断能力（$I_{\Delta m}$）

本试验是用来验证 PRCD 接通、承载一个规定时间并分断剩余短路电流的能力。

a） 试验条件

PRCD 在 9.11.2.1 规定的一般试验条件所确定的试验电路里进行试验。试验电路里不另外接入 SCPD，但电路应这样连接使短路电流是一个剩余电流。

在本试验中电阻 R_3 不用，这电路处于断开状态。

不承载剩余短路电流的电流回路，其电源端子连接至电源电压。

用 PRCD 和阻抗与 SCPD 接近的连接取代阻抗可忽略的连接 G_1。

辅助开关 S_1 闭合。

依次对两极的每个极进行试验。

b) 试验过程

进行下面的操作程序：

O-t-CO-t-CO

对断开操作，辅助开关 T 应和电压波形同步，使接通起始点为(45±5)°。

9.11.2.4 验证 PRCD 和 SCPD 的配合

本试验是用来验证用 SCPD 保护的 PRCD 能够承受额定限制短路电流及以下的短路电流的能力，而不引起 PRCD 损坏(见 5.3.9 和 5.3.10)。

短路电流由 PRCD 和 SCPD 共同来分断。

在试验过程中，可以由 PRCD 断开或 SCPD 断开或由 PRCD 和 SCPD 同时断开。然而，如果只有 PRCD 断开，也认为试验是合格的。

每次操作后，更换 SCPD 或使 SCPD 复位(适用时)。

在 9.11.2.1 规定的一般试验条件下进行下列试验(也可见表 13)。

——按下面 a)的要求，不通以任何剩余电流进行试验，验证在额定限制短路电流 I_{nc} 及以下的电流下，SCPD 保护 PRCD；

——按下面 b)的要求，不通以任何剩余电流进行试验，验证在相当于额定接通分断能力 I_m 的短路电流下，SCPD 动作并保护 PRCD；

——按下面 c)的要求，验证在相对地短路电流达到额定剩余限制短路电流 $I_{\Delta c}$ 值时，由于 SCPD 的保护，PRCD 能承受相应的应力。

分断操作时，辅助开关 T 应和电压波形同步，使接通起始点为(45±5)°。

a) 验证在 500 A 和额定限制短路电流(I_{nc})时的配合

1) 试验条件

用被试 PRCD 和 SCPD 代替阻抗可忽略的连接 G_1。

辅助开关 S_1 断开，没有剩余电流流过。

2) 试验过程

进行下列的操作程序：

O-t-CO

b) 验证在额定接通分断能力(I_m)时的配合

1) 试验条件

用被试 PRCD 和 SCPD 代替阻抗可忽略的连接 G_1。

辅助开关 S_1 断开，没有剩余电流流过。

2) 试验过程

进行下列的操作程序：

O-t-CO-t-CO

c) 验证在 500 A 和额定限制剩余短路电流($I_{\Delta c}$)时的配合

1) 试验条件

PRCD 应这样接线，使短路电流是一个剩余电流。

试验仅在一极进行。

不承载剩余短路电流的电路，其电源端子与电源连接。

用被试 PRCD 和 SCPD 取代阻抗可忽略的连接 G_1。

辅助开关 S_1 闭合。

2) 试验过程

进行下列的操作程序：

O-t-CO-t-CO

9.11.3 验证 PRCD 中分开的或组成一体的插头和插座的接通分断能力

按 GB 2099.1—2008 中的第 20 章来验证是否符合要求。

9.12 验证耐机械振动和机械撞击性能

PRCD 应有足够的机械强度以承受正常使用中所施加的机械应力。

PRCD 的每个完整的部分用表 14 的适当的试验来检验是否符合要求。

单个插座、多位插座及不与 RCD 组合的插头按 GB 2099.1—2008 中适当的试验来检验是否符合要求。

表 14 耐机械振动和机械撞击试验表

被试项目	条款
属于 4.5.1 分类的 4.1.1 的转换器	9.12.1
属于 4.5.2 分类的 4.1.1 的转换器	9.12.1 和 9.12.4
4.1.2.1、4.1.2.2、4.1.2.3、4.1.3.1、4.1.3.2、4.1.4.1 和 4.1.4.2 的 PRCD	9.12.1 和 9.12.4
PRCD 的螺纹密封盖	9.12.2
具有保护门插座的保护门	9.12.3

9.12.1 试品在图 11 所示的滚桶里进行试验。

可拆线的 PRCD 连接表 4 规定的软电缆，自由端长度约为 100 mm，必要时可更短，以确保自由跌落。

端子螺钉和装配螺钉用表 11 规定值三分之二的力矩拧紧。

不可拆线的 PRCD 按供货状态进行试验，如果有软电缆，截短至离 PRCD 的自由长度约为 100 mm，必要时可更短，以确保自由跌落。

试品从 50 cm 高度落到 3 mm 厚的钢板上，落下次数为 25 次。

滚桶以每分钟 5 圈的速度旋转，使试品每分钟落下 10 次。

每次试验时，只有一个试品在滚桶里试验。

试后，试品应没有本标准含义内的损坏，尤其是无下列现象：

——任何部件不应分离或松动；

——插销不应变形而使插头不能插入符合有关标准的插座，以及不符合 GB 2099.1—2008 中 9.1 和 10.3 的要求(但用平均特性的插座检查)；

——对插销先在一个方向施加 0.4 N·m 的力矩，保持 1 min，然后在另一个方向施加力矩保持 1 min，插销不应转动。施加力矩时，不应用冲击力；

——如果有关时，对任选的一极通以 $1.25I_{\Delta n}$ 的剩余电流，RCD 应动作。试验时不测分断时间；

——试验后，应不影响电击保护，试品应符合 9.6 的要求。

注 1：试后检查中，特别注意软电缆的连接。只要不影响电击保护，允许有小的不造成故障的碎片落下。

注 2：镀层破坏以及小的凹痕，只要不使电气间隙和爬电距离减少到 8.1.3 的规定值以下，可忽略不计。

9.12.2 螺纹密封盖连接一个圆柱形的金属棒，棒的直径小于密封圈内径，取最近的整数，金属棒的直径单位为毫米。

然后,用适当的扳手把密封盖拧紧,扳手施加表15所示的力矩,保持1 min。

表15 9.12.2的试验时施加到扳手上的力矩

试棒直径 mm	力矩 N·m	
	金属密封盖	密封盖或模压材料
14及以下	6.25	3.75

试后,试品的密封盖及外壳应没有本标准含义内的损坏。

9.12.3 保护门的结构应使他们能承受正常使用时可能预料的机械力,例如插头的插销不小心对插座插孔的保护门施力。

通过下列的试验来检验是否符合要求,这试验在经受过GB 2099.1—2008中16.1的预处理和第21章的试验的试品上进行,还要在未经受过GB 2099.1—2008中16.1的预处理,但经受过第21章的试验的试品上进行。

用同一系统的插头的一个插销在垂直于插座正面的方向对一个插孔的保护门施加40 N的力,保持1 min。

作为防止单极插入的唯一装置的保护门,所施加的力应为75 N而不是40 N。

如果插座的结构可以插入不同型式的插头,用插销尺寸最大的插头的一个插销进行试验。

插销不应该与带电部件接触。

用一个电压不小于40 V而不大于50 V的电气指示器来指示与有关部件的接触。

试验后,试品应无本标准含义内的损坏。

注:对出现在表面上的,不会影响插座继续使用小的压痕可忽略不计。

9.12.4 可拆线的试品连接表17规定的最小截面积的最轻型软电缆。

不可拆线的试品按交货状态进行试验。

对属于4.5.2分类的PRCD,应在-25 ℃下进行试验。

按图17所示,把软电缆的自由端固定到离地面750 mm的墙面上。

对属于4.1.1分类的PRCD,试验时不应接软电缆。

把试品抓住,使电缆处于水平状态。然后使试品跌落到混凝土地面上8次,每次跌落后,把电缆在固定点旋转45°。

试验后,试品不应出现本标准含义内的损坏,尤其是部件不能松动及落下。

注:对电击保护无有害影响的小的碎片或压痕可忽略不计。

如果适用时,对PRCD任选的一极通以$1.25I_{\Delta n}$的剩余电流应动作。试验时,不测分断时间。

试验后,试品的电击保护应不受影响并应符合9.6的要求。

9.12.5 移动式插座的机械强度试验

9.12.5.1 移动式插座用于悬挂到墙壁上的空间与带电部件之间的隔层,如果挂到墙上可能会经受机械应力,那么应对隔层进行下列试验:

用直径为3 mm,球形端部平均为1.5 mm的圆柱形钢棒对隔层施力10 s,应朝垂直于支承墙表面的方向,施加到最不利的位置。这个力要等于插头的最大拔出力(GB 2099.1—2008表16中规定)的1.5倍。

钢棒不得刺入隔层。

9.12.5.2 装有软电缆的移动式插座按正常使用悬挂在墙上,挂钉为一圆柱形钢棒,其尺寸与9.12.5.1所述棒的尺寸一样,其长度足以触到隔层的背面。

将 9.27 所述的用于检查电缆固定装置的拉力朝最不利的位置施加在电缆上达 10 s。

在试验过程中，移动式插座悬挂装置不得断裂，或者，如果断裂，带电部件也不得被标准试指触及。

9.12.5.3 用直径为 3 mm 的圆头螺钉，按正常使用情况将移动式插座悬挂在墙上，使该插座经受拉力试验。拉力要用 GB 2099.1—2008 表 16 中为相应插头而规定的最大拔出力。施力时，不得使用爆发力。

拉力施加 10 s，并垂直于插座的插合面，使悬挂装置受到最大的力。

试验过程中，用以将移动式插座悬挂在墙上的悬挂装置不得破裂，或即使破裂，带电部件也不得被标准试指触及。

注：如果悬挂装置多于一个，则 9.12.5.1、9.12.5.2 和 9.12.5.3 的试验应在每个悬挂装置上进行。

9.13 耐热试验

按 9.13.1、9.13.2 和 9.13.3 进行试验（适用时）。

对陶瓷材料部件不进行 9.13.2 和 9.13.3 的试验。

如果 9.13.2 和 9.13.3 所述的几个绝缘材料部件由同一种材料制成，试验仅在任何一种部件上按 9.13.2 或 9.13.3 进行（适用时）。

9.13.1 取下可拆卸的盖（如果有时），把试品放在温度为(100±2)℃的加热箱中保持 1 h。

可拆卸的盖（如果有时）放在温度为(70±2)℃的加热箱中保持 1 h。

试验过程中，试品不应有任何影响试品继续使用的变化，密封化合物（如果有时）不应流失到使带电部件外露的程度。

试验后，使试品冷却到接近室温，应不能触及到正常使用时不可触及的带电部件，即使用标准试指施加一个不大于 5 N 的力时也是如此。

在 9.9.2.2 a)的试验条件下，PRCD 通以 $1.25I_{\Delta n}$ 的试验电流应脱扣，仅在任选的一极进行一次试验，试验时不测分断时间。

试验后，标志仍应清晰可见。

注：密封化合物退色、起泡或轻微的流动，只要在本标准含义内的安全性不受影响，可忽略不计。

9.13.2 用绝缘材料制成的用以将载流部件或保护电路部件保持在正常位置所必须的 PRCD 的外部部件以及将端子或接线端头保持在正常位置的部件用图 13 所示的装置进行球压试验。

宽度为 2 mm 的用热塑性材料制成的，插座的相线和中线插孔周围的正面部件也要进行上述试验。

被试部件应放在一块厚度至少为 3 mm 的钢板上，并直接与钢板接触。

部件放在钢支架上使被试表面置于水平位置。并用 20 N 的力将一个直径为 5 mm 的钢球压住该表面。

试验开始前，把试验负载和支承装置放到加热箱中以足够的时间，使其达到稳定的试验温度。

试验在温度为(125±2)℃的加热箱中进行。

1 h 后，把钢球从试品上移开，并把试品浸入冷水中 10 s，使其冷却到约为室温。

测量钢球压痕的直径，此直径不应大于 2 mm。

9.13.3 用绝缘材料制成的不是用以将载流部件和保护电路部件保持在正常位置所必须的 PRCD 的外部部件，即使与其接触，也按 9.13.2 的规定进行球压试验，但试验为(70±2)℃或(40±2)℃加上 9.8 试验时测定的该部件的最高温升，这两者中取较高的温度。

9.14 绝缘材料耐异常发热和耐燃试验

通过灼热丝试验来验证是否符合要求。

在下列条件下，按 GB/T 5169.10—1997 中第 4 章至第 10 章的要求进行试验：

——用以将载流部件和接地电路部件保持在正常位置所必须的绝缘材料部件，在 750 ℃温度下进行试验；

——不是用以将载流部件和接地电路部件保持在正常位置所必须的绝缘材料部件，即使与其接触，均在 650 ℃温度下进行试验。

如果在同一试品上必须在多于一个地方进行规定的试验时，则必须小心，确保前次的试验所引起的劣化不会影响将要进行的试验结果。

小零件，例如垫圈等，不需进行本条款的试验。

对陶瓷材料部件不进行本试验。

如有可能，试品最好是完整的 PRCD。

如试验不能在完整的 PRCD 上进行，则可以从 PRCD 上切下一块合适的部分进行试验。

本试验仅在一台试品上进行。

在有疑问的情况下，再用两台试品重复进行本试验。

施加灼热丝一次。

试验时，试品应放置在预期使用的最不利的位置(被试表面在垂直位置)。

考虑预期使用的发热元件或灼热元件可能与试品接触的情况，应把灼热丝的顶端施加到试品上规定的表面。

如果满足下列的一个条件，则认为灼热丝试验合格：

——无可见的火焰和无持续的辉光；

——灼热丝移开后，试品上的火焰和辉光在 30 s 内自行熄灭。

此外，不应点燃薄纸或烧焦松木板。

9.15 验证自由脱扣机构

9.15.1 一般试验条件

PRCD 按正常使用接线。

PRCD 在基本上为电阻性的电路里进行试验，试验电路图见图 4。

9.15.2 试验过程

PRCD 处于闭合位置并把操作件保持在闭合位置，闭合开关 S_2 通以 $1.5I_{\Delta n}$ 的剩余电流，PRCD 应脱扣。

然后，在约 1 s 内把 PRCD 的操作件移动到电流开始接通位置重复进行试验，操作件不再移动，PRCD 应脱扣。

两项试验各进行 3 次，预期连接相线的每极至少进行一次试验。

注：如果 PRCD 有一个以上的操作件，则对每个操作件都要验证自由脱扣动作。

9.16 验证试验装置

9.16.1 验证试验装置的动作

a) PRCD 施加 0.85 倍额定电压(或在有几个额定电压时，施加 0.85 倍最低额定电压)快速地操作试验装置 25 次，间隔 5 s，每次操作前重新闭合 PRCD。

b) 在 1.1 倍最高额定电压下(或在有几个额定电压时，施加 1.1 倍最高额定电压)重复 a)项的试验。

c) 重复 b)试验，只做一次，但试验装置的操作件保持在闭合位置 30 s。

每次试验时，PRCD 应动作。试验后，PRCD 应没有妨碍其继续使用的损坏。

9.16.2 验证安匝数

为验证在额定电压下，或在有几个额定电压时，在最高额定电压下，操作试验装置时产生的安匝数小于 $I_{\Delta n}$ 的剩余电流产生的安匝数的 2.5 倍，测量试验装置电路的阻抗，根据其结构算出试验电流。

如果进行本验证时，必须拆开 PRCD，则应该使用另外一个试品。

注：可认为试验装置的耐久性试验已包括在 9.10 的试验中。

9.17 验证 4.3.2 分类的动作功能与电源电压有关的 PRCD 在电源电压故障时的工作状况

9.17.1 对 4.3.2.1 分类的 PRCD

9.17.1.1 确定电源电压的极限值(U_x)

在 PRCD 的电源端施加额定电压(或在有几个额定电压时，施加任何一个额定电压)然后使 PRCD 复位，以在大约 30 s 内把电压降到零的速度逐步降低电源电压，直至发生自动断开。

测量自动断开时的电压值。

测量 5 次。

PRCD 应在小于 0.7 倍额定电压(或相应地，小于 0.7 倍最低额定电压) 发生自动断开。

测量结束时，PRCD 再施加额定电压使 PRCD 再次复位，然后把电源电压降低到比上述发生断开时测量的电压的最大值高 5% 的电压值，但不低于 50 V。验证 PRCD 在此条件下，通以 $1.25I_{\Delta n}$ 剩余电流时应在 300 ms 内动作。

然后，验证在低于最低测量值的任何电源电压值下，应不可能用手动操作件闭合 PRCD。

9.17.1.2 验证电源电压故障时的工作状况

PRCD 按图 4 接线，其电源侧施加额定电压(或相应地，额定电压范围内的任何电压值)并闭合 PRCD。

断开电源电压(25±5)ms，PRCD 不应自动断开。

在这试验后，断开电源电压 0.5 s，PRCD 应自动断开。

然后 PRCD 施加额定电压，S_2 闭合，PRCD 应在 0.3 s 内断开。

对 4.3.2.1 b)分类的 PRCD 在电源电压恢复时不应重新闭合。

上述每项试验各进行 5 次。

注：本标准不考虑验证 U_y 值(见 3.2.4.10.2)。

9.17.2 对 4.3.2.1 a)分类的 PRCD，在电源电压故障时自动断开后，验证电源电压恢复时 PRCD 重新闭合

以在 30 s 内从零上升到额定电压(或当有一个额定电压范围时，上升到最低额定电压)的速度，施加一个慢慢升高的电压，PRCD 应在电压达到 0.7 倍额定电压前重新闭合。

9.17.3 对 4.3.2.2 分类的 PRCD，验证在电源故障时，出现剩余电流时的正确动作

对 4.3.2.2 分类的 PRCD 在图 4 的试验电路中进行下列试验：

PRCD 处于闭合位置，S_2 断开，断开 S_1 切断电源电压，PRCD 不应断开。

接着，重新闭合 S_1，在电源端施加 50 V 电压，闭合 S_2 对 PRCD 的一极通以 $I_{\Delta n}$，PRCD 应能脱扣。

9.18 验证过电流情况下的不动作电流极限值

PRCD 按正常使用接线，连接一个基本上无电感的负载，相应于流过 $4I_n$ 的电流。

动作功能与电源电压有关的 PRCD 在电源侧施加额定电压(或相应地,额定电压范围内的任何电压值)。

用一个二极试验开关接通负载,然后在 1 s 后再断开负载。

PRCD 不应断开。

重复进行 3 次试验,连续两次闭合操作之间的间隔时间至少为 1 min。

如果有关时,内装的熔断器可用一根连接线代替。

9.19 验证 $I_{\Delta n} \geqslant 0.010$ A 的 PRCD 在冲击电压产生的对地浪涌电流下,防止误脱扣的能力

PRCD 用一个浪涌电流发生器进行试验,浪涌电流发生器能产生一个图 22 a)所示的衰减的振荡电流波。PRCD 试验的电路图示例见图 22 b)。对 PRCD 任选的一极施加 10 次浪涌电流,每施加两次应变换浪涌电流波的极性,连续两次施加浪涌电流之间的时间间隔应该约为 30 s。

用一个适当的装置测量浪涌电流,并用另外一个相同型号的 PRCD 试品调节电流以满足下列要求:

——峰值电流:25 A$^{+10}_{\ 0}$%;

——前沿时间:0.5 μs±30%;

——后续振荡电流波形周期:10 μs±20%;

——每个后续波形的峰值:约为前一个波形峰值的 60%。

在试验过程中,PRCD 不应脱扣。

9.20 验证 PRCD 耐冲击电压的性能

PRCD 放置在一个金属支架上,按正常使用接线并处于闭合位置进行试验。

由一个冲击电压发生器施加冲击电压,发生器能产生前沿时间为 1.2 μs;至半值时间为 50 μs 的冲击电压,允许误差如下:

——峰值:±5%;

——前沿时间:±30%;

——至半值时间:±20%。

第一组试验为峰值 4 kV 的冲击电压,施加在 PRCD 两个极之间。

第二组试验为峰值 5 kV 的冲击电压,施加在与保护导线端子连接在一起的金属支架与连接在一起的各极之间。

注 1:试验装置的冲击阻抗应为 $500^{\ 0}_{-20\%}$ Ω。

两种情况下,各施加 5 次正向冲击电压和 5 次负向冲击电压。相邻两次试验之间的时间间隔至少为 10 s。

如果在一次试验时 PRCD 脱扣,应在下次试验前重新闭合 PRCD。

不应发生非故意的击穿放电。

然而,如果仅发生一次这样的击穿,可另外再施加 10 次冲击电压,增加试验的冲击电压的极性和接线方式与发生击穿放电试验时的极性和接线方式相同。

不应再发生击穿放电,除非是设计预期的故意放电(见注 3)。

注 2:"非故意击穿放电"用来表示绝缘在电气应力下失效的现象,包括电压降低以及电流流过等。

注 3:故意击穿放电包括任何内装的浪涌抑制器的放电。

调节冲击电压波形时,把被试 PRCD 连接到冲击电压发生器上。为此,应采用合适的分压器和电压传感器。

允许冲击电压波形有小的振荡,只要靠近冲击电压峰值处的振荡辐值小于峰值的 5%就行。

冲击电压前沿的前半部的振荡辐值允许达到峰值的 10%。

9.21 验证剩余电流包含有直流分量时的正确动作

除了试验电路应如图5和图6(适用时)所示外,9.9.1和9.9.5的试验条件适用。

9.21.1 验证剩余脉动直流电流连续上升时的正确动作

应按图5的试验电路进行试验。

辅助开关 S_1、S_2 和被试 PRCD 闭合。控制相应的可控硅使得电流滞后角 α 分别为0°,90°和135°。PRCD 的相线极应在每个电流滞后角和辅助开关 S_3 分别在位置Ⅰ和位置Ⅱ各试验二次。

每次试验时电流应从零开始,稳定地在30 s内增加至:

——$1.4I_{\Delta n}$,对 $I_{\Delta n}>0.01$ A 的 PRCD;

——$2I_{\Delta n}$,对 $I_{\Delta n}\leqslant 0.01$ A 的 PRCD。

脱扣电流应在表16规定的范围内。

表16 PRCD 在脉动直流剩余电流时的脱扣电流范围

电流滞后角	脱扣电流范围 A	
	下限(对所有的 $I_{\Delta n}$ 值)	上限(对所有的 α 值)
0° 90° 135°	$0.35I_{\Delta n}$ $0.25I_{\Delta n}$ $0.11I_{\Delta n}$	$2I_{\Delta n}$($I_{\Delta n}\leqslant 10$ mA 时) $1.4I_{\Delta n}$($I_{\Delta n}>10$ mA 时)

9.21.2 突然施加脉动直流剩余电流时,验证正确动作

PRCD 应按图5的试验电路进行试验。

试验电流依次调节到表2给出的 I_{Δ} 乘以下面系数的电流值(250 A 剩余电流不乘以系数):

——1.4,对 $I_{\Delta n}>0.01$ A 的 PRCD;

——2,对 $I_{\Delta n}\leqslant 0.01$ A 的 PRCD。

电流滞后角为 $\alpha=0°$,在每个电流值测量两次断开时间,第一次测量辅助开关 S_3 在位置Ⅰ,第二次测量辅助开关 S_3 在位置Ⅱ。

所有测量值均不应超过表2规定的极限值。

9.21.3 在基准温度下带负载时验证正确动作

在试验开始前不久,对 PRCD 通以额定负载电流,重复9.21.1的试验。

注:在图5中没有标出额定电流负载。

9.21.4 剩余脉动直流电流叠加0.006 A 平滑直流电流时,验证正确动作

PRCD 应按图6通以半波整流剩余电流(电流滞后角 $\alpha=0°$)并叠加0.006 A 平滑直流电流进行试验。

对 PRCD 的相线极在辅助开关 S_3 处于位置Ⅰ和位置Ⅱ时各试验2次。

每次试验,半波电流 I_1 从零开始,稳定地在30 s内增加至:

——$1.4I_{\Delta n}$,对 $I_{\Delta n}>0.01$ A 的 PRCD;

——$2I_{\Delta n}$,对 $I_{\Delta n}\leqslant 0.01$ A 的 PRCD。

PRCD 应该在电流 I_1 达到 $1.4I_{\Delta n}$(对 $I_{\Delta n}>0.01$ A 的 PRCD)或 $2I_{\Delta n}$(对 $I_{\Delta n}\leqslant0.01$ A 的 PRCD)前脱扣。

9.22 验证可靠性

用 9.22.1 和 9.22.2 的试验来验证是否符合要求。

9.22.1 气候试验

本试验根据 GB/T 2423.4 并考虑 GB/T 2424.2。

9.22.1.1 试验室

试验室的结构应如 GB/T 2423.4—1993 中第 3 章的规定。冷凝水应不断地从室内排出,并且在被净化以前应不再使用。应该只能采用蒸馏水来维持室内湿度。

蒸馏水在进入试验室前,电阻率应不小于 500 Ωm,pH 值为 7.0±0.2。在试验过程中和试验后,电阻率不小于 100 Ωm 并且 pH 值宜保持在 7.0±1.0。

9.22.1.2 严酷性

试验周期应符合下列条件:

——上限温度:(55±2)℃;

——周期数:28。

9.22.1.3 试验顺序

试验顺序应按 GB/T 2423.4—1993 第 5 章和 GB/T 2424.2 的规定。

a) 初始验证

初始验证时,PRCD 按 9.9.2.3 进行试验,但仅在 $I_{\Delta n}$时试验。

b) 试验条件

1) PRCD 按正常使用安装和接线,然后放入试验室。

PRCD 应处在闭合位置。动作功能与电源电压有关的 PRCD 应施加额定电压,或在有几个额定电压时,施加任何一个额定电压。

2) 稳定阶段(见图 19)。

PRCD 的温度应稳定在(25±3)℃:

——在把 PRCD 放入试验室前,先放在另外一个单独的试验室中稳定;

——或在放入 PRCD 后,把试验室的温度调节到(25±3)℃,并把温度保持在这个值下直至达到温度稳定。

在用上述任一方法稳定温度期间,相对湿度应在试验标准大气条件规定的极限范围(见表 3)内。

在最后 1 h,PRCD 在试验室内,在(25±3) ℃ 的周围温度下,相对湿度应增加到不小于 95%。

3) 24 h 周期的说明(见图 20)

(1) 试验室的温度应逐渐地上升到 9.22.1.2 规定的合适的上限温度。上限温度应在 3 h±30 min 的时间内达到,温度上升速率应在图 20 阴影面积规定的范围内。

在这期间,相对湿度不应小于 95%。在这期间,PRCD 上应产生凝露。

注:产生凝露的条件是指 PRCD 的表面温度低于大气的露点。这意味着,如果热时间常数较小时,则相对湿度必须大于 95%。注意冷凝水滴不能落到试品上。

(2) 然后温度应基本上恒定在规定的上限温度±2 ℃的极限范围内，直至从试验周期开始后的12 h±30 min。

在此期间，除了最初和最后的15 min相对湿度应在90%～100%之间外，其余时间的相对湿度应为(93±3)%。

在最后15 min，PRCD上不应产生凝露。

(3) 然后，温度应在3 h～6 h内降到(25±3)℃。开始1 h 30 min的降温速率应是这样的，如果保持图20所示的速率，则温度将在3 h±15 min内达到(25±3)℃。在降温期间，除了最初15 min相对湿度应不小于90%外，其余时间的相对湿度应不小于95%。

(4) 接着，温度保持在(25±3)℃，相对湿度不小于95%直至24 h周期结束。

9.22.1.4 恢复

在试验周期结束时，PRCD不应从试验室中取出。

应打开试验室门，并停止调节温度和湿度。

然后经过4 h～6 h，使得重新建立环境条件(温度和湿度)后进行最后测量。

在28个试验周期中，PRCD不应脱扣。

9.22.1.5 最后验证

在9.9.2.3规定的试验条件下，PRCD通以1.25$I_{\Delta n}$的试验电流应脱扣。仅在任意选取的一极进行一次试验，试验时不测量分断时间。

9.22.2 40 ℃温度试验

PRCD按正常使用放置在一块厚约20 mm，涂有无光泽黑漆的层压板支架上。

PRCD每极的两侧连接一根长1 m，标称截面积如表10规定的单芯电缆，端子的螺钉或螺母用表11规定值三分之二的扭矩拧紧，把这一组件放入加热箱。

不可拆线的PRCD按交货状态进行试验。

PRCD在任何合适电压下通以额定电流负载并在(40±2)℃的温度下进行28周期试验，每个周期包括21 h通以电流和3 h不通电流。用一个辅助开关断开电流，不操作PRCD。

动作功能与电源电压有关的PRCD施加额定电压，或在有几个额定电压时，施加任何一个额定电压。

在最后21 h通电周期结束时，用细线热电偶测定端子温升，该温升不应超过50 K。

在这个试验后，PRCD在加热箱内，不通电流，冷却到接近室温。

在9.9.2.3规定的试验条件下，PRCD通以1.25$I_{\Delta n}$的试验电流应脱扣。仅在任意选取的一极进行一次试验，试验时不测量分断时间。

注：本验证的试验电路的示例见图21。

9.23 验证老化性能

PRCD及其电子元件(如果有的话)应能符合下列二项试验的要求(如果有关时)。

a) 抗老化

只作为装饰用的部件，如某些盖等，在试验前拆下。

PRCD按正常使用安装和装配以后在一个加热箱中进行试验，箱内空气的成分和压力与周围空气相同并且是自然循环通风。

加热箱的温度应为(70±2) ℃。

试品在加热箱中放置 7 d(168 h)。

推荐采用电加热箱。

自然循环通风可以由箱壁的孔来实现。

经过上述处理后，试品从箱中取出，放在室温以及相对湿度为 45%～55%的环境中至少 4 d(96 h)。

不经任何放大，以正常的视力或矫正的视力观察，试品不应有可见的裂痕，材料也不应发粘或滑腻，用下列方法判断：

以裹干的粗布的食指对试品施加 5 N 的力。在试品上不得有布纹或在布片上不得粘有试品的材料。

试验后，试品不应有导致不符合本标准的损坏。

注：施加 5 N 力可以用下列方法来实现：

把试品放在天平的一个托盘上，而在另一个托盘上放置砝码质量为试品的质量再加 500 g。

然后以裹干的粗布的食指压试品使天平恢复平衡。

b) 电子元件老化试验

注 1：正在考虑修订本试验。

PRCD 通以额定电流在(40±2)℃的环境温度下放置 168 h。施加在电子部件上的电压为相应于 PRCD 额定电压的 1.1 倍，或有几个额定电压时，相应于最高额定电压的电压值。试验后，试品放在加热箱内，不通电流，冷却至约为室温。

在 9.9.2.3 规定的试验条件下，PRCD 通以 $1.25I_{\Delta n}$ 试验电流应脱扣。仅对任选的一极进行一次试验，试验时不测分断时间。

注 2：本验证的试验电路示例见图 21。

9.24 耐电痕化

耐电痕化试验的电极布置和尺寸见图 14。

陶瓷材料以及相比漏电起痕指数(CTI)大于 400 的材料不需要试验。

其他材料用 GB 4207 的试验来验证是否符合要求，并采用下列参数：

——把被试部件的一个平面(如有可能，至少为 15 mm×15 mm)放置在水平位置；

——用试验溶液 A 进行试验，滴与滴之间相隔 30 s±5 s，被试材料的耐电痕化指数应为 175 V；

——滴完 50 滴之前，电极之间不能发生燃烧、闪络或击穿现象。

注 1：应注意在每次试验开始前，保持电极清洁，形状和位置正确。

注 2：有疑问时，可在一组新的试品上重复进行试验(必要时)。

9.25 验证应力对导线的影响

软电缆以这样的方式连接到 PRCD 上，使载流导线以尽可能短的路径从应力缓冲装置引到相应的端子上。

载流导体连接好以后，把表 17 的最大截面积的接地导线的芯线引到其端子上并在比正常连接必须的长度长 8 mm 处截断。

然后把接地导体连接到接地端子上。当把 PRCD 的盖子或外壳安装回原处并正确固定后，应能把接地导线多余长度形成的线环自由地罩住在接线部位，而不会挤压或压住导线。

9.26 验证插入式 PRCD 对固定安装插座施加的力矩

把插入式设备插入到符合有关标准的固定插座上。使插座能围绕着位于插座插合面后面 8 mm 处，与插合面平行，并通过带电插套轴线的水平轴线旋转。

为使插合面保持在垂直位置而必须施加到插座上的附加力矩不得大于0.25 Nm。

9.27 电缆固定装置的试验

用图15的试验装置进行下列试验来验证保持力的有效性。

不可拆线的PRCD按交货状态进行试验。

可拆线的PRCD连接表17所示的符合GB 5013的每种型式的电缆进行试验。

把可拆线PRCD使用的软电缆的导线插入端子,并把端子螺钉拧紧到刚使导线不易移位为止。

电缆固定装置按正常方式使用,夹紧螺钉(如果有的话)用表11规定值三分之二的力矩拧紧。

在重新装配好试品后,各组成部分均应配合得恰到好处,且不可能把软电缆再明显地推入试品。

把试品放到试验设备中,使进入试品处的电缆轴线处于垂直位置。

然后使软电缆承受60 N的拉力100次。

每次施加拉力时间为1 s,施力时不应用冲击力。

注:注意使软电缆的所有部位(线芯,绝缘和护套)同时受到大小一样的力。

拉力试验后,立即在导线上施加一个0.25 N·m力矩1 min。

表17 适用于可拆线PRCD的保持力试验的电缆结构

PRCD的额定电流 A	电缆的类型	导线数及标称截面积 mm^2	电缆外部尺寸极限值 mm	
			最小	最大
6	60245 IEC 53	3×0.75 3×1.0	6.5	9.2
10	60245 IEC 53	3×0.75 3×1.0	6.5	9.2
16	60245 IEC 53	3×0.75 3×1.5	6.5	11.0
注:本表格符合GB 2099.1—2008的表19。				

试验后电缆在承受60 N拉力时其位移不得大于2 mm。对可拆线的PRCD,在端子中的导线端部不应有明显移位。对不可拆线的PRCD,导线的连接处不应断裂。

为了测量纵向位移,试验开始前,要在电缆承受拉力时,在电缆离试品端部或电缆护套2 cm处作一标记。如果对不可拆线的PRCD,无明显的电缆连接部分的端部,则在该部件的本体上作一附加的标记。

9.28 不可拆线PRCD的弯曲试验

用图16的装置进行弯曲试验。

把试品固定到试验装置的摆动机构上,使摆动机构处于行程中点时,进入试品处的软电缆轴线刚好处于垂直位置并通过摆动轴。

接扁线的试品安装时应使电缆截面的长轴与摆动轴平行。

试品应以下列方式固定在试验装置上:

——插头:在插销处固定;

——移动式插座:在电缆方向距插合面4 mm~5 mm处固定,试验时应把具有最大尺寸的试验插头插到移动式插座上。

PRCD 应这样定位，通过调节摆动机构固定部件与摆动轴之间的距离，使试验装置中的摆动机构在整个摆动过程中导线所作的横向移动最小。

注 1：为了易于通过实验找出在试验期间使软电缆横向移动最小的安装位置，弯曲试验装置在结构上应能做到，安装在摆动机构上的试品的各个不同的支架均可以毫无困难地调节。

注 2：推荐试验装置采取措施(例如刻槽或装指针等方法)使其可以指示电缆的横向位移是否最小。

在电缆上加一重物作负载，使所加的拉力为：

——电缆的导线截面积大于 0.75 mm^2 的 PRCD：20 N；

——其他 PRCD：10 N。

试验时，电缆中通以 PRCD 的额定电流或下面规定的电流值，二者中取较小值：

——电缆的导线标称截面积大于 0.75 mm^2 的试品：16 A；

——电缆的导线标称截面积为 0.75 mm^2 的试品：10 A。

导线之间的电压应为 PRCD 的额定电压，或在有几个额定电压时，为最高额定电压。

摆动机构在 90°角度(垂直轴线左右各 45°)内摆动，弯曲操作的次数为 10 000 次，弯曲速率为每分钟 60 次。

注 3：一次弯曲操作是一次摆动，正向摆动一次或反向摆动一次。

圆截面电缆的试品在 5 000 次弯曲操作后要在摆动机构内转动 90°角。扁截面电缆的试品则仅在垂直于导线轴线所在的平面方向弯曲。

在弯曲试验时：

——电流不应中断；

——导线之间不能短路。

注 4：如果电流值增大到原试验电流的两倍则认为软电缆的导线之间发生了短路。

通以试验电流时，每个触头与相应导线之间的电压降增加不应超过 10 mV。

如有护套，试验后护套不应与本体分离，软电缆的绝缘不应有磨损现象，导线的断线丝不应刺破绝缘而外露成为易触及的。

注 5：本试验的修订正在考虑中。

9.29 验证电磁兼容性(EMC)

按 GB 18499 进行电磁兼容试验。

GB 18499—2008 表 4 和表 5 中的下列试验已包含在本标准的试验中，这些试验不需要再重复进行：

——T 1.3：电压波动(9.9.5 和 9.17)；

——T 1.4：电压不平衡(9.9.5 和 9.17)；

——T 1.5：电源频率变化(9.2)；

——T 1.8：磁场(9.11 和 9.18)；

——T 2.4：瞬变振荡电流(9.19)。

PRCD 应按规定的试验程序(附录 A 的表 A.1 中的试验程序 H)，进行 GB 18499—2008 的表 4 和表 5 中规定的下列试验：

——T 1.1：谐波，谐间波；

——T 1.2：信号电压；

——T 2.1：传导正弦波电压或电流；

——T 2.2：快速瞬变(脉冲群)；

——T 2.3：浪涌；

——T 2.5：辐射电磁场；

——T 2.6：频率低于 150 kHz 内的共模传导骚扰；

——T 3.1:静电放电。

试验方法、试验严酷等级、试验规范和性能判别标准按 GB 18499 的规定。

对包含有连续工作振荡器的 PRCD,在上述试验程序前,应先按 GB 4343.1 的要求进行发射试验。

9.30 当触头处于闭合位置时,验证连接在带电导体(相线与中性线)和/或带电导体和接地电路之间的电子电路的电气间隙和爬电距离的替代试验

在运行中可能出现的异常状况下,PRCD 不应发生着火和/或电击危险。

在 PRCD 中所使用的元件的工作条件应符合元件上标志的工作特性和/或制造厂提供的数据中给出的工作特性。

9.30.1 当 PRCD 置于异常条件下时,任何部件不应达到使 PRCD 的周围物体产生着火危险的温度,并且任何带电部件不应成为可触及。

通过把 PRCD 置于 9.30.2 所述的故障条件下的加热试验以及按 9.6 的规定验证电击保护来检验是否符合要求。

9.30.2 除非另有规定,进行试验的 PRCD 按 9.8 的规定安装,接线并施加负载。

检查 PRCD 及其电路图可以显示出应采用的故障条件。

通常,对每个试验的故障条件采用一个分开的试品。

应依次采用下列 a) 至 e)的每个故障条件,对下列每个故障条件仅进行一次试验。

a) 如果电气间隙和爬电距离小于图 23 曲线 A(取自 IEC 60065 的表Ⅱ)给出的值,跨过电气间隙和爬电距离短路,下列情况例外:

在符合 IEC 60249-2 规定的拉脱和剥离强度要求的印刷板上的导线(其中一根可能连接至主电源的一极)之间的电气间隙和爬电距离的要求中,IEC 60249-2 的表 25 给出的值由下列公式计算的值代替。

$$\log d = 0.78 \log \frac{V}{300} \qquad \text{最小为 } 0.2\ \text{mm}$$

式中:

d ——距离,单位为 mm。

V ——电压的峰值,单位为 V。

注 1:这些距离可以参照图 24 确定。

注 2:上述降低的值适用于导线本身,但是不适用于安装的元件或有关的焊接线。计算距离时,印刷板上的漆层或类似材料忽略不计。

符合表 5 要求的电气间隙和爬电距离和具有符合 GB/T 16935.3 的 2 型覆盖层的印刷板不需要进行本试验。

b) 跨过由油漆或瓷漆覆盖层组成的绝缘短路。

c) 半导体短路或断开。

注 3:对多于两个端子的集成电路和其他半导体装置,所指的试验数量实际上不可能采用所有的接线端组合的开路和/或短路。在这种情况下,允许首先采用估算的方法,详细分析 PRCD 中由于电子装置或其他电路元件的故障可能引发的机械、热和电气的故障。只有在上述分析的基础上,认为可能会使得 PRCD 不符合本条款最后两段要求的故障相应的组合,才必须用本方法进行研究。

d) 电解电容器短路。

e) 电阻器、电感器或电容器短路或断开。

注 4:如果元件符合 9.31 的要求,e)项的条件不需要采用。

在 a)至 e)的每个故障条件下,在到达稳态条件后或 4 h 以后(二者中取较短的时间)测量表 18 所述的各部件由于故障状况产生的温度。

在试验 b)和 c)中温度不应超过表 18 规定的值,试验 a)中温度可以超过这些值。

在试验 a)至 e)以后,PRCD 可以不再符合其所有的性能要求,但他们应符合 9.6 的电击保护要求。

表 18　在异常条件下允许的最高温度

PRCD 的部件	在特定的异常条件下允许的最高温度(℃)
可触及的部件	
旋钮、随手可碰的部件、可触及表面、外壳,如果是:	
——金属的	100
——非金属的[1]	100
绝缘外壳的内表面	[2]
供电电缆或配线的绝缘为[3],[6]	
——聚氯乙烯或合成橡胶	135
——天然橡胶	135
其他绝缘[3]	
——热塑性材料[4]	[5]
——非浸渍纸	105
——非浸渍纸板	115
——浸渍的棉纱、丝、纸和纺织品	125
——纤维或织物的层压制品,用下列材料粘合:	
● 酚醛,三聚氢胺甲醛,苯酚糠醛或聚酯	145
● 环氧	185
——模压材料:	
● 具有下列填料的酚醛,或苯酚糠醛,三聚氢胺和三聚氢胺化合物	
——纤维素填料	165
——矿物填料	185
● 热固性矿物填料聚酯	185
● 矿物填料醇酸树脂	185
——由下列材料组成的合成材料:	
● 玻璃纤维增强聚酯树脂	185
● 玻璃纤维增强环氧树脂	185
——硅橡胶	225
用作支撑或用作机械隔板的热塑性材料[4]部件	[5]
用下列材料绝缘的绕组线[3],[6]:	
● 非浸渍的丝、棉纱等	110
● 浸渍的丝、棉纱等	135
● 油性树脂材料	170
● 聚乙烯醇缩甲醛或聚氨酯树脂	185
● 聚酯树脂	190
● 聚酰胺酯树脂	215
叠片铁芯	与相应绕组相同
端子以及安装时可能与电缆绝缘接触的部件	135

注:本表格中的数值取自 IEC 60065 中的表Ⅱ。

[1] 如果这温度高于相关绝缘材料等级允许的温度,材料的特性是决定的因素。

[2] 绝缘外壳内部部件的许可的温度是相关绝缘材料指定的温度。

[3] 本标准中,允许温度是以材料的热稳定性有关的运行经验为基础。所引用的材料是示例。对声称具有更高温度极限值的材料以及上表列举以外的材料,最高温度不宜超过已证明的符合材料使用要求的温度。

[4] 天然橡胶和合成橡胶不能认为是热塑性材料。

[5] 由于材料的种类较多,不可能规定热塑性材料的许可温度。

而在考虑这问题时,应使用下列方法:

a) 在 ISO 306 规定的条件下,在分开的试样上测定的材料软化温度,ISO 306 规定的条件作如下修改:
——穿透深度为 0.1 mm。
——在千分表置零或置于其记录的初始读数前,施加的总的插入力为 10 N。

b) 考虑的温度极限是软化温度本身。

[6] 对耐热聚氯乙烯绝缘导线和电缆,提高其温度值的可能性正在考虑中。

9.31 当触头在闭合位置时，连接在带电导体(相线与中性线)和/或带电导体和接地电路之间的电子电路中使用的电容器，特定的电阻器和电感器的技术要求

9.31.1 电容器

电容器应符合 GB/T 14472 的要求。

相应的形式是：

——与干扰有关时，X_1 或 X_2；

——与电击危险有关时，Y_1 或 Y_2。

这些电容器应用伏特标志其额定电压，用微法标志其容量，用摄氏度标志其参考温度，或可由制造厂提供数据说明书。

9.31.2 电阻器和电感器

对在 9.30 的试验中，其短路或断开可能会产生不合格结果的电阻器和电感器应符合 IEC 60065 中有关的安全要求。

对符合 IEC 60065 的电阻器和电感器上已进行过的试验不需要再重复。

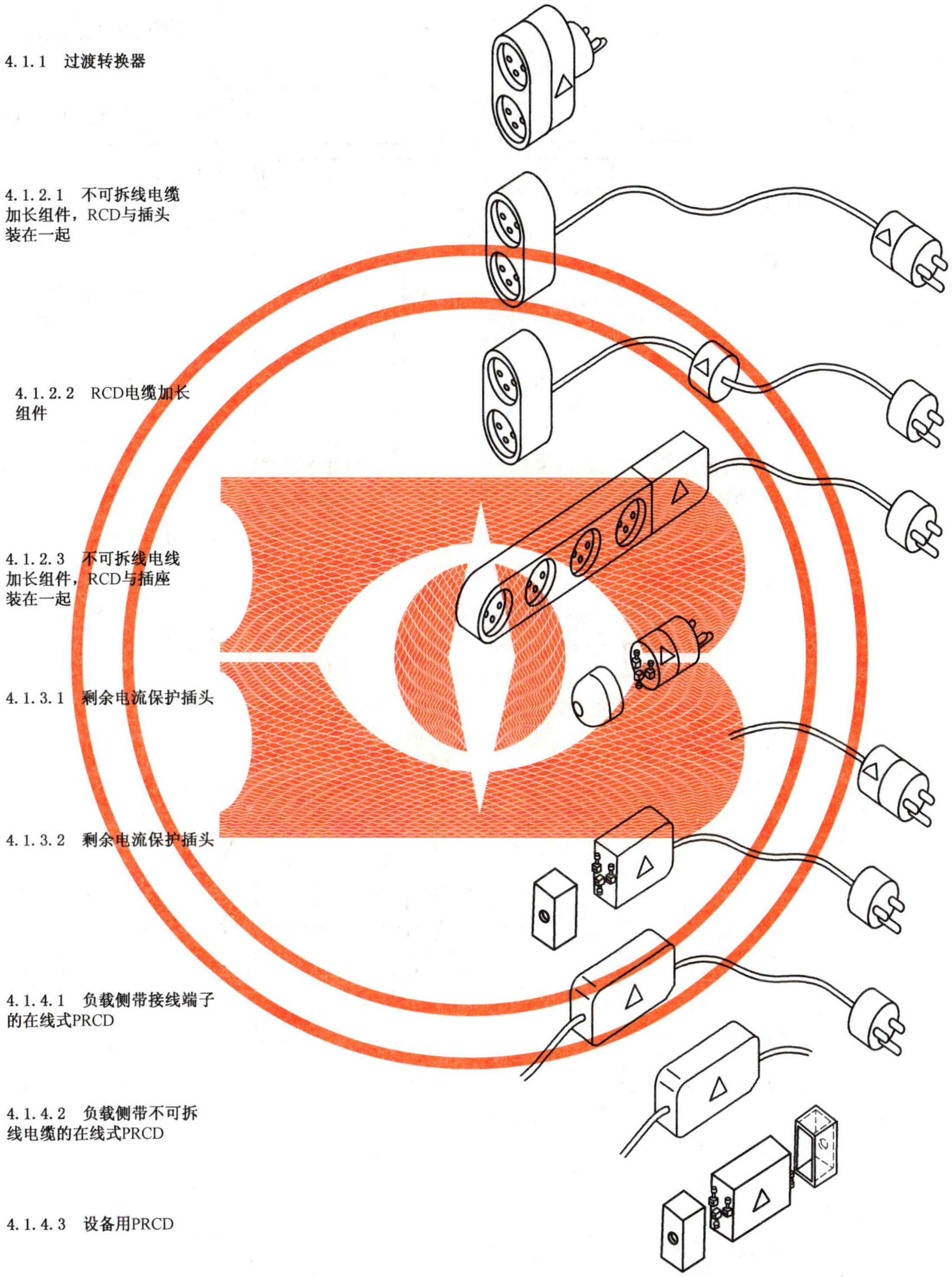

图 1 按 4.1 分类的各种接线方式的示例

尺寸单位为毫米

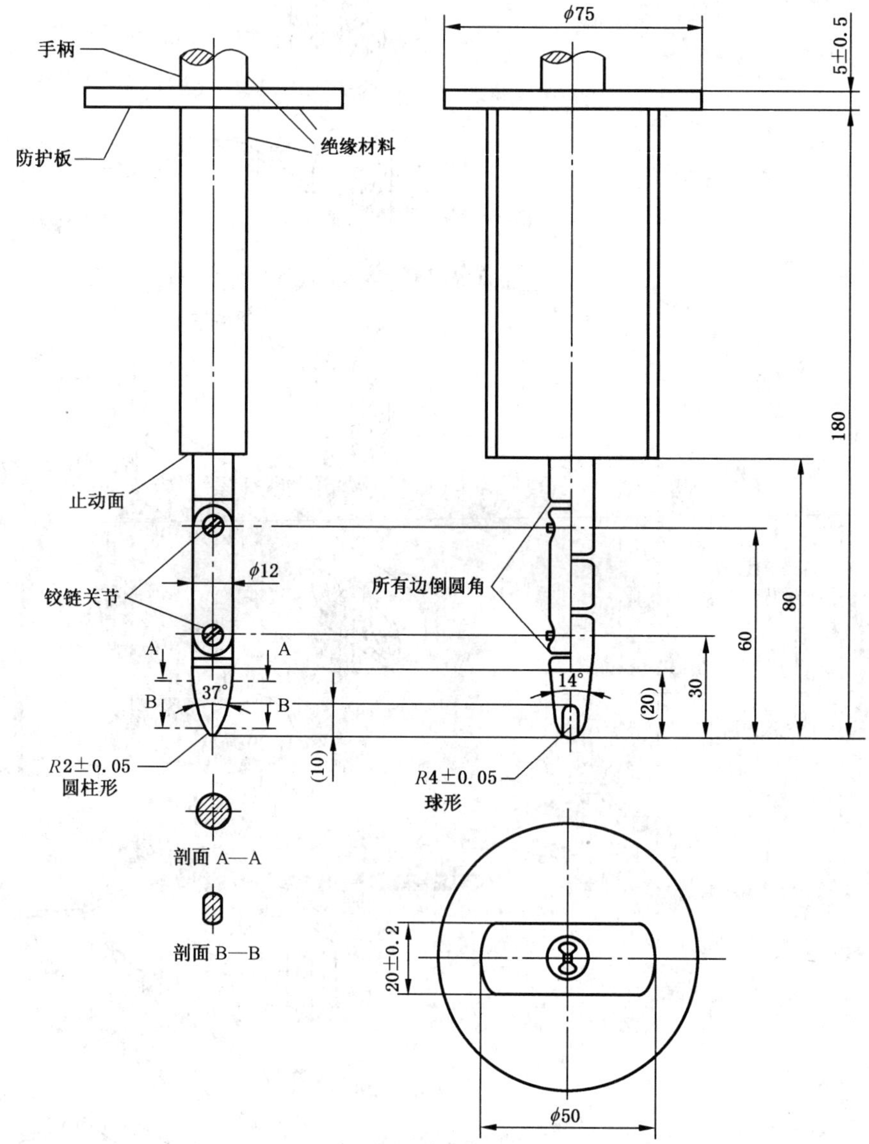

材料:金属,除另有规定的以外

线尺寸:mm

没有规定误差的尺寸的允许误差:

角度:0/-10′

线尺寸:

小于等于 25 mm:0/－0.05

大于 25 mm:±0.2

两个关节应能在同一平面及同一方向转过 90°角度,允许误差:0～＋10°

图 2　标准试指

单位为毫米

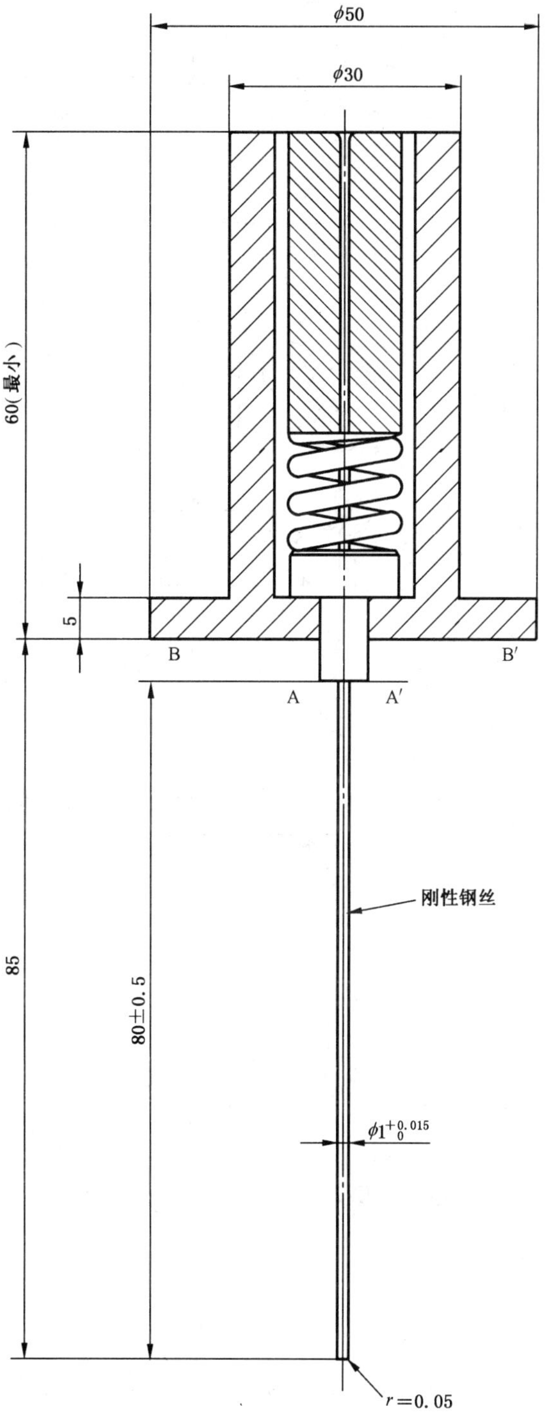

图3　检验不能通过保护门触及带电部件以及不可触及加强保护插座带电部件的量规

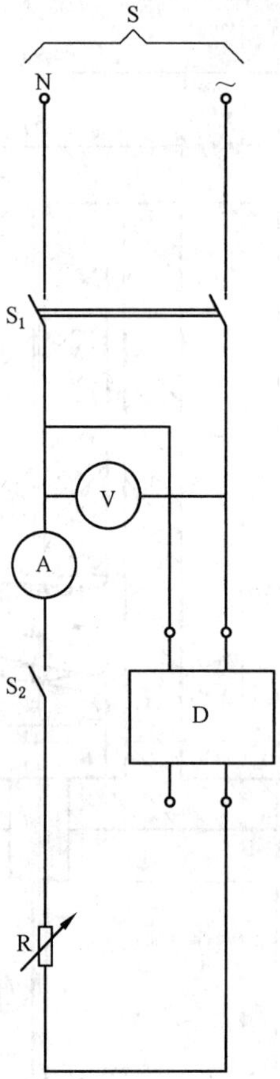

说明：
D——被试 PRCD；
S——电源；
V——电压表；
A——电流表；
S_1——二极开关；
S_2——单极开关；
R——可变电阻器。

图 4　验证下列项目的试验电路

图 4 的试验电路用于验证下列项目：
——验证动作特性(9.9)
——自由脱扣机构(9.15)
——动作功能与电源电压有关的 PRCD 在电源电压故障时工作状况(9.17)

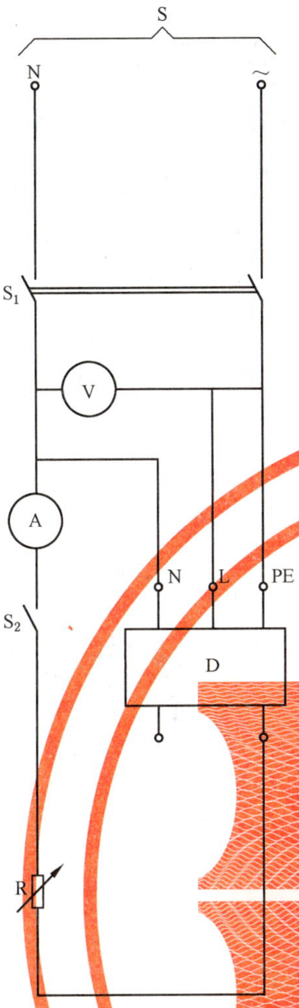

说明：

D——被试 PRCD；

S ——电源；

V——电压表；

A——电流表；

S_1——二极开关；

S_2——单极开关；

R——可变电阻器。

图 4a） PE 线可断开的剩余电流保护插头验证 PE 线脱扣动作特性的试验电路图(9.9.6)(PE 线单独通以剩余电流)

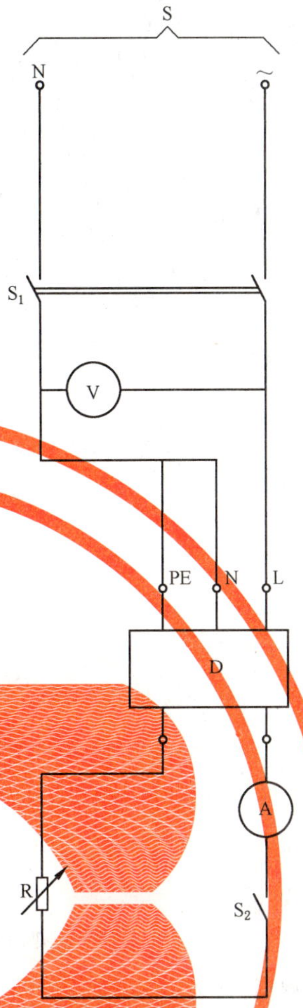

说明：

D——被试 PRCD；

S ——电源；

V——电压表；

A——电流表；

S_1——二极开关；

S_2——单极开关；

R——可变电阻器。

图 4b） PE 线可断开的剩余电流保护插头验证 PE 线脱扣动作特性的试验电路图(9.9.6)(L 线和 PE 线同时通以剩余电流)

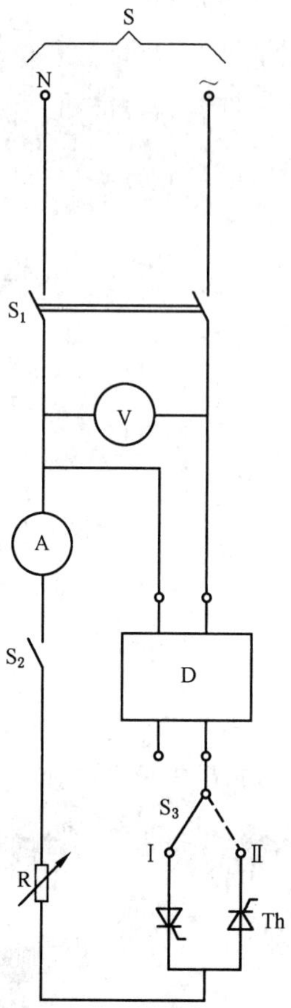

说明：

S ——电源；

V ——电压表；

A ——电流表(测量有效值)；

D ——被试 PRCD；

R ——可变电阻器；

Th——可控硅；

S_1 ——二极开关；

S_2 ——单极开关；

S_3 ——单极双向开关。

图 5　验证 PRCD 在剩余脉动直流电流时正确动作的试验电路

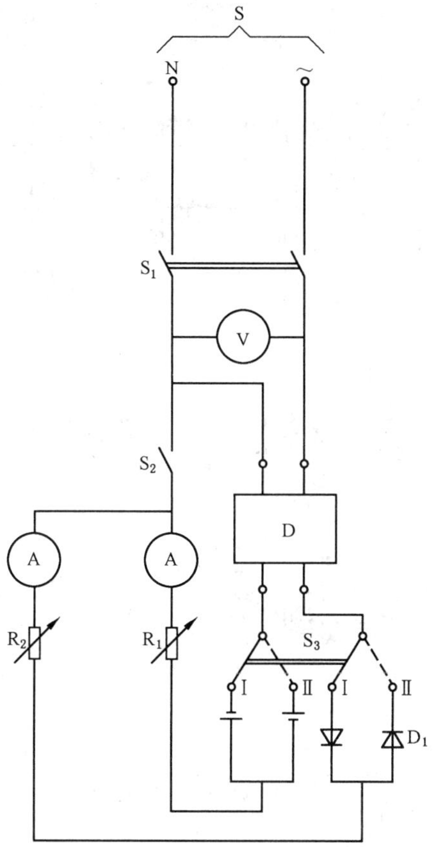

说明：

S ——电源；

V ——电压表；

A ——电流表(测量有效值)；

D ——被试 PRCD；

R ——可变电阻器；

D_i ——二极管；

S_1 ——二极开关；

S_2 ——单极开关；

S_3 ——二极双向开关。

图 6 验证 PRCD 在剩余脉动直流电流叠加平滑直流电流时正确动作的试验电路

尺寸单位为毫米

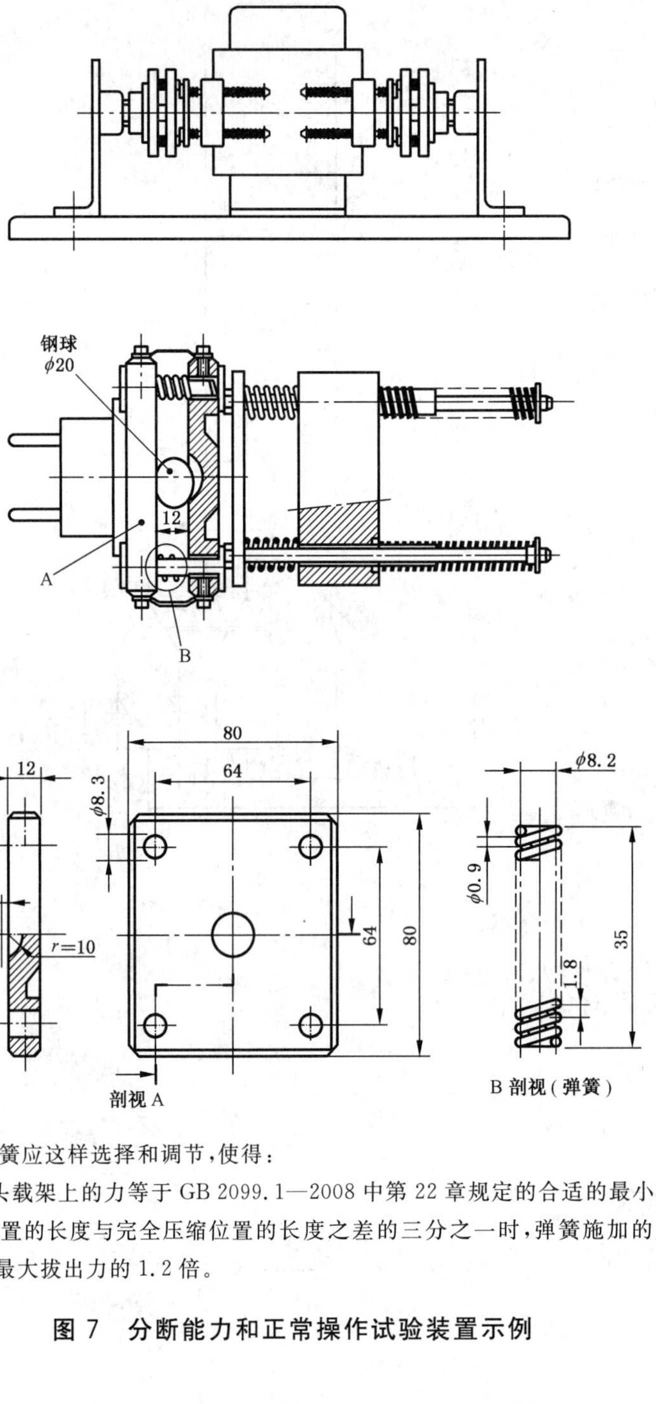

除了弹簧 B 以外，其他弹簧应这样选择和调节，使得：

在分离的位置时，加在插头载架上的力等于 GB 2099.1—2008 中第 22 章规定的合适的最小拔出力的 0.9 倍。

当压缩距离为完全分离位置的长度与完全压缩位置的长度之差的三分之一时，弹簧施加的力应等于 GB 2099.1—2008 中第 22 章规定的合适的最大拔出力的 1.2 倍。

图 7 分断能力和正常操作试验装置示例

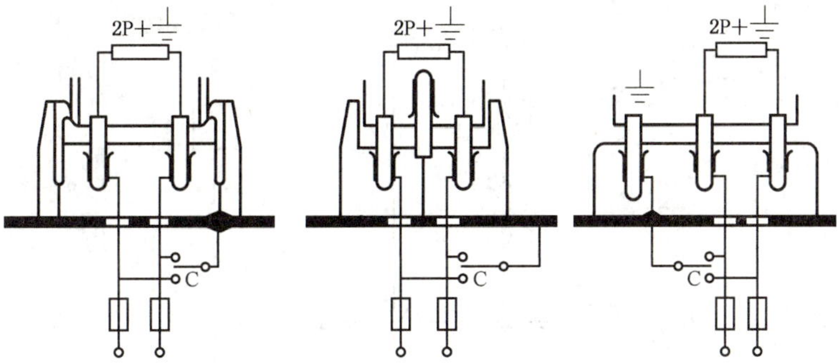

图 8　分断能力和正常操作试验的电路图

单位为毫米

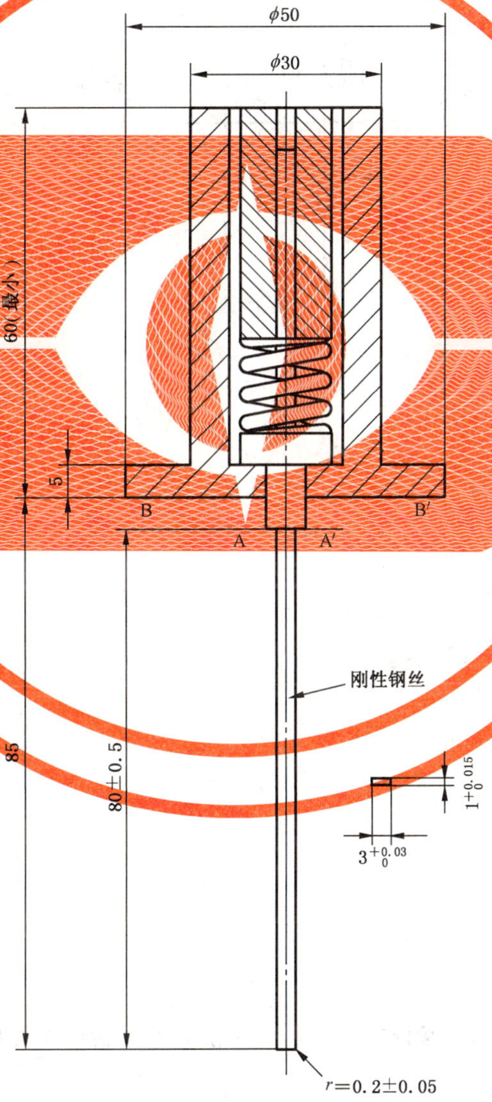

图 9　正常操作试验后，检查不能通过保护门触及插座带电部件的量规

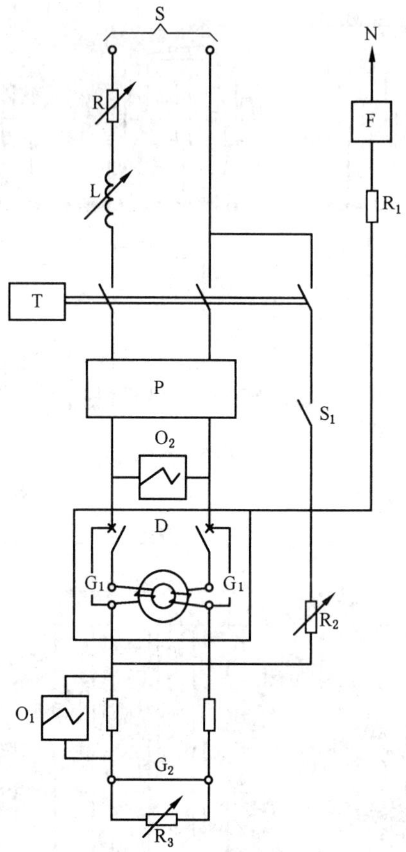

说明：

N ——中性线；

S ——电源；

R ——可变电阻器；

L ——可调电感器；

P ——短路保护装置(SCPD)；

D ——PRCD；

G_1 ——调节用临时连接；

G_2 ——额定限制短路电流试验用的连接；

T ——短路闭合开关；

O_1 ——记录电流传感器；

O_2 ——记录电压传感器；

F ——检测故障电流装置；

R_1 ——装置 F 的限流电阻；

R_2 ——调节 I_Δ 的可调电阻；

R_3 ——附加可调电阻，可获得低于额定限制短路电流的电流；

S_1 ——辅助开关。

图 10 验证额定接通分断能力和配合的试验电路

单位为毫米

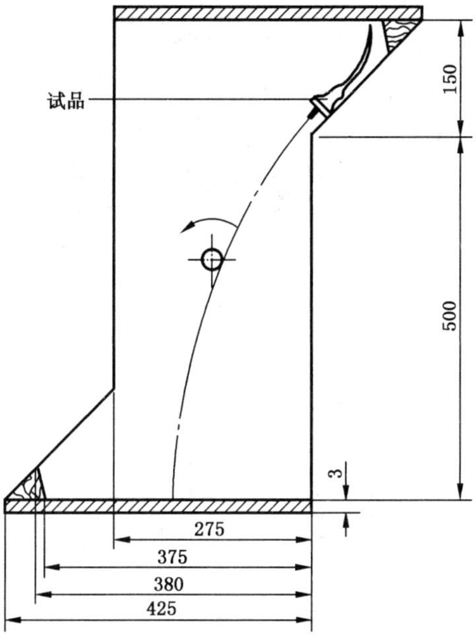

滚桶内部的轴向长度为 275 mm。

图 11 滚桶

单位为毫米

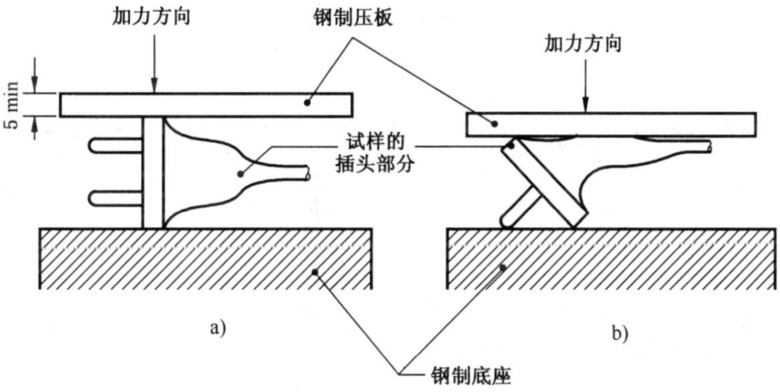

图 12 压缩试验装置

单位为毫米

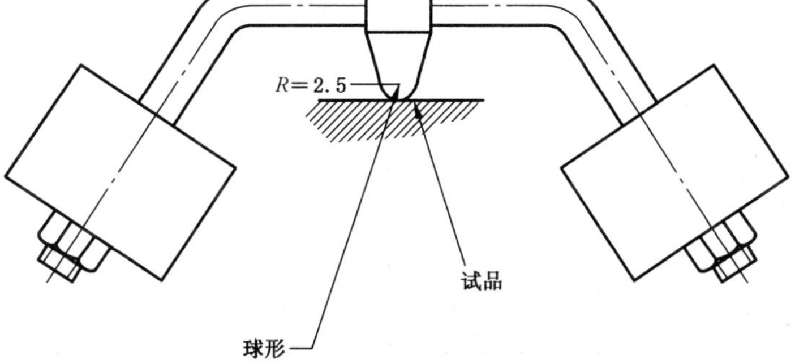

图 13 球压试验装置

单位为毫米

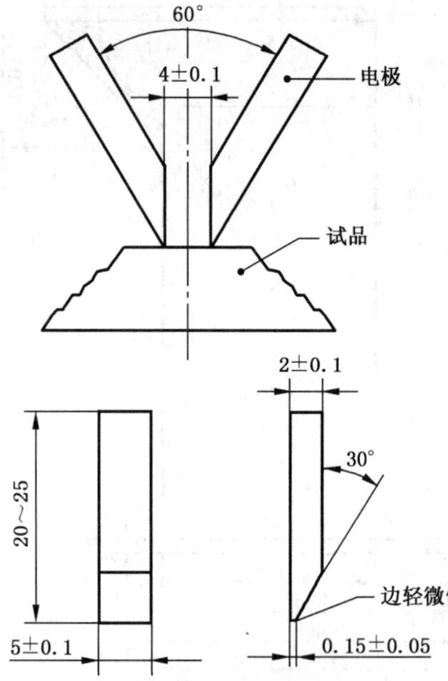

图 14 漏电起痕试验电极布置和尺寸

单位为毫米

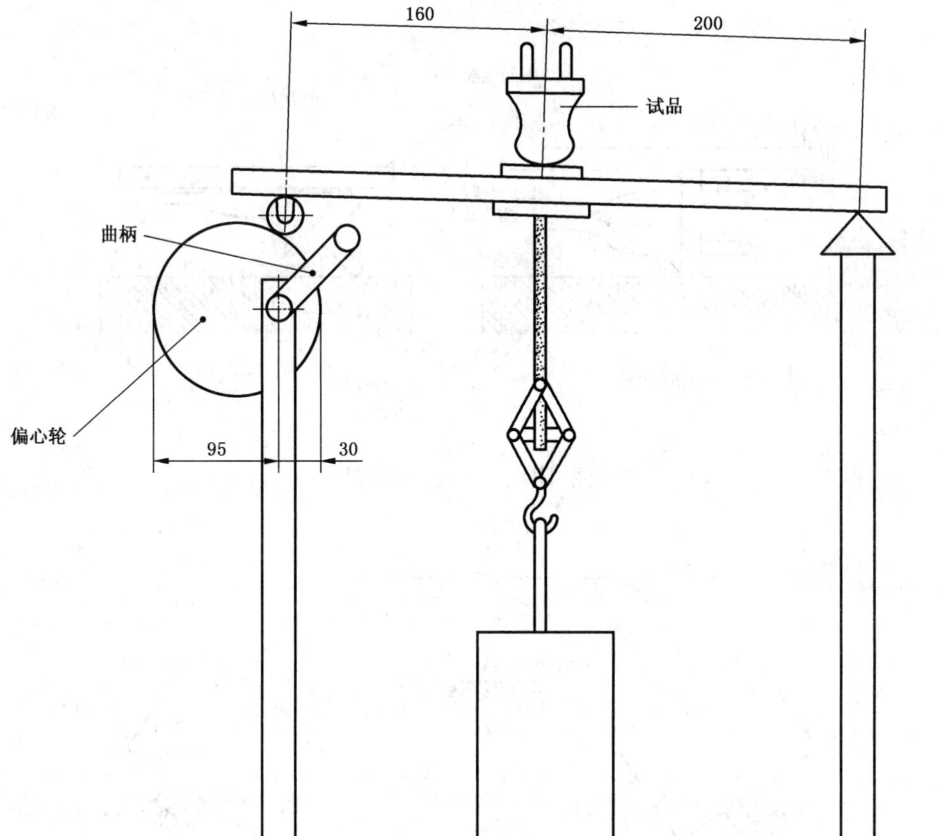

图 15 电缆保持力试验装置

单位为毫米

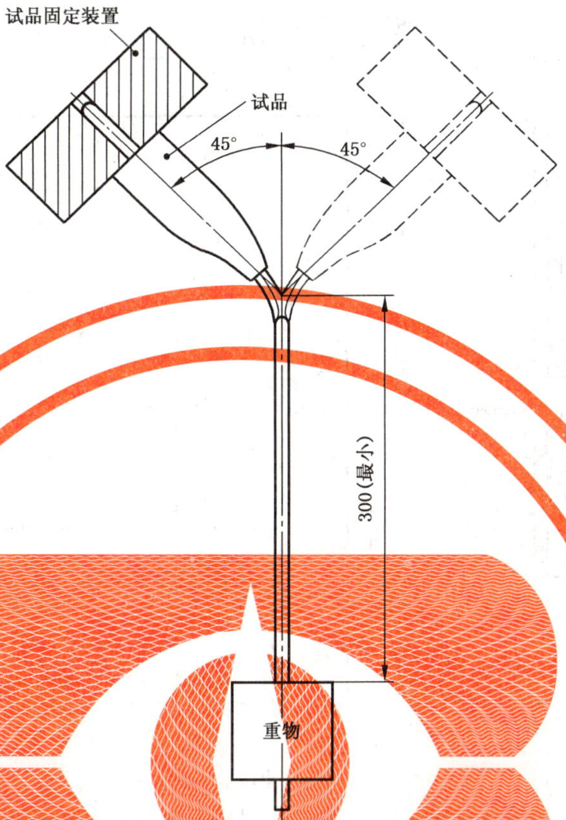

应按 9.28 的说明用一根带螺纹的心轴调节不同 PRCD 的支架。

图 16 弯曲试验装置

单位为毫米

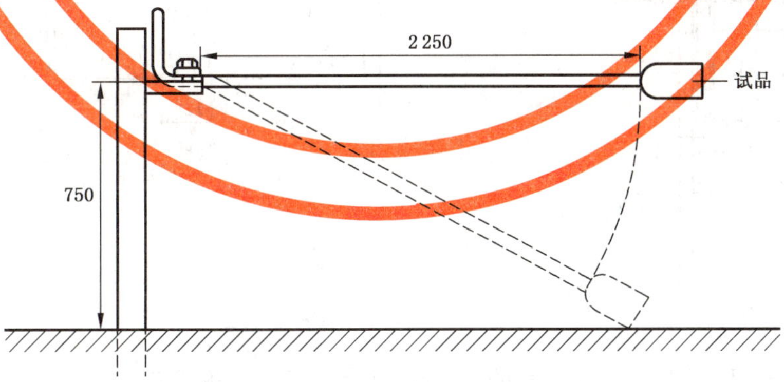

图 17 带电缆的 PRCD 机械强度的试验装置(9.12.4)

单位为毫米

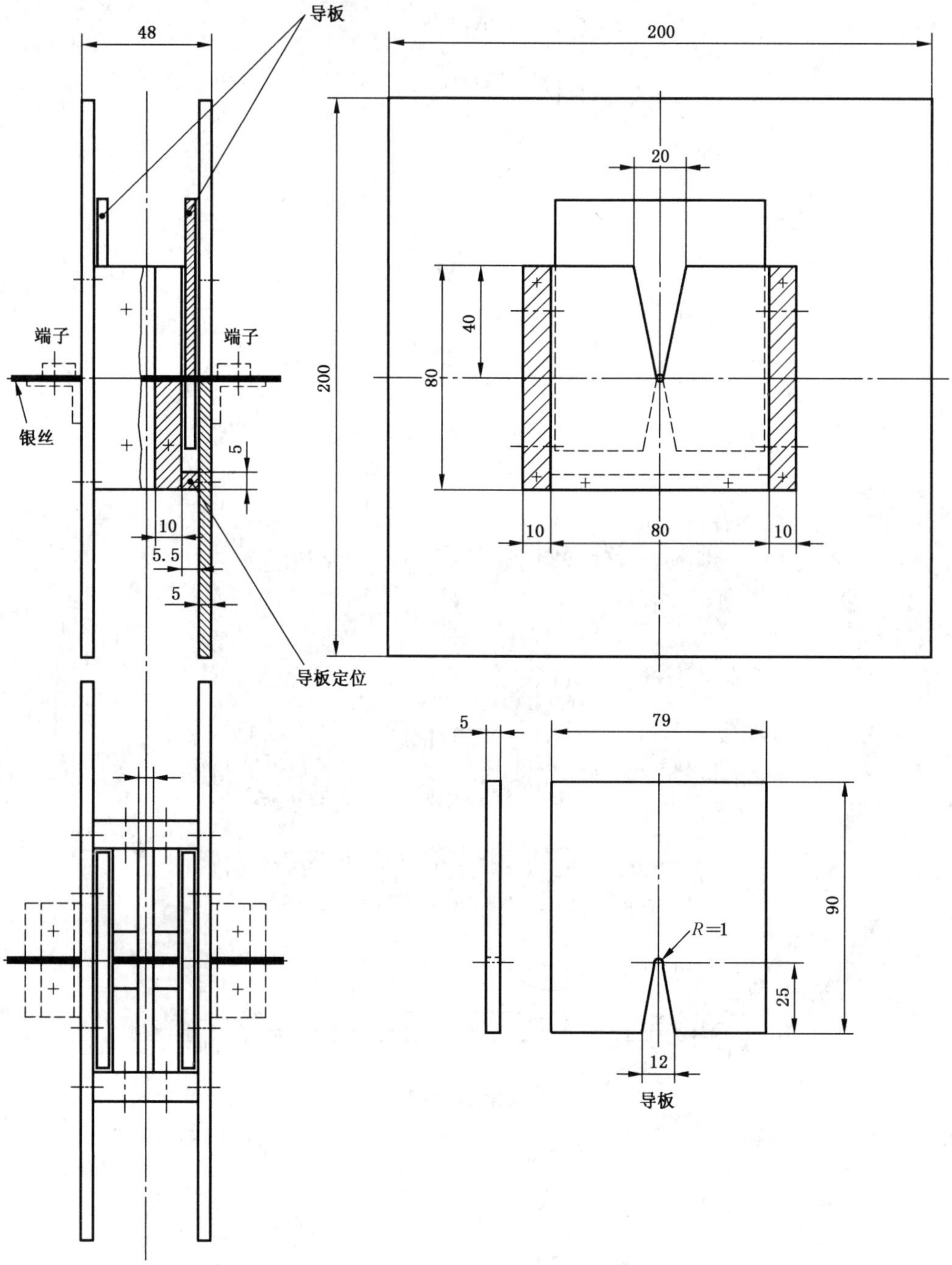

图 18 验证 PRCD 能承受的 I^2t 和 I_p 最小值的试验装置[9.11.2.1 a)]

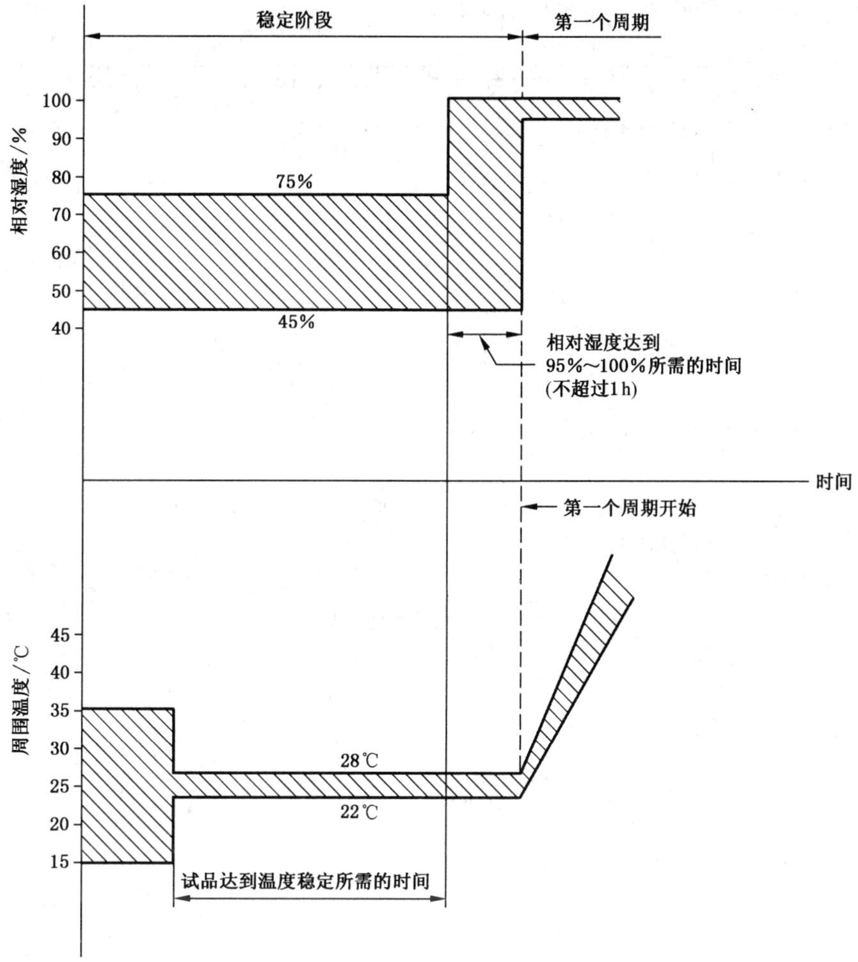

图 19　可靠性试验稳定阶段(9.22.1.3)

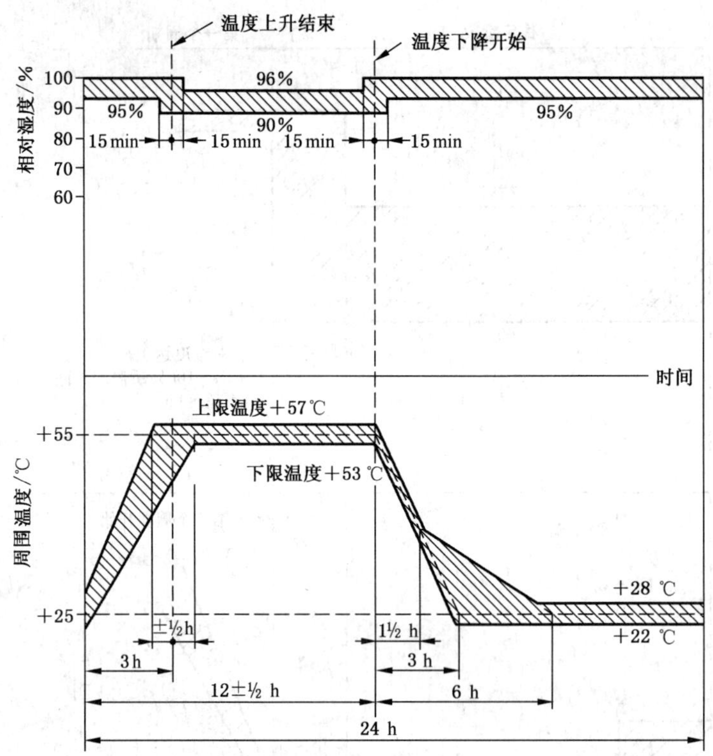

图 20　可靠性试验周期(9.22.1.3)

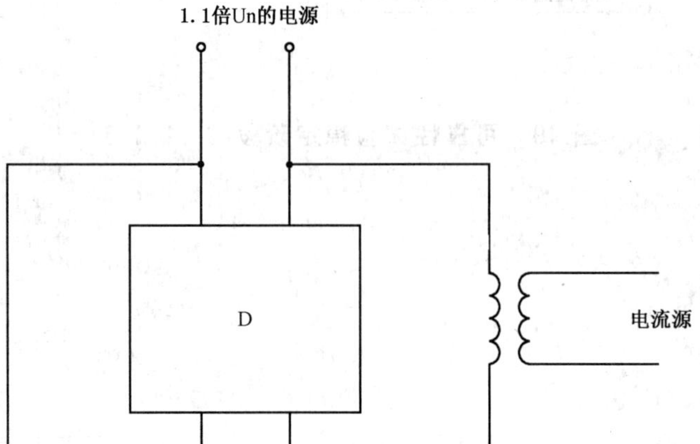

图 21　验证电子元件老化试验电路示例(9.23)

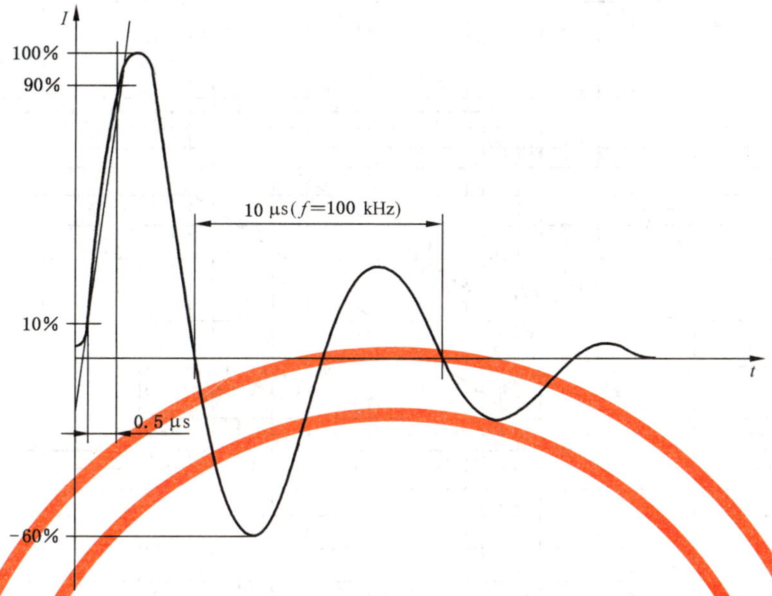

图 22 a) 0.5 μs/100 kHz 振铃波形电流

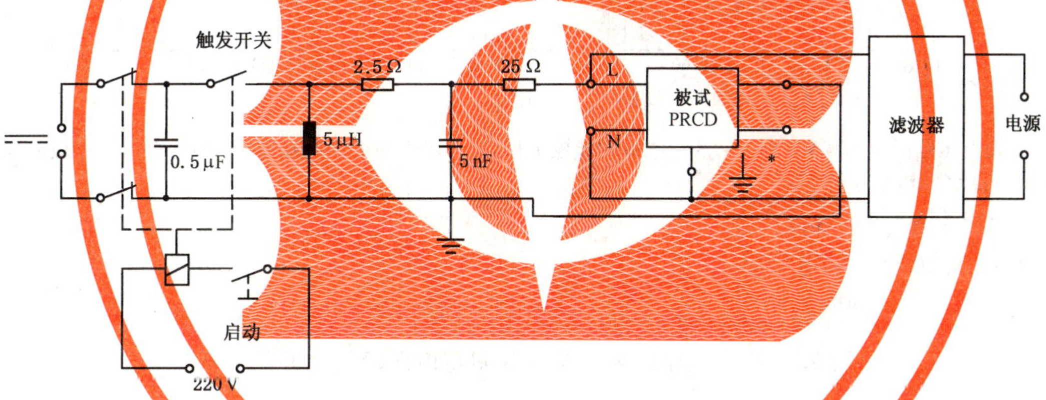

* 如果 PRCD 标志有接地端子，应接到中性线上。

图 22 b) 验证防止误脱扣试验电路示例

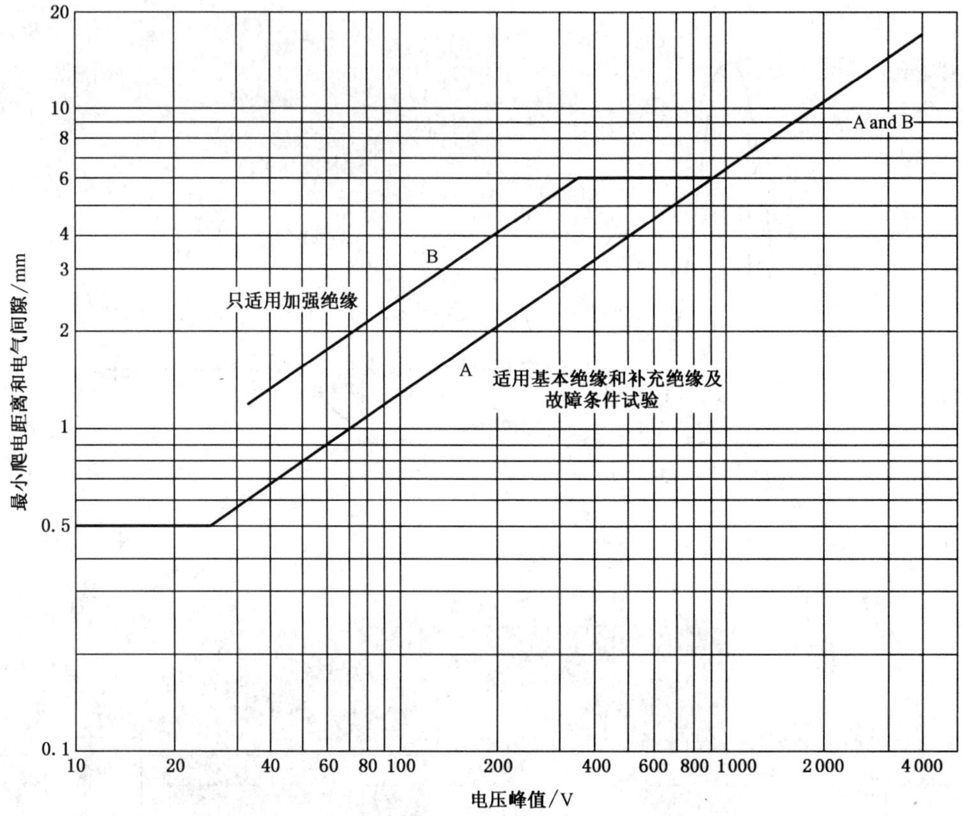

对连接到电压范围为 220 V～250 V 的主电源的导电部件，爬电距离和电气间隙等于 354 V(峰值)相应的尺寸。

曲线 A:34 V 相应于 0.6 mm

354 V 相应于 3 mm

曲线 B:34 V 相应于 1.2 mm

354 V 相应于 6 mm

图 23 最小爬电距离及电气间隙与电压峰值之间的关系

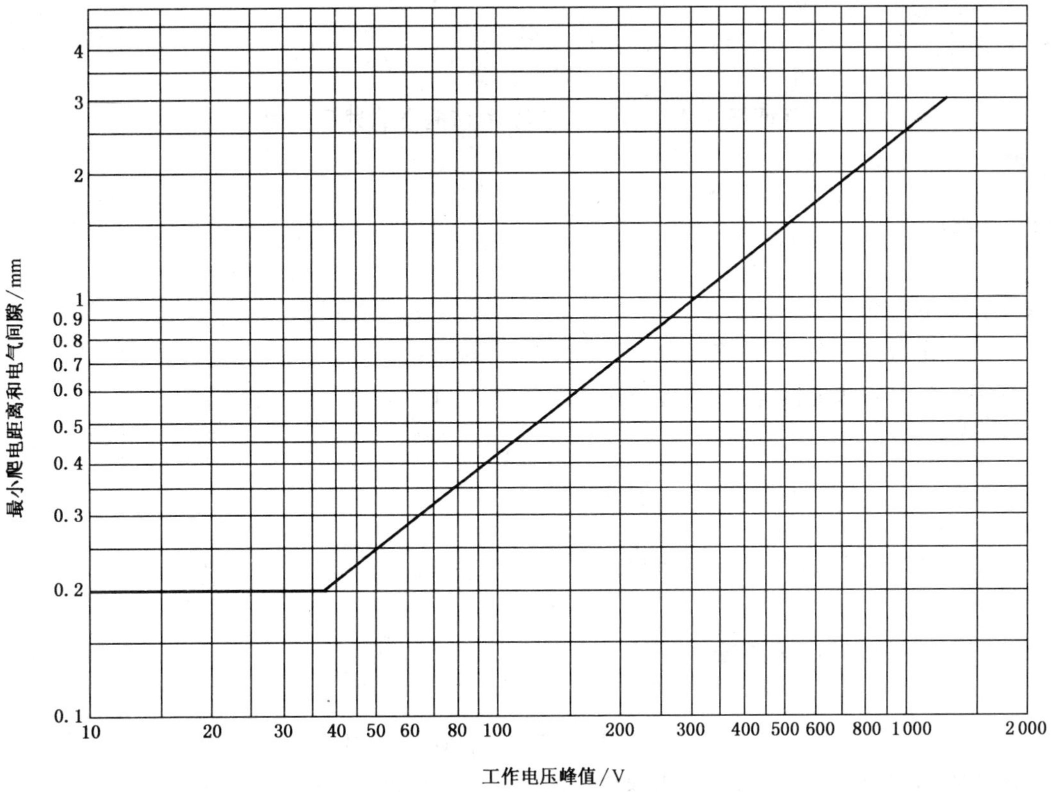

图 24 最小爬电距离及电气间隙与工作电压峰值之间的关系

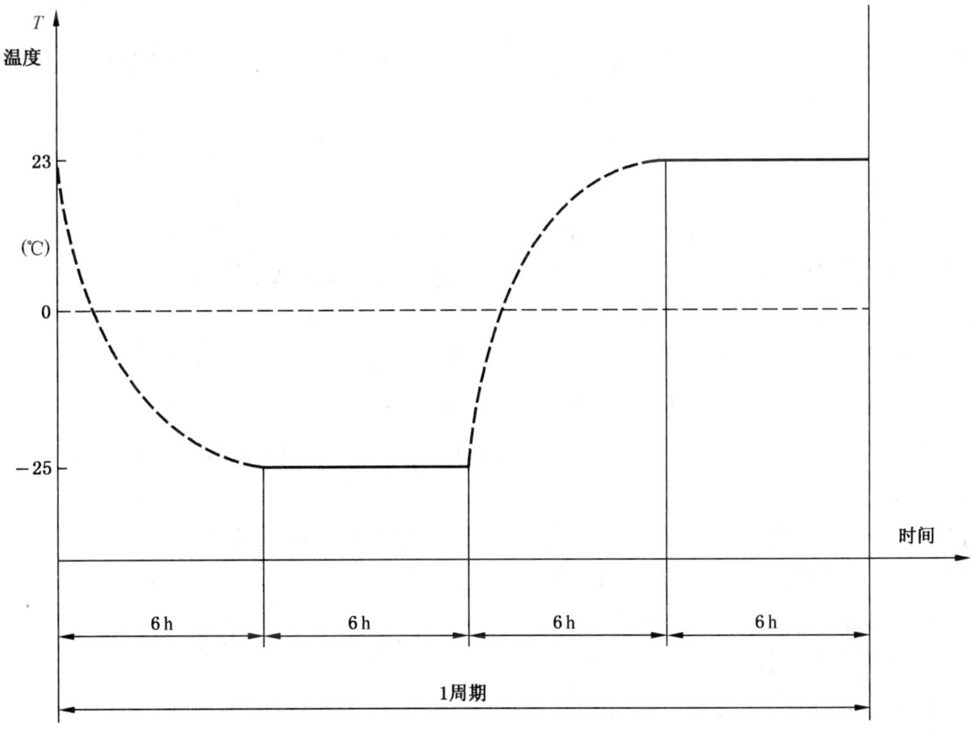

图 25 低温试验的试验周期

附 录 A
（规范性附录）
验证符合本标准的试验程序和提交的试品数量

A.1 一致性验证

一致性验证可以是
——制造厂作为供货商声明的验证(见 ISO/IEC 导则 2 的 13.5.1)；
——由一个独立的认证机构为了认证的验证(见 ISO/IEC 导则 2 的 13.5.2)。

A.2 试验程序

试验应按表 A.1 进行,表中每一个程序的试验按规定的次序执行。

A.3 提交全部试验程序的试品数量

如果只有一种型式一个电流额定值和一个剩余动作电流额定值的 PRCD 提交试验,不同试验序列的试品数量如表 A.2 所示,表中还列出了最低性能合格判别标准。

如果按表 A.2 第二栏提交的所有试品都通过试验,则满足了符合本标准的要求。如果只有第三栏中最少的试品数量通过试验,则应对第四栏所示增加的试品进行试验,并且所有的试品都应完满地完成整个试验程序。

A.4 基本设计结构相同的一个系列 PRCD 同时提交试验时,简化试验程序的试品数量

A.4.1 基本设计结构相同的一个系列 PRCD 或对这样一个系列的 PRCD 增加的试品提交认证时,试验的试品数量可按表 A.3 减少。

注：就本附录而言,"相同的基本设计结构"包含整个额定电流(I_n)系列和整个额定剩余动作电流($I_{\Delta n}$)系列。

如果满足 a)至 j)所包含的条件,可认为 PRCD 具有相同的基本设计结构：

a) 具有相同的基本设计,尤其是
——在同一系列中,与电压有关的型式和与电压无关的型式不应同时存在；
——在同一系列中,带熔断器的 PRCD 和不带熔断器的 PRCD 不应同时存在。

b) 除了下面 l)和 m)许可的不同外,剩余电流动作装置具有相同的脱扣机构和相同的继电器或螺线管。

c) 除了下面 k)所列举的不同外,内部载流部件的材料、涂层和尺寸相同。

d) 触头尺寸、材料、结构和连接方式相同。

e) 手动操作机构,材料和机械性能相同。

f) 模压材料和绝缘材料相同。

g) 灭弧装置的灭弧方法,材料和结构相同。

h) 除了下面 l)和 m)允许的不同外,剩余电流检测装置的基本设计相同。

i) 除了下面 m)允许的不同外,剩余电流脱扣装置的基本设计相同。

j) 除了下面 n)允许的不同外，试验装置的基本设计相同。

只要 PRCD 在所有的其他方面均符合上面详细列举的要求，下面的不同是允许的：

k) 内部载流连接装置的截面积。

l) 绕组的匝数和截面积以及差动互感器铁心的尺寸和材料。

m) 继电器的灵敏度和/或有关的电子电路(如有的话)。

n) 为符合 9.16 的试验所必须的产生最大安匝数器件的电阻值。

A.4.2 对具有相同分类(4.1)和相同基本结构，而额定电流和额定剩余电流不同的 PRCD，试验的试品数量可按表 A.3 减少。

A.4.3 对按 A.4.2 试验的具有相同基本结构，但按 4.1 分类不同的 PRCD，其补充试验程序可按表 A.4 减少，试品数量按表 A.3。

A.4.4 对于按 A.4.2 试验的具有相同分类，相同基本结构和相同额定电流、电压和剩余动作电流的 PRCD，但是插头和/或插座部分的标准不同(尺寸要求)，补充试验程序可按表 A.5 减少，试品数量按表 A.3。

表 A.1 试验程序

试验程序		条款或分条款	试验(或检查)项目
A		6	标志
			一般要求[a]
		9.3	标志的耐久性试验
		9.15	验证自由脱扣机构
		9.4	螺钉、载流部件和连接的可靠性试验
		9.5	连接外部导体的端子的可靠性试验
		9.25	验证应力对导线的影响
		9.26	验证插入式 PRCD 对固定安装插座施加的力矩
		9.6	验证电击保护
		9.13	耐热试验
		8.1.3	电气间隙和爬电距离
		9.24	耐漏电起痕
		9.14	绝缘材料耐异常发热和耐燃
B		9.7	介电性能试验
		9.8	温升试验
		9.20	验证 PRCD 耐冲击电压的性能
		9.22.2	40 ℃温度试验
		9.23	验证老化性能
C	C_1	9.11.3	验证 PRCD 中分开的或组成一体的插头和插座的接通分断能力
		9.10	验证机械和电气耐久性
		9.27[b]	电缆固定装置的试验
	C_2[c]	9.27	电缆固定装置的试验
	C_3[c]	9.28	不可拆线 PRCD 的弯曲试验

表 A.1（续）

试验程序		条款或分条款	试验(或检查)项目
D	D_0	9.9	验证动作特性
	D_1	9.17 9.19 9.21 9.11.2.3 9.16 9.12 9.18 9.30	与电源电压有关的 PRCD 在电源电压故障时的工作状况 防止误脱扣的能力 验证剩余电流含有直流分量时的正确动作 验证额定剩余短路接通和分断能力($I_{\Delta m}$) 试验装置 耐机械振动和撞击性能 过电流情况下的不动作电流 PRCD 具有固定连接在两极之间电子元件时，验证电气间隙和爬电距离的替代试验
E		9.11.2.4 a) 9.11.2.2	在 I_{nc} 时的配合 在 I_m 时的性能
F		9.11.2.4 b) 9.11.2.4 c)	在 I_m 时的配合 在 $I_{\Delta c}$ 时的配合
G		9.22.1	可靠性(气候试验)
H	H_1	9.29	GB 18499—2008 表 4 中 T1.1:谐波，谐间波 GB 18499—2008 表 4 中 T1.2:信号电压 GB 18499—2008 表 5 中 T2.3:浪涌
	H_2		GB 18499—2008 表 5 中 T2.1:传导正弦波电压或电流 GB 18499—2008 表 5 中 T2.5:辐射电磁场 GB 18499—2008 表 5 中 T2.2:快速瞬变(脉冲群)
	H_3		GB 18499—2008 表 5 中 T2.6:频率低于 150 kHz 内的共模传导骚扰 GB 18499—2008 表 6 中 T3.1:静电放电

[a] “一般要求”包括 8.1.1 和 8.1.2 的检查和测量。这些条款的每个试验可以在试验程序 A 中任何合适的地方进行。

[b] 仅对可拆线的 PRCD。

[c] 适用于不可拆线的 PRCD。

表 A.2 全部试验程序的试品数量

试验程序[a]	试品数量	最少的合格试品数量[b]	重复试验的试品数量[c]
A	1	1	—
B	3	2	3
C	3	2	3
D	3	2	3
E	3	2	3
F	3	2	3
G	3	2	3
H_1	3	2	3
H_2	3	2	3
H_3	3	2	3

表 A.2（续）

试验程序[a]	试品数量	最少的合格试品数量[b]	重复试验的试品数量[c]

注 1：如果试验时必须拆开试品，可能需要增加一个试品。这时，制造厂应提供一个特殊加工的试品。

注 2：如果制造厂要求时，C_2 和/或 C_3 应仅在一组（或二组）试品上试验。

注 3：所有试品均应符合 9.9.2，9.9.3 和 9.11.2.3 的要求（适用时），此外，在 9.11.2.2，9.11.2.4 a），9.11.2.4 b）或 9.11.2.4 c）项试验时，任何试品均不应发生持续燃弧或极间闪络或极与框架之间闪络。

注 4：制造商要求时，H_1、H_2、H_3 的同一组试品可以用于这些试验程序中的多个试验程序。

[a] 总共最多可重复试验 3 个试验程序。

[b] 假定没有通过试验的试品没有满足技术要求是由于工艺或装配的缺陷造成，而不是由于设计的原因。

[c] 在重复试验时，所有的试验结果必须合格。

表 A.3　试品数量的减少

试验程序	试品的数量[a]
A	1　最大 I_n 额定值 最小 $I_{\Delta n}$ 额定值
B	3　最大 I_n 额定值 最小 $I_{\Delta n}$ 额定值
C_1	3　最大 I_n 额定值 最小 $I_{\Delta n}$ 额定值
C_2 或 C_3	3　任何 I_n 或 $I_{\Delta n}$ 额定值
D_0+D_1	3　最大 I_n 额定值 最小 $I_{\Delta n}$ 额定值
D_0	1　所有其他 $I_{\Delta n}$ 额定值
E	3　最大 I_n 额定值 最小 $I_{\Delta n}$ 额定值 3[b]　最小 I_n 额定值 最大 $I_{\Delta n}$ 额定值
F	3　最大 I_n 额定值 最小 $I_{\Delta n}$ 额定值 3[b]　最小 I_n 额定值 最大 $I_{\Delta n}$ 额定值
G	3　最大 I_n 额定值 最小 $I_{\Delta n}$ 额定值
H_1	3　最大 I_n 额定值 最小 $I_{\Delta n}$ 额定值
H_2	3　最大 I_n 额定值 最小 $I_{\Delta n}$ 额定值
H_3	3　最大 I_n 额定值 最小 $I_{\Delta n}$ 额定值

[a] 如果按 A.3 的最低合格性能判别标准重复进行试验，对相关的试验用一组新的试品。重复试验时所有的试验结果均应合格。

[b] 如果只有一个 I_n 值提交试验，这组试品不需要。

表 A.4 补充试验程序的减少

最初试验的 PRCD分类	其他型式 PRCD 的试验程序[a]							
	4.1.1	4.1.2.1	4.1.2.2	4.1.2.3	4.1.3.1	4.1.3.2	4.1.4.1	4.1.4.2
4.1.1 转换器		A,B,C 9.12[g]	A,B,C 9.12[g]	A,B,C 9.12[g]	A,B,C 9.12[g]	A,B,C 9.12[g]	A,B,C 9.12[g]	A,B,C 9.12[g]
4.1.2.1 PRCD 装有插头的电线加长组件	A,B,C 9.12[g]	—	A 9.8 C_2,C_3	A,B,C 9.12[g]	A[c] 9.12[g] C_2	[d]	A[c] 9.8 9.12[g] C_2	A[c] 9.8 C_2,C_3
4.1.2.2 电线加长组件	A,B,C 9.12[g] E,F	A,B,C 9.12[g] E,F	—	A,B,C 9.12[g]	A,B,C 9.12[g] E,F	A,B,C 9.12[g] E,F	A,B,C 9.12[g] E,F	A,B,C E,F
4.1.2.3PRCD 装有插座的电线加长组件	A,B,C 9.12[g] E,F	A,B,C 9.12[g] E,F	A,B,C E,F	—	A,B,C 9.12[g] E,F	A,B,C 9.12[g] E,F	A,B,C 9.12[g] E,F	A,B,C E,F
4.1.3.1 RCD保护插头	A,B,C	A[c] 9.12[g] C_2,C_3	A,B,C 9.12[g]	A,B,C 9.12[g]	—	A[c] 9.12[g] C_2,C_3	A,B,C 9.12[g]	A,B,C 9.12[g]
4.1.3.2 RCD保护插头	A,B,C	[b]	A,B,C 9.12[g]	A,B,C 9.12[g]	A[c] 9.12[g] 9.8[f] C_2	—	A,B,C 9.12[g]	A,B,C 9.12[g]
4.1.4.1 带端子的在线式 PRCD	A,B,C E,F	A,B,C E,F	9.25[g] C_2,C_3	A,B,C 9.12[g]	A,B,C 9.12[g] E,F	A,B,C 9.12[g] E,F	—	9.8[f] 9.25[g] C_2,C_3
4.1.4.2 带电缆的在线式 PRCD	A,B,C 9.12[g] E,F	A,B,C 9.12[g] E,F	[b]	A,B,C 9.12[g]	A,B,C 9.12[g] E,F	A,B,C 9.12[g] E,F	A[c] 9.8[f] 9.12[g] C_2	

[a] 程序 A:除了 9.15 以外;
如果材料相同,除了 9.14 和 9.24 以外。
程序 B:仅要求 9.7、9.8。
程序 C:除了 9.10 以外。

[b] 如果插头和/或插座符合 GB 2099.1 的要求,不需要再做试验。

[c] 程序 A:仅需要第 6 章,分条款 8.1、8.1.3、9.5、9.6 和 9.25 的试验。

[d] 不需要再进一步试验。

[e] 属于程序 A。

[f] 属于程序 B。

[g] 属于程序 D。

表 A.5　补充试验程序的减少

最初试验的 PRCD 分类	分类相同但插头和/或插座部分标准不同的 PRCD 的试验程序[a,b]	分类相同但仅仅是接地电路的连接部件不同的 PRCD 的试验程序
4.1.1 4.1.2.1 4.1.2.3 4.1.3.1 4.1.3.2	A,B,C 9.12[e]	A[c]
4.1.2.2 4.1.4.1 4.1.4.2	[d]	[d]

[a] 如果最初试验的 PRCD 配有一个内装式的熔断器,但被试的 PRCD 中没有装,要求程序 E 和 F 的试验。

[b] 程序 A:除了 9.15 以外;

如果材料相同,除了 9.14 和 9.24 以外。

程序 B:仅需要 9.7 和 9.8 的试验。

程序 C:除了 9.10 以外。

[c] 程序 A:仅需要第 6 章,"一般要求"和 8.1.3 的试验。

[d] 如果插头和/或插座符合 GB 2099.1 的要求,不需要再做试验。

[e] 属于程序 D。

附 录 B
（规范性附录）
常规试验

一般来说，根据制造厂的经验，为确保每个 PRCD 符合经受本标准试验的样品，必须做更多的试验。

选择适当的试验程序也留给制造厂考虑。

B.1 脱扣试验

依次对 PRCD 的每个电流回路通以一个剩余电流，在电流小于或等于 $0.5I_{\Delta n}$时，PRCD 不应脱扣，但在 $I_{\Delta n}$时，PRCD 应在规定时间(见表 2)内脱扣。

对每个 PRCD 至少应施加 5 次试验电流，而对每极至少应施加 2 次试验电流。

B.2 电气强度试验

在下列部位，施加频率为 50 Hz 或 60 Hz，基本上为正弦波的 1 500 V 电压 1 s。

a) PRCD 在断开位置，当 PRCD 闭合时电气上连接在一起的端子之间；

b) 对没有电子元件的 PRCD，PRCD 在闭合位置，在两个电流回路之间；

c) 对带有电子元件的 PRCD，PRCD 在断开位置，在两个进线端的端子之间或两个出线端的端子之间，使得电压不施加在电子元件上；

d) 所有连接在一起的电流回路端子与接地回路之间。

不应发生闪络和击穿。

注：对连接至接地回路的电子电路，正在考虑修改试验。

B.3 试验装置的性能

PRCD 处在闭合位置并连接到 0.85 倍额定电压的电源上，操作试验装置时，PRCD 应断开。

当试验装置预期可在几个电压下使用时，试验应在 0.85 倍最低电压值下进行。

B.4 线丝脱离试验

每个模压式 PRCD(见 3.1.7)应在装置的额定频率下承受高电压试验，试验电压施加在所有连接在一起的载流部件和与整个可触及的外表面(插合面除外)接触的导电极之间。试验电压为交流 6 kV，持续时间 3 s～5 s。

试验过程中，不应发生闪络和击穿。没有电压降的辉光放电应忽略不计。

B.5 正确的导电连续性试验

4.1.2.1、4.1.2.2、4.1.2.3 和 4.1.3.2 分类的 PRCD 应进行下列试验(合适时)。应采用任何合适的电压来检验是否符合要求。

——对 4.1.3.2 分类的 PRCD，在单独安装的软电缆的每根导线，包括 PE 导线的远端和 PRCD 相应的插销或插套之间；

——对 4.1.2.1、4.1.2.2 和 4.1.2.3 分类的 PRCD，在每个插头的插销或插套，包括 PE 导线，和 PRCD 每个插座上相应插销或插套之间。

上述测试部位之间应具有导电连续性，并且极性应正确（有关时）。

可以采用其他合适的试验。

附 录 C
（规范性附录）
确定电气间隙和爬电距离

在确定电气间隙和爬电距离时，建议考虑下列几点：

——如果电气间隙和爬电距离受到一个或几个金属部件的影响，则各部分的总和至少应为规定的最小值；

——当几个单独部分的长度小于 1 mm 时，在计算电气间隙和爬电距离的总长度时，不考虑这些部分的长度。

在确定爬电距离时：

a) 槽的宽度和深度均大于或等于 1 mm 时，应沿着槽的轮廓线测量；

b) 槽的任何尺寸小于上述或尺寸时，应忽略不计；

c) 筋高度大于或等于 1 mm 时：

——如果筋和绝缘材料部件是一体的（例如，用模压、焊接或胶合方式制成的），则沿着筋的轮廓线测量。

——如果筋和绝缘材料部件不是一体的，则沿着筋与绝缘材料的连接处或筋的剖面的轮廓线中较短的路径测量。

用下列图例对上述推荐的应用进行说明：

——图 C.1，图 C.2，和图 C.3 表示在计算爬电距离时，包括槽或不包括槽在内的图例；

——图 C.4 和图 C.5 表示在计算爬电距离，包括筋或不包括筋在内的图例；

——图 C.6 说明当筋由插入的绝缘隔板组成，其外部轮廓线比结合部分长度长时，考虑结合部分的爬电距离；

——图 C.7，图 C.8，图 C.9 和图 C.10 说明当绝缘材料部件的凹槽中有固定的零件时，如何确定爬电距离。

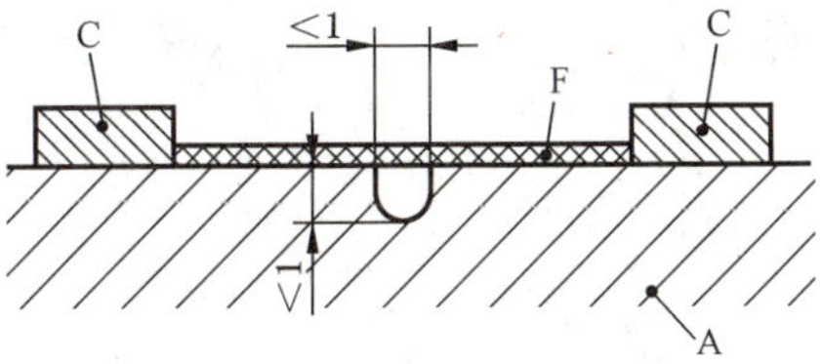

图 C.1

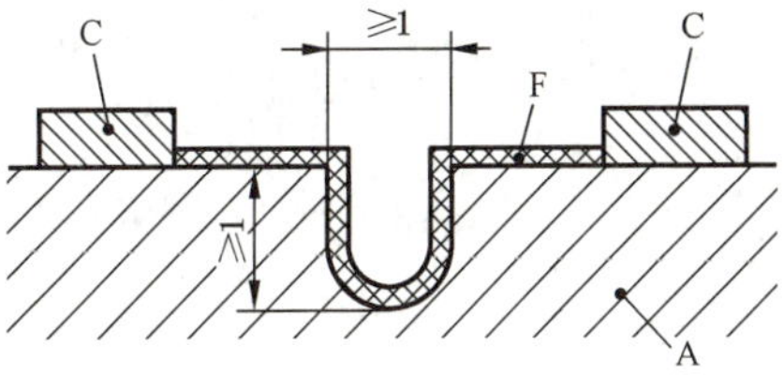

图 C.2

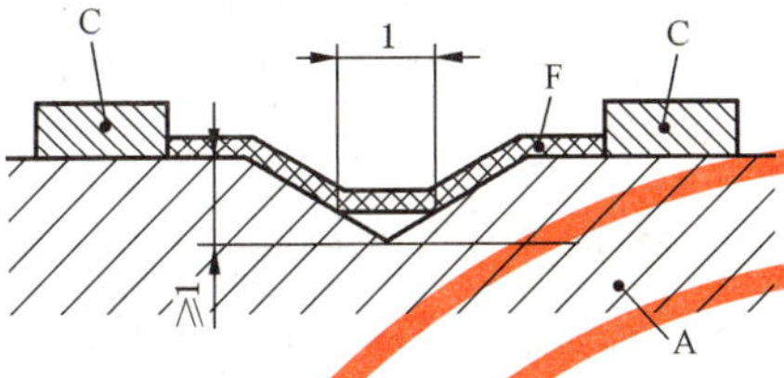

图 C.3

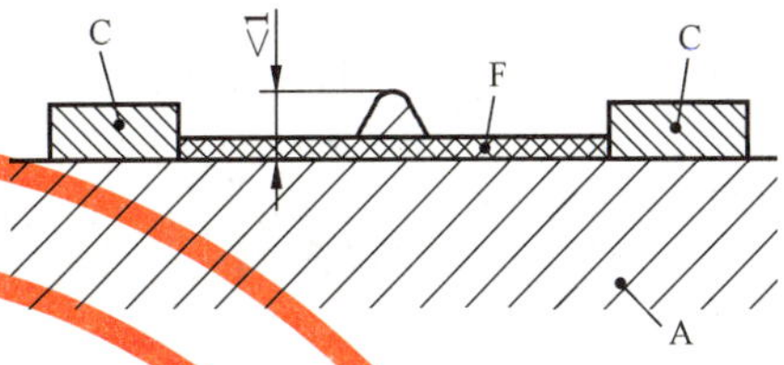

图 C.4

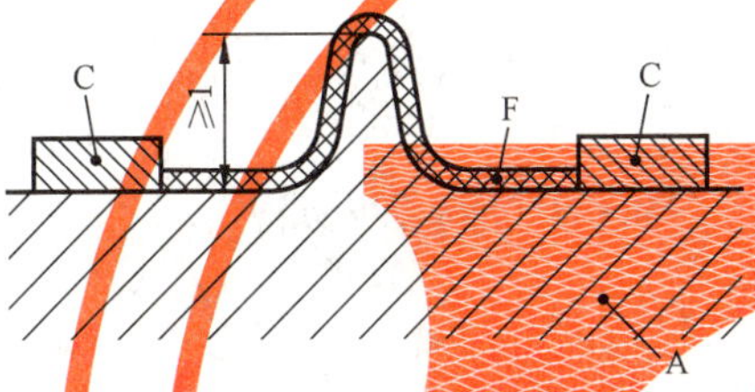

图 C.5

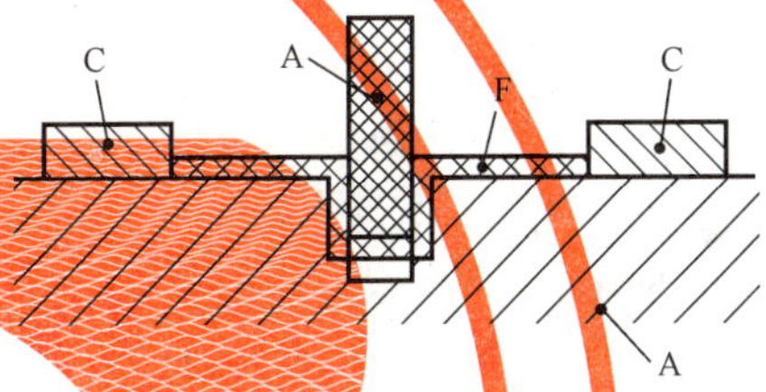

图 C.6

图 C.7

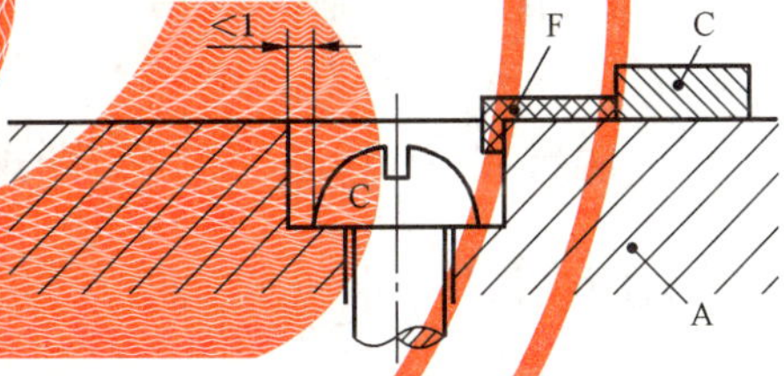

图 C.8

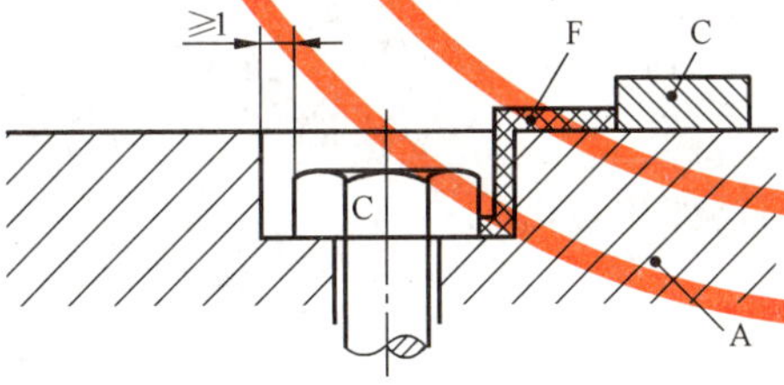

图 C.9

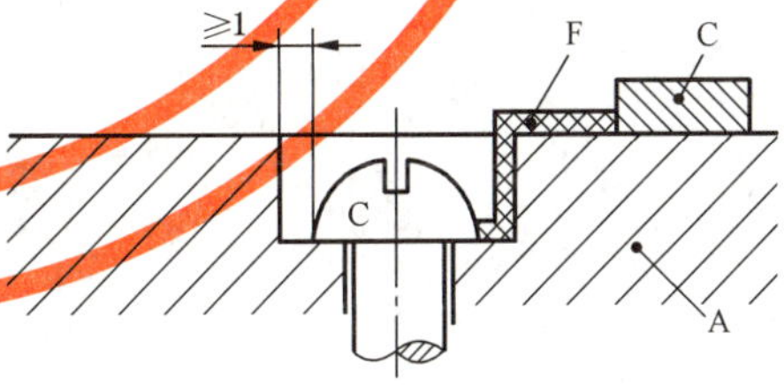

图 C.10

说明：

A——绝缘材料；

B——导电部件；

F——爬电距离。

图 C.1～图 C.10 爬电距离应用图示说明

ICS 21.100.20
J 11

中华人民共和国国家标准

GB/T 20057—2012/ISO 12043:2007
代替 GB/T 20057—2006

滚动轴承　圆柱滚子轴承
平挡圈和套圈无挡边端倒角尺寸

**Rolling bearings—Single-row cylindrical roller bearings—
Chamfer dimensions for loose rib and non-rib sides**

(ISO 12043:2007,IDT)

2012-09-03 发布　　　　2013-03-01 实施

中华人民共和国国家质量监督检验检疫总局
中国国家标准化管理委员会　发布

前　言

本标准按照 GB/T 1.1—2009 给出的规则起草。

本标准代替 GB/T 20057—2006《滚动轴承　单列圆柱滚子轴承　平挡圈和套圈无挡边端倒角尺寸》。与 GB/T 20057—2006 相比，除编辑性修改外，主要技术变化如下：

——增加了直径系列 4 的倒角尺寸（见本版和 2006 版的表 1）；

——增加了部分尺寸段的倒角尺寸（见本版和 2006 版的表 1）。

本标准使用翻译法等同采用 ISO 12043:2007《滚动轴承　圆柱滚子轴承　平挡圈和套圈无挡边端倒角尺寸》。

与本标准中规范性引用的国际文件有一致性对应关系的我国文件如下：

——GB/T 273.3—1999　滚动轴承　向心轴承　外形尺寸总方案(eqv ISO 15:1998)

——GB/T 274—2000　滚动轴承　倒角尺寸　最大值(idt ISO 582:1995)

——GB/T 6930—2002　滚动轴承　词汇(ISO 5593:1997,IDT)

——GB/T 7811—2007　滚动轴承　参数符号(ISO 15241:2001,IDT)

本标准由中国机械工业联合会提出。

本标准由全国滚动轴承标准化技术委员会(SAC/TC 98)归口。

本标准起草单位：洛阳轴承研究所有限公司、浙江八环轴承有限公司、台州优特轴承有限公司。

本标准主要起草人：郭宝霞、牛建平、郑子勋。

本标准所代替标准的历次版本发布情况为：

——GB/T 20057—2006。

滚动轴承　圆柱滚子轴承
平挡圈和套圈无挡边端倒角尺寸

1　范围

本标准规定了 ISO 15 中直径系列 0、2、3 和 4(尺寸系列 24 除外)圆柱滚子轴承平挡圈和套圈无挡边端的最小倒角尺寸,标准中所指明的最小倒角尺寸与 ISO 15 规定的一致。

2　规范性引用文件

下列文件对于本文件的应用是必不可少的。凡是注日期的引用文件,仅注日期的版本适用于本文件。凡是不注日期的引用文件,其最新版本(包括所有的修改单)适用于本文件。

ISO 15　滚动轴承　向心轴承　外形尺寸总方案(Rolling bearings—Radial bearings—Boundary dimensions,general plan)

ISO 582　滚动轴承　倒角尺寸　最大值(Rolling bearings—Chamfer dimensions—Maximum values)

ISO 5593　滚动轴承　词汇(Rolling bearings—Vocabulary)

ISO 15241　滚动轴承　参数符号(Rolling bearings—Symbols for quantities)

3　术语和定义

ISO 5593 界定的术语和定义适用于本文件。

4　符号

ISO 15241 给出的以及下列符号适用于本文件。

除另有说明外,图 1 中所示符号和表 1 中所示数值均表示公称尺寸。

d:内径

r_1:倒角尺寸

$r_{1s\,min}$:最小单一倒角尺寸

5　尺寸

直径系列 0、2、3 和 4 圆柱滚子轴承平挡圈和套圈无挡边端的倒角尺寸见表 1。

对于标准设计和 E—设计的圆柱滚子轴承,表 1 所列数值是有效的。

注:对于圆柱滚子轴承,E 表示滚子和保持架组件为加强型设计,可增加径向承载能力。

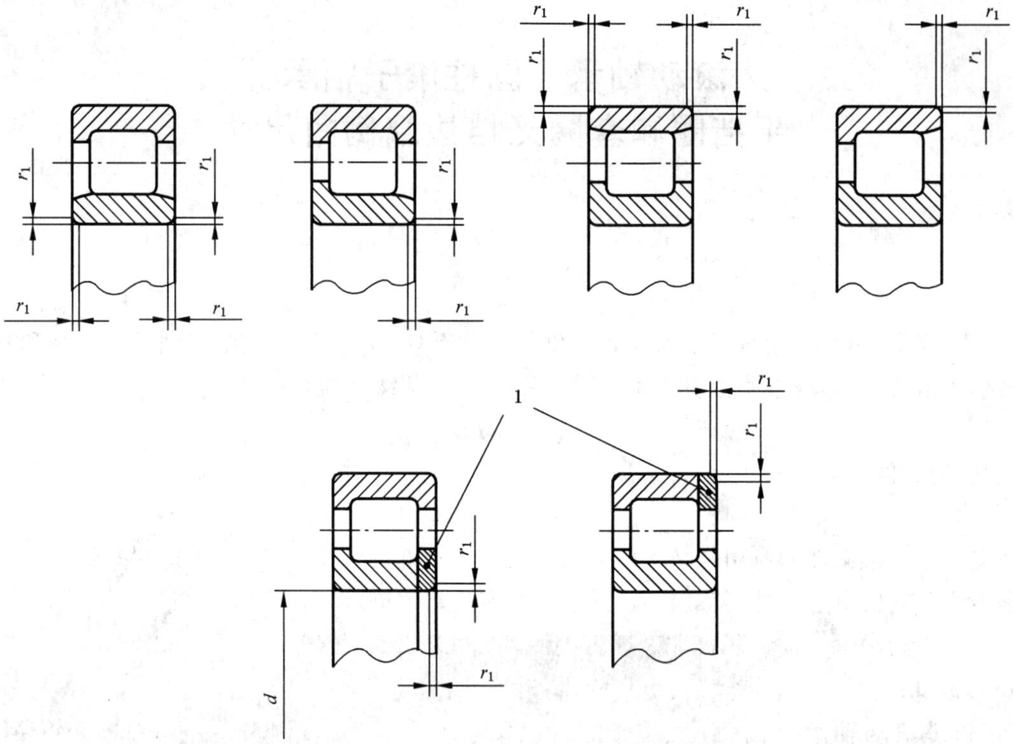

说明：

1——平挡圈。

图 1 圆柱滚子轴承平挡圈和套圈无挡边端倒角尺寸

表 1 倒角尺寸

单位为毫米

d	直径系列			
	0	2	3	4[c]
	$r_{1s\,min}$[a]			
15	—	0.3	0.6	—
17	—	0.3	0.6	—
20	0.3	0.6	0.6	—
25	0.3	0.6	1.1[b]	1.5[b]
30	0.6	0.6	1.1[b]	1.5[b]
35	0.6	0.6	1.1	1.5[b]
40	0.6	1.1[b]	1.5[b]	2[b]
45	0.6	1.1[b]	1.5[b]	2[b]
50	0.6	1.1[b]	2[b]	2.1[b]
55	1	1.1	2[b]	2.1[b]

表 1（续） 单位为毫米

d	直径系列			
	0	2	3	4[c]
	$r_{1s\ min}$[a]			
60	1	1.5[b]	2.1[b]	2.1[b]
65	1	1.5[b]	2.1[b]	2.1[b]
70	1	1.5[b]	2.1[b]	3[b]
75	1	1.5[b]	2.1[b]	3[b]
80	1	2[b]	2.1[b]	3[b]
85	1	2[b]	3[b]	4[b]
90	1.1	2[b]	3[b]	4[b]
95	1.1	2.1[b]	3[b]	4[b]
100	1.1	2.1[b]	3[b]	4[b]
105	1.1	2.1[b]	3[b]	4[b]
110	1.1	2.1[b]	3[b]	4[b]
120	1.1	2.1[b]	3[b]	5[b]
130	1.1	3[b]	4[b]	—
140	1.1	3[b]	4[b]	—
150	1.5	3[b]	4[b]	—
160	1.5	3[b]	4[b]	—
170	2.1[b]	4[b]	4[b]	—
180	2.1[b]	4[b]	4[b]	—
190	2.1[b]	4[b]	5[b]	—
200	2.1[b]	4[b]	5[b]	—
220	3[b]	4[b]	5[b]	—
240	3[b]	4[b]	5[b]	—
260	4[b]	5[b]	6[b]	—
280	4[b]	5[b]	6[b]	—
300	4[b]	5[b]	—	—

表 1（续）

单位为毫米

d	直径系列			
	0	2	3	4[c]
	$r_{1s\,min}$[a]			
320	4[b]	5[b]	—	—
340	5[b]	—	—	—
360	5[b]	—	—	—
380	5[b]	—	—	—
400	5[b]	—	—	—
420	5[b]	—	—	—
440	6[b]	—	—	—
460	6[b]	—	—	—
480	6[b]	—	—	—
500	6[b]	—	—	—

[a] 最大倒角尺寸规定在 ISO 582 中。

[b] 倒角尺寸与 ISO 15 中的 $r_{s\,min}$ 值一致。

[c] 尺寸系列 24 除外。

ICS 35.040
L 71

GB

中华人民共和国国家标准

GB/T 20090.1—2012

信息技术 先进音视频编码
第1部分:系统

Information technology—Advanced coding of audio and video—Part 1:System

2012-12-31 发布 2013-06-01 实施

中华人民共和国国家质量监督检验检疫总局
中国国家标准化管理委员会 发布

前　言

GB/T 20090《信息技术　先进音视频编码》分为以下 9 个部分：

——第 1 部分：系统；

——第 2 部分：视频；

——第 3 部分：音频；

——第 4 部分：符合性测试；

——第 5 部分：参考软件；

——第 6 部分：数字版权管理；

——第 7 部分：移动视频；

——第 8 部分：在 IP 网络上传输 AVS；

——第 9 部分：AVS 文件格式。

本部分为 GB/T 20090 的第 1 部分。

本部分按照 GB/T 1.1—2009 给出的规则起草。

本部分由中华人民共和国工业和信息化部提出。

本部分由全国信息技术标准化技术委员会(SAC/TC 28)归口。

本部分起草单位：中国科学院计算技术研究所、清华大学、北京算通科技发展有限公司、中国电子技术标准化研究院、北京大学、华中科技大学、北京邮电大学、联合信源数字音视频技术(北京)有限公司、展讯通信(上海)有限公司。

本部分主要起草人：陈熙霖、杨士强、高鹏飞、霍龙社、高麟鹏、丁亚强、杨志杰、林福辉、牟伦田、王啸、朱光喜、林永兵、贺玉文、喻莉、王雷、冯博、张桢睿、杨昭辉、杨洁、汪恒晶、高文、黄铁军、卢汉清。

引　言

0.1 综述

GB/T 20090 的本部分论述了如何将一路或多路音频、视频位流或其他基本数据流合成单路或多路复用流，用于存储和传送。系统编码遵循本部分指定的语法和语义规则，并提供了使解码器缓冲区能在一定范围的补偿和接收条件下进行同步解码的信息。

系统编码包含两种形式：传输流和节目流，分别针对不同的应用加以优化。本部分中定义的传输流和节目流提供了编码语法，该语法对于同步解码及展现音频、视频信息是充分且必要的，同时保证了解码器中数据缓冲区不发生上溢和下溢。该语法中应至少包含以下两种信息之一：

a) 有关展现编码的音频和视频数据的相对时间戳，以及有关数据流本身传送的比特率信息；

b) 有关解码和展现编码的音频和视频数据的时间戳，以及有关数据流本身传送的时间戳信息。

传输流和节目流都是面向分组包的多路复用流。

单一音频和视频基本流的多路复用过程见图 1。视频和音频数据可按包括 GB/T 20090.2 和 GB/T 20090.3 等部分进行编码，之后，压缩数据被打包以形成 PES 分组包。在形成 PES 分组包的过程中，当独立使用传输流或节目流的 PES 分组包时可能会加入所需的描述信息；而 PES 分组包需要进一步与系统层信息结合形成传输流或节目流时，不包含这一信息。本部分覆盖了图 1 中竖直虚线右边所示的处理过程。

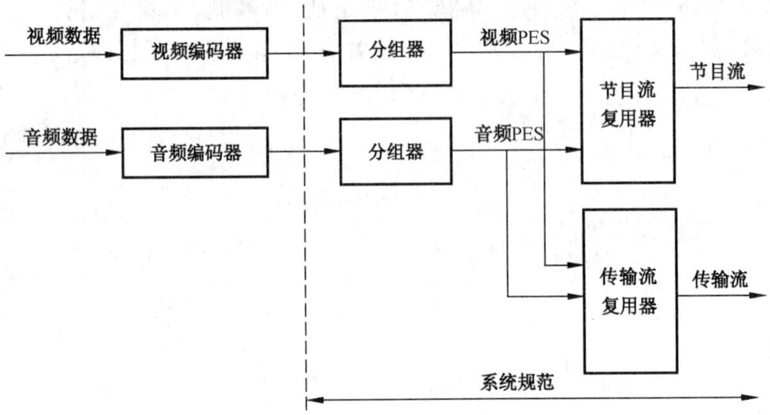

图 1　多路复用过程简图

本部分定义的节目流是由具有共同时间基准的一个或多个 PES 分组包合并而成的单一流。有些应用中要求包含单个节目的基本流是未多路复用的分离流。对这些应用，基本流也可作为分离的节目流编码。每一基本流含一个节目流且具有共同时间基准。在这种情况下，不同流中 SCR 字段的编码值应一致。

所有的基本流和单一节目流都可被同步解码。

节目流被设计用于相对无差错环境中，且适用于诸如交互式多媒体等应用。节目流分组包长度可变。

传输流是由一个或多个节目组成的单一流，且这些节目可包含一个或多个不同时钟基准。由同一个节目中的多个基本流所组成的多个 PES 分组包共享一个时钟基准。传输流是为用于可能出现差错的有损或有噪媒体中的存储或传输环境而设计的。传输流分组包长度为188字节。

节目流和传输流是为不同应用设计的，它们的定义并不严格遵守分层模型，彼此之间可相互转换，但并不互为子集或超集。可以从一个传输流中抽取一个节目的内容并创建一个有效的节目流。该转换可利用PES分组包的公共互换格式完成，但并非节目流需要的所有字段都包含在传输流中，有一些需要导出。而在分层模型中，传输流可能横跨多个层，并易于在宽带应用中实现。

本部分描述的语法规则和语义规则的范围是不同的：语法规则仅用于系统层编码，并不延伸到GB/T 20090.2和GB/T 20090.3中所描述的压缩层编码，而语义规则适用于复用流。

本部分未规定编码器或解码器的体系结构或实现方法，也未对多路复用器或解复用器作相应的规定。然而，位流的性质对编码器、解码器、多路复用器和解复用器提出了功能和性能上的要求，如编码器应满足最小的时钟容差要求，但这些要求并不妨碍编码器、解码器、多路复用器和解复用器的设计与实现的灵活性。

0.2 传输流

传输流是针对在那些可能会出现显著错误（往往表现为位差错或分组包丢失）的环境中进行节目传送和存储而定义的一种流。这些节目包含按照GB/T 20090.2和GB/T 20090.3等部分定义的编码数据以及其他数据。

传输流的速率可以是恒定或可变的。在任何情况下，所包含的基本流的速率也可以是恒定或可变的。在每一种情况下，流的语法或语义限制是相同的，传输流速率由传输率（transport_rate）字段的值定义，这些传输率字段嵌入在每个流中。

一个包含多个具有独立时间基准的节目传输流会造成总体比特率可变，这会给构造和传送这样的位流带来一定困难，见6.2.2。

只要能够生成一个有效的流，包含一个或多个节目的传输流可以从基本编码数据流、节目流或其他可能包含一个或多个节目的传输流构造生成。

传输流是按照在最小开销的情况下能对传输流执行某些操作的原则而设计的。这些操作包括：

a) 从传输流的一个节目中获得编码数据、解码并展现，如图2所示；
b) 从传输流的一个节目中抽取传输流分组包并生成一个仅包含该节目的新的传输流作为输出，如图3所示；
c) 从一个或多个传输流中抽取一个或多个节目的传输流分组包并生成一个新的传输流；
d) 从传输流中抽取一个节目内容并生成包含该节目的一个节目流，如图4所示；
e) 把一个节目流转化为传输流，并在有损环境中传输。然后再重建一个有效的、在某些情况下完全相同的节目流。

图2和图3描述了以一个传输流作为输入的解复用及解码系统原型。图2说明了第一种情况，即一个传输流被直接解复用和解码。传输流构造分为两层：系统层和压缩层。

传输流解码器的输入流由一个包含压缩层的系统层组成。音频解码器及视频解码器的输入流只包含压缩层。

接收传输流的解码器原型的操作既适用于整个传输流（复用流操作），也适用于单个基本流（特定流操作）。传输流系统层被分为两个子层，一个用于复用流操作（传输流分组包），另一个用于特定流操作（PES分组包层）。

图2也给出了一个包括视频和音频的传输流解码器原型以说明解码器的功能，其结构并不是唯一的，但该图有助于理解。解码器时间控制等系统解码器功能可能被等价地实现在基本流解码器或信道特定解码器中。类似地，信道专用解码器测出的错误也可以用多种途径通知独立的音频和视频解码器。这些通信途径并未显示在图中，该解码器原型的设计并不意味着对传输流解码器的设计作出任何必达

的要求。实际上,非音视频数据也是允许的,但并未在图 2 中画出。

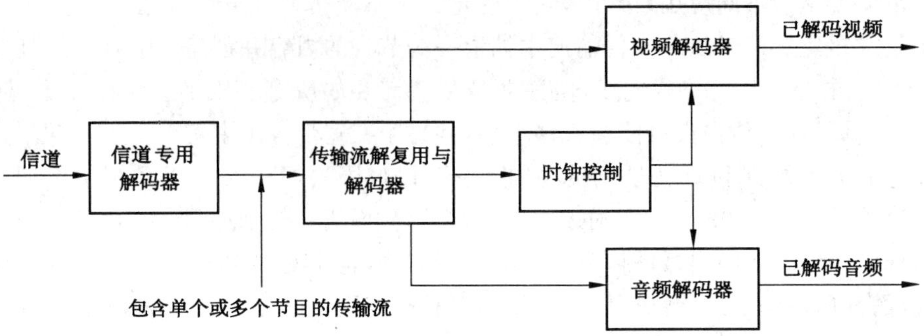

图 2 传输流解复用和解码原型示例

图 3 说明了另一种情况,即一个包含多个节目的传输流被转变为一个只含单个节目的传输流,这种情况下的再复用操作可能需要纠正 transport_rate 值以补偿位流中传输率的变化。

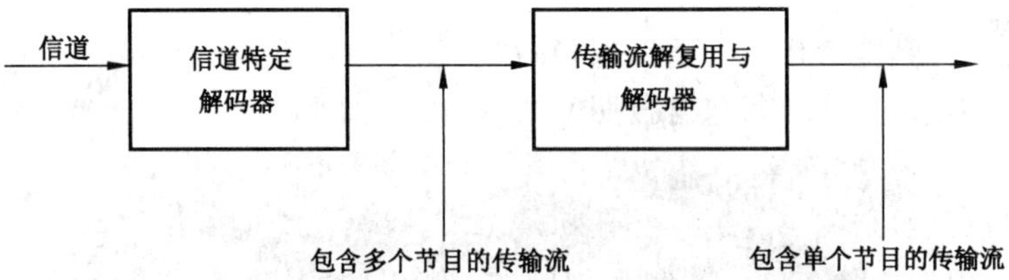

图 3 传输多路复用原型示例

图 4 说明了一个多节目传输流先被解复用再转变为节目流的情况。

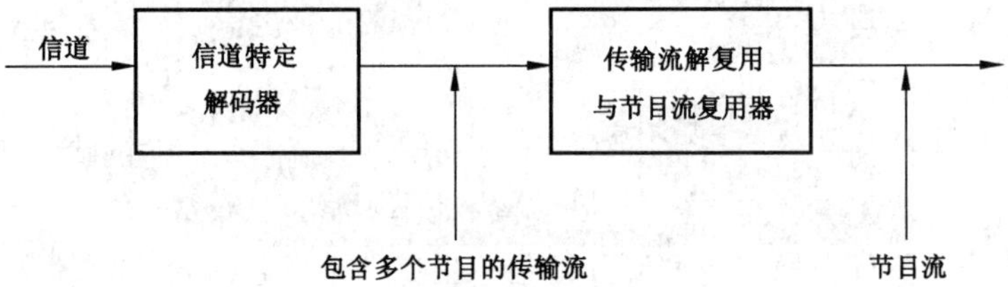

图 4 传输流到节目流转换原型示例

图 3 和图 4 指出,不同类型、不同构造的传输流之间的转换是可能且合理的。在传输流和节目流的语法中都定义了一些特定字段以方便上述转换过程,但并不要求解复用器或解码器的具体实现要包含以上所有功能。

0.3 节目流

节目流是针对在那些出错率很低,且系统编码的处理过程作为主要考虑因素的环境中进行一个节目的传送和存储而定义的一种流,该节目流包含编码数据和其他数据。

节目流的速率可以是恒定的或可变的。在任何情况下,所包含的基本流的速率也是恒定或可变的。在每一种情况下,节目流的语法或语义限制是相同的。节目流速率是由系统时钟参考(SCR)字段与 mux_rate 字段的值和位置所决定的。

图 5 描述了一个音视频节目流解码系统原型。该图用于帮助理解,其结构并不是唯一的——包括解码器时间控制在内的系统解码器功能可能被等价地实现在基本流解码器或信道特定解码器中。该解码器原型的设计并不意味着对节目流解码器的设计作出任何必达的要求。实际上,非音视频数据也是

允许的。

图5所示的节目流解码器原型是由系统、视频和音频解码器三部分组成，它们分别符合GB/T 20090.1、GB/T 20090.2和GB/T 20090.3。在该解码器中，单路或多路音视频位流的复用编码表示假定以某种特定信道格式在特定信道中存储或传输。特定信道格式本部分不作规定，特定信道解码也不是本解码器原型的一部分。

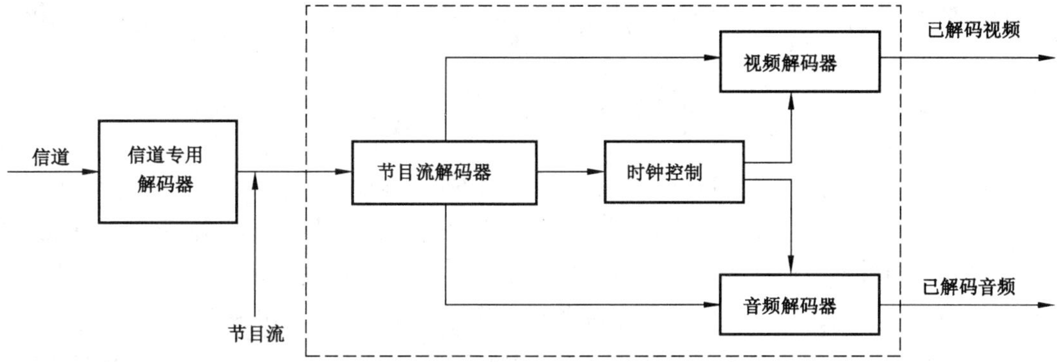

图5　节目流解码器原型

上述原型解码器接受节目流作为输入，并依靠节目流解码器从流中提取信息。节目流解码器分离复用流，并将由此产生的基本流作为音频和视频解码器的输入。音频和视频解码器的输出是已解码的音频和视频信号。节目流解码器、音频和视频解码器以及信道专用解码器之间的定时信息流应包含在设计中，但并未在图5中画出。利用定时信息，音频和视频解码器相互之间及与信道之间可以实现同步。

节目流构造分为两层：系统层和压缩层。节目流解码器的输入流由一个包含压缩层的系统层组成。音频解码器及视频解码器的输入流只包含压缩层。

解码器原型的操作既适用于整个节目流(复用流操作)，也适用于单个基本流(特定流操作)。节目流系统层被分为两个子层，一个用于复用流操作(节目流分组包层)，另一个用于特定流操作(PES分组包层)。

0.4　传输流与节目流的转换

利用PES分组包，传输流与节目流之间的转换是可能且合理的，这是由包含在本部分的6.1和7.1中的传输流和节目流规范得出的。在某些限制下，PES分组包可能直接从一个复用位流的有效数据对应到另一个复用位流的有效数据。如果在所有PES分组包中都有program_packet_sequence_counter，就可能标识出PES分组包的正确次序以帮助实现这一功能。

在这两种流中，有关转换所需的其他信息包括基本流之间的关系以表和包头的形式出现。在任何流中这些数据如果出现，转换前后都应是正确的。

0.5　PES流

正如6.3.6中的语法定义所指出，传输流和节目流是从PES分组包中逻辑地建立的。PES分组包被用于传输流与节目流之间的转换。在有些场合进行这种转换时，无需变动PES分组包。PES分组包的长度可能比传输流分组包的长度大得多。

包含相同stream_id和基本流的一系列连续的PES分组包构成一个PES流。当PES流分组包用于形成PES流时，应在6.3.8中所定义的限制下，带有基本流时钟参考(ESCR)字段和基本流速率(ES_

Rate)字段。PES 流数据应是来自基本流且保持原次序的连续字节。PES 流中不包含某些出现在节目流和传输流中的系统信息,包括在包头、系统头、节目流映射、节目流目录、节目映射表中出现的信息以及在传输流分组包语法中定义的元素。

本部分的 PES 流未定义用于相互交换和交互操作。单个基本流也可打包成传输流或节目流,但应包含必要的系统信息。具有单个基本流的多个传输流或节目流可被构造成具有相同的时间基准以传送一个完整的音视频节目。

0.6 定时模型

系统、视频和音频都有一个定时模型,其中从编码器的信号输入到解码器的信号输出之间的端到端延迟是恒定的,该延迟是编码、编码器缓冲、多路复用、传送或存储、解复用、解码器缓冲和展现过程中所有延迟的总和。作为该定时模型的一部分,所有视频图像和音频采样仅展现一次(除非经过特殊编码),且解码器中的视频帧率和音频采样速率与在编码器中保持一致。系统流编码包括了定时信息,以用于实现端到端延迟恒定的系统。实现不严格遵守该模型的解码器也是可能的。但此时的解码器需要负责以一种可接受方式完成以上要求。

所有定时是由一个公共时钟来定义的,这个公共时钟被称为系统时钟。在节目流中,该时钟与视频或音频采样时钟之间可以有确定的比值,也可以有一个与比值略有偏差的工作频率,但仍提供精确的端到端定时和时钟补偿。

在传输流中,为了简化解码器中的采样速率恢复,系统时钟被限制为在任何时刻均与音频和视频采样时钟保持确定比值。

0.7 条件接收

本部分未规定条件接收机制,但 AVS 位流支持对节目流和传输流中的节目进行条件接收。

0.8 复用流操作

复用流操作包括协调信道数据的获取、时钟的调整以及缓冲区的管理。这些操作是紧密相连的。当信道数据传输速率是可控时,可通过调节数据传输速率使解码缓冲区不发生上溢或下溢。否则,基本流解码器的定时应服从信道中接收的数据,以避免上溢或下溢。

节目流由节目流分组包组成,其包头有助于以上任务的完成。包头指定了从信道中送来的每一字节进入节目流解码器的预定时间,这个预定到达时刻表作为时钟校正和缓冲区管理的参考。当解码器不能严格遵守该时刻表时,应对有关偏差作出相应补偿。

类似地,传输流由传输流分组包构成。分组包头指定从信道中送来的每一字节进入传输流解码器的预定时间。该时刻表提供了与上述节目流中完全相同的功能。

另一个复用流操作是确定解码器解码传输流或节目流时所需的资源。每个节目流的第一个包均包含一些参数,来协助解码器完成此功能,其中包括流的最大数据速率以及同步视频信道的最大数目。传输流也包含类似的全局适用的信息。

每个传输流和节目流都包含一些信息,以标识组成一个节目的各基本流的相关特征以及基本流之间的相互关系。这些信息可包括声道中所使用的语言,以及在实现多层视频编码时各层之间的关系。

0.9 单个流操作(PES 分组包层)

基本的 PES 流的操作为：

a) 解复用；

b) 多个基本流的同步回放。

0.9.1 解复用

编码时，节目流由基本流复用而成，而传输流则由基本流、节目流或其他传输流的内容复用而成。基本流除了音频和视频位流外，还可包括私有、保留和补充位流。基本流被临时性地分割为 PES 分组包，分组包被串行化。一个 PES 分组包仅包含来自一个基本流的编码字节。

节目流中的分组包长度可以是固定的或可变的，但分组包长度应遵守 8.1 和 8.2 中的规定。传输流分组包长度是 188 字节，PES 分组包的长度可以是固定的或可变的，在大多数的应用中相对较长。

解码时需要对复用的节目流或传输流解复用，以重建基本流。这可以借助节目流分组包头中的 stream_id 和传输流分组包头中的 PEID 来完成。

0.9.2 多个基本流的同步回放

多个基本流之间的同步通过节目流或传输流中的相对显示时间(relative_display_time)来完成。时间戳通常以 90 kHz 时钟周期为单位。多个基本流解码的同步是通过调整每个流的解码至一个公共主控时钟基准，而不是通过调整一个流的解码以符合另一个流的解码。主控时钟基准可以是多个解码器时钟中的一个，也可以是数据源时钟或某个外部时钟。

一个传输流可包含多个节目，其中的每一节目都可有自己的时钟基准。一个传输流中不同节目的时钟基准可能不同。

relative_display_time 用于单个基本流解码，它存在于传输流中相应的 TS 分组包中。编码器在捕获时记录时间戳，将该时间戳减去当前系统时间得到相对显示时间，并连同有关编码数据传输到解码器。解码器通过它们来调度节目展现，以实现端到端的同步。

一个信道中解码系统的同步是通过使用传输流中的 transport_rate 来实现的。transport_rate 是编码位流自身传输率的采样值。它们来自于同一个时间基准，该时间基准在同一个节目中也用作音频和视频的 relative_display_time 值的采样。因为每一节目可有自己的时间基准，所以一个包含多个节目的传输流中的每个节目可有独立的 transport_rate 字段。在某些场合下，节目共享 transport_rate 字段也是可能的。确定一个节目与哪个 transport_rate 字段相关联的方法可见 6.5 节目特定信息(PSI)。一个节目有且仅有一个相关的 transport_rate 基准。在易发生错误的环境中，为了在包丢失情况下仍能正确恢复时钟，传输流分组包中可以包含包计数值 packet_count。

0.9.3 与压缩层的关系

在有些情况下，PES 分组包层是独立于压缩层的。考虑到 PES 分组包的有效负载不需像 GB/T 20090.2、GB/T 20090.3 所规定的那样以压缩层起始码开头，PES 分组包层是独立的。

示例：视频的起始码可出现在 PES 分组包有效负载的任何位置，并且可被 PES 分组包包头所分开。

然而，在 PES 分组包包头中编码的时间戳用于决定压缩层结构(即显示单元)的显示时间。此外，当基本流数据符合 GB/T 20090.2、GB/T 20090.3 时，PES_packet_data_bytes 应遵照本部分的字节数进行字节对齐。

0.10 系统参考解码器

本部分使用了系统目标解码器(STD)来提供定时和缓冲之间关系的形式化表示。对传输流称作传输流系统目标解码器(T-STD),见6.2;对节目流,称作节目流系统目标解码器(P-STD),见7.2。因为STD是依据GB/T 20090中的字段(如缓冲区大小)参数化构造的,所以每一个基本流都有自己的STD参数。编码器产生的位流应符合适当的STD约束。物理解码器可以假定一个AVS位流能在其STD上正确播放。物理解码器应对其与STD在设计上的不同之处作出补偿。

信息技术　先进音视频编码
第1部分:系统

1　范围

GB/T 20090的本部分规定了编码的系统层,主要用于组合GB/T 20090定义的视频位流和音频位流。系统层支持以下5个基本功能:

a)　解码时多个压缩位流的同步;

b)　多条压缩位流交织为一个单一位流;

c)　为启动解码而对缓冲区进行初始化;

d)　连续的缓冲区管理;

e)　时间标识。

本部分适用于数字电视广播、激光数字存储媒体、互联网宽带流媒体、多媒体通信等应用。

一个多路复用位流可以是传输流或节目流。两种流均由PES分组包或包含其他必要信息的分组构成。两种流类型均支持复用来自具有一个共同时间基准节目的视频和音频压缩位流。传输流还支持复用来自具有独立时间基准的多个节目的视频和音频压缩位流。节目流通常更适用于几乎不发生差错的环境,并且支持节目信息的软件处理。传输流更适用于可能出错的环境。

无论是传输流还是节目流,一个多路复用位流的结构分为两层:最外层是系统层,最内层是压缩层。系统层提供了使用系统中一个或多个压缩数据流所需的功能。GB/T 20090的第2部分和第3部分定义了音频和视频数据的压缩编码层。其他类型数据编码的定义不包括在本部分中,但如果它们符合本部分第9章的定义,则系统层也支持此类数据编码。

2　规范性引用文件

下列文件对于本文件的应用是必不可少的。凡是注日期的引用文件,仅注日期的版本适用于本文件。凡是不注日期的引用文件,其最新版本(包括所有的修改单)适用于本文件。

GB/T 4880.2—2000　语种名称代码 第2部分:3字母代码(eqv ISO 639-2:1998)

GB/T 15273.1—1994　信息处理　八位单字节编码图形字符集　第1部分:拉丁字母一(idt ISO 8859-1:1987)

GB/T 17191.1—1997　信息技术　具有1.5 Mbit/s数据传输率的数字存储媒体运动图像及其伴音的编码　第1部分:系统(idt ISO/IEC 11172-1:1993)

GB/T 17191.2—1997　信息技术　具有1.5 Mbit/s数据传输率的数字存储媒体运动图像及其伴音的编码　第2部分:视频(idt ISO/IEC 11172-2:1993)

GB/T 17191.3—1997　信息技术　具有1.5 Mbit/s数据传输率的数字存储媒体运动图像及其伴音的编码　第3部分:音频(idt ISO/IEC 11172-3:1993)

GB/T 17975.1　信息技术　运动图像及其伴音信息的通用编码　第1部分:系统(GB/T 17975.1—2010,ISO/IEC 13818-1:2007,MOD)

GB/T 17975.2—2000　信息技术　运动图像及其伴音信息的通用编码　第2部分:视频(idt ITU-T H.262:1995)

GB/T 17975.3—2002　信息技术　运动图像及其伴音信息的通用编码　第3部分:音频(idt ISO/

IEC 13818-3:1998)

GB/T 20090.2—2006 信息技术 先进音视频编码 第2部分:视频

GB/T 20090.3 信息技术 先进音视频编码 第3部分:音频

GB/T 20090.4 信息技术 先进音视频编码 第4部分:符合性测试

ISO/IEC 13522-1:1997 信息技术 多媒体和超媒体信息编码 第1部分:MHEG对象表示基本记法(ASN.1)[Information technology—Coding of multimedia and hypermedia information—Part 1:MHEG object representation-Base notation(ASN.1)]

ISO/IEC 13818-6:1998 信息技术 运动图像及其伴音信息的通用编码 第6部分:对DSM-CC的扩充(Information technology—Generic coding of moving pictures and associated audio information—Part 6:Extensions for DSM-CC)

ITU-T 建议 H.222.1:1996 ATM环境下音视频通信的多媒体复用和同步(Recommendation H.222.1:1996 Multimedia multiplex and synchronization for audiovisual communication in ATM environments)

3 术语和定义

下列术语和定义适用于本文件。

3.1

访问单元 access unit

展现单元的编码表示。

对于音频,一个访问单元就是一个音频帧的编码表示。

对于视频,在视频压缩的情况下,一个访问单元包括一帧图像中所有的编码数据及跟随其后的任何填充,直至(但不包括)下一个访问单元的开始。如果图像不是由视频序列起始码开始,则访问单元由图像起始码开始。如果图像由视频序列起始码开始,则访问单元由该起始码中的第一个字节开始。如果图像是位流中视频序列结束码之前的最后一帧图像,则该编码图像中的最后一个字节与视频序列结束码之间的所有字节均属于该访问单元。

3.2

AVS位流 AVS bitstream

符合本部分的位流。

3.3

比特率 bitrate

压缩位流传输到解码器输入端的速率。

3.4

信道 channel

存储或传输GB/T 20090位流的数字媒体。

3.5

压缩 compression

减少用于表示某个数据项的位数目。

3.6

恒定比特率 constant bitrate

压缩位流从开始到结束比特率保持不变的方式。

3.7

受限系统参数流 constrained system parameter stream

一个受本部分9.8约束条件的节目流。

3.8

循环冗余码校验　cyclic redundancy check

用于检验数据的正确性。

3.9

数据元素　data element

一种数据单位，在某个上下文中视为不可分。

3.10

解码器　decoder

解码过程的具体实现者。

3.11

解码　decoding

在读入一个输入的编码位流并产生解码的图像或音频信号样本的过程。

3.12

解码时间戳　decoding time-stamp

PES 分组包头中的一个字段，用来指出一个访问单元在系统目标解码器中被解码的时刻。

3.13

数字存储媒体　digital storage media

数字存储或传输的设备或系统。

3.14

数字存储媒体的命令和控制　digital storage medium command and control

一个提供专用于在数字存储媒体上管理 AVS 位流的基本控制功能和操作的应用协议。

3.15

授权控制信息　entitlement control message

一些私有的条件接收信息，以指定控制语句和其他可能的，通常是 AVS 位流所特有的加扰及(或)控制参数。

3.16

授权管理信息　entitlement management message

一些私有的条件接收信息，以指定权限等级或特定解码器的服务。它们可以被提供给一个或一组解码器。

3.17

基本流　elementary stream

泛指 PES 分组包中编码视频位流、编码音频位流或其他某一个编码位流。一个基本流以有且仅有一个 stream_id 的 PES 分组包序列来传输。

3.18

基本流参考时钟　elementary stream clock reference

PES 流中的时间戳，PES 流解码器可从中获取时间信息。

3.19

编码器　encoder

编码过程的具体实现者。

3.20

编码　coding

读入输入图像或音频样本流，并产生压缩位流的过程。

注：该过程并未在本部分中规定。

3.21

事件 event

有共同的时间基准、相关的起始时间和相关的结束时间的基本流的集合。

3.22

禁止 forbidden

定义了一些特定语法元素值，这些值不应出现在符合本部分的位流中。禁止某些值的目的通常是为了避免在位流中出现伪起始码。

3.23

复用流 multiplexed stream

由零个或多个基本流按照本部分的规定组成的位流。

3.24

层 layer

本部分和 GB/T 20090.2 中定义的数据层次结构中的一个层次。

3.25

节目流分组包 program stream pack

由一个节目流分组包头及随后的零个或多个 PES 分组包构成，它是本部分的 7.3.3 中所描述的系统编码语法中的一个层次。

3.26

节目流分组包头 program stream pack header

节目流分组包中的前导字段，用于存储定时和比特率信息。

3.27

节目元素标识符 program element identifier

整数，用于标识一个或多个节目传输流中的节目元素。

注：PEID 值的分配见本部分表 22。

3.28

节目元素信息表 program element information table

由用来解复用传输流所需的格式化数据组成。

3.29

有效负载数据 payload

在一个包中跟在包头字节之后的字节。

注：一些传输流分组包的有效负载数据包括一个 PES 包头、PES 分组包数据字节或指针域及 PSI 段或私有数据，但一个 PES 分组包的有效负载数据仅包含 PES 分组包数据字节。传输流分组包头和适应字段不是有效负载数据。

3.30

分组基本流 packetized elementary stream

已分组的基本流。

3.31

PES 分组包 PES packet

承载基本流数据的数据结构。一个 PES 分组包包含一个 PES 分组包头，其后跟有一些来自基本数据流的连续字节。它是本部分 6.3.6 所描述的系统编码语法的一层。

3.32

PES 分组包头 PES packet header

PES 分组包中的前导字段。当 PES 分组包中承载的基本流不是补充位流时，该 PES 分组包头后面紧跟 PES_packet_data_byte 字段；否则，该 PES 分组包头后面紧跟 padding_byte 字段。

3.33

PES 分组包数据　PES packet data

一个 PES 分组包内所含的连续数据字节，它来自某个基本流。

3.34

PES 流　PES stream

PES 流由一些 PES 分组包组成。这些分组包的有效负载中包含来自于单个基本流的数据，且分组具有相同的流标识符。特定的语义约束可以适用。

3.35

展现时间戳　presentation time-stamp

在 PES 分组包头中可能包含的一个字段，用来指出一个展现单元在系统目标解码器中被展现的时刻。

3.36

展现单元　presentation unit

已解码的一个音频访问单元或一帧解码图像。

3.37

节目　program

节目元素的集合。节目元素可以是基本流，它不需要有任何定义的时间基准。有时间基准的则为共同时间基准，以用于同步展现。

3.38

节目元素　program element

可包含在一个节目中的基本流或其他数据流的统称。

3.39

节目参考时钟　program clock reference

PES 流中的时间戳，PES 流解码器从中获取时间信息。

3.40

节目特定信息　program specific information

包括用来解复用传输流和成功地再生节目所需的数据。

注：在本部分的 6.5 中对其进行了描述。专门定义的 PSI 数据的一个例子是网络信息表。

3.41

随机访问　random access

从任意点开始读入编码位流并解码的过程。

3.42

相对显示时间　relative display time

在传输流中可能包含的一个字段，用来指出一个展现单元在系统目标解码器中被显示的相对时刻。

3.43

保留　reserved

用来在定义编码位流时表示某数值可以用于将来的扩充。除非本部分中有特别定义，否则所有的备用值应被设为‘1’。

3.44

加扰　scrambling

对视频、音频或编码数据流进行改动以防止未经授权地接收明文信息。这种改动是在条件接收系统控制下的一种特定的过程。

3.45

拼接 splicing

系统层对两个不同的基本流进行的连接操作，产生完全符合本部分的AVS位流。

注：拼接可能会引起时间基准、连续性计数器、PSI和解码的不连续。

3.46

起始码 start code

长度为32位的码字，其形式在整个位流中是唯一的。起始码有多种用途，其中之一是用来标识位流语法结构的开始。

3.47

静止图像 still picture

仅包含一个帧内编码的图像的视频序列。该图像有一个相关的PTS。若该图像有后续图像，则其后续图像的展现时间将比该静止图像滞后至少两个图像周期。

3.48

系统头 system header

在本部分7.3.5中定义的一个数据结构。它携带了概述本部分节目流系统特性的信息。

3.49

系统参考时钟 system clock reference

节目流中的时间戳。

3.50

系统目标解码器 system target decoder

用来描述本部分多路复用流语义的一个假想的解码过程参考模型。

3.51

STD输入缓冲区 STD input buffer

系统目标解码器输入端的一个先进先出缓冲区，用来存储解码之前的基本流的压缩数据。

3.52

时间戳 time-stamp

指示事件发生时刻。

示例：一个字节的到达或一个展现单元的展现。

3.53

传输率 transport rate

传输流预期的传输比特率。

3.54

传输流分组包 transport stream packet

由一个传输流分组包头及随后的有效负载数据构成，大小固定为188字节。它是本部分的6.3.2中所描述的系统编码语法中的一个层次。

3.55

传输流分组包头 transport stream packet header

传输流分组包的前导字段，直到(且包括)连续计数器字段。

3.56

可变比特率 variable bitrate

传输流或节目流的一种属性，到达解码器输入端的字节速率随时间而变化。

4 符号和缩略语

用于描述本部分的数学运算符类似于C程序语言中使用的运算符，但本部分特别定义了具有截断和舍入功能的整除运算。按位运算符的定义则假定采用整数的二进制补码表示。标号和记数循环通常由零开始。

4.1 算术运算符

+	加法运算
−	减法运算(二元运算符)或取反(一元前缀运算符)
++	递增，$x++$相当于$x=x+1$。当用于数组下标时，在自加运算前先求变量值
−−	递减，$x--$相当于$x=x-1$。当用于数组下标时，在自减运算前先求变量值
×	乘法运算
^	幂运算
/	结果向零截断的整除。 示例：7/4和−7/−4取整为1，−7/4和7/−4为−1。
//	结果舍入为最近整数的整除。除非特别指明，否则0.5向上舍入 示例：3//2舍入为2，−3//2舍入为−2。
DIV	是结果趋向−∞的带截断的整除
%	取模运算符，仅适用于正整数
Sign( )	$\mathrm{Sign}(x)=\begin{cases}1 & x>0\\ 0 & x==0\\ -1 & x<0\end{cases}$
NINT( )	最近的整数运算符。返回与实数最接近的整数，对0.5进行向上舍入
sin	正弦
cos	余弦
exp	指数
$\sqrt{\ }$	平方根
$\log_{10}$	以10为底的对数
$\log_e$	以e为底的对数

4.2 逻辑运算符

||	逻辑加，OR
&&	逻辑乘，AND
!	逻辑非，NOT

4.3 关系运算符

>	大于
>=	大于或等于
<	小于
<=	小于或等于
==	等于
!=	不等于

max [,…,]	参数表中的最大值
min [,…,]	参数表中的最小值

4.4 按位运算符

&	与运算
|	或运算
~	取反运算
$a \gg b$	将 a 以 2 的补码整数表示的形式向右移 b 位。仅当 b 取正数时定义此运算
$a \ll b$	将 a 以 2 的补码整数表示的形式向左移 b 位。仅当 b 取正数时定义此运算
$\gg$	带符号扩展的右移
$\ll$	补充零的左移

4.5 赋值

=	赋值运算符

4.6 助记符

下列助记符用于描述编码位流中不同的数据类型。

bslbf	位串，即二进制位串，左位在先。其中“左”是指本部分中书写位串的顺序。位串书写成单引号括住的‘1’和‘0’的串 示例：‘1000 0001’。位串中的空格有助于阅读，但无实际意义。
ch	信道
main_data	位流的主数据部分，包含比例因子、Huffman 编码数据以及其他辅助信息
main_data_beg	某一帧 main_data 在位流中的开始位置，它等于前面一帧 main_data 的结束位置加上一个二进位，可从前一帧的 main_data_end 值计算出来
part2_length	用作比例因子的 main_data 的二进制位数目
rpchof	余数多项式的系数，最高项排列在先
sb	子频带
scfsi	比例因子选择信息
switch_point_l	使用窗口切换点所依据的比例因子频带数（长块比例因子频带）
switch_point_s	使用窗口切换点所依据的比例因子频带数（短块比例因子频带）
tcimsbf	二的补码整数，高（符号）位在先
uimsbf	无符号整数，高位在先
vlcblf	可变长代码，左边的二进制位在先，这里“左边”是指书写可变长代码的顺序
window	在 block_type == 2 时，实际时间槽的数目（$0 \leqslant window \leqslant 2$）

4.7 常量

π	3.141 592 653 59
e	2.718 281 828 45

4.8 缩略语

AVS：	音视频编解码标准	(Audio and Video Coding Standard)
BBV：	位流参考解码器	(Bitstream Buffer Verifier)
CA：	条件接收	(Conditional Access)

CAT：	条件接收表	(Conditional Access Table)
CSPS：	受限系统参数流	(Constrained System Parameter Stream)
CRC：	循环冗余码校验	(Cyclic Redundancy Check)
DTS：	解码时间戳	(Decoding Time-Stamp)
DSM：	数字存储媒体	(Digital Storage Media)
DSM-CC：	数字存储媒体的命令和控制	(Digital Storage Medium Command and Control)
ECM：	授权控制信息	(Entitlement Control Message)
EMM：	授权管理信息	(Entitlement Management Message)
ES：	基本流	(Elementary Stream)
ESCR：	基本流参考时钟	(Elementary Stream Clock Reference)
NIT：	网络信息表	(Network Information Table)
PMT：	节目映射表	(Program Mapping Table)
PEID：	节目元素标识符	(Program Element Identifier)
PEIT：	节目元素信息表	(Program Element Information Table)
PES：	分组基本流	(Packetized Elementary Stream)
PLL：	锁相环	(Phase-locked Loops)
PTS：	展现时间戳	(Presentation Time-Stamp)
PU：	展现单元	(Presentation Unit)
PCR：	节目参考时钟	(Program Clock Reference)
PSI：	节目特定信息	(Program Specific Information)
PAT：	节目关联表	(Program Association Table)
PS：	节目流	(Program Stream)
SCR：	系统参考时钟	(System Clock Reference)
STC：	系统时间时钟	(System Time Clock)
STD：	系统目标解码器	(System Target Decoder)
TS：	传输流	(Transport Stream)

5 位流语法的描述方式

解码器所获得位流的描述见 6.1 和 7.1。位流中的每个数据项以字体加粗表示，由它的名称、二进制长度、类型助记符和传输顺序描述。

在位流中由一个已解码的数据元素所引起的动作，取决于该数据元素本身的值和先前已解码的数据元素的值。在包含对语法的语义描述的章条中描述了这些数据元素的解码操作以及在解码过程中所使用的状态变量的定义。以下结构用于表达数据元素何时出现以及何时为正常类型的条件。

注：本语法使用类 C 语言描述，满足 C 语言的约定，变量或表达式为非零值时等价于条件为真。

while(**condition**){
　　data_element
　　…
}
	若条件为真，则一组数据元素便紧接着在数据流中出现，直到条件为假。

do { 　　**data_element** 　　… }**while**(**condition**)	数据元素至少出现一次，如此重复直到条件为假。

if(condition) {	若条件为真,则第一组数据元素紧接着出现在数据流中。
data_element	
…	若条件为假,则第二组数据元素紧接着出现在数据流中。
}	
else {	
data_element	
…	
}	
for(i=0;i<n;i++){	数据元素组出现 n 次。数据元素组中的条件结构取决于循环控制变量 i 的值。i 第一次出现时设置为 0,以后每出现一次就增加 1。
data_element	
…	
}	

注:数据元素组可以包含有嵌套条件结构。为简洁起见,若仅有一个数据元素时,{}可以省略。

data_element[]	数据数组,数据元素数量取决于上下文。
data_element[n]	数据数组中的第 n+1 个元素。
data_element[m][n]	二维数据数组中的第 m+1,n+1 个元素。
data_element[l][m][n]	三维数据数组中的第 l+1,m+1,n+1 个元素。
data_element[m..n]	数据元素中从位 m 到位 n 的闭区间中的所有位。

尽管使用了类 C 的过程性语言表达语法,但不应认为图 6 或图 7 描述的是一个完善的解码过程。实际上,它们假定了一个无差错的输入位流。为了能够正确地开始解码,实际的解码器应具有寻找起始码和传输流中同步字节的方法,并在解码时能够识别出误码、删除或插入等错误。识别这些情况的方法及所采取的措施本部分未作规定。

6 传输流位流要求

6.1 传输流编码结构与参数

本部分传输流编码层允许一个或多个节目组合在一个流中。每个基本流的数据以及用来同步展现一个节目中各基本流的信息被复用在一起。

一个传输流包含一个或多个节目。视频与音频基本流由访问单元组成。

基本流数据承载于 PES 分组包之中。一个 PES 分组包由 PES 分组包头和紧随其后的 PES 分组包数据组成。PES 分组包被插入到传输流分组包中,每一 PES 分组包头的首字节位于传输流分组包的第一个可用有效负载位置。

PES 分组包头以一个 32 位起始码开始,该起始码也标识该分组包数据所属的流或流类型。PES 分组包头可以包含解码和展现时间戳(DTS 和 PTS)。PES 分组包头也包含其他可选字段。PES 分组包数据字段包含来一个基本流的可变数目的连续字节。

传输流分组包以一个 4 字节前缀开始,定义见表 2。节目特定信息(PSI)表指定包含在传输流分组包中的数据内容。具有相同 PEID 值的传输流分组包仅携带来自同一个基本流的数据。

PSI 表携带于传输流中,包括以下 4 个:

a) 节目关联表;

b) 节目映射表;

c) 条件接收表;

d) 网络信息表。

这些表包含了对于解复用和展现节目所必要的也是足够的信息。表 29 所示的节目映射表规定了一个节目中基本流和 PEID 的对应关系以及一些相关信息，该表还指出了携带每一节目 transport_rate 的传输流分组包的 PEID。如果使用加扰，则会出现条件接收表。网络信息表是可选的，它的内容未在本部分中规定。

传输流分组包可以为空。空的传输流分组包用于填充传输流，它们可能在再复用处理中被插入或删除。因此并不能假定空的传输流分组包会作为有效负载数据而被传送到解码器。

本部分并未规定可能被用作条件接收系统的一部分的编码数据。但为节目服务供应商提供了一些机制以用于在解码过程中传输和标识这些数据，以及如何正确地引用本部分所规定的数据。这种支持是通过传输流分组包结构和条件接收表来提供的，见表 28。

6.2 传输流系统目标解码器

本部分 6.3 中规定的传输流语义及本部分第 9 章规定的语义约束需要精确地定义字节的到达和解码事件以及它们发生的时间。本部分使用一个称为传输流系统目标解码器(T-STD)的假想解码器来给出所需定义。有关 T-STD 的进一步解释可参见附录 A，有关 T-STD 的符合性参见附录 B，有关 T-STD 的抖动的网络问题参见附录 C。

T-STD 是一个概念模型，它用于在构造和验证传输流时对解码过程进行建模。T-STD 仅为此目的而定义。在 T-STD 中有三种解码器：视频、音频和系统。图 6 给出了一个例子。T-STD 的结构和所描述的定时机制适用于各种具有不同结构或定时机制的解码器对传输流进行不间断的同步回放。

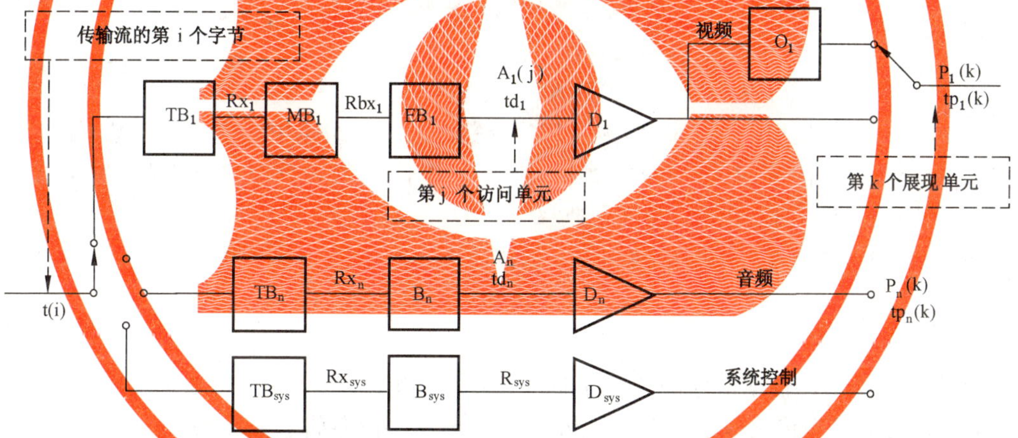

图 6　传输流系统目标解码器框图

以下记号用于描述传输流目标解码器，其中一部分已在图 6 中说明。

i, i′, i″　　传输流中字节的索引。第一个字节索引为 1。

j　　基本流中访问单元的索引。

k, k′, k″　　基本流中展现单元的索引。

n　　基本流的索引。

p　　传输流中传输流分组包的索引。

t(i)　　以秒为单位指出传输流中第 i 个字节进入系统目标解码器的时间，t(i)是一个任意常数。

transport_rate(i)　　编码在 transport_rate 字段中的传输率，以位每秒(bit/s)为单位来度量。其中 i 是传输率字段的最后一个字节的索引。

$A_n(j)$　　基本流 n 中第 j 个访问单元，它按照解码顺序加以索引。

$td_n(j)$　　基本流 n 中第 j 个访问单元在系统目标解码器中的解码时间，以秒(s)为单位。

$P_n(k)$	基本流 n 中第 k 个展现单元，它是解码 $A_n(k)$的结果，并按展现顺序加以索引。
$tp_n(k)$	基本流 n 中第 k 个访问单元在系统目标解码器中的展现时间，以秒(s)为单位。
t	以秒为单位的时间。
$F_n(t)$	系统目标解码器对基本流 n 在 t 时刻的输入缓冲区占用度，以字节为单位。
B_n	基本流 n 的主缓冲区，仅用于音频基本流。
BS_n	缓冲区 B_n 的大小，以字节为单位。
B_{sys}	系统目标解码器的主缓冲区，用于存放正在解码过程中的节目的系统信息。
BS_{sys}	缓冲区 B_{sys}的大小，以字节为单位。
MB_n	基本流 n 的复用缓冲区，仅用于视频基本流。
MBS_n	缓冲区 MB_n 的大小，以字节为单位。
EB_n	基本流 n 的基本流缓冲区，仅用于视频基本流。
EBS_n	缓冲区 EB_n 的大小，以字节为单位。
TB_{sys}	正在解码过程中的节目的系统信息的传输缓冲区。
TBS_{sys}	缓冲区 TB_{sys}的大小，以字节为单位。
TB_n	基本流 n 的传输缓冲区。
TBS_n	缓冲区 TB_n 的大小，以字节为单位。
D_{sys}	节目流 n 中系统信息的解码器。
D_n	基本流 n 的解码器。
O_n	视频基本流 n 的重排序缓冲区。
R_{sys}	从 B_{sys}中移走数据的速率。
Rx_n	从 TB_n 中移走数据的速率。
Rbx_n	在使用泄漏方式时，从 MB_n 中移走 PES 分组包中的有效负载数据的速率。
$Rbx_n(j)$	在使用 bbv_delay 方式时，从 MB_n 中移走 PES 分组包中的有效负载数据的速率。
Rx_{sys}	从 TB_{sys}中移走数据的速率。
R_{es}	编码在序列头中的视频基本流速率。

6.2.1 系统时钟频率

T-STD 中所引用的传输率信息携带于本部分定义的一些数据字段中，见 6.3.4。在 transport_rate 字段中该信息作为节目的传输率值被编码。transport_rate 字段存储于传输流分组包的适应字段 adaptation_field 中。该传输流分组包具有一个和传输流节目映射段中定义的 clock_recovery_PEID 相等的 PEID 值。

实际解码器可根据这些值及它们各自的到达时间重建该时钟。以下给出了由此导出的节目的系统时钟频率的最小限制。

系统时钟频率值以赫兹(Hz)为单位，且满足如下约束：

$27\ 000\ 000-810 \leqslant \text{system\_clock\_frequency} \leqslant 27\ 000\ 000+810$

在此约束中，system_clock_frequency 随时间的变化率小于或等于 75×10^{-3} Hz/s。

一个节目的系统时钟频率可能比要求的更精确。改进的精确性可经 8.20 定义的系统时钟描述子传递给解码器。

本部分定义的比特率按系统时钟频率测定。

示例：比特率为 27 000 000 位每秒(bit/s)时，意味着每 8 个时钟周期传输 1 字节数据。

在本部分中，系统时钟频率多次用于表示符合这些要求的时钟频率。为了便于表示和理解，在出现 relative_display_time 的公式中，时间精确到(300×2^{33}/系统时钟频率)秒的整数倍，transport_rate 精确到位每秒(bit/s)。

6.2.2 传输流系统目标解码器的输入

T-STD 的输入是一个传输流。一个传输流可能包含带有独立时间基准的多个节目，但 T-STD 一次只解码一个节目。在 T-STD 模型中，所有时间信息均参照该节目的时间基准。来自传输流的数据以分段恒定速率进入 T-STD。第 i 个字节进入 T-STD 的时间 t(i) 由码流中随后的传输率字段(transport_rate)的值和该节目中上一个 transport_rate 之后的第一个字节到第 i 字节之间的字节数计算得出。其中，transport_rate 包含在该节目的 AVS 专用传输数据字段中。

所有其余字节的输入到达时间 t(i)，如式(1)所示，是由 transport_rate(i′)计算而来的。

$$\begin{cases} t(1) = t_0 \\ t(i) = t(i'') + (i - i'')/transport—rate(i') \end{cases} \quad \cdots\cdots(1)$$

式中：

t(1)——包含当前被解码节目的第一个 transport_rate 字段之后的第一位的字节到达解码器的时间；

i ——传输流中满足 $i'' < i < i'$ 的任何字节的索引；

i″ ——包含可用于当前被解码节目的第 i 个字节之前最近的 transport_rate 字段的最后一位的字节索引；

i′ ——包含可用于当前被解码节目的第 i 个字节紧随着的 transport_rate 字段的最后一位的字节索引。

当传输流分组包的适应字段中的 discontinuity_indicator 指示出时间基准不连续时，式(1)中对输入 T-STD 的字节的到达时间的定义不适用于从旧时间基准的最后一个 transport_rate 到新时间基准的第一个 transport_rate 之间的字节。在这种情况下，确定字节到达时间需对式(1)进行修正，所用的传输率是旧时间基准的最后一个 transport_rate。

本部分对 transport_rate 值规定了一个容限。该容限定义为收到的 transport_rate 所允许的最大相对偏差。这一相对偏差可能是由于 transport_rate 值不精确或再复用时对 transport_rate 的修正引起的。它不包括因网络抖动或其他原因造成的传输率误差。transport_rate 相对偏差容限为 5×10^{-6}。

6.2.3 具有多节目和可变速率的传输流

传输流可含有带独立时间基准的多个节目。每个独立节目具有各自的 transport_rate 集，分别由各自的 clock_recovery_PEID 值来标识，因此不同的 clock_recovery_PEID 集不能同时使用。对于进入 T-STD 的节目，传输流速率是分段恒定的，所以如果一个传输流速率是可变的，它只能在当前节目的 transport_rate 出现时变化。所以，不同 transport_rate 集对应的传输流中的速率改变点也是不同的，传输流进入 T-STD 的速率将因不同节目进入 T-STD 而改变。因此，在一个传输流包含多个具有不同时间基准的节目且传输流速率是可变的情况下，不能为整个传输流构造出一个一致的 T-STD 传输调度方案，但构造一个带有多个可变速率节目的恒定比特率的传输流却是简单的。

6.2.4 缓冲

由 PEID 标识的含有来自基本流 n 的数据的完整传输流分组包传送到基本流 n 的传输缓冲区 TB_n 中，包括重复的传输流分组包和无有效负载数据的传输流分组包。第 i 个字节从 STD 输入到 TB_n 是瞬时的。因此，第 i 个字节在 t(i)时刻进入大小为 TBS_n 的基本流 n 的缓冲区。

所有进入缓冲区 TB_n 的字节都按以下规定的速率 Rx_n 被移出，Rx_n 是相对于系统时钟频率来度量的。作为 PES 分组包的部分或其内容的字节被传送到音频基本流和系统数据的主缓冲区以及视频基本流的多路复用缓冲区 MB_n，其余字节则不会传送到缓冲区中，但可能会用于控制系统。重复的传输流分组包不会被传送到 B_n、MB_n 或 B_{sys}。

缓冲区数据的移出过程

当 TB_n 中无数据时，Rx_n 等于 0，缓冲区 TB_n 被清空。否则，缓冲区 TB_n 的清空过程如下：

a) 对于视频：$Rx_n = 1.2 \times R_{max}[profile, level]$。其中，$R_{max}[profile, level]$ 是根据档次 profile 和等级 level 来规定的。见 GB/T 20090.2—2006 中的表 B.4、表 B.5 和表 B.6。这些表规定了每一基本视频位流在一定档次和等级下的速率上限。

对于 GB/T 17975.2，见 GB/T 17975.2—2000 中的表 8～表 13。这些表规定了每一基本视频位流在一定档次和等级下的速率上限。

对于 GB/T 17191.2，受限参数视频位流 R_x 等于 $1.2 \times R_{max}$。其中，R_{max} 指 GB/T 17191.2 中受限参数位流的最大比特率。

b) 对于音频：$Rx_n = 2 \times 10^6$ bit/s。

c) 对于系统数据：$Rx_n = 1 \times 10^6$ bit/s。

包含系统信息且用于解码所选节目的完整传输流分组包以传输流速率进入系统传输缓冲区 TB_{sys}。这包括 PEID 值为‘0’、‘1’或‘2’(如果存在)的传输流分组包和经过节目关联表(PAT)验证具有所选节目的 program_map_PEID 值的所有传输流分组包。由 NIT PEID 指定的网络信息表(NIT)数据，不被传送到 TB_{sys}。

字节以速率 Rx_{sys} 从 TB_{sys} 移出并送往 B_{sys}，所有字节均瞬时传送。

重复的传输流分组包不被送到 B_{sys}。

不进入 TS_n 或 TB_{sys} 的传输流分组包被丢弃。

缓冲区大小

a) 传输缓冲区大小固定为 512 字节。

b) 基本流缓冲区大小 EBS_1～EBS_n 是为视频定义的，它们与携带于序列头中的 bbv_buffer_size 字段相等。见 GB/T 20090.2—2006 中的表 B.4、表 B.5 和表 B.6，GB/T 17191.2 中的受限参数总结，以及 GB/T 17975.2—2000 中的表 8～表 14。

c) 用于视频的复用缓冲区大小 MBS_1～MBS_n 定义如下：

——对于 AVS 基准档次

$$MBS_n = BS_{mux} + BS_{oh} + bbv_{max}[profile, level] - bbv\_buffer\_size \qquad (2)$$

式中：

PES 分组包开销的缓冲区 BS_{oh} 定义为：

$$BS_{oh} = (1/750)s \times R_{max}[profile, level] \qquad (3)$$

附加复用缓冲区 BS_{mux} 定义为：

$$BS_{mux} = 0.005s \times R_{max}[profile, level] \qquad (4)$$

而 $bbv_{max}[profile, level]$ 在 GB/T 20090.2—2006 的表 B.4、表 B.5 中定义，$R_{max}[profile, level]$ 在 GB/T 20090.2—2006 的表 B.4、表 B.5 中定义，bbv_buffer_size 携带在 GB/T 20090.2—2006 的 7.2.2.1 描述的序列头中。

——对于 GB/T 17975.2 位流，目标解码器的缓冲模型见 GB/T 17975.1。

大小为 $BS_{mux} = 5\ ms \times R_{max}[profile, level]$ 的 MBS_n 的一部分被分配为缓冲区以允许复用操作，剩下的部分用作 BS_{oh}，还可能供初始化复用操作使用。

注：PES 开销的缓冲区空间由 7.2.4 定义的 PES-STD 在 PES 流中直接作出限制。利用 PES 流来构造传输流是可能的。

d) 主缓冲区

——音频

音频主缓冲区大小 BS_1～BS_n 定义如下：

$$BS_n = BS_{mux} + BS_{dec} + BS_{oh} = 3\ 584 \text{ 字节}$$

解码缓冲区 BS_{dec} 的访问单元大小和 PES 分组包开销缓冲区 BS_{oh} 受下式限制：

$$BS_{dec} + BS_{oh} = 2\ 848 \text{ 字节}$$

3 584 字节缓冲区的一部分(736 字节)被分配作为缓冲区以允许多路复用操作。余下的 2 848字节由访问单元缓冲区 BS_{dec} 和 BS_{oh} 及附加多路复用操作共享。

——系统

用于系统数据的主缓冲区 B_{sys} 大小为 1 536 字节。

——视频

对 GB/T 20090.2 视频基本流，数据由泄漏方式从 MB_n 传送到 EB_n。

泄漏方式

对于基准档次：

$$Rbx_n = R_{max}[profile, level] \qquad (5)$$

式中：

R_{max}[profile, level]——定义见 GB/T 20090.2—2006 的表 B.4、表 B.5。

如果 MB_n 中有 PES 分组包有效负载数据且缓冲区 EB_n 不满，PES 分组包有效负载数据以速率 R_{bx} 从 MB_n 传送到 EB_n。若 EB_n 满，数据不从 MB_n 中移出。当一个数据字节从 MB_n 传送到 EB_n，所有紧接在该字节之前且位于 MB_n 中的 PES 分组包头字节被立即移出并丢弃。当 MB_n 中无 PES 有效负载数据时，数据不从 MB_n 中移出。所有进入 MB_n 的数据从中出来。所有 PES 分组包有效负载字节在离开 MB_n 的瞬时进入 EB_n。

访问单元移出

对于每一基本流缓冲区 EB_n 和主缓冲区 B_n，在缓冲区中时间最长的访问单元 $A_n(j)$ 的所有数据在时刻 $td_n(j)$ 被立即移走。当显示单元有足够的缓冲并且访问单元 $A_n(j)$ 的所有数据都已进入 EB_n 或 B_n，解码器开始解码，此时刻即为最早解码时间 $td_n(j)$。对于音频信号，所有存储在访问单元之前的或嵌入在访问单元数据中的 PES 分组包头和访问单元同时移出。访问单元移出后立即解码为展现单元。

系统数据

对于系统数据，只要缓冲区 B_{sys} 中至少有一个字节的数据，数据以速率 R_{sys} 从主缓冲区 B_{sys} 中移出。

$$R_{sys} = \max(80\ 000 \text{ bit/s}, transport\_rate(i) + 500) \qquad (6)$$

式中：

transport_rate(i)——编码在 transport_rate 字段中的传输率，以位每秒(bit/s)为单位来度量；

i ——传输率字段的最后一个字节的索引。

注：在高传输率情况下，增加 R_{sys} 的目的在于允许增加节目特定信息的数据速率。

低延迟

在视频序列扩展中的 low_delay 置'1'时(见 GB/T 17975.2、GB/T 20090.2)，缓冲区 EB_n 可能下溢。此时，当在时刻 tdn(j)检查 T-STD 基本流缓冲区 EB_n 时，访问单元的整个数据可能不在 EB_n 中。当这一情况出现时，缓冲区将在每隔两个图像场周期重复检查，直到数据进入缓冲区。此时整个访问单元应瞬时从缓冲区 EB_n 移走，缓冲区 EB_n 将不会发生上溢。

当 low_delay_mode 标志置'1'时，EB_n 的下溢允许无限制地连续出现，T-STD 解码器将在 tdn(j)从缓冲区 EB_n 移出访问单元。注意解码器可能不按 display_time 的指示重建正确的展现时间，直到缓冲区 EB_n 的下溢终止且在位流中找到 relative_display_time。

特技模式

当含有 B 图像访问单元起始分组的 PES 分组包头中的 DSM_Trick_mode 标志为'1'且 trick_mode_control 字段为'001'(慢动作)或'010'(冻结帧)或'100'(慢倒)，B 图像访问单元不从视频数据缓冲区 EB_n 中移出直到该图像的所有场的最后一次解码和展示。场和图像的重复展现在 6.3.8 中的慢动作、慢倒和 field_id_cntrl 中定义。访问单元在规时间之内及时地从 EB_n 移出，这取决于 rep_cntrl 的值。

当包含图像起始码的第一个字节的 PES 分组包头中的 DSM_trick_mode 标志置'1'时，trick_mode 状态在 PES 分组包中图像起始码从缓冲区 EB_n 中移走时为真，且保持到 DSM_trick_mode 标志为'0'的 PES 分组包头被 T-STD 接收。特技模式状态为真时，缓冲区 EB_n 可能下溢，而来自一般流的所有其余限制均保留。

6.2.5 解码

在 $B_1 \sim B_n$ 以及 $EB_1 \sim EB_n$ 中缓冲的基本流被解码器 $D_1 \sim D_n$ 瞬时解码，可在 T-STD 输出端展现之前在重排序缓冲区 $O_1 \sim O_n$ 中被延迟。仅当一些视频访问单元不符合播放顺序时才使用重排序缓冲区，这些访问单元在显示前应重排序。特别地，若 $P_n(k)$ 是一帧或多帧 B 图像前的一帧 I 图像或 P 图像，在展现前它应在重排序缓冲区 O_n 中被延迟。在当前图像被存储之前展现先前存储在 O_n 中的图像。$P_n(k)$ 被延迟到下一 I 图像或 P 图像的解码时刻。当它被存储在重排序缓冲区中时，后续的 B 图像被解码和显示。

展现单元 $P_n(k)$ 在 $tp_n(k)$ 时展现。应注意从视频基本流的开始就需使用足够的重排序延迟以满足整个流的需求。

示例：开始仅包含 I 和 P 图像但后来包含 B 图像的流在流开始时应包括重排序延迟。

GB/T 17975.2 或 GB/T 20090.2 详细解释了视频图像重排序。

6.2.6 展现

解码系统的功能是从压缩数据重建展现单元并在正确的展现时间同步播放。尽管实际音频和视频播放设备在一定程度上有着不同的延迟及可能由后处理或输出方式造成的延迟，系统目标解码器将这些延迟均假定为 0。

在图 6 的 T-STD 中一个视频展现单元(一个图像)在展现时间 $tp_n(k)$ 瞬时播放。

在 T-STD 中，音频展现单元在它的展现时间 $tp_n(k)$ 开始输出，此时解码器瞬时播出第一个样本。展现单元中的后续样本以音频采样率顺序播出。

6.2.7 缓冲区管理

传输流的构造应满足本节的条件。本节使用 STD 中定义的记号。

TB_n 和 TB_{sys} 不应发生上溢，每秒至少一次为空。B_n 不应上溢或下溢，B_{sys} 不应上溢。

除非视频序列扩展中的低延迟标志被置为'1'(见 GB/T 20090.2—2006 中的 7.2.2.1 或 GB/T 17975.2—2000 中的 6.2.2.3)或 trick_mode 状态为真，EB_n 不应下溢。

当传送方式为泄漏方式时，MB_n 不应上溢，且每秒至少一次为空。EB_n 不应上溢。

除非是静止图像视频数据，通过 STD 缓冲区的任意数据的延迟应不大于 1 s。明确地说，对所有 j 及访问单元 $A_n(j)$ 中字节 i，有 $td_n(j) - t(i) \leqslant 1$。

对静止图像视频数据，所有 j 和访问单元 $A_n(j)$ 中的所有字节 i，延迟限制为 $td_n(j) - t(i) \leqslant 60$ s。

上溢和下溢的定义

假定 $F_n(t)$ 是 T-STD 缓冲区 B_n 在某个瞬间的占用程度。

在 $t = t(1)$ 前的瞬时，$F_n(t) = 0$。

若对所有的 t 和 n，

$F_n(t) \leqslant BS_n$，

则不发生上溢。

若对所有的 t 和 n，

$0 \leqslant F_n(t)$，

则不发生下溢。

6.3 传输流语法语义规范

以下语法描述了一个字节流。传输流分组包长度为188字节。传输流语法图形表示参见附录D。

6.3.1 传输流

传输流见表1。

表1 传输流

语　法	位　数	助记符
AVS_transport_stream() {		
do {		
transport_packet()		
} while(nextbits() == sync_byte)		
}		

6.3.2 传输流分组包

传输流分组包见表2。

表2 传输流分组包

语　法	位数	助记符
transport_packet() {		
sync_byte	8	**bslbf**
transport_error_indicator	1	**bslbf**
payload_unit_start_indicator	1	**bslbf**
transport_priority	1	**bslbf**
PEIT_indicator	13	**uimsbf**
transport_scrambling_control	2	**bslbf**
adaptation_field_control	2	**bslbf**
continuity_counter	4	**uimsbf**
if(adaptation_field_control == '10' || adaptation_field_control == '11') {		
adaptation_fields()		
}		
if(adaptation_field_control== '01' || adaptation_field_control =='11'){		
for(I = 0; i<N ; i++) {		
data_byte	8	**bslbf**
}		
}		
}		

6.3.3 传输流分组包中各字段的语义定义

关于同步字节和 PEID 值的选择参见附录 E。

同步字节字段 sync_byte

一个固定的值为'0100 0111'(0x47)的 8 位字段。

传输错误指示符字段 transport_error_indicator

该字段为 1 位指示符。置'1'时表示相关传输流分组包中至少有一个不可纠正的位差错。该位可被传输层外部实体置'1'。置'1'后,除非错误被纠正,否则值不会恢复为'0'。

有效负载数据单元起始指示符字段 payload_unit_start_indicator

该字段为 1 位指示符,用来标识带 PES 分组包或 PSI 数据的传输流分组包的起始位置,关于 PES 分组包和 PSI 数据的详细定义分别见本部分 6.3.6 和 6.5。

当传输流分组包的有效负载数据包含 PES 分组包数据时,该标志位有以下含义:'1'表示传输流分组包的有效负载数据以 PES 分组包的首字节开始,'0'表示 PES 分组包不从该传输流分组包开始。若值为'1',则有且仅有 1 个 PES 分组包从该传输流分组包开始。上述规则也适用于流类型为 0x06 的私有流,见表 30。

当传输流分组包的有效负载数据包含 PSI 数据时,该标志位有以下含义:若传输流分组包携带有 PSI 段的第一个字节,则该值应为'1',以表示传输流分组包中有效负载数据的首字节带有 pointer_field。若传输流分组包不包含 PSI 段的第一个字节,则该值应为'0',以表示传输流分组包中有效负载数据无 pointer_field,见 6.5.1 和 6.5.2。上述规则也适用于流类型为 0x05 的私有流,见表 30。

对空传输流分组包,该标志位应置'0'。

对于只携带私有数据的传输流分组包,该位的含义本部分未作规定。

传输优先级字段 transport_priority

该字段为 1 位指示符。置'1'时表示相关传输流分组包比该位为'0'且 PEID 相同的传输流分组包具有更高的优先级。传输机制能用它来区分基本流中数据的优先级。应用系统可决定仅对同一个 PEID 或对所有 PEID 使用该字段。该字段可能被信道专用编码器或解码器改变。

PEIT 标志字段 PEIT_indicator

该字段为 13 位,PEIT 表的标识符。当且仅当传输流分组包中包含 PEIT 的时候,该值为'0x000F'。

传输加扰控制字段 transport_scrambling_control

该字段为 2 位,指出传输流分组包有效负载数据的加扰方式。传输流分组包头和适应字段不应该被加扰。对空传输流分组包,该字段值应设定为'00',见表 3。

表 3 加扰控制值

值	描 述
00	非加扰
01	用户定义
10	用户定义
11	用户定义

适应字段控制字段 adaptation_field_control

该字段为 2 位,指出传输流分组包头后面是否有适应字段及有效负载数据,见表 4。

表 4 适应字段控制值

值	描 述
00	保留,以供将来使用
01	没有适应字段,仅有有效负载
10	仅有适应字段,没有有效负载
11	跟有有效负载的适应字段

符合本部分的解码器会丢弃 adaptation_field_control 字段值为'00'的传输流分组包。对空传输流分组包,该字段值应为'01'。

连续性计数器字段 continuity_counter

该字段为 4 位,其值随着每个具有相同 PEID 值的传输流分组包而递增。在达到最大值后,其值回卷为 0。当分组的 adaptation_field_control 字段等于'00'或'10'时,该字段的值不应递增。

在传输流中,每个传输流分组包至多可重复一次,重复传输流分组包应与初始传输流分组包具有相同的 PEID 和 continuity_counter 值,且在重复传输流分组包与初始传输流分组包之间不应有其他具有相同 PEID 的传输流分组包。此时,adaptation_field_control 字段应等于'01'或'11'。在重复传输流分组包中,除 transport_rate 字段和 packet_count 字段外,初始传输流分组包中的每个字节都将重复。若有 transport_rate 字段和 packet_count 字段,则应编码为有效值。

在特定的传输流分组包中的 continuity_counter 值是连续的。continuity_counter 值在具有相同 PEID 的相邻两个传输流分组包之间相差为'1'。当 adaptation_field_control 字段值为'00'或'10'时,或在上述的重复传输流分组包中,continuity_counter 值不应发生递增。当 discontinuity_indicator 被设为'1'时,continuity_counter 值可能会不连续,见 6.3.4。对于空传输流分组包,continuity_counter 的值未定义。

数据字节字段 data_byte

数据字节字段应由来自以下 4 种结构的连续字节构成:

a) PES 分组包,见 6.3.4;

b) PSI 段,见 6.5;

c) PSI 段之后的分组填充字节;

d) 由 PEID 指定的不在以上结构中的私有数据。

在 PEID 值为'0x1FFF'时,数据字节字段可取任何值,其长度见 6.3.4。数据字节字段的字节数 N,由 184 减去适应字段中的字节数所规定。如 6.3.4 所述。

6.3.4 适应字段

适应字段见表 5。

表 5 传输流适应字段

语 法	位数	助 记 符
adaptation_fields() {		
adaptation_field_length	8	**uimsbf**
if(adaptation_field_length>0) {		
discontinuity_indicator	1	**bslbf**

表 5（续）

语　法	位数	助记符
random_access_indicator	1	**bslbf**
elementary_stream_priority_indicator	1	**bslbf**
PCR_flag	1	**bslbf**
OPCR_flag	1	**bslbf**
splicing_pointer_flag	1	**bslbf**
avs_specific_transport_data_flag	1	**bslbf**
adaptation_field_extension_flag	1	**bslbf**
if(PCR_flag == '1') {		
program_clock_reference_base	33	**uimsbf**
reserved	6	**bslbf**
program_clock_reference_extension	9	**uimsbf**
}		
if(OPCR_flag == '1'){		
original_program_clock_reference_base	33	**uimsbf**
reserved	6	**bslbf**
original_program_clock_reference_extension	9	**uimsbf**
}		
if(splicing_point_flag == '1'){		
splice_countdown	8	**tcimsbf**
}		
if(avs_specific_transport_data_flag == '1') {		
avs_specific_transport_data_length	8	**uimsbf**
reserved	2	**bslbf**
packet_count_flag	1	**bslbf**
transport_rate_flag	1	**bslbf**
relative_display_time_flag	1	**bslbf**
linked_flag	1	**bslbf**
anchor_flag	1	**bslbf**
if(packet_count_flag)		
packet_count	32	**uimsbf**
if(transport_rate_flag)		
transport_rate	32	**uimsbf**
if(relative_display_time_flag)		
relative_display_time	32	**uimsbf**

表 5（续）

语　　法	位数	助记符
if(anchor_flag)　{		
PEIT_seq_num	8	**uimsbf**
TP_seq_num	8	**uimsbf**
}		
if(linked_flag)　{		
for(i=0;i< num_of_anchors;i++){		
AP_PEIT_seq_num	8	**uimsbf**
AP_TP_seq_num	8	**uimsbf**
}		
}		
for(i=0; i<N; i++){		
private_data_byte	8	**uimsbf**
}		
}		
if(adaptation_field_extension == '1'){		
adaptation_field_extension_length	8	**uimsbf**
ltw_flag	1	**bslbf**
piecewise_rate_flag	1	**bslbf**
seamless_splice_flag	1	**bslbf**
reserved	5	**bslbf**
If(ltw_flag == '1'){		
ltw_valid_flag	1	**bslbf**
ltw_offset	15	**uimsbf**
}		
if(piecewise_rate_flag == '1'){		
reserved	2	**bslbf**
piecewise_rate	22	**uimsbf**
}		
if(seamless_splice_flag == '1'){		
splice_type	4	**bslbf**
DTS_next_AU[32..30]	3	**bslbf**
marker_bit	1	**bslbf**
DTS_next_AU[29..15]	15	**bslbf**
marker_bit	1	**bslbf**

表 5(续)

语　法	位数	助记符
DTS_nxt_AU[14..0]	15	**bslbf**
marker_bit	1	**bslbf**
}		
for(i=0;i<N;i++){		
reserved	8	**bslbf**
}		
}		
for(i=0;i<N;i++){		
stuffing_byte	8	**bslbf**
}		
}		
}		

6.3.5 适应字段语义

适应字段中拼接传输流参见附录 F。

适应字段长度字段 adaptation_field_length

该字段为 8 位,指示紧随其后 adaptation_field 的字节长度。值为'0'用于在传输流分组包中插入单个填充字节。当适应字段控制字段的值为'11'时,该字段值应在'0'~'182'之间。当适应字段控制字段的值为'10'时,该字段值应为'183'。对于携带 PES 分组包的传输流分组包,在没有足够的 PES 分组包数据来完全填满传输流分组包有效负载数据时,需要填充。通过定义一个比其内部包含的数据元素的长度之和还要长的适应字段来完成填充,这样适应字段后所剩的有效负载字节恰好能容纳有用的 PES 分组包数据。适应字段中多余的空间用填充字节来填满。

对携带 PES 分组包的传输流分组包,这是唯一允许的填充方法。对携带 PSI 的传输流分组包,在 6.5 中描述了另一种填充方法。

不连续性指示符字段 discontinuity_indicator

该字段为 1 位,置'1'表示当前传输流分组包的不连续状态为真。当该字段为'0'或不出现时,不连续状态为假。该字段用于两种类型的不连续性:系统时间基准不连续和 continuity_counter 不连续。

系统时间基准不连续性是通过在具有 clock_recovery_PEID 的传输流分组包中使用 discontinuity_indicator 来指出的,见 6.5.9。当不连续状态为真时,具有相同 PEID 的传输流分组包中的下一个 transport_rate 代表相关节目的新传输率值。将系统时钟不连续点定义为包含一个有新系统时间基准 transport_rate 的传输流分组包中的第一个字节到达 T-STD 输入端的瞬间时刻。在系统时间基准发生不连续的传输流分组包中,discontinuity_indicator 应设定为'1'。该传输流分组包之前的具有相同 clock_recovery_PEID 的传输流分组包中的 discontinuity_indicator 也可被设定为'1'。在这种情况下,一旦一个 discontinuity_indicator 被设定为'1',则在后续的所有传输流分组包中应一直被设定为'1',直到且包括含有第一个具有新系统时间基准的 transport_rate 的传输流分组包。在系统时间基准不连续发生后及下一个系统时间基准不连续发生前,应至少收到两个具有系统时间基准的 transport_rate。此外,除非特技模式状态为真,仅来源于不超过两个系统时间基准的数据在任何时候应出现在一个节目的 T-STD 缓冲区集合中。

在系统时间基准出现不连续之前，包含指出新时间基准的 relative_display_time 的传输流分组包中的第一个字节不应到达 T-STD 的输入端。不连续发生后，包含指出前一个系统时间基准的 relative_display_time 的传输流分组包中的第一个字节不应该到达 T-STD 的输入端。

continuity_counter 不连续是通过使用任意传输流分组包中的 discontinuity_indicator 来指出的。当传输流分组包中的不连续状态为真，且 PEID 不是 clock_recovery_PEID 时，该分组包中的 continuity_counter 与具有相同 PEID 的前一个传输流分组包相比，可能不连续。当传输流分组包中的不连续状态为真，且 PEID 为 clock_recovery_PEID 时，只有在系统时间基准出现不连续的传输流分组包中，continuity_counter 才可能会不连续。当传输流分组包中的不连续状态为真，且该传输流分组包中的 continuity_counter 与具有相同 PEID 的前一个传输流分组包相比不连续时，continuity_counter 的不连续点将出现。从不连续状态的开始到结束，continuity_counter 不连续点最多只能出现一次。此外，对所有不是 clock_recovery_PEID 的 PEID，当具有某个 PEID 的传输流分组包中的 discontinuity_indicator 为'1'时，下一个具有相同 PEID 的传输流分组包中的 discontinuity_indicator 可以为'1'，但在具有该 PEID 的第三个后续传输流分组包中，不应设定为'1'。

本条中，基本流访问点定义如下：

视频：视频序列头的第一个字节。

音频：音频帧的第一个字节。

在包含基本流数据的传输流分组包中发生 continuity_counter 不连续后，具有相同 PEID 的传输流分组包中基本流数据的第一个字节应该是基本流访问点的第一个字节，对于视频，还可以是后接基本流访问点的 sequence_end_code 的第一个字节。包含基本流数据的传输流分组包，当 PEID 不为 clock_recovery_PEID、continuity_counter 发生不连续且出现 PTS 或 DTS 时，应在相应节目的系统时间基准出现不连续后到达 T-STD 的输入端。对于不连续状态为真的情况，若出现两个具有相同 PEID、相同的 continuity_counter 值及 adaptation_field_control 值为'01'或'11'的传输流分组包，则第二个传输流分组包可能被丢弃。传输流不应该以此种方式构造，因为丢弃传输流分组包会导致 PES 分组包有效负载数据或 PSI 数据的丢失。

在包含 PSI 信息的传输流分组包中出现值为'1'的 discontinuity_indicator 之后，PSI 段的版本号中可能出现一个不连续。在出现这种不连续时，应发送相关节目的 TS_program_map_section 的一个版本，其中 section_length == 13 且 current_next_indicator == 1。这样，就不对 program_descriptor 和基本流数据进行描述。此时，应为每个受影响的节目发送 TS_program_map_section 的一个版本，其中版本号递增 1 且 current_next_indicator==1，以包含一个完整的节目定义。以上指出了 PSI 数据中的版本变化。

随机访问指示符字段　random_access_indicator

该字段为 1 位，指出当前传输流分组包以及具有相同 PEID 的后续传输流分组包中包含一些信息以帮助在该点进行随机访问。具体来讲，当该位为'1'时，如果 PES 流类型为'0x01'、'0x02'或'0x42'，则具有当前 PEID 的起始于传输流分组包中有效负载的下一个 PES 分组包应包含视频序列头的第一个字节，见表 30；如果 PES 流类型为'0x3'、'0x4'或'0x43'，则应包含音频帧的第一个字节。此外，对于视频，展现时间戳应出现在序列头之后包含第一帧图像的 PES 分组包中。对于音频，应出现在包含音频帧首字节的 PES 分组包中。在 clock_recovery_PEID 中，含有 transport_rate 字段的传输流分组包的 random_access_indicator 应被设定为'1'。

基本流优先级指示符字段　elementary_stream_priority_indicator

该字段为 1 位，指出在有相同 PEID 的传输流分组包中有效负载数据中携带的基本流数据的优先级。值为'1'表示有效负载数据比其他传输流分组包中的优先级高。对于视频，只有当有效负载数据包含来自于帧内编码图像的一个或多个字节时，该字段才可能为'1'。值为'0'表示有效负载数据与其他该字段值不为'1'的传输流分组包有相同的优先级。

PCR 标志字段　PCR_flag

该字段为 1 位。置'1'时表示适应字段包含分两部分编码的 PCR；置'0'时表示适应字段不包含任何 PCR 字段。

OPCR 标志字段　OPCR_flag

该字段为 1 位。置'1'时表示适应字段包含分两部分编码的 OPCR；置'0'时表示适应字段不包含任何 OPCR 字段。

拼接点标志字段　splicing_point_flag

该字段为 1 位。置'1'时表示 splice_countdown 字段应出现在相关适应字段中，以说明拼接点的出现；置'0'时表示 splice_countdown 字段不出现在适应字段中。

AVS 专用传输数据标志字段　avs_specific_transport_data_flag

该字段为 1 位。置'1'时表示适应字段中含有 AVS 专用传输数据以及一个或多个 private_data 字节；置'0'时表示适应字段不含有任何 AVS 专用传输数据或 private_data 字节。

适应字段扩展标志字段　adaptation_field_extension_flag

该字段为 1 位。置'1'时表示存在一个适应字段扩展。置'0'时表示适应字段中不含有适应字段扩展。

节目参考时钟字段　program_clock_reference_base，program_clock_reference_extension

分两个部分编码的 42 位字段。其定义见 GB/T 17975.1。

原始节目参考时钟字段　original_program_clock_reference_base，
original_program_clock_reference_extension

分两个部分编码的 42 位字段。这两个部分，基础与扩展，与 PCR 字段中对应的两个部分的编码方法完全一致。OPCR 的出现由 OPCR_flag 来表示。只有在出现 PCR 字段的传输流分组包中的 OPCR 字段才会被编码。在单个节目和多个节目的传输流中都允许有 OPCR。

OPCR 有助于从另一个传输流来重构单个节目传输流。在重构初始的单个节目传输流中，OPCR 可以被拷贝到 PCR 字段。只有在初始的单个节目传输流完全被重构时，所产生的 PCR 值才是有效的。这至少包括出现在初始传输流中的任何 PSI 和私有数据且可能需要其他专门的排列。这也意味着，在初始单个节目传输流中，OPCR 应是它的相关 PCR 的一个完全一致的拷贝。

OPCR 表述如下：

$$OPCR(i) = OPCR\_base(i) \times 300 + PCR\_ext(i) \quad \cdots\cdots(7)$$

式中：

$$OPCR\_base(i) = ((system\_clock\_frequency \times t(i))\ DIV\ 300)\ \%\ 2^{33} \quad \cdots\cdots(8)$$

$$OPCR\_ext(i) = ((system\_clock\_frequency \times t(i))\ DIV\ 1)\ \%\ 300 \quad \cdots\cdots(9)$$

式(8)、式(9)中：

system_clock_frequency——系统时钟频率；

t(i)——以秒为单位指出传输流中第 i 个字节进入系统目标解码器的时间。

OPCR 字段被解码器忽略。任何多路复用器都不应该修改 OPCR 字段。

拼接倒计数字段　splice_countdown

该字段为 8 位。表示一个可以是正数或负数的值。正值指出了跟在相关传输流分组包后直到一个拼接点处且具有相同 PEID 的传输流分组包的剩余数目。重复传输流分组包和仅包含适应字段的传输流分组包排除在外。拼接点位于相关 splice_countdown 字段为'0'的传输流分组包的最后一个字节之后。在 splice_countdown 为'0'的传输流分组包中，传输流分组包有效负载数据的最后一个数据字节应该是编码音频帧或编码图像的最后一个字节。对于视频，相应的访问单元可能会也可能不会被

sequence_end_code 所终止。后面所跟的具有相同 PEID 的传输流分组包可能包含来源于具有相同类型的另一个不同的基本流的数据。

具有相同 PEID 的下一个传输流分组包(重复传输流分组包和无有效负载的传输流分组包不包括在内)中的有效负载数据应以 PES 分组包的第一个字节开始。对于音频,PES 分组包有效负载应以一个访问点为开始。对于视频,PES 分组包有效负载应以一个访问点或后面跟有访问点的 sequence_end_code 开始。因此,前一个编码音频帧或编码图像与传输流分组包边界对齐,或被填充后与传输流分组包边界对齐。在拼接点之后,倒计数字段可能也会出现。当 splice_countdown 是一个负数值(−n)时,表示相关传输流分组包是跟在拼接点之后的第 n 个分组包(重复分组包和无有效负载的分组包不包括在内)。

在本条中,访问点定义如下:

视频:video_sequence_header 的首字节。

音频:音频帧的首字节。

AVS 专用传输数据长度字段　avs_specific_transport_data_length

该字段为 8 位,指出其后的 AVS 专用传输数据字节数。该数目不应使私有数据超出适应字段。

包计数标志字段　packet_count_flag

该字段为 1 位,标志位。置'1'时表示 AVS 专用传输数据字段中包含 packet_count 字段,置'0'时表示 AVS 专用传输数据字段中不包含 packet_count 字段。

传输率标志字段　transport_rate_flag

该字段为 1 位,标志位。置'1'时表示 AVS 专用传输数据字段中包含 transport_rate 字段,置'0'时表示 AVS 专用传输数据字段中不包含 transport_rate 字段。

相对显示时间标志字段　relative_display_time_flag

该字段为 1 位,标志位。置'1'时表示 AVS 专用传输数据字段中包含 relative_display_time 字段,置'0'时表示 AVS 专用传输数据字段中不包含 relative_display_time 字段。

链接标志字段　linked_flag

该字段为 1 位,标志位。表示当前传输流分组包是一个被链接的数据包。

定位标志字段　anchor_flag

该字段为 1 位,标志位。表示当前传输流分组包是一个定位数据包。

包计数字段　packet_count

32 位无符号整数。packet_count 表示在当前传输流中当前传输流分组包的计数值。该值随着传输流分组包的增加递增,当达到最大值时回卷为'0'。

传输率字段　transport_rate

32 位无符号整数。transport_rate 表示从包含上一次 transport_rate 之后第一位的字节到达系统目标解码器输入端开始,直到包含当前 transport_rate 最后一位的字节到达系统目标解码器输入端为止的期望平均传输率。

相对显示时间字段　relative_display_time

32 位无符号整数。relative_display_time 表示基本流 n 的第 k 个展现单元在系统目标解码器中的相对展现时间,即从包含 relative_display_time 最后一位的字节到达系统目标解码器输入端到 $P_n(k)$ 展现之间的时间。relative_display_time 的值以系统时钟频率的 1/300(即 90 kHz)为单位。relative_display_time 由展现时间和当前系统时间根据式(10)计算而来。

$$\text{relative\_display\_time}(k) = ((\text{system\_clock\_frequency} \times (tp_n(k) - t(r)))\ \text{DIV}\ 300)\ \%\ 2^{32} \qquad (10)$$

式中:

r　——包含 relative_display_time 最后一位的字节;

$tp_n(k)$——展现单元 $P_n(k)$的展现时间。

对于音频,若 TS 私有数据段中有 relative_display_time,则它是指传输流分组包中开始的第一个访问单元。若传输流分组包中有音频访问单元的首字节,则有一个音频访问单元开始于该传输流分组包中。

对于视频,若 TS 私有数据段中有 relative_display_time,则它是指包含于传输流分组包中开始的第一个图像起始码的访问单元。若传输流分组包中有图像起始码的首字节,则有一个图像起始码开始于该传输流分组包中。

若音频中有滤波,则系统模型假定滤波不会导致延迟。因此,编码时 relative_display_time 所涉及的采样与解码时 relative_display_time 所涉及的采样是相同的。

在解码端,显示时间 $display_time_n(k)$可由 relative_display_time(k)和系统时间计算得到,见式(11)。

$$display\_time_n(k) = relative\_display\_time(k) + STC\_base(r) \quad \cdots\cdots\cdots\cdots(11)$$

式中:

r ——包含 relative_display_time(k)最后一位的字节;

$display\_time_n(k)$——是在解码端展现单元 $P_n(k)$的展现时间,以系统时钟频率的 1/300(即 90 kHz)为单位;

STC_base(r) ——第 r 字节到达解码器时 STC_base 的值,以系统时钟频率的 1/300(即 90 kHz)为单位。

PEIT 序列号 PEIT_seq_num

该字段为 8 位。表示当前传输流分组包所属的 PEIT 表的序列号,选取范围为 0～255。

传输流分组包序列号 TP_seq_num

该字段为 8 位。表示当前传输流分组包的序列号,选取范围为 0～255。

定位 PEIT 序列号 AP_PEIT_seq_num

该字段为 8 位。表示当前传输流分组包所对应的 AP 所属的 PEIT 表的序列号,选取范围为 0～255。

定位传输流分组包序列号 AP_TP_seq_num

该字段为 8 位。表示当前传输流分组包所对应的 AP 的传输流分组包序列号,选取范围为 0～255。

私有数据字节字段 private_data_byte

该字段为 8 位,私有数据字段。

适应字段扩展长度字段 adaptation_field_extension_length

该字段为 8 位,指出紧跟其后的扩展的适应字段数据的字节数。如果有保留字节的话,也包括在内。

合法时间窗口标志字段 ltw_flag

该字段为 1 位,置'1'时表示存在 ltw_offset 字段。

分段速率标志字段 piecewise_rate_flag

该字段为 1 位,置'1'时表示存在 piecewise_rate 字段。

无缝拼接标志字段 seamless_splice_flag

该字段为 1 位,置'1'时表示存在 splice_type 和 DTS_next_AU 字段。值为'0'时表示这两个字段都不存在。在 splicing_point_flag 不为'1'的传输流分组包中,该字段不应该设置为'1'。一旦在 splice_countdown 为正值的传输流分组包中将该字段设定为'1',在具有相同 PEID 且将 splicing_point_flag 设定为'1'的后续传输流分组包中也应将它设定为'1',直到某传输流分组包中的 splice_countdown 为

'0'(包括该传输流分组包)。在设置该标志时,若该 PEID 中携带的基本流为音频位流,则 splice_type 字段应设置为'0000'。若该 PEID 中携带的基本流为 GB/T 17975.2 或 GB/T 20090.2 视频位流,它应当满足 splice_type 值所指出的约束。

合法时间窗口有效标志字段 ltw_valid_flag

该字段为 1 位。置'1'时表示 ltw_offset 值有效。置'0'时表示 ltw_offset 字段未定义。

合法时间窗口偏移字段 ltw_offset

该字段为 15 位。只有在 ltw_valid_flag 的值为'1'时,其值才有定义。在有定义时,合法时间窗口偏移以 $(300/f_s)$s 为单位。其中,f_s 为该 PEID 所属节目的系统时钟频率,且满足如下限制:

$$offset = t_1(i) - t(i)$$

$$ltw\_offset = offset // 1$$

其中,i 是该传输流分组包的首字节的索引,偏移量是编码在该字段中的值,t(i)是 T-STD 中的字节 i 的到达时间,$t_1(i)$是与传输流相关的称为"合法时间窗口"的时间间隔的上界。

合法时间窗口具有一种特性,即若传输流在它的合法时间窗口的末尾 $t_1(i)$,被传送到在时间 t(i) 开始的 T-STD,且同一个节目的所有其他传输流分组包在它们的合法时间窗口的末尾被传送,那么:

a) 对于视频:在该传输流分组包的首字节进入 T-STD 中该 PEID 的 MB_n 缓冲区时,MB_n 缓冲区将包含少于 184 字节的基本流数据,且 T-STD 中不会发生缓冲区冲突。

b) 对于音频:在该传输流分组包的首字节进入 T-STD 中该 PEID 的 B_n 缓冲区时,B_n 缓冲区将包含少于 $BS_{dec}+1$ 字节的基本流数据,且 T-STD 中不会发生缓冲区冲突。

根据缓冲区 B_n 的大小以及 MB_n 与 EB_n 之间的传输速率等因素,有可能确定另一个时间 $t_0(i)$,使得在间隔$[t_0(i), t_1(i)]$中的任何时刻传送该分组包时,不会出现 T-STD 缓冲区冲突。该时间间隔称为合法时间窗口。在本部分中未定义 $t_0(i)$的值。

本字段中的信息用于诸如再复用器之类的设备。这些设备可能需要该信息来重构缓冲区 MB_n 的状态。

分段速率字段 piecewise_rate

该字段为 22 位,其含义只有在 ltw_flag 和 ltw_valid_flag 均被设定为'1'时才有定义。当有定义时,它是一个指定假想位速率 R 的正整数,以用于定义跟在该传输流分组包后面且有相同 PEID 的传输流分组包中的合法时间窗口(但不包括 legal_time_window_offset 字段)的结束时间。

假定该传输流分组包的首字节和具有相同 PEID 的后续 N 个传输流分组包的索引分别为 A_i,A_{i+1},…,A_{i+N},且后 N 个传输流分组包在 legal_time_window_offset 字段中没有编码值,那么值 $t_1(A_{i+j})$应由式(12)决定。

$$t_1(A_{i+j}) = t_1(A_i) + j \times 188 \times 8/R \quad \cdots\cdots(12)$$

注:8/R 指 8 位每字节。

式中:

j——取值范围为 1~N。

在该传输流分组包和包括 legal_time_window_offset 字段的下一个具有相同 PEID 的传输流分组包之间的所有传输流分组包,应该被看作其 legal_time_window_offset 字段具有编码值:

$$offset = t_1(A_i) - t(A_i) \quad \cdots\cdots(13)$$

式中:

$t_1(A_i)$——按式(12)计算;

$t(A_i)$ ——T-STD 中的字节 A_i 的到达时间。

当该字段出现在没有 legal_time_window_offset 字段的传输流分组包中时,它的含义没有定义。

拼接类型字段　splice_type

4 位字段。该字段第一次出现以后，在它出现的后续具有相同 PEID 的传输流分组包中应该有相同的值，直到 splice_countdown 值为‘0’的传输流分组包为止（包括该传输流分组包）。若携带在该 PEID 中的基本流是音频位流，该字段值应为‘0000’。若携带在该 PEID 中的基本流是视频位流，该字段指出了基本流为了拼接的目的而要遵循的条件。在表 6～表 15 中，这些条件被定义为 profile，level 和 splice_type 的功能。

在表 6～表 15 中，‘splice_decoding_delay’和‘max_splice_rate’的值表示视频基本流应满足下列条件：

a） splice_countdown 为‘0’的传输流分组包中所结束的编码图像的最后一个字节将在 BBV 模型的缓冲区中停留一段时间，时间长度为（splice_decoding_delay $t_{n+1}-t_n$），其中，在本节中：
   1） n 是 splice_countdown 为‘0’的传输流分组包中所结束的编码图像（即上面提到的编码图像）的索引；
   2） t_n 在 GB/T 20090.2 中定义；
   3） （$t_{n+1}-t_n$）在 GB/T 20090.2 中定义。

注：t_n 是编码图像从 BBV 缓冲区中移走的时间，（$t_{n+1}-t_n$）是图像展现时间。

b） 若 BBV 模型的输入在拼接点处切换到一个速率恒定为‘max_splice_rate’的流并延续一段长度为‘splice_decoding_delay’的时间，则 BBV 缓冲区不会溢出。

对于简单档次主要等级，主要档次主要等级，SNR 档次主要等级（两层），空间档次高－1440 等级（基本层），高档次主要等级（中间层＋基本层），其拼接参数见表 6。

表 6　拼接参数表 1

拼接类型	条　　件
0000	splice_decoding_delay＝120 ms；max_splice_rate＝15.0×10^6 bit/s
0001	splice_decoding_delay＝150 ms；max_splice_rate＝12.0×10^6 bit/s
0010	splice_decoding_delay＝225 ms；max_splice_rate＝8.0×10^6 bit/s
0011	splice_decoding_delay＝250 ms；max_splice_rate＝7.2×10^6 bit/s
0100～1011	保留
1100～1111	用户定义

对于主要档次低等级，SNR 档次低等级（两层），高档次主要等级（基本层）视频，其拼接参数见表 7。

表 7　拼接参数表 2

拼接类型	条　　件
0000	splice_decoding_delay＝115 ms；max_splice_rate＝4.0×10^6 bit/s
0001	splice_decoding_delay＝155 ms；max_splice_rate＝3.0×10^6 bit/s
0010	splice_decoding_delay＝230 ms；max_splice_rate＝ 2.0×10^6 bit/s
0011	splice_decoding_delay＝250 ms；max_splice_rate＝ 1.8×10^6 bit/s
0100～1011	保留
1100～1111	用户定义

对于主要档次高－1440 等级，空间档次高－1440 等级(所有层)，高档次高－1440 等级(中间层＋基本层)视频，其拼接参数见表 8。

表 8 拼接参数表 3

拼 接 类 型	条 件
0000	splice_decoding_delay＝120 ms；max_splice_rate＝60.0×10^6 bit/s
0001	splice_decoding_delay＝160 ms；max_splice_rate＝45.0×10^6 bit/s
0010	splice_decoding_delay＝240 ms；max_splice_rate＝ 30.0×10^6 bit/s
0011	splice_decoding_delay＝250 ms；max_splice_rate＝ 28.5×10^6 bit/s
0100～1011	保留
1100～1111	用户定义

对于主要档次高等级，高档次高－1440 等级(所有层)，高档次高等级(中间层＋基本层)视频，其拼接参数见表 9。

表 9 拼接参数表 4

拼 接 类 型	条 件
0000	splice_decoding_delay＝120 ms；max_splice_rate＝80.0×10^6 bit/s
0001	splice_decoding_delay＝160 ms；max_splice_rate＝60.0×10^6 bit/s
0010	splice_decoding_delay＝240 ms；max_splice_rate＝ 40.0×10^6 bit/s
0011	splice_decoding_delay＝250 ms；max_splice_rate＝ 38.0×10^6 bit/s
0100～1011	保留
1100～1111	用户定义

对于 SNR 档次低等级(基本层)视频，其拼接参数见表 10。

表 10 拼接参数表 5

拼 接 类 型	条 件
0000	splice_decoding_delay＝115 ms；max_splice_rate＝3.0×10^6 bit/s
0001	splice_decoding_delay＝175 ms；max_splice_rate＝2.0×10^6 bit/s
0010	splice_decoding_delay＝250 ms；max_splice_rate＝ 1.4×10^6 bit/s
0011～1011	保留
1100～1111	用户定义

对于 SNR 档次主要等级(基本层)视频，其拼接参数见表 11。

表 11 拼接参数表 6

拼接类型	条件
0000	splice_decoding_delay=115 ms;max_splice_rate=10.0×10^6 bit/s
0001	splice_decoding_delay=145 ms;max_splice_rate=8.0×10^6 bit/s
0010	splice_decoding_delay=235 ms;max_splice_rate= 5.0×10^6 bit/s
0011	splice_decoding_delay=250 ms;max_splice_rate= 4.7×10^6 bit/s
0100～1011	保留
1100～1111	用户定义

对于空间档次高－1440 等级(中间层＋基本层),其视频拼接参数见表 12。

表 12 拼接参数表 7

拼接类型	条件
0000	splice_decoding_delay=120 ms;max_splice_rate=40.0×10^6 bit/s
0001	splice_decoding_delay=160 ms;max_splice_rate=30.0×10^6 bit/s
0010	splice_decoding_delay=240 ms;max_splice_rate= 20.0×10^6 bit/s
0011	splice_decoding_delay=250 ms;max_splice_rate=19.0×10^6 bit/s
0100～1011	保留
1100～1111	用户定义

对于高档次主要等级(所有层),高档次高－1440 等级(基本层)视频,其拼接参数见表 13。

表 13 拼接参数表 8

拼接类型	条件
0000	splice_decoding_delay=120 ms;max_splice_rate=20.0×10^6 bit/s
0001	splice_decoding_delay=160 ms;max_splice_rate=15.0×10^6 bit/s
0010	splice_decoding_delay=240 ms;max_splice_rate= 10.0×10^6 bit/s
0011	splice_decoding_delay=250 ms;max_splice_rate= 9.5×10^6 bit/s
0100～1011	保留
1100～1111	用户定义

对于高档次高等级(基本层)视频,其拼接参数见表 14。

表 14 拼接参数表 9

拼接类型	条件
0000	splice_decoding_delay=120 ms;max_splice_rate=25.0×10^6 bit/s
0001	splice_decoding_delay=165 ms;max_splice_rate=18.0×10^6 bit/s
0010	splice_decoding_delay=250 ms;max_splice_rate= 12.0×10^6 bit/s
0011～1011	保留
1100～1111	用户定义

对于高档次高等级(所有层)视频,其拼接参数见表15。

表15 拼接参数表10

拼接类型	条件
0000	splice_decoding_delay=120 ms;max_splice_rate=100.0×10^6 bit/s
0001	splice_decoding_delay=160 ms;max_splice_rate=75.0×10^6 bit/s
0010	splice_decoding_delay=240 ms;max_splice_rate=50.0×10^6 bit/s
0011	splice_decoding_delay=250 ms;max_splice_rate=48.0×10^6 bit/s
0100~1011	保留
1100~1111	用户定义

解码时间戳下一个访问单元字段 DTS_next_AU

该字段为33位,分三部分编码。对于通过拼接点的连续和周期性解码,它指出了跟在该拼接点后面的第一个访问单元的解码时间。解码时间以splice_countdown为'0'的那个传输流分组包中有效的时间基准来表示。该字段第一次出现以后,在它所出现的所有后续传输流分组包中均应该有相同的值,直到splice_countdown为'0'的传输流分组包为止(包括该传输流分组包)。

填充字节字段 stuffing_byte

该字段为8位,值固定为'1111 1111'。它可以由编码器插入,而被解码器丢弃。

6.3.6 PES分组包

PES分组包见表16。关于数据传输应用参见附录G。

表16 PES分组包

语法	位数	助记符
PES_packet(){		
packet_start_code_prefix	24	**bslbf**
stream_id	8	**uimsbf**
PES_packet_length	16	**uimsbf**
if(stream_id != program_stream_map		
&& stream_id != padding_stream		
&& stream_id != private_stream_2		
&& stream_id != ECM		
&& stream_id != EMM		
&& stream_id != program_stream_directory		
&& stream_id != DSMCC_stream		
&& stream_id != ITU-T Rec. H.222.1 type E stream){		
'10'	2	**bslbf**
PES_scrambling_control	2	**bslbf**
PES_priority	1	**bslbf**

表 16（续）

语　　法	位　　数	助 记 符
data_alignment_indicator	1	**bslbf**
copyright	1	**bslbf**
original_or_copy	1	**bslbf**
PTS_DTS_flags	2	**bslbf**
ESCR_flag	1	**bslbf**
ES_rate_flag	1	**bslbf**
DSM_trick_mode_flag	1	**bslbf**
additional_copy_info_flag	1	**bslbf**
PES_CRC_flag	1	**bslbf**
PES_extension_flag	1	**bslbf**
PES_header_data_length	8	**uimsbf**
if(PTS_DTS_flags =='10'){		
'0010'	4	**bslbf**
PTS[32..30]	3	**bslbf**
marker_bit	1	**bslbf**
PTS[29..15]	15	**bslbf**
marker_bit	1	**bslbf**
PTS[14..0]	15	**bslbf**
marker_bit	1	**bslbf**
}		
if(PTS_DTS_flags =='11'){		
'0011'	4	**bslbf**
PTS[32..30]	3	**bslbf**
marker_bit	1	**bslbf**
PTS[29..15]	15	**bslbf**
marker_bit	1	**bslbf**
PTS[14..0]	15	**bslbf**
marker_bit	1	**bslbf**
'0001'	4	**bslbf**
DTS[32..30]	3	**bslbf**
marker_bit	1	**bslbf**
DTS[29..15]	15	**bslbf**
marker_bit	1	**bslbf**
DTS[14..0]	15	**bslbf**

表 16（续）

语　　法	位　　数	助记符
marker_bit	1	**bslbf**
}		
if(ESCR_flag ＝＝'1'){		
reserved	2	**bslbf**
ESCR_base[32..30]	3	**bslbf**
marker_bit	1	**bslbf**
ESCR_base[29..15]	15	**bslbf**
marker_bit	1	**bslbf**
ESCR_base[14..0]	15	**bslbf**
marker_bit	1	**bslbf**
ESCR_extension	9	**uimsbf**
ES_rate	22	**uimsbf**
marker_bit	1	**bslbf**
}		
if(DSM_trick_mode_flag ＝＝'1'){		
trick_mode_control	3	**uimsbf**
if(trick_mode_control ＝＝fast_forward) {		
field_id	2	**bslbf**
intra_slice_refresh	1	**bslbf**
frequency_truncation	2	**bslbf**
}		
else if(trick_mode_control ＝＝ slow_motion) {		
rep_cntrl	5	**uimsbf**
}		
else if(trick_mode _control ＝＝ freeze_frame) {		
field_id	2	**uimsbf**
reserved	3	**bslbf**
}		
else if(trick_mode _control ＝＝ fast_reverse) {		
field_id	2	**bslbf**
intra_slice_refresh	1	**bslbf**
frequency_truncation	2	**bslbf**
}		
else if(trick_mode_control ＝＝ slow_reverse) {		

表 16（续）

语　　法	位　　数	助记符
rep_cntrl	5	**uimsbf**
}		
else		
reserved	5	**bslbf**
}		
if(additional_copy_info_flag =='1'){		
marker_bit	1	**bslbf**
additional_copy_info	7	**bslbf**
}		
If(PES_CRC_flag=='1'){		
previous_PES_packet_CRC	16	**bslbf**
}		
If(PES_extension_flag =='1')　{		
PES_private_data_flag	1	**bslbf**
pack_header_field_flag	1	**bslbf**
program_packet_sequence_counter_flag	1	**bslbf**
P-STD_buffer_flag	1	**bslbf**
reserved	3	**bslbf**
PES_extension_flag_2	1	**bslbf**
if(PES_private_data_flag =='1'){		
PES_private_data	128	**bslbf**
}		
if(pack_header_field_flag == '1'){		
pack_field_length	8	**uimsbf**
pack_header()		
}		
if(program_packer_sequence_counter_flag == '1'){		
marker_bit	1	**bslbf**
program_packet_sequence_counter	7	**uimsbf**
marker-bit	1	**bslbf**
MPEG1_MPEG2_indentifier	1	**bslbf**
original_stuff_length	6	**uimsbf**
}		
if(P-STD_buffer_flag == '1'){		

表 16（续）

语　　法	位　　数	助 记 符
'01'	2	bslbf
P-STD_buffer_scale	1	bslbf
P-STD_buffer_size	13	uimsbf
}		
if(PES_extension_flag_2 == '1'){		
marker_bit	1	bslbf
PES_extension_field_length	7	uimsbf
for(i=0;i<PES_extension_field_length;i++){		
reserved	8	bslbf
}		
}		
}		
for(i=0;i<N1;i++)　{		
stuffing_byte	8	bslbf
}		
for(i=0;i<N2;i++){		
PES_packet_data_byte	8	bslbf
}		
}		
else if(stream_id == program_stream_map		
|| stream_id == private_stream_2		
|| stream_id == ECM		
|| stream_id == EMM		
|| stream_id == program_stream_directory		
|| stream_id == DSMCC_stream		
|| stream_id == ITU-T Rec. H. 222. 1 type E stream){		
for(i=0;i<PES_packet_length;i++){		
PES_packet_data_byte	8	bslbf
}		
}		
else if(steam_id == padding_stream){		
for(i=0;i<PES_packet_length;i++){		
padding_byte	8	bslbf
}		
}		
}		

6.3.7 PES分组包中各字段的语义定义

分组包起始码前缀字段 packet_start_code_prefix

24位代码,它和后面的stream_id构成了标识PES分组包开始的PES分组包起始码。它是一个值为'0000 0000 0000 0000 0000 0001'(0x000001)的位串。

流标识符字段 stream_id

在节目流中,它规定了基本流的序号和类型。定义见表17。在传输流中,它可以被设定为正确描述表17中定义的基本流类型的任何有效值。在传输流中,基本流类型在6.5的节目特定信息中作了规定。

表17 stream_id赋值

流标识符字段	注	流 编 码
1011 1100	1	program_stream_map
1011 1101	2	private_stream_1
1011 1110		padding_stream
1011 1111	3	private_stream_2
110x xxxx		GB/T 17975.3、GB/T 20090.3 或 GB/T 17191.3 音频流编号 x xxxx
1110 xxxx		GB/T 17975.2、GB/T 20090.2 或 GB/T 17191.2 视频流编号 xxxx
1111 0000	3	ECM_stream
1111 0001	3	EMM_stream
1111 0010	5	GB/T 17975.1、本部分附录H或ISO/IEC 13818-6_DSMCC_stream
1111 0011	2	ISO/IEC_13522_stream
1111 0100	6	ITU-T Rec. H.222.1类型A
1111 0101	6	ITU-T Rec. H.222.1类型B
1111 0110	6	ITU-T Rec. H.222.1类型C
1111 0111	6	ITU-T Rec. H.222.1类型D
1111 1000	6	ITU-T Rec. H.222.1类型E
1111 1001	7	ancillary_stream
1111 1010…1111 1110		保留数据流

符号x表示值'0'或'1'均被允许且可产生相同的流类型。流序号由x的取值决定。

注1:类型为program_stream_map的PES分组包有唯一的语法,在7.4.1中作了规定。

注2:类型为private_stream_1和ISO/IEC_13352_stream的PES分组包与GB/T 17975.2、GB/T 20090.2视频位流及GB/T 17975.3、GB/T 20090.3音频位流符合相同的PES分组包语法。

注3:类型为private_stream_2,ECM_stream和EMM_stream的PES分组包与private_stream_1相似,除了在PES_packet_length字段后未规定语法。

注4:类型为program_stream_directory的PES分组包有唯一的语法,在7.5中作了规定。

注5:类型为DSM_CC_stream的PES分组包有唯一的语法,在ISO/IEC 13818-6中作了规定。

注6:stream_id与表30中的stream_type 0x09相关联。

注7:stream_id仅用于PES分组包。PES分组包在传输流中携带了来源于节目流或GB/T 17191.1系统流的数据,见6.3.7。

PES 分组包长度字段　PES_packet_length

该字段为 16 位，指出了 PES 分组包中跟在该字段后的字节数目。值为‘0’表示 PES 分组包长度没有规定或没有限制。这种情况只允许出现在 PES 分组包的有效负载数据是基本视频位流的数据，且 PES 分组包作为有效负载数据包含于传输流分组包中。

在 PES_packet_length 为‘0’时，为避免 PES 分组包理解的二义性，PES 分组包的最后 24 位不能为‘0x00 0001’，否则可以通过增加或减少一个字节实现。

PES 加扰控制字段　PES_scrambling_control

该字段为 2 位，表示 PES 分组包有效负载数据的加扰方式。当加扰发生在 PES 层时，PES 分组包头(包括可能存在的可选字段)不应被加扰。见表 18。

表 18　PES 加扰控制值

值	描　述
00	非加扰
01	用户定义
10	用户定义
11	用户定义

PES 优先级字段　PES_priority

该字段为 1 位，指示 PES 分组包中有效负载数据的优先级。‘1’表示 PES 分组包中有效负载数据的优先级高于该字段为‘0’的 PES 分组包有效负载数据。多路复用器能使用该字段来区分安排基本流中数据的优先级。传输机制不应改动该字段。

数据对齐指示符字段　data_alignment_indicator

该字段为 1 位，标志位。

如果 data_alignment_indicator 置‘1’且存在本部分 8.10 中的 data_stream_alignment_descriptor 描述子时，表示 PES 分组包头后紧跟着 data_stream_alignment_descriptor 所指出的视频起始码或音频同步字；如果其值为‘1’且无该描述子，则需要将表 49 和表 50 中的 alignment_type 置‘01’以表示对齐；当值为‘0’时，未定义是否有任何这样的对齐。

版权字段　copyright

该字段为 1 位。置‘1’时表示相关 PES 分组包有效负载数据的内容受到版权保护。当值为‘0’时，没有定义该内容是否受到版权保护。本部分 8.24 中描述的版权描述子与包含 PES 分组包的基本流相关。若描述子作用于包含 PES 分组包的内容，则版权标志被置为‘1’。

原始或拷贝字段　original_or_copy

该字段为 1 位。置‘1’时表示相关 PES 分组包有效负载数据的内容是原始的；置‘0’时表示相关 PES 分组包有效负载数据的内容是一份拷贝。

PTS DTS 标志字段　PTS_DTS_flags

该字段为 2 位，标志位。当值为‘10’时，PTS 字段应出现在 PES 分组包头中；当值为‘11’时，PTS 字段和 DTS 字段都应出现在 PES 分组包头中；当值为‘00’时，PTS 字段和 DTS 字段都不出现在 PES 分组包头中。值为‘01’是不允许的。

ESCR 标志字段　ESCR_flag

该字段为 1 位，标志位。置‘1’时表示 ESCR 基础和扩展字段出现在 PES 分组包头中；值为‘0’表示没有 ESCR 字段。

ES 速率标志字段 ES_rate_flag

该字段为 1 位,标志位。置'1'时表示 ES_rate 字段出现在 PES 分组包头中;值为'0'表示没有 ES_rate 字段。

DSM 特技模式标志字段 DSM_trick_mode_flag

该字段为 1 位,标志位。置'1'时表示有 8 位特技模式字段;值为'0'表示没有该字段。

附加版权信息标志字段 additional_copy_info_flag

该字段为 1 位,标志位。置'1'时表示有附加拷贝信息字段;值为'0'表示没有该字段。

PES CRC 标志字段 PES_CRC_flag

该字段为 1 位,标志位。置'1'时表示 CRC 字段出现在 PES 分组包头中;值为'0'表示没有该字段。

PES 扩展标志字段 PES_extension_flag

该字段为 1 位,标志位。置'1'时表示 PES 分组包头中有扩展字段;值为'0'表示没有该字段。

PES 头数据长度字段 PES_header_data_length

该字段为 8 位。指出包含在 PES 分组包头中的可选字段和任何填充字节所占用的总字节数。该字段之前的字节指出了有无可选字段。

标记位字段 marker_bit

该字段为 1 位,值为'1'。

展现时间戳字段 PTS

展现时间与解码时间的关系如下:PTS 是一个编码在 3 个分离字段中的 33 位数字。它指出了基本流 n 的第 k 个展现单元在系统目标解码器中的展现时间 $tp_n(k)$。PTS 的值以系统时钟频率的 1/300(即 90 kHz)为单位。展现时间由 PTS 根据式(14)计算而来。在对展现时间戳进行编码时频率的约束见 9.4。

$$PTS(k)=((system\_clock\_frequency \times tp_n(k))\ DIV\ 300)\ \%\ 2^{33} \qquad \cdots\cdots\cdots\cdots(14)$$

式中:

system_clock_frequency ——系统时钟频率;

$tp_n(k)$ ——展现单元 $P_n(k)$的展现时间。

对于音频,若 PES 分组包头中有 PTS,则指示 PES 分组包中开始的第一个访问单元。若 PES 分组包中有音频访问单元的首字节,则有一个音频访问单元开始于该 PES 分组包中。

对于视频,若 PES 分组包头中有 PTS,则指示 PES 分组包中包含了第一个图像起始码的访问单元。若 PES 分组包中有图像起始码的首字节,则有一个图像起始码开始于该 PES 分组包中。

对音频展现单元、low_delay 序列中的视频展现单元以及 B 图像,其展现时间 $tp_n(k)$应等于 $td_n(k)$。

对于非 low_delay 序列中的 I 图像和 P 图像,在访问单元 k 和 k′之间无解码不连续时,展现时间 $tp_n(k)$应等于下一个传输的 I 图像或 P 图像的解码时间 $td_n(k')$,见 9.5。若有解码不连续或流终止,则 $tp_n(k)$和 $td_n(k)$之间的差应与没有不连续也没有终止时的原始流保持一致。

注:low_delay 序列是 low_delay 标志被设置的视频序列,见 GB/T 20090.2。

若音频中有滤波,则系统模型假定滤波不会导致延迟。因此,编码时 PTS 所涉及的采样与解码时 PTS 所涉及的采样是相同的。

ESCR 字段 ESCR_base,ESCR_extension

该字段为 42 位,分两部分编码。第一部分是一个长度为 33 位的字段,其值 ESCR_base(i)由式(16)给出;第二部分是一个长度为 9 位的字段,其值 ESCR_ext(i)由式(17)给出。ESCR 字段指出了基本流中包含 ESCR_base 最后一个位的字节到达 PES-STD 输出端的期望时间,见 7.2.4。

ESCR(i)字段值如式(15)所示:

$$ESCR(i)=ESCR\_base(i)\times300+ESCR\_ext(i) \qquad \cdots\cdots(15)$$

式中：

$$ESCR\_base(i)=((system\_clock\_frequency\times t(i))DIV\ 300)\%\ 2^{33} \qquad \cdots\cdots(16)$$

$$ESCR\_ext(i)=((system\_clock\_frequency\times t(i))DIV\ 1)\%\ 300 \qquad \cdots\cdots(17)$$

式(16)、式(17)中：

system_clock_frequency ——系统时钟频率；

t(i) ——指出传输流中第 i 个字节进入系统目标解码器的时间，以秒为单位。

ESCR 和 ES_rate 字段（见下面紧接的语义），包含与 PES 流序列相关的时间信息。这些字段应满足 9.3 中定义的约束。

基本流速率字段　ES_rate

该字段为 22 位无符号整数。对于 PES 流，它指出了系统目标解码器接收 PES 分组包的速率。该字段在它所属的 PES 分组包以及同一个 PES 流的后续 PES 分组包中一直有效，直到遇到一个新的 ES_rate 字段。该字段的值以 50 字节每秒为单位，且不能为'0'。该字段用于定义 PES 流的字节到达 P-STD 输入端的时间，见 9.4 中的定义。在各个 PES 分组包中，编码在该字段中的值可能不同。

特技模式控制字段　trick_mode_control

该字段为 3 位。它表示作用于相关视频位流的特技模式。对其他类型的基本流，该字段及其后 5 位的含义没有定义。trick_mode 状态的定义见 6.2.4 的特技模式部分。特技模式控制值见表 19。

当 trick_mode 状态为假时，对于 GB/T 17975.2 或 GB/T 20090.2 视频，解码过程输出逐行序列中每幅图像的次数 N 由 repeat_first_field 和 top_field_first 字段来规定。对于 GB/T 17191.2 视频，由序列头决定。

对于隔行序列，当 trick_mode 状态为假时，对于 GB/T 20090.2 视频，次数 N 由 repeat_first_field 和 progressive_frame 字段来规定。

当 trick_mode 状态为真时，图像的播放次数依赖于值 N。

表 19 是特技模式控制值。

表 19　特技模式控制值

值	描　述
000	快进
001	慢动作
010	冻结帧
011	快倒
100	慢倒
101～111	保留

当该字段值发生变化或特技模式操作停止时，可能会出现下列情况的任意组合：

a) 时间基准不连续；

b) 解码不连续；

c) 连续性计数器不连续。

在特技模式的情况下，解码和展现的非正常速度可能会导致视频基本流数据中定义的某些字段值不正确。同样，条带结构的语义约束也可能无效。这些例外所涉及的视频语法元素为：

a) bit_rate；

b) bbv_delay;

c) repeat_first_field;

d) v_axis_positive;

e) field_sequence;

f) subcarrier;

g) burst_amplitude;

h) subcarrier_phase。

在特技模式中,解码器不应该依赖于编码在这些字段中的值。

本部分并不要求解码器能解码 trick_mode_control 字段。但是,能解码该字段的解码器应能满足以下要求:

快进 fast forward

trick_mode_control 字段中的值为'000'。当该值出现时,它表示一个快进视频位流并定义了 PES 分组包头中后续 5 位的含义。intra_slice_refresh 位可以被设定为'1'以指出可能有丢失的宏块。解码器可以用前一个解码图像中相同位置的宏块来代替。表 20 中定义的 field_id 字段,表示应该显示哪个或哪些场。frequency_truncation 字段指出了可能包括的一个系数受限集合。该字段值的含义见表 21。

慢动作 slow motion

trick_mode_control 字段中的值为'001'。当该值出现时,它表示一个慢动作视频位流,并定义了 PES 分组包头中后续 5 个位的含义。对于逐行序列,该图像应被显示 N×rep_cntrl 次数,其中 N 定义如上。

对于 GB/T 17191.2—2000 视频和 GB/T 20090.2 视频逐行序列,该图像应被显示 N×rep_cntrl 帧持续时间,其中 N 定义如上。

对于 GB/T 20090.2 隔行序列,该图像应被显示 N×rep_cntrl 场持续时间。若该图像是一个帧图像,则待显示的第一个场在 top_field_first 为 1 时应该是顶场,在 top_field_first 为 0 时,应该是底场(见 GB/T 20090.2)。该场被显示 N×rep_cntrl/2 场持续时间。该图像的其他场被显示 N－N×rep_cntrl/2 场持续时间。

冻结帧 freeze frame

trick_mode_control 字段中的值为'010'。当该值出现时,表示冻结帧视频位流,并定义了 PES 分组包头中后续 5 位的含义。表 20 中定义的 field_id 字段,表示应该显示哪个或哪些场。field_id 字段指出了包含该字段的 PES 分组包中开始的第一个视频访问单元,除非该 PES 分组包包含 0 个有效负载字节。在后一种情况下,field_id 字段指出了最近的前一个视频访问单元。

快倒 fast reverse

trick_mode_control 字段中的值为'011'。当该值出现时,它表示一个快倒视频位流并定义了 PES 分组包头中后续 5 位的含义。intra_slice_refresh 位可以被设定为'1'以指出可能有丢失的宏块。解码器可用前一个解码图像中相同位置的宏块来代替。表 20 中定义的 field_id 字段,表示应该显示哪个或哪些场。frequency_truncation 字段指出了可能包括的一个系数受限集合。该字段值的含义见表 21。

慢倒 slow reverse

trick_mode_control 字段中的值为'100'。当该值出现时,它表示一个慢倒视频位流并定义了 PES 分组包头中后续 5 位的含义。对于 GB/T 17191.2 视频和 GB/T 20090.2 视频逐行序列,该图像应被显示 N×rep_cntrl 帧持续时间,其中 N 定义如上。

对于 GB/T 20090.2 隔行序列,该图像应被显示 N×rep_cntrl 场持续时间。若该图像是一个帧图像,则待显示的第一个场在 top_field_first 为 1 时应该是顶场,在 top_field_first 为'0'时,应该是底场(见 GB/T 20090.2)。该场被显示 N×rep_cntrl/2 场持续时间。该图像的其他场被显示 N×rep_cntrl/2 场持续时间。

场标识符字段 field_id

该字段为 2 位,表示应该显示哪个或哪些场。根据表 20 对其进行编码。

表 20 field_id 字段控制值

值	描述
00	仅按顶场底场顺序播放
01	仅按底场顶场顺序播放
10	播放帧
11	保留

帧内编码条带更新字段 intra_slice_refresh

该字段为 1 位。置'1'时表示 PES 分组包的视频数据编码条带中可能有丢失的宏块;置'0'时,表示上述情况可能不出现。更多的信息见 GB/T 20090.2。解码器可以用前一个解码图像中同一个位置的宏块来代替丢失的宏块。

频率截断字段 frequency_truncation

该字段为 2 位。指出在对 PES 分组包中数据进行编码时可能用到受限系数集合。其值定义于表 21。

表 21 系数选择值

值	描述
00	仅 DC 系数非 0
01	仅前三个系数非 0
10	仅前六个系数非 0
11	所有系数均可能非 0

显示次数控制字段 rep_cntrl

该字段为 5 位,指出隔行图像中每一场的显示次数或逐行图像显示次数。对于隔行图像,顶场或底场是否应首先显示由视频序列头中 trick_mode_control 字段和 top_field_first 字段来决定。该字段值不应为'0'。

附加版权信息字段 additional_copy_info

该字段为 7 位,包含与版权信息有关的私有数据。

前 PES 分组包 CRC 字段 previous_PES_packet_CRC

该字段为 16 位。在对前一个 PES 分组包(不包括该 PES 分组包头)进行处理后,该字段包含一个在解码器的 16 个寄存器中生成 0 输出的 CRC 值。该 CRC 值与附录 I 中所定义的相类似,但具有以下多项式:

$$x^{16}+x^{12}+x^{5}+1$$

注:该 CRC 值是为了用于网络维护,可以将有间隙性错误的源隔离开来,而不是为了供基本流解码器使用。它仅用于计算数据字节,因为在传输过程中 PES 分组包头数据可能被修改。

PES 私有数据标志字段 PES_private_data_flag

该字段为 1 位,标志位。置'1'时表示 PES 分组包头中包含私有数据;置'0'时表示 PES 分组包头中无私有数据。

分组头字段标志字段 pack_header_field_flag

该字段为 1 位,标志位。置'1'时表示当前 PES 分组包头中有 GB/T 17191.2 pack 分组包头或节目流分组包头。若该字段在包含于节目流中的PES分组包中，其值应为'0'。在传输流中，当值为'0'时表示PES头中无节目流分组包头。

节目分组包序列计数标志字段 program_packet_sequence_counter_flag

该字段为1位，标志位。值为'1'时表示PES分组包有program_packet_sequence_counter，MPEG1_MPEG2_identifier和original_stuff_length字段。值为'0'时表示PES分组包头中无这些字段。

P-STD缓冲区标志字段 P-STD_buffer_flag

该字段为1位，标志位。置'1'时表示PES分组包头中有P-STD_buffer_scale和P-STD_buffer_size字段。值为'0'时表示PES分组包头中无这些字段。

PES扩展标志字段 PES_extension_flag_2

该字段为1位，标志位，置'1'时表示有PES_extension_field_length及相关字段。值为'0'时表示无这些字段。

PES私有数据字段 PES_private_data

该字段为16位。包含私有数据，这些数据与其前后的字段组合在一起时，不应与packet_start_code_prefix(0x000001)冲突。

分组字段长度字段 pack_field_length

该字段为8位。表示pack_header_field()以字节为单位时的长度。

节目分组包序列计数字段 program_packet_sequence_counter

该字段为7位。它是一个可选的计数器，随着来自于节目流或GB/T 17191.1流的每一个后续的PES分组包或传输流中具有单个节目定义的PES分组包而递增，以提供与连续性计数器coutinuity_counter相似的功能，见6.3.2。它能用于检索节目流或原始GB/T 17191.1流中的初始PES分组包序列。该计数器在达到最大值后回卷为'0'。PES分组包不应出现重复。因此，复用节目中任何两个连续的PES分组包不应具有相同的program_packet_sequence_counter值。

MPEG1 MPEG2标识符字段 MPEG1_MPEG2_identifier

该字段为1位。置'1'时表示PES分组包携带的信息来自于GB/T 17191.1流；置'0'时表示PES分组包携带的信息来自于节目流。

初始填充长度字段 original_stuff_length

该字段为6位。指定用于初始GB/T 20090.1分组包头、初始GB/T 17975.1分组包头或初始GB/T 17191.1分组包头中的填充字节数。

P-STD缓冲区比例字段 P-STD_ buffer_scale

该字段为1位。仅当该PES分组包包含于节目流中时才有意义。它指出了用来解释后续P-STD_buffer_size字段的比例因子。若前面的stream_id表示一个音频位流，该字段值应为'0'；若前面的stream_id表示一个视频位流，该字段值应为'1'。对于所有的其他流类型，其值可为'0'或'1'。

P-STD缓冲区大小字段 P-STD_buffer_size

该字段为13位无符号整数。仅当该PES分组包包含于节目流中时才有意义。它定义了P-STD输入缓冲区的大小BS_n。若P-STD_ buffer_scale的值为'0'，那么P-STD_buffer_size以128字节为单位来度量缓冲区的大小。若P-STD_buffer_scale的值为'1'，那么P-STD_buffer_size以1024字节为单位来度量缓冲区的大小。因此：

如果P-STD_buffer_scale等于0，则：

$$BS_n = \text{P-STD\_buffer\_size} \times 128 \qquad (18)$$

否则：

$$BS_n = \text{P-STD\_buffer\_size} \times 1\,024 \qquad (19)$$

当该字段被符合GB/T 17975.1或本部分的系统目标解码器收到后，其编码值立即生效。

PES 扩展字段长度字段 PES_extension_field_length

该字段为 7 位。指出了跟在该字段之后在 PES 扩展字段中直到且包括任何保留字节的数据的字节长度。

填充字节字段 stuffing_byte

该字段为 8 位，其值恒定为'1111 1111'。可以由编码器插入以满足信道的需求等。解码器丢弃该字段。一个 PES 分组包头中最多只能出现 32 个填充字节。

PES 分组包数据字节字段 PES_packet_data_byte

该字段应该是来自于由分组包的 stream_id 或 PEID 所指定的基本流的连续数据字节。当基本流数据符合 GB/T 17975.2、GB/T 20090.2 或 GB/T 17975.3、GB/T 20090.3 时，该字段应该是与本部分的字节相对齐的字节。基本流的字节顺序应得到保持。该字段的字节数 N 由 PES_packet_length 字段规定。N 应等于 PES_packet_length 减去在 PES_packet_length 字段的最后一个字节与第一个 PES_packet_data_byte 间的字节数。

补充字节字段 padding_byte

该字段为 8 位，其值恒定为'1111 1111'。该字段被解码器丢弃。

6.3.8 在传输流中携带节目流和 GB/T 17191.1 系统流

传输流含有可选字段，从而以一种允许在解码器中简单地重建各个流的方式支持携带节目流及 GB/T 17191.1 系统流。

当把一个节目流放到传输流中时，传输流分组包中携有 stream_id 值为 private_stream_1，GB/T 20090.2 或 GB/T 17191.2 视频和 GB/T 20090.3 或 GB/T 17191.3 音频的节目流 PES 分组包。

对于这些 PES 分组包，当在传输流解码器中重构节目流时，PES 分组包数据被复制到正在被重建的节目流中。

对于 stream_id 值为 program_stream_map、padding_stream、private_stream_2、ECM、EMM、DSM_CC_stream 或 program_stream_directory 的节目流 PES 分组包，除 packet_start_code_prefix 外的所有字节被放入一个新 PES 分组包的 data_bytes 字段中。新 PES 分组包的 stream_id 值为 ancillary_stream，见表 17。这样，这个新的 PES 分组包就被携带在传输流分组包中。

在传输流解码器中重建节目流时，对含 stream_id 为 ancillary_stream_id 的 PES 分组包，packet_start_code_prefix 被写入到正在重建的节目流中，其后跟有来自这些传输流 PES 分组包的 data_byte 字段。

GB/T 17191.1 流首先通过以本部分定义的 PES 分组包头来取代 GB/T 17191.1 分组包头的方式携带于传输流中。GB/T 17191.1 分组包头字段值被复制到等价的本部分 PES 分组包头字段中。

program_packet_sequence_counter 字段被包括在携带有来自节目流或 GB/T 17191.1 系统流的数据的每个 PES 分组包头中。这使初始节目流或初始 GB/T 17191.1 系统流中 PES 分组包的顺序在解码器中可重现。

节目流或 GB/T 17191.1 系统流的 pack_header()字段被携带在传输流中紧跟着的 PES 分组包头中。

6.4 节目元素信息表

节目元素信息表(PEIT)提供节目元素识别和解复用所需的基本信息。每个 PEIT 表对应一个 PEIT 区间。每个 PEIT 区间由分属不同节目元素的传输流分组包构成。节目元素信息表的主要功能是对其所对应的区间内传输流分组包序列进行描述。描述的内容主要包括：对应的 PEIT 区间所选取的节目元素排序方式，各个节目元素的传输流分组包计数信息，各个节目元素的 PEID，以及其他信息。一个 PEIT 表由单独一个 PEIT 段承载。

解复用端首先通过搜索带有 PEIT_indicator 指示符的传输流分组包来寻找 PEIT 段。PEIT_indicator 的具体定义及其在码流中的位置在 6.3.2 中阐述。在重建并得到 PEIT 表之后，解复用端使用 PSI 对应的 PEID 作为标识符在 PEIT 区间内搜索所需要的 PSI 传输流分组包并解析 PSI 信息。PSI 信息中包含节目基本流对应的 PEID 和其他有用信息。获得节目相关的信息后，系统就可以使用节目基本流对应的 PEID 做为标识符在 PEIT 区间内搜索所需要的基本流传输流分组包并送到相应的基本流处理器中。PEID 的定义见表 22，其中 PEID 值为 0x0000，0x0001 和 0x0010～0x1FFE 的传输流分组包允许携带 transport_rate。详细的解复用过程的说明参见附录 J。

为了优化在不同传输情况下的传输效率，本部分设计两种复用模式：基本模式（basic mode）和高级模式（advanced mode）。基本模式适用于低误码和包按序抵达的传输信道，包括数字有线电视广播信道等。高级模式适用于高丢包或高误码，以及有包乱序的传输信道，比如 IPTV 网络和移动电视信道。有关复用模式的说明参见附录 K。

PEID 值见表 22。

表 22 PEID 值的分配

值	描 述
0x0000	PAT
0x0001	CAT
0x0002	TSDT
0x0003～0x000E	保留
0x000F	PEIT_indicator
0x0010～0x1FFE	可以赋给 network_PEID，Program_map_PEID，elementary_PEID 或作其他用途
0x1FFF	空的分组

6.4.1 PEIT 语法

PEIT 语法见表 23。

表 23 PEIT 语法

语 法	位 数	助记符
program_element_information_section( ){		
table id	8	**uimsbf**
section_syntax_indicator	1	**bslbf**
reserved	3	**bslbf**
PEIT_section_length	12	**uimsbf**
reserved	4	**bslbf**
PEIT_interval_pointer	9	**uimsbf**
advanced_mode_enable	1	**bslbf**
num_of_anchors	2	**uimsbf**
if(advanced_mode_enable) {		

表 23（续）

语　　法	位　　数	助 记 符
PEIT_seq_num	8	**uimsbf**
}		
total_TP_cnt	8	**uimsbf**
total_element_cnt	8	**uimsbf**
for(i=0; i< total_element_cnt;i++){		
TP_cnt	8	**uimsbf**
reserved	3	**bslbf**
PEID	13	**uimsbf**
}		
CRC_32	32	**rpchof**
}		

6.4.2 PEIT 段中各字段的语义定义

表标识符字段　table_id

该字段为 8 位。值为'0x40'。

段语法指示符字段　section_syntax_indicator

该字段为 1 位。值为'0'。

PEIT 段长度字段　PEIT_section_length

该字段为 12 位。指示紧跟在 PEIT_section_length 字段后直到 program_element_information_section 结束的私有段剩余字节数。该字段值不应超过'4093'(0xFFD)。

PEIT 区间指针字段　PEIT_interval_pointer

该字段为 9 位。表示当前 PEIT 表的第一个传输流分组包与当前 PEIT 表对应的 PEIT 区间的第一个传输流分组包之间相间隔的传输流分组包个数，范围为 0～511。

高级模式启动字段　advanced_mode_enable

该字段为 1 位。表示当前 PEIT 区间的复用模式。如果设置为'1'，那么当前 PEIT 区间为高级复用模式，否则为基本复用模式。

定位数目字段　num_of_anchors

该字段为 2 位。表示当前 PEIT 区间内传输流分组包被链接的 AP 的数目。选取范围为 1～4。

PEIT 序列号字段　PEIT_seq_num

该字段为 8 位。表示 PEIT 表的序列号，选取范围为 0～255。

传输包总数字段　total_TP_cnt

该字段为 8 位。表示当前 PEIT 区间包含传输流分组包的数目，选取范围为 0～255。

节目元素总数字段　total_element_cnt

该字段为 8 位。表示当前 PEIT 表包含节目项的数目，选取范围为 0～255。不同节目项可以是同一节目。

传输包计数字段　TP_cnt

该字段为 8 位。表示当前同一节目元素连续出现的传输流分组包个数，如果该元素在 PEIT 表中相应的节目项中列出，但是并没有出现，那么这个值为'0'。

节目元素标识符字段 PEID

该字段为13位，表示节目元素的标识符，具体的定义见表22。

CRC 32 字段 CRC_32

该字段为32位，它包含CRC值，以在处理完整个PEIT段后，在附录I中定义的解码器寄存器中产生'0'输出值。

6.5 节目特定信息

节目特定信息(PSI)既包括本部分定义的数据，也包括私有数据以使解码器能分离节目。节目由一个或多个基本流组成，每一个均由PEID标识。节目基本流或其中的各部分可以被加扰以用于条件接收，但PSI不应被加扰。

在传输流中，PSI被分为4个表结构，见表24。虽然这些结构可以被看作简单的表，但它们应被进一步划分为各个段并插入到传输流分组包中，一些带有预先规定的PEID，另一些带有用户可选的PEID。

本部分定义的PSI表应被划分为携带于传输流分组包中的一个或多个段。段是用于把每个本部分定义的PSI表映射到传输流分组包中的语法结构。

除本部分定义的PSI表外，还可携带私有数据表。本部分未定义将私有信息携带于传输流分组包中的方法。可以用与携带本部分定义的PSI表相同的方式来对其进行结构化，从而，用来映射该私有数据的语法与用来映射本部分定义的PSI表的语法是一致的。为此，定义了一个私有段。如果携带私有数据的传输流分组包和携带节目映射表的传输流分组包具有相同的PEID，那么将使用private_section的语法和语义。携带于private_data_byte中的数据可以被加扰，但private_section中其余字段不应被加扰。该private_section允许数据以最小结构传送。在不使用这一结构时，本部分未对传输流分组包中私有数据的映射作出定义。

表 24 节目特定信息

结构名	流类型	PEID值	描　述
节目关联表	GB/T 20090.1	0x0000	将节目序号与节目映射表PEID相关联
节目映射表	GB/T 20090.1	其值在PAT中指出	指定一个或多个节目元素的PEID值
网络信息表	专用	其值在PAT中指出	诸如FDM频率、卫星转发器频点等物理网络参数
条件接收表	GB/T 20090.1	0x0001	将一个或多个(私有)EMM流分别与唯一的PEID值相关联
传输流描述表	GB/T 20090.1	0x0002	将一个或多个表40中的描述子与整个传输流相关联

各个段可能长度不一。每一段的开始由传输流分组包有效负载数据中的pointer_field来标识。该字段语法见表25。

携带PSI段的传输流分组包中还可能有适应字段。

在一个传输流中，值为'0xFF'的传输流分组包填充字节可能会出现在一个段的末字节后。在这种情况下，直到传输流分组包结束的所有后续字节也都将是值为'0xFF'的填充字节。这些字节可能被解码器丢弃。此时，有相同PEID值的下一个传输流分组包有效负载，应以值为'0x00'的pointer_field作为起始码，以指出紧跟其后开始的下一个段。

每一传输流都应包含一个或多个PEID值为'0x0000'的传输流分组包。这些传输流分组包一起将包含一个完整的节目关联表(PAT)，以给出该传输流中所有节目的一个完整列表。current_next_indicator置'1'的表的最近传输版本，总是作用于传输流中当前数据。传输流中携带的节目的任何变动将在PEID值为‘0x0000’的传输流分组包中携带的节目关联表的更新版本中加以描述。这些段均用到值为‘0x00’的table_id。在PEID值为‘0x0000’的传输流分组包中只允许table_id值为‘0x00’的段。要使节目关联表的新版本生效，所有带新version_number及current_next_indicator置‘1’的段(在last_section_number中指出)应离开T-STD中定义的B_{sys}，见6.2。当用于结束表的那个段的最后一个字节离开B_{sys}后，新版本的节目关联表开始生效。

一旦传输流中一个或多个基本流被加扰，就应传送PEID值为‘0x0001’且包含一个完整的条件接收表(CAT)的传输流分组包。表中包含与加扰流相关联的CA_descriptor。传输的传输流分组包共同组成一个条件接收表的完整版本。current_next_indicator置‘1’的表的最近传送版本总是作用于传输流中的当前数据。在加扰中使现有表无效或不完整的任何变动应在条件接收表的一个更新版本中加以描述。条件接收表的段都应使用值为‘0x01’的table_id。在PEID值为‘0x0001’的传输流分组包中只允许table_id值为‘0x01’的段。要使CAT的新版本生效，所有带新version_number及current_next_indicator置‘1’的段(在last_section_number中指出)应离开T-STD中定义的B_{sys}，见6.2。当用于结束表的那个段的最后一个字节离开B_{sys}后，CAT开始生效。

每个传输流应包含一个或多个这样的传输流分组包，其PEID值在节目关联表中被标记为包含传输流节目映射段的传输流分组包。节目关联表中列出的每个节目在一个唯一的TS_program_map_section中描述。每个节目将在该传输流中完全定义。在合适的节目映射表段中有关联elementary_PEID字段的私有数据是该节目的组成部分。其他私有数据可能存在于传输流中但未在节目映射表(PMT)中列出。current_next_indicator置‘1’的TS_program_map_section的最近传送版本将总是作用于传输流的当前数据。传输流中携带的任何节目的定义的任何改动应在携带于传输流分组包中的节目映射表的相应段的更新版本中加以描述，这些传输流分组包的PEID值被标识为用于特定节目的program_map_PEID。传送给定TS_program_map_section的所有传输流分组包具有相同的PEID值。在节目连续存在期间，包括它的相关事件，该program_map_PEID不应改变。节目定义不应该跨过多于一个的TS_program_map_section。在具有一个新version_number且current_next_indicator为‘1’的段的最后一个字节离开B_{sys}时，TS_program_map_section的新版本开始生效。

table_id值为‘0x02’的段应包含节目映射表信息。这些段可能携带于有不同PEID值的传输流分组包中。

网络信息表是可选的，具内容也是专用的。如果存在的话，它将携带于一些传输流分组包中。这些传输流分组包有相同PEID值，称为network_PEID。network_PEID值由用户定义，且如果存在，将出现在节目关联表中的保留program_number‘0x0000’之下。若存在网络信息表，它将以一个或多个private_section的形式出现。

本部分定义的PSI表的最大字节数为1024字节，private_section最大字节数为4096字节。

传输流描述表(TSDT)是可选的。如果存在该表，则它将被封装在PEID值为‘0x0002’的传输流分组包中，该表将作用于整个传输流。传输流描述段的table_id将使用表27中规定的‘0x03’。其内容限制为表40中规定的描述子。当用于结束表的那个段的最后一个字节离开B_{sys}后，该传输流描述段开始生效。

不论是本部分定义的还是专用的，对PSI数据中的起始码、同步字节或其他位模式的出现没有限制。

关于如何使用PSI的说明信息参见附录L。

6.5.1 指针

pointer_field语法定义见表25。

表 25　节目特定信息指针

语　法	位　数	助 记 符
pointer_field	8	**uimsbf**

6.5.2　指针语法中各字段的语义定义

指针字段　pointer_field

该字段为 8 位，其值表示紧跟其后的直到出现在传输流分组包的有效负载数据中的第一个段的首字节为止的字节数(因此值'0x00'表示该段紧跟在 pointer_field 之后开始)。当至少有一个段开始于给定的传输流分组包中时，payload_unit_start_indicator 应置为'1'且传输流分组包的有效负载数据的首字节应包含该指针，见 6.3.2。当没有段开始于给定的传输流分组包中时，payload_unit_start_indicator 应置为'0'且传输流分组包的有效负载数据将不传送指针。

6.5.3　节目关联表

节目关联表给出了 program_number 与携带节目定义的传输流分组包的 PEID 值的对应关系。program_number 是与一个节目相关联的数值标号。

整个表包含于具有下列语法的一个或多个段之中。它可以被分割以占用多个段。见表 26。

表 26　节目关联段

语　法	位　数	助 记 符
program_association_section(){		
table_id	8	**uimsbf**
section_syntax_indicator	1	**bslbf**
'0'	1	**bslbf**
reserved	2	**bslbf**
section_length	12	**uimsbf**
transport_stream_id	16	**uimsbf**
reserved	2	**bslbf**
version_number	5	**uimsbf**
current_next_indicator	1	**bslbf**
section_number	8	**uimsbf**
last_section_number	8	**uimsbf**
for(i=0;i<N;i++){		
program_number	16	**uimsbf**
reserved	3	**bslbf**
if(program_number == '0'){		
network_PEID	13	**uimsbf**
}		

表 26（续）

语　　法	位　　数	助 记 符
else {		
program_map_PEID	13	**uimsbf**
}		
}		
CRC_32	32	**rpchof**
}		

6.5.4　table_id 赋值

table_id 字段标识了传输流 PSI 段的内容，见表 27。

表 27　table_id 赋值的值

值	描　　述
0x00	program_association_section
0x01	conditional_access_section(CA_section)
0x02	TS_program_map_section
0x03	TS_description_section
0x04～0x3F	在 GB/T 17975.1 中定义
0x40	program_element_information_section
0x41～0xFE	用户私有
0xFF	禁止

6.5.5　节目关联段中各字段的语义定义

表标识符字段　table_id

该字段为 8 位，值为'0x00'。见表 27。

段语法指示符字段　section_syntax_indicator

该字段为 1 位，值为'1'。

段长度字段　section_length

该字段为 12 位，前两位为'00'，后 10 位规定紧跟在该字段之后且包括 CRC 的该段的字节数目。其值不应超过 1021(0x3FD)。

传输流标识符字段　transport_stream_id

该字段为 16 位，用作标识以区分本传输流与同一网络中任何其他传输流。其值由用户定义。

版本号字段　version_number

该字段为 5 位。它是整个节目关联表的版本序号。一旦节目关联表发生变化，该字段将递增 1，并对 32 取模。当 current_next_indicator 为'1'时，版本号应该是当前适用的节目关联表的版本号；当 current_next_indicator 为'0'时，版本号应该是下一个适用的节目关联表的版本号。

当前下一个指示符字段　current_next_indicator

该字段为1位，指示符。置'1'时表示传送的节目关联表是当前适用的；置'0'时表示传送的节目关联表还不适用，它是下一个生效的表。

段号字段　section_number

该字段为8位，给出了该段的序号。节目关联表中第一个段的section_number应为'0x00'。节目关联表每增加一个段，它将递增1。

末段号字段　last_section_number

该字段为8位，给出整个节目关联表中最后一段(即有最大section_number)的序号。

节目号字段　program_number

该字段为16位，规定program_map_PEID可适用的节目。当值为'0x0000'时，其后的PEID参照将是网络PEID。该字段的其他值由用户定义。在节目关联表的任一版本中，该字段取任何单个值不应超过一次。

注：program_number可作为一个指示符号，可用于广播信道等。

网络PEID字段　network_PEID

该字段为13位。仅与值为'0x0000'的program_number一起使用，以指定包含网络信息表的传输流分组包的PEID。该字段值由用户定义，但只能取表22中规定的值。该字段的出现是可选的。

节目映射PEID字段　program_map_PEID

该字段为13位。它表示包含可作用于program_number所指定节目的program_map_section的传输流分组包的PEID。任何program_number都不应该有多个program_map_PEID值。program_map_PEID值由用户定义，但只能取表22中规定的值。

CRC 32字段　CRC_32

该字段为32位，它包含CRC值，以在处理完整个节目关联段后，在附录I中定义的解码器寄存器中产生'0'输出值。

6.5.6　条件接收表

条件接收(CA)表给出了一个或多个CA系统、它们的EMM流和任何与它们相关的特定参数之间的关系。表28中descriptor()字段的定义见8.16。

该表包含在具有以下语法的一个或多个段之中。它可以被分割以占用多个段。

表28　条件接收段

语　法	位　数	助记符
CA_section(){		
table_id	8	uimsbf
section_syntax_indicator	1	bslbf
'0'	1	bslbf
reserved	2	bslbf
section_length	12	uimsbf
reserved	18	bslbf
version_number	5	uimsbf
current_next_indicator	1	bslbf
section_number	8	uimsbf
last_section_number	8	uimsbf

表 28（续）

语　　法	位　　数	助记符
for(i=0;i<N;i++){		
descriptor()		
}		
CRC_32	32	**rpchof**
}		

6.5.7　条件接收段中各字段的语义定义

表标识符字段　table_id

该字段为 8 位。表 27 中规定其值为‘0x01’。

段语法指示符字段　section_syntax_indicator

该字段 1 位，值为‘1’。

段长度字段　section_length

该字段 12 位，前两位为‘00’，后 10 位规定其后紧跟的段（包括 CRC）的字节数。该字段值不应超过 1021(0x3FD)。

版本号字段　version_number

版本号字段为 5 位。它是整个条件接收表的版本序号。一旦条件接收表发生变化，该字段将递增 1，并对 32 取模。在 current_next_indicator 为‘1’时，版本号应该是当前适用的条件接收表的版本号；在 current_next_indicator 为‘0’时，版本号应该是下一个适用的条件接收表的版本号。

当前下一个指示符字段　current_next_ indicator

该字段为 1 位，指示符。置‘1’时表示传送的条件接收表是当前适用的；置‘0’时表示传送的条件接收表还不适用，它是下一个生效的表。

段号字段　section_number

该字段为 8 位，给出了该段的序号。条件接收表中第一个段的 section_number 应为‘0x00’。条件接收表每增加一个段，它将递增 1。

末段号字段　last_section_number

该字段为 8 位，给出整个条件接收表中最后一段（即有最大 section_number）的序号。

CRC 32 字段　CRC_32

该字段为 32 位，它包含 CRC 值，以在处理完整个条件接收段后，在附录 I 中定义的解码器寄存器中产生‘0’输出值。

6.5.8　节目映射表

节目映射表给出了节目序号和组成它们的节目元素之间的映射。该映射的一个单一实例被称为“节目定义”。节目映射表是一个传输流中所有节目定义的完整集合。该表在传输流分组包中被传输，传输流分组包的 PEID 值由编码器选择。需要时可能用到多个 PEID。该表包含在具有以下语法的一个或多个段中。它可以被分割以占用多个段。在每一段中，段序号字段值应置‘0’。段由 program_number 字段标识。

表 29 中 descriptor()字段的定义见本部分第 8 章。

表 29 传输流节目映射段

语　法	位　数	助记符
TS_program_map_section(){		
table_id	8	uimsbf
section_syntax_indictor	1	bslbf
'0'	1	bslbf
reserved	2	bslbf
section_length	12	uimsbf
program_number	16	uimsbf
reserved	2	bslbf
version_number	5	uimsbf
current_next_ indictor	1	bslbf
section_number	8	uimsbf
last_section_number	8	uimsbf
reserved	1	bslbf
clock_recovery_flag	2	bslbf
clock_recovery_PEID	13	uimsbf
reserved	4	bsbf
program_info_length	12	uimsbf
for(i=0;i<N;i++){		
descriptor()		
}		
for(i=0;i<N1;i++){		
stream_type	8	uimsbf
reserved	3	bslbf
elementary_PEID	13	uimsbf
reserved	4	bslbf
ES_info_length	12	uimsbf
for(i=0;i<N2;i++) {		
descriptor()		
}		
}		
CRC_32	32	rpchof
}		

6.5.9 传输流节目映射段中各字段的语义定义

表标识符字段　table_id

该字段为 8 位,值为'0x02'。见表 27。

段语法指示符字段　section_syntax_indicator

该字段为 1 位,值为'1'。

段长度字段　section_length

该字段为 12 位,前两位为'00',后 10 位规定紧跟在该字段之后且包括 CRC 的该段的字节数目。其值不应超过 1021(0x3FD)。

节目号字段　program_number

该字段为 16 位,规定 program_map_PEID 可适用的节目。一个节目定义仅包含于一个传输流节目映射段。这意味着一个节目定义不会长于 1016(0x3F8)。处理长度不够情况的方法参见附录 L。program_number 可作为广播信道的指示符号。通过描述属于一个节目的不同节目元素,来自于不同源的数据可以被连接在一起以形成使用一个 program_number 的流的连续集合。应用示例参见附录 L。

版本号字段　version_number

版本号字段为 5 位。它是传输流节目映射段的版本序号。一旦该部分中的信息发生变化,该字段递增 1,并对 32 取模。版本号涉及单个节目的定义,从而涉及单个段。在 current_next_indicator 为'1'时,版本号应该是当前适用的传输流节目映射段的版本号;在 current_next_indicator 为'0'时,版本号应该是下一个适用的传输流节目映射段的版本号。

当前下一个指示符字段　current_next_ indicator

该字段为 1 位,指示符。置'1'时表示传送的传输流节目映射段是当前适用的;置'0'时表示传送的传输流节目映射段还不适用,它是下一个生效的段。

段号字段　section_number

该字段为 8 位,值应为'0x00'。

末段号字段　last_section_number

该字段为 8 位,值应为'0x00'。

时钟恢复标志字段　clock_recovery_flag

该字段为 2 位,标志位。置'11'时表示该节目包含 PCR 时钟恢复信息,置'00'时表示该节目包含传输率时钟恢复信息,置'10'时表示该节目既包含 PCR 时钟恢复信息,又包含传输率时钟恢复信息。'01'是保留值。

时钟恢复 PEID 字段　clock_recovery_PEID

该字段为 13 位,指出包含时钟恢复信息的传输流分组包的 PEID。这些传输流分组包包含对 program_number 所指定的节目有效的时钟恢复信息。若没有时钟恢复信息与用于私有流的节目定义相关联,那么该字段取值应为'0x1FFF'。对选择 PEID 值的限制见表 5 中 transport_rate 的语义定义和表 22。

节目信息长度字段　program_info_length

该字段为 12 位。起始的两位应为'00'。其余的 10 位规定了紧跟在该字段之后的描述子的字节数。

流类型字段　stream_type

该字段为 8 位。它指出了携带在传输流分组包中的节目元素的类型,这些分组包的 PEID 由 elementary_PEID 所指出。表 30 中规定了 stream_type 的值。

注:对于除音频、视频和 DSM-CC 以外的由本部分定义的数据类型,诸如节目流目录和节目流映射等,GB/T 17975.1、GB/T 20090.1 辅助流是可以适用的。

表 30 流类型指定

值	描 述
0x00	保留
0x01	GB/T 17191.2 视频
0x02	GB/T 17975.2 视频或 GB/T 17191.2 受限参数视频流
0x03	GB/T 17191.3 音频
0x04	GB/T 17975.3 音频
0x05	GB/T 17975.1 private_sections
0x06	包含私有数据的 GB/T 17975.1 PES 分组包
0x07	ISO/IEC 13522 MHEG
0x08	附录 H－DSM-CC
0x09	ITU-T Rec. H.222.1
0x0A	ISO/IEC 13818-6 类型 A
0x0B	ISO/IEC 13818-6 类型 B
0x0C	ISO/IEC 13818-6 类型 C
0x0D	ISO/IEC 13818-6 类型 D
0x0E	GB/T 17975.1 辅助
0x42	GB/T 20090.2 视频
0x43	GB/T 20090.3 音频
0x44	GB/T 20090.1 private_sections
0x45	包含私有数据的 GB/T 20090.1 PES 分组包
0x46	GB/T 20090.1 辅助
0x47～0x7F	ISO/IEC 13818 保留
0x80～0xFF	用户私有

基本 PEID 字段 elementary_PEID

该字段为 13 位，指出了携带相关节目元素的传输流分组包的 PEID。

ES 信息长度字段 ES_info_length

该字段为 12 位。起始两位应为‘00’，剩余的 10 位指出了紧跟在该字段之后的相关节目元素的描述子的字节数。

CRC 32 字段 CRC_32

该字段为 32 位，它包含 CRC 值，以在处理完整个传输流节目映射段后，在附录 I 中定义的解码器寄存器中产生‘0’输出值。

6.5.10 私有段的语法

当私有数据在 PEID 值为节目关联表中指定的节目映射表 PEID 的传输流分组包中传送时，将使用 private_section。为使解码器能对流进行解析，该段允许数据以最小结构传输。可以用两种方法来使用该段：若 section_syntax_indicator 置‘1’，将用到所有表公用的整个结构；若置‘0’，则仅有从‘table_id’到‘private_section_length’之间的字段符合公用结构语法和语义，private_section 其余字段可采取用户定义的任何形式。附录 M 中有该语法扩充使用的示例。

私有表可以由几个 private_section 组成，各个段有相同的 table_id。见表 31。

表 31　私有段

语　　法	位　　数	助 记 符
private_section(){		
table_id	8	**uimsbf**
section_syntax_indicator	1	**bslbf**
private_indicator	1	**bslbf**
reserved	2	**bslbf**
private_section_length	12	**uimsbf**
if(section_syntax_indicator == '0'){		
for(i=0;i<N;i++)　{		
private_data_byte	8	**bslbf**
}		
}		
else {		
table_id_extension	16	**uimsbf**
reserved	2	**bslbf**
version_number	5	**uimsbf**
current_next_indicator	1	**bslbf**
section_unmber	8	**uimsbf**
last_section_number	8	**uimsbf**
for(i=0;i<private_section_length-9;i++){		
private_data_byte	8	**bslbf**
}		
CRC_32	32	**rpchof**
}		
}		

6.5.11　私有段中各字段的语义定义

表标识符字段　table_id

该字段为 8 位。其值表示该段所属的私有表。只能使用在表 27 中被定义为'用户私有'的值。

段语法指示符字段　section_syntax_indicator

该字段为 1 位，指示符。置'1'时表示 private_section_length 字段之后的私有段服从公用的段语法；置'0'时表示 privata_data_byte 紧跟在 private_section_length 字段之后。

私有指示符字段　private_indicator

该字段为 1 位，用户可定义的标志位。该字段在将来不会再定义。

私有段长度字段 private_section_length

该字段为12位。指示紧跟在private_section_length字段后直到private_section结束的私有段剩余字节数。该字段值不应超过'4093'(0xFFD)。

私有数据字节字段 private_data_byte

用户可定义的字段。该字段在将来不会再定义。

表标识符扩展字段 table_id_extention

该字段为16位。它的使用与赋值由用户定义。

版本号字段 version_number

版本号字段为5位。它是私有段的版本序号。一旦私有段中携带的信息发生变化,该字段将递增1,并对32取模。在current_next_indicator为'0'时,版本号应该是下一个适用的有相同section_number和table_id的私有段的版本号。

当前下一个指示符字段 current_next_indicator

该字段为1位,指示符。置'1'时表示传送的私有段是当前适用的,此时版本号应该是当前适用的私有段的版本号。置'0'时表示传送的私有段还不适用,它是下一个生效的有相同section_number和table_id的私有段。

段号字段 section_number

该字段为8位,给出了该段的序号。私有段中第一个段的section_number应为'0x00'。私有段每增加一个段,它将递增1。

末段号字段 last_section_number

该字段为8位,指出了本段所属的私有表的最后一段(即有最大section_number的段)的序号。

CRC 32字段 CRC_32

该字段为32位,它包含CRC值,以在处理完整个私有段后,在附录I中定义的解码器寄存器中产生'0'输出值。

7 节目流位流的要求

7.1 节目流编码结构与参数

GB/T 17975.1和本部分定义的节目流编码层允许将具有一个或多个基本流的一个节目组合成一个单一节目流。来自各基本流的数据与那些允许节目中的基本流同步播放的信息复用在一起。

一个节目流包含来自于一个节目的复用在一起的一个或多个基本流。基本流数据携带于PES分组包中,PES分组包由PES分组包头及其后的PES分组包数据组成。

PES分组包头以一个32位起始码开始,它也标识了该分组包数据属于哪个流,见表17。PES分组包头可能仅含有展现时间戳(PTS),或既有展现时间戳(PTS)又有解码时间戳(DTS)。PES分组包头还含其他可选字段的标志位,分组包数据包括来自一个基本流的数量可变的连续字节。

在节目流中,PES分组包被组合在节目流分组包中。节目流分组包以节目流分组包头开始,其后跟有零个或多个PES分组包。节目流分组包头以32位起始码开始,用于存放时间信息和比特率信息。

节目流以一个可重复的系统头开始,系统头中含有节目流中定义的所有系统参数。

本部分未指定可用作条件接收系统的一部分的编码数据。但本部分为节目服务供应商提供了一些机制以传输和标识数据供解码器处理及正确地引用此处定义的数据。

7.2 节目流系统目标解码器

节目流的语义及对这些语义的限制要求对解码事件及其发生时刻进行精确定义。在本部分中用一个称为节目流系统目标解码器(P-STD)的假想解码器来陈述所需的定义。

P-STD 是一个概念化模型，它用于在构造和验证节目流时对解码过程进行建模。P-STD 仅为此而定义。所描述的 P-STD 的体系结构和时钟并不排除各种具有不同结构或定时机制的解码器对节目流进行不间断地同步回放。

以下记号用来描述节目流系统目标解码器。图 7 说明了其中的一部分。

i，i′	节目流中的字节索引。第一字节的索引为‘0’。
j	基本流中访问单元的索引。
k，k′，k″	基本流中展现单元的索引。
n	基本流的索引。
t(i)	节目流中第 i 个字节进入系统目标解码器的时刻，以秒为单位表示。t(0)的值是一个任意常数。
SCR(i)	以 27 MHz 系统时钟为单位来度量的 SCR 字段中的时间。这里的 i 指字段 system_clock_reference_base 最后一个字节的索引。
$A_n(j)$	基本流 n 中第 j 个访问单元。$A_n(j)$是按解码顺序给出索引的。
$td_n(j)$	基本流 n 的第 j 个访问单元在系统目标解码器中的解码时间，该时间按秒度量。
$P_n(k)$	基本流 n 中的第 k 个展现单元。$P_n(k)$是按展现顺序进行索引的。
$tp_n(k)$	基本流 n 的第 k 个展现单元在系统目标解码器中的展现时间，该时间按秒度量。
t	按秒度量的时间。
$F_n(t)$	系统目标解码器中基本流 n 的输入缓冲区在时间 t 的占用度，按字节度量。
B_n	系统目标解码器中基本流 n 的输入缓冲区。
BS_n	系统目标解码器中基本流 n 的输入缓冲区的容量，按字节度量。
D_n	基本流 n 的解码器。
O_n	用于视频基本流 n 的重排序缓冲区。

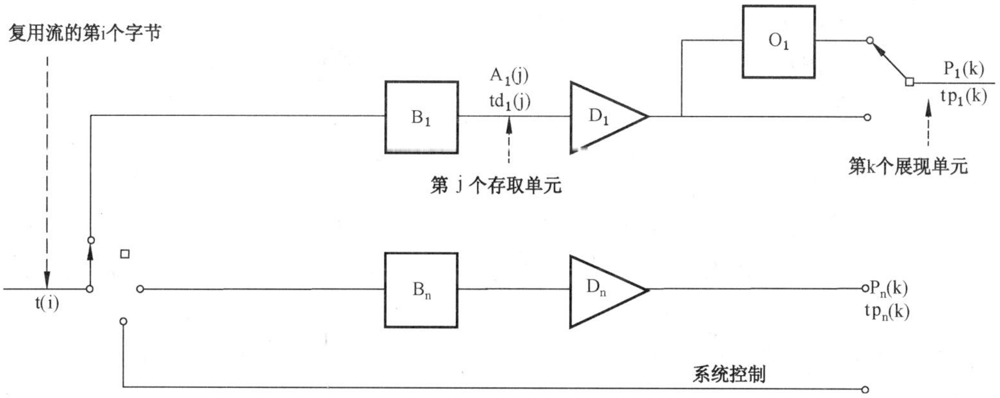

图 7　节目流系统目标解码器框图

7.2.1　系统时钟频率

P-STD 中引用的时间信息携带于本部分定义的一些数据字段中。在 6.3.6 及 7.3.3 中对这些字段作了定义。这些信息被编码为系统时钟的采样值。

系统时钟频率的值以赫兹(Hz)为单位且应满足式(20)：

$$27\ 000\ 000-810 \leqslant \text{system\_clock\_frequency} \leqslant 27\ 000\ 000+810 \qquad \cdots\cdots\cdots\cdots(20)$$

式中：

system_clock_frequency——随时间的变化率小于或等于 75×10^{-3} Hz/s。

在本部分中使用记号 system_clock_frequency 表示满足以上要求的时钟频率。为了表达方便，出现 SCR、PTS 或 DTS 的方程所得到的时间值均为(300×2^{33}/system_clock_frequency)秒的整数倍。这是因为 SCR 时间信息被编码为 33 位的系统时钟频率的 1/300 及 9 位余数，而 PTS 与 DTS 被编码为 33 位且计数频率为系统时钟频率的 1/300。

7.2.2 节目流系统目标解码器的输入

来自节目流的数据进入系统目标解码器。第 i 个字节在时刻 t(i)进入，通过对输入的系统参考时钟(SCR)字段及编码在分组包头中的 program_mux_rate 字段进行解码可从输入流中恢复该字节进入系统目标解码器的时间。式(21)定义的 SCR 分两部分编码：一部分以系统时钟频率的 1/300 周期为单位，称为 system_clock_reference_base，见式(22)；另一部分以系统时钟周期为单位，称为 system_clock_reference_ext，见式(23)。在下文中，这些字段中的编码值被表示为 SCR_base(i)及 SCR_ext(i)。SCR 字段中编码值表示时间 t(i)，其中 i 指的是包含 system_clock_reference_base 字段最后一位的字节。

特别地：

$$\text{SCR}(i)=\text{SCR\_base}(i)\times300+\text{SCR\_ext}(i) \quad\cdots\cdots(21)$$

式中：

$$\text{SCR\_base}(i)=((\text{system\_clock\_frequency}\times t(i))\,\text{DIV}\,300)\,\%\,2^{33} \quad\cdots\cdots(22)$$

$$\text{SCR\_ext}(i)=((\text{system\_clock\_frequency}\times t(i))\,\text{DIV}\,1)\,\%\,300 \quad\cdots\cdots(23)$$

式(22)、式(23)中：

system_clock_frequency——系统时钟频率；

t(i)——以秒为单位指出传输流中第 i 个字节进入系统目标解码器的时间。

式(24)给出了输入到达时间 t(i)，对其余所有字节均从 SCR(i)及数据到达速率构造。其中每一个节目流分组包的到达速率由该节目流分组包头中 program_mux_rate 字段表示。

$$t(i)=\text{SCR}(i')/\,\text{system\_clock\_frequency}+(i-i')/(\text{program\_mux\_rate}\times50) \quad\cdots\cdots(24)$$

式中：

i'——节目流分组包头中包含 system_clock_reference_base 字段的最后一位的字节索引；

i——节目流分组包中任何字节的索引，包括节目流分组包头；

SCR(i')——以系统时钟为单位的系统参考时钟基础和扩展字段的编码值；

program_ mux_rate——7.3.3 中定义的字段。

在传输完一个节目流分组包的最后字节之后，可能会有一个时间间隔。在这期间，没有字节被传送到 P-STD 的输入。

7.2.3 缓冲

来自基本流 n 的 PES 分组包数据，传送至流 n 的输入缓冲区 B_n。字节 i 从 STD 到 B_n 的传输是瞬时的，从而字节 i 在时刻 t(i)进入大小为 BS_n 的流 n 的缓冲区。节目流的节目流分组包头、系统头、节目流映射、节目流目录或 PES 分组包头中的字节，诸如 SCR、DTS、PTS 和 packet_length 等字段，不被送入任何缓冲区，但可能被用于控制系统。

从 BS_1 到 BS_n 的输入缓冲区大小由在式(18)和式(19)的语法中的 P-STD 缓冲区大小参数给出。

在解码时刻 $td_n(j)$，所有在缓冲区中时间最长的访问单元 $A_n(j)$以及任何在时刻 $td_n(j)$出现在缓冲区中的数据之前的填充字节，在时刻 $td_n(j)$被立即移走。解码时刻 $td_n(j)$由 DTS 或 PTS 字段指定。紧跟在访问单元 j 之后的无编码 DTS 或 PTS 字段的访问单元的解码时间 $td_n(j+1)$，$td_n(j+2)$，……可从基本流信息推导得出，见 GB/T 20090.2、GB/T 20090.3、GB/T 17975.2、GB/T 17975.3 以及 GB/T 17191.2 或 GB/T 17191.3。当访问单元从缓冲区中移出时被立即解码为展现单元。

节目流的构造和 t(i)的选择应使得大小为 BS_1 到 BS_n 的输入缓冲区在节目流系统目标解码器中不发生上溢和下溢。

即对于所有的 t 和 n：

$$0 \leqslant F_n(t) \leqslant BS_n$$

以及在 t=t(0)前的瞬间：

$$F_n(t) = 0$$

$F_n(t)$是 P-STD 缓冲区 B_n 的瞬间占用度。

该条件的一个例外是，当视频序列头中的 low_delay 标志被设定为'0'，见 6.2.7，或 trick_mode 的状态为真时，P-STD 缓冲区 B_n 可能会下溢。

对所有节目流，除非是静止图像视频数据，系统目标解码器输入缓冲区引起的延迟应不大于 1 s。输入缓冲区延迟是指一个字节从进入缓冲区到它被解码的时间差值。

特别地，对于包含在访问单元 j 中的所有数据，在没有静止图像视频数据的情况下，该延迟受以下约束：

$$td_n(j) - t(i) \leqslant 1 \text{ s}$$

而在有静止图像视频数据的情况下，该延迟受以下约束：

$$td_n(j) - t(i) \leqslant 60 \text{ s}$$

对节目流，每个分组包的所有字节均应在其后续包之前进入 P-STD。

若视频序列扩展中的 low_delay 标志置'1'(见 GB/T 20090.2—2006 的 7.2.2.1)，BBV 缓冲区可能下溢。对于这种情况，当在 $td_n(j)$所规定的时刻对基本流缓冲区 B_n 进行检查时，该访问单元的全部数据未必已经在 B_n 中。当此情况出现时，应在两个图像场周期间重新检查缓冲区，直到整个访问单元的数据完全进入 B_n，此时整个访问单元将从 B_n 中立即移出。

BBV 缓冲区下溢允许无限制连续发生。P-STD 解码器应在与上段所述及编码在该位流中的 DTS 或 PTS 值一致的最早时刻从 B_n 中移去访问单元数据。直到 BBV 缓冲区下溢终止，且在该位流中找到 PTS 或 DTS 字段，解码器才能够按 DTS 和 PTS 的规定重建正确的解码和显示时间。

7.2.4 PES 流

构造一个由连续的 PES 分组包组成的数据流是可能的。其中的每个 PES 分组包含有同一基本流的数据且具有相同的 stream_id 值，这种流称为 PES 流。一个 PES 流的 PES-STD 模型与节目流的模型一样，除了用基本流参考时钟(ESCR)取代 SCR，用 ES_rate 取代 program_mux_rate。解复用器只把数据送到一个基本流缓冲区。

PES-STD 模型中缓冲区的大小 BS_n 定义如下：

a) 对于 GB/T 17975.2 或 GB/T 20090.2 视频：

   $BS_n = bbv_{max}[profile, level] + BS_{oh}$

   $BS_{oh} = (1/750)s \times R_{max}[profile, level]$，其中 $bbv_{max}[profile, level]$和 $R_{max}[profile, level]$分别是 GB/T 17975.2—2000 的表 8-13 和表 8-14 中定义的每种档次或 GB/T 20090.2—2006 的表 B.4 和表 B.5 中定义的每种档次和等级的最大 BBV 大小和比特率。BS_{oh}被分配用作 PES 分组包头的开销。

b) 对于 GB/T 17191.2 视频：

   $BS_n = bbv_{max} + BS_{oh}$

   $BS_{oh} = (1/750)s \times R_{max}$，其中 R_{max}和 bbv_{max}分别代表 GB/T 17191.2 中受限参数位流的最大比特率和最大 bbv_buffer_size。

c) 对于 GB/T 17191.3、GB/T 17975.3 或 GB/T 20090.3 音频：

BS_n = 2848 字节

7.2.5 解码和展现

节目流系统目标解码器的解码和展现分别与 6.2.5 及 6.2.6 中定义的传输流系统目标解码器相同。

7.3 节目流语法语义规定

以下语法描述了一个字节流。节目流语法的图形表示参见附录 D。

7.3.1 节目流

节目流见表 32。

表 32 节目流

语　法	位　数	助记符
AVS_program_stream(){		
do{		
pack()		
} while(nextbits()==pack_start_code)		
AVS_program_end_code	32	**bslbf**
}		

7.3.2 节目流中各字段的语义定义

AVS 节目终止码 AVS_program_end_code

一个值为'0000 0000 0000 0000 0000 0001 1011 1001'(0x000001B9)的位串，用来终止节目流。

7.3.3 节目流分组包

节目流分组包见表 33，节目流分组包头见表 34。

表 33 节目流分组包

语　法	位　数	助记符
pack() {		
pack_header()		
while(nextbits()==packet_start_code_prefix){		
PES_packet()		
}		
}		

表 34　节目流分组包头

语　　法	位　　数	助记符
pack_header(){		
pack_start_code	32	**bslbf**
'01'	2	**bslbf**
system_clock_reference_base[32..30]	3	**bslbf**
marker_bit	1	**bslbf**
system_clock_reference_base[29..15]	15	**bslbf**
marker_bit	1	**bslbf**
system_clock_reference_base[14..0]	15	**bslbf**
marker_bit	1	**bslbf**
system_clock_reference_extension	9	**uimsbf**
marker_bit	1	**bslbf**
program_mux_rate	22	**uimsbf**
marker_bit	1	**bslbf**
marker_bit	1	**bslbf**
reserved	5	**bslbf**
pack_stuffing_length	3	**uimsbf**
for(i=0;i<pack_stuffing_length;i++){		
stuffing_byte	8	**bslbf**
}		
if(nextbits()==system_header_start_code)　{		
system_header()		
}		
}		

7.3.4　节目流分组包中各字段的语义定义

分组包起始码字段　pack_start_code

值为'0000 0000 0000 0000 0000 0001 1011 1010'(0x000001BA)的位串,用来指示一个分组包的开始。

系统参考时钟字段　system_clock_reference_base,system_clock_reference_extenstion

系统参考时钟(SCR)是一个分两部分编码的 42 位字段。第 1 部分 system_clock_reference_base 是一个长度为 33 位的字段,其值 SCR_base(i)由式(22)给出;第 2 部分 system_clock_reference_extenstion 是一个长度为 9 位的字段,其值 SCR_ext(i)由式(23)给出。SCR 字段指出了基本流中包含 ESCR_base 最后一位的字节到达节目目标解码器输入端的期望时间。

SCR 字段的编码频率要求见 9.1。

标记位字段　marker_bit

该字段为 1 位,取值'1'。

节目复用速率字段　program_mux_rate

该字段为一个22位无符号整数，规定P-STD在包含该字段的分组包期间接收节目流的速率。其值以五十字节每秒为单位。不允许取‘0’值。该字段所表示的值用于在7.2中定义P-STD输入端的字节到达时间。该字段值在本部分中的节目多路复用流的不同分组包中取值可能不同。

分组包填充长度字段　pack_stuffing_length

该字段为3位整数，规定该字段后填充字节的个数。

填充字节字段　stuffing_byte

该字段为8位，取值恒为‘1111 1111’。该字段可由编码器插入，由解码器丢弃。在每个分组包头中最多只允许有7个填充字节。

示例：为了满足信道的要求，由编码器插入该字段。

7.3.5　系统头

节目流系统头见表35。

表35　节目流系统头

语　法	位数	助记符
system_header(){		
system_header_start_code	32	**bslbf**
header_length	16	**uimsbf**
marker_bit	1	**bslbf**
rate_bound	22	**uimsbf**
marker_bit	1	**bslbf**
audio_bound	6	**uimsbf**
fixed_flag	1	**bslbf**
CSPS_flag	1	**bslbf**
system_audio_lock_flag	1	**bslbf**
system_video_lock_flag	1	**bslbf**
marker_bit	1	**bslbf**
video_bound	5	**uimsbf**
packet_rate_restriction_flag	1	**bslbf**
reserved_bits	7	**bslbf**
while(nextbits()=='1'){		
stream_id	8	**uimsbf**
'11'	2	**bslbf**
P-STD_buffer_bound_scale	1	**bslbf**
P-STD_buffer_size_bound	13	**uimsbf**
}		
}		

7.3.6 系统头中各字段的语义定义

系统头起始码字段 system_header_start_code

值'0000 0000 0000 0000 0000 0001 1011 1011'(0x000001BB)的位串，指出系统头的开始。

头长度字段 header_length

该字段为16位。指出该字段后的系统头的字节长度。在本部分将来的扩展中可能扩充该字段。

速率上限字段 rate_bound

该字段为22位。取值不小于编码在节目流的任何分组包中的program_mux_rate字段的最大值。该字段可被解码器用于估计是否有能力对整个流解码。

音频上限字段 audio_bound

该字段为6位，取值为从0到32的闭区间中的整数，且不小于节目流中解码过程同时有效的GB/T 17975.3、GB/T 20090.3和GB/T 17191.3音频位流的最大数目。在本条中，若STD缓冲区非空或展现单元正在P-STD模型中展现，则GB/T 17975.3、GB/T 20090.3和GB/T 17191.3音频位流的解码过程是有效的。

固定标志字段 fixed_flag

该字段为1位，标志位。置'1'时表示恒定比特率的操作；置'0'时，表示可变比特率的操作。在恒定比特率的操作期间，复用的节目流中的system_clock_reference字段值应遵从下面的线性公式(25)和公式(26)：

$$SCR\_base(i) = ((c1 \times i + c2) \text{ DIV } 300) \% 2^{33} \qquad \cdots\cdots (25)$$

$$SCR\_ext(i) = ((c1 \times i + c2) \text{ DIV } 300) \% 300 \qquad \cdots\cdots (26)$$

式中：

c1——对所有i均有效的实型常数；

c2——对所有i均有效的实型常数；

i ——在本部分定义的复用节目流中包含任何system_clock_reference字段的最后一位的字节索引。

CSPS标志字段 CSPS_flag

该字段为1位。置'1'时，节目流符合9.8中定义的限制。

系统音频锁定标志字段 system_audio_lock_flag

该字段为1位。表示在系统目标解码器的音频采样率和system_clock_frequency之间存在规定的比率。system_clock_frequency在7.2.1中定义，而音频采样率由GB/T 17975.3或GB/T 20090.3规定。如果对节目流中所有音频基本流的所有展现单元，system_clock_frequency和实际音频采样率的比例SCASR是恒定的，且对音频位流中所指出的标称采样率和下表中数值相等，则该字段只能为'1'，见式(27)。

$$SCASR = (system\_clock\_frequency)/audio\_sample\_rate\_in\_the\_P\text{-}STD \qquad \cdots\cdots (27)$$

式中：

/——表示实数除法。

对于标称音频采样频率22.05 kHz、44.1 kHz、24 kHz、48 kHz和96 kHz，对应的SCASR值分别为27 000 000除以相应的采样频率。

系统视频锁定标志字段 system_video_lock_flag

该字段为1位。表示在系统目标解码器的视频帧速率和system_clock_frequency之间存在规定的比率。system_clock_frequency在7.2.1中定义，而视频帧速率由GB/T 17975.2或GB/T 20090.2规定。如果对GB/T 17975.1或本部分中所有视频基本流的所有展现单元，system_clock_frequency和实际视频帧速率的比例SCFR是恒定的，见式(28)，且对视频位流中所指出的标称帧速率和下表中数值相等,则该字段只能为‘1’。

$$SCFR = system\_clock\_frequency/frame\_rate\_in\_the\_P\text{-}STD \qquad (28)$$

式中:

/——表示实数除法。

对于标称视频帧率 23.976 Hz、24 Hz、25 Hz、29.97 Hz、30 Hz、50 Hz、59.94 Hz 和 60 Hz,对应的 SCFR 值分别为1 126 125、1 125 000、1 080 000、900 900、900 000、540 000、450 450和450 000。

SCFR 的值是精确的。对于标称帧率 23.976 Hz、29.9 Hz 7 或 59.94 Hz,实际的帧率与标称帧率略有不同。

视频上限字段　video_bound

该字段为 5 位,取值是在从 0 到 16 的闭区间中的整数且不小于节目流中解码过程同时有效的 GB/T 17975.2、GB/T 20090.2 和 GB/T 17191.2 流的最大数目。在本项中,若 P-STD 缓冲区非空或展现单元正在 P-STD 模型中展现,则 GB/T 17975.2、GB/T 20090.2 和 GB/T 17191.2 视频位流的解码过程是有效的。

分组包速率限制标志字段　packet_rate_restriction_flag

该字段为 1 位,标志位。若 CSPS 标志为‘1’,则该字段表示 9.8 中规定的限制适用于分组包速率。若 CSPS 标识为‘0’,则该字段的含义未定义。

保留位字段　reserved_bits

该字段为 7 位。保留供将来使用。除非另作规定,它的值应为‘111 1111’。

流标识符字段　stream_id

该字段为 8 位。指示其后的 P-STD_buffer_bound_scale 和 P-STD_buffer_size_bound 字段所涉及的流的编码和基本流序号。

若取值‘1011 1000’,则其后的 P-STD_buffer_bound_scale 和 P-STD_buffer_size_bound 字段指节目流中所有的音频位流。

若取值‘1011 1001’,则其后的 P-STD_buffer_bound_scale 和 P-STD_buffer_size_bound 字段指节目流中所有的视频位流。

若 stream_id 取其他值,则应该是大于或等于‘1011 1100’的单字节值且应根据表 17 理解为流的编码和基本流序号。

节目流中的每个基本流应在每个系统头中通过这种机制精确地规定一次它的 P-STD_buffer_bound_scale 和 P-STD_buffer_size_bound。

P-STD 缓冲区界限比例字段　P-STD_buffer_bound_scale

1 位字段。表示用于解释后续 P-STD_buffer_size_bound 字段的比例系数。若前面的 stream_id 表示一个音频位流,则该字段值为‘0’;若表示一个视频位流,则该字段值为‘1’。对于所有其他的流类型,该字段值可以为‘0’也可以为‘1’。

P-STD 缓冲区大小界限字段　P-STD_buffer_size_bound

13 位无符号整数,取值不小于节目流中流 n 的所有分组包的 P-STD 缓冲区大小 BS_n 的最大值。若 P-STD_buffer_bound_scale 的值为‘0’,则该字段以 128 字节为单位来度量缓冲区大小的界限。若 P-STD_buffer_bound_scale 的值为‘1’,则该字段以 1024 字节为单位来度量缓冲区大小的界限。因此,如果 P-STD_buffer_bound_scale 等于‘0’,则 BS_n 小于或等于 P-STD_buffer_size_bound 乘以 128。否则,BS_n 小于或等于 P-STD_buffer_size_bound 乘以 1024。

7.3.7　PES 分组包层

节目流的 PES 分组包层由 6.3.6 中的 PES 分组包层来定义。

7.4 节目流映射

节目流映射(PSM)对节目流中的各基本流及它们之间的相互关系作了描述。当携带在传输流中时,该结构不应该被修改。当 stream_id 值为‘0xBC’时,PSM 作为一个 PES 分组包出现,见表 17。

注:该语法与 6.3.6 中描述的 PES 分组包语法不同。

descriptor()字段的定义见第 8 章。

7.4.1 节目流映射语法

节目流映射语法见表 36。

表 36 节目流映射

语法	位数	助记符
program_stream_map(){		
packet_start_code_prefix	24	**bslbf**
map_stream_id	8	**uimsbf**
program_stream_map_length	16	**uimsbf**
current_next_indicator	1	**bslbf**
reserved	2	**bslbf**
program_stream_map_version	5	**uimsbf**
reserved	7	**bslbf**
marker_bit	1	**bslbf**
program_stream_info_length	16	**uimsbf**
for(i=0;i<N;i++){		
descriptor()		
}		
elementary_stream_map_length	16	**uimsbf**
for(i=0;i<N1;i++){		
stream_type	8	**uimsbf**
elementary_stream_id	8	**uimsbf**
elementary_stream_info_length	16	**uimsbf**
for(i=0;i<N2;i++){		
descriptor()		
}		
}		
CRC_32	32	**rpchof**
}		

7.4.2 节目流映射中各字段的语义定义

分组包起始码前缀字段 packet_start_code_prefix

该字段为24位，它和跟随其后的map_stream_id共同组成一个PES分组包起始码以指示节目流映射的PES分组包的开始。该字段是值为'0000 0000 0000 0000 0000 0001'(0x000001)的位串。

映射流标识符字段 map_stream_id

该字段为8位，值为'0xBC'。

节目流映射长度字段 program_stream_map_length

该字段为16位，指示紧跟在该字段后的program_stream_map中的字节数。该字段的最大值为1018(0x3FA)。

当前下一个指示符字段 current_next_indicator

该字段为1位，置'1'时表示传送的节目流映射当前是适用的。置'0'时表示传送的节目流映射还不适用，但它将是下一个生效的表。

节目流映射版本字段 program_stream_map_version

该版本字段为5位，表示整个节目流映射的版本号。一旦节目流映射的定义发生变化，该字段将递增1，并对32取模。在current_next_indicator为'1'时，该字段应该是当前适用的节目流映射的版本号；在current_next_indicator为'0'时，该字段应该是下一个适用的节目流映射的版本号。

节目流信息长度字段 program_stream_info_length

该字段为16位，指出紧跟在该字段后的描述子的总长度。

标记位字段 marker_bit

该字段为1位，取值为'1'。

基本流映射长度字段 elementary_stream_map_length

该字段为16位，指出在该节目流映射中的所有基本流信息的字节长度。包括stream_type、elementary_stream_id和elementary_stream_info_length字段。

流类型字段 stream_type

该字段为8位，表30指明了基本流的类型。该字段只能标识包含在PES分组包中的基本流且取值不应为0x05。

基本流标识符字段 elementary_stream_id

该字段为8位，指出该基本流所在PES分组包的头中stream_id字段的值。

基本流信息长度字段 elmentary_stream_info_length

该字段为16位，指出紧跟在该字段后的描述子的字节长度。

CRC 32字段 CRC_32

该字段为32位，它包含CRC值，以在处理完整个节目流映射后，在附录I中定义的解码器寄中存器产生'0'输出值。

7.5 节目流目录

一个完整流的目录是由directory_stream_id标识的PES分组包中的所有目录数据组成的。program_stream_directory分组包的语法定义见表37。

注1：该语法不同于6.3.6中描述的PES分组包语法。

可能需要目录项以索引GB/T 17975.2、GB/T 20090.2和GB/T 17191.2中定义的视频位流的I图像。如果目录项中索引的I图像前面是未插入图像头的序列头，则目录项应指向序列头的首字节。如果目录项中索引的I图像前面有图像组头且没有其他图像头和序列头的图像头，则目录项应指向图像组头的首字节。其他情况下应指向该图像头的首字节。

注 2:建议在目录结构中应索引那些紧跟在序列头后的 I 图像,以使得在解码器可能被完全重启动的每个点上目录中都包含一个入口。

对 GB/T 17975.3、GB/T 20090.3 和 GB/T 17191.3 中定义的音频位流的目录索引应该是音频帧的同步字。

注 3:建议相邻两个被索引的访问单元的间隔不要超过 0.5 s。

在 program_stream_directory 分组包中对访问单元进行索引的次序应与它们在位流中出现的次序相同。

7.5.1 节目流目录分组包语法

节目流目录分组包语法见表 37。

表 37 节目流目录分组包

语 法	位 数	助 记 符
directory_PES_packet(){		
packet_start_code_prefix	24	**bslbf**
directory_stream_id	8	**uimsbf**
PES_packet_length	16	**uimsbf**
number_of_access_units	15	**uimsbf**
marker_bit	1	**bslbf**
prev_directory_offset[44..30]	15	**uimsbf**
marker_bit	1	**bslbf**
prev_directory_offset[29..15]	15	**uimsbf**
marker_bit	1	**bslbf**
prev_directory_offset[14..0]	15	**uimsbf**
marker_bit	1	**bslbf**
next_directory_offset[44..30]	15	**uimsbf**
marker_bit	1	**bslbf**
next_directory_offset[29..15]	15	**uimsbf**
marker_bit	1	**bslbf**
next_directory_offset[14..0]	15	**uimsbf**
marker_bit	1	**bslbf**
for(i=0;i<number_of_access_units;i++){		
packet_stream_id	8	**uimsbf**
PES_header_position_offset_sign	1	**tcimsbf**
PES_header_position_offset[43..30]	14	**uimsbf**
marker_bit	1	**bslbf**
PES_header_position_offset[29..15]	15	**uimsbf**
marker_bit	1	**bslbf**
PES_header_position_offset[14..0]	15	**uimsbf**

表 37（续）

语　法	位　数	助记符
marker_bit	1	bslbf
reference_offset	16	uimsbf
marker_bit	1	bslbf
reserved	3	bslbf
PTS[32..30]	3	uimsbf
marker_bit	1	bslbf
PTS[29..15]	15	uimsbf
marker_bit	1	bslbf
PTS[14..0]	15	uimsbf
marker_bit	1	bslbf
bytes_to_read[22..8]	15	uimsbf
marker_bit	1	bslbf
bytes_to_read[7..0]	8	uimsbf
marker_bit	1	bslbf
intra_coded_indicator	1	bslbf
coding_parameters_indicator	2	bslbf
reserved	4	bslbf
}		
}		

7.5.2　节目流目录中各字段的语义定义

分组起始码前缀字段　packet_start_code_prefix

该字段为 24 位。它和跟随其后的 stream_id 共同组成一个 PES 分组包起始码以标志节目流目录的 PES 分组包的开始。该字段是值为'0000 0000 0000 0000 0000 0001'(0x000001)的位串。

目录流标识符字段　directory_stream_id

该字段为 8 位，值为'1111 1111'(0xFF)。

PES 分组包长度字段　PES_packet_length

该字段为 16 位。指示紧跟在该字段后的 program_stream_ directory 中的字节数，见表 17。

访问单元数字段　number_of_access_units

该字段为 15 位。表示该目录 PES 分组包中索引的访问单元数。

前一个目录偏移字段　prev_directory_offset

该字段为 45 位无符号整数。给出了前一个节目流目录 PES 分组包的起始码的首字节的地址偏移字节数。该地址偏移是相对于包含该字段的 PES 分组包的起始码的首字节的。值'0'表示不存在上一个节目流目录分组包。

下一个目录偏移字段　next_directory_offset

该字段为 45 位无符号整数。给出了下一个节目流目录 PES 分组包的起始码的首字节的地址偏移字节数。该地址偏移是相对于包含该字段的 PES 分组包的起始码的首字节的。值'0'表示不存在下一个节目流目录分组包。

分组包流标识符字段　packet_stream_id

该字段为 8 位,是包含本目录项所引用的访问单元的基本流的 stream_id。

PES 头位置偏移符号字段　PES_header_position_offset_sign

该字段为 1 位。它用作紧跟其后描述的 PES_header_position_offset 的算术符号。值'0'表示 PES_header_position_offset 是一个正的偏移量;值'1'表示 PES_header_position_offset 是一个负的偏移量。

PES 头位置偏移字段　PES_header_position_offset

该字段为 44 位无符号整数。给出了包含被索引访问单元的 PES 分组包的首字节的地址偏移字节数。该地址偏移是相对于包含该字段的 PES 分组包的起始码的首字节的。值'0'表示不存在被索引访问单元。

引用偏移字段　reference_offset

该字段为 16 位无符号整数。给出了被索引访问单元的首字节的位置。该字段是相对于包含被索引访问单元的 PES 分组包的首字节的,且以字节为单位。

展现时间戳字段　PTS(presentation_time_stamp)

该字段为 33 位,表示被引用访问单元的 PTS。PTS 字段的编码语义见 6.3.7 中的描述。

待读字节字段　bytes_to_read

该字段为 23 位无符号整数。表示节目流中在 reference_offset 指向的字节之后为了对访问单元完全解码所需的字节数。该值包含复用在系统层中的任何字节,包括来自于其他流的信息。

帧内编码指示符字段　intra_coded_indicator

该字段为 1 位,标志位。置'1'时表示被引用的访问单元未进行预测编码。它独立于解码访问单元所需的其余编码参数。对于包含来源于 GB/T 17975.2 或 GB/T 20090.2 以外数据的所有 PES 分组包,该字段未定义。见表 38。

示例:对于视频 I 帧,该字段应编码为'1';而对于 P 帧和 B 帧,该字段应编码为'0'。

表 38　帧内编码指示符

值	说　明
0	非帧内
1	帧内

编码参数指示符字段　coding_parameters_indicator

该字段为 2 位,用于指示解码被索引访问单元所需编码参数的位置。该字段可用来决定视频帧量化矩阵的位置,见表 39。

表 39　编码参数指示符

值	说　明
00	所有编码参数置为缺省值
01	访问单元中的所有编码参数均被设定,其中至少有一个编码参数不为缺省值
10	该访问单元中部分编码参数被设置
11	该访问单元中无编码参数被设置

8 节目和节目元素描述子

节目和节目元素描述子是用于扩展节目和节目元素定义的结构，所有描述子的格式均以一个8位标签值开始，后跟8位描述子长度及数据字段。

8.1 节目和节目元素描述子中各字段的语义定义

以下语义适用于从8.2到8.34中定义的描述子。

描述子标签字段 descriptor_tag

该字段为8位，用于标识每一描述子。

表40给出了本部分定义的、保留的及用户可自定义的描述子标签值。TS或PS栏中的X表示该描述子可分别用于传输流或节目流。注意，描述子字段含义可能取决于它所用于的流。以下描述子语义对每种情况作了规定。

表40 节目和节目元素描述子

描述子标签值	TS	PS	标识
0	n/a	n/a	保留
1	n/a	n/a	保留
2	X	X	video_stream_descriptor
3	X	X	audio_stream_descriptor
4	X	X	hierarchy_descriptor
5	X	X	registration_descriptor
6	X	X	data_stream_alignment_descriptor
7	X	X	target_background_grid_descriptor
8	X	X	video_window_descriptor
9	X	X	CA_descriptor
10	X	X	GB_4880_language_descriptor
11	X	X	system_clock_descriptor
12	X	X	multiplex_buffer_utilization_descriptor
13	X	X	copyright_descriptor
14	X		maximum_bitrate_descriptor
15	X	X	private_data_indicator_descriptor
16	X	X	smoothing_buffer_descriptor
17	X	X	STD_descriptor
18	X	X	IBP_descriptor
19～62	n/a	n/a	GB/T 20090.1保留
63	X	X	AVS_video_descriptor
64～255	n/a	n/a	用户私有

描述子长度字段　descriptor_length

该字段8位字段。规定了紧跟在该字段之后的描述子的字节数。

8.2　视频流描述子

8.2.1　非AVS视频流描述子

非AVS视频流描述子给出了一些基本信息以标识GB/T 17975.2或GB/T 17191.2中描述的视频基本流和编码参数。见表41。

表41　非AVS视频流描述子

语　　法	位数	助记符
video_stream_descriptor(){		
descriptor_tag	8	**uimsbf**
descriptor_length	8	**uimsbf**
multiple_frame_rate_flag	1	**bslbf**
frame_rate_code	4	**uimsbf**
MPEG_1_only_flag	1	**bslbf**
constrained_parameter_flag	1	**bslbf**
still_picture_flag	1	**bslbf**
if(MPEG1_only_flag == '0'){		
profile_and_level_indication	8	**uimsbf**
chroma_format	2	**uimsbf**
frame_rate_extension_flag	1	**bslbf**
reserved	5	**bslbf**
}		
}		

8.2.2　AVS视频流描述子

AVS视频流描述子给出了一些基本信息以标识GB/T 20090.2中描述的视频基本流和编码参数。见表42。

表42　AVS视频流描述子

语　　法	位数	助记符
AVS_video_descriptor(){		
descriptor_tag	8	**uimsbf**
descriptor_length	8	**uimsbf**
profile_id	8	**uimsbf**
level_id	8	**uimsbf**

表 42（续）

语　　法	位数	助 记 符
multiple_frame_rate_flag	1	bslbf
frame_rate_code	4	uimsbf
AVS_still_present	1	bslbf
chroma_format	2	uimsbf
sample_precision	3	uimsbf
reserved	5	bslbf
}		

8.3 视频流描述子中各字段的语义定义

8.3.1 非 AVS 视频流描述子中各字段的语义定义

复合帧速率标志字段　multiple_frame_rate_flag

该字段为 1 位，置'1'时表示视频位流中可能有多个帧速率，置'0'时表示只有单一帧速率。

帧速率码字段　frame_rate_code

该字段为 4 位，和 GB/T 17975.2 中的定义类似，区别在于 multiple_frame_rate_flag 字段置'1'时，一个特定的帧速率意味着视频位流中允许有某些其他的帧速率，见表 43。

表 43　帧速率码

单位为帧每秒

编码速率	同时允许的速率
23.976	
24.0	23.976
25.0	
29.97	23.976
30.0	23.976　24.0　29.97
50.0	25.0
59.94	23.976　29.97
60.0	23.976　24.0　29.97　30.0　59.94

仅含 MPEG1 标志字段　MPEG_1_only_flag

该字段为 1 位。置'1'时表示该视频位流仅含 GB/T 17191.2 数据；置'0'时表示该视频位流可能包含 GB/T 17975.2 视频数据和受限参数 GB/T 17191.2 视频数据。

受限参数标志字段　constrained_parameter_flag

该字段为 1 位。置'1'时表示视频位流不包括非受限的 GB/T 17191.2 视频数据；置'0'时表示该视频位流可能包含受限参数和非受限的 GB/T 17191.2 视频数据。若 MPEG_1_only_flag 为'0'，则本字段应为'1'。

静态图像标志字段　still_picture_flag

该字段为1位。置'1'时表示该视频位流只含静态图像;置'0'时,则可包含运动的或静态的图像数据。

档次与等级指示符字段　profile_and_level_indication

该字段为8位。该字段与非GB/T 17191.2视频位流中profile_and_level_indication字段相同。该字段的值表示一个档次和等级。在本项中,一个GB/T 17191.2受限参数流被认为是在低等级上的一个主要档次。

色度格式字段　chroma_format

该字段为2位。该字段与GB/T 17975.2视频位流中chroma_format字段编码方式相同。该字段值应等于相关视频位流的任何视频序列中的chroma_format字段值。在本项中,认为GB/T 17191.2视频位流有一个值为'01'的chroma_format字段,表示4∶2∶0色度格式。

帧速率扩展标志字段　frame_rate_extension_flag

该字段为1位。置'1'时表示GB/T 17975.2视频位流的任何序列中的frame_rate_extension_n和frame_rate_extension_d字段不应同时为'0'。在本项中,限定GB/T 17191.2视频位流的这两个字段均为'0'。

8.3.2　AVS视频流描述子中各字段的语义定义

档次字段　profile_id

该字段为8位。表示视频位流的档次,该字段与GB/T 20090.2视频位流中profile_id字段相同。

级别标识符字段　level_id

该字段为8位。表示视频位流的等级。该字段与GB/T 20090.2视频位流中level_id字段相同。

复合帧速率标志字段　multiple_frame_rate_flag

该字段1位,置'1'时表示视频位流中可能有多个帧速率,置'0'时表示只有单一帧速率。

帧速率码字段　frame_rate_code

该字段为4位,该字段与GB/T 20090.2视频位流中frame_rate_code字段定义相同。不同点在于multiple_frame_rate_flag字段置'1'时,一个特定的帧速率意味着视频位流中允许有某些其他的帧速率。见表43。

AVS静止帧呈现字段　AVS_still_present

该字段为1位。置'1'时表示该视频位流只含静态图像;置'0'时,则可包含运动的或静态的图像数据。

色度格式字段　chroma_format

该字段为2位。规定色度分量的格式。该字段与GB/T 20090.2视频位流中chroma_format字段相同。

样本精度字段　sample_precision

该字段为3位。规定亮度和色度样本的精度。该字段与GB/T 20090.2视频位流中sample_precision字段相同。

8.4　音频流描述子

音频流描述子给出了基本信息以表示GB/T 20090.3、GB/T 17975.3或GB/T 17191.3中所描述的音频基本位流的编码版本,见表44。

表 44 音频流描述子

语　法	位数	助记符
audio_stream_descriptor(){		
descriptor_tag	8	**uimsbf**
descriptor_length	8	**uimsbf**
free_format_flag	1	**bslbf**
ID	1	**bslbf**
layer	2	**bslbf**
variable_rate_audio_indicator	1	**bslbf**
reserved	3	**bslbf**
}		

8.5 音频流描述子中各字段的语义定义

自由格式标志字段　free_format_flag

该字段为1位。置'1'时表示音频位流可包含一个或多个 bitrate_index 置为'0000'的音频帧；置'0'时音频位流的任何音频帧中的 bitrate_index 不为'0000'，见 GB/T 20090.3 或 GB/T 17975.3 中的 2.4.2.3。

ID 字段　ID

该字段为1位。设置成与音频位流中 ID 字段相同的值，见 GB/T 20090.3 或 GB/T 17975.3 中的 2.4.2.3。

层字段　layer

该字段为2位。与 GB/T 20090.3 音频位流、GB/T 17975.3 或 GB/T 17191.3 音频位流中 layer 字段编码方式相同。这一字段指出的层应等于或高于音频位流的任何音频帧中所指出的最高层。

可变速率音频指示符字段　variable_rate_audio_indicator

该字段为1位，标志位。置'1'时表示在连续的音频帧之间相关音频位流的比特率可变。连续编码的可变速率的音频在展现时不应该不连续。

8.6 层次描述子

层次描述子给出了信息，以表示包含分层编码音频和视频及私有流的节目元素。这些节目元素被复用在多个流中。如本部分、GB/T 17975.1、GB/T 20090.3、GB/T 17975.2、GB/T 17975.3 和 GB/T 17191.3 中所述。见表 45。

表 45 层次描述子

语　法	位数	助记符
hierarchy_descriptor(){		
descriptor_tag	8	**uimsbf**
descriptor_length	8	**uimsbf**
reserved	4	**bslbf**

表 45（续）

语 法	位数	助 记 符
hierarchy_type	4	**uimsbf**
reserved	2	**bslbf**
hierarchy_layer_index	6	**uimsbf**
reserved	2	**bslbf**
hierarchy_embedded_layer_index	6	**uimsbf**
reserved	2	**bslbf**
hierarchy_channel	6	**uimsbf**
}		

8.7 层次描述子中各字段的语义定义

层次类型 hierarchy_type

相关层次和它的分层嵌入层之间的层次关系见表 46。

层次层索引字段 hierarchy_layer_index

该字段为 6 位。定义了编码层层次表中相关节目元素的唯一索引。在一个节目定义中索引是唯一的。

分层嵌入层索引字段 hierarchy_embedded_layer_index

该字段为 6 位。定义了节目元素的层次表索引。在解码与层次描述子相关的基本流之前应访问该节目元素。若 hierarchy_type 值为 15(基本层)，则该字段未定义。

层次信道字段 hierarchy_channel

该字段为 6 位，指示在传输信道有序集合中，相关节目元素的期望信道号。该字段的最低值定义了最健壮的传输信道。

注：一个给定的该字段可能同时被赋给几个节目元素。

表 46 hierarchy_type 字段值

值	描 述
0	保留
1	GB/T 17975.2 空间可伸缩性
2	GB/T 17975.2SNR 可伸缩性
3	GB/T 17975.2 时间可伸缩性
4	GB/T 17975.2 数据分割
5	GB/T 20090.3 或者 GB/T 17975.3 扩展位流
6	GB/T 20090.1 或者 GB/T 17975.1 私有流
7	GB/T 17975.2 多视角档次
8～14	保留
15	基本层

8.8 注册描述子

注册描述子提供了一种方法以唯一地、明确地标识私有数据的格式，见表 47。

表 47 注册描述子

语　　法	位　数	助 记 符
registration_descriptor(){		
descriptor_tag	8	**uimsbf**
descriptor_length	8	**uimsbf**
format_identifier	32	**uimsbf**
for(i=0;i<N;i++){		
additional_identification_info	8	**bslbf**
}		
}		

8.9 注册描述子中各字段的语义定义

格式标识符字段 format_identifier

该字段为 32 位值，可从相应组织指定的注册机构处获得。

附加鉴定信息字段 additional_identification_info

若有该字段的话，则其含义由 format_identifier 授予者定义，一旦定义后将不再变更。

8.10 数据流对齐描述子

该描述子描述了相关基本流中出现的对齐类型。如果 PES 分组包头中的 data_alignment_indicator 为‘1’，且存在该描述子，则该描述子所指明的对齐是需要的，见表 48。

表 48 数据流对齐描述子

语　　法	位　数	助 记 符
data_stream_alignment_descriptor(){		
descriptor_tag	8	**uimsbf**
descriptor_length	8	**uimsbf**
alignment_type	8	**uimsbf**
}		

8.11 数据流对齐描述子中各字段的语义定义

对齐类型字段 alignment_type

表 49 描述了当 PES 分组包头中 data_alignment_indicator 为‘1’时的视频对齐类型。对于该字段的每种取值，跟在 PES 分组包头之后的 PES_packet_data_type 应该是具有表 49 中所指出类型的起始码的首字节。在视频序列起始处，对齐应发生在第一个序列头的起始码处。

注：表 49 的对齐类型‘01’并不排除从 GOP 或 SEQ 头的开始处对齐。

视频数据访问单元的定义见 3.1。

表 49　视频流对齐值

对齐类型	描　　述
00	保留
01	条带或视频访问单元
02	视频访问单元
03	GOP 或 SEQ
04	SEQ
05～FF	保留

表 50 描述了在 PES 分组包头中 data_alignment_indicator 值为'1'时的音频流对齐类型。在这种情况下，紧跟着 PES 分组包头的第一个 PES_packet_data_byte 是音频同步字的首字节。

表 50　音频流对齐值

对齐类型	描　　述
00	保留
01	同步字
02～FF	保留

8.12　目标背景栅格描述子

一个或多个视频流在解码后可能不需要占据整个显示区域。target_background_grid_descriptor 和 video_window_descriptor 的组合可使这些视频窗口在期望的区域显示。前者用于描述投影于显示区域的单元像素的栅格，而后者用于描述相关流的显示窗口的左上角的像素位置或视频展现单元的显示矩形在栅格上的显示位置，如图 8 所示。

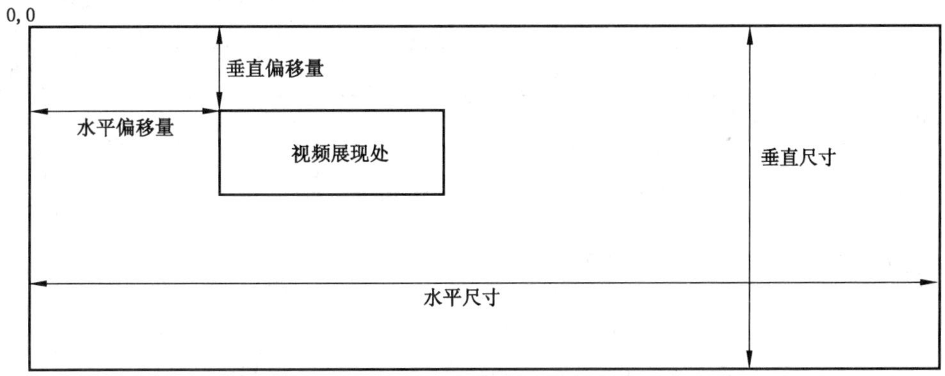

图 8　目标背景栅格描述子显示区域

8.13　目标背景栅格描述子中各字段的语义

水平尺寸字段　horizontal_size

以像素为单位的目标背景栅格水平尺寸。

垂直尺寸字段　veritical_size

以像素为单位的目标背景栅格垂直尺寸。

宽高比信息字段　aspect_ratio_information

规定目标背景栅格的采样宽高比或显示宽高比。该字段在GB/T 20090.2或GB/T 17975.2中定义。见表51。

表51　目标背景栅格描述子

语　法	位　数	助记符
target_background_grid_descriptor(){		
descriptor_tag	8	**uimsbf**
descriptor_length	8	**uimsbf**
horizontal_size	14	**uimsbf**
vertical_size	14	**uimsbf**
aspect_ratio_information	4	**uimsbf**
}		

8.14　视频窗描述子

视频窗描述子用于描述相关视频基本流的窗口特性。其值以与同一个流相应的目标背景栅格描述子为参考。见8.12中的target_background_grid_descriptor。视频窗描述子见表52。

表52　视频窗描述子

语　法	位　数	助记符
video_window _descriptor(){		
descriptor_tag	8	**uimsbf**
descriptor_length	8	**uimsbf**
horizontal_offset	14	**uimsbf**
vertical_offset	14	**uimsbf**
window_priority	4	**uimsbf**
}		

8.15　视频窗描述子中各字段的语义定义

水平偏移字段　horizontal_offset

指示当前视频显示窗或显示矩形的左上角像素在target_background_grid_descriptor中定义的用于显示的目标背景栅格上的水平位置。视频窗的左上角像素应为目标背景栅格的像素之一，见图8。

垂直偏移字段　vertical_offset

指示当前视频显示窗或显示矩形的左上角像素在target_background_grid_descriptor中定义的用于显示的目标背景栅格上的垂直位置。视频窗的左上角像素须为目标背景栅格的像素之一，见图8。

窗口优先级字段　window_priority

指出窗口间如何覆盖。值从'0'到'15'优先级依次递增，即优先级为'15'的窗口总是可见的。

8.16 条件接收描述子

该描述子既用于规定如 EMM 的系统范围条件接收管理信息,又用于规定如 ECM 的基本流特定信息。可用于 TS_program_map_section 和 program_stream_map,分别见 6.5.8 和 7.4。如果任一基本流是加扰的,则包含该基本流的节目需要一个 CA 描述子。若一个传输流中有任一系统范围的条件接收管理信息,则条件接收表中应有 CA 描述子。

当 TS_program_map_section 中含 CA 描述子时(table_id = 0x02),CA_PEID 指向含有节目相关访问控制信息的传输流分组包。它作为节目信息出现时表示对整个节目都适用。同样,它作为扩展 ES 信息出现时表示仅对相关节目元素适用。私有流适用同样的规定。

示例:ECM 为一种访问控制信息。

当 CA_section 含 CA 描述子时(table_id =0x01),CA_PEID 指向包含系统范围和(或)访问控制的管理信息的传输流分组包。

示例:EMM 为一种访问控制管理信息。

包含条件接收信息的传输流分组包的内容有专门的定义,见表 53。

表 53 条件接收描述子

语 法	位 数	助 记 符
CA_descriptor(){		
descriptor_tag	8	**uimsbf**
descriptor_length	8	**uimsbf**
CA_system_ID	16	**uimsbf**
reserved	3	**bslbf**
CA_PEID	13	**uimsbf**
for(i=0;i<N;i++){		
private_data_byte	8	
}		
}		

8.17 条件接收描述子中各字段的语义定义

CA 系统 ID 字段 CA_system_ID

该字段为 16 位,指出用于相关的 ECM 和(或)EMM 流的 CA 系统类型。它的编码方式是专门定义的,而不是由本部分指定。

CA PEID 字段 CA_PEID

该字段为 13 位。指出包含用于相关 CA_system_ID 所规定的 CA 系统的 ECM 和(或)EMM 信息的传输流分组包的 PEID。CA_PEID 所指示的传输流分组包的内容(ECM 或 EMM)由 CA_PEID 所出现的上下文决定,即传输流中的 TS_program_map_section 或 CA 表,或节目流中的 stream_id 字段。

8.18 GB 4880 语言描述子

该描述子用于规定相应节目元素的语言,见表 54。

表 54 GB 4880 语言描述子

语　法	位　数	助 记 符
GB_ 4880_language_descriptor(){		
descriptor_tag	8	**uimsbf**
descriptor_length	8	**uimsbf**
for(i=0;i<N;i++){		
GB_ 4880_language_code	24	**bslbf**
audio_type	8	**bslbf**
}		
}		

8.19 GB 4880 语言描述子中各字段的语义定义

GB 4880 语言码字段　GB_4880_language_code

标识相关节目元素使用的一种或几种语言。它包含 GB/T 4880.2—2000 规定的 3 字母代码。根据 GB/T 15273.1—1994，每个字符被编码为 8 位并按顺序插入到该 24 位的字段中。在多语言音频流中，该字段的顺序应反映音频流的内容。

音频类型字段　audio_type

该字段为 8 位，给出表 55 定义的流类型。

表 55 音频类型值

值	描　述
0x00	未定义
0x01	无语音
0x02	听觉受损
0x03	视觉受损解说
0x04～0xFF	保留

表 55 的说明：

无语音　clean effects　　表示所涉及的节目元素无语言。

听觉受损　hearing impaired　　表示所涉及的节目元素适用于听觉受损者。

视觉受损解说　visual_impaired_commentary　　表示所涉及的节目元素适用于视觉受损者。

8.20 系统时钟描述子

该描述子传达用于产生时间戳的信息。

若使用外部时钟参考，则 external_clock_reference_indicator 可能被置‘1’。此时，解码器可使用同一个外部时钟参考。

若系统时钟比要求的 30×10^{-6} 更精确，则其精度可编码在 clock_accuracy 字段中，所传送的时钟频率精度如式(29)所示：

$$clock\_accuracy\_integer \times 10^{-clock\_accuracy\_exponent} \times 10^{-6} \quad \cdots\cdots(29)$$

式中：

——若 clock_accuracy_integer 置‘0’，则系统时钟精度为 30×10^{-6}；

——若 external_clock_reference_indicator 置‘1’，则时钟精度属于外部参考时钟，见表 56。

表 56 系统时钟描述子

语 法	位 数	助 记 符
system_clock_descriptor(){		
descriptor_tag	8	**uimsbf**
descriptor_length	8	**uimsbf**
external_clock_reference_indicator	1	**bslbf**
reserved	1	**bslbf**
clock_accuracy_integer	6	**uimsbf**
clock_accuracy_exponent	3	**uimsbf**
reserved	5	**bslbf**
}		

8.21 系统时钟描述子中各字段的语义定义

外部时钟参考指示符字段 external_clock_reference_indicator

该字段为 1 位，指示符。置‘1’时表示系统时钟来源于解码器中可能有的外部频率参考。

时钟精度整数字段 clock_accuracy_integer

该字段为 6 位整数。与 clock_accuracy_exponent 一起给出以百万分之一为单位的系统时钟频率的分数精度。

时钟精度指数字段 clock_accuracy_exponent

该字段为 3 位整数。与 clock_accuracy_integer 一起给出以百万分之一为单位的系统时钟频率的分数精度。

8.22 复用缓冲区使用描述子

该描述子给出了 STD 复用缓冲区的占用边界。该信息用于再复用器之类的设备，以支持所期望的再复用策略，见表 57。

表 57 复用缓冲区使用描述子

语 法	位 数	助 记 符
multiplex_buffer_utilization_descriptor(){		
descriptor_tag	8	**uimsbf**
descriptor_length	8	**uimsbf**
bound_valid_flag	1	**bslbf**
LTW_offset_lower_bound	15	**uimsbf**
reserved	1	**bslbf**
LTW_offset_upper_bound	15	**uimsbf**
}		

8.23 复用缓冲区使用描述子中各字段的语义定义

边界有效标志字段　bound_valid_flag

置'1'时表示 LTW_offset_lower_bound 和 LTW_offset_upper_bound 字段有效。

LTW 偏移下界字段　LTW_offset_lower_bound

该字段为 15 位，只有 bound_valid_flag 为'1'时才有定义。在有定义时，该字段以(27 MHz/300)时钟周期为单位，与 LTW_offset 的定义相似，见 6.3.4。如果该描述子所涉及的流的每一个分组包都有 LTW_offset 字段编码，则它表示任何 LTW_offset 字段能取到的最小值。实际上，在有复用缓冲区使用描述子时，LTW_offset 字段不一定编码在位流中。该边界始终有效，直到再次出现该描述子。

LTW 偏移上界字段　LTW_offset_upper_bound

该字段为 15 位，仅当 bound_valid 值为'1'时才有定义。当有定义时，该字段以(27 MHz/300)时钟周期为单位，与 LTW_offset 的定义相似，见 6.3.4。如果该描述子所涉及的流的每一个分组都有 LTW_offset 字段编码的话，则它表示任何 LTW_offset 字段能取到的最大值。实际上，在有复用缓冲区使用描述子时，LTW_offset 字段不一定编码在位流中。该边界始终有效，直到再次出现该描述子。

8.24 版权描述子

该描述子提供了一种方法以标识音像作品。它适用于各种节目或节目中的节目元素，见表 58。

表 58　版权描述子

语　法	位　数	助记符
copyright_descriptor(){		
descriptor_tag	8	**uimsbf**
descriptor_length	8	**uimsbf**
copyright_identifier	32	**uimsbf**
for(i＝0;i＜n;i＋＋){		
additional_copyright_info	8	**bslbf**
}		
}		

8.25 版权描述子中各字段的语义定义

版权标识符字段　copyright_identifier

该字段是一个从注册机构获得的 32 位值。

附加版权信息字段　additional_copyright_info

如果该字段存在，其含义由 copyright_identifier 的分配者定义，且一旦定义就不再变动。

8.26 最大比特率描述子

最大比特率描述子见表 59。

表 59 最大比特率描述子

语 法	位数	助 记 符
maximum_bitrate_descriptor(){		
descriptor_tag	8	**uimsbf**
descriptor_length	8	**uimsbf**
reserved	2	**bslbf**
maximum_bitrate	22	**uimsbf**
}		

8.27 最大比特率描述子中各字段的语义定义

最大比特率字段 maximum_bitrate

该字段为 22 位正整数,指示节目或节目元素中比特率上界(包括传输开销),以 50 字节每位为单位。该字段包含于节目映射表中。作为扩展节目信息时,它适用于整个节目;作为 ES 信息时,它适用于相关节目元素。

8.28 私有数据指示符描述子

私有数据指示符描述子见表 60。

表 60 私有数据指示符描述子

语 法	位 数	助 记 符
private_data_indicator_descriptor(){		
descriptor_tag	8	**uimsbf**
descriptor_length	8	**uimsbf**
private_data_indicator	32	**uimsbf**
}		

8.29 私有数据指示符描述子中各字段的语义定义

私有数据指示符字段 private_data_indicator

私有字段,由用户自定义。

8.30 平滑缓冲区描述子

平滑缓冲区描述子见表 61。该描述子可选,它为关联的节目元素指出与该描述子相关的平滑缓冲区 SB_n 的大小及该缓冲区相应的流出率信息。

对于传输流,相关节目元素 n 的传输流分组包字节在由式(4)定义的时刻进入大小为 sb_size 的缓冲区 SB_n 中。

对于节目流,相关基本流的所有 PES 分组包字节在由式(21)定义的时刻进入大小为 sb_size 的缓冲区 SB_n 中。

当缓冲区中已有数据时,字节以速率 sb_leak_rate 从中流出。SB_n 不应上溢。在一个节目的持续过程中,该节目中不同节目元素的平滑缓冲区描述子的值不变。

只在 PMT 或节目流映射中包含该描述子时才有定义。

对于传输流,若该描述子存在于 PMT 的 ES 信息中,则具有该节目元素 PEID 的所有传输流分组包均进入平滑缓冲区。

对于传输流,若该描述子存在于节目信息中,则以下传输流分组包进入平滑缓冲区:

a) 在扩展节目信息中,具有作为 elementary_PEID 列出的 PEID 的所有传输流分组包;

b) 具有与本节中 PMT_PEID 相等 PEID 的所有传输流分组包;

c) 节目中有 clock_recovery_PEID 的所有传输流分组包。

进入相关缓冲区的字节都会流出缓冲区。

在给定时刻,最多只有一个描述子指向任一单独的节目元素,最多只有一个描述子指向该完整节目。

表 61 平滑缓冲区描述子

语 法	位 数	助记符
smoothing_buffer_descriptor(){		
descriptor_tag	8	**uimsbf**
descriptor_length	8	**uimsbf**
reserved	2	**bslbf**
sb_leak_rate	22	**uimsbf**
reserved	2	**bslbf**
sb_size	22	**uimsbf**
}		

8.31 平滑缓冲区描述子中各字段的语义定义

平滑缓冲区泄漏速率字段 sb_leak_rate

该字段为 22 位正整数。以 400 位每秒为单位,表示相关基本流或其他数据流出 SB_n 缓冲区的速率。

平滑缓冲区大小字段 sb_size

该字段为 22 位正整数。以字节为单位,表示相关基本流或其他数据的平滑缓冲区 SB_n 的大小。

8.32 STD 描述子

该描述子为可选的,仅适用于 T-STD 模型及视频基本流,其使用见 6.2。该描述子不适用于节目流。见表 62。

表 62 STD 描述子

语 法	位 数	助记符
STD_descriptor(){		
descriptor_tag	8	**uimsbf**
descriptor_length	8	**uimsbf**
reserved	7	**bslbf**
leak_valid_flag	1	**bslbf**
}		

8.33 STD 描述子中各字段的语义定义

泄漏有效标志字段 leak_valid_flag

该字段为 1 位,标志位。值为'1'时,在 T-STD 中从缓冲区 MB_n 至 EB_n 的数据传输使用 6.2.4 定义的泄漏方式;值为'0'并且相关视频流中的 bbv_delay 字段不为 0xFFFF 时,则从缓冲区 MB_n 至 EB_n 的数据传输使用 6.2.4 定义的 bbv_delay 方式。

8.34 IBP 描述子

该可选描述子提供了视频序列中帧类型序列的某些特征信息,见表 63。

表 63 IBP 描述子

语　　法	位　数	助 记 符
ibp_descriptor(){		
descriptor_tag	8	**uimsbf**
descriptor_length	8	**uimsbf**
closed_gop_flag	1	**uimsbf**
identical_gop_flag	1	**uimsbf**
max_gop_length	14	**uimsbf**
}		

8.35 IBP 描述子中各字段的语义定义

闭合图像组标志字段 closed_gop_flag

该字段为 1 位,标志位。在 GB/T 20090.2 中此位不作定义;在 GB/T 17975.2 中,置'1'时表示图像头组在每个 I 帧之前编码,且在视频序列中所有图像组头的 closed_gop 标志应设置为'1'。

相同图像组标志字段 identical_gop_flag

该字段为 1 位,标志位。置'1'时表示 I 帧之间的 P 帧与 B 帧的数目,且图像编码类型及 I 帧之间的图像类型序列在整个序列中相同。

最大图像组长度字段 max_gop_length

该字段为 14 位无符号数。表示序列中任意两个连续的 I 帧之间的最大编码图像数。该字段取值不应为'0'。

9 对多路复用流语义的约束

9.1 系统参考时钟的编码频率

在节目流的编码中,应使得分组包中相继 system_clock_reference_base 字段末位的字节间的时间间隔均小于或等于 0.7 s,也即对任何 i 和 i′都有:

$$|t(i)-t(i')| \leqslant 0.7\ \text{s} \qquad \cdots\cdots\cdots\cdots(30)$$

式中:

i 和 i′——包含相继出现的 system_clock_reference_base 字段末位的字节下标。

9.2 节目参考时钟的编码频率

在传输流的编码中，应使得对于每一个节目，具有 clock_recovery_PEID 的传输流分组包中相继 transport_rate 字段末位的字节间的时间间隔均小于或等于 0.1 s，也即对任何 i 和 i′都有：

$$| t(i) - t(i') | \leqslant 0.1 \text{ s} \quad \cdots\cdots (31)$$

式中：

i 和 i′——每一个节目具有 clock_recovery_PEID 的传输分组包中包含相继出现的 transport_rate 字段末位的字节下标。

从节目流中指定的 clock_recovery_PEID 开始，在相继两个 transport_rate 不连续点之间至少应有两个 transport_rate，以便于保证相位锁定和计算字节传输时间，见 6.3.4。

9.3 基本流参考时钟的编码频率

在节目流和传输流的编码构造中，若基本流参考时钟字段编码在任意包含一给定基本流数据的 PES 分组包中，则 PES_STD 中包含相继 ESCR_base 字段末位的字节之间的时间间隔应不大于 0.7 s。在 PES 流中，ESCR 编码也要求同样的时间间隔，即对所有的 i 和 i′：

$$| t(i) - t(i') | \leqslant 0.7 \text{ s} \quad \cdots\cdots (32)$$

式中：

i 和 i′——包含相继出现的 ESCR_base 字段末位的字节下标。

注：基本流参考时钟字段的编码是可选的，它不一定被编码，但如果被编码，就要遵循以上限制。

9.4 展现时间戳的编码频率

在节目流和传输流的编码构造中，指向每一基本音频或视频流的展现时间戳之间的最大时间间隔应不大于 0.7 s，即

$$| tp_n(k) - tp_n(k'') | \leqslant 0.7 \text{ s} \quad \cdots\cdots (33)$$

式中，对所有的 n，k 和 k″满足：

a) $P_n(k)$和 $P_n(k'')$是指编码展现时间戳对应的展现单元；

b) k 和 k″的选择应使得不存在满足 $k < k' < k''$编码展现时间戳的展现单元 $P_n(k')$；

c) 在基本流 n 中，$P_n(k)$和 $P_n(k'')$之间没有解码不连续点。

对静止图像，0.7 s 的限制并不适用。

9.5 时间戳的条件编码

对于传输流或节目流的每一基本流，应为第一个访问单元进行 PTS 编码。

如果基本流 n 中一个访问单元 $A_n(j)$的解码时间大于 system_clock_frequency 容限下的最大允许值，则该访问单元的起始处存在解码不连续。对视频，除非处于特技模式或 low_delay 标志置'1'，该情况只允许出现在视频序列开始处。如果在节目流或传输流的音频或视频基本流中存在解码不连续，除非处于特技模式，每一解码不连续点后的第一个访问单元应有对应的 relative_display_time 编码。

当 low_delay 置'1'时，PTS 应对 EB_n 或 B_n 下溢后的第一个访问单元编码。

如果一个图像起始码或音频访问单元的首字节包含在一个 GB/T 20090.2 视频或 GB/T 20090.3 音频基本流 PES 分组包中，则 PTS 编码可能仅出现在该 PES 分组包头中。

9.6 PES 分组包头中 P-STD_buffer_size 的编码频率

在一个节目流中，P-STD_buffer_scale 和 P-STD_buffer_size 字段应出现于每个基本流的第一个 PES 分组包中，且当值改变时应再次出现。它们也可能存在于任何其他的 PES 分组包中。

9.7 节目流中系统头编码

在节目流中，系统头紧跟在节目流分组包头之后，可能出现在任何节目流分组包中。系统头应出现于节目流的第一个分组包中。该节目流的所有系统头中的编码值均应相同。

9.8 受限系统参数节目流

如果一个节目流遵循本节的规范，则是一个受限系统参数流(CSPS)。节目流不受 CSPS 的约束，可以通过在 7.3.5 中的系统头中定义 CSPS_flag 字段来标识一个 CSPS。CSPS 是所有可能节目流的一个子集。

分组包速率

在 CSPS 中，如果 packet_rate_restriction_flag 置'1'且 rate_bound 字段中的编码值不大于 4.5×10^6 bit/s，见 7.3.6，或 packet_rate_restriction_flag 置'0'且 rate_bound 字段中的编码值不大于 2×10^6 bit/s，CSPS 分组包进入 P-STD 的最大速率是 300 分组包每秒。对于更高的比特率，CSPS 分组包速率与 rate_bound 字段的码值成正比。

特别地，若 packet_rate_restriction_flag 字段置'1'，见 7.3.5，则对节目流中所有分组包 p 有：

$$NP \leqslant [t(i') - t(i)] \times 300 \times \max[1, R_{max}/(4.5\times 10^6)] \quad \cdots\cdots(34)$$

若 packet_rate_restriction_flag 字段置 0，则有

$$NP \leqslant [t(i') - t(i)] \times 300 \times \max[1, R_{max}/(2.0\times 10^6)] \quad \cdots\cdots(35)$$

式(34)、式(35)中：

NP ——相邻 pack_start_codes 或 last_start_code 与 AVS_program_end_code 之间的 packet_start_code_prefixes 和 system_header_start_codes 的数目，见表 32 及 7.3.2 的语法。

t(i) ——分组包 p 的 SCR 中编码的以秒为单位的时间。

t(i′) ——紧跟在分组包 p 后的分组 p+1 的 SCR 中编码的以秒为单位的时间。如果是节目流中的最后一个分组包，则该项表示包含 AVS_program_end_code 末位的字节的到达时间。

R_{max} ——值如式(36)所示：

$$R_{max} = 8 \times 50 \times rate\_bound \text{ bit/s} \quad \cdots\cdots(36)$$

式中：

rate_bound ——速率上限字段。

解码缓冲区大小

在 CSPS 情形下，系统目标解码器中每一输入缓冲区的大小是有限的。音频基本流和视频基本流有不同的缓冲区大小。

对 CSPS 中的视频基本流，以下规则适用：

BS_n 等于 GB/T 17975.2 或 GB/T 20090.2 规定的 BBV 大小和一个附加缓冲区 BS_{add} 的总和。BS_{add} 规定如下：

$$BS_{add} \leqslant MAX[6\times 1024, R_{vmax}\times 0.001] \text{ 字节} \quad \cdots\cdots(37)$$

式中：

R_{vmax}——视频基本流中的最大视频比特率。

对 CSPS 中的音频基本流，适用 BS_n 小于或等于 4096 字节。

9.9 传输流中采样率的锁定

在传输流中，音频采样率和系统目标解码器的系统时钟频率之间应有固定的比例关系。同样，视频帧速率和系统时钟频率之间也应有一种特定的比例关系。system_clock_frequency 的定义见 6.2。视

频帧速率在 GB/T 17975.2、GB/T 20090.2 或 GB/T 17191.2 中规定。音频采样速率在 GB/T 17975.3、GB/T 20090.3 或 GB/T 17191.3 中规定。对传输流中所有音频基本流的所有展现单元，system_clock_frequency 对实际音频采样率的比例 SCASR 是一常量，见式(38)。

$$SCASR = (system\_clock\_frequency)/(audio\_sample\_rate\_in\_the\_T\text{-}STD) \quad \cdots\cdots(38)$$

式中：

/ ——表示实数除法。

对于标称音频采样频率 22.05 kHz、44.1 kHz、24 kHz、48 kHz 和 96 kHz，对应的 SCASR 值分别为 27 000 000 除以相应的采样频率。

对传输流中所有视频基本流的所有展现单元，system_clock_frequency 对实际视频帧速率的比例 SCFR 是一常量，见式(39)。

$$SCFR = (system\_clock\_frquency)/(frame\_rate\_in\_the\_T\text{-}STD) \quad \cdots\cdots\cdots\cdots(39)$$

式中：

/ ——表示实数除法。

对于标称视频帧率 23.976 Hz、24 Hz、25 Hz、29.97 Hz、30 Hz、50 Hz、59.94 Hz 和 60 Hz，对应的 SCFR 值分别为 1126125、1125000、1080000、900900、900000、540000、450450 和 450000。

SCFR 的值是精确的。对于 23.976、29.97 或 59.94 帧/s 的标称速率，实际的帧速率与标称 s 速率略有不同。

10 与 GB/T 17975 的兼容性

本部分中所定义的节目流和传输流与 GB/T 17975.1 相兼容。本部分中所定义的节目流解码器与传输流解码器应同时支持 GB/T 17975.1 的解码。

附 录 A
（资料性附录）
系统时间信息时钟恢复模型及应用指南

A.1 概述

本部分包括一个对数字音视频信号的组合进行采样、编码、编码器缓冲、传输、接收、解码器缓冲、解码及展现的特定时钟恢复模型。该模型直接嵌入符合本部分的数据流的语法和语义需求规范中。若一个解码系统接收到一个按时钟恢复模型正确传递的规范位流，则实现一个输出正确同步的高质量音视频信息的解码器将是很简单的，但在这方面并无统一的要求。解码器可以用某种途径实现，只要能提供高质量的展现输出即可。在数据未以正确的时刻被传递给解码器的应用中，有可能产生预期的展现输出，但这一功能常常不被保证。本附录详细描述了本部分的系统时钟恢复模型，并给出了一些参考建议以实现适用于某些典型应用的解码系统。

A.2 时钟恢复模型

符合本部分的系统中包括一个时钟恢复模型。在该模型中，所有进入解码器的数字图像和音频样本均在一个恒定的端到端延迟后在解码器输出端顺序播放。这样，样本速率，即视频帧速率和音频采样率，在解码器中和编码器中严格相等。该时钟恢复模型见图 A.1。

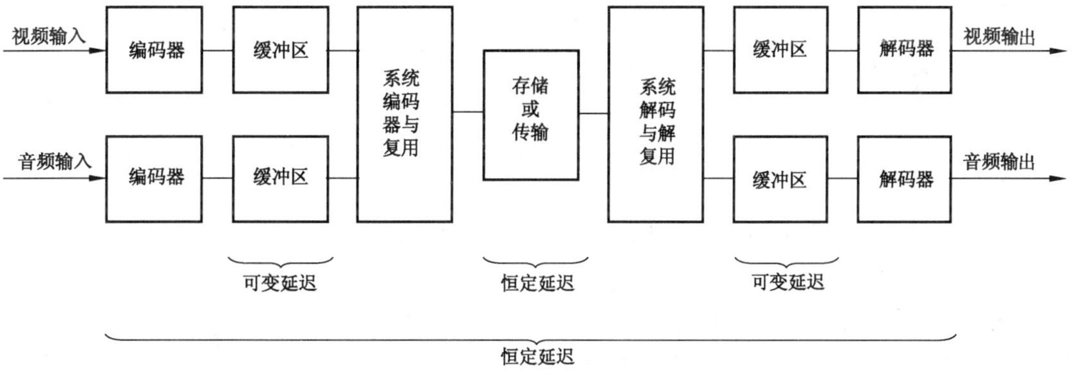

图 A.1 恒定延迟模型

如图 A.1 所示，在该模型中，从编码器输入到解码器输出的延迟是恒定的，但在每个编码器和解码器的缓冲区中的延迟则是可变的。这种延迟可变性不仅存在于同一个基本流路径中的不同缓冲区，也存在于音视频路径的各自缓冲区中。所以，代表音视频的编码位在复用流中的相对位置并不指示同步信息。它们仅受 STD 模型的限制，因此解码缓冲区应正确地工作。因而，代表那些要求同时展现的声音和图像的编码的音频和视频，在编码位流中可能有长达 1 s 的时间差，该值是 STD 模型所允许的解码器缓冲区延迟的上限。

正确同步需要整个系统的恒定延迟，然而也可能有一些偏差。网络延迟被看作是恒定的。轻微的偏差是允许的，且网络调节可以允许较大的网络延迟。这两者均在后面讨论。

编码器的音视频采样率彼此相差很大，也未必存在确切的固定的关系，这些都取决于复用流是节目流还是传输流，以及节目流中的 system_audio_locked 和 sysem_video_locked 标志是否置位。一个音频展现单元的持续时间往往和视频图像的持续时间不同。

在编码器中有一个单一的公用系统时钟，该时钟用于创建指出音频和视频的正确展现时间的时间戳，也用于创建指出在采样间隔时系统传输率的采样值。指出音频和视频展现时间的时间戳称为相对显示时间戳(relative_display_time)，而指出系统传输率的采样值称为传输率(transport_rate)。正是编码器中的公用系统时钟，由它所创建的时间戳和传输率，以及解码器中重新生成的时钟、时间戳和传输率的正确使用，才使本地解码器能够同步操作。

编码器的实现不一定严格遵循该模型，但实际的编码器、存储系统、网络和一个或多个复用器产生的数据流应严格遵守该模型(在具体应用中，数据传输可能有一定的偏差)。因此，在本附录中编码器系统时钟指的是本模型描述的实际公用时钟或与之等价的功能，而不管它是如何实现的。

因为整个系统的端到端延迟是恒定的，所以音视频展现严格同步。系统位流构造受到一定的限制，以使得当他们被遵循该模型且具有适当大小的缓冲区的解码器解码时，解码器缓冲区保证不发生上溢和下溢，除非那些允许下溢的特定情况。

为了使解码器系统产生精确的延迟以保证整个系统的端到端延迟恒定，解码器就应有一个在工作频率和绝对瞬时值上和编码器精确匹配的时钟。传送编码器系统时钟的信息编码在 transport_rate、packet_count 和 relative_display_time 中，下面对此功能加以详细说明。

按此模型实现的，可以恒定速率一次性展现音频采样和视频图像(特定编码除外)，且保证解码缓冲区按照本模型正确工作的解码器，在本附录中，被称为精确时钟恢复解码器或能产生精确时钟恢复输出的解码器。本部分并不要求解码器的实现按此模型展现音频或视频。有可能构造出没有恒定延迟或不是对每一个图像或音频样本都展现一次的解码器。但在这些实现中，音视频信息的同步可能是不精确的，解码器缓冲区的动作也可能不遵守参考解码器模型。避免解码缓冲区上溢是很重要的，因为它可能导致对后续解码过程产生严重后果的数据丢失。本附录主要包括这种精确时钟恢复解码器的操作及实现这些解码器的一些可行的选择。

A.3 音频和视频展现同步

在本部分的系统数据编码中包含了关于展现单元解码和展现时刻的时间戳，访问单元是代表展现单元且包含在本部分位流中的编码位的集合。视频及音频访问单元分别简称 VAU 和 AAU。在 GB/T 20090.3 中，音频帧根据其上下文与 AAU 或 APU 的含义相同。VPU 指一帧图像，VAU 指一帧编码图像。

有一些，但并不要求全部，AAU 和 VAU 与它们的由 relative_display_time 导出的 display_time 有关。一个 display_time 指出了解码与该 display_time 相关的 AU 所得的展现单元展现给用户的时间。音频 relative_display_time 和视频 relative_display_time 都由自称为系统时钟或 STC 的共同时钟的采样值计算得到的。通过由数据流中包含的 relative_display_time 所导出的 display_time 的正确值，并基于共同系统时钟在相应的 display_time 所指示的时刻展现音视频展现单元，就可以在解码系统中实现音频和视频展现的正确同步。尽管 STC 并非本部分的一个规范性组成部分，且等价的信息在本部分中通过 system_clock_frequency 等术语来传递，但 STC 对于解释时钟恢复模型是一个重要和方便的概念，且实现一个以某种形式包含 STC 的编码器和解码器通常是可行的。

display_time 对于传达在音视频之间精确的相对时间信息很有必要，因为音频和视频展现单元的持续时间常有很大差别且根本无关。一般来说，APU 和 VPU 当时的边界很难吻合。分离的音频和视频 display_time 在对二者持续时间及间隔的特定的关系不作要求的情况下，提供了指示音频和视频展现单元之间精确关系的信息。

示例：具有 1 152 个 44.1 kHz 采样率的音频展现单元持续时间约 26.12 ms，而帧速率为 29.97 kHz 的视频展现单元持续时间为 33.37 ms。

relative_display_time 字段的值是根据 STD 定义的,它为所有系统位流提供了一个基本限制。STD 是一个理想解码器的数学模型,它精确规定了进入和流出解码器缓冲区的所有位的动作,对位流的基本语义约束是保证 STD 中的缓冲区不发生上溢和下溢,除非在特定情况下的下溢。在 STD 模型中,虚拟解码器总是和数据源严格同步,音视频解码和展现也严格同步。在保持精确和一致的前提下,STD 相对于解码器的物理实现,作了某些简化,以清楚地阐述其规范及方便各种解码器的实现。特别地,在 STD 模型中,所有对解码器中的位流的操作都是瞬时的,只有位在解码缓冲区中的时间是一个明显的例外。在一个实际解码系统中,音视频解码器的单独操作不是瞬时完成的,在设计实现中应考虑其延迟。视频展现同样也比 STD 延迟,display_time 应该被适当地处理。由于视频的延迟,相应造成音频解码和展现的相同量的延迟以满足正确的同步要求。解码器中,音频和视频解码和展现的延迟可通过诸如在解码器中使用 display_time 时给 display_time 加一个常量来实现。

示例:若视频图像严格按一个图像展现时间间隔 1/P 来解码(P 为帧频率),而压缩数据以速率 R 到达解码器,则把与每个图像相关的位完全移出将 display_time 字段指出的时间延迟 1/P,视频解码缓冲区应比 STD 模型规定的大出 R/P。

STD 和实际解码器实现的另一个不同点在于 STD 模型中明确地假定最终的视频和音频输出被瞬时展现给用户而没有进一步的延迟。但实际应用中未必如此,尤其是 CRT 显示器,且这一延迟也应在设计时加以考虑。编码器需要对音频和视频编码以使数据在 STD 中解码时可实现正确同步。输入和音视频采样中的延迟,诸如视频摄象机光学充电集成等,都应加以考虑。

在 STD 模型中,假设正确同步,时间戳和缓冲区行为都被检测以在这个假设下作为判断位流有效性的条件。当然,在实际解码器中并不会自动地同步,尤其是在开始处和有时钟抖动的场合。解码器设计的目标之一是精确的解码器时钟恢复。解码器时钟恢复不准将影响到缓冲区的动作。本附录的以下各章将对此主题作进一步论述。

STD 包括 relative_display_time 字段。在 STD 模型中,当显示模块可以接收一帧解码数据并且 EB 中接收到完整的一个 AU 数据时,AU 从缓冲区中被抽取并解码。对于非 low_delay 序列中的 I 和 P 图像,在编码位流中对视频图像作了重排。在重排序场合下,视频解码器中使用一个暂时延迟缓冲区来存储恰当的 I 图像或 P 图像直到它们被展现。

因为不是每个 AAU 和 VAU 都应包含 relative_display_time 字段,故解码器应对未包含 relative_display_time 字段的 AU 进行插值。在每个基本音视频位流中每隔不超过 700 ms 的间隙就需要 relative_display_time 值。这些间隙以展现时间计量,也就是说,是在具有同一数据流的 relative_display_time 字段值中,而不是按照字段被传输和接收的时间计量。注意到在起始时间以及其他任何时间,relative_display_time 字段自身并不指示解码缓冲区的正确占用度,它们同样也不指示在解码开始前接收数据流初始位的延迟总和。通过结合 relative_display_time 的功能以及正确地恢复时钟(在下面讨论)来获得这一信息。在 STD 模型中,也就是在解码器中,解码缓冲区的动作由 transport_rate,relative_display_time 以及显示模块的状态决定,假定数据传送方式与时钟恢复模型吻合。这一信息指出了编码数据在解码缓冲区中的时间。编码数据缓冲区中的数据总量并未明确规定,这一信息也是不必要的,因为定时已完全规定。还应注意数据缓冲区的占用度可能随时间变化有很大不同,解码器无法对此作出预测,除非适当地利用时间戳。

为使音频和视频 display_time 正确指向公用 STC,解码系统中应有一个正确恢复的公用时钟。下一小节详述这一问题。

A.4 解码器中的系统时钟恢复

在本部分定义的系统数据流中,除 relative_display_time 字段外还有 transport_rate 字段。这些参考基于系统时钟取样,既适用于编码器,也适用于解码器。它们的精度为位每秒,在传输流中每隔至多

100 ms 的时间间隔出现一次。从而在解码器中能利用它们来实现对任何应用均为足够精度的时钟控制环的重建。

传输流中的 transport_rate，提供了一个节目的参考传输率，一个传输流中，可能含多个节目，每一个都可能有独立的时间基准和分离的 transport_rate 集。

transport_rate 字段指出了当 transport_rate 字段被解码器接收时系统传输率的正确值。因为 transport_rate 占据了多于一个字节且系统数据流被定义为字节流。因此，transport_rate 被定义为上一次 transport_rate 之后第一个字节和当前 transport_rate 最后一个字节到达 TSD 输入端之间的传输率。在数据源可被解码器控制的应用中，可以让解码器有一个自主的 STC 频率，从而不必恢复 STC。下文着重讲述 STC 时钟应符合接收到的 transport_rate 的场合。

在一个正确构造和传输的本部分定义的数据流中，每个 transport_rate 都以其值指示的传输率精确地到达解码器。理论上，STC 值与 transport_rate 被存储或传送时编码器的 STC 值是一致的。但编码未必实时进行，数据流在初始产生后也可能已被修改，且通常编码器或数据源可能以多种方式实现以保证编码器的 STC 是理论值。

如果解码器时钟频率与编码器精确匹配，则音视频信号的解码和展现速率将与编码器一致，端到端延迟将是恒定的。此后解码器的 STC 将与编码器匹配，不需要作进一步调整。除非存在时间不连续现象，如节目流的末端或传输流中出现不连续指示符。这里匹配指相差一个恒定的常量。

实际上，解码器的自由运行系统时钟频率并不与编码器匹配，编码器的时钟频率被采样并由 transport_rate 值指出。通过使用接收到的 transprot_rate，解码器的 STC 能使它的时钟服从于编码器。使解码器的时钟服从于所接收的数据流的原型的实现方法是通过锁相环(PLL)。根据具体的应用需求，可采用多种形式的 PLL 或其他方法。

此处画出并描述了一个在解码器中恢复 STC 的简单的 PLL。

图 A.2 图示了一个典型 PLL，其中参考和反馈项是数值(STC 和 transport_rate，packet_count)，而不是诸如边界之类的信号事件。

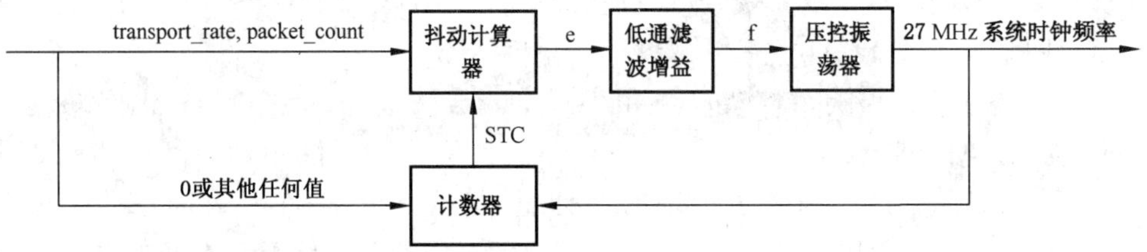

图 A.2　使用 PLL 恢复 STC

根据一个新时间基准，即一个新节目的要求，STC 被初始化为 0 或其他值，其后是 PLL 作闭环操作。

PLL 的闭环可以这样实现。在第 i 个 transport_rate 到达解码器的时刻，当前 STC 值被采样并和 packet_count 一起保存在抖动计算器中的缓冲区中。在第 i+1 个 transport_rate 到达解码器的时刻，将(packet_count(i+1)-packet_count(i))×1504×system_clock_frequency/transport_rate(i+1)和 STC(i+1)-STC(i)作比较，差值为一个数值，一个部分以 90 kHz 为单位，另一个部分以该频率的 300 倍即 27 MHz 为单位。该差值被线性化到单个的数值空间，通常以 27 MHz 为单位，记为“e”，表示该循环中的误差项。e 值序列输入到按照应用需求设计的低通滤波器及增益。该阶段的输出是一个控制信号“f”，用于控制电压控制晶振(VCO)的瞬时频率。VCO 的输出是一个标称值为 27 MHz 的振荡信号，在解码器中用作系统时钟，该时钟输入到计数器中以生成当前 STC 值。STC 值包括一个由被 300 所除而产生的 27 MHz 的扩展和由对 90 kHz 计数结果的 33 位计数器得到的 90 kHz 的基准值。该计数器在需要时被用来与 display_time 相比较。整个 STC 也作为减法器的反馈输入。

连续 transport_rate 间限定的最大时间间隔允许设计和构造稳定的 PLL。PLL 带宽的上限受这一时间间隔的限制。如下文所述，在许多应用中所需 PLL 的带宽极窄，故这一限制对解码器设计和性能影响不大。

若 VCO 的自运行或初始频率与正确值即编码器系统时钟频率足够接近，则一旦 STC 被正确初始化，在 PLL 到达定义的锁定状态前，解码器就能令人满意地操作。对一个给定的解码器 STC 频率，该频率与 transport_rate 中的频率相差一个限定值且在解码器应用所需的绝对频率范围之内，若没有 PLL，则编码器和解码器 STC 频率的失配将造成解码器缓冲区占用度渐进地不可避免地递增或递减，最终导致缓冲区上溢或下溢。因而解码器 STC 锁定到编码器前所允许的时间长度取决于附加解码缓冲区和延迟的大小。

如果解码器收到的 trasnport_rate 值和恢复时钟反映了编码器中恒定频率 STC 的正确采样，则误差 e 将在循环到达锁定状态后收敛为一个常量。在数据从编码器到解码器的存储和传输延迟恒定或延迟不恒定，但 transport_rate 值已被修正以反映延迟变动从而存储或传输与恒定延迟相等效时，transport_rate 值是正确的。随着 e 值收敛为一个常量，VCO 瞬时频率的变化在循环锁定后趋于‘0’，VCO 会有很小的抖动或频率回转。在循环锁定的过程中，VCO 频率的变化率，回转率可通过低通滤波和增益的设计加以严格控制。通常，VCO 变化率在满足缓冲区尺寸和延迟限制的前提下，可按应用需求设计。

在易发生错误的环境中，为了在包丢失情况下仍能正确的恢复时钟，传输流分组包中可以包含包计数值 packet_count。此时 packet_count 的传送频率和 transport_rate 相同。

A.5 transport_rate 抖动

如果一个网络或传输流再复用器使从编码器或存储系统到解码器的数据传送延迟不同，则将导致 transport_rate 值和实际接收值之间的差异，这称为 transport_rate 抖动。

示例：若 transport_rate 的传输延迟大于同一节目中其余类似字段，则 transport_rate 被延迟了。同样地，若延迟小于同一节目中其他参考时钟字段，则 transport_rate 提前了。

解码器输入中的时钟抖动在 transport_rate 值与其被接收时间组合时反映出来。假定一个时钟恢复结构如图 A.2，所有这样的传输率抖动都反映在误差值 c 上，c 值非零使得 f 值变化，并最终导致 27 MHz 系统时钟频率的波动。在解码系统中可能允许也可能不允许恢复时钟频率波动，取决于具体应用要求。在产生合成视频输出的精确时钟恢复解码器中，恢复后的时钟频率常被用于生成合成视频样本时钟和色度副载波。副载波频率稳定性的适用规范可能只允许极慢的系统时钟频率调整。在解码器输入端有严重 transport_rate 抖动及对 STC 的频率回转率有严格限制的应用中，对合理的解码缓冲区大小和延迟的约束不可保证正常工作。

示例：transport_rate 抖动可能是由包括包或单元复用以及包在网络中延迟可变的网络传输造成的，或媒体共享系统中队列延迟或可变的网络访问时间导致的。

传输流或节目流的复用与再复用改变了数据包、transport_rate 的顺序或相对位置。transport_rate 位置的改变使原先正确的 transport_rate 值变为不正确。因为，通常它们的值并没有反映它们经过一定的延迟后被传送的时间。类似地，具有正确 transport_rate 值的节目流或传输流可能在一个网络中传输，该网络会对数据流产生可变延迟的影响而未对 transport_rate 加以修正。上述结果也造成 transport_rate 抖动，同时对解码器设计和性能产生附加影响。网络对 transport_rate 所造成抖动的最坏情形往往取决于一些在本部分范围之外的因素，包括各个网络交换中所实现的队列深度以及网络交换总数或对数据流进行的级连再复用操作等。

对于传输流，在复用操作中需要对 transport_rate、relative_display_time 以及 packet_count 进行纠正以从一个或多个传输流中创建一个新的传输流。这一纠正通过加入一个纠正项来实现。该项计算如下：

$$transport\_rate'(i+1)=transport\_rate(i+1)\times(packet\_count'(i+1)-packet\_count'(i))/((packet\_count(i+1)-packet\_count(i))\times(1+delay_{act}(i+1)-delay_{act}(i))),$$

$$relative\_display\_time'(i)=relative\_display\_time(i)-(delay_{act}(i)-delay_{const})$$

式中：

packet_count(i) ——复用前后当前节目的第 i 个包计数；

packet_count′(i) ——复用前后当前节目的第 i 个包计数；

$delay_{act}(i)$ ——transport_rate(i)的实际延迟；

$delay_{const}$ ——用于该节目中所有 transport_rate 的常量，其值取决于初始的编码器和复用器所使用的策略。该策略可能是尽可能早地安排包，以允许传输链较晚地延迟它们。表 A.1 给出了三种不同的策略以及相应合适的 $delay_{const}$ 值。

表 A.1 再复用策略

策略	$delay_{const}$
早	$delay_{min}$
晚	$delay_{max}$
适中	$delay_{avg}$

在设计一个系统时，对于编码器和复用器应该采用何种策略可能需要专用的协定，因为这将影响到执行任何附加的再复用操作的能力。

在本部分中并未对复用抖动所允许的界限作出规定。然而，在好的系统中，抖动不应超过 5%。

在包括特殊考虑的再复用器的系统中可能需要确保传输流中信息的一致性。这对 PSI 和不连续点尤为重要。PSI 表中的改变可能需要以某种方式被插入到传输流中，从而后续的再复用器不再移动它们直到该信息不再正确。

示例：在有些情况下，变动所影响的数据的 PMT 段的新版本在 5 ms 中不应该被传送。

类似地，编码器和复用器应避免在不连续点前后 5 ms 窗口内插入 relative_display_time。

A.6 网络抖动情形下的时钟恢复

对于接收到的参考时钟时间戳存在明显抖动的应用，解码器的设计有多种选择。解码器如何实现从很大程度上取决于解码输出信号特征和输入信号及抖动特征的需求。

不同应用中的解码器对恢复的系统时钟的精确性和稳定性的要求也不同，而且所要求的稳定性和精确性被认为会沿单个轴下降。该轴的一个端点可以被认为是那些直接利用重建后的时钟来合成用于混合视频中的色度副载波的应用。如上所述，该需求通常存在于具有精确时钟恢复类型的展示视频场合。这样，每个编码图像仅被展现一次，且输出是符合可适用需求的复用视频。在该情况下，色度副载波、像素时钟及帧速率均有精确规定的比率，且都和系统时钟有已定义的关系。合成视频副载波应至少有足够的精确性和稳定性以使任何普通电视接收机的色度副载波 PLL 能够锁定到该副载波，且使用恢复后的副载波来解调的色度信号不显示出明显的人为相位失真。某些应用中需要使用系统时钟来生成与 NTSC、PAL 或 SECAM 制式完全兼容的副载波。这种需求往往比对典型的电视接收机的需求更为迫切。

示例：NTSC 的 SMPTE 规范对副载波的精度要求为百万分之三，每个水平行时间中的最大短期抖动为 1 ns 且每秒最大长期漂移为 0.1 Hz。

在不利用恢复后的系统时钟来生成色度副载波的应用中，仍可利用它来生成视频的像素时钟或音频的采样时钟。根据对接收监视器和可接受的音频频率漂移容限的假设，这些时钟有自身的稳定性要求。

对于视频图像和音频采样被展现不恰好是一次的应用，即允许图像和音频采样滑动，系统时钟可能具有较松的精确性和稳定性的要求。这种解码器可能没有精确的音频和视频展现同步，视频展现也不具有与精确时钟恢复的解码器一样的质量。

对恢复后的系统时钟的精确性及稳定性要求的选择取决于应用。下文着重讲述以上描述的最迫切的需求，即利用系统时钟生成色度副载波的情况。

A.7　用于色度副载波生成的系统时钟

解码器的设计要求由对生成的副载波和应接受的网络抖动最大量的需求所决定。类似地，若已知系统时钟性能要求和解码器设计的性能，就可确定所允许的最大网络抖动。虽然对这些需求的讨论已超出本部分的范畴，但为了清晰地说明问题并阐述一个有代表性的设计，仍标识了一些说明设计所需要的数值。

利用图 A.2 所示的时钟恢复 PLL 电路，所恢复的系统时钟就能满足在频率相对于标称值有最大偏移(以 10^{-6} 为单位)，且频率回转率(以 10^{-6} 每秒为单位)最差情况下的要求。点对点的未经过纠正的网络时钟抖动值是以毫秒为单位的。在图 A.2 上的 PLL 中网络时钟抖动是以误差项 e 出现的，且由于 PLL 作为一个对以抖动为输入的低通滤波器来工作，当输入端有一个 transport_rate 时钟的最大增幅函数时，就会出现对 27 MHz 输出的最坏情况。值 e 会有一个等于点到点网络抖动的最大增幅。以 e 的这个最大值作为其输入的低通滤波器(LPF)输出的最大变化率(f)，直接决定了 27 MHz 输出的最大频率回转率。对于任一给定的 e 的最大值和 f 的最大变化率，均可决定一个 LPF。但是，随着 LPF 增益或停止频率的减小，PLL 锁定到 transport_rate 所表示的频率所需的时间相应延长。利用数字的 LPF 技术或模拟滤波技术可实现长时间恒定的 PLL。在数字 LPF 实现中，当频率项 f 输入到模拟 VCO 时，f 经 D/A 转换器量化。在计算输出频率的最大回转率时，应考虑到该转换器的等级。

为确保 e 值收敛到'0'，PLL 的开环增益应很高，这可以通过在该 PLL 的低通滤波器中采用积分函数等来实现。

在精度给定时，可以构造一个初始操作频率符合该需求的 PLL。此时，在 PLL 锁定前，初始的 27 MHz 频率的精确性已足够满足频率需求。如果不是因为解码器的缓冲区最终会上溢或下溢的话，这一初始频率对长时间的操作是足够的。但是从解码器开始接收并解码数据到系统时钟被锁定到以接收的 transport_rate 所表示的时间和时钟频率的这一段时间内，数据到达缓冲区的速率和被抽取的不同，或者说，解码器在与 STD 不同的时间抽取访问单元。伴随着所恢复的系统时钟频率与解码器时钟频率的不同，解码器的缓冲区占用度将与 STD 中的不同。解码缓冲区的占用度将随初始的 VCO 频率及编码器系统时钟频率增加或减少。假定该关系未知，则解码器需要附加的缓冲区以考虑每种情况。解码器应被构造为能够将所有的解码操作延迟一段时间，该时间至少等于在初始 VCO 频率大于编码器时钟频率时为避免缓冲区溢出所分配的附加缓冲区所代表的时间。如果初始 VCO 频率不够精确以满足所述的精度要求，则 PLL 应在解码可以开始前到达锁定状态，且存在关于在这段时间内 PLL 性能及附加缓冲区数量和合适的静态延迟量的一个不同的集合。

在图 A.2 的 PLL 的误差项 e 中产生一个阶跃函数的输入时钟抖动中的阶跃信号将产生一个输出频率项 f。这样，当它乘以 VCO 增益值后，最大变化率将小于规定的频率回转率。VCO 的增益用输出频率相对于控制输入的改变而发生的的改变来表示。对 PLL 中的 LPF 有一个附加限制，即当循环锁定时，e 的稳定值应是有界的，这样才能保证应实现的附加缓冲区和静态解码延迟量的有界性。当 LPF 有很高的 DC 增益时，该项值最小。

和图 A.2 略有差别的时钟恢复电路也是可行的。当在合成视频中使用这种类型的方法时可能有一些困难，因为可能会导致副载波错误的相位偏移或水平或垂直扫描时钟中的抖动。一个可能的方法是在垂直消隐开始时调整水平扫描周期，同时维持色度副载波的相位。

示例：可用数控晶振(NCO)代替 VCO 来实现一个控制循环，该 NCO 使用一个固定频率的晶振且在输出端从规则的周期性的施加事件中插入或删除时钟周期以调整解码和展现时钟。

总之，能否构造一个可以重构有足够的精确性和稳定性的解码器，同时又能维护所需的解码器缓冲区大小及增加解码延迟，这取决于该需求所规定的值。

A.8 分量视频与音频的重构

如果在解码器输出端产生一个分量视频，则时钟精确性和稳定性要求通常不象合成视频那么严格，典型的频率容限应限制在显示偏转电路能接受的范围之内，稳定性容限则由在显示器上避免出现可察觉的图像移动要求所决定。

以上原理总是适用的，尽管特定的需求通常较容易满足。

音频采样率重建也遵循以上原理。然而，稳定性需求由可接受的长期和短期采样率的变化量所决定。使用上一章所述的 PLL 方法可以使短期偏差很小且长期频率变化表现为感知的音调。同样，一旦对这些变化设置了特定的界限，就能决定设计要求。

A.9 帧滑动

在某些对解码时钟不作精确要求的应用中，解码器系统时钟不一定调节其工作频率以匹配接收的 transport_rate 所代表的频率；它可能有一个自运行的 27 MHz 的时钟。但解码器 STC 仍须服从所接收到的数据。在此场合下，STC 值应更新以匹配收到的 transport_rate，这会导致 STC 值的不连续。这种不连续的幅值取决于解码器的 27 MHz 频率与编码器的 27 MHz(即收到的 transport_rate 所代表的值)之间的差及收到相邻 transport_rate 的时间间隔。因为解码器的 27 MHz 系统时钟频率没有锁定到接收数据，故在假定每个视频和音频展现单元恰好展现一次且保持解码器和编码器中的图像和音频展现率一致的精确时钟时，不能用于创建视频或音频采样时钟。使用这种结构的解码和展现系统有多种可能实现方式。

在一种类型的实现中，图像和音频样本在解码器 STC 指定的时间被解码，而在稍有差别的时间被展现，这取决于本地产生的样本时钟。图像和音频样本可能偶尔展现多于一次或不被展现，这依赖于解码器采样时钟和编码器系统时钟的关系。对于音频，这被称为帧滑动或样本滑动。该机制将会引入可察觉的人为失真，音视频常常因为在某些时间单元上重复或删除图像和音频展现单元而不严格同步。在特定实现方式中，编码数据或解码的展现数据常常需要附加缓冲区。解码与展现可能紧密衔接，而不遵循解码器 STC；解码的展现单元也可能由于延迟和重复展现而被存储。若解码与展现时间相同，则需要一种机制以支持删除图像和音频采样的展现而不会使预测编码数据的解码出现问题。

A.10 网络抖动的平滑处理

在某些应用中，可以在网络和解码器之间引入某种机制以减弱网络引起的抖动程度。这种机制是否可行，决定于接收流的种类及抖动幅值和类型的期望值。

传输流和节目流在它们的语法中均指出了该流期望输入到解码器的速率。这一速率并不精确且不能用于精确地重建数据流时钟。但它们可用作平滑机制的一部分。

从网络接收的一个传输流，其数据可能以突发方式传送。有可能缓冲所接收到的数据并以近似恒定速率将数据从缓冲区传输到解码器，以保证缓冲区近似半充满。

然而一个变速流不能以恒定的速率传输，且对于变速流，平滑缓冲区不会总是半充满的。缓冲区的恒定平均延迟要求缓冲区占用度随数据率变化。从缓冲区中抽取数据并输入到解码器的速率，可近似地使用数据流中的速率信息。在传输流中，期望的速率由各 tansport_rate 字段值及彼此间的传输流字节数决定。在节目流中，则由 program_max_rate 明确指定，尽管在本部分中，该速率可能在 SCR 处下降为'0'，即当数据以指定速率传送时，transport_rate 在预计的时间之前到达。

在变速流的场合下，平滑缓冲区的占用度随时间变化，不一定能由速率信息完全确定。在另一个可行的途径中，可以用 transport_rate 测出数据进入缓冲区的时间，并控制数据离开缓冲区的时间。可以设计一个控制环来提供恒定的缓冲区平均延迟。可以看到，这种设计与图 A.2 的控制环是类似的。在解码器之前插入一个平滑机制所获得的性能也可以通过多个时钟恢复 PLL 来达到。通过级联 PLL 的组合低通滤波器可以达到消除所接收到的时钟的抖动。

附 录 B
（资料性附录）
系统符合性

对本部分定义的节目流和传输流的符合性在GB/T 20090.4中规定，包括一个系统目标解码器（T-STD及P-STD）以定义当位流输入到理想解码器时该解码器的行为，验证传输流和节目流的系统时钟频率的精确性，但不包括与流实时传送性能相关的信息。

附 录 C
(资料性附录)
引入抖动的网络与 AVS 解码器的接口

C.1 概述

在本附录中系统流既用于表示本部分定义的传输流也用于表示节目流。在使用 STD 时，对节目流专指 P-STD(节目流系统目标解码器)，对传输流专指 T-STD(传输流系统目标解码器)。

通过对流的分析可得到系统流预期的字节传输时间表。如果一个系统流能被理想解码器的一个数学模型 STD 解码，则称它为规范的。如果一个规范的系统流在一个引起抖动的网络上传输，则实际的字节传送时间表可能和预期的时间表有很大不同。此时可能无法在理想解码器中对系统流进行解码，因为抖动会引起缓冲区上溢或下溢，且很难恢复时间基准。异步传输网络(ATM)就是引起抖动的网络的一个重要例子。

本附录的目的是对在引起抖动的网络上传输系统流的实体给出指导和考察。可以为多种类型的网络，包括 ATM，开发用于传输系统流的特定网络规范性模型。STD 加上一个实时接口定义在该模型的定义中居主导地位。开发网络规范性模型的一个框架见 C.2。

C.3 讨论了网络编码的三种情况，网络编码使构造平滑抖动的网络适配器成为可能。在第一种情况中，假定系统位流速率恒定，并用先进先出缓冲区(FIFO)来平滑抖动。第二种情况中，网络适配层中包含了时间戳以方便平滑抖动。第三种情况中，假定有一个端到端的公共网络时钟，并用它来平滑抖动。

C.4 给出可以适应网络引起的抖动的解码器的两个实现情形。在情形一中，在网络输出与 AVS 解码器之间插入了一个平滑抖动的网络适配器。假定 AVS 解码器符合实时接口要求。这一接口要求 AVS 解码器比 STD 的理想解码器有更高的抖动容限。网络适配器处理输入的抖动位流并输出字节传输时间表符合实时要求的系统流。情形一在 C.4.1 中讨论。对于某些应用，采用网络适配器的代价太大，因为它需要两个阶段的处理。因此，在情形二中，去除抖动和 AVS 解码的功能集成在一起，忽略了去除抖动设备的中间处理过程，故只须一个阶段的时钟恢复。在本附录中将这种把去除抖动和解码综合在一起的解码器称为特定网络集成解码器，简称集成解码器。在 C.4.2 中对集成解码器加以讨论。

为了构造网络适配器或集成解码器，需要对点对点网络抖动的峰值作出假设。为提高互操作性，对每种相关的网络类型均须规定抖动的界限值。

C.2 网络一致模型

图 C.1 给出了在引入抖动的网络中传输系统流的一个模型。

系统流在进入特定网络编码装置后，被转变为特定网络格式的系统流。该格式中包含部分有助于在网络输出消除抖动的信息。网络解码器包含一个特定网络解码器和一个符合本部分的解码器。假定符合本部分的解码器也符合实时接口要求，与 STD 有相同的结构且有适当扩充的缓冲区以提供更高的抖动容限。特定网络解码器移去由特定网络编码器加入的非本部分定义的数据，并对网络输出进行去抖动。特定网络解码器的输出是符合实时要求的系统流。

一个网络目标解码器(NTD)可按以上构造定义。一个规范的网络位流应能被 NTD 解码。一个网络解码器如果能对任何可被 NTD 解码的网络流解码，则称之为规范的。一个实际网络解码器在结构上不一定和 NTD 相同。

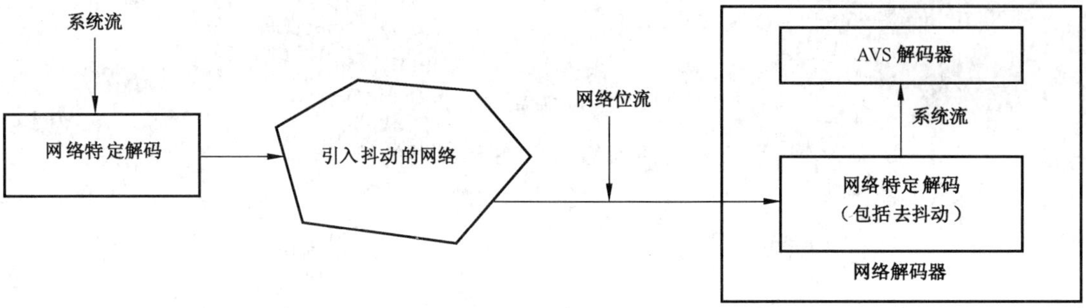

图 C.1 在引起抖动的网络上传送系统流

C.3 平滑抖动的网络规范

对于比特率恒定的系统流，平滑抖动可通过 FIFO 实现。在网络适配层中不需要附加对去抖动提供特定支持的数据。移去网络编码所加入的字节后，系统流被置入 FIFO。一个 PLL 根据缓冲区占用度来调节输出速率以保持缓冲区为近似半充满状态。本情况中，平滑抖动的效果取决于 FIFO 的大小和 PLL 的性能。

图 C.2 给出了实现平滑抖动的另一方法。在该情况中，假定网络适配层提供时间戳支持。使用这种技术对恒定或可变速率的系统流均可去抖动。

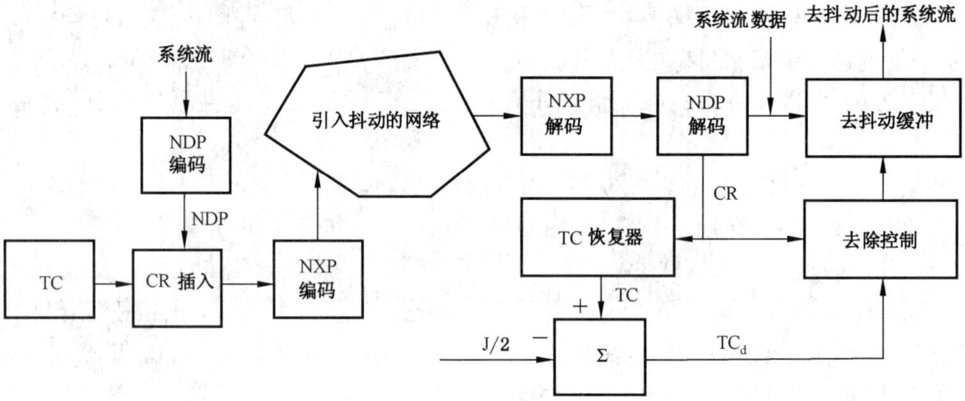

图 C.2 用网络层时间戳来平滑抖动

假定网络适配器被设计为补偿 J 秒的峰-峰抖动。通过使用对时钟(TC)的参考时钟采样来重建预期的字节传送时间表。网络数据分组(NDP)编码把每个系统流分组包转变为一个网络数据分组(NDP)。NDP 中包含一个传送 CR 值的字段，在 NDP 离开 NDP 编码器时 TC 的当前值被插入到该字段。网络传输分组(NXP)功能是把 NDP 封装成网络传输分组。通过网络传输之后，当 NDP 进入 NDP 解码器时，CR 被 NDP 解码器提取出来。CR 用于重建 TC，可以通过使用 PLL 来完成。当被延迟的 TC(TC_d)等于第一个 AVS 分组的 CR 时，第一个 AVS 分组从去抖动缓冲区中移走。当后续 AVS 分组的值等于 TC_d 的值时也被移走。

忽略掉诸如 TC 时钟恢复循环的速度以及 TC 的纯正性之类的实现细节，去抖动缓冲区的大小仅取决于所需平滑的最大的峰-峰抖动及系统流中的最大传输率。去抖动缓冲区的大小 B_{dj} 由式(C.1)决定：

$$B_{dj} = J \times R_{max} \qquad \text{(C.1)}$$

式中：

R_{max}——系统流的最大数据率，以位每秒为单位。

在分组穿过网络遇到典型延迟的情况下，缓冲区为半满。当延迟为(J/2)s时，缓冲区是空的，当延迟(提前)为(−J/2)s时，缓冲区为满。

作为最后一个情形，在有些场合下，有一个端到端的公共网络时钟，且把系统时钟频率锁定到公共时钟是可行的。网络适配器能通过FIFO来去抖动。适配器用transport_rate重建原始的字节传送时间表。

C.4 解码器实现举例

C.4.1 跟有AVS解码器的网络适配器

在实现中，一个符合规范的网络适配器被连接到一个符合实时接口要求的AVS解码器。

C.4.2 集成解码器

C.4.1中的情况需要两个阶段的处理过程。前一阶段用于对网络输出去抖动。后一阶段通过处理transport_rate来恢复STC，以满足STD解码的需要。本条的情况是一个在单个系统中集成了去抖动和解码两个功能的解码器。通过使用去抖动后的transport_rate值直接恢复STC时钟。为了表述该情况，假定使用传输流。

图C.3描述了集成解码器的操作。假定输入到解码器的网络分组流与图C.2中的一样。

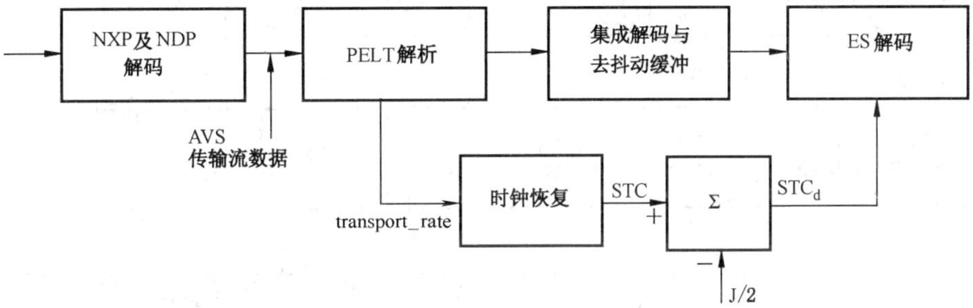

图C.3 集成去抖动和AVS解码

输入的网络分组被NXP和NDP解码功能重组为AVS传输流数据。抖动的传输流分组包被滤波以抽取具有有效PEID的分组包。在本情况中，被解码的PEID也携带有transport_rate。transport_rate值被送到PLL以恢复STC。所选PEID的整个分组包被放入到集成缓冲区。从STC中减去J/2以获得延迟的STC：STC_d。同样，J是网络解码器能容纳的峰-峰抖动。引入延迟是为了保证访问单元需要的所有数据在该访问单元的$td_n(j)$等于STC_d的当前值时，都已到达了缓冲区。

不考虑诸如STC时钟恢复循环的速度以及STC的纯正性之类的实现细节，有：

$$B_{size} = B_{dec} + B_{mux} + B_{OH} + 512 + B_J = B_n + 512 + B_J \quad \text{(C.2)}$$

式中，

B_{dec} ——解码器缓冲区大小；

B_{mux} ——复用器缓冲区大小；

B_{OH} ——PES缓冲区大小；

B_J ——去抖动缓冲区大小。$B_J = R_{max} \times J$，R_{max}指数据输入到PEIT解析器中的最大速率。传输流STD中一样，集成的存储器可被分为两部分，这取决于具体的实现。

附 录 D
（资料性附录）
语法的图形表示

D.1 概述

本附录给出了传输流和节目流语法的图示信息，但它并不能取代本部分的任何章、条。

为了图示清楚，图中未完整地描述或表示所有字段。保留字段可能被省略或仅由一个区域指出而无任何细节。字段长度以位为单位给出。

D.2 传输流语法

传输流语法见图 D.1。

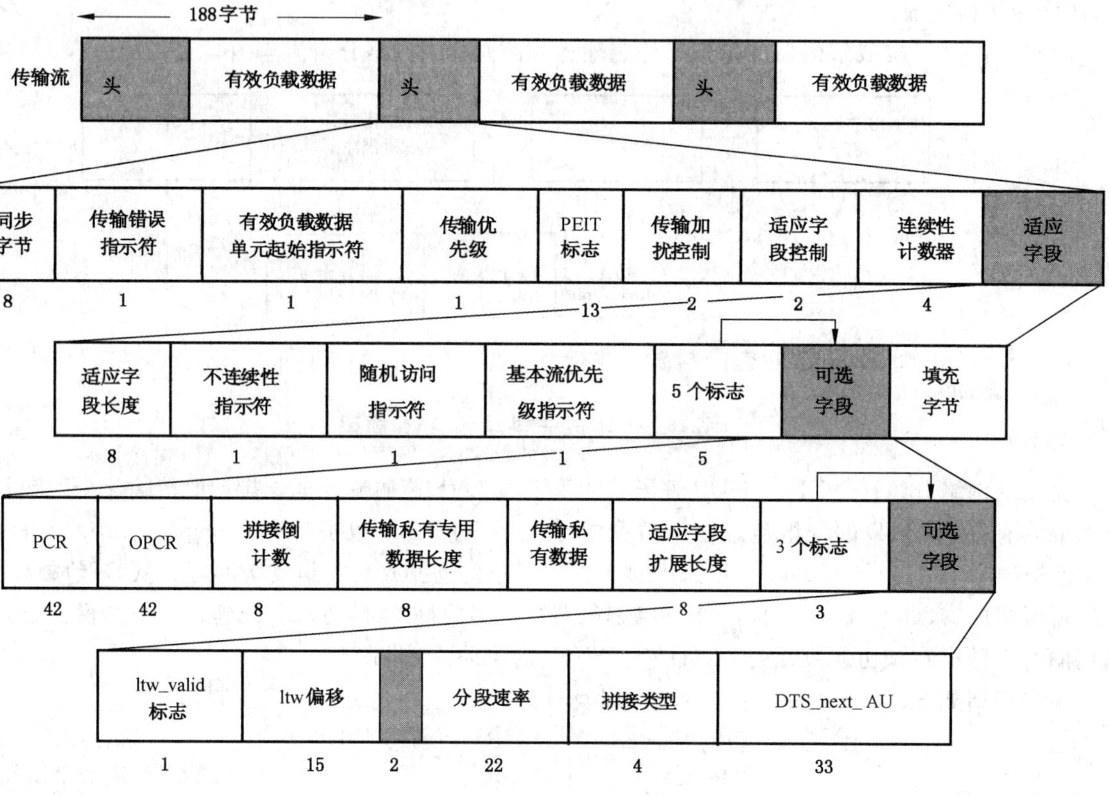

图 D.1 传输流语法图

D.3 PES 分组包

PES 分组包见图 D.2。

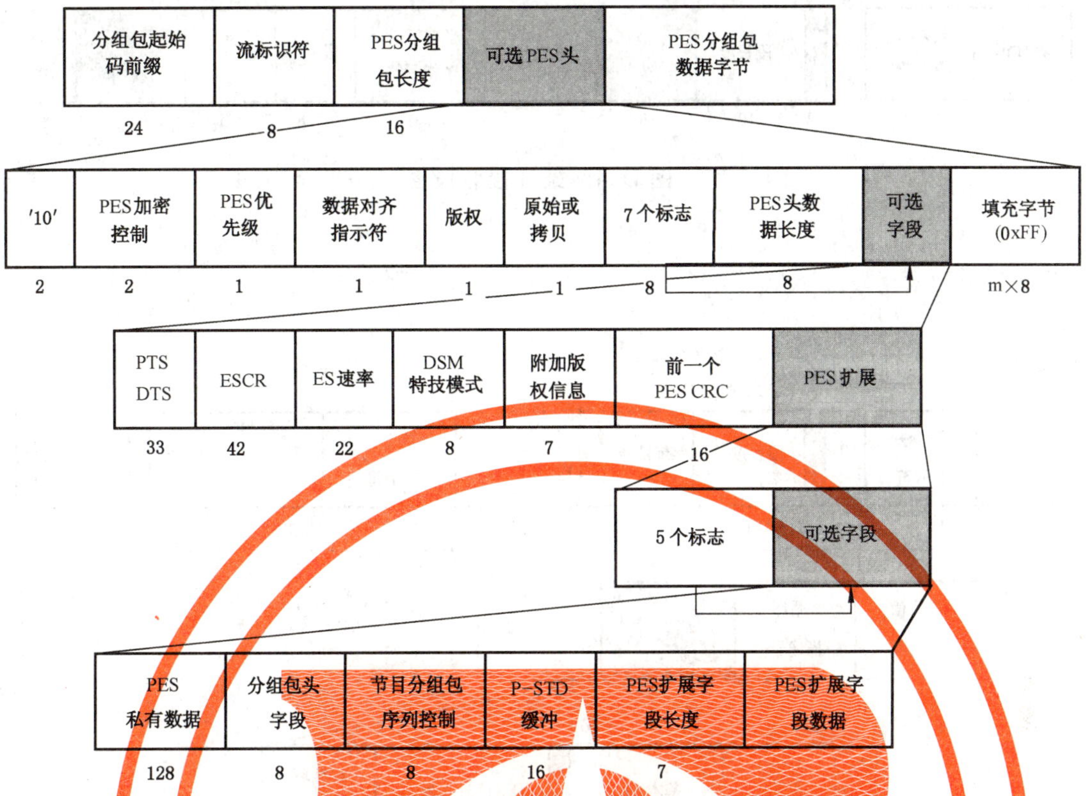

图 D.2　PES 分组包语法图

D.4　节目关联段

节目关联段(program association section)见图 D.3。

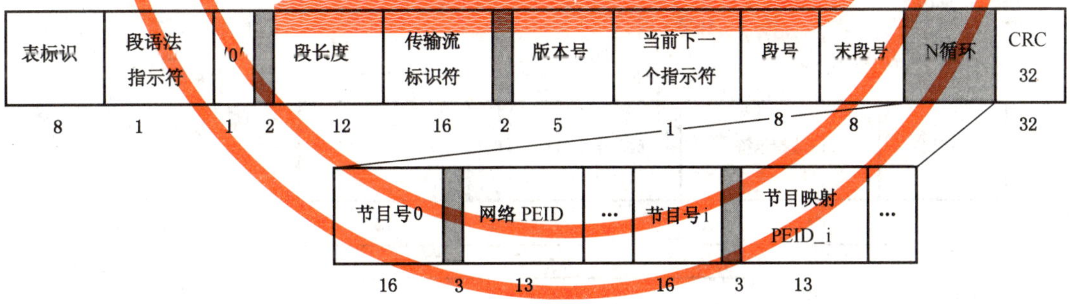

图 D.3　节目关联段图

D.5　CA 段

CA 段见图 D.4。

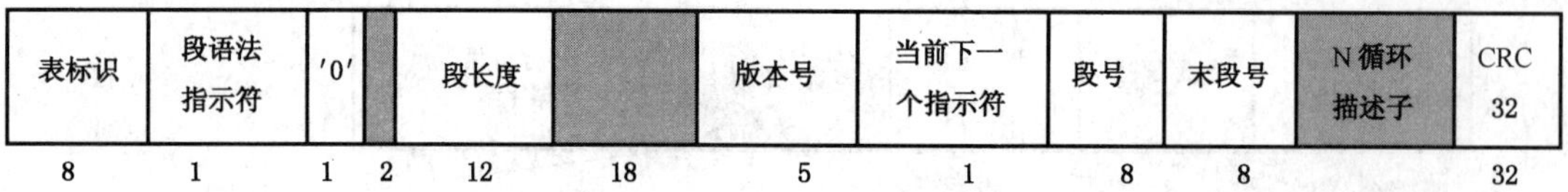

图 D.4 条件接收段图

D.6 传输流节目映射段

传输流节目映射段见图 D.5。

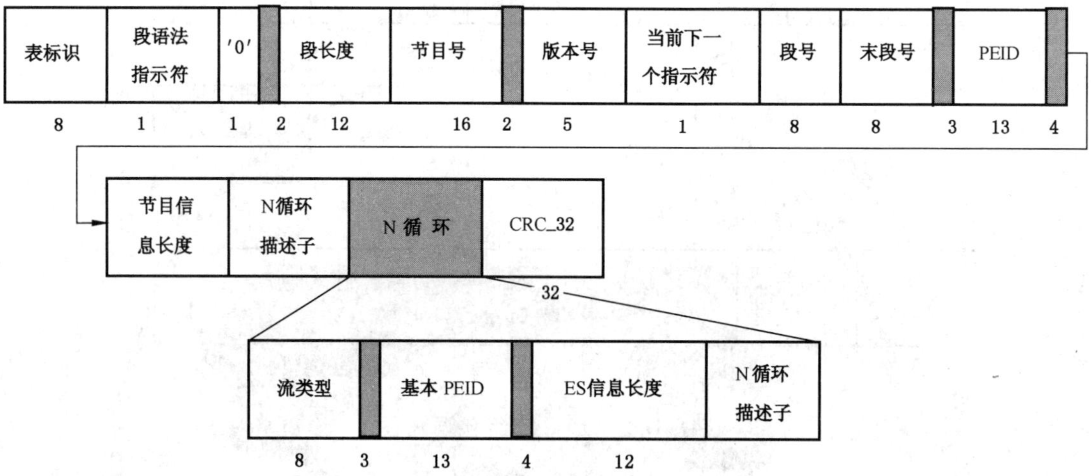

图 D.5 传输流节目映射段图

D.7 私有段

私有段见图 D.6 图。

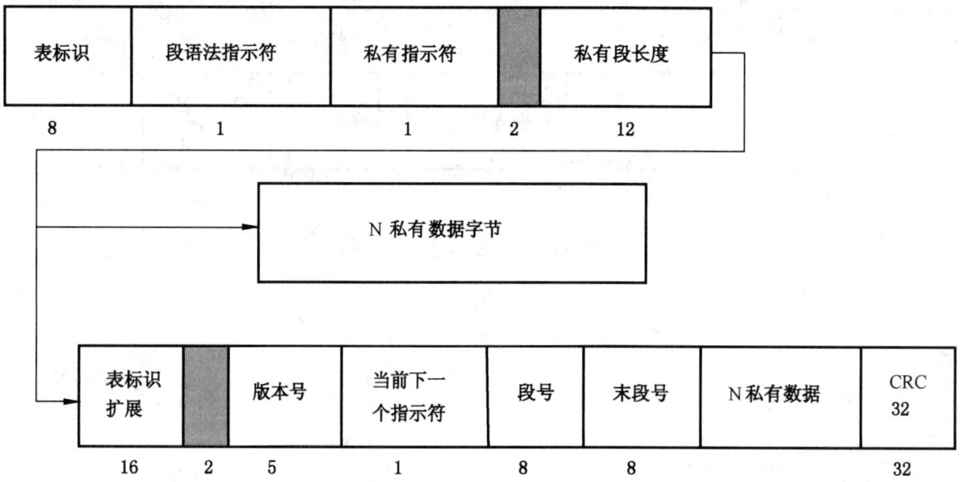

图 D.6 私有段图

D.8 节目流

节目流见图 D.7。

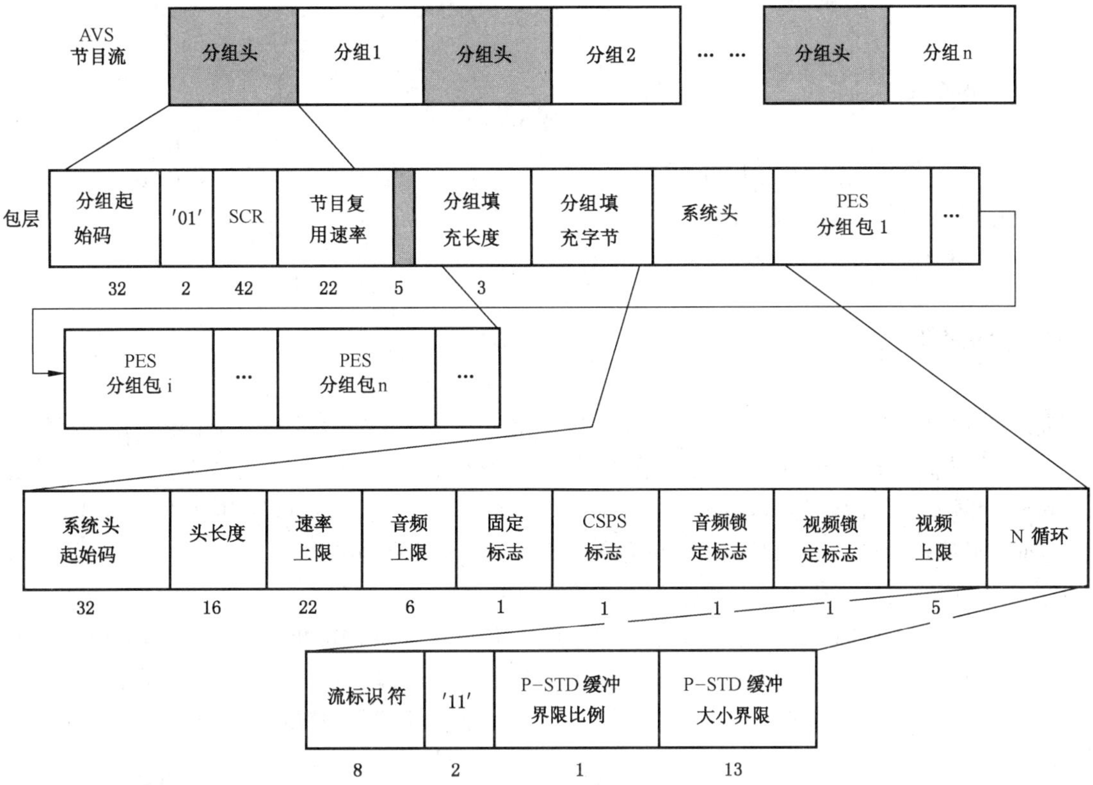

图 D.7 节目流图

D.9 节目流映射

节目流映射见 D.8。

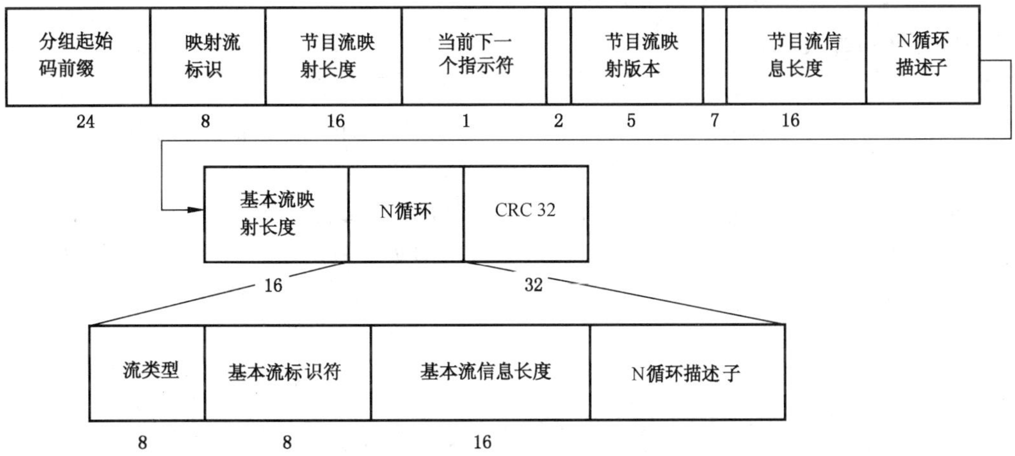

图 D.8 节目流映射图

附 录 E
（资料性附录）
通 用 信 息

E.1 同步字节冲突

建议在PEID值的选择中应避免同步字节的周期性冲突。这一冲突可能会潜在地出现在PEID字段或PEID字段与相邻标志设置的组合中。建议允许在最多4个连续传输流分组包头的同一个位置上出现同步字节冲突。

E.2 跳过的图像状态和解码处理

假定正在被显示的序列中只包含I帧和P帧。用picture_next表示下一帧待解码的图像，而正在被播放的图像用picture_current来表示。因为视频解码器可能跳过图像这一事实，当移出那些位以用于瞬时解码和显示的时间到达时，picture_next的所有位不一定都在STD缓冲区 EB_n 或 B_n 中。当此情况发生时，不从缓冲区中移出任何位，并再次展现picture_current。当下一个图像的显示时间到达时，若此时与picture_next相对应的剩余位在缓冲区 EB_n 或 B_n 中，picture_next的所有位被移走且picture_next被显示。若此时与picture_next相对应的所有位不在缓冲区 EB_n 或 B_n 中，则重复上述再次显示picture_current的过程。该过程一直重复到picture_next能被显示为止。注意到在位流中，若picture_next前有一个PTS，则PTS可能是不正确的，相差图像显示间隔的若干倍，该差值本身取决于一些参数，且PTS应被忽略。

当上述跳过的图像情况发生时，要求编码器在picture_next后解码的图像前插入一个PTS。这使得解码器可以立即确认它已正确展现了所收到的图像序列。

E.3 PEID值的选择

应用应尽可能地使用小的PEID值(避免表22中规定的保留值)并将它们编组在一起。

E.4 PES start_code冲突

三个具有packet_start_code_prefix值(0x000001)的连续字节，在和第4个字节拼接在一起时，可能会在流中的一个意想不到的位置与4字节的PES_packet_header相冲突。

这种所谓的起始码冲突在视频基本流中不会出现。在音频和数据流中可能出现。这种情况也可能在PES_packet_header和PES_packet有效负载数据的边界处出现，即使PES_packet有效负载数据是视频。

附 录 F
（资料性附录）
拼接传输流

F.1 概述

拼接是对两个不同基本流的传输层进行的连结操作，这两个基本流可能创建于不同的地点或时间，且在创建时也未必就打算要拼接在一起。本附录称其中“旧”的流为连续基本流（音频或视频），它在某一点开始被另一个流（“新”的流）取代，该点称为拼接点。它是“新”、“旧”两个流的数据之间的边界。

拼接可以是无缝的或非无缝的：

a) 一个无缝的拼接不会导致解码的不连续性，见 9.6。也就是说，“新”流的第一个访问单元的解码时间与拼接前“旧”流的访问单元的解码时间一致，即若“旧”流继续的话，它等于“旧”流的下一个访问单元的解码时间。下文中这一解码时间被称为“无缝解码时间”。

b) 一个非无缝拼接将导致解码的不连续性，也就是说，“新”流的第一个访问单元的解码时间大于无缝解码时间。

注：不允许解码时间小于无缝解码时间。

只要所产生的流是合法的，拼接可在任何传输流分组包边界处进行。但在一般情况下，如果不知道 PES 分组包和访问单元的起始位置，这一限制将导致传输层和 PES 层及基本流层均被分析，在有些情况下，甚至需要对传输流分组包的有效负载数据作一些处理。要想避免这些复杂的操作，拼接就应在传输流具有良好特性的部位进行，这些特性由拼接点的出现所指出。

拼接的存在由 splice_flag 和 splice_countdown 字段指示，这些字段的语义见 6.3.4。在下文中，splice_countdown 字段值为‘0’的传输流分组包称为“拼接包”。拼接点紧跟在拼接包的末字节之后。

F.2 拼接点的不同类型

一个拼接点可以是普通的或无缝的。

F.2.1 普通拼接点

如果没有 seamless_splice_flag 字段或其值为‘0’，则该拼接点为普通的。一个普通拼接点仅标志基本流的对齐特性：拼接包在访问单元的末字节处结束，具有相同 PEID 的下一个传输流分组包的有效负载以一个 PES 分组包头开始，该 PES 分组包的有效负载数据以基本流访问点开始（对于视频，也可以紧跟在一个基本流访问点之后的 sequence_end_code()为开始）。这一特性允许对传输层方便地进行“剪贴”操作，同时遵守句法限制并确保流的一致性。但它并不提供有关时间信息和缓冲区特性的任何信息。这样，对这类拼接点，无缝拼接只能在专用安排的帮助下或通过分析传输流分组包的有效负载数据并跟踪缓冲区状态及时间戳的值才能实现。

F.2.2 无缝拼接点

若 seamless_splice_flag 字段存在并置‘1’，则该拼接点给出了“旧”流的一些特性的有关信息。这一信息不是针对解码器的。它的目的在于方便无缝拼接。这一拼接点称为无缝拼接点。有用的信息包括：

a) 无缝解码时间，即 DTS，该值为被编码在 DTS_next_AU 字段内的 DTS 值。该 DTS 值以拼接分组中有效的时间基准来表示。

b） 对视频基本流，为便于无缝拼接，在“旧”流产生时加上一些限制。这些条件在与视频位流的档次和等级相对应的表中由 splice_type 字段给出。

注意，通过丢弃附加信息，一个无缝拼接点就可被用作普通拼接点。如果认为这一信息有助于进行非无缝拼接或除拼接以外的其他目的，则也可使用该信息。

F.3 拼接中解码器的行为

F.3.1 非无缝拼接

如上所述，一个非无缝拼接将导致解码不连续。

值得注意的是，对于这种拼接，应满足与解码不连续性相关的限制，见 9.6。特别地：

a） 在“新”流的首访问单元中，应对 PTS 编码（除非在特技模式操作中或 low_delay='1'时）；

b） 从该 PTS（或相关的 DTS）导出的解码时间不应早于无缝解码时间；

c） 对视频基本流，若拼接包不以 sequence_end_code（）结束，则“新”流应以其后紧跟 sequence_header（）的 sequence_end_code（）为开始。

理论上，因为它们引入了解码的不连续性，这些拼接将导致展现单元展现的不连续（即两个连续图像或音频帧之间的一段可变长度的静止时间）。实际上，结果取决于解码器的实现方式，特别是视频。对某些视频解码器，冻结若干图像可能是一种较受欢迎的解决方法。

F.3.2 无缝拼接

解码连续性是为了保证播放连续性。对音频，它总是能得到保证。但要注意的是，对视频，播放的连续性在以下两种情况时理论上是不可能的：

a） “旧”流以一个低延迟序列的末尾为结束，而“新”流以一个非低延迟序列的起始为开始；

b） “新”流以一个低延迟序列的末尾为结束，“新”流以一个非低延迟序列的起始为开始。

以上情形造成的影响取决于实现方法。对情形 a）一帧图像可能持续显示两个帧周期。对情形 b）可能要跳过一帧图像。然而，在技术上无副作用地实现对以上情形的支持是可能的。

此外，见 GB/T 20090.2—2006 的 7.2.2，sequence_end_code（）应在“新”流的第一个 sequence_header（）之前出现，如果在两个流中至少有一个参数（即定义在序列头或序列头扩展中的参数）的值不同。唯一的例外是那些定义在量化矩阵中的参数。如果“旧”流和“新”流的比特率字段值相异，则 sequence_end_code（）就应出现。于是，如果拼接包不以 sequence_end_code（）结束，拼接流就应以一个跟有 sequence_header（）的 sequence_end_code（）为开始。

根据以上各段，应注意到 GB/T 20090.2 规定了视频序列（即 sequence_header 和 sequence_end_code 之间的数据）解码过程，而未规定如何处理一个序列变化。因此，对于该情况下解码器的行为见 GB/T 20090.4。

F.3.3 缓冲区溢出

即使两个基本流在拼接前均符合 T-STD 模型，也不应保证这两个流中的位均位于这些缓冲区中的时间段内，STD 缓冲区不发生拼接流溢出。

对恒定比特率视频，如果对“旧”流没有特殊条件，在拼接中也未采取特殊预防措施，则在“新”流视频比特率大于“旧”流时可能溢出。实际上，若数据以“旧”流速率被传给 T-STD 则 MB_n 和 EB_n 一定不会溢出。但如果在“旧”流被完全移出 T-STD 之前，TB_n 输入端的移入速率加快，STD 缓冲区的占用度将会比“旧”流继续而不进行拼接时提高，且可能导致 EB_n 或 MB_n 溢出。对可变速率位流，若“新”流的传送速率高于创建“旧”流时所作的限制，也存在类似问题。这种情形是不允许的。

然而，生成“旧”流的编码器可以在拼接点附近添加 BBV 缓冲区管理的条件以限制“新”视频位流的比特率小于某个选定值。对无缝拼接点，这些对 splice_decoding_delay 和 max_splice_rate 的附加条件可由在表 6～表 15 中与之相对应的 splice_type 值指出。此时若“新”流比特率小于 max_splice_rate，则可确保在两个流的位均位于 T-STD 缓冲区期间拼接流不会导致溢出。

在没有以上限制的场合，可通过在“旧”流和“新”流之间的位流传输中引入一个静止时间来避免这一问题，使 T-STD 缓冲区在传送“新”流的之前足够空。设 t_{in} 为“旧”流的最后一个访问单元的末字节进入 STD 的时间，t_{out} 为它离开 STD 的时间，可以确保在[t_{in}，t_{out}]时间间隔内进入 T-TD 的拼接流的位数和“旧”流继续而不拼接时一样。若“旧”流有恒定比特率 R_{old}，“新”流有恒定比特率 R_{new}，则引入满足式(F.1)的静止时间 T_d 足以避免溢出：

$$T_d \geqslant \max\{0, (t_{out} - t_{in}) \times (1 - R_{old}/R_{new})\} \qquad \cdots\cdots\cdots\cdots\cdots\cdots (F.1)$$

附 录 G
（资料性附录）
数据传输应用

G.1 一般性考虑

本部分定义的传输复用在传输音频和视频之外还用于传输其他数据。

与音视频位流有所不同，数据基本流可能是不连续的。

尽管标识一个 PES 分组包的开始是可能的，但未必总能通过下一个 PES 分组包的开始来标识前一个 PES 分组包的结束，这是由于携带 PES 分组包的一个或多个传输流分组包可能会丢失。

G.2 建议

一个合适的解决方案是在一个相关的 PES 分组包之后紧接着传输下一个 PES 分组包。当没有更多的 PES 分组包要发送时，可以发送一个不带有效负载数据的 PES 分组包。

表 G.1 是该 PES 分组包的一个例子。

表 G.1 PES 分组包头示例

PES 分组包头字段	值
packet_start_code_prefix	0x000001
stream_id	已指定
PES_packet_length	0x0003
'10'	10
PES_scrambling_control	00
PES_priority	0
data_alignment_indicator	0
copyright	0
original_or_copy	0
PTS_DTS_flags	00
ESCR_flag	0
ES_rate_flag	0
DSM_trick_mode_flag	0
additional_copy_info_flag	0
PES_CRC_flag	0
PES_extension_flag	0
PES_header_data_length	0x00

附　录　H
（资料性附录）
数字存储媒体命令与控制（DSM-CC）

H.1　引言

DSM-CC 协议是一个特定的应用协议，其目的在于提供专用于在数字存储媒体上管理本部分定义的位流的基本控制功能和操作。DSM-CC 是一个网络或操作系统层之上、应用层之下的低层协议。

DSM-CC 在以下意义上是透明的：

a) 它独立于所用的 DSM；

b) 它与 DSM 是位于本地还是远程无关；

c) 它独立作用于 DSM-CC 相交互的网络协议；

d) 它独立于 DSM 所工作的各类操作系统。

H.1.1　目标

许多 DSM 控制命令的应用都需要对存储在本地或远程的各种数字存储媒体上的 AVS 位流进行访问。不同的 DSM 有其自身特定的控制命令，从而用户要了解特定 DSM 控制命令的不同集合以访问来源于不同 DSM 的 AVS 位流。这给本部分或 GB/T 17191.1 应用系统的接口设计带来了很多困难。为克服这些困难，本附录提出一个独立于所用特定 DSM 的公用 DSM 控制命令集。ISO/IEC 13818.6 定义了一个更广范围内的 DSM-CC 扩展。

H.1.2　未来的应用

除当前 DSM 控制命令支持的目前应用以外，基于 DSM 命令控制扩展的未来应用如下：

a) 视频点播

视频节目按用户需求通过各种通信信道提供。用户可以从视频服务器提供的节目表中任选一个视频节目。这类应用可用于旅馆、有线电视、教育机构和医院等。

b) 交互视频服务

在这类应用中，用户提供经常性的反馈信息来控制存储视频和音频的操作。这类服务包括基于视频的游戏、用户控制视频旅游和电子购物等。

c) 视频网络

不同的应用也许需要通过某些类型的计算机网络来互换存储的音视频信息，用户可以通过视频网络来将音视频信息送到他们的终端。电子出版和多媒体应用就是这类应用的例子。

H.1.3　优点

制定了独立于 DSM 的 DSM 控制命令，用户就可以在对所用特定 DSM 的细节操作知之不详的情况下，完成解码。

DSM 控制命令码保证了用户能够使用独立于 DSM 和用户界面的相同的语义来展现和存储 AVS 位流。它们构成了控制 DSM 操作的基本命令。

H.1.4 基本功能

H.1.4.1 流选择

DSM-CC 提供了一个途径来选择 AVS 位流以进行后续的操作，这些操作包括新位流的创建。该功能包括以下参数：

a) AVS 位流的索引(该索引和对一个应用是有意义的名称之间的映射关系超出了当前 DSM-CC 的范畴)；

b) 方式(获取或存储)。

H.1.4.2 获取

DSM-CC 提供途径用于：

a) 展现一指定的 AVS 位流；

b) 从一给定展现时间开始播放；

c) 设置回放速度(常速或快速)；

d) 设置回放持续时间(即直到一个指定的展现时间，正向播放时到达位流尾或反向播放时到达位流始端或发出停止命令)；

e) 设置展现方向(正向或反向)；

f) 暂停；

g) 继续；

h) 改变位流中的访问点；

i) 停止。

H.1.4.3 存储

DSM-CC 提供途径用于：

a) 在指定时间内存储有效位流；

b) 停止存储。

H.2 通用元素

H.2.1 范围

本工作的范围包括制定一个有用的命令集用于控制存储 AVS 位流的数字存储媒体。这些命令可以独立于特定 DSM，用一种通用方法对数字存储媒体进行远程控制，且适用于任何存储在 DSM 上的 AVS 位流。

H.2.2 DSM-CC 应用概述

当前 DSM-CC 语法和语义覆盖了 DSM 应用的单用户，用户系统既能获取也可生成 AVS 位流。用于传送 DSM 命令的控制信道在图 H.1 中作为一带外信道描述。如果无法获得一个带外信道，则 DSM-CC 的命令和响应也可被插入 AVS 位流。

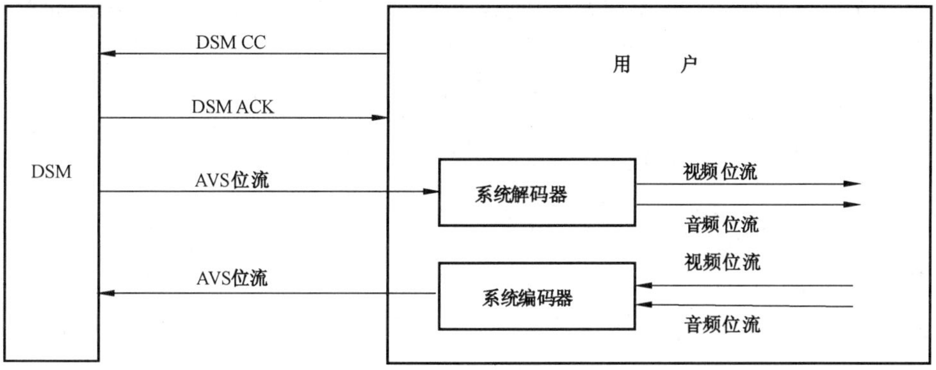

图 H.1　DSM-CC 应用结构

H.2.3　DSM-CC 命令和响应的传输

DSM-CC 按 B.2.2～B.2.9 中定义的语法和语义编码为一个 DSM-CC 位流。DSM-CC 位流既可作为独立的流也可在 AVS 位流中传送。

当 DSM-CC 位流以独立模式传输时，它和系统位流的关系及解码过程可用图 H.2 来说明。此时，DSM-CC 位流未被嵌入到系统位流中。该传输方式可用于 DSM 直接连接到符合本部分的解码器的应用，它也能用于 DSM-CC 位流可被其他类型网络多路复用器控制和传输的情形。

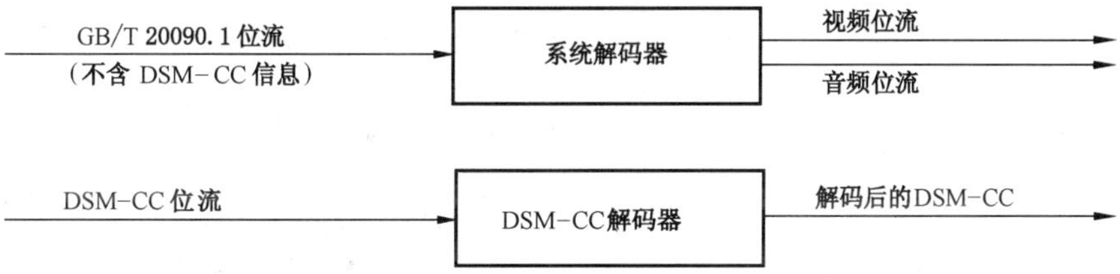

图 H.2　DSM-CC 位流作为独立流解码

对有些应用，为使本部分定义的系统的一些特征也能作用于 DSM-CC 位流，要求在本部分定义的系统流中传输 DSM-CC。在这种场合，DSM-CC 位流被系统多路复用器嵌入到系统流中。

系统编码器对 DSM-CC 位流按以下过程编码。首先，按 6.3.6 中描述的语法将 DSM-CC 位流分组，成为 PES 流。接下来，按照传输媒体的要求，PES 分组包复用成为节目流(PS)或传输流(TS)。解码过程与编码过程正好相反，见图 H.3。

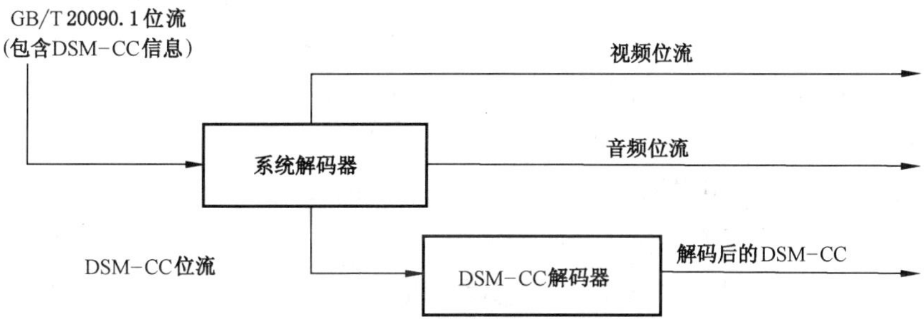

图 H.3　DSM-CC 位流作为系统位流的一部分解码

在图 B.3 中系统解码器的输出是视频位流、音频位流或 DSM-CC 位流，DSM-CC 位流由值为'1111 0010'的 stream_id 字段标识，见表 17 中 stream_id 的定义。当 DSM-CC 位流被识别出后，它将遵循 T-STD 或 P-STD 的规则。

H.3 技术原理

H.3.1 术语和定义

下列术语和定义适用于本附录。

H.3.1.1 DSM 响应 DSM acknoledgement

从 DSM-CC 命令接收器到命令发送器的响应。

H.3.1.2 随机访问点 point of random access

AVS 位流中的一个点，具有以下特性：对于该位流中的至少一个基本流，完全包含在位流中的下一个访问单元'N'，不需要参考前面的访问单元就能被解码，且对于位流中每一基本流，所有具有相同或稍后展现时间的访问单元都完全包含在后面的位流中，且不需要参考该点之前的信息就能被 STD 完全解码。存储在 DSM 上的位流中可存在好几个随机访问点；DSM 的输出可能包括 DSM 自身对存储媒体操作而产生的附加的随机访问点。

一个随机访问点有一个相关 PTS，即访问单元'N'的实际的或隐含的 PTS。

H.3.1.3 当前操作 PTS 值 current operational PTS value

与当前选定的 AVS 位流中 DSM 的最后访问单元前最后一个随机访问点相关联的实际的或隐含的 PTS。如果该位流未提供访问单元，DSM 就无法提供对当前位流的随机访问。这样，当前操作 PTS 值就是 AVS 位流中的第一个随机访问点。

H.3.1.4 DSM-CC 位流 DSM-CC bitstream

满足 H.3.2 语法的一个位流。

H.3.2 DSM-CC 语法规范

每个 DSM 控制命令以表 H.1 中指定的 start_code 开始。

每个 DSM 控制命令有一个 packet_length 字段以指出该 DSM-CC 分组的字节数。

当 DSM-CC 位流作为 6.3.6 中定义的 PES 分组包传输时，直到 packet_length 字段为止的字段应和 6.3.6 中规定的相一致。也就是说，DSM-CC 分组被封装为 PES 分组包。PES 分组包起始码是该分组开始处的唯一起始码。

实际的控制命令或响应应跟在 packet_length 字段的末字节之后。

DSM 控制位流接收器在要求的操作开始或完成后，给出一个响应流，这取决于收到的命令。

任何时候，DSM 均负责提供符合本部分的位流。可能包括 6.3.6 定义的特技模式操作。

表 H.1 DSM-CC 语法

语　　法	位　数	助 记 符
DSM-CC(){		
packet_start_code_prefix	24	bslbf
stream_id	8	uimsbf
packet_length	16	uimsbf
command_id	8	uimsbf
if(command_id == '01'){		
control()		
}		
else if(command_id == '02'){		
ack()		
}		
}		

H.3.3 DSM-CC 语法规范中各字段的语义

分组包起始码前缀字段　packet_start_code_prefix

该字段为 24 位码，与其后的 stream_id 共同组成 DSM-CC 分组起始码以标识 DSM-CC 分组位流的起始。该字段是值为'0000 0000 0000 0000 0000 0001'(0x000001)的位串。

流标识符字段　stream_id

该字段为 8 位字段，规定位流类型，在 DSM-CC 位流中值为'1111 0010'，见表 17。

分组包长度字段　packet_length

该字段为 16 位，规定紧跟在该字段末字节后的 DSM-CC 分组字节数。

命令标识符字段　command_id

该字段为 8 位无符号整数，规定该位流为控制流还是响应流，见表 H.2。

表 H.2 command_id 指定值

值	描　　述
0x00	禁止
0x01	控制
0x02	响应
0x03～0xFF	保留

H.3.4 控制层

DSM-CC 控制中标志设置的限制如下：

a) 每个 DSM 控制命令中，选择、回放、存储标志中至多一个被设为'1'；如果都没有置位，则该命令被忽略；

b) 每个获取命令中，暂停、继续、停止、播放、跳过标志至多一个被置位；如果都没有置位，则该命令被忽略；

c) 每个存储命令中，记录标志、停止模式至多一个被选择；如果都没有置位，则该命令被忽略。

DSM-CC 控制见表 H.3。

表 H.3 DSM-CC 控制

语法	位数	助记符
Control(){		
select_flag	1	**bslbf**
retrieval_flag	1	**bslbf**
storage_flag	1	**bslbf**
reserved	12	**bslbf**
marker_bit	1	**bslbf**
if(select_flag == '1'){		
bitstream_id[31..17]	15	**bslbf**
marker_bit	1	**bslbf**
bitstream_id[16..2]	15	**bslbf**
marker_bit	1	**bslbf**
bitstream_id[1..0]	2	**bslbf**
select_mode	5	**bslbf**
marker_bit	1	**bslbf**
}		
if(retrieve_flag == '1'){		
jump_flag	1	**bslbf**
play_flag	1	**bslbf**
pause_mode	1	**bslbf**
resume_mode	1	**bslbf**
stop_mode	1	**bslbf**
reserved	10	**bslbf**
marker_bit	1	**bslbf**
if(jump_flag == '1'){		
reserved	7	**bslbf**
direction_indicator	1	**bslbf**
time_code()		
}		
if(play_flag =='1'){		
speed_mode	1	**bslbf**

表 H.3（续）

语　　法	位　数	助 记 符
direction_indicator	1	**bslbf**
reserved	6	**bslbf**
time_code()		
}		
}		
if(storage_flag == '1'){		
reserved	6	**bslbf**
record_flag	1	**bslbf**
stop_mode	1	**bslbf**
if(record_flag == '1'){		
time_code()		
}		
}		
}		

H.3.5　控制层中各字段的语义

标记位字段　marker_bit

该字段为1位，总是置'1'以防止起始码冲突。

保留位字段　reserved_bits

该字段为12位保留字段，供本部分将来用于DSM控制命令。除非另作规定，否则值总为'0000 0000 0000'。

选择标志字段　select_flag

该字段为1位，标志位，置'1'时规定一个位流选择操作；置'0'时不允许存在位流选择操作。

获取标志字段　retrieval_flag

该字段为1位，标志位，置'1'时表示将出现一个特定的获取(回放)动作。该操作始于当前操作PTS值。

存储标志字段　storage_flag

该字段为1位，标志位，置'1'时表示将执行一个存储操作。

位流ID字段　bitstream_ID

该字段为32位，分三部分编码。各部分组合起来形成一个无符号整数以指定选择哪个AVS位流。DSM服务器负责将存储在DSM上的AVS位流的名字唯一地映射为能用bitstream_id表示的一系列数字。

选择方式字段　select_mode

该字段为5位无符号数，指定所需要的位流操作方式。已定义的方式见表H.4。

表 H.4 选择方式指定值

代 码	说 明
0x00	禁止
0x01	存储
0x02	检索
0x03～0x1F	保留

跳跃标志字段 jump_flag

该字段为1位,标志位。置'1'时表示回放指针跳至一个新的访问单元。新的PTS由相对的time_code参照当前操作PTS值来指定。该功能仅当当前AVS位流为"停止"方式时有效。

播放标志字段 play_flag

该字段为1位,标志位,置'1'时表示播放一段特定的时间。速度、方向及持续时间是位流中的附加参数。播放开始于当前操作PTS值。

暂停方式字段 pause_mode

该字段为1位代码,表示暂停回放操作,将回放指针保持为当前操作PTS值。

恢复方式字段 resume_mode

该字段为1位代码,规定从当前操作PTS值开始继续回放操作,仅当当前位流处于"暂停"状态时有效,位流将被设为以常速正向播放。

停止方式字段 stop_mode

该字段为1位代码,规定停止位流传输。

方向指示符字段 direction_indicator

该字段为1位代码,指示回放方向。置'1'时表示正向播放,否则表示反向播放。

速度方式字段 speed_mode

该字段为1位代码,规定速度比率。置'1'时表示常速播放,否则表示快速播放(即快进或快倒)。

录制标志字段 record_flag

该字段为1位代码,规定从终端用户到DSM的在一段时间内或直到收到停止命令(取决于谁先出现)时的位流录制要求。

H.3.6 响应层

DSM-CC 控制中设置标志的限制

对于每个DSM响应位流,下面指定的响应位中只有1位可以置'1'。DSM-CC响应见表H.5。

表 H.5 DSM-CC 响应

语 法	位数	助记符
ack(){		
select_ack	1	**bslbf**
retrieval_ack	1	**bslbf**
storage_ack()	1	**bslbf**
error_ack()	1	**bslbf**
reserved	10	**bslbf**

表 H.5（续）

语　法	位数	助记符
marker_bit	1	**bslbf**
cmd_status	1	**bslbf**
if(cmd_status =='1' && (retrieval_ack =='1' || storage_ack == '1')){		
time_code()		
}		
}		

H.3.7 响应层中各字段的语义

选择 ACK 字段　select_ack

该字段为 1 位，置'1'时表示 ack()命令用于响应一个选择命令。

获取 ACK 字段　retrieval_ack

该字段为 1 位，置'1'时表示 ack()命令用于响应一个获取命令。

存储 ACK 字段　storage_ack

该字段为 1 位，置'1'时表示 ack()命令用于响应一个存储命令。

错误 ACK 字段　error_ack

该字段为 1 位，置'1'时指示一个 DSM 错误。已定义的错误有正在被检索的流中的 EOF 错(正向播放时遇到文件结束或反向播放时遇到文件开始)及正在被存储流中的磁盘满错。若该位为'1'，则 cmd_status 未定义，当前流仍然被选中。

命令状态字段　cmd_status

该字段为 1 位，标志位，置'1'时表示命令被接受，置'0'时表示命令被拒绝。根据收到的命令类型，该字段语义有以下不同：

若 select_ack 被置位且 cmd_status 置'1'，则该字段表明 AVS 位流已被选中且服务器已准备提供选定方式的操作。当前操作 PTS 值被设为新选中的 AVS 位流的第一个随机访问点。若 cmd_status 值为'0'，表示操作失败，没有流被选中。

若 retrieval_ack 被置位且 cmd_status 值设为'1'，表明对所有检索命令检索操作已被初始化。当前操作 PTS 指针位置由后继的 time_code 指示。

若在 infinite_time_flag 不为'1'的情况下接到 play_flag 命令，就需要发送第二个响应。这表明到达由 play_flag 命令定义的时间段，播放操作已结束。

若在检索响应中 cmd_status 置'0'，则操作失败。失败原因可能包括无效的 bitstream_ID，跳转超过了文件尾，或一个不被支持的功能，如常速倒放。

若 storage_ack 被置位，则表明存储操作已由 record_flag 开始或已由 stop_mode 命令结束。接下来的 time_code 字段指示了存储的最后一个完整访问单元的 PTS 值。

若由 storage_flag 命令定义的录制操作已经结束，将发送另一个响应，且当前操作 PTS 值在录制后将被报告。

若 cmd_status 在存储响应中置'0'，则操作失败。原因可能是非法 bitstream_ID 或 DSM 不应存储数据。

H.3.8 时间编码

时间编码见表 H.6。

时间编码的限制：

a) 在测到一个实际的或隐含的 PTS，且该 PTS 与操作开始时的当前操作 PTS 值的差值对 2^{33} 取模后值超过这一时间段，则由 time_code 给出的一特定时间段内的正向操作终止；

b) 在测到一个实际的或隐含的 PTS 后，且操作开始时的当前操作 PTS 值与该 PTS 的差值对 2^{33} 取模后值超过这一时间段，则由 time_code 给出的一特定时间段内的反向操作终止；

c) 对控制层()中所有命令，time_code 被指定为相对于当前操作 PTS 值的一段持续时间；

d) 对 ack()层中所有命令，time_code 由当前操作 PTS 决定。

表 H.6 时间编码

语　法	位　数	助记符
time_code(){		
reserved	7	**bslbf**
infinate_time_flag	1	**bslbf**
if(infinite_time_flag == '0'){		
reserved	4	**bslbf**
PTS[32..30]	3	**bslbf**
marker	1	**bslbf**
PTS[29..15]	15	**bslbf**
marker_bit	1	**bslbf**
PTS[14..0]	15	**bslbf**
marker_bit	1	**bslbf**
}		
}		

H.3.9 时间编码中各字段的语义

无限时间标志字段　infinite_time_flag

该字段为 1 位，标志位，置'1'时指示一个无限定的时间段，该标志在特定操作持续时间不应预知的应用中被置'1'。

PTS[32..0]字段　PTS[32..0]

位流中访问单元的展现时间戳。该字段可为时间的绝对值或以 90 kHz 系统时钟周期为单位的相对值，这取决于相应的功能操作。

附 录 I
（规范性附录）
CRC 解码器模型

32 位 CRC 解码器模型的规定见图 I.1。

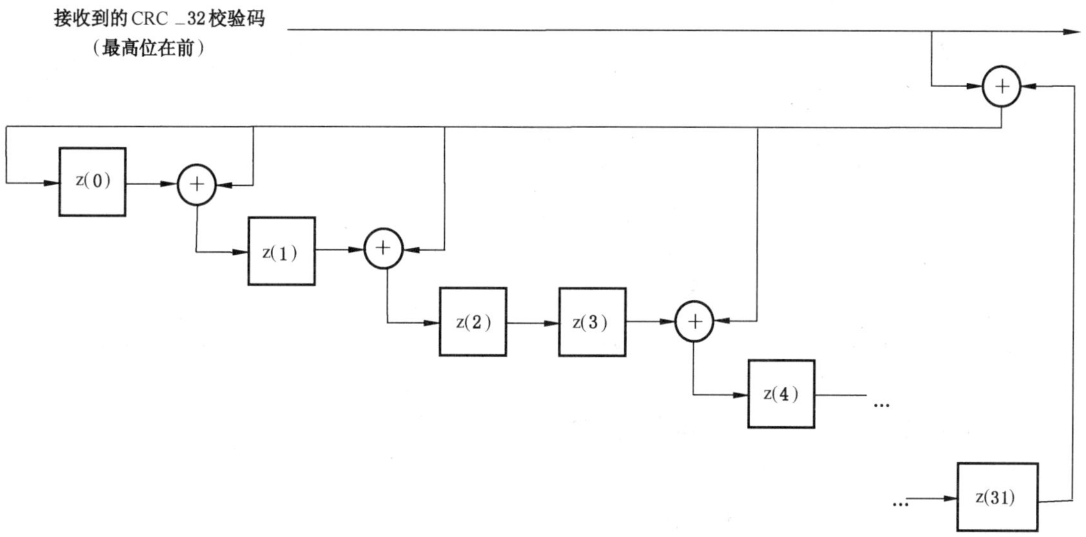

图 I.1 32 位 CRC 解码器模型

32 位 CRC 解码器在位级操作，含有 14 个加法器和 32 个延迟单元 z(i)。CRC 解码器的输入与 z(31) 的输出相加，结果作为 z(0)的输入及其余每个加法器的一个输入。每个剩余加法器的其余输入则来自 z(i)的输出，而每个剩余加法器的输出连接到 z(i+1)的输入。i 的取值为 i=0,1,3,4,6,7,9,10,11,15,21,22 和 25。见图 I.1。

通过以下多项式式(I.1)计算出 CRC 循环冗余码：

$$x^{32}+x^{26}+x^{23}+x^{22}+x^{16}+x^{12}+x^{11}+x^{10}+x^{8}+x^{7}+x^{5}+x^{4}+x^{2}+x+1 \qquad \cdots\cdots(I.1)$$

式中：

x ——接收到的数据字节。

数据字节在 CRC 解码器的输入端被接收。每一字节都按一次一位和最左位优先的顺序移入 CRC 解码器。在对一个段的数据作 CRC 处理之前，每一延迟单元 z(i)都被设为初始值'1'。初始化之后，包括 4 个 CRC_32 字节在内的所有字节作为 CRC 解码器的输入。当最后一个 CRC_32 字节的末位在和 z(31) 输出相加后移入解码器，即移进 z(0)后，所有延迟单元 z(i)的输出均被读出。在无差错情形下，所有 z(i)的输出都应是 0。在 CRC 编码器中，CRC_32 字段的编码值对此作出了保证。

示例：对字节 0x01，7 个'0'首先进入 CRC 解码器，然后是末位'1'。

附 录 J
（资料性附录）
系统解复用过程

J.1 基本模式解复用

J.1.1 节目入口搜寻

本附录考虑与GB/T 17975.1兼容的情况。PEIT表内结构中的条目可以包含如PAT、PMT、CAT、NIT、TSDT等PSI信息，也可以包含其他各种节目元素的信息。每个条目对应唯一的PEID字段。所以通过搜索已知的PEID字段，相应的条目就可以在PEIT表中得到。具体的PEID定义在表22中中列出。PAT、CAT、TSDT的PEID字段是预先定义的。

接收机通过搜索网络缓冲中带有PEIT_indicator的传输流分组包来寻找PEIT表。在找到PEIT后，接收机首先需要定位和解析PAT。也就是说，在重建并得到PEIT表之后，在PEIT表中使用'0x0000'做为搜索标识符寻找PAT的传输流分组包在PEIT区间的位置。一个或多个PAT传输流分组包重建构成完整的PAT表。兼容GB/T 17975.1的PAT表中列出了节目号(program_number)和Program_map_PID(直接对应本部分所定义的Program_map_PEID)。

为了得到所选频道的基本流节目元素列表(比如音视频等)，接收机搜索相应的PMT。具体地，使用PAT中所选频道对应的Program_map_PEID在PEIT表中搜索，从而得到该PEIT区间内相应PMT表的传输流分组包。每个节目的PMT都包含该节目中各元素的列表和相应的Elementary_PEID。同样地，所需要的其他节目元素类型的PEID(比如Network_PEID,clock_recovery_PEID,CA_PEID,PEIT0等)也可以从传输流中通过本部分所定义的语义解析方式而得到。

通过以上方式，接收机就可以从各个节目号所对应的Program_map_PEID，以及各个节目中节目元素和相应的Elementary_PEID，以及其他所需要的节目元素类型的PEID(比如Network_PEID、clock_recovery_PEID,CA_PEID等)，构建完整的传输流的节目元素识别系统。

J.1.2 节目元素的识别过程

构建得到完整的传输流的节目元素识别系统后，解复用端就可以通过节目元素信息表的解析以及所得到的传输流分组包在所在区间内的顺序和位置关系来识别传输流分组包序列中的节目元素。在基本模式下，接收端假设传输流分组包到达的顺序完全符合PEIT表中的描述。之后，接收端分析收到的PEIT表，按照表中所提供的排列顺序信息和计数信息来识别和提取相应的节目元素。假设接收端收到的是图J.1中所示的传输流。为了简化说明解复用的过程，假设在传输过程中没有PEIT信息和传输流分组包的误码。另外，在下面的说明中考虑基本复用模式的情形。高级复用模式的说明在L.2中阐述。

如图J.1所示，解复用器收到第一个节目元素信息包PEIT0后，解析节目元素信息表。从表中的结构和节目元素的顺序得知：在该PEIT区间内，前面两个传输流分组包分别是PAT和节目2的PMT表，解复用器把它们发送到PSI处理器，完成节目列表的构建或更新等。之后接收端收到了四个传输流分组包。从PEIT表中得知，节目1的音频包计数为1，而视频包传输计数为2。所以，解复用器把它们分别发送到节目1的音频解码缓冲和视频解码缓冲。之后，解复用器把V2发送到节目2的视频解码缓冲。最后，CAT传输流分组包被发送到PSI处理器以提取条件接收信息。

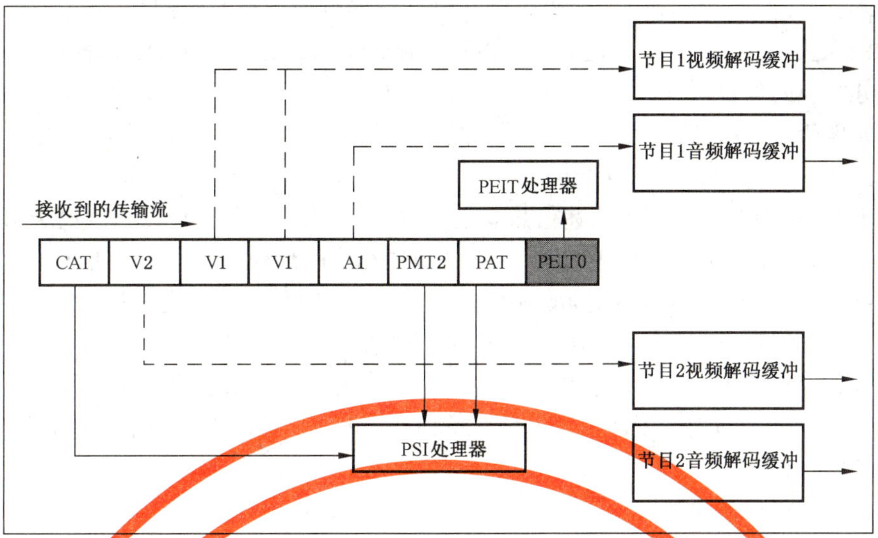

图 J.1　解复用过程示意图

当传输包含 PEIT 段的时候，PEIT_indicator 值为'0x000F'。需要和 GB/T 17975.1 反向兼容的时候，PEIT_indicator 字段可以作为 GB/T 17975.1 的 PID 使用，但是 GB/T 17975.1 系统中的 PID 选择应该避免使用 PID==0x000F 作为除传输 PEIT 私有段之外的其他用途。

J.2　高级模式解复用

高级模式的解复用过程在上述基本模式的解复用过程上，增加了以下功能：

a)　包关联技术：主要用于误码纠错；

b)　包定位技术：用于定位传输流分组包的位置。

在解复用端的节目元素识别过程中，有可能因为信道误码而导致 PEIT 信息表不可用的情况。另外，也希望在接收端实现低延迟的复用流随机访问和频道切换。在这里，提出定位传输流分组包(AP：Anchor Packet)和包关联映射表(PLT：Packet Link Table)的概念来提高复用流的抗误码和随机访问能力。其中 AP 把其位置信息和具有同一节目元素的被链接的传输流分组包(LP：Linked Packet)进行关联。复用端使用 PLT 表来动态更新 AP 的位置信息并写入 LP 的头信息中。在 PEIT 发生误码的情况下，解复用端通过搜索重建的 PLT 表来识别被链接的传输流分组包的所属节目元素。如图 J.2 的例子所示，即使 PEIT2 表发生丢失或误码不可用的情况，节目元素 V2 也可以根据从 PEIT0 序列中的 V2 所提供的关联信息而得到识别。

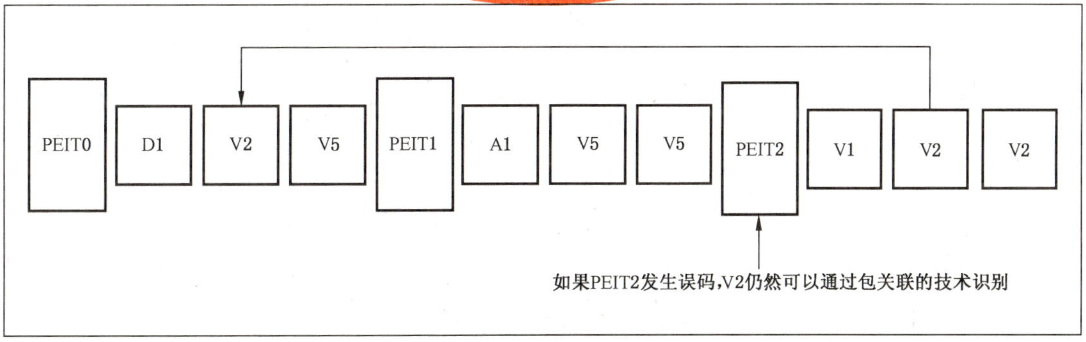

图 J.2　使用包关联技术的误码纠错示意图

解复用端通过重建的PLT来进行误码纠错。解复用器检查每一个收到的传输流分组包的头信息适应字段，如果avs_specific_transport_data字段的anchor_flag标志位中显示该传输流分组包是AP，那么该传输流分组包的位置信息(包括PEIT_seq_num和TP_seq_num)将被写到PLT表中和该传输流分组包节目元素所对应的条目中。需要注明的是，这个写入过程是动态的，也就是说系统每一次收到同一节目元素的AP，相应的条目将被更新。

如果某一个PEIT区间的PEIT描述信息表发生误码，那么系统仍然可以识别属于LP类型的传输流分组包。具体地，系统将根据该PEIT区间中属于LP类型的传输流分组包头信息中的AP位置(包括AP_PEIT_seq_num和AP_TP_seq_num)搜索PLT表的条目，如果发现AP位置信息存在，那么相应的节目元素就可以通过PLT映射表得到。由此分析，通过PLT的关联来辅助识别节目元素，系统的抗误码能力有很大幅度的提升。在图J.2中说明了一对一关联的情形。事实上，同样可以实现一对多(一个LP对应多个AP)的关联。PEIT表中的num_of_anchors字段表示当前PEIT区间内传输流分组包被关联的AP的数目。

有关复用过程的说明见附录K。

附 录 K
（资料性附录）
系统复用过程

K.1 复用过程

复用端和解复用端共同维系一个双方默认的节目元素排序法则，这个排序法则提供了多个节目及其节目元素在序列中的排放顺序。节目元素排序法则可以预先设定。

复用端设置一个重排缓冲，该重排缓冲从信号源端接收信息包并按照所选节目元素排序方式进行排序。信号源可以直接来自音视频等实时编码器也可以是已经复用好的传输流。重排缓冲包含一个计数器，它对进入缓冲的信息包个数进行计数，以确保存入预先指定数量的传输流分组包，并对归属于相同节目和相同节目元素的同一类型的传输流分组包进行分别计数，所得到的相应计数信息被记录下来。重排完成后得到的传输流分组包序列所对应的节目元素排列顺序应该完全符合预定的排序方式。

重排过程应该遵循一些约束条件，通常包括：

a） 重排过程产生的传输流应该符合 STD 的约束条件，比如确保解码缓冲既不上溢（overflow），也不下溢（underflow）；

b） 同一种节目元素的传输流分组包之间的相对顺序不应被改变；

c） 生成的复用流应当小于 5 ms 的抖动上限。

图 K.1 说明了重排过程的一个例子。

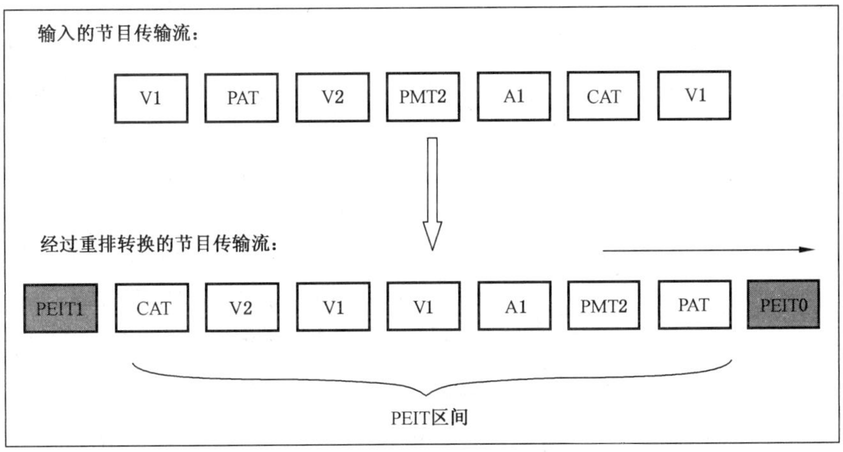

图 K.1 节目信息包重排过程示意图

在图 K.1 中，输入的是一个需要进行重排转换的信息包序列。其中 PAT、PMT2、CAT 是 PSI 信息包，其中 PMT2 是节目 2 的 PMT 表。V1、A1 分别表示第一个节目的视频和音频传输流分组包，V2 表示第二个节目的视频传输流分组包。如图所示，经过重排转换后，节目 1 和节目 2 按照节目的序号顺序排列，而每个节目中的音频，视频传输流分组包也分别按照排序法则所指定的先后顺序排。PSI 信息包按复用器在当前重排区间内所选择的顺序排列。需要注明的是排序法则的选择对复用器来说是灵活多样的。需要考虑的除了之前提到的约束条件和其他因素等，还包括最大程度地压缩对重排后所得到的序列进行描述的节目元素信息表的空间（利用重排可以使得相邻的同一节目元素的传输流分组包可以合并为节目元素信息表的一个条目）。

复用端在节目元素信息表中设定一种所选取的节目元素排序方式。在节目元素排序方式确定后，节目元素信息表的基本结构，比如节目和节目元素的在表中排列方式也是确定的。重排后的 PEIT0 的信息表结构图(对应于图 K.1 的传输流序列)如图 K.2 所示。

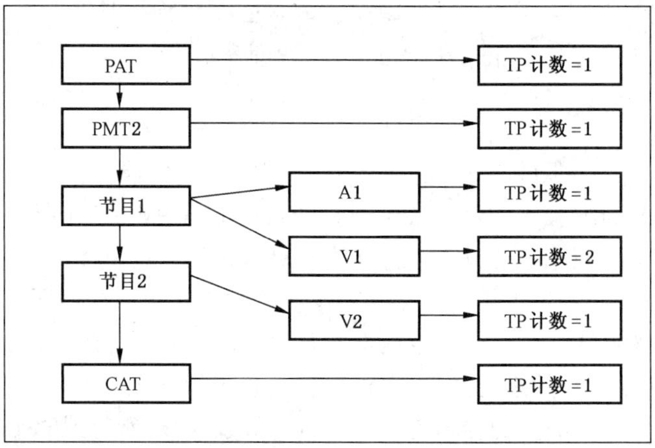

图 K.2　PEIT 节目元素信息表结构图

在上面所述的传输流分组包重排过程完成后，输出的传输流分组包序列称为 PEIT 序列(PEIT Sequence)。而单个 PEIT 表(table)或段(section)所描述的传输流分组包序列称为 PEIT 区间(PEIT interval)。PEIT 区间的长度可以根据具体的应用场合由复用器确定，它可以是可变的，也可以是定长的。通常地，建议 PEIT 区间选择为定长的。在重排的过程中，复用器对连续出现的具有相同节目元素的传输流分组包进行计数。如图 K.2 所示，这个数值将被写到 PEIT 树结构中所对应的节目元素的"树叶"中。

完成后的 PEIT 表将被打包插入到其所描述的 PEIT 区间的前面，然后被发送到传输网络中去。PEIT 表的具体位置并不需要直接毗邻所描述的 PEIT 区间。而为了便于实现，它通常应该被提前放置。建议提前一个区间传输 PEIT 表，这样可以给接收机足够的解复用反应时间。接收机可以通过如 6.4.2 中所定义的 PEIT_interval_pointer 得到当前 PEIT 表所对应的 PEIT 区间开始的位置。如图 K.3 所示，PEIT0 和 PEIT1 分别被封装在一个段中，并分别打成 M0 和 M1 个 TP 包，并且其对应的区间的长度为 N0 和 N1，那么复用器可以在 PEIT0 的后面插入 K 个空包，然后将该表中 PEIT_interval_pointer 字段设置为 M0+M1+K-1。然后在 PEIT1 的后面插入对应于 PEIT0 的 N0 个传输流分组包，PEIT2 表的后面插入对应于 PEIT1 表的 N1 个传输流分组包，依此类推。

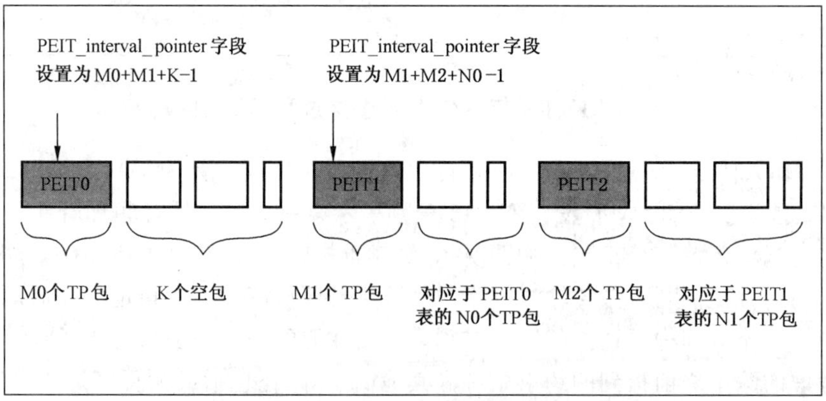

图 K.3　PEIT 表的提前放置

PEIT 的传送间隔应该不大于 PAT 的间隔时间。在设置 PEIT 区间的长度时候,需要权衡延迟和传输开销这两个因素。PEIT 间隔越小,显然延迟也越小,但是传输带宽的开销也越大。另外,PEIT 序列的重排会在复用端引入一个延迟。这个延迟通常是很小的。对于 PEIT 区间为变长的复用方式,重排缓冲延迟应该设置为 max{PEIT_interval_size(n)},以避免不必要的复用抖动。其中 PEIT_interval_size(n)为复用器所选的 PEIT 区间大小的集合。如果复用器所选 PEIT 区间的最大长度为 255,那么对于 20 Mbit/s 的传输流来说,这个延迟在 18 ms 左右。对于数字电视广播类型的应用,这通常是可以接受的。

如果 PEIT 表包含的节目信息数据字节数大于单个传输流分组包所能容纳的空间,那么 PEIT 将分为两个或以上的连续的传输流分组包进行传输。

在高级复用模式的传输流中,PEIT 表的定位信息单独由 PEIT_Seq_Num 来表示,而在 PEIT 序列中的传输流分组包由(PEIT_Seq_Num,TP_Seq_Num)来定位。其中 PEIT_Seq_Num 是 PEIT 在传输流中的高级复用模式 PEIT 的序列号,TP_Seq_Num 是传输流分组包在该 PEIT 区间中的序列号。如果 PEIT_Seq_Num 和 TP_Seq_Num 都从‘0’开始计数,那么第二个高级复用模式 PEIT 区间的第五个传输流分组包的位置是(1,4)。PEIT_Seq_Num 在达到二进制位数所能表示的最大值后应当重新置‘0’。一个 PEIT 区间的长度最大不超过 255。序列号定位信息可以放入适应字段的 avs_specific_transport_data 字段中传输。

复用器对连续输出的 PEIT 序列进行 AP 的选择以及标志位的设置。选择的对象可以是在 PEIT 区间内首次出现的节目元素所对应的传输流分组包(当然也可以是其他位置的传输流分组包,但通常只需选择一个)。AP 通过设置一个标志位以表明它的存在,该标志位放入适应字段的 avs_specific_transport_data 字段中。选中的 AP 包的位置将被更新到 PLT 表中。同时系统对该 PEIT 区间之后所有 PEIT 区间的收到的节目元素传输流分组包进行检测。当同一节目元素的传输流分组包再次出现时,之前被更新的 AP 的位置信息从 PLT 表中取出,并写到这些传输流分组包的头信息中。需要注明的是,为了提高抗误码的健壮性,PEIT 区间的所有传输流分组包都应当被写入相应的 AP 位置信息。另外,由于 AP 不需要知道被关联的下一个同一节目元素的传输流分组包在哪里出现,所以,复用端系统的延迟性能并不因此机制受影响。

K.2 复用模式的选择

不同网络传输情况和不同复用系统设计对传输质量有很大的影响。比如在传输信道发生误码的情况下,有可能导致 PEIT 序列中的一个或多个传输流分组包或 PEIT 信息表传输流分组包本身发生丢失的情形。另外,在服务质量(QoS:Quality of Service)不能保证的 IPTV 网络中,包不按顺序抵达接收机的情况也是时有发生的。

基本复用模式的 PEIT 区间的传输流分组包不需要带有任何序列号等定位信息,这样就大大地节省了传输带宽。在基本模式中,节目元素的定位是依靠被描述的传输流分组包和 PEIT 表的相对位置。由于数字有线电视广播等信道误码率较低,另外传输流分组包丢失的情况是很少见的,所以基本模式可以符合传输的质量要求。当然,在实际的复用器的实现中,比如为了匹配恒流模式(Constant Bit Rate)的传输信道,复用器通常会往 PEIT 序列中插入一些填充包。在这种情况下,系统就需要更新 PEIT 表,也就是说把填充包也当成 PEIT 表的一个结构单元加入 PEIT 的结构体中以描述其在 PEIT 区间内的位置。

高级复用模式实现了抗误码丢包和抗包乱序等高级功能。高级复用模式通过包关联技术来实现误码纠错。而包定位通过引入节目元素信息表和传输流分组包的序列号的机制来实现。

复用模式的选择可以精确到某一个 PEIT 区间。也就是说,每一个 PEIT 区间都可以选择自己的复用模式。这样就增加了系统设计的灵活性。PEIT 通过一个 advanced_mode_enable 的标志位来标志被描述的 PEIT 区间的复用模式。advanced_mode_enable 标志位被设置为'1'的 PEIT 区间是高级复用模式,PEIT 表中将带有 PEIT 序列号,同时其对应的 PEIT 区间内将含有一个以上的 AP 或 LP,每个 AP 和 LP 都将带有 adaptation field。avs_specific_transport_data 字段将包含 AP 和 LP 的标志位以及定位信息。PEIT 序列号通常只需在开启高级复用模式的 PEIT 区间中计数递增。而高级复用模式 PEIT 区间中只需要对 AP 或 LP 传输流分组包进行定位。也就是说,如果某 PEIT 区间内只含有一个 AP 或 LP,那么除该 AP 或 LP 之外的其他传输流分组包都不需要包含定位信息。PEIT 重新置'0'代表一个新的定位区间的开始,所以 PLT 表也应该被重新置位(reset)。

附　录　L
（资料性附录）
节目特定信息

L.1　概述

本部分给出了一种为解复用和展现节目而描述传输流分组包内容的方法。编码规范通过 PSI 来提供这一功能。本附录讨论 PSI 的应用。

可将 PSI 看作属于下列四个表：

a)　节目关联表(PAT)；

b)　传输流节目映射表(PMT)；

c)　网络信息表(NIT)；

d)　条件接收表(CAT)。

PAT、PMT 和 CAT 的内容在本部分已有描述。NIT 为一专用表，但携带 NIT 的传输流分组包的 PEID 值在 PAT 中说明。然而，它还应遵循本部分的段结构。

L.2　传输流中节目特定信息的说明

本部分 6.5 包含了有关节目特定信息 PSI 的语法，语义和文本。在所有场合下，均要求与 6.5 的限制一致，本附录给出如何使用 PSI 函数的说明信息，同时讨论了如何在实际中运用的例子。

L.3　功能机制

L.1 中的 PSI 表都是概念化的，因为它们不必以　种指定形式在解码器中被重新生成。这些结构可能被看作为简单表，它们可能在被送到传输流分组包之前被分割。语法允许表被分为几段，并提供了一个到传输流分组包有效负载数据的映射，从而支持分割操作。同时它还给出了一种按类似格式携带私有数据的方法。这一方法的优越性在于解码器对 PSI 数据和私有数据的处理过程基本相同，从而有助于降低成本。有关在传输流中的优化放置 PSI 的建议可参见附录 A。

每个段均通过以下元素的组合而唯一标识。

a)　表标识符　table_id

　　8 位字段以标识该段属于哪个表。

　　table_id 为 0x00 的段属于节目关联表。

　　table_id 为 0x01 的段属于条件接收表。

　　table_id 为 0x02 的段属于传输流节目映射表。

　　table_id 的其余值可被用户按私有目的分配。

　　还可以设置滤波器来查看 table_id 字段以确认一新段是否属于一感兴趣的表。

b)　表标识符扩展　table_id_extention

　　这个 16 位字段存在于一个段的长版本中。在 PAT 中，它被用于标识流的 transport_stream_id(一个有效的用户自定义的标识符)，以使传输在一个网络内或网络间的传输流互相区别开来。在 CAT 中，该字段目前尚无意义，因此被标记为“保留”以表示它应被编码为‘0xFFFF’，但在本部分的后续版本中可能会对它给出一个定义。在一个传输流节目映射段中，该字段含有 program_number 从而标识了该段中的数据涉及哪一个节目。在有些场合下，table_id_extention 字段也可被用作一个滤波点。

c) 段号 section_number

section_number 字段允许解码器将一个特定表的各段按原先顺序重新组装。本部分并不要求各段按数字顺序传输，但推荐这么做，除非是表的某些段的传送和其余段相比特别频繁，包括出于随机访问的考虑。

d) 版本号 version_number

一旦 PSI 中描述的传输流特性变化了就应传送带有更新信息的新 PSI 数据，因为标志为“当前”的段的最近传输版本应始终是有效的。解码器需要能够识别最新收到的段是否和已处理、存储过的段一致(若一致则该段可被丢弃)。在不一样的情况下，可能表示一个配置变化。这是通过发送一个包含相关数据，且具有和前一个段相同的 table_id、table_id_extension 和 section_number 字段，但 version_number 字段取下一个值的段来实现的。

示例：额外节目的加入，给定节目的基本流的组合发生变化。

e) 当前下一个指示符 current_next_indicator

知道 PSI 在位流的哪一点生效是很重要的。这样，每个段均可被标上数字以表示“现在”(当前)有效或在不久的将来(下一个)有效。这允许在变化发生之前传输一个将来的配置改变信息，使解码器可以为变化作好准备。然而，并不需要提前传输一个段的下一个版本，但如果传输了，它将是该段的下一个正确版本。

L.4 段到传输流分组包的映射

段直接映射到传输流分组包，即不先映射到 PES 分组包。段不一定在传输流分组包的起始处开始(虽然有可能会这样)，因为传输流分组包有效负载数据中的第一个段的开始是由 pointer_field 指出的。在 PSI 分组包中 payload_unit_start_indicator 置‘1’，就指示着 pointer_field 的存在(在非 PSI 的分组中，该指示符指示 PES 分组包在传输流分组包中开始)。pointer_field 指向传输流分组包中第一个段的起始位置，因为语法规定传输流分组包中段与段之间没有空隙，其余段的起始位置均可从第一个段及其后各段的长度中计算出来，所以一个传输流分组包中决不会有多于一个的 pointer_field。

有一点很重要，即任一 PEID 值的传输流分组包中，一个段应在下一个段允许开始之前结束，否则就无法识别数据属于哪一个段头。若一个段在传输流分组包的末尾前结束了，但又不便打开另一个段，则提供一种填充机制来填满剩余空间。该机制对分组包中剩下的每个字节均填充为‘0xFF’。这样，table_id 就不允许取值为‘0xFF’，以免与填充相混淆。一旦一个段的末尾出现了字节‘0xFF’，该传输流分组包的剩余字节必然都被填充为‘0xFF’，从而允许解码器丢弃传输流分组包的剩余部分。填充也可用一般的 adptation_field 机制实现。

L.5 重复率和随机访问

在考虑随机访问的系统中，即使配置没有发生变化，本部分也推荐多次重复传输 PSI 段。因为在通常情况下，解码器需要 PSI 数据来识别传输流的内容，以能够开始解码。本部分对 PSI 段的重复和出现率没有要求。但是，显然重复传输对随机访问应用是有帮助的，虽然导致了 PSI 数据所用比特率的增加。如果节目映射是静态或准静态的，它们可能被存于解码器中以加快数据访问，而不是等待它重新传输。所需存储量和所期望信道的获取时间之间的折中由解码器制造商决定。

L.6 节目

节目的概念在本部分中有精确定义，见 3.43 节目参考时钟。对一个传输流，时间基准由 transport_rate定义，这就在传输流中有效地创建了一个虚拟信道。

注意：这和广播中广泛使用的定义不同。广播中一个"节目"是指不仅有共同时间基准而且有共同起止时间的基本流集合。一个"广播节目"序列（在本附录中称为事件）通过使用同一个 program_number 来创建一个"广播协定"的 TV 频道（有时称为一个服务），可在传输流中被顺序地传送。

事件描述可在 private_section()中传输。

一个节目可由 program_number 标识，它只在传输流中有意义。program_number 是一个 16 位无符号整数，从而允许 65535 个单独节目存在于一个传输流中（program_number 0 被保留用作标识 NIT）。当解码器接到多个传输流时（有线网络符合此情况），为了成功地分离出一个节目，解码器应同时收到 transport_stream_id（以寻找正确的复用流）和 program_number（以寻找复用流中的正确节目）的通知。

传输流映射可以由可选网络信息表完成。注意 NIT 可能存储于解码器非易失存储器中，以减少信道获取时间。在此场合下，它的传输次数只需保证及时地支持解码器初始化设置操作。NIT 的内容是专用的，但至少应具有最小段的结构。

L.7 program_number 的分配

在所有场合都把共享参考时钟的所有节目编为一组可能会带来不便。可以设想一个仅具有唯一共享 transport_rate 集的多服务传输流。然而，通常情况下，一个广播也许宁可在逻辑上把传输流分为若干个节目，其中，clock_recovery_PEID 总是相同的。这种把节目成分分为伪独立节目的方式有许多用途，以下列出其中两个：

a) 各个市场的多语种传输

一个视频位流可能伴有不同语种的多个音频位流。建议包含一个与每个音频位流相关的 GB_4880_language_descriptor 实例以能够选择正确节目和音频。可以有带有不同 program_number 的节目定义。其中，所有节目参照同一视频位流和 clock_recovery_PEID，但有不同的音频 PEID。当然，也可以把视频位流和所有音频位流列为一个节目，但不应超出 1024 字节的段大小限制。

b) 极大节目定义

段长度的最大限制 1024 字节（包括段头和 CRC_32）。这意味着，单个节目定义不应超过这个长度。在大多数情况下，即使每个节目元素有几个描述子，这一长度是足够了。然而，有时会遇到超过这一限制的高比特率系统。故常常需要一种对流参考进行分割的方式，使得它们不必列在一起。一些节目成分可以在多个节目中引用，另一些则仅存在于单个节目而不在其他节目中出现。

L.8 典型系统中 PSI 的使用

一个通信系统，尤其是广播应用中，可能包含一些单独的传输流。4 个 PSI 数据结构中的任何一个都可能出现在系统中的任一传输流中。通常，应有一个节目关联表的完整版本以列出 TS 中的所有节目，以及一个包含传输流中所有节目完整定义的完整的传输流节目映射表。如果有一些流被加扰了，则也应有一个条件接收表以列出相关 EMM 流(授权管理信息)。NIT 表的有无完全是可选的。

PSI 表经由上述段结构映射到传输流分组包。每个段在头部分有一个 table_id 字段，允许来自 PSI 表的段和 private_sections 中的私有数据混合在有相同 PEID 值的传输流分组包中或甚至在同一个传输流分组包中。但须注意到，在有相同 PEID 的传输流分组包中，在下一段开始之前，前一段应完成传输。然而，只有被标记为含有 TS PMT 段的传输流分组包或 NIT 传输流分组包，这才是可能的。因为私有段不能映射到 PAT 或 CAT 传输流分组包。

所有 PAT 段都要求被映射到 PEID 值为 0x0000 的传输流分组包且所有 CA 段都要求被映射到 PEID 值为 0x0001 的传输流分组包。PMT 段可能被映射到具有用户选择 PEID 的分组，对 PAT 中的每个节目均作为 PMT_PEID 列出。类似的，带有 NIT 的传输流分组包的 PEID 也是用户可选的，若存在 NIT，则应由 PAT 中的入口'program_number == 0x00'指出。

任何 CA 参数流内容是完全私有的，但 EMM 和 ECM 也应被传送到传输流分组包以和本部分一致。

私有数据表可用 private_section()语法来传送。该表可用在广播环境中以描述一个服务，一个将要发生事件、广播时刻表和相关信息。

L.9 PSI 结构的关系

L.9.1 节目与网络映射关系

图 L.1 显示了四个 PSI 结构和传输流关系的示例。还可能有其他例子，但该图中显示了最基本的关联。

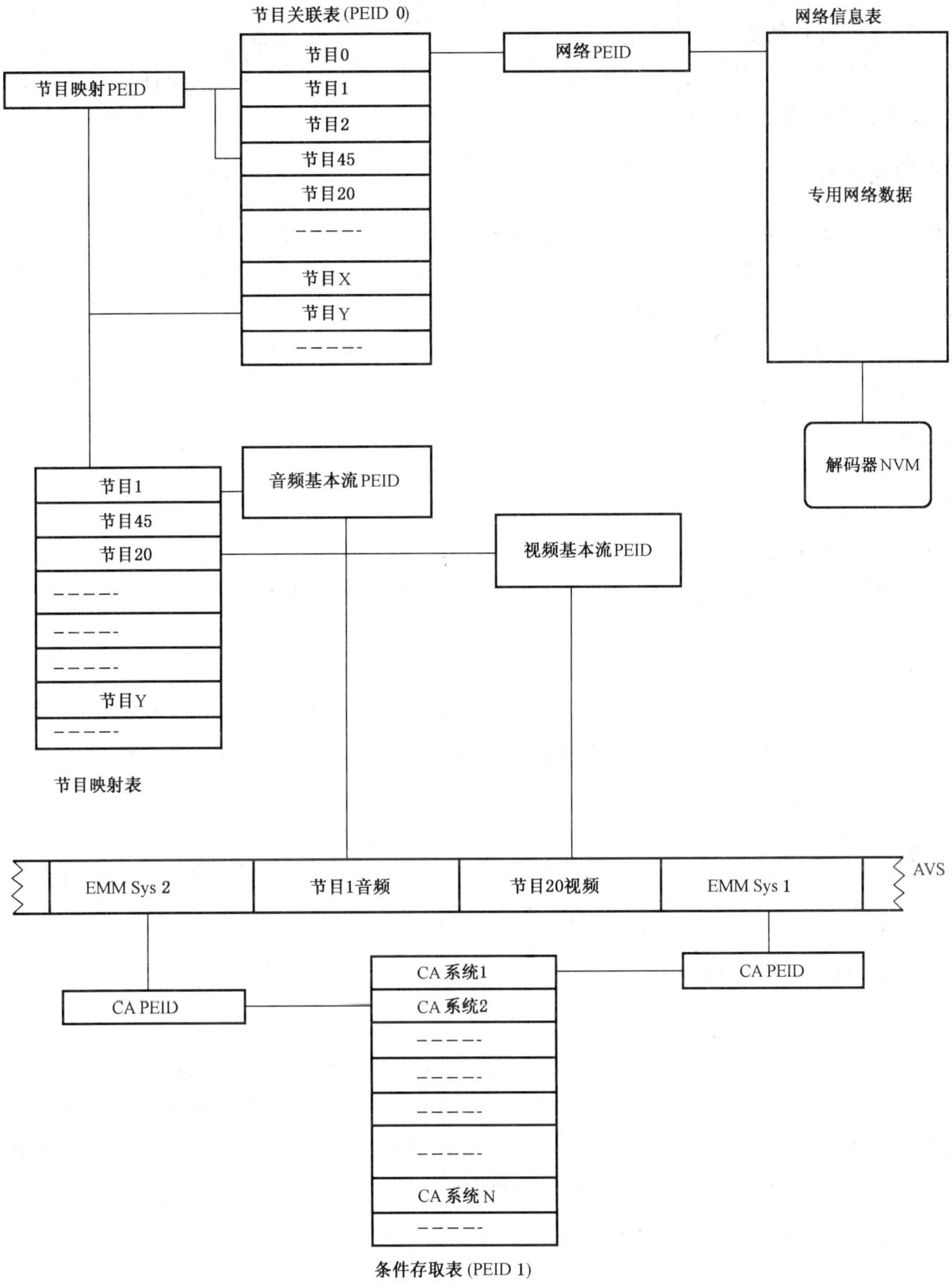

图 L.1　节目与网络映射关系

以下几条中,对每个PSI表都作了说明。

L.9.2　节目关联表

每一传输流应含有一个完整有效的节目关联表。节目关联表给出了 program_number 与携带节目定义的传输流分组包的 PEID(PMT_PEID)的对应关系。PAT 在映射到传输流分组包之前可能被分为至多255个段。每段携带整个 PAT 的一部分。划分有助于减少误差条件下的数据丢失。也就是说,包丢失或位错误可以限制在 PAT 的较少段中,而使其余段仍可被接收和正确解码。若所有 PAT 信息被放到一个段中，则一个小错误，导致一个位发生改变，就可能导致整个 PAT 的丢失。但在段长度不超过 1024 字节的最大长度限制时这还是允许的。

节目 0 被保留并用以指定网络 PEID。这是一个指向携带网络信息表的传输流分组包的指针。

节目关联表的传输是不加密的。

L.9.3 节目映射表

节目映射表给出了节目号与包含该节目号的各节目元素之间的映射。该表存在于含一个或多个专门选择的 PEID 的传输流分组包中。这些传输流分组包可能包含其他由 table_id 字段定义的专用结构。使引用不同节目的各个 TS PMT 段携带于有相同 PEID 值的传输流分组包中是可行的。

本部分至少需要以下节目标识符：节目号、clock_recovery PEID、流类型及节目元素 PEID。用于节目或基本流的附加信息可通过使用描述子构造来传送，见 L.9.7。

私有数据也可以在标记为含传输流节目映射表的各段的传输流分组包中传送。这是由使用 private_section()来实现。在 private_section()中，version_number 和 current_next_indicator 是表示单个段中的值还是适用于作为更大的私有表的组成部分的各个段的值，这由应用程序决定。

注 1：含有 PMT 的传输流分组包的传输是不加密的。

注 2：可以包含在 TS_program_map_section()中的私有描述子中传送事件信息。

L.9.4 条件接收表

条件接收表给出了一个或多个条件接收系统及其 EMM 流和与之相关的任何特定参数间的联系。

注：包含 EMM 和条件接收参数的传输流分组包的(私有)内容，如果有的话，一般是加密(加扰)的。

L.9.5 网络信息表

NIT 的内容是专用的且本部分未对其作出规定。通常，它包含用户选择服务与 transport_stream_id、信道频率、卫星转发器频点、调制特性等的映射。

L.9.6 私有段 private_section()

private_section()可以以两种基本形式出现，短版本(仅有直到且包括 section_length 的字段)或长版本(直到且包括 last_section_number 的所有字段均出现，在私有数据字节后面有 CRC_32 字段)。

private_section()可以出现在被标记为 PMT_PEID 的传输流分组包中或具有其他 PEID 值(包括分配给 NIT 的 PEID)的传输流分组包中，仅含有 private_section()传输流分组包中。若携带有 private_section()的传输流分组包的 PEID 被标志为携带有 private_section 的 PEID(stream_type 值为‘0x05’)，则 private_section 将仅会出现在具有该 PEID 值的传输流分组包中。各段可以是长类型或短类型。

L.9.7 描述子

本部分定义了一些描述子，还可以定义更多。所有描述子均有一种共同的格式：{标签，长度，数据}。任意定义的私有描述子应遵循该格式。这些私有描述子的数据部分是用户定义的。

在 TS PMT 的段中，有一个描述子(CA_discriptor())用于指示与节目元素相关的 ECM 数据的位置(传输流分组包的 PEID 值)。在 CA 段中它指向 EMM。

为扩展可用的私有描述子的数量，可采用以下机制：专门定义一个私有 discriptor_tag 以用来构造一个合成描述子，这使得需要进一步专门定义一个子描述子作为私有描述子的私有数据字节的首字段。描述结构见表 L.1 和表 L.2。

表 L.1　复合描述子

语　　法	位　数	助 记 符
composite_descriptor(){		
descriptor_tag(privately defined)	3	uimsbf
descriptor_length	3	uimsbf
for(i=0;i<N;i++){		
sub_descriptor()		
}		
}		

表 L.2　子描述子

语　　法	位　数	助 记 符
sub_descriptor(){		
sub_descriptor_tag	8	uimsbf
sub_descriptor_length	8	uimsbf
for(i=0;i<N;i++){		
private_data_byte	8	uimsbf
}		
}		

L.10　带宽利用和信号采集时间

所有 AVS 位流的实现都应对 PSI 信息作合理带宽要求，且需要考虑随机访问的应用中，还应提供快速信号采集。本节分析该问题并给出一些广播应用实例。

传输流的基于包的特性使得 PSI 信息以较小的粒度分布在多路复用的数据中。这为 PSI 的构造和传输提供了极大的灵活性。

一个实际解码器的信号采集时间取决于许多因素，包括：FDM 调谐解调时间、解复用时间、序列头和 I 帧出现频率、以及密钥的获取和处理速度。

本章检查了 6.4.4 和 6.4.9 中 PSI 语法对比特率和信号采集时间的影响。假定不必在每个节目变化时动态接收 CAT。该假定对 EMM 流也成立。这是因为这些流不包含用于节目元素（加扰）加密的快速变化的 ECM 成分。

在以下讨论中，采集和处理 ECM 的时间也被忽略。

表 L.3 和表 L.4 给出了一系列传输流条件下带宽的使用值。该表的一个轴表示包含于单个传输流中的节目数。另一个轴表示 PSI 信息在传输流中的传输频率。

这一频率将是 PSI 结构信号采集时间的关键因素。

这两个带宽利用表均假定只提供最小节目映射信息。这意味着所提供的 PEID 值和流类型是不带附加描述子的。示例中所有节目均包含两个基本流。节目关联的长度为 2 个字节，而最小节目映射的长度为 26 字节。还有些有关版本号，段长度等信息的额外开销。这在适中长度（几百字节到 1024 字节)的分段的总 PSI 比特率中占 1%～3%,因此这里将其忽略。

以上假设允许 46 个节目关联映射到一个 PAT 传输流分组包(如果不出现适应字段)。类似的,7 个 TS_program_map_section 封配到一个传输流分组包中。可以注意到,为使“丢弃或添加”简单化,可能在每个 PMT_PEID 传输流分组包中,只有 1 个 TS_program_map_section。但这可能引起不希望出现的 PSI 比特率增加。

表 L.3 和表 L.4 使用 25 Hz 的频率,产生一个约 80 ms 的最坏信号采集时间。这只在所要求的 PAT 数据“刚刚错过”,且一旦 PAT 被采集并解码,所需的 PMT 数据也“刚刚错过”。这种双重最坏情况是 PAT 结构所引入的额外的迂回层次的一个缺点。该方式提供对“丢弃/添加”再复用操作的优越性是对该缺点的一种补偿。同时这种缺点的不良影响可以通过协调传输相关 PAT 和 PMT 传输流分组包来减少。

表 L.3 节目关联表占用带宽

单位为位每秒

		每个传输流的节目数				
		1	5	10	32	128
PAT 表频率信息 s^{-1}	1	1 504	1 504	1 504	1 504	4 512
	10	15 040	15 040	15 040	15 040	45 120
	25	**37 600**	**37 600**	**37 600**	**37 600**	**112 800**
	50	75 200	75 200	75 200	75 200	225 600
	100	150 400	150 400	150 400	150 400	451 200
由于 46 个 program_association_section 被装配为一个传输流分组包,该表中的数目直到最后一列才变化。						

表 L.4 节目映射表带宽利用

单位为位每秒

		每个传输流的节目数				
		1	5	10	32	128
PMT 表频率信息 s^{-1}	1	1 504	1 504	3 008	7 520	2 8576
	10	15 040	15 040	30 080	75 200	285 760
	25	**37 600**	**37 600**	**75 200**	**188 000**	**714 400**
	50	75 200	752 00	150 400	376 000	1 428 800
	100	150 400	150 400	300 800	601 600	2 857 600

以 25 Hz 的 PSI 频率可以建立以下例子(所有实例均为各种数据连接、FEC、CA 和路由开销留下了足够的余地):

a) OC-3 光纤信道(155 Mbit/s)

32 个 3.9 Mbit/s 的节目:	127.5 Mbit/s(包括传输开销)
完整 PSI 带宽:	225.6 kbit/s
CA 带宽:	500 kbit/s
总 AVS 位流带宽:	128.2 Mbit/s
PSI 开销:	0.18%

b) C-波段卫星发送器

128 个 256 kbit/s 的节目:	33.5 Mbit/s(包括传输开销)

完整 PSI 带宽：	826.4 kbit/s
CA 带宽：	500 kbit/s
总 AVS 位流带宽：	34.7 Mbit/s
PSI 开销：	2.4%(实际上,若每个节目仅使用一个 PEID,则会更低。)

正如所期望的,PSI 开销百分比在低速率服务中相对较大,因为每个传输流中可能有更多服务。但在所有场合中其值均不太大。可以用更高的传输率(高于 25 Hz)来传输 PSI 数据以减小对信道采集时间,同时仅适度地增加比特率需求。

附 录 M
（资料性附录）
私 有 数 据

私有数据指本部分未规定的，本部分中涉及的任何用户数据。本部分并未（今后也不会）对这些数据的内容进行规定。本部分中定义的STD未涉及私有数据，除了分离操作过程之外。一个专门的团体可以为各个私有流定义STD。

在本部分语法中，私有数据可携带于下列位置。

a) 传输流分组包（见表2）

transport_packet()语法的数据字节可能包含私有数据。以该格式携带的私有数据在stream_type表30中被称为用户私有。包含私有数据的传输流分组包也可包括adaptation_field()。

b) 传输流适应字段（见表5）

adaptation_field()中出现的任何可选private_data_bytes由transport_private_data_flag标记。private_data_bytes的数量受adaptation_field_length字段语义的限制，这里的adaptation_field_length的值不应超过183字节。

c) PES分组包（见表16）

有两种方法在PES分组包中携带私有数据。第一种方法是在PES_packet_header中，在PES_private_data可选的16个字节中。该字段的存在由PES_private_data_flag标志，PES_private_data_flag字段的存在由PES_extension_flag标志。如果出现这些字节时，则它们与相邻字段一起考虑时，不应和packet_start_code_prefix发生冲突。

第二种方法是在PES_packet_data_byte字段中。在stream_type表30中将其称为PES分组包中的私有数据。这种私有数据可被一分为二，private_stream_1表示遵循PES_packet()语法的PES分组包中的私有数据，这样，直到且包括（但并不局限于）PES_header_data_length的所有字段均会出现。private_stream_2表示包含私有数据的PES_packet_data_byte之后仅跟有前3个字段的PES分组包中的私有数据。

注意，PES分组包同时存在于节目流和传输流中，因此private_stream_1和private_stream_2也同时存在于节目流和传输流中。

d) 描述子

描述子存在于节目流和传输流中。用户可定义一系列的私有描述子。这些描述子应以descriptor_tag和descriptor_length字段开始。对于私有描述子，descriptor_tag取值为64～255，见表40。这些描述子可放在program_stream_map()表36、CA_section()表28、TS_program_map_section()表29及任意私有段表31中。

e) 私有段

私有段表30进一步以两种形式提供了携带私有数据的方法。这种类型的基本流可以在stream_type表30中标识为PSI段的private_data。一种类型的private_section()只包含前5个已定义字段，后跟私有数据。在这种结构中，section_syntax_indicator应置'0'。在另一种类型中，section_syntax_indicator应置'1'，直到且包括last_section_number的所有语法均须出现，后跟private_data_bytes，且以CRC_32校验码结尾。

ICS 35.040
L 71

中华人民共和国国家标准

GB/T 20090.4—2012

信息技术 先进音视频编码 第4部分:符合性测试

Information technology—Advanced coding of audio and video—Part 4:Conformance testing

2012-12-31 发布 2013-06-01 实施

中华人民共和国国家质量监督检验检疫总局
中国国家标准化管理委员会 发布

前　言

GB/T 20090《信息技术　先进音视频编码》分为以下9个部分：

——第1部分：系统；

——第2部分：视频；

——第3部分：音频；

——第4部分：符合性测试；

——第5部分：参考软件；

——第6部分：数字媒体版权管理；

——第7部分：移动视频；

——第8部分：在IP网络上传输AVS；

——第9部分：AVS文件格式。

本部分为GB/T 20090的第4部分。

本部分按照GB/T 1.1—2009给出的规则起草。

本部分由中华人民共和国工业和信息化部提出。

本部分由全国信息技术标准化技术委员会(SAC/T C 28)归口。

本部分由中国科学院计算技术研究所、中国电子技术标准化研究院、天津大学、上海龙晶微电子有限公司、清华大学、浙江大学、上海广电(集团)有限公司中央研究院、成都康特电子高新科技公司、宏景微电子有限公司、美国博通、海思半导体有限公司、松下电器研究开发(中国)有限公司、北京三星通信技术研究院、上海大学、展讯通信(上海)有限公司、香港应用科技研究院有限公司负责起草。

本部分主要起草人：娄东升、高麟鹏、李华、张淑芳、王智鸣、韩军、赵海武、陈建文、张吉、杨志杰、郑俊浩、邹强、郑萧桢、刘达、易峰、熊君君、林宗顺、郑嘉雯。

引　言

GB/T 20090 的第 1、第 2、第 3 等部分定义了多路复用结构和音视频信息的编码表示，而且这几个部分具有很大的灵活性，可应用于不同的应用环境。这种灵活性可以通过编码比特流中各种特性参数的定义获得，如音频采样率、图像大小、帧频、比特率等参数。

本部分作为 GB/T 20090.4 的第一版本，仅针对已经发布的 GB/T 20090.2，定义了如何测试验证编码比特流和解码器是否满足 GB/T 20090.2—2006 所规定的要求。测试可用于多种目的，例如：

——编码器的生产者和用户可以用来验证编码器是否编码出符合标准的编码比特流。

——解码器的生产者和用户可以用来验证解码器是否满足 GB/T 20090.2—2006 等部分所规定的要求，是否具有所声称的性能。

信息技术　先进音视频编码
第4部分：符合性测试

1　范围

GB/T 20090的本部分给出了应用系统符合GB/T 20090.2—2006的测试过程和测试要求。

本部分适用于应用系统的符合性测试。

2　规范性引用文件

下列文件对于本文件的应用是必不可少的。凡是注日期的引用文件，仅注日期的版本适用于本文件。凡是不注日期的引用文件，其最新版本(包括所有的修改单)适用于本文件。

GB/T 20090.2—2006　信息技术　先进音视频编码　第2部分：视频

3　术语和定义

GB/T 20090.2—2006界定的以及下列术语和定义适用于本文件。

3.1

符合性测试　conformance testing

用于判断编码器输出的编码比特流以及解码器是否符合GB/T 20090.2—2006的测试。

3.2

符合性编码比特流　conformance coded bitstream

用于测试解码器是否符合GB/T 20090.2—2006的编码比特流，该编码比特流应完全符合GB/T 20090.2—2006语法规则。本部分中的测试比特流即为符合性编码比特流。

3.3

参考解码器　reference decoder

已知的符合GB/T 20090.2—2006的解码器，用来和被测解码器做比较。可以使用GB/T 20090.5给出的参考软件作为参考解码器。

3.4

被测解码器　measured decoder

一个解码器，要通过符合性测试来判断其是否符合GB/T 20090.2—2006。

3.5

合法解码器　coincident decoder

通过符合性测试后，被判断为符合GB/T 20090.2—2006的解码器。

3.6

兼容解码器　compatible decoder

分为后向兼容解码器和前向兼容解码器，后向兼容解码器指按旧的编码标准所设计的解码器，其可以对新的编码标准的全部或部分编码比特流进行解码；前向兼容解码器指按新的编码标准所设计的解码器，其可以对旧的编码标准的全部或部分编码比特流进行解码。

3.7

后向兼容　backward compatibility

如果按旧的编码标准所设计的解码器可以对新的编码标准的全部或部分编码比特流进行解码，则新的编码标准后向兼容旧的编码标准。

3.8

前向兼容　forward compatibility

如果按新的编码标准所设计的解码器可以对旧的编码标准的全部或部分编码比特流进行解码，则新的编码标准前向兼容旧的编码标准。

3.9

色度格式　chrominance format

宏块中色度块数目的定义。GB/T 20090.2—2006 目前仅支持 4∶2∶0 和 4∶2∶2 色度格式。

3.10

编码比特流　coded bitstream

本部分第一版本中编码比特流即指视频编码比特流，是符合 GB/T 20090.2—2006 中所定义的语法规则的比特流序列。

3.11

（编码）参数　(coding) parameters

在本部分中参数即指编码参数，其是 GB/T 20090.2—2006 的语法内可以在一个数值范围内取值的变量。

注：本部分中的（编码）参数也包括只能在两个值中取一个值的标志位或指示符。

3.12

比特流验证器　bitstream verifier

测试和验证编码比特流是否满足 GB/T 20090.2—2006 中规定的全部要求的程序和过程。

4　缩略语

下列缩略语适用于本文件。

BBV：比特流缓冲验证器	(Bitstream Buffer Verifier)
CBR：恒定比特率	(Constant Bit Rate)
MB：宏块	(Macroblock)
VBR：可变比特率	(Variable Bit Rate)
VLC：变长编码	(Variable Length Coding)
VLD：变长解码	(Variable Length Decoding)
MCP：运动补偿预测器	(Motion Compensated Predictor)

5　视频

5.1　概述

在本章中，除了特别的声明，以下各项用于实用目的：

“编码比特流”和“比特流”都指 GB/T 20090.2—2006 视频编码比特流。

“解码器”指 GB/T 20090.2—2006 视频解码器，即 GB/T 20090.2—2006 中解码过程的具体实现。视频解码器并不包括显示处理，其不在本部分规范范围之内。

5.2 编码比特流和解码器符合性的定义

5.2.1 编码比特流符合性定义

一个声称符合 GB/T 20090.2—2006 的编码比特流就是实现了 GB/T 20090.2—2006 规定的编码比特流。即实现并符合 GB/T 20090.2—2006 所定义的通用语法的所有要求和限制，同时包括 GB/T 20090.2—2006的附录 B 中为编码比特流所规定的档次和级别(profile/level)所确定的限制。

5.3 定义了编码比特流符合性的标准测试过程，只有成功通过该标准测试过程的编码比特流，才可以说其是符合 GB/T 20090.2—2006 的比特流。

5.2.2 解码器符合性定义

声称符合 GB/T 20090.2—2006 的视频解码器就是能够解析 GB/T 20090.2—2006 编码比特流的解码器。即对 GB/T 20090.2—2006 语法规则能唯一正确解释的解码器，应能实现 GB/T 20090.2—2006 中规定的解码处理，并能够满足 GB/T 20090.2—2006 定义的档次和级别组合的一般要求，能够解码档次和级别组合中允许的各种选项和参数的编码比特流，这些选项和参数范围在GB/T 20090.2—2006 的附录 B 中定义。

5.4 定义了解码器的符合性测试，5.4.2 定义了部分符合性编码比特流；至少能够成功解码这些符合性编码比特流的解码器，才可以说其是 GB/T 20090.2—2006 的合法解码器。

5.2.3 与档次和级别相关的要求和限制

由于 GB/T 20090.2—2006 只有基准档次(Jizhun profile)一个档次，因此 GB/T 20090.2—2006 合法解码器应能解码 GB/T 20090.2—2006 的附录 B 中的所有档次和级别组合要求的符合性编码比特流。

5.2.4 编码器的要求与介绍

本部分不专门讨论编码器。如果一个编码器所产生的编码比特流的语法和语义符合 GB/T 20090.2—2006 视频部分所规定的要求，就称此编码器为符合 GB/T 20090.2—2006 的编码器。其应符合如下要求：

a) 所产生的编码比特流符合 GB/T 20090.2—2006 所规定的语法规范；
b) 所产生的编码比特流符合 GB/T 20090.2—2006 所规定的数值精度要求；
c) 所产生的编码比特流符合 GB/T 20090.2—2006 的附录 B 所规定的档次和级别要求。

5.2.5 兼容性及保留扩展的相关要求

在 GB/T 20090.2—2006 中规定了一些“保留”语法元素值和“保留位”，“保留”语法元素值不应出现在符合 GB/T 20090.2—2006 的编码比特流中，而“保留位”应被解码处理忽略。

因此 GB/T 20090.2—2006 的合法解码器应能处理(即忽略)“保留位”，而对于“保留”语法元素则可以不处理，但 GB/T 20090 的本部分推荐被测解码器能够处理“保留”语法元素值。即被测解码器若不能处理“保留”语法元素值，则只能说明其兼容性较差，而并不能说明其不符合GB/T 20090.2—2006。

5.3 编码比特流的符合性测试

5.3.1 概述

GB/T 20090.2—2006 规定了大量的参数，一些参数被规定为特定的值，另一些参数只规定了一个范围，这些参数被直接或者间接地编码到了编码比特流中。

为了检查编码比特流的正确性,有必要分析整个比特流,并抽取出全部语法参数并分析这些参数值是否符合 GB/T 20090.2—2006 中的规定。这就要求使用比特流验证器,GB/T 20090.5 中的参考解码器即可以作为一个比特流验证器。

比特流验证器可以检查比特流是否满足 GB/T 20090.2—2006 中所规定的要求,符合 GB/T 20090.2—2006 的编码比特流应通过以下标准测试:当经过比特流验证器处理后,比特流不应引起比特流验证器的任何错误或非一致性消息。这些测试应该仅仅用于在传送过程中没有错误的比特流。

成功通过比特流验证器测试的编码比特流,可以说是符合 GB/T 20090.2—2006 规定的所有要求。

有必要进行附加测试来更全面地检查编码比特流是否符合 GB/T 20090.2—2006 中规定的所有要求。这些补充测试可以使用 GB/T 20090.5 参考解码器之外的其他比特流验证器来验证,以便实现更全面的测试。

另外,GB/T 20090.2—2006 视频解码器对编码比特流也有一定的限制:

a) 序列的 IPB 结构,解码器只支持一部分 IPB 结构,例如,其最多只能处理连续的两个 B 帧;

b) 支持比特率是固定(CBR)或者可变(VBR)的编码比特流;

c) 在编码比特流中不应出现 BlockDistance 为零的情况。

5.3.2 起始码的测试

起始码是一组特定的比特串。在编码比特流中,除起始码外的任何情况下都不应出现这些比特串。

起始码由起始码前缀和起始码值构成。起始码前缀是比特串'0000 0000 0000 0000 0000 0001'(0x000001)。所有的起始码都应字节对齐。起始码值是一个 8 比特整数,用来表示起始码的类型。

对编码比特流中起始码的要求如表 1 所示。

表 1 编码比特流中起始码测试要求

起始码类型参数	测试要求
slice_start_code	条带起始码取值范围为:0x00000100～0x000001AF,标记一幅图像中条带的序号
video_sequence_start_code	1.视频序列起始码为:0x000001B0; 2.在序列起始码之后出现的第一个图像起始码应是 I 图像起始码,即起始码值 0x000001B3
video_sequence_end_code	1.视频序列结束码为:0x000001B1; 2.视频序列结束码标志着图像序列的结束,其应出现在序列的结尾
user_data_start_code	用户数据起始码为:0x000001B2
i_picture_start_code	I 图像起始码为:0x000001B3
extension_start_code	视频扩展起始码为:0x000001B5
pb_picture_start_code	PB 图像起始码为:0x000001B6
video_edit_code	1.视频编辑码为:0x000001B7; 2.在视频序列的第 1 个 i_picture_start_code 之前应有 video_edit_code; 3.除 i_picture_start_code 外,video_edit_code 不应出现在其他起始码之前
系统起始码	1.系统起始码取值范围为:0x000001B9～0x000001FF; 2.系统起始码留给系统层使用
其他保留值	0x000001B4 和 0x000001B8 为保留值,不应出现在编码比特流中

5.3.3 序列头的测试

对编码比特流中序列头中的参数的要求如表 2 所示。

表 2 编码比特流中序列头中的参数测试要求

序列头参数名称	测试要求
profile_id	1. 该值不能等于 0x00； 2. 该值目前只能等于 0x20 表示为基准档次
level_id	1. 该值不能等于 0x00； 2. 该值目前只能等于 0x10,0x20,0x22,0x40,0x42 中的一个
progressive_sequence	该值只能等于'1'或'0'；该值等于'1'时，表示该序列只包含逐行扫描的帧图像，该值等于'0'时，表示该序列可以包含逐行扫描图像，也可包含隔行扫描的图像
horizontal_size	1. 该值应大于或等于 1； 2. 当图像格式为 4：2：0 和 4：2：2 时，该值应为 2 的倍数，因为目前GB/T 20090.2—2006 唯一的档次只支持 4：2：0 或 4：2：2 图像格式，因此，目前该值应为 2 的倍数； 3. 在同一个视频序列中，该值应保持一致； 4. 该值应满足 GB/T 20090.2—2006 的附录 B 中的档次和级别的参数限制，即：当 level_id 为 0x10 时，该值应小于或等于 352；level_id 为 0x20 或 0x22 时，该值应小于或等于 720；当 level_id 为 0x40 或 0x42 时，该值应小于或等于 1 920
veitical_size	1. 该值应大于或等于 1； 2. 当图像格式为 4：2：0，且 progressive_sequence 等于 1 时，该值应为 2 的倍数； 3. 当图像格式为 4：2：0，且 progressive_sequence 等于 0 时，该值应为 4 的倍数； 4. 在同一个视频序列中，该值应保持一致； 5. 该值应满足 GB/T 20090.2—2006 的附录 B 中的档次和级别的参数限制，即：当 level_id 为 0x10 时，该值应小于或等于 288；当 level_id 为 0x20 或 0x22 时，该值应小于或等于 576；当 level_id 为 0x40 或 0x42 时；该值应小于或等于 1 152
chroma_format	1. 该值目前只能为'01'或者'10'，即图像格式只能为 4：2：0 或 4：2：2； 2. 该值应满足 GB/T 20090.2—2006 的附录 B 中的档次和级别的参数限制，即：当 level_id 为 0x10 或 0x20 或 0x40 时，该值只能为'01'；当 level_id 为 0x22 或 0x42 时，该值可以等于'01'或'10'
sample_precision	1. 该值不能等于'000'； 2. 该值目前只能等于'001'，表示亮度和色度均为 8bit 精度
aspect_ratio	1. 该值不能等于'0000'； 2. 该值目前只能等于'0001'，'0010'，'0011'或者'0100'中的一个
frame_rate_code	1. 该值不能等于'0000'； 2. 该值目前只能等于'0001'，'0010'，'0011'，'0100'，'0101'，'0110'，'0111'或者'1000'中的一个； 3. 在同一个视频序列中，该值应保持一致； 4. 该值应满足 GB/T 20090.2—2006 的附录 B 中的档次和级别的参数限制，即：当 level_id 为 0x10 或 0x20 或 0x22 时，该值只能为'0001'、'0010'、'0011'、'0100'或者'0101'中的一个；当 level_id 为 0x40 或 0x42 时，该值可以为'0001'，'0010'，'0011'，'0100'，'0101'，'0110'，'0111'或者'1000'中的一个

表 2（续）

序列头参数名称	测试要求
bitrate	1. 该值不能等于 0； 2. 在同一个视频序列中，该值应保持一致； 3. 该值应满足 GB/T 20090.2—2006 的附录 B 中的档次和级别的参数限制，即：当 level_id 为 0x10 时，该值小于或等于 1 000 000bit/s；当 level_id 为 0x20 时，该值小于或等于 10 000 000 bit/s；当 level_id 为 0x22 时，该值小于或等于 15 000 000 bit/s；当 level_id 为 0x40 时，该值小于或等于 20 000 000 bit/s；当 level_id 为 0x42 时，该值小于或等于 30 000 000 bit/s
low_delay	1. 该值应与 picture_coding_type 保持一致（即 low_delay 为‘0’时，PB 图像头中的 picture_coding_type 为‘10’；low_delay 为‘1’时，PB 图像头中的 picture_coding_type 为‘01’）； 2. 该值为‘1’说明视频序列中不包含 B 帧，可能包含“大图像”（bbv_check_times 大于 0）； 3. 该值为‘0’说明视频序列中包含 B 帧
bbv_buffer_size	1. 在同一个视频序列中，该值应保持一致； 2. 该值应满足 GB/T 20090.2—2006 的附录 B 中的档次和级别的参数限制，即：BBS 16×1 024×bbv_buffer_size，当 level_id 为 0x10 时，BBS 应大于或等于 122 880 bit；当 level_id 为 0x20 时，BBS 应大于或等于 1 228 800 bit；当 level_id 为 0x22 时，BBS 应大于或等于 1 851 392 bit；当 level_id 为 0x40 时，BBS 应大于或等于 2 457 600 bit；当 level_id 为 0x42 时，BBS 应大于或等于 3 686 400bit

5.3.4 用户和扩展数据的测试

对编码比特流中用户和扩展数据的参数的要求如表 3 所示。

表 3 编码比特流中用户和扩展数据的参数测试要求

用户数据参数名称	测试要求
user_data	该数据中不应出现 21 个以上连续的‘0’
video_format	该值目前只能等于‘000’，‘001’，‘010’，‘011’，‘100’或者‘101’中的一个
colour_description	1. 该值为‘1’时，比特流中存在 colour_primaries、transfer_characteristics、matrix_coefficients； 2. 该值为‘0’时，不存在 colour_primaries、transfer_characteristics、matrix_coefficients
colour_primaries	1. 该值不能等于 0x00； 2. 该值目前只能等于 0x01、0x02、0x04、0x05、0x06、0x07、0x08 中的一个
transfer_characteristics	1. 该值不能等于 0x00； 2. 该值目前只能等于 0x01、0x02、0x04、0x05、0x06、0x07、0x08、0x09、0x0A 中的一个
matrix_coefficients	1. 该值不能等于 0x00； 2. 该值目前只能等于 0x01、0x02、0x04、0x05、0x06、0x07 中的一个
display_horizontal_size	该值为 14 位无符号整数，应大于或等于 1
display_vertical_size	该值为 14 位无符号整数，应大于或等于 1
copyright_flag	1. 该值为‘1’，说明有版权信息； 2. 该值为‘0’，说明无版权信息

表 3（续）

用户数据参数名称	测试要求
copyright_id	当 copyright_flag 等于'0'时，该值应等于 0x00
criginal_or_copy	1. 该值为'1'，说明为原创； 2. 该值为'0'，说明为拷贝
copyright_number	当 copyright_id 等于 0x00 时，该值应等于 0(64 位无符号整数)

5.3.5 I 图像头的测试

对编码比特流中 I 图像头中的参数的要求如表 4 所示。

表 4 编码比特流中 I 图像头中的参数测试要求

参数名称	测试要求
bbv_delay	如果视频序列中的某一帧图像的 bbv_delay 等于 0xFFFF，那么整个视频序列中的所有图像的 bbv_delay 都应等于 0xFFFF
time_code	1. DropFrameFlag：只有当 sequence_header 中的 frame_rate_code 等于'0100'时，该值等于 1； 2. TimeCodeTours：该值应大于或等于'00000'，且小于或等于'10111'(23)； 3. TimeCodeMinutes：该值应大于或等于'000000'，且小于或等于'111011'(59)； 4. TimeCodeSeconds：该值应大于或等于'000000'，且小于或等于'111011'(59)； 5. TimeCodePictures：该值应大于或等于'000000'且小于或等于'111011'(59)
picture_distance	1. 在 sequence_header 后的第一帧(编码顺序或显示顺序)的 picture_distance 应等于 0； 2. 当一个帧按两场编码时，两场共用一个图像头信息，其 picture_distance 的值应该一致； 3. 该值取值范围为'0000 0000'(0)到'1111 1111'(255)
bbv_check_times	1. 当 low_delay 等于'0'时，编码比特流中不应该出现 bbv_check_times； 2. 该值应小于 216-1
progressive_frame	当 progressive_sequence 等于'1'时，该值应等于'1'
picture_structure	当 progressive_frame 等于'1'时，该值应等于'1'
top_field_first	1. 当 progressive_sequence 和 picture_structure 都等于'0'时，该值应等于'1'； 2. 当 progressive_sequence 等于'1'并且 repeat_first_field 等于'0'时，该值应等于'0'
repeat_first_field	当 progressive_frame 等于'0'时(场图像)，该值应等于'0'
picture_qp	该值应该大于或等于'000000'且小于或等于'111111'
reserved_bits	该值应该等于'0000'
alpha_c_offset	该值应大于或等于—8 且小于或等于 8
beta_offset	该值应大于或等于—8 且小于或等于 8

5.3.6 PB 图像头的测试

对编码比特流中 PB 图像头中的参数的要求如表 5 所示。

表 5　码比特流中 PB 图像头中的参数测试要求

参数名称	测试要求
bbv_delay	如果视频序列中的某一帧图像的 bbv_delay 等于 0xFFFF,那么整个视频序列中的所有图像的 bbv_delay 都应等于 0xFFFF
picture_coding_type	1.该值不能等于'00'; 2.该值只能等于'01'或者'10',并且 low_delay 为'0'时,该值应为'10';low_delay 为'1'时,该值应为'01'
advanced_pred_mode_disable	该值目前只能等于'1'
picture_distance	1.在 sequence_header 后的第一帧(编码顺序或显示顺序)的 picture_distance 应等于 0; 2.当一个帧按两场编码时,两场共用一个图像头信息,其 picture_distance 的值应保持一致
bbv_check_times	1.当 low_delay 等于 0 时,编码比特流中不应该出现 bbv_check_times; 2.该值应小于 216-1
progressive_frame	当 progressive_sequence 等于'1'时,该值应等于'1'
picture_structure	当 progressive_frame 等于'1'时,该值应等于'1'
top_field_first	1.当 progressive_sequence 和 picture_structure 都等于'0'时,该值应等于'1'; 2.当 progressive_sequence 等于'1'并且 repeat_first_field 等于'0'时,该值应等于'0'
repeat_first_field	当 progressive_frame 等于'0'时(场图像),该值应等于'0'
picture_qp	该值应该大于或等于'000000'且小于或等于'111111'
reserved_bits	该值应该等于'0000'
alpha_c_offset	该值应大于或等于−8 且小于或等于 8
beta_offset	该值应大于或等于−8 且小于或等于 8

5.3.7　条带的测试

对编码比特流中条带的参数的要求如表 6 所示。

表 6　编码比特流中条带的参数测试要求

参数名称	测试要求
slice_vertical_position	8 位无符号整数,取值范围为:0x00～0xAF
slice_qp	该值取值范围为:'000000'～'111111'
mb_skip_run	1.该值应大于或等于 0 且小于或等于序列头中的 horizontal_size 的 1/16; 2.该值应满足 GB/T 20090.2—2006 附录 B 中的档次和级别的参数限制,即:当 level_id 为 0x10 时,该值小于或等于 22;当 level_id 为 0x20 或 0x22 时,该值小于或等于 45;当 level_id 为 0x40 时或 0x42 时,该值小于或等于 120
slice_weighting_flag	标志位,值为'1'表示宏块的运动补偿可使用加权预测;值为'0'表示宏块的运动补偿不应使用加权预测
mb_weighting_flag	标志位,值为'0'表示所有非帧内预测宏块都应采用加权运动补偿;值为'1'表示每个非帧内预测宏块由 WeightingPrediction 决定是否采用加权预测

5.3.8 宏块的测试

对编码比特流中宏块的参数的要求如表7所示，另外，宏块编码后的比特数应满足GB/T 20090.2—2006的附录B中表B.3的要求，即，对于4：2：0图像格式，宏块编码后最大比特数为3 200；对于4：2：2图像格式，宏块编码后最大比特数为4 224。

表7 编码比特流中宏块的参数测试要求

参数名称	测试要求
mb_type	该值应与当前图像的 PictureStructure 以及图像类型保持一致
mb_part_type	该值只能为‘00’、‘01’、‘10’、‘11’中的一个
intra_luma_pred_mode	该值只能为‘00’、‘01’、‘10’、‘11’中的一个
intra_chroma_pred_mode	该值应大于或等于0且小于或等于3
intra_chroma_pred_mode_422	该值应大于或等于0且小于或等于3
mb_reference_index	1. 当 PictureStructure 等于1或者 PictureType 等于2时，该值应等于‘0’或者‘1’； 2. 当 PictureStructure 等于0且 PictureType 等于1时，该值应为‘00’、‘01’、‘10’、‘11’中的一个
mv_diff_x	1. 运动矢量差值，其单位精度为1/4样本，取值范围为－4096～4095（单位为1/4样本），即[－1024～1023.75]（单位为样本）； 2. 该值应满足GB/T 20090.2—2006附录B中的档次和级别的参数限制，即该值与运动矢量MVEpred的和应该满足级别的参数限制中的最大水平运动矢量范围（即该值与当前块运动矢量预测值MVEpred的和的取值范围应是[－2048，＋2047.75]（单位为样本）
mv_diff_y	1. 运动矢量差值，其单位精度为1/4样本，取值范围为－4096～4095（单位为1/4样本），即[－1024～1023.75]（单位为样本）； 2. 该值应满足GB/T 20090.2—2006附录B中的档次和级别的参数限制，即该值与运动矢量MVEpred的和应该满足级别的参数限制中的最大垂直运动矢量范围（即该值与当前块运动矢量预测值MVEpred的和，当level_id为0x10时，该和的取值范围应是[－128，＋127.75]（单位为样本）；当level_id为0x20或0x22且progressive_frame等于‘1’（帧编码）时，该和的取值范围应是[－256，＋255.75]（单位为样本）；当level_id为0x20或0x22且progressive_frame等于‘0’（场编码）时，该和的取值范围应是[－128，＋127.75]（单位为样本）；当level_id为0x40时或0x42且progressive_frame等于‘1’（帧编码）时，该和的取值范围应是[－512，＋511.75]（单位为样本）；当level_id为0x40时或0x42且progressive_frame等于‘0’（场编码）时，该和的取值范围应是[－256，＋255.75]（单位为样本）
cbp	该值应大于或等于0且小于或等于60
cbp_422	该值应大于或等于0且小于或等于3
mb_qp_delta	该值应大于或等于－31且小于或等于32

5.3.9 块的测试

对编码比特流中块的参数的要求如表8所示。

表 8 编码比特流中块的参数测试要求

参数名称	测试要求
trans_coeffieient	该值应大于或等于 0 且小于或等于 186
escape_level_diff	1. 该值应大于或等于 0 且小于或等于 $2^{11}-1$； 2. 根据 trans_coeffieient 和 escape_level_diff 计算得到的 level 值应大于或等于 -2^{11} 且小于或等于 $2^{11}-1$

5.4 解码器的符合性测试

5.4.1 概述

解码器的能力规定了解码器所能解码的编码比特流。GB/T 20090.2—2006 解码器符合性测试就是测试解码器能否正确解码符合 GB/T 20090.2—2006 语法规范的编码比特流。

有两种解码器测试类型:静态测试和动态测试。

静态测试要求测试重建样本,目的在于测试解码处理的算术精度。本部分说明当解码输出重建样本时,如何完成这种测试。由于 GB/T 20090.2—2006 中的 IDCT 变换为整数变换,因此,当两个解码器从编码比特流中解码出一幅编码图像时,且所用参考帧相同,被测解码器与参考解码器产生的重建样本应完全相同。如果被测解码器重建的样本与参考解码器重建的样本不同,则该被测解码器不是合法解码器。

动态测试通过检查:

a) 所有的重建样本都输出给显示处理;

b) 被测解码器重建样本输出给显示处理的定时与 GB/T 20090.2—2006 的规定一致。

从而验证解码器缓冲区在使用合适的比特传送速率时不会发生上溢或下溢。被测解码器应将所有编码帧的重建样本输出给显示处理。例如,如果被测解码器不能输出一些重建的 B 帧或不能输出一个整帧给显示处理,则该被测解码器不是合法解码器。本标准没有规定显示处理的实际输出。

这些测试是解码器符合 GB/T 20090.2—2006 符合性的必要条件但不是充分条件。因此,鼓励产生更多符合 GB/T 20090.2—2006 规范的编码比特流,使通过符合性测试的合法解码器能得到更充分的公认。

另外,本部分推荐被测解码器能够处理含有“保留”语法元素值等的非法编码比特流。

5.4.2 符合性编码比特流的描述

本部分描述了一组编码比特流,以用于解码器的符合性测试。这些测试并不能包含所有的解码器符合性要求,但可以通过这些编码比特流测试大多数基本解码器要求。

这些编码比特流主要从以下几个方面来测试解码器是否符合 GB/T 20090.2—2006 的规定:

a) 一般性静态测试

编码比特流中包含 GB/T 20090.2—2006 规范中所有可能的参数。

b) 存储带宽的动态测试

编码比特流中包括的所有宏块是单向或双向预测。对亮度块有 1/4 的插补精度。

c) VLC 解码的静态测试

编码比特流中包含 VLC 码表中所有可能的情况。

d) 位和符号分布的动态测试(含兼容性测试)

编码比特流中包含位或符号的很不规则的分布。

e） 跳过宏块的测试

编码比特流中包含各种情形的跳过宏块。

f） 加权预测的测试

编码比特流中使用了加权预测。

g） 最大跳帧数目的测试

编码比特流中包含至少126个跳帧。

h） 视频编辑码和随机访问的测试

编码比特流中包含视频编辑码（VEC）及随机访问点。

i） 填充比特的测试

编码比特流中包含 stuffing_bit 和 stuffing_byte。

j） emulation_bit 的测试

编码比特流中包含 emulation_bit。

k） 其他常规测试

其他一些常规性的测试。

5.4.2.1 一般性静态测试

5.4.2.1.1 测试比特流＃1

说明：一种具有在场和帧图中出现所有宏块类型和子块类型的编码比特流。

对象：宏块及子块类型的解码。

目的：检查解码器对语法分析树中的所有宏块类型和子块类型的处理情况。

5.4.2.1.2 测试比特流＃2

说明：一种编码比特流，其每个条带只包含一行宏块，而且不包含跳过宏块。亮度采样率和比特率使用档次和级别组合所允许的最大值。

对象：变长码解码（VLD）和语法解析器。

目的：检查解码器对具有非常短的条带的编码比特流的处理。对于面向微处理器的设计，当处理条带和宏块头时会有很大的系统开销。

5.4.2.1.3 测试比特流＃3

说明：一种编码比特流，其具有下面参数值的不同组合，连续的编码B帧、P帧、I帧的可变数目。理想的情况是该编码比特流包含所有可能的合法组合方式，从画面到画面对应有下面不同的参数值。

time_code_flag

low_delay

loop_filter_disable

loop_filter_parameter_flag

picture_coding_type

top_field_first

repeat_first_field

picture_structure

progressive_frame

对象：解码与控制。

目的：检查解码器对各种编码模式（如：输入序列是逐行或隔行的，编码是帧或场模式，使用去块效应滤波等上述参数值的组合)的处理能力。

5.4.2.1.4 **测试比特流#4**

说明:编码比特流中所有帧间编码宏块都没有非零变换系数。用于亮度和色度预测的重建运动矢量,在水平和垂直方向都采用所有可能的1/4像素,半像素和全像素组合方式,这些组合用于帧、场和帧场自适应的预测模式。

对象:运动补偿预测器(MCP)。

目的:检查解码器在所有帧间编码模式下实现全精度的运动补偿。本测试不涉及解码器的其他功能如逆变换,逆量化和不匹配控制。对于所有预测宏块,被测解码器的重建样本应与参考解码器的重建样本相同。

5.4.2.1.5 **测试比特流#5**

说明:具有跳过图像的低延迟序列。亮度采样率和比特率是档次和级别组合所允许的最大值。

对象:控制器。

目的:检测解码器对低延迟解码的能力,使解码器能识别和处理跳过图像和BBV模型的缓冲下溢。

5.4.2.1.6 **测试比特流#6**

说明:该测试比特流已从测试规范中删除。

5.4.2.1.7 **测试比特流#7**

说明:编码比特流中宏块的变换系数经反量化后最大(—8192和8191),最大幅值组合使反量化引起最大饱和的编码比特流。

对象:逆量化。

目的:测试解码器能正确实现逆量化饱和的处理。

5.4.2.1.8 **测试比特流#8**

说明:产生大的正采样域系数f[y][x](如255)加上大的预测值p[y][x](如255),或大的负采样域系数f[y][x](如−255)加上小的预测值p[y][x](如0)的编码比特流。

对象:逆变换的输出f[y][x]与预测值p[y][x]之和,结果饱和值范围[0,255]。

目的:测试解码器正确实现逆变换的输出f[y][x]与预测值p[y][x]之和,结果饱和值范围[0,255]。

5.4.2.1.9 **测试比特流#9**

说明:具有零字节填充的编码比特流:

在编码比特流的前半部分:在合法的位置上,至少有0.9*BBS的零位填充。

在编码比特流的后半部分:每幅图像的合法位置有R/P到0.9*R/P的零位填充(R=编码比特流的最大比特率,1/P=连续图象时间间隔)。

对象:解析器丢弃填充数据。

目的:测试解码器最坏情况下(几乎是BBV全部填充)丢弃填充数据的能力。

5.4.2.1.10 **测试比特流#10**

说明:具有档次和级别组合中所允许的最大运动矢量和运动矢量差值的帧的编码比特流。对于场编码图像,其最大的运动矢量为帧编码最大运动矢量的1/21。

对象:运动矢量的重建,补偿,控制。

目的:当运动矢量非常大时,检测解码器能够合理实现运动补偿。

5.4.2.1.11 测试比特流#11

说明:所有帧间编码图像只包含帧间预测模式,且保证所有运动矢量使得插值计算最复杂,见GB/T 20090.2—2006 图 19 中点 i、f、q、k,亮度采样率和比特率取档次和级别组合中所允许的最大值。

对象:各种精度插值的计算。

目的:检测解码器处理最复杂插值计算的能力。

5.4.2.1.12 测试比特流#12

说明:包含多个这样的宏块的编码比特流,该宏块编码后的比特数达到或者接近 GB/T 20090.2—2006 的表 B.3 中所限定的宏块编码后最大比特数。

对象:大宏块的重建。

目的:测试解码器处理编码数据特别大的宏块的能力。

5.4.2.1.13 测试比特流#13

说明:该编码比特流包含 I slice,P slice,B slice。每个 slice 的所有宏块应遍历所有可能的非零值 mb_qp_delta(-32-31),或遍历所有可能的非零值量化参数,并保证所有的量化参数在正确范围内。

对象:检查当 mb_qp_delta 为非零时,各种 slice 的重建。

目的:测试解码器处理非零的 mb_qp_delta 的能力。

5.4.2.2 存储器带宽动态测试

5.4.2.2.1 测试比特流#14

说明:在 IBBP 序列中,其中 B 帧宏块类型均为双向预测的 B_8×8,P 帧宏块类型均为 P_8×8,其水平方向的运动补偿块地址应跨越 burst border。(burst border 是指两个 16bytes 之间的边界)。同时要求亮度采样率和比特率是档次和级别组合中所允许的最大值。对所有亮度和色度块,垂直和水平方向上采用 1/4 像素插值。该编码比特流应覆盖帧编码和场编码的所有组合(如前帧后场、前场后帧、前帧后帧、前场后场)。

对象:存储带宽测试(memory bandwidth)。

目的:检查解码器对预测带宽最大情况的正确处理能力。

5.4.2.2.2 测试比特流#15

说明:一个编码比特流其某些 B 帧编码的图像大小为在框架与级别所允许的最大 bbv_buffer_size,VLC 尽可能地使用长码字(通过 escape),亮度采样率和比特率使用档次和级别组合所允许的最大值。

对象:BBV_buffer。

目的:检查解码器在这种情况下的工作状态。在几个小的编码图象后一个大的 B 帧编码图象可能使解码器失去控制。

5.4.2.2.3 测试比特流#16

说明:一个编码比特流中其连续的编码图像序列的比特率变化很大(变大或者变小)。

对象:BBV_buffer。

目的:检查解码器对比特率大幅变化时的处理能力。

5.4.2.2.4 测试比特流#17

说明:该测试比特流已从测试规范中删除。

5.4.2.3 VLC解码静态测试

测试比特流#18

说明:编码比特流中包含所有符合标准规范的VLC符号。

对象:语法解析器。

目的:测试解码器能否正确处理所有可能的VLC符号及表。

5.4.2.4 位和符号分布的动态测试

测试比特流#19

说明:编码比特流中包含有"保留"语法元素值和"保留位"的编码比特流(至少应包含类型为"保留"的起始码值、含义为"保留"的视频扩展标号,及某些合法的"保留位")。

对象:解析器(解码器处理某些"保留"语法元素值和"保留位"的能力)。

目的:测试解码器实现正确分析和处理某些"保留"语法元素值和"保留位"的能力(保证未来扩展前向兼容的数据),如解码器能够丢弃"保留"的起始码值或视频扩展标号及其后续所有数据直到下一个起始码,解码器能够丢弃视频扩展数据保留字节(reserved_extension_data_byte)等。

5.4.2.5 跳过宏块的测试

测试比特流#20

说明:编码比特流中包含有P帧和B帧跳过宏块类型的编码比特流。

对象:解析器(skip模式)。

目的:测试解码器能正确处理GB/T 20090.2—2006所规定的跳过宏块语法及数据,在产生的编码比特流中应该包括多个slice中各种跳过宏块的位置排列关系,例如在一个slice中可包含不连续的多个跳过宏块,或连续多个跳过宏块,或整个slice全部由跳过宏块组成。

5.4.2.6 加权预测的测试

测试比特流#21

说明:包含有加权预测的编码比特流。

对象:加权预测的解码。

目的:分析解码器能否正确处理GB/T 20090.2—2006中所规定的加权预测,在产生的编码比特流中有多个P、B帧的slice内有weighting_prediction MB,在一个slice中可包含不连续的多个weighting_prediction MB,或连续多个weighting_prediction MB,或整个slice全部由weighting_prediction MB组成。同时包含加权预测参数设置为最大或最小的情况。

5.4.2.7 跳帧数目测试

测试比特流#22

说明:一个编码比特流,其连续两个解码帧之间被跳过的帧数、相邻的两个非双向帧间解码图像间被跳过的帧数和B帧数之和应遍历GB/T 20090.2—2006中允许的所有值。

对象:解码器(跳帧的实现)。

目的:分析解码器是否可以正确处理GB/T 20090.2—2006所规定的跳帧数目。

5.4.2.8 视频编辑码的测试

测试比特流#23

说明:包含视频编辑码(VEC)和随机访问点的编码比特流。

对象:解码器(视频编辑和随机访问)。

目的:分析解码器是否可以正确处理GB/T 20090.2—2006所规定的视频编辑和随机访问功能,在产生的编码比特流中含有视频编辑码、随机访问点,解码器应该根据视频编辑码做出相应的操作。

5.4.2.9 填充比特的测试

测试比特流#24

说明:包含stuffing_bit和stuffing_byte的编码比特流。

对象:解析器。

目的:测试解码器能正确处理stuffing数据,准确判断slice的起始。要求stuffing_bit组成的stuffing pattern应当至少覆盖0b1000_0000,0bxxxx_xxx1,0bxxxx_1000三种情况,即stuffing_bit出现在不同的比特位置。

5.4.2.10 emulation_bit的测试

测试比特流#25

说明:包含emulation_bit的编码比特流。

对象:解析器。

目的:测试解码器能正确进行de-emulation处理,避免伪起始码仿真。要求emulation_bit尽可能出现在不同语法层次,即图像头、条带头、宏块、子块级。

5.4.2.11 其他常规测试

测试比特流#26

说明:在B和P图中,VLC事件的平坦分布(固定符号率VLD的最坏情况),亮度采样率和比特率使用档次和级别组合所允许的最大值。

功能:VLD。

目的:检查解码器不依赖统计上的少量符号而满足实时性要求的能力。

5.4.3 解码器符合性测试的过程

5.4.3.1 解码器的静态测试

视频解码器的静态测试需要测试重构的样本的正确性和精确性。

根据GB/T 20090.2—2006的附录B中的表B.4、表B.5和表B.6各个级别下图像格式的限制,在基准档次下,对2.0或4.0或6.0级别以4:2:0格式对解码器进行测试(如图1),而对4.2或6.2级别以4:2:2格式进行测试(如图2)。图1和图2如下所示:

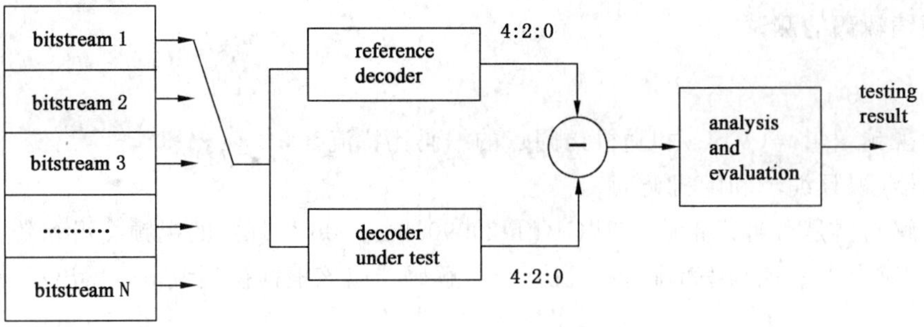

图 1 2.0 或 4.0 或 6.0 级别下解码器测试方案

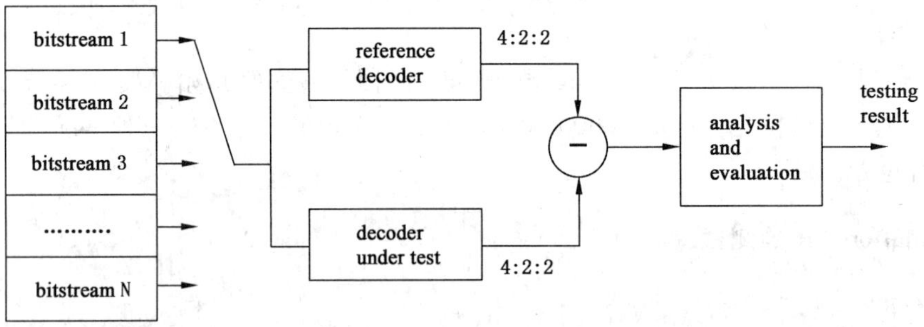

图 2 4.2 或 6.2 级别下解码器测试方案

因为 GB/T 20090.2—2006 采用精确的整数变换，故被测解码器解码输出的数据应和参考解码器解码输出的数据完全一致。

5.4.3.2 动态测试的实现

对于完整的解码系统，包括一个系统解码器，一个视频解码器和一个显示处理，动态测试一般来说较容易。它可能记录显示处理的输出、检查场和帧的显示顺序和定时的正确性。但是由于显示处理不包括在 GB/T 20090.2—2006 标准范围内，有时尽管视频解码器是合法的但显示输出却发生了错误，此时视频解码器应存储其输出，以便执行动态测试。

特别是场和帧的顺序和定时应该正确，场的奇偶应精确，如果场和帧重复编码，也要求解码处理的输出是重复的。

注：首先输出的隔行扫描帧的第一场，如果 top_field_first 等于 0 则说明是底场。

参 考 文 献

[1] GB/T 20090.5—2012 信息技术 先进音视频编码 第5部分:参考软件

[2] ISO/IEC 13818-4:2004 Information technology—Generic coding of moving pictures and associated audio information—Part 4: Conformance testing

[3] ISO/IEC 14496-4:2004 Information technology—Coding of audio-visual objects—Part 4: Conformance testing

ICS 35.040
L 71

中华人民共和国国家标准

GB/T 20090.5—2012

信息技术　先进音视频编码
第5部分：参考软件

**Information technology—Advanced coding of audio and video—
Part 5: Reference software**

2012-12-31 发布　　2013-06-01 实施

中华人民共和国国家质量监督检验检疫总局
中国国家标准化管理委员会　发布

前　言

GB/T 20090《信息技术　先进音视频编码》分为以下 9 个部分：

——第 1 部分：系统；

——第 2 部分：视频；

——第 3 部分：音频；

——第 4 部分：符合性测试；

——第 5 部分：参考软件；

——第 6 部分：数字媒体版权管理；

——第 7 部分：移动视频；

——第 8 部分：在 IP 网络上传输 AVS；

——第 9 部分：AVS 文件格式。

本部分为 GB/T 20090 的第 5 部分。

本部分按照 GB/T 1.1—2009 给出的规则起草。

本部分由中华人民共和国工业和信息化部提出。

本部分由全国信息技术标准化技术委员会(SAC/TC 28)归口。

本部分起草单位：中国科学院计算技术研究所、清华大学、浙江大学、华中科技大学、北京工业大学、中山大学、华为技术有限公司、上海广电(集团)有限公司中央研究院、上海龙晶微电子有限公司、北京长信嘉信息技术有限公司、中国电子技术标准化研究所。

本部分主要起草人：高文、黄铁军、吴枫、何芸、虞露、梁凡、赵海武、马思伟、吕岩、李国平、张志明、沈燕飞、周敏华、贾云卫、郭红星、熊联欢、王强、王智鸣、陈建文、娄剑、张凯、张莉、赵德斌、娄东升。

引　言

GB/T 20090 的第 1、第 2、第 3 等部分定义了系统和音视频信息的编码表示，而本部分包含了 GB/T 20090 第 2、第 3 等部分所定义的工具集的模拟软件。该软件由在标准的制定过程中的一系列验证模型演变而来。因为一个工具的接受与加入到参考软件中会存在一个延迟，因此 GB/T 20090 的其他部分所定义的工具可能没有包含在该参考软件中。

当编码软件存在时，需要注意的是这些编码器仅仅支持规定性语法元素所产生的码流。这些编码器的性能并不能作为衡量质量和计算复杂度优化程度的标准。同时，编码端的工具并没有在本部分给出定义。

本部分目前仅针对 GB/T 20090.2—2006，定义了满足 GB/T 20090.2—2006 规定要求的参考软件。

本部分给出的内容包括以下 3 个类别：

a) 基本流解码软件在第 4 章中给出定义。本软件接收符合 GB/T 20090.2—2006 的编码基本流，然后解码这些码流而产生和该基本流关联的媒体格式，即视频。虽然本参考软件是 GB/T 20090 的规定性部分，但值得注意的是本软件中所采用的实现技术并不认为是规定性的——因为不同的实现方式也可以产生同样的结果——整个参考软件之所以被认为是规定性的，是因为它可以正确地实现 GB/T 20090.2—2006 中所描述的解码过程。

b) 基本流编码软件在附录 A 中给出定义。该软件根据相应的媒体格式(视频)产生基本流，即视频基本流。该软件编码器提供了一种方法，用以获得符合 GB/T 20090.2—2006 规定语法的基本流。本部分没有规定编码技术，同时本部分提供的这些编码软件的质量和复杂度也是未经优化的。

c) 参考软件的详细使用说明在附录 B 中给出定义。软件可以根据附录指明的配置方式产生符合不同编码条件的码流。

信息技术 先进音视频编码 第5部分:参考软件

1 范围

GB/T 20090 的本部分规定了满足 GB/T 20090.2 规定要求的参考软件。这是因为任何符合标准的软件的实现,包括采用同一符合标准的编码比特流以及相同的文件输出格式,都会输出相同的文件。符合 GB/T 20090.2 的实现不一定严格遵循参考软件的算法或者编程技术。解码软件不能超出 GB/T 20090.2 的技术描述文本。

本部分适用于数字电视广播、交互式存储媒体、直播卫星视频业务、多媒体邮件、分组网络的多媒体业务、实时通信业务、远程视频监控等应用系统的参考软件实现。

2 规范性引用文件

下列文件对于本文件的应用是必不可少的。凡是注日期的引用文件,仅注日期的版本适用于本文件。凡是不注日期的引用文件,其最新版本(包括所有的修改单)适用于本文件。

GB/T 20090.2—2006 信息技术 先进音视频编码 第2部分:视频

3 缩略语

下列缩略语适用于本文件。

CBR:恒定比特率(Constant Bit Rate)

VBR:可变比特率(Variable Bit Rate)

4 视频参考软件

本部分给出的参考软件是按照 GB/T 20090.2—2006 的要求而编制的。

本部分所给出的文件位置是相对于参考软件根目录而言。

位置	说明
ldecod\src	本软件使用 C 语言

附 录 A
（资料性附录）
编 码 软 件

A.1 视频编码器

位置	说明
lencod\src	本软件使用C语言

附 录 B
（资料性附录）
视频参考软件使用详细说明

B.1 软件的编译

B.1.1 在 Windows 环境下使用 Visual Studio 6.0 编译

软件包中提供 VC6.0 工作区文件：rm.dsw，其中包含如下两个工程：

lencod 参考软件编码器。

ldecod 参考软件解码器。

可以选择所需要的工程在 Debug 或 Release 模式下进行编译，生成的二进制执行文件位于"Bin"目录下。

B.1.2 在 Unix 环境下使用 gcc 编译

编译编码器时，进入 lencod 目录，输入 make。

编译解码器时，进入 ldecod 目录，输入 make。

生成的二进制执行文件位于"Bin"目录下。

B.2 编码器使用说明

本章对 RM 参考软件提供一个详细的使用说明。

B.2.1 编码器语法格式

```
lencod [-f config.cfg] {[-p EncParam1=EncValue1]...[-p EncParamM=EncValueM]}
```

[-f config.cfg]

使用 config.cfg 作为配置参数输入文件。

{[-p EncParam1=EncValue1]...[-p EncParamM=EncValueM]}

重新设定配置参数 EncParamN 的值为 EncValueN，该值将取代配置参数输入文件中的原有置。N ∈{1…M}。

在 B.2.3 中将给出配置参数的详细说明。

B.2.2 编码器的输出信息

编码器运行时，会向标准输出流（默认为屏幕）上打印已经完成编码各帧的统计信息；编码全部完成后，还会打印总结信息。一个典型的编码器输出结果如下：

```
Parsing Configfile bin\encoder. cfg..........................................
------------------------------------------------------------------------------
Input YUV file                        : D:\video\sequences\football_cif_30. yuv
Output AVS bitstream                  : test. avs
Output YUV file                       : test_rec. yuv
Output log file                       : log. dat
Output statistics file                : stat. dat
```

```
------------------------------------------------------------------------------
```

```
Frame  Bit/pic  QP  SnrY     SnrU     SnrV     Time(ms)  FRM/FLD  IntraMBs
Sequence Header
0(I)   201096   28 39.0423 42.7047 43.1665   610      FRM
3(P)   111968   28 38.2125 42.4952 43.2607   938      FRM      113
1(B)   58848    28 37.6552 42.7308 43.2848   1421     FRM
2(B)   65080    28 37.6229 42.5966 43.2803   1422     FRM
6(P)   126280   28 38.2584 42.4799 43.2244   1266     FRM      140
4(B)   73592    28 37.6571 42.5718 43.3330   1422     FRM
5(B)   76280    28 37.5727 42.4056 43.3606   1438     FRM
------------------------------------------------------------------------------
Freq. for encoded bitstream           : 10
Hadamard transform                    : Used
Image format                          : 352x288
Error robustness                      : Off
Search range                          : 32
No of ref. frames used in P pred      : 2
No of ref. frames used in B pred      : 2
Total encoding time for the seq.      : 8.517 sec
Sequence type                         : IBBPBBP (QP: I 28,P 28,B 28)
Entropy coding method                 : VLC
RD-optimized mode decision            : used
----------------Average data all frames ---------------------------------------
SNR Y(dB)                             : 38.00
SNR U(dB)                             : 42.57
SNR V(dB)                             : 43.27
Total bits                            : 713144 (I 201096,P 238248,B 273800)
Bit rate (kbit/s)  @ 30.00 Hz         : 3056.33
Bits to avoid Startcode Emulation     : 0
Bits for parameter sets               : 0
------------------------------------------------------------------------------
Exit RM 5 encoder ver 5.2j
```

各帧统计信息说明如表 B.1。

表 B.1 各帧统计信息说明

名称	格式	说明
Frame	%3d (Type)	该帧在输入视频序列中的序号及编码类型
Bit/pic	%8d	该帧分配的比特数
QP	%4d	该帧的 QP 值
SnrY	%7.4f	亮度的 PSNR 值
SnrU	%7.4f	色度 U 分量的 PSNR 值
SnrV	%7.4f	色度 V 分量的 PSNR 值
Time(ms)	%5d	该帧总的编码时间
Frm/Fld	FLD|FRM	图像编码方式(帧或场)
IntraMBs	%3d	按 Intra 方式编码的宏块个数

B.2.3 编码器配置参数

配置参数可以在配置参数输入文件中给定,也可以由-p 命令指定,参见 B.2.1。

B.2.3.1 文件输入输出参数

B.2.3.1.1 InputFile

类别:文本。

描述:输入的视频序列文件名。

说明:目前软件只支持单一格式的视频序列文件,也就是说,所有帧和 YUV 分量必须位于同一个文件。

示例:

```
lencod.exe -p InputFile="d:\seq\football_176x144_15.yuv"
```

B.2.3.1.2 InputHeaderLength

类别:正整数。

描述:以字节为单位表明输入视频序列文件的文件头长度。

说明:对大多数视频序列文件来说此值为 0。

B.2.3.1.3 FramesToBeEncoded

类别:正整数。

描述:定义需要编码的 I 帧与 P 帧总数。

说明:如果使用了 B 帧,则 FrameToBeEncoded 的计算公式如下:

FramesToBeEncoded = int((总的编码帧数 −1)/(NumberBFrames + 1)) + 1。

示例 1:IPPP 编码模式,总共编 10 帧。

```
lencod.exe -p FramesToBeEncoded=10 -p NumberBFrames=0
```

示例 2:IBBP 编码模式,总共编 10 帧。

```
lencod. exe -p FramesToBeEncoded=4 -p FrameSkip=2 -p NumberBFrames=2
```

B.2.3.1.4 SourceWidth,SourceHeight

类别:正整数。

描述:定义了视频序列一帧图像亮度以像素为单位的宽度与高度。

B.2.3.1.5 TraceFile

类别:文本。

描述:指定 Trace 文件的文件名。

说明:Trace 文件记录编码过程中的信息,用于调试。

B.2.3.1.6 ReconFile

类别:文本。

描述:制定重建图像视频序列文件的文件名。

B.2.3.1.7 OutputFile

类别:文本。

描述:指定输出的 AVS 码流文件的文件名。

示例:

```
lencod. exe -p InputFile=" d:\seq\football_176x144_15. yuv "                    -p
OutputFile="football. avs"
```

B.2.3.1.8 FrameRate

类别:正整数。

描述:指定输入视频序列的帧率。参考软件支持 8 种帧率,它们与 FrameRate 的对应关系见表 B.2。

表 B.2 FrameRate 与帧率的对应关系

FrameRate	帧率(帧/s)
1	24 000/1 001
2	24
3	25
4	30 000/1 001
5	30
6	50
7	60 000/1 001
8	60

B.2.3.1.9 ChromaFormat

类别:整数。

描述:指定输入视频序列的亮度色度格式。ChromaFormat=1 为 4∶2∶0 模式;ChromaFormat=2 为 4∶2∶2 模式。

说明:参考软件目前仅支持 4∶2∶0 模式。

B.2.3.2 编码器控制参数

B.2.3.2.1 ProfileID

类别:整数。

描述:定义编码器所使用档次,32 为基准档次。

说明:目前参考软件仅支持基准档次。

B.2.3.2.2 LevelID

类别:整数。

描述:定义编码器所使用级别,LevelID 与级别的对应关系见表 B.3。

表 B.3 LevelID 与级别的对应关系

LevelID	档次
16	2.0
32	4.0
34	4.2
64	6.0
66	6.2

B.2.3.2.3 IntraPeriod

类别:整数。

描述:定义 I 帧出现的周期,B 帧不计。若其值为 0,则除第一帧外不出现 I 帧。

示例:编码此结构的码流:IBBPBBIBBPBBI。

```
lencod.exe -p FramesToBeEncoded=5 -p FrameSkip=2 -p NumberBFrames=2 -p IntraPeriod=2
```

B.2.3.2.4 VECPeriod

类别:整数。

描述:定义 video edit code 出现的周期,以 IntraPeriod 为单位,也就是说,video edit code 只在 I 帧前面出现。如果 VECPeriod=0,则 video edit code 不出现。参见 B.2.3.2.5。

B.2.3.2.5 SeqHeaderPeriod

类别:整数。

描述:定义序列头出现的周期,以 IntraPeriod 为单位。也就是说,序列头只在 I 帧前面出现。如果

SeqHeaderPeriod=0,则序列头只在第一个I帧前面出现。

说明:IntraPeriod=0 时 SeqHeaderPeriod 必须为 0。

示例:编码此结构的码流(h)IBBPBBIBBPBB(h)I,(h)为序列头。

```
lencod.exe -p FramesToBeEncoded=5 -p FrameSkip=2 -p NumberBFrames=2 -p IntraPeriod=2 -p SeqHeaderPeriod=2
```

B.2.3.2.6 QPFirstFrame

类别:整数。

描述:指定所有I条带中所用 QP 值。

说明:此值范围为[0,63]。

B.2.3.2.7 QPRemainingFrame

类别:整数。

描述:指定所有P条带中所用 QP 值。

说明:此值范围为[0,63]。

B.2.3.2.8 QPBPicture

类别:整数。

描述:指定所有B条带中所用 QP 值。

说明:此值范围为[0,63]。

B.2.3.2.9 UseHadamard

类别:整数。

描述:指定在运动估计中亚像素搜索时是否使用 Hadmard 变换。UseHadamard=0 则不使用,否则使用。

B.2.3.2.10 SearchRange

类别:整数。

描述:指定运动估计中的搜索范围。

B.2.3.2.11 NumberReferenceFrames

类别:正整数。

描述:参考帧的个数,用于B条带和P条带。

说明:此值的范围为[1,2]。

B.2.3.2.12 InterSearch16×16,InterSearch16×8,InterSearch8×16,InterSearch8×8

类别:整数。

描述:是否使用16×16,16×8,8×16,8×8的宏块划分模式。为1则使用,为0则不使用。

B.2.3.2.13 FrameSkip

类别:整数。

描述:指定相邻两个I帧或P帧之间从输入视频序列中跳过的帧数。此值为0则输入视频序列的各帧顺序被编码为I帧或P帧。参见 B.2.3.1.3 及 B.2.3.2.14。

说明：此值不小于 NumberBFrames。

示例：每隔一帧编码一帧。

```
lencod.exe -p FramesToBeEncoded=5 -p FrameSkip=1
```

B.2.3.2.14 **NumberBFrames**

类别：整数。

描述：指定相邻两个 I 帧或 P 帧之间插入 B 帧的个数。参见 B.2.3.1.3 及 B.2.3.2.13。此值为 0 则不存在 B 帧。

说明：此值不大于 FrameSkip。

B.2.3.2.15 **RDOptimization**

类别：整数。

描述：指定是否采用 RDO 编码优化。此值不为 0 采用 RDO，否则不采用。

B.2.3.2.16 **LoopFilterDisable**

类别：整数。

描述：指定是否关闭环路滤波。此值为 0 使用环路滤波，否则关闭环路滤波。

B.2.3.2.17 **LoopFilterParameter**

类别：整数。

描述：指定是否使用默认环路滤波参数。此值为 0 使用默认环路滤波参数，否则应明确给定环路滤波参数，参见 B.2.3.2.18。

B.2.3.2.18 **LoopFilterAlphaOffset，LoopFilterBetaOffset**

类别：整数。

描述：给定环路滤波参数，即标准中的 alpha_c_offset 和 beta_offset 语法元素。

说明：要求 LoopFilterParameter 不为 0。

B.2.3.2.19 **NumberOfRowsInSlice**

类别：整数。

描述：指定每个条带包含的宏块行数。为 0 则一个条带就是一帧。

说明：此值不能超过一个编码图像的最大宏块行数。

B.2.3.2.20 **WeightEnable**

类别：整数。

描述：指定是否使用加权预测。此值为 1 使用加权预测，否则不用。

B.2.3.3 **隔行逐行扫描处理参数**

B.2.3.3.1 **Progressive_frame**

类别：整数。

描述：此值指定标准中的 picture_structure 语法元素。

说明：如果此值为 1，则 InterlaceCodingOption 必须为 0。

B.2.3.3.2 **InterlaceCodingOption**

类别:整数。

描述:指定编码方式。此值为0采用逐行编码;为1采用隔行编码;为2采用逐行隔行自适应(PAFF)编码。

B.2.3.3.3 **repeat_first_field**

类别:整数。

描述:此值指定标准中的 repeat_first_field 语法元素。

B.2.3.3.4 **top_field_first**

类别:整数。

描述:此值指定标准中的 top_field_first 语法元素。

B.2.3.4 码率控制参数

B.2.3.4.1 **RateControlEnable**

类别:整数。

描述:指定是否使用码率控制。此值为1使用码率控制,否则不用。

B.2.3.4.2 **Bitrate**

类别:整数。

描述:指定码率控制的目标码率,以比特每秒(bit/s)为单位。

B.2.3.4.3 **InitialQP**

类别:整数。

描述:指定码率控制中的初始 QP 值。

B.2.3.4.4 **BasicUnit**

类别:整数。

描述:指定码率控制中基本单元的大小,以宏块为单位。

说明:此值不应超过一帧中总的宏块数。此值不能为0。

B.2.3.4.5 **ChannelType**

类别:整数。

描述:指定传输信道的类别。此值为0为恒定比特率(CBR)信道,否则为可变比特率(VBR)信道。

B.3 解码器使用说明

B.3.1 解码器语法格式

```
ldecod.exe decoder.cfg
```

decoder. cfg 作为配置参数输入文件。

B. 3. 2 解码器的输出信息

解码器运行时，会向标准输出流(默认为屏幕)上打印已经完成解码各帧的统计信息；解码全部完成后，还会打印总结信息。一个典型的解码器输出结果如下：

```
--------------------------------------------------------------------
Decoder config file                              : bin\decoder. cfg
--------------------------------------------------------------------
Input AVS bitstream                                : test. avs
Output decoded YUV 4:2:0                           : test_dec. yuv
Output status file                               : log. dec
Input reference file                              : test_rec. yuv
--------------------------------------------------------------------
Frame   TR     QP   SnrY     SnrU      SnrV    Time(ms)
0(I)    0     28  0.0000  0.0000  0.0000     16
1(B)    1     28  0.0000  0.0000  0.0000     46
2(B)    2     28  0.0000  0.0000  0.0000     47
3(P)    3     28  0.0000  0.0000  0.0000     94
4(B)    4     28  0.0000  0.0000  0.0000     31
5(B)    5     28  0.0000  0.0000  0.0000     32
6(P)    6     28  0.0000  0.0000  0.0000     78
------------------Average SNR all frames----------------------------
SNR Y(dB)             :  0.00
SNR U(dB)             :  0.00
SNR V(dB)             :  0.00
Total decoding time   : 0.344 sec
--------------------------------------------------------------------
Exit RM 5 decoder,ver 5.2j
```

各帧统计信息说明如表 B. 4。

表 B. 4 帧统计信息说明

名称	格式	说　明
Frame	%3d (Type)	该帧的播放序号及编码类型
TR	%3d	该帧在输入视频序列中的序号
QP	%5d	该帧的 QP 值
SnrY	%7.4f	亮度的 PSNR 值。为 0.0000 则说明重建帧与解码帧一致
SnrU	%7.4f	色度 U 分量的 PSNR 值。为 0.0000 则说明重建帧与解码帧一致
SnrV	%7.4f	色度 V 分量的 PSNR 值。为 0.0000 则说明重建帧与解码帧一致
Time(ms)	%5d	该帧总的解码时间

B.3.3 解码器配置参数

在解码器配置参数文件中，应按顺序给定如下配置参数，每个参数占一行。

AVC码流文件名。

解码后输出的视频序列文件名。

参考视频序列（编码器端重建视频序列）文件名。

参考帧缓冲区个数。

是否使用环路滤波，0为使用，1为不使用。

示例：

```
test.avs          ........AVS coded bitstream
test_dec.yuv      ........Output file,YUV 4:2:0 format
test_rec.yuv      ........Ref sequence (for SNR)
2       ........Number of reference frame buffers,for memory managemnt only
0                 ........Loopfilter disable(0:filter,1:no loopfilter)
```